毎日の勉強と定期テスト対策に

For Everyday Studies and Exam Prep for High School Students

よくわかる
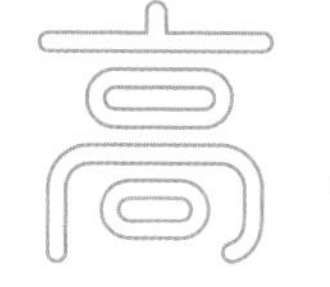数学Ⅱ・B

Mathematics Ⅱ・B

山下　元
早稲田大学名誉教授

津田　栄
國學院高等学校校長

我妻健人
攻玉社中学校・高等学校教諭

田村　淳
中央大学附属中学校・高等学校教諭

森　英一
元九州産業大学教授

江川博康
中央ゼミナール・一橋学院講師

Gakken

まえがき

本書は，令和４年度からの新学習指導要領にしたがって作成したものです。今回の改訂では，理数教育の充実がうたわれており，数学の教科書の内容もそれに対応し，充実したものとなりました。数学はそれ自身が独立した学問でありながら，理工学・経済学などを理解するための基礎学問でもあります。すなわち，数学を学ぶことで，より広い知識を得る力がつくといえます。

本来，学習とは一つの体験です。教科書にある公式を覚えるのではなく，自らが導き出すことによって本来的な学習能力が培われるのです。また，そこにこそ学習としての感動が生まれるのです。そもそも，高校の数学とは数学者を養成するためのものでもなければ，単に問題を解くためだけにあるのでもありません。学ぶべきは，一つの定理や公式が導かれるなかで，分析し，類推し，まとめあげていくその考え方にこそあるのです。

しかし，その一方で，具体的な問題を通して学習は定着し，深まっていく，ということ，これは紛れもない事実です。また，そこで学習したことがどのように使われるのかを通して，自分が学習したことの意味に近づく，ということもあるでしょう。問題を解く，ということは，数学において特に大切な追体験の一つなのです。

そこで，本書は，授業を中心とした「数学」の基礎力と応用力の向上を図るとともに，例題や練習問題を通じ，「基礎からわかりやすい」ことを一番大切にし，また，関連する発展問題も解けるように編集してあります。また，学習上の疑問点や，つまずきやすい点なども解消できるように力を注ぎました。

読者のみなさんが本書を十分に活用して，高校数学の学習を楽しく理解しながら進めていただくことを願ってやみません。

最後に，本書の執筆にあたり多くの方々に，ご助言やアンケートなどで，ご協力いただいたことを深く感謝いたします。

著者代表　山下　元

本書の使い方

1 学校の授業の理解に役立ち，基礎から定期テストレベルまでよくわかる参考書

本書は，高校の授業の理解に役立つ数学の参考書です。

授業の予習や復習に使うと，授業を理解するのに役立ちます。また，各項目の理解のポイントや例題演習に加え，章末にある「定期テスト対策問題」にチャレンジすることで，定期テスト対策にも役立ちます。

2 図や表が豊富で，見やすく，わかりやすい

カラーの図や表を豊富に使うことで，学習する内容のイメージがつかみやすくなっています。また，図中に解説を入れることで，ポイントがさらによくわかります。

3 POINT で要点がよくわかる

POINT で「覚えておきたいポイント」や「問題を解くためのポイント」がわかります。色のついた文字や，太字になっている文章は，特に注目して学習しましょう。

4 充実した例題で，しっかり理解できる

各分野の典型問題である例題を豊富に用意しました。これらの例題を解くことで学んだ知識を定着させることができ，理解が深まります。

また，問題に対するくわしい解説もあるので，さらに理解を確実にします。

5 Q&A形式で，学習上の疑問を解決

知っておくと役に立つ事柄や，実際に疑問に思う内容についてをQ&A形式で解説しています。関連事項を理解することで，知識をより深め，学習の助けになります。

なお，発展 に収録されている記述は数学Ⅱ・Bの教育課程の範囲を超えておりますが，数学Ⅱ・Bの内容をより深く理解するうえで役立つものです。

MY BEST

CONTENTS もくじ

数学B

第1章 数列

第2章 確率分布と統計的な推測

第3章 社会生活と数学

MY BEST

High School Study Tips
to Help You Reach Your Goals

よくわかる

高校の勉強ガイド

これまでとどう違うの?

勉強の不安,どうしたら解決する!?

高校3年間のスケジュールを知ろう！

進路を考え始めよう！

高校生活に慣れ，余裕が生まれてくるのと同時に，卒業後を考えることも多いのではないでしょうか。そんなときは，時間がある今のうちに**自分の進路について考えることをおすすめ**します。高校２年生に進級すると進路希望調査やオープンキャンパスなどがあり，将来のことを考える機会が増えてくるためです。

まずは将来の夢や自分がやりたいことを考えてみましょう！　その次に，その夢を叶えるためにピッタリの大学や学部を見つけ，受験科目や配点・必要な資格などを調べるとよいです。**志望校が明確になれば，計画的に勉強できるようになりますし，勉強のモチベーションも上がります。**

高3は超多忙！
高1・高2のうちから勉強しておくことが大事。

高２になると，**文系・理系クラスに分かれる**学校が多く，より現実的に志望校を考えるようになってきます。そして，高３になると，一気に受験モードに。

大学入試の一般選抜試験は，早い大学では高３の1月から始まるので，**高３では勉強できる期間は実質的に９か月程度しかありません。**おまけに，たくさんの模試を受けたり，志望校の過去問を解いたりするなどの時間も必要です。

高1・高２のうちから，計画的に基礎をかためていきましょう！

一般的な高校3年間のスケジュール

※3学期制の学校の一例です。くわしくは自分の学校のスケジュールを調べるようにしましょう。

学年	月	予定
高1	4月	●入学式　●部活動仮入部
	5月	●部活動本入部　●一学期中間テスト
	7月	●一学期期末テスト　●夏休み
	10月	●二学期中間テスト
	12月	●二学期期末テスト　●冬休み
	3月	●学年末テスト　●春休み
高2	4月	●文系・理系クラスに分かれる
	5月	●一学期中間テスト
	7月	●一学期期末テスト　●夏休み
	10月	●二学期中間テスト
	12月	●二学期期末テスト　●冬休み
	2月	●部活動引退（部活動によっては高3の夏頃まで継続）
	3月	●学年末テスト　●春休み
高3	5月	●一学期中間テスト
	7月	●一学期期末テスト　●夏休み
	9月	●総合型選抜出願開始
	10月	●大学入学共通テスト出願　●二学期中間テスト
	11月	●模試ラッシュ　●学校推薦型選抜出願・選考開始
	12月	●二学期期末テスト　●冬休み
	1月	●私立大学一般選抜出願　●大学入学共通テスト　●国公立大学二次試験出願
	2月	●私立大学一般選抜試験　●国公立大学二次試験（前期日程）
	3月	●卒業　●国公立大学二次試験（後期日程）

部活との両立をしたいな

受験に向けて基礎をかためなきゃ

やることがたくさんだな

高1・高2のうちから受験を意識しよう！

基礎ができていないと，高3になってからキツイ！

高1・高2で学ぶのは，**受験の「土台」**になるもの。**基礎の部分に苦手分野が残ったままだと，高3の秋以降に本格的な演習を始めたとたんに，ゆきづまってしまうことが多い**です。特に，英語・数学・国語の主要教科に関しては，基礎からの積み上げが大事なので，不安を残さないようにしましょう。

また，文系か理系か，国公立か私立か，さらには目指す大学や学部によって，受験に必要な科目は変わってきます。**いざ進路選択になった際に，自分の志望校や志望学部の選択肢をせばめてしまわないよう**，苦手だからといって捨てる科目のないようにしておきましょう。

暗記科目は，高1・高2で習う範囲からも受験で出題される！

社会や理科などのうち**暗記要素の多い科目は，受験で扱う範囲が広いため，高3の入試ギリギリの時期までかけてようやく全範囲を習い終わる**ような学校も少なくありません。受験直前の焦りやつまずきを防ぐためにも，高1・高2のうちから，習った範囲は受験でも出題されることを意識して，マスターしておきましょう。

増えつつある，学校推薦型や総合型選抜

《国公立大学の入学者選抜状況 》

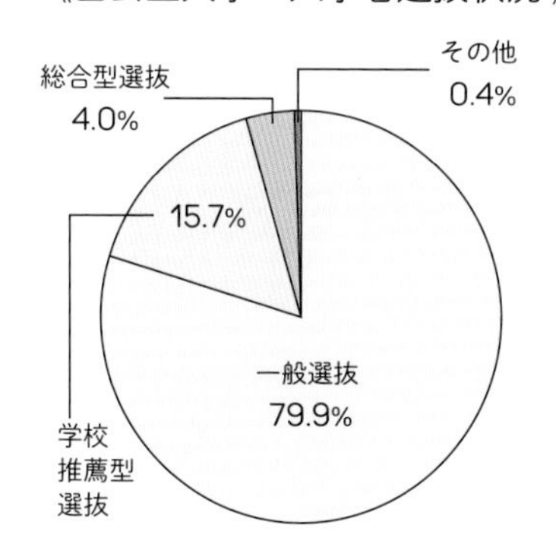

《私立大学の入学者選抜状況 》

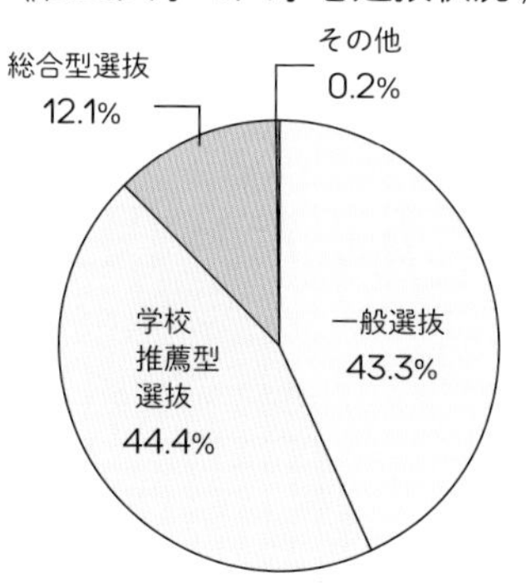

文部科学省「令和２年度国公私立大学入学者選抜実施状況」より
AO入試→総合型選抜，推薦入試→学校推薦型選抜として記載した

私立大学では入学者の50%以上！　国公立大でも増加中。

大学に入る方法として，一般選抜以外に近年増加傾向にあるのが，**学校推薦型選抜（旧・推薦入試）**や**総合型選抜（旧・AO入試）**です。

学校推薦型選抜は，出身高校長の推薦を受けて出願できる入試で，大きく分けて，「公募制」と「指定校制（※私立大学と一部の公立大学のみ）」があります。推薦基準には，学校の成績（高校1年から高校３年1学期までの成績の状況を５段階で評定）が重視されるケースが多く，スポーツや文化活動の実績などが条件になることもあります。

総合型選抜は，大学の求める学生像にマッチする人物を選抜する入試です。書類選考や面接，小論文などが課されるのが一般的です。

高1からの成績が重要。毎回の定期テストでしっかり点を取ろう！

学校推薦型選抜，総合型選抜のどちらにおいても，学力検査や小論文など，**学力を測るための審査**が必須となっており，大学入学共通テストを課す大学も増えています。また，**高1からの成績も大きな判断基準になるため，毎回の定期テストや授業への積極的な取り組みを大事にしましょう。**

Q

高校に入って急にわからなくなった…！
どうしたら授業についていける？

授業の前に，予習をしておこう！

数学Ⅱ・Bの勉強は数学Ⅰ・Aに比べて難易度が格段に上がるため，授業をまじめに聞いていたとしても内容が難しく感じられる場合が少なくないはずです。

授業についていけないと感じた場合は，授業前に参考書に載っている要点にサッとでもいいので目を通しておくことをおすすめします。予習の段階ですから，理解できないのは当然なので，完璧な理解をゴールにする必要はありません。それでも授業の「下準備」ができているだけで，授業の内容が頭に入りやすくなるはずです。

Q

今日の授業，よくわからなかったけど，先生に今さら聞けない…どうしよう!?

A

参考書を活用して，わからなかったところはその日のうちに解決しよう。

先生に質問する機会を逃してしまうと，「まあ今度でいいか…」とそのままにしてしまいがちですよね。

ところが，高校の勉強は基本的に「積み上げ式」です。「新しい学習」には「それまでの学習」の理解が前提となっている場合が多く，ちょうどレンガのブロックを積み重ねていくように，「知識」を段々と積み上げていくようなイメージなのです。そのため，わからないことをそのままにしておくと，欠けたところにはレンガを積み上げられないのと同じで，次第に授業の内容がどんどん難しく感じられるようになってしまいます。

そこで役立つのが参考書です。参考書を先生代わりに活用し，わからなかった内容は，その日のうちに解決する習慣をつけておくようにしましょう。

Q

テスト直前にあわてたくない！
いい方法はある!?

試験日から逆算した「学習計画」を練ろう。

定期テストはテスト範囲の授業内容を正確に理解しているかを問うテストですから，よい点を取るには全範囲をまんべんなく学習していることが重要です。すなわち，試験日までに授業内容の復習と問題演習を全範囲終わらせる必要があるのです。

そのためにも，毎回「試験日から逆算した学習計画」を練るようにしましょう。事前に計画を練ることで，いつまでに何をやらなければいけないかが明確になるため，テスト直前にあわてることもなくなりますよ。

Q

部活で忙しいけど，成績はキープしたい！効率的な勉強法ってある？

通学時間などのスキマ時間を効果的に使おう。

部活で忙しい人にとって，勉強と部活を両立するのはとても大変なことです。部活に相当な体力を使いますし，何より勉強時間を捻出するのが難しくなるため，意識的に勉強時間を確保するような「工夫」が求められます。

具体的な工夫の例として，通学時間などのスキマ時間を有効に使うことをおすすめします。実はスキマ時間のような「限られた時間」は，集中力が求められる暗記の作業の精度を上げるには最適です。スキマ時間を「効率のよい勉強時間」に変えて，部活との両立を実現しましょう。

数学II・B の勉強のコツ Q&A

数学II・Bが難しくて全然できないです。

数学I・Aを復習してみよう。

数学II・Bの土台になっている多くは，数学I・Aの内容です。そのため，数学II・Bで苦労する原因が数学I・Aの理解不足にあることが多いです。三角関数なら三角比の復習，統計ならデータの分析を復習，といった解決策がありますので，試してみてください。

数列などの新しい概念が理解できません！

具体的な数値を代入して考えよう。

数列や微積分など，これまで見たことがない内容の単元が数学II・Bでは登場します。公式の意味を掴めず悩んだときは，まず，基本的な問題を何度もやってみましょう。特に，具体的な数値を代入して解く問題で慣れていくことをおすすめします。

公式が多くて覚えきれません……。

公式や定理は問題を解きながら覚えよう。

定期テスト前の勉強だけではとても覚えきれない量の公式と定理が，数学II・Bにはあります。学校で習った公式はその日のうちに問題を解き，定着できるようにしましょう。このとき，同じ問題を解くだけではなく，同じ公式を使う類題を解くことも効果的です。

MY BEST

Mathematics Ⅱ

第1章 いろいろな式

第１節
式と計算

1　3次式の展開と因数分解

1 3 次式の展開公式 ▷ 例題１ 例題２

① $(a+b)^3=a^3+3a^2b+3ab^2+b^3$

② $(a-b)^3=a^3-3a^2b+3ab^2-b^3$

③ $(a+b)(a^2-ab+b^2)=a^3+b^3$

④ $(a-b)(a^2+ab+b^2)=a^3-b^3$

2 3 次式の因数分解の公式 ▷ 例題３

① $a^3+b^3=(a+b)(a^2-ab+b^2)$

② $a^3-b^3=(a-b)(a^2+ab+b^2)$

3 因数分解の手順

① 共通因数をくくり出す。

② 公式を適用できる形に変形する。

③ 特別な因数を因数定理を用いて求める。

④ パターンにあてはまらないか試してみる。

例
① $x^4+8x=x(x^3+8)$
② $x^3+64=x^3+4^3$
③ $f(x)=x^3-7x+6$
$f(1)=1-7+6$
$=0$
だから $f(x)$ を $x-1$ で割る。
④ $x^4+4=(x^2+2)^2-4x^2$
$○^2-△^2$ のパターンになる。

例題 1 3次式の展開① ★★★ 基本

次の式を展開せよ。

(1) $(x+2)^3$　　(2) $(3x-y)^3$

(3) $(x+2)(x^2-2x+4)$　　(4) $(2x-y)(4x^2+2xy+y^2)$

3次式の展開 ⟹ 公式の活用が有効

3次式の展開の公式

$(a+b)^3=a^3+3a^2b+3ab^2+b^3$，$(a-b)^3=a^3-3a^2b+3ab^2-b^3$，

$(a+b)(a^2-ab+b^2)=a^3+b^3$，$(a-b)(a^2+ab+b^2)=a^3-b^3$

を用いるとすぐに解答が得られます。**a，bにあたるものを見つけるのがポイント。**

解答

(1) $(x+2)^3$

$=x^3+3x^2\cdot 2+3x\cdot 2^2+2^3$ ❶

$=\boldsymbol{x^3+6x^2+12x+8}$ 答

(2) $(3x-y)^3$

$=(3x)^3-3(3x)^2y+3\cdot 3xy^2-y^3$ ❷

$=\boldsymbol{27x^3-27x^2y+9xy^2-y^3}$ 答

(3) $(x+2)(x^2-2x+4)$

$=x^3+2^3$ ❸

$=\boldsymbol{x^3+8}$ 答

(4) $(2x-y)(4x^2+2xy+y^2)$

$=(2x)^3-y^3$ ❹

$=\boldsymbol{8x^3-y^3}$ 答

アドバイス

❶ $(a+b)^3$
$=a^3+3a^2b+3ab^2+b^3$
を用います。

❷ $(a-b)^3$
$=a^3-3a^2b+3ab^2-b^3$
を用います。

❸ $(a+b)(a^2-ab+b^2)$
$=a^3+b^3$
を用います。

❹ $(a-b)(a^2+ab+b^2)$
$=a^3-b^3$
を用います。

STUDY 公式の符号に注意

$(a+b)^3=a^3+3a^2b+3ab^2+b^3$において$b\to -b$とすると，$(a-b)^3=a^3+3a^2(-b)+3a(-b)^2+(-b)^3$

すなわち，$(a-b)^3=a^3-3a^2b+3ab^2-b^3$となり，もう1つの公式が得られる。

$(a+b)(a^2-ab+b^2)=a^3+b^3$からも同様に，$(a-b)(a^2+ab+b^2)=a^3-b^3$を導くことができる。

練習 1

次の式を展開せよ。

(1) $(x+4)^3$　　(2) $(x+2y)^3$

(3) $(x+3)(x^2-3x+9)$　　(4) $(x-2y)(x^2+2xy+4y^2)$

例題 2　3次式の展開②

★★★　標準

次の式を展開せよ。

(1)　$(x-1)^3(x+1)^3$

(2)　$(x^2-y^2)(x^2+xy+y^2)(x^2-xy+y^2)$

(3)　$(x-1)(x^2+x+1)(x^6+x^3+1)$

3次式の展開 ⟹ 計算方法を工夫

項の組合せや計算手順を工夫して，公式

$$(a+b)(a^2-ab+b^2)=a^3+b^3,\quad (a-b)(a^2+ab+b^2)=a^3-b^3$$

を活用できるようにします。

解答

(1)　$(x-1)^3(x+1)^3$ ❶

$=\{(x-1)(x+1)\}^3$

$=(x^2-1)^3$

$=(x^2)^3-3(x^2)^2\cdot 1+3x^2\cdot 1^2-1^3$

$=\boldsymbol{x^6-3x^4+3x^2-1}$ 答

(2)　(x^2-y^2) ❷ $(x^2+xy+y^2)(x^2-xy+y^2)$

$=(x-y)(x^2+xy+y^2)(x+y)(x^2-xy+y^2)$

$=(x^3-y^3)(x^3+y^3)$

$=\boldsymbol{x^6-y^6}$ 答

(3)　$(x-1)(x^2+x+1)(x^6+x^3+1)$ ❸

$=(x^3-1)(x^6+x^3+1)$

$=(x^3)^3-1^3$

$=\boldsymbol{x^9-1}$ 答

アドバイス

❶ $a^3b^3=(ab)^3$ を用います。

❷ $x^2-y^2=(x+y)(x-y)$ として，項の組合せを考えます。

❸ まず $(x-1)(x^2+x+1)$ を展開します。

練習 2　次の式を展開せよ。

(1)　$(x-\sqrt{3})^3(x+\sqrt{3})^3$

(2)　$(x^2-1)(x^2+x+1)(x^2-x+1)$

(3)　$(x+y)(x^2-xy+y^2)(x^6-x^3y^3+y^6)$

例題 3 3次式の因数分解 ★★★ 標準

次の式を因数分解せよ。

(1) x^3+125 (2) $8x^3-y^3$

(3) x^4+x (4) x^3+3x^2+3x+1

(5) $x^3-6x^2+12x-8$ (6) x^6-y^6

3次式の因数分解 ⟹ 4パターンの因数分解を覚える

3次式の因数分解では

$$a^3+b^3=(a+b)(a^2-ab+b^2),\quad a^3-b^3=(a-b)(a^2+ab+b^2)$$

を用いるのがポイントです。また，**展開の公式の逆で**

$$a^3+3a^2b+3ab^2+b^3=(a+b)^3,\quad a^3-3a^2b+3ab^2-b^3=(a-b)^3$$

となることも覚えておきましょう。

解答

(1) $x^3+\underline{125}_{❶}=\boldsymbol{(x+5)(x^2-5x+25)}$ 答

(2) $\underline{8x^3}_{❷}-y^3=\boldsymbol{(2x-y)(4x^2+2xy+y^2)}$ 答

(3) $x^4+x=\underline{x(x^3+1)}_{❸}$
$\quad=\boldsymbol{x(x+1)(x^2-x+1)}$ 答

(4) $x^3+3x^2+3x+1=\underline{\boldsymbol{(x+1)^3}}_{❹}$ 答

(5) $x^3-6x^2+12x-8=x^3-3\cdot x^2\cdot 2+3\cdot x\cdot 2^2-2^3$
$\quad=\boldsymbol{(x-2)^3}$ 答

(6) x^6-y^6
$=\underline{(x^3+y^3)(x^3-y^3)}_{❺}$
$=\boldsymbol{(x+y)(x^2-xy+y^2)(x-y)(x^2+xy+y^2)}$ 答

アドバイス

❶ $125=5^3$

❷ $8x^3=(2x)^3$

❸ まず共通因数をくくり出します。

❹ 展開公式の逆を用いたが，次のように因数分解することもできます。
x^3+3x^2+3x+1
$=(x+1)(x^2-x+1)$
$\quad+3x(x+1)$
$=(x+1)(x^2-x+1+3x)$
$=(x+1)(x+1)^2=(x+1)^3$

❺ $(x^3+y^3)(x^3-y^3)$ では不十分。

Q 3次式の因数分解の計算ミスを防ぐコツを教えてください。

A 3乗の和・差の因数分解では，公式を用いて一気に解答を求めますが，符号の間違いが多いので，求められた式を逆に展開して答えの確認をしておきましょう。

練習 3 次の式を因数分解せよ。

(1) x^3+64 (2) x^4+8x

(3) $8x^3+12x^2+6x+1$ (4) x^6-1

2　二項定理

1 二項定理 ▷ 例題4 例題6

自然数nに対して，$(a+b)^n$の展開式を考えると次の**二項定理**が成り立つ。

$$(a+b)^n={}_nC_0a^n+{}_nC_1a^{n-1}b+{}_nC_2a^{n-2}b^2+\cdots$$
$$\cdots+{}_nC_ra^{n-r}b^r+\cdots+{}_nC_{n-1}ab^{n-1}+{}_nC_nb^n$$

ここで，係数${}_nC_r$を**二項係数**という。

2 二項係数の関係

二項係数の間には次のような関係が成り立つ。

① ${}_nC_r={}_nC_{n-r}$　$(0\leqq r\leqq n)$

② ${}_nC_r={}_{n-1}C_{r-1}+{}_{n-1}C_r$　$(1\leqq r\leqq n-1)$

3 パスカルの三角形 ▷ 例題5

$n=1,\ 2,\ 3,\ \cdots$のとき，$(a+b)^n$の展開式の係数は下図のような左右対称な三角形をつくる。これを**パスカルの三角形**という。

① 各行の両端の数は1である。

② 2行目以降の両端以外の数は，左上と右上の2数の和に等しい。

$$(a+b)^1=a+b$$
$$(a+b)^2=a^2+2ab+b^2$$
$$(a+b)^3=a^3+3a^2b+3ab^2+b^3$$
$$(a+b)^4=a^4+4a^3b+6a^2b^2+4ab^3+b^4$$

```
      1   1
    1   2   1
  1   3   3   1
1   4   6   4   1
```

4 多項定理 ▷ 例題7

$(a+b+c)^n$の展開式の一般項は

$$\frac{n!}{p!q!r!}a^pb^qc^r\quad(p+q+r=n)$$

例題 4 二項定理 ★★★ 基本

次の式の展開式を，二項定理を使って求めよ。

(1) $(x+1)^6$　　(2) $(x-3)^4$

POINT $(a+b)^n$は二項定理を使って展開する

- 二項定理を用いて$(a+b)^4$を展開すると，次のようになります。

$$(a+b)^4={}_4C_0a^4+{}_4C_1a^3b+{}_4C_2a^2b^2+{}_4C_3ab^3+{}_4C_4b^4$$

- $(a+b)^4$を展開するとき

$$(a+b)^4=\underset{①}{(a+b)}\underset{②}{(a+b)}\underset{③}{(a+b)}\underset{④}{(a+b)}$$

とし，①〜④のそれぞれのカッコの中から，aまたはbを選んで，選んだ4つの積を作り，すべて加えます。

- 例えばa^3bは，$aaab$，$aaba$，$abaa$，$baaa$のいずれもが，a^3bに対応するので，**a^3bの係数は3個のaと1個のbの順列の個数と一致します。**すなわち，${}_4C_1$となります。
- 一般に，$(a+b)^n$の展開式における$a^{n-r}b^r$の係数は${}_nC_r$となります。

解答

(1) $(x+1)^6={}_6C_0x^6+{}_6C_1x^5\cdot1+{}_6C_2x^4\cdot1^2+{}_6C_3x^3\cdot1^3$
$\qquad+{}_6C_4x^2\cdot1^4+{}_6C_5x\cdot1^5+{}_6C_6\cdot1^6$ ❶
$\qquad=\boldsymbol{x^6}$ ❷ $\boldsymbol{+6x^5+15x^4+20x^3+15x^2+6x+1}$ 答

(2) $(x-3)^4=\{x+(-3)\}^4$ ❸
$\qquad={}_4C_0x^4+{}_4C_1x^3\cdot(-3)+{}_4C_2x^2\cdot(-3)^2$
$\qquad+{}_4C_3x\cdot(-3)^3+{}_4C_4\cdot(-3)^4$
$\qquad=x^4+4x^3\cdot(-3)+6x^2\cdot9+4x\cdot(-27)+81$
$\qquad=\boldsymbol{x^4-12x^3+54x^2-108x+81}$ ❹ 答

アドバイス

❶ 一般項は${}_6C_rx^{6-r}\cdot1^r$

❷ ${}_nC_0=1$です。

❸ 二項定理は必ず$(a+b)^n$の形にあてはめて使います。

❹ 数値については最後まで計算します。

STUDY　$(a+b)^n$の展開式の一般項

$(a+b)^n$の展開式の一般項は，${}_nC_ra^{n-r}b^r$であるが，$(a+b)^n=(b+a)^n$であることから，${}_nC_ra^rb^{n-r}$としてもよい。

練習 4

次の式の展開式を，二項定理を使って求めよ。

(1) $(x-1)^7$　　(2) $(2x+1)^6$

例題 5 パスカルの三角形

★★★ 基本

パスカルの三角形をかいて，次の式の展開式を求めよ。

(1) $(a+b)^8$　　(2) $(a-b)^8$　　(3) $(2x-1)^5$

二項展開 ⟹ パスカルの三角形を用いる

二項係数 ${}_nC_0$，${}_nC_1$，${}_nC_2$，…，${}_nC_n$ を，$n=1$ は1行目に，$n=2$ は2行目に，…と順に三角形の形に並べたものが，パスカルの三角形です。

$${}_1C_0 \quad {}_1C_1$$
$${}_2C_0 \quad {}_2C_1 \quad {}_2C_2$$
$${}_3C_0 \quad {}_3C_1 \quad {}_3C_2 \quad {}_3C_3$$
$${}_4C_0 \quad {}_4C_1 \quad {}_4C_2 \quad {}_4C_3 \quad {}_4C_4$$

- ${}_nC_0={}_nC_n=1$ だから，どの行も1で始まり，1で終わります。
- ${}_nC_r={}_{n-1}C_{r-1}+{}_{n-1}C_r$ $(1 \leqq r \leqq n-1)$ だから，$(n-1)$ 行目の隣り合う2つの数の和を，n 行目のそれら2つの数の間の箇所にかけばよいのです。

解答

パスカルの三角形を8行目までかくと右のようになる。❶

```
              1   1
            1   2   1
          1   3   3   1
        1   4   6   4   1
      1   5  10  10   5   1
    1   6  15  20  15   6   1
  1   7  21  35  35  21   7   1
1   8  28  56  70  56  28   8   1
```

(1) $(a+b)^8=\boldsymbol{a^8+8a^7b+28a^6b^2+56a^5b^3+70a^4b^4+56a^3b^5+28a^2b^6+8ab^7+b^8}$ 答

(2) $(a-b)^8=\{a+(-b)\}^8$ であるから，(1)の結果を利用することにより❷

$(a-b)^8=\boldsymbol{a^8-8a^7b+28a^6b^2-56a^5b^3+70a^4b^4-56a^3b^5+28a^2b^6-8ab^7+b^8}$ 答

(3) $(2x-1)^5$❸$=\{2x+(-1)\}^5$

$=(2x)^5+5(2x)^4\cdot(-1)+10(2x)^3\cdot(-1)^2+10(2x)^2\cdot(-1)^3+5(2x)\cdot(-1)^4+(-1)^5$

$=\boldsymbol{32x^5-80x^4+80x^3-40x^2+10x-1}$❹ 答

アドバイス

❶
```
    ①  ①
  ①  ②  ①
①  ③  ③  ①
①  ○  ○  ○  ①
```
上から順に足し算を繰り返します。

❷ b が奇数乗の項についてのみ，係数の符号を負に変えればよいです。

❸ パスカルの三角形の5行目を利用します。

❹ 係数は正負が交互になります。

練習 5 パスカルの三角形をかいて，$(x-1)^6$ の展開式を求めよ。

例題 6 二項定理の利用 ★★★ 標準

次の式の展開式において，[ ]内に指定された項の係数を求めよ。

(1) $(2x-1)^5$ $[x^3]$　　(2) $(3x+2y)^6$ $[x^4y^2]$

POINT 展開式の特定の項の係数は，一般項の形をヒントに

- (1)は，$(2x-1)^5$の展開式におけるx^3の係数だけが問題になっているので，すべてを展開する必要はありません。$(a+b)^n$の展開式における一般項は${}_n\mathrm{C}_r a^{n-r}b^r$ですから，$(2x-1)^5$の展開式における一般項は${}_5\mathrm{C}_r(2x)^{5-r}\cdot(-1)^r$です。この式が$Ax^3$の形になるときの係数に注目すればよいのです。
- (2)も同様です。

解答	アドバイス

(1) $(2x-1)^5$の展開式の一般項は

$${}_5\mathrm{C}_r(2x)^{5-r}\cdot(-1)^r={}_5\mathrm{C}_r2^{5-r}\cdot(-1)^rx^{5-r}$$ ❶

x^3の項においては，$5-r=3$❷ から　$r=2$

よって，求める係数は

$${}_5\mathrm{C}_2\cdot2^3\cdot(-1)^2=10\times8\times1=\mathbf{80}$$ (答)

(2) $(3x+2y)^6$の展開式の一般項は

$${}_6\mathrm{C}_r(3x)^{6-r}(2y)^r={}_6\mathrm{C}_r3^{6-r}2^rx^{6-r}y^r$$

x^4y^2の項においては，$6-r=4$，$r=2$となればよいから❸

$r=2$

よって，x^4y^2の係数は

$${}_6\mathrm{C}_2\cdot3^{6-2}\cdot2^2=15\times81\times4=\mathbf{4860}$$ (答)

❶ 係数部分とxの累乗部分に分離します。

❷ x^{5-r}がx^3になればよいです。

❸ xの指数，yの指数の両方を確認しましょう。

STUDY 一般項の中にxが2回現れるとき

例えば$(x^2+2x)^6$の展開式を考えると，その一般項は

$${}_6\mathrm{C}_r(x^2)^{6-r}(2x)^r={}_6\mathrm{C}_r\cdot2^rx^{2(6-r)}x^r={}_6\mathrm{C}_r\cdot2^rx^{2(6-r)+r}={}_6\mathrm{C}_r\cdot2^rx^{12-r}$$

となる。ここで，$0\leqq r\leqq6$から，$6\leqq12-r\leqq12$　つまり展開式に現れるのはx^6，x^7，……，x^{12}の項だけである。

練習 6

次の式の展開式において，[ ]内に指定された項の係数を求めよ。

(1) $(3x+2)^5$ $[x^4]$　　(2) $(x-3y)^5$ $[x^2y^3]$

例題 7　二項定理の活用

★★★ 応用

$(a+b+2c)^6$ の展開式における a^2b^3c の係数を求めよ。

POINT　多項展開の係数 ⟹ 二項定理を2回用いて求める

$(a+b+2c)^6=\{(a+b)+2c\}^6$ とみて二項定理を用います。すると一般項は

$${}_6\mathrm{C}_r(a+b)^{6-r}(2c)^r$$

ここで r の値を決めたあとで，$(a+b)^{6-r}$ について再び二項定理を用います。

解答

$(a+b+2c)^6=\{(a+b)+2c\}^6$ の展開式の一般項は

$${}_6\mathrm{C}_r(a+b)^{6-r}(2c)^r={}_6\mathrm{C}_r\cdot 2^r(a+b)^{6-r}c^r \quad \cdots\cdots ①$$

項 a^2b^3c が生じるためには　$r=1$

このとき①は

$${}_6\mathrm{C}_1\cdot 2^1(a+b)^5c=\underline{12(a+b)^5c} \text{❶} \quad \cdots\cdots ②$$

ここで $(a+b)^5$ の展開式の一般項は

$${}_5\mathrm{C}_s a^{5-s}b^s \quad \cdots\cdots ③$$

a^2b^3 を生じるためには

$5-s=2,\ s=3$　　よって　$s=3$

②，③より，$\underline{a^2b^3c\text{ の係数は}}$❷

$12\times{}_5\mathrm{C}_3=12\times 10=\mathbf{120}$ （答）

アドバイス

❶ これはまだ展開しきっていないので，さらに展開を続ける必要があります。

❷ $12(a+b)^5c$
$=12({}_5\mathrm{C}_0a^5+{}_5\mathrm{C}_1a^4b+{}_5\mathrm{C}_2a^3b^2$
$\quad+{}_5\mathrm{C}_3a^2b^3+{}_5\mathrm{C}_4ab^4+{}_5\mathrm{C}_5b^5)c$
つまり，すべて展開すると，ここから6個の項が生じます。
多項定理を用いると
$\dfrac{6!}{2!3!1!}a^2\cdot b^3(2c)^1=120a^2b^3c$
となります。

STUDY　多項展開の一般項

$(a+b+c)^n$ の展開式における $a^pb^qc^r$ $(p\geqq 0,\ q\geqq 0,\ r\geqq 0,\ p+q+r=n)$ の係数を調べてみる。

$(a+b+c)^n=\{(a+b)+c\}^n$ の一般項は　${}_n\mathrm{C}_k(a+b)^{n-k}c^k$

ここで $k=r$ とおき，$(a+b)^{n-r}$ の展開式の一般項 ${}_{n-r}\mathrm{C}_l a^{n-r-l}b^l$ において，$l=q$ とおくと，

$n-r-l=n-r-q=p$ である。よって，$a^pb^qc^r$ の係数は

$${}_{n-r}\mathrm{C}_q\times{}_n\mathrm{C}_r=\frac{(n-r)!}{q!(n-r-q)!}\times\frac{n!}{r!(n-r)!}=\frac{n!}{p!q!r!}$$

これは p 個の a，q 個の b，r 個の c の順列の総数とも一致する。

$(a+b+c)^n$ の展開式の一般項は

$$\frac{n!}{p!q!r!}a^pb^qc^r \quad (p\geqq 0,\ q\geqq 0,\ r\geqq 0,\ p+q+r=n)$$

練習 7　$(x+2y-z)^7$ の展開式における $x^2y^3z^2$ の係数を求めよ。

3 多項式の割り算

1 多項式の割り算 ▷ 例題8

商と余りを求めるときは，割る式も割られる式も，まず降べきの順に整理して，右のような縦書きの計算をする。

```
 5x³÷x
              5x²+ 7x +15……商
 (x)−2 ) 5x³− 3x²+  x− 1
         5x³−10x²   ←(x−2)×5x²
               7x²+  x
(x−2)×7x→      7x²−14x
                    15x− 1
(x−2)×15→           15x−30
                        29……余り
```

例 $(-3x^2+x+5x^3-1)\div(x-2)$
$=(5x^3-3x^2+x-1)\div(x-2)$
右の計算から
商　$5x^2+7x+15$
余り　29

注意 余りの次数が割る式の次数より低くなったときが，その割り算の終わり。

2 係数分離法

x^3，x^2，……などの文字を省略し，係数だけを書き並べる方法である。ただし，次数がとんでいるときは0を書く。

例 1 の 例 について
$(5x^3-3x^2+x-1)\div(x-2)$
の係数だけを書き並べると，右のようになる。

```
         5   7   15      ⇒商 5x²+7x+15
1 −2 ) 5 − 3    1 −1
       5 −10
             7    1
             7 −14
                 15 − 1
                 15 −30
                     29……余り
```

3 多項式の割り算の原理 ▷ 例題9

多項式Aを多項式Bで割ったときの商がQ，余りがRならば

$A=BQ+R$　（Rの次数＜Bの次数）

特に，$R=0$のとき，$A=BQ$となり，AはBで割り切れるという。

$17\div5=3\cdots\cdots2$
$17=5\times3+2$
↕　↕　↕　↕
$A=B\times Q+R$

例 1 の 例 について，$5x^3-3x^2+x-1$を$x-2$で割ったときの商が$5x^2+7x+15$，余りが29だから

$$5x^3-3x^2+x-1=(x-2)(5x^2+7x+15)+29$$

4 組立除法 ▷ 例題8

1次式$x-\alpha$で割るときは下のような計算によって，商と余りが求められる。

また，1次式$ax+b$ $(a\neq 0)$で割るときは，$a\left(x+\dfrac{b}{a}\right)$と考え，組立除法によって，

まず$x+\dfrac{b}{a}$で割る。

例 **1**の**例**について

```
x−α=0の解
↓
2 | 5   −3    1    −1 ←割られる
上下加える                 式の係数
+)  ↓   10   14    30
    5 ×2 7 ×2 15 ×2 |29……余り
    ⋮    ⋮    ⋮
商 5x² +7x +15
```

例 $(2x^3+3x^2+3x+2)\div(2x+1)$を組立除法で計算するには，$x+\dfrac{1}{2}$で割り，最後に商の係数を2で割る。

```
2x+1=0の解
↓
−1/2 | 2   3   3   2
+)        −1  −1  −1
       2   2   2  |1……余り
÷2
商 x²+x+1
```

例題 8　多項式の割り算　★★★ 基本

次の多項式A，Bについて，AをBで割った商と余りを求めよ。

(1) $A=1+5x+x^3$，$B=x^2-x+3$　　(2) $A=x^3+2$，$B=x+1$

POINT　多項式の割り算 ⟹ 式を降べきの順に整理する

多項式の割り算では，式を降べきの順に整理し，**次数がとんでいるところは，そこを空けて書きます**（また，1次式で割るときは，組立除法を用いることもできます）。

解答

(1)

$$
\begin{array}{r}
x\ \ +1 \\
x^2-x+3\,\overline{)\,x^3\qquad\quad +5x+1} \\
\underline{x^3-x^2\ \ +3x} \\
x^2\ \ +2x+1 \\
\underline{x^2\ \ -\ \ x+3} \\
3x-2
\end{array}
$$

❶

$$\begin{cases}\textbf{商}\quad x+1\\ \textbf{余り}\quad 3x-2\end{cases}$$ 答

(2)

$$
\begin{array}{r}
x^2-x+1 \\
x+1\,\overline{)\,x^3\qquad\qquad +2} \\
\underline{x^3+x^2} \\
-x^2 \\
\underline{-x^2-x} \\
x\ \ +2 \\
\underline{x\ \ +1} \\
1
\end{array}
$$

❷

$$\begin{cases}\textbf{商}\quad x^2-x+1\\ \textbf{余り}\quad 1\end{cases}$$ 答

アドバイス

❶ x^2の項がないので，そこを空けておきます。

❷ x^2，xの項がないので空けておきます。
組立除法では次のように0を書いておきます。

-1	1	0	0	2
		-1	1	-1
	1	-1	1	1

商x^2-x+1　余り1

STUDY　次数がとんでいるときは注意

多項式の割り算の計算では，次数がとんでいるときには，そこを空けて書く。また，組立除法では，0とすることに注意しよう。

練習 8　次の多項式A，Bについて，AをBで割った商と余りを求めよ。ただし，(3)でaは定数とする。

(1) $A=5x^2+7x+2$，$B=5x-3$

(2) $A=4x^3-2x^2+5$，$B=2x^2+1$

(3) $A=8x^3+6a^3-30a^2x$，$B=2x-a$

例題 9　多項式の割り算の原理

★★★ 標準

次の条件を満たす多項式A，Bを求めよ。

(1)　多項式Aをx^2+x+1で割ると，商が$x-1$で余りが$2x+1$である。

(2)　x^3+2x^2+x+1を整式Bで割ると，商が$x+2$で余りが-1である。

POINT　多項式の割り算の原理は式$A=BQ+R$の形作り

多項式Aを多項式Bで割ったときの商をQ，余りをRとするとき，$A=BQ+R$と表すことができます。これは，17を5で割ったときの商が3で，余りが2となることを$17=5\times3+2$と表せることと同じです。

解答

(1)　多項式の割り算の原理を用いると

$$A=(x^2+x+1)(x-1)\ ❶ +2x+1$$
$$=x^3-1+2x+1$$
$$=\boldsymbol{x^3+2x}$$ 答

(2)　多項式の割り算の原理を用いると

$$x^3+2x^2+x+1=B(x+2)-1$$

したがって

$$B=(x^3+2x^2+x+2)\div(x+2)=\boldsymbol{x^2+1}$$ 答

$$\begin{array}{r}
x^2 \qquad +1 \\
x+2\,\overline{)\,x^3+2x^2+x+2} \\
\underline{x^3+2x^2 \qquad\quad} \\
x+2 \\
\underline{x+2} \\
0
\end{array}$$ ❷

アドバイス

❶ 展開公式
$(x-1)(x^2+x+1)=x^3-1$
を用いると，速く計算できます。

❷
$$\begin{array}{r|rrrr}
-2 & 1 & 2 & 1 & 2 \\
 & & -2 & 0 & -2 \\
\hline
 & 1 & 0 & 1 & 0
\end{array}$$
から，商x^2+1，余り0としてもよいです。

STUDY　割り算実行か因数分解か

上の(2)では，$(x^3+2x^2+x+2)\div(x+2)$という割り算を実行したが，この割られる式は

$$x^3+2x^2+x+2=x^2(x+2)+x+2=(x+2)(x^2+1)$$

と簡単に因数分解できるので，縦書きの割り算や組立除法を行わなくても答えが得られる。割り切れることがわかっている場合は，因数分解も試みるとよい。

練習 9　$2x^3-7x^2+7x-7$を多項式Aで割ると，商が$2x-1$，余りが$2x-6$である。多項式Aを求めよ。

4 分数式の計算

1 分数式の乗法・除法 ▷ 例題10

分数式の計算も分数の計算と同じ原理であり，計算の手順は次のようになる。

① 分母・分子を因数分解する。

② 除法（割り算）が含まれているときは，乗法（かけ算）に変える。

③ 分母・分子を約分して，それ以上約分できない式，すなわち**既約分数式**にする。

$$\frac{A}{B}\times\frac{C}{D}=\frac{AC}{BD}$$ （を約分する）

$$\frac{A}{B}\div\frac{C}{D}=\frac{A}{B}\times\frac{D}{C}=\frac{AD}{BC}$$ （を約分する）

例

$$\frac{8a^3x}{6ax^2}=\frac{4a^2}{3x}$$

$$\frac{x+2}{x+1}\times\frac{x^2-1}{x^2-4}=\frac{(x+2)(x+1)(x-1)}{(x+1)(x+2)(x-2)}=\frac{x-1}{x-2}$$

$$\frac{x}{x+1}\div\frac{x^2}{x^2-1}=\frac{x}{x+1}\times\frac{x^2-1}{x^2}=\frac{x(x+1)(x-1)}{x^2(x+1)}=\frac{x-1}{x}$$

2 分数式の加法・減法 ▷ 例題11

(1) 分母が等しいとき，分子どうしの計算を行い，分母・分子を因数分解して，既約分数式に直す。

$$\frac{A}{C}+\frac{B}{C}=\frac{A+B}{C}$$ （を約分する）

$$\frac{A}{C}-\frac{B}{C}=\frac{A-B}{C}$$ （を約分する）

例

$$\frac{2}{x^2-4}+\frac{x}{x^2-4}=\frac{x+2}{x^2-4}=\frac{x+2}{(x+2)(x-2)}=\frac{1}{x-2}$$

(2) 分母が異なるとき，それぞれの分母を因数分解し，分母・分子に同じ式をかけて，分母が同じ式になるようにする。すなわち，分母を通分する。そのあとは(1)と同じ。

例
$$\begin{aligned}\frac{1}{x^2+x}+\frac{1}{x^2+3x+2}&=\frac{1}{x(x+1)}+\frac{1}{(x+1)(x+2)}\\&=\frac{x+2}{x(x+1)(x+2)}+\frac{x}{x(x+1)(x+2)}\\&=\frac{2(x+1)}{x(x+1)(x+2)}\\&=\frac{2}{x(x+2)}\end{aligned}$$

3 繁分数式の計算 ▷ 例題 12

分数式の分母や分子がさらに分数式になっている形の分数式を**繁分数式**（はん）といい，これらを簡単にするには次の2つの方法がある。

(1) 分数式を除法に直して計算する。

例
$$\begin{aligned}\frac{x+1}{1+\frac{1}{x}}&=\frac{x+1}{\frac{x+1}{x}}\\&=(x+1)\div\frac{x+1}{x}\\&=(x+1)\times\frac{x}{x+1}\\&=x\end{aligned}$$

(2) 分母・分子に同じ式をかけ，繁分数式でない分数式の計算にもち込む。

例
$$\begin{aligned}\frac{x+1}{1+\frac{1}{x}}&=\frac{x(x+1)}{x\left(1+\frac{1}{x}\right)}\\&=\frac{x(x+1)}{x+1}\\&=x\end{aligned}$$

例題 10 分数式の乗法・除法

★★★ 基本

次の計算をせよ。

(1) $\dfrac{3ab^2}{2xy^2}\times\dfrac{4xy}{5a^2b}$

(2) $\dfrac{x^2-1}{x-2}\times\dfrac{x^2-3x+2}{(x-1)^2}$

(3) $\dfrac{x^2+5x+4}{x+2}\div\dfrac{x+1}{x^2+6x+8}$

POINT 分数式の乗法・除法 ⟹ 因数分解してから約分

- 分数式の乗法の計算では，分母・分子を因数分解してから約分します。
- 除法を含む計算では，割る式の分母・分子を逆にして，乗法の形にします。

解答

(1) $\dfrac{3ab^2}{2xy^2}\times\dfrac{4xy}{5a^2b}=\dfrac{3\cdot4ab^2xy}{2\cdot5a^2bxy^2}$ ❶

$=\boldsymbol{\dfrac{6b}{5ay}}$ 答

(2) $\dfrac{x^2-1}{x-2}\times\dfrac{x^2-3x+2}{(x-1)^2}$

$=\dfrac{(x+1)(x-1)(x-1)(x-2)}{(x-2)(x-1)^2}$ ❷

$=\boldsymbol{x+1}$ 答

(3) $\dfrac{x^2+5x+4}{x+2}\div\dfrac{x+1}{x^2+6x+8}$

$=\dfrac{x^2+5x+4}{x+2}\times\dfrac{x^2+6x+8}{x+1}$ ❸

$=\dfrac{(x+1)(x+4)(x+2)(x+4)}{(x+2)(x+1)}$ ❹

$=\boldsymbol{(x+4)^2}$ 答

アドバイス

❶ 対応する文字を上下に並べます。

❷ 分母・分子を因数分解します。

❸ まず，かけ算に直します。

❹ 分母・分子を因数分解します。

練習 10 次の計算をせよ。

(1) $\dfrac{x^2+xy}{x^2-xy}\times\dfrac{x-y}{x+y}$

(2) $\dfrac{x^2+2x+4}{x^2+3x+2}\div\dfrac{x^3-8}{(x+1)^2}$

例題 11 分数式の加法・減法 ★★★ 基本

次の計算をせよ。

(1) $\dfrac{1}{x^2+x}+\dfrac{1}{x^2+3x+2}$　　(2) $\dfrac{1}{x-1}-\dfrac{1}{x+1}-\dfrac{2}{x^2+1}$

POINT 分母の異なる分数式の加法・減法は，通分してから約分

分母の異なる分数式の加法・減法では，まず分母が同じになるようにそれぞれの分母・分子に同じ式をかけます。すなわち，通分し，分子どうしを加えたあと，さらに因数分解して約分します。(2)では，左から順に通分するとスムーズに計算できます。

解答

(1) $\dfrac{1}{x^2+x}+\dfrac{1}{x^2+3x+2}$

$=\dfrac{1}{x(x+1)}+\dfrac{1}{(x+1)(x+2)}$ ❶

$=\dfrac{x+2}{x(x+1)(x+2)}+\dfrac{x}{x(x+1)(x+2)}$ ❷

$=\dfrac{(x+2)+x}{x(x+1)(x+2)}=\dfrac{2(x+1)}{x(x+1)(x+2)}$ ❸

$=\boldsymbol{\dfrac{2}{x(x+2)}}$ 答

(2) $\dfrac{1}{x-1}-\dfrac{1}{x+1}-\dfrac{2}{x^2+1}$

$=\dfrac{x+1}{(x-1)(x+1)}-\dfrac{x-1}{(x+1)(x-1)}-\dfrac{2}{x^2+1}$ ❹

$=\dfrac{2}{x^2-1}-\dfrac{2}{x^2+1}$

$=\dfrac{2(x^2+1)}{(x^2-1)(x^2+1)}-\dfrac{2(x^2-1)}{(x^2+1)(x^2-1)}$ ❺

$=\dfrac{2x^2+2-(2x^2-2)}{x^4-1}$

$=\boldsymbol{\dfrac{4}{x^4-1}}$ 答

アドバイス

❶ 分母を因数分解します。

❷ 分母が同じになるように，分母・分子に同じ式をかけます。

❸ 約分します。

❹ まず2つを通分します。一気に3つ通分してもよいです。

❺ 分子を計算します。

練習 11 次の計算をせよ。

(1) $\dfrac{2x+1}{3x^2+4x+1}+\dfrac{x+1}{3x^2-2x-1}$　　(2) $\dfrac{4x^2}{x^2-1}+\dfrac{1-x}{x+1}-\dfrac{3x}{x^2-x}$

例題 12　繁分数式の計算

★★★　標準

次の計算をせよ。

(1) $\dfrac{x-1}{x-\dfrac{1}{x}}$　　(2) $\dfrac{1-\dfrac{x-1}{x-2}}{3-\dfrac{x-1}{x-2}}$

POINT　繁分数式は，繁分数式でない分数式に変えて計算

- 繁分数式の計算では，除法を用いるか，分母・分子に同じ式をかけることによって，繁分数式でない分数式に変えてから計算します。
- ここでは，主に分母・分子に同じ式をかける方法について解説します。

解答

(1) 分母・分子にxをかけると

$$\text{与式}=\frac{x(x-1)}{x\left(x-\dfrac{1}{x}\right)} \text{ ❶}$$

$$=\frac{x(x-1)}{x^2-1}$$

$$=\frac{x(x-1)}{(x+1)(x-1)}$$

$$=\boldsymbol{\frac{x}{x+1}} \text{ (答)}$$

(2) 分母・分子に$x-2$をかけると

$$\text{与式}=\frac{(x-2)\left(1-\dfrac{x-1}{x-2}\right)}{(x-2)\left(3-\dfrac{x-1}{x-2}\right)} \text{ ❷}$$

$$=\frac{(x-2)-(x-1)}{3(x-2)-(x-1)}$$

$$=\boldsymbol{\frac{-1}{2x-5}} \text{ (答)}$$

アドバイス

❶ 分母・分子にxをかけると，繁分数式でなくなります。

❷ 分母・分子に$(x-2)$をかけると，繁分数式でなくなります。

練習 12　次の計算をせよ。

(1) $\dfrac{1}{1+\dfrac{1}{x}}$　　(2) $\dfrac{1}{1-\dfrac{1}{1+\dfrac{1}{x}}}$

定期テスト対策問題 1

解答・解説は別冊 p.6

1 次の式を因数分解せよ。

(1) x^6+7x^3-8

(2) $x^3+y^3+3y^2+3y+1$

2 $(x+1)^n$, $(x-1)^n$ を展開した式を用いて，次の等式を証明せよ。

(1) ${}_nC_0+{}_nC_1+{}_nC_2+\cdots+{}_nC_n=2^n$

(2) ${}_nC_0-{}_nC_1+{}_nC_2-\cdots+(-1)^n{}_nC_n=0$

3 $\left(x+\dfrac{1}{x}\right)^{10}$ を展開したとき，次の項の係数を求めよ。

(1) x^{10}, $\dfrac{1}{x^{10}}$

(2) 定数項

(3) x^4

4 次の多項式 A, B について，A を B で割った商と余りを求めよ。

(1) $A=x^3+2x^2-x+3$, $B=x-1$

(2) $A=3x^3+x^2+x-1$, $B=x^2+x-1$

5 $x^3-7x+10$ を整式 P で割ると，商が x^2+x-6 で余りが 4 であるという。このとき，整式 P を求めよ。

6 x についての整式 P を $2x^2+5$ で割ると $7x-4$ 余り，さらに，その商を $3x^2+5x+2$ で割ると $3x+8$ 余る。このとき，P を $3x^2+5x+2$ で割った余りを求めよ。

7 次の計算をせよ。

(1) $\dfrac{x^2-3x+2}{x^2-1}\times\dfrac{x+1}{x-2}$

(2) $\dfrac{a^2-b^2}{a^2+ab}\div\dfrac{a^3-b^3}{a+b}\times\dfrac{a^2+ab+b^2}{a^2+2ab+b^2}$

(3) $\dfrac{1}{x^2+x}-\dfrac{1}{x}$

(4) $\dfrac{2x-3}{x^2-3x+2}-\dfrac{3x-2}{x^2-4}-\dfrac{6}{x^2+x-2}$

(5) $\dfrac{a-\dfrac{1}{a}}{a-1}$

(6) $\dfrac{x-1}{1-\dfrac{2}{x+1}}$

(7) $\dfrac{9x^2-4y^2}{6x^2+xy-2y^2}\div\dfrac{6x^2-xy-2y^2}{4x^2-4xy+y^2}\times\dfrac{4x^2+4xy+y^2}{2x-y}$

(8) $\dfrac{1}{x-4}-\dfrac{1}{x-3}-\dfrac{1}{x-2}+\dfrac{1}{x-1}$

8 $\dfrac{b-a}{ab}=\dfrac{1}{a}-\dfrac{1}{b}$，$\dfrac{1}{x(x+1)}=\dfrac{1}{x}-\dfrac{1}{x+1}$ などを利用して，次の計算をせよ。

(1) $\dfrac{b-a}{ab}+\dfrac{c-b}{bc}+\dfrac{a-c}{ca}$

(2) $\dfrac{1}{x(x+1)}+\dfrac{1}{(x+1)(x+2)}+\dfrac{1}{(x+2)(x+3)}+\dfrac{1}{x+3}$

9 $\dfrac{2x+3}{x+1}=\dfrac{2(x+1)+1}{x+1}=2+\dfrac{1}{x+1}$ のように，分母の次数より分子の次数を低くすることによって，次の計算をせよ。

$$\dfrac{2x+1}{x}-\dfrac{2x+3}{x+1}-\dfrac{x-4}{x-3}+\dfrac{x-5}{x-4}$$

第2節
等式・不等式の証明

1 等式の証明

1 恒等式

等式に含まれる文字にどんな値を代入しても成り立つ等式をその文字についての**恒等式**という。恒等式の左辺と右辺は，変形すると同じ式になる。

例 $(x+1)^2=x^2+2x+1$ ⇐ xについての恒等式
$x^2-2x-3=0$ ⇐ xについての方程式（$x=-1$または$x=3$のときのみ成り立つ）

2 恒等式の性質

① $\boldsymbol{ax^2+bx+c=0}$ **が** $\boldsymbol{x}$ **についての恒等式**
$\iff \boldsymbol{a=b=c=0}$

② $\boldsymbol{ax^2+bx+c=a'x^2+b'x+c'}$ **が** $\boldsymbol{x}$ **についての恒等式**
$\iff \boldsymbol{a=a',\ b=b',\ c=c'}$

3 係数比較法 ▷ 例題 13

両辺の同じ次数の項の係数が等しいことを用いて，未知の係数を求める方法のことを**係数比較法**という。

例 $ax^2+bx+c=2x^2+3x+4$が恒等式のとき
$a=2,\ b=3,\ c=4$

4 数値代入法 ▷ 例題 14

適当な数値を代入して，未知の係数を決定する方法のことを**数値代入法**という。この方法で解いたときには，求めた係数を代入すると恒等式になることに触れなければならない。

例 $ax+b(x-1)=x+1$が恒等式のとき
$x=1$を代入すると
$a+b\cdot 0=2$
よって　$a=2$
$x=0$を代入すると
$0+b\cdot(-1)=1$
よって　$b=-1$
このとき，もとの式は
$2x-(x-1)=x+1$
となって，恒等式である。

5 等式の証明 ▷ 例題15

等式$A=B$の主な証明方法

① 一方の辺の式Aが複雑で，もう一方の辺の式Bが簡単なとき，Aを変形してBを導く。

② A，Bともに複雑な式のとき，左辺A，右辺Bを別々に変形して，同じ式Cに導く。

③ 左辺−右辺$=A-B=0$を示す。

例 $(a+b)^2-(a-b)^2=4ab$の証明

左辺$=(a^2+2ab+b^2)-(a^2-2ab+b^2)$

$=4ab=$右辺

よって

$(a+b)^2-(a-b)^2=4ab$ （①の例）

6 条件付き等式の証明 ▷ 例題16

条件式の数だけ文字を消去する。

例 $x+y=1$ ⇒ $y=-x+1$を代入

$a+b+c=0$ ⇒ $c=-a-b$を代入

7 比例式 ▷ 例題17

比例式

$$\frac{x}{a}=\frac{y}{b}=\frac{z}{c} \quad (x:y:z=a:b:c)$$

が与えられたとき，この値をkとおいて，$x=ak$，$y=bk$，$z=ck$を問題の式に代入する。

例題 13 係数比較法

★★★ 基本

次の等式がxについての恒等式になるように，定数a，b，cの値を定めよ。

(1) $ax^2+bx+x+c=(x-1)^2+(x+1)^2$ (2) $a(x+1)^2+b(x+1)+c=x^2+1$

係数比較法 ⟹ 両辺を降べきの順に整理する

係数比較法を用いて恒等式を解くには，まず両辺を降べきの順に整理し，各次数の項の係数が等しいことを用います。

解答

(1) $ax^2+bx+x+c=\underline{(x-1)^2+(x+1)^2}$ ❶

$ax^2+(b+1)x+c=2x^2+2$

両辺のxについて同じ次数の項の係数を比較して

$a=2$，$b+1=0$，$c=2$

よって **$a=2$，$b=-1$，$c=2$** 答

(2) $x+1=t$とおくと，$x=t-1$だから

$at^2+bt+c=(t-1)^2+1$

$\underline{at^2+bt+c=t^2-2t+2}$ ❷

両辺のtについて同じ次数の項の係数を比較して

$a=1$，$b=-2$，$c=2$ 答

別解 $\underline{a(x+1)^2+b(x+1)+c=x^2+1}$ ❸

$ax^2+(2a+b)x+a+b+c=x^2+1$

両辺のxについて同じ次数の項の係数を比較して

$$\begin{cases} a=1 & \cdots\cdots① \\ 2a+b=0 & \cdots\cdots② \\ a+b+c=1 & \cdots\cdots③ \end{cases}$$ ❹

これらを解いて **$a=1$，$b=-2$，$c=2$** 答

アドバイス

❶ $(x-1)^2=x^2-2x+1$
$(x+1)^2=x^2+2x+1$

❷ tについての恒等式にします。

❸ 左辺
$=a(x^2+2x+1)+b(x+1)+c$

❹ $a=1$を②に代入して$b=-2$，さらに，$a=1$，$b=-2$を③に代入して$c=2$を得ます。

STUDY 恒等式でも置き換えは有効

同じ形の式を含む恒等式の問題では，置き換えを用いると計算が省力化できる。

練習 13

次の等式がxについての恒等式になるように，定数a, b, cの値を定めよ。

(1) $(x-1)(ax+1)=x^2+bx+c$

(2) $a(x-1)^2+b(x-1)+c=2x^2+3x+4$

例題 14 数値代入法

★★★ 基本

次の等式がxについての恒等式になるように，定数a，b，cの値を定めよ。

(1) $ax(x-1)+b(x-1)(x-2)+cx(x-2)=x^2+2$

(2) $\dfrac{a}{x-1}+\dfrac{b}{x+1}=\dfrac{3x-1}{x^2-1}$

数値代入法 ⟹ 簡単な式になる値を代入

恒等式はxの任意の値に対して成り立つので，どんな値を代入してもよいのです。そこで，なるべく簡単な式が得られるような値を代入します。

解答

(1) $ax(x-1)+b(x-1)(x-2)+cx(x-2)=x^2+2$

$x=0$，1，2を代入すると❶ $\begin{cases} 2b=2 \\ -c=3 \\ 2a=6 \end{cases}$

よって　$\boldsymbol{a=3,\ b=1,\ c=-3}$ 答

(これらの値に対して，もとの式は恒等式となる)❷

(2) $\dfrac{a}{x-1}+\dfrac{b}{x+1}=\dfrac{3x-1}{x^2-1}$

$\dfrac{a(x+1)+b(x-1)}{(x-1)(x+1)}=\dfrac{3x-1}{x^2-1}$

分子どうしも恒等式だから

$a(x+1)+b(x-1)=3x-1$❸

$x=1$，-1を代入すると $\begin{cases} 2a=2 \\ -2b=-4 \end{cases}$

よって　$\boldsymbol{a=1,\ b=2}$ 答

(これらの値に対して，もとの式は恒等式となる)

アドバイス

❶ これらの値を代入すると，そのあと解くのが容易になります。

❷ 断っておきましょう。

❸ もとの分数式には，$x=1$，-1は代入できませんが，この式には代入してもよいです。

STUDY　数値代入法で求めた答えに対して，もとの式が恒等式であることを確認する理由

例えば 例題 14 (1)では，$x=0$，1，2に対してのみ等式が成り立つようにa，b，cを定めた(必要条件)だけなので，すべてのxに対して等式が成り立つという保証はない。したがって，これらの値に対してもとの式が恒等式である(十分条件)ことを確認する必要がある。

練習 14　次の等式がxについての恒等式になるように，定数a, b, cの値を定めよ。

$a(x-1)(x-2)+b(x-1)+c=x^2$

例題 15 等式の証明

次の等式を証明せよ。

(1) $(x^2+1)^2+(x^2-1)^2=2(x^4+1)$

(2) $(a^2-b^2)(c^2-d^2)=(ac+bd)^2-(ad+bc)^2$

POINT 等式の証明には3つの方法がある

等式 $A=B$ を示すには，① A を変形して B を導く，② $A=\cdots=C$, $B=\cdots=C$ を示す，③ $A-B=\cdots=0$ を示す，などの方法がありますが，迷ったときは③の方法です。

解答

(1) 左辺 $=(x^2+1)^2+(x^2-1)^2$

$=(x^4+2x^2+1)+(x^4-2x^2+1)$ ❶

$=2(x^4+1)=$ 右辺

よって　$(x^2+1)^2+(x^2-1)^2=2(x^4+1)$

(2) 左辺 $=(a^2-b^2)(c^2-d^2)$ ❷

$=a^2c^2-a^2d^2-b^2c^2+b^2d^2$

右辺 $=(ac+bd)^2-(ad+bc)^2$ ❷

$=(a^2c^2+2abcd+b^2d^2)-(a^2d^2+2abcd+b^2c^2)$

$=a^2c^2+b^2d^2-a^2d^2-b^2c^2$

よって　$(a^2-b^2)(c^2-d^2)=(ac+bd)^2-(ad+bc)^2$

別解　左辺－右辺

$=(a^2-b^2)(c^2-d^2)-\{(ac+bd)^2-(ad+bc)^2\}$

$=(a^2c^2-a^2d^2-b^2c^2+b^2d^2)-(a^2c^2+2abcd+b^2d^2-a^2d^2-2abcd-b^2c^2)$

$=(a^2c^2+b^2d^2-a^2d^2-b^2c^2)-(a^2c^2+b^2d^2-a^2d^2-b^2c^2)=0$

よって　$(a^2-b^2)(c^2-d^2)=(ac+bd)^2-(ad+bc)^2$

アドバイス

❶ $(a+b)^2=a^2+2ab+b^2$
$(a-b)^2=a^2-2ab+b^2$
を用いました。

❷ 左辺も右辺も展開して整理すると，同じ式になるはずです。

STUDY 等式の証明の書き方

等式のまま右辺と左辺を同時に変形したりしないよう，書き方にも注意しよう。

練習 15 次の等式を証明せよ。

(1) $(x^2+1)(y^2+1)=(xy-1)^2+(x+y)^2$

(2) $a^2+b^2+c^2-ab-bc-ca=\frac{1}{2}\{(a-b)^2+(b-c)^2+(c-a)^2\}$

例題 16 条件付き等式の証明 ★★★ 標準

$a+b+c=0$ のとき，次の等式を証明せよ。

(1) $a^3+b^3+c^3=3abc$

(2) $ab(a+b)+bc(b+c)+ca(c+a)+3abc=0$

POINT 条件付き等式の証明 ⟹ 条件式を用いて文字消去

- 条件付き等式の証明では，条件式の数だけ文字を消去します。
- $c=-a-b$ を代入することによって文字を消去する方法の他に，$a+b=-c$ などを代入する方法が有効なときもあります。(2)では，この方法を用いるとよいです。

解答

(1) $a+b+c=0$ から　$c=-a-b$ ❶

このとき

$$左辺=a^3+b^3+c^3$$
$$=a^3+b^3+(-a-b)^3$$
$$=a^3+b^3-(a^3+3a^2b+3ab^2+b^3)$$ ❷
$$=-3a^2b-3ab^2$$

$$右辺=3abc=3ab(-a-b)$$
$$=-3a^2b-3ab^2$$

よって　$a^3+b^3+c^3=3abc$

(2) $a+b+c=0$ だから

$$a+b=-c,\ b+c=-a,\ c+a=-b$$

よって　$左辺=ab(-c)+bc(-a)+ca(-b)+3abc$
$$=-3abc+3abc=0$$

すなわち

$$ab(a+b)+bc(b+c)+ca(c+a)+3abc=0$$

アドバイス

❶ 1文字消去します。

❷ 展開公式
$(a+b)^3$
$=a^3+3a^2b+3ab^2+b^3$
を用います。
$(-a-b)^3=(-1)^3(a+b)^3$
$=-(a+b)^3$

練習 16 次の等式を証明せよ。

(1) $xy=1$ のとき　$\dfrac{1}{x+1}+\dfrac{1}{y+1}=1$

(2) $a+b+c=0$ のとき　$\dfrac{b^2-c^2}{a}+\dfrac{c^2-a^2}{b}+\dfrac{a^2-b^2}{c}=0$

例題 17 比例式と等式の証明 ★★★ 標準

$\dfrac{a}{b}=\dfrac{c}{d}$ のとき，次の問いに答えよ。

(1) $\dfrac{(a+c)(b-d)}{ab-cd}$ の値を求めよ。

(2) 等式 $\dfrac{a+2b}{3a+4b}=\dfrac{c+2d}{3c+4d}$ を証明せよ。

比例式はkとおく

与えられた式が分数式(比例式)のときは，それらの値をkとおいて分母を払います。

解答

$\dfrac{a}{b}=\dfrac{c}{d}=k$ とおくと，$a=bk$，$c=dk$ ……Ⓐ

(1) Ⓐから

$$\frac{(a+c)(b-d)}{ab-cd}=\frac{(bk+dk)(b-d)}{b^2k-d^2k}$$

$$=\frac{k(b+d)(b-d)}{k(b^2-d^2)}=\frac{k(b^2-d^2)}{k(b^2-d^2)}=\mathbf{1}$$ 答

(2) Ⓐから

$$\text{左辺}=\frac{a+2b}{3a+4b}=\frac{bk+2b}{3bk+4b}=\frac{b(k+2)}{b(3k+4)}=\frac{k+2}{3k+4}$$

$$\text{右辺}=\frac{c+2d}{3c+4d}=\frac{dk+2d}{3dk+4d}=\frac{d(k+2)}{d(3k+4)}=\frac{k+2}{3k+4}$$

したがって $\dfrac{a+2b}{3a+4b}=\dfrac{c+2d}{3c+4d}$

アドバイス

❶ 比例式をkとおきます。
❷ aとcをb，d，kで表します。
❸ 左辺に$a=bk$を代入します。
❹ 右辺に$c=dk$を代入します。

Q 比例式が$a:b:c=2:3:4$となっている場合はどうしますか？

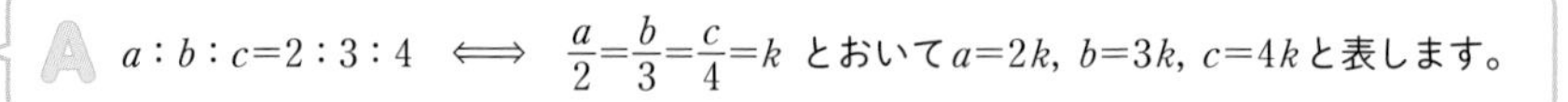

A $a:b:c=2:3:4 \iff \dfrac{a}{2}=\dfrac{b}{3}=\dfrac{c}{4}=k$ とおいて$a=2k$，$b=3k$，$c=4k$と表します。

練習 17 $x:y=2:3$のとき，$\dfrac{x-y}{x+y}$ の値を求めよ。

練習 18 $\dfrac{a}{b}=\dfrac{c}{d}$ のとき，次の等式を証明せよ。

(1) $\dfrac{a+b}{b}=\dfrac{c+d}{d}$

(2) $\dfrac{a^2-b^2}{a^2+b^2}=\dfrac{c^2-d^2}{c^2+d^2}$

2 不等式の証明

1 不等式の証明 ▷ 例題 18

(1) 不等式$A \geqq B$, $A > B$を証明するには

$$A-B \geqq 0,\quad A-B>0$$

を示す。

$$\boldsymbol{A \geqq B \iff A-B \geqq 0}$$

$$\boldsymbol{A > B \iff A-B > 0}$$

(2) $A-B \geqq 0$または$A-B>0$を示す主な方法

$A-B$を

① **(実数)^2＋(実数)^2＋……＋(実数)^{2}の形**

② **(実数)^2＋……＋(実数)^2＋(正の数)の形**

③ **因数分解して，(正の数)×(正の数)や(負の数)×(負の数)などの形**

にする。

例 $x^2+y^2 \geqq 2x+2y-2$を示すには

$$\begin{aligned}左辺-右辺 &= x^2+y^2-2x-2y+2\\ &=(x^2-2x+1)+(y^2-2y+1)\\ &=(x-1)^2+(y-1)^2 \geqq 0 \qquad \cdots\cdots①\end{aligned}$$

よって

$$x^2+y^2 \geqq 2x+2y-2$$

等号は①から，$x=y=1$のとき成り立つ。

注意 「≧」や「≦」を示したときは，上記のように等号が成り立つ条件を書き添えておくのがふつうである。

2 条件付き不等式の証明 ▷ 例題 19

条件が使えるように，例えば$a>b$などは，$a-b>0$と変形する。

例 $a>b>0$のとき，$\dfrac{a}{b}>\dfrac{a+1}{b+1}$を示すには

$$\begin{aligned}\frac{a}{b}-\frac{a+1}{b+1}&=\frac{a(b+1)-b(a+1)}{b(b+1)}\\ &=\frac{a-b}{b(b+1)}\end{aligned}$$

$a>b>0$から

$$a-b>0,\quad b(b+1)>0$$

よって

$$\frac{a-b}{b(b+1)}>0 \quad すなわち \quad \frac{a}{b}>\frac{a+1}{b+1}$$

3 相加平均・相乗平均の関係 ▷ 例題20 例題21

$a>0$, $b>0$のとき, $\dfrac{a+b}{2}$を**相加平均**, $\sqrt{ab}$を**相乗平均**という。

$$\boldsymbol{\frac{a+b}{2} \geqq \sqrt{ab}}$$　　**相加平均≧相乗平均**

(等号は$a=b$のとき成り立つ)

相加平均・相乗平均の関係は

$$\boldsymbol{a+b \geqq 2\sqrt{ab}}$$

の形で用いることが多い。

例 $a>0$のとき

$$a+\frac{1}{a} \geqq 2\sqrt{a \cdot \frac{1}{a}}$$
$$=2$$

すなわち

$$a+\frac{1}{a} \geqq 2$$

等号は$a=\dfrac{1}{a}$ $(a>0)$, すなわち, $a=1$のとき成り立つ。

4 正の数についての不等式 ▷ 例題22 例題23

不等式$A \geqq B$や$A>B$を証明するとき, $A>0$, $B>0$ならば, 次の方法が有効である。

① $A^2 \geqq B^2$ や $A^2>B^2$
を示す。すなわち, 両辺を2乗して大小を比べる。平方根や絶対値を含む不等式のときによく用いられる。

② 相加平均・相乗平均の関係を用いる。逆数関係にある項を含むときによく用いられる。

例題 18 不等式の証明

★★★ 基本

文字が実数のとき，次の不等式を証明せよ。また，等号が成り立つのはどんなときか。

(1) $x^2+y^2 \geqq 2x+4y-5$　　(2) $(a^2+b^2)(x^2+y^2) \geqq (ax+by)^2$

$A \geqq B$を示すには，$A-B=\cdots\cdots \geqq 0$を示すのが基本

- 不等式$A \geqq B$を示すには，$A-B$を計算して0以上であることを示します。
- 本問では，$(実数)^2 \geqq 0$を用いるのがポイントです。

解答

(1) 左辺−右辺$=x^2+y^2-(2x+4y-5)$

$=(x^2-2x+1)+(y^2-4y+4)$

$=(x-1)^2+(y-2)^2 \geqq 0$ ❶

よって　$x^2+y^2 \geqq 2x+4y-5$

等号が成り立つのは　$x-1=0$，$y-2=0$

すなわち，**$x=1$，$y=2$のとき**である。 (答)

(2) 左辺−右辺$=(a^2+b^2)(x^2+y^2)-(ax+by)^2$

$=(a^2x^2+a^2y^2+b^2x^2+b^2y^2)-(a^2x^2+2abxy+b^2y^2)$

$=a^2y^2-2abxy+b^2x^2$

$=(ay-bx)^2 \geqq 0$ ❷

よって　$(a^2+b^2)(x^2+y^2) \geqq (ax+by)^2$

等号が成り立つのは，**$ay=bx$のとき**である。 (答)

アドバイス

❶ $(実数)^2 \geqq 0$だから
$(x-1)^2 \geqq 0$，$(y-2)^2 \geqq 0$

❷ $(実数)^2 \geqq 0$だから
$(ay-bx)^2 \geqq 0$

Q 下のような証明ではいけませんか？
$x^2+y^2 \geqq 2x+4y-5$　から　$x^2+y^2-2x-4y+5 \geqq 0$
$(x-1)^2+(y-2)^2 \geqq 0$　よって　$x^2+y^2 \geqq 2x+4y-5$

A 証明すべき式$x^2+y^2 \geqq 2x+4y-5$を変形しただけなので，証明したことにはなりません。よくある誤答なので注意しましょう。

練習 19 文字が実数のとき，次の不等式を証明せよ。また，等号が成り立つのはどんなときか。

(1) $x^2+y^2 \geqq 2(x-y-1)$　　(2) $(ax-by)^2 \geqq (a^2-b^2)(x^2-y^2)$

例題 19　条件付き不等式の証明　★★★　標準

次の不等式を証明せよ。

(1)　$a>1$, $b>1$のとき　　$ab+1>a+b$

(2)　$a>b$, $x>y$のとき　　$ax+by>ay+bx$

POINT　条件付き不等式の証明 ⟹ 条件式が使える形にする

- 条件付き不等式の証明では，**与えられた条件が使えるように不等式を変形します**。
- 例えば，(1)では，$a-1>0$, $b-1>0$の形が使えるように，左辺－右辺の式を変形します。(2)では，$a-b>0$, $x-y>0$の形が使えるようにします。

解答

(1)　$a>1$, $b>1$　　よって　　$a-1>0$, $b-1>0$ ❶

ここで

$$\text{左辺}-\text{右辺}=(ab+1)-(a+b)$$
$$=ab-a-b+1$$
$$=a(b-1)-(b-1)$$
$$=(a-1)(b-1)>0$$

よって　　$ab+1>a+b$

(2)　$a>b$, $x>y$　　よって　　$a-b>0$, $x-y>0$ ❷

ここで

$$\text{左辺}-\text{右辺}=(ax+by)-(ay+bx)$$
$$=ax-ay-bx+by$$
$$=a(x-y)-b(x-y)$$
$$=(a-b)(x-y)>0$$

よって　　$ax+by>ay+bx$

アドバイス

❶ この式が使えるような変形を目指します。

❷ この式が使えるような変形を目指します。

STUDY　不等式の意味も大切

(2)では，2組の数，例えば(4と2)，(5と3)があるとき，4·5+2·3と4·3+2·5の大小について考えると，(大)△大+(小)△小と(大)△小+(小)△大では，(大)△大+(小)△小のほうがつねに大きくなることを意味している。この原理は，文字の数が3個，4個，……となっていっても同じ。

練習 20　$a>b$, $x>y$のとき，$2(ax+by)>(a+b)(x+y)$を証明せよ。

例題 20 相加平均・相乗平均の関係 ★★★ 基本

文字が正の数のとき，次の不等式を証明せよ。また，等号が成り立つのはどんなときか。

(1) $a+\dfrac{4}{a}\geqq 4$　　(2) $\left(\dfrac{b}{a}+\dfrac{d}{c}\right)\left(\dfrac{a}{b}+\dfrac{c}{d}\right)\geqq 4$

文字が正で逆数との和の形は相加平均・相乗平均の関係

「$x>0$，$y>0$ のとき，$\dfrac{x+y}{2}\geqq\sqrt{xy}$（等号は $x=y$ のとき）」の関係を用いて不等式を証明するには，どの部分が x，y にあたるのかの設定がポイントとなります。

解答

(1) $a>0$ だから，相加平均・相乗平均の関係により

$$\frac{a+\dfrac{4}{a}}{2}\geqq\sqrt{a\cdot\frac{4}{a}}=2 \quad (❶) \qquad よって \qquad a+\frac{4}{a}\geqq 4$$

等号は $a=\dfrac{4}{a}$ $(a>0)$（❷），すなわち，**$a=2$ のとき**成り立つ。㊟

(2) $$\left(\frac{b}{a}+\frac{d}{c}\right)\left(\frac{a}{b}+\frac{c}{d}\right)=2+\frac{bc}{ad}+\frac{ad}{bc}$$

$a>0$，$b>0$，$c>0$，$d>0$ だから，相加平均・相乗平均の関係により

$$\frac{\dfrac{bc}{ad}+\dfrac{ad}{bc}}{2}\geqq\sqrt{\frac{bc}{ad}\cdot\frac{ad}{bc}}=1 \quad (❸) \quad \cdots\cdots①$$

よって　$\dfrac{bc}{ad}+\dfrac{ad}{bc}\geqq 2$

だから　$\left(\dfrac{b}{a}+\dfrac{d}{c}\right)\left(\dfrac{a}{b}+\dfrac{c}{d}\right)\geqq 2+2=4$

等号は①から，$\dfrac{bc}{ad}=\dfrac{ad}{bc}$ $(ad>0,\ bc>0)$，すなわち，**$ad=bc$ のとき**成り立つ。㊟

アドバイス

❶ $x=a$，$y=\dfrac{4}{a}$ と考えます。
いきなり
$a+\dfrac{4}{a}\geqq 2\sqrt{a\cdot\dfrac{4}{a}}$
としてもよいです。

❷ $a^2=4$ となり，$a>0$ から $a=2$

❸ $x=\dfrac{bc}{ad}$，$y=\dfrac{ad}{bc}$ と考えます。

練習 21 文字が正の数のとき，次の不等式を証明せよ。

(1) $a+\dfrac{1}{a}\geqq 2$　　(2) $(a+b)\left(\dfrac{1}{a}+\dfrac{1}{b}\right)\geqq 4$

例題 21 相加平均・相乗平均の関係の応用 ★★★ 標準

$a>0$, $b>0$ のとき，$P=\left(a+\dfrac{4}{b}\right)\left(b+\dfrac{1}{a}\right)$ の最小値を求めよ。

文字が正の数の最小値 ⟹ 相加平均・相乗平均の関係

- 各項が正で，互いに逆数になっている項を含むときは，相加平均・相乗平均の関係を用いて，最小値を求めることができます。
- この問題では，まず式を展開し，互いに逆数になっているものを見つけましょう。

解答

$$P=\left(a+\frac{4}{b}\right)\left(b+\frac{1}{a}\right)$$
$$=ab+1+4+\frac{4}{ab}$$
$$=ab+\frac{4}{ab}+5 \quad ❶$$

ここで，$a>0$, $b>0$ だから，$ab>0$ となり，相加平均・相乗平均の関係により

$$P\geqq 2\sqrt{ab\cdot\frac{4}{ab}}+5 \quad ❷$$
$$=9$$

等号は $ab=\dfrac{4}{ab}$ $(ab>0)$，すなわち，$ab=2$ ❸ のとき成り立つ。

よって，P は $ab=2$ のとき **最小値9** をとる。 (答)

アドバイス

❶ ab と $\dfrac{1}{ab}$ が互いに逆数になっていることに注目。

❷ $ab+\dfrac{4}{ab}$ の部分に相加平均・相乗平均の関係を用います。

❸ $(ab)^2=4$ $(ab>0)$ から
$ab=2$

STUDY 誤答に注意

$a>0$, $b>0$ だから

$$a+\frac{4}{b}\geqq 2\sqrt{\frac{4a}{b}}=4\sqrt{\frac{a}{b}}>0 \quad \cdots\cdots ①,\qquad b+\frac{1}{a}\geqq 2\sqrt{\frac{b}{a}}>0 \quad \cdots\cdots ②$$

①×②から $\quad \left(a+\dfrac{4}{b}\right)\left(b+\dfrac{1}{a}\right)\geqq 8$

よって　最小値 8

とするのは間違い。①，②で等号の成立条件が異なるため，この等号は成立しない。

練習 22 $x>0$ のとき，$P=\dfrac{x^2+2x+9}{x}$ の最小値を求めよ。

例題 22 根号を含む不等式の証明 ★★★ 応用

$a>0$，$b>0$のとき，次の不等式を証明せよ。また，等号が成り立つのはどんなときか。

(1) $\sqrt{\dfrac{a+b}{2}} \geqq \dfrac{\sqrt{a}+\sqrt{b}}{2}$　　(2) $\sqrt{2(a^2+b^2)} \geqq a+b$

POINT 正の数の大小は2乗しても変わらない

根号を含む不等式の証明で両辺ともに正のときは2乗の差をとります。このとき，大小関係はもとのままであり，なおかつ根号が少なくなって扱いやすくなります。

| 解答 |

(1) $a>0$，$b>0$だから

$$\left(\sqrt{\frac{a+b}{2}}\right)^2-\left(\frac{\sqrt{a}+\sqrt{b}}{2}\right)^2$$ ❶

$$=\frac{a+b}{2}-\frac{a+b+2\sqrt{ab}}{4}$$ ❷

$$=\frac{a+b-2\sqrt{ab}}{4}=\frac{(\sqrt{a}-\sqrt{b})^2}{4} \geqq 0 \quad \cdots\cdots①$$ ❸

よって　$\left(\sqrt{\dfrac{a+b}{2}}\right)^2 \geqq \left(\dfrac{\sqrt{a}+\sqrt{b}}{2}\right)^2$

$\sqrt{\dfrac{a+b}{2}}>0$，$\dfrac{\sqrt{a}+\sqrt{b}}{2}>0$だから ❹

$$\sqrt{\frac{a+b}{2}} \geqq \frac{\sqrt{a}+\sqrt{b}}{2}$$

等号は①から，**$a=b$のとき**成り立つ。答

(2) $\{\sqrt{2(a^2+b^2)}\}^2-(a+b)^2$ ❺

$=2(a^2+b^2)-(a^2+b^2+2ab)=a^2+b^2-2ab$

$=(a-b)^2 \geqq 0 \quad \cdots\cdots②$

したがって　$\{\sqrt{2(a^2+b^2)}\}^2 \geqq (a+b)^2$

$a>0$，$b>0$だから

$\sqrt{2(a^2+b^2)}>0$，$a+b>0$ ❻

よって　$\sqrt{2(a^2+b^2)} \geqq a+b$

等号は②から，**$a=b$のとき**成り立つ。答

| アドバイス |

❶ 2乗の差をとります。

❷ $\dfrac{a+b}{2}=\dfrac{2a+2b}{4}$と変形します。

❸ $(実数)^2 \geqq 0$

❹ もとの式の両辺はともに正だから，2乗した式の大小と，もとの式の大小が一致。

❺ 2乗の差をとります。

❻ もとの式の両辺はともに正だから，2乗した式の大小と，もとの式の大小が一致。

練習 23　$a>b>0$のとき，$\sqrt{a}-\sqrt{b}<\sqrt{a-b}$ を証明せよ。

例題 23 絶対値記号を含む不等式の証明

a, bが実数のとき，次の不等式を証明せよ。また，等号が成り立つ条件を求めよ。

$$|a|-|b| \leqq |a+b|$$

絶対値記号を含む不等式は，2乗して絶対値記号を外す

絶対値記号を含む不等式の証明では，両辺ともに正のときは両辺を2乗して大小を比べます。また，負になる場合があれば，そこだけ別に調べる必要があります。

解答

(i) $|a|<|b|$ のとき

$|a|-|b|<0$ ❶

$|a+b|>0$ ❷

よって　$|a|-|b|<|a+b|$

(ii) $|a| \geqq |b|$ ……① のとき

$P=|a+b|^2-(|a|-|b|)^2$

$=(a+b)^2$ ❸ $-(|a|^2-2|a||b|+|b|^2)$

$=(a^2+2ab+b^2)-(a^2-2|ab|$ ❹ $+b^2)$

$=2(ab+|ab|)$

ここで

(ア) $ab>0$のとき　$ab+|ab|>0$

(イ) $ab \leqq 0$のとき　$|ab|=-ab$　だから

$ab+|ab|=ab-ab=0$

よって　$P=2(ab+|ab|) \geqq 0$

$|a+b|^2 \geqq (|a|-|b|)^2$

①より，$|a|-|b| \geqq 0$，また，$|a+b| \geqq 0$だから ❺

$|a+b| \geqq |a|-|b|$

(i)，(ii)から　$|a|-|b| \leqq |a+b|$

また，等号は①と(イ)から，**$|a| \geqq |b|$ かつ $ab \leqq 0$ のとき**成り立つ。（答）

アドバイス

❶ 左辺は負です。

❷ 右辺は正です。

❸ $|x|^2=x^2$を用いました。

❹ $|a||b|=|ab|$

❺ もとの不等式の両辺が正または0だから，2乗したものの大小と，もとの式の大小は一致します。

練習 24 a, bが実数のとき，次の不等式を証明せよ。また，等号が成り立つ条件を求めよ。

$$|a+b| \leqq |a|+|b|$$

定期テスト対策問題 2

解答・解説は別冊 p.15

1 次の等式が x についての恒等式になるように，定数 a，b，c の値を定めよ。

(1) $ax^2+bx+c=(2x-1)(x+3)$

(2) $a(x+1)(x-2)+bx(x+1)+cx(x-2)=3x^2$

(3) $x^2-2x+3=a(x-1)^2+b(x-1)+c$

2 x についての等式

$$\frac{2x^4+x^3+2x^2-5x+3}{x^3-1}=ax+b+\frac{c}{x-1}+\frac{dx+e}{x^2+x+1}$$

がつねに成り立つように，定数 a，b，c，d，e の値を定めよ。

3 $\dfrac{x}{a}=\dfrac{y}{b}=\dfrac{z}{c}$ のとき，次の等式を証明せよ。

$$\frac{x+y+z}{a+b+c}=\frac{px+qy+rz}{pa+qb+rc}$$

4 $xyz=1$ のとき，次の式の値を求めよ。

$$\frac{1}{xy+y+1}+\frac{1}{yz+z+1}+\frac{1}{zx+x+1}$$

5 $\dfrac{y+z}{x}=\dfrac{z+x}{y}=\dfrac{x+y}{z}=k$ について，次の問いに答えよ。

(1) $x+y+z\neq 0$ のとき，k の値を求めよ。

(2) $x+y+z=0$ のとき，k の値を求めよ。

6 次の等式，不等式を証明せよ。

(1) $2(a^2+b^2+c^2-ab-bc-ca)=(a-b)^2+(b-c)^2+(c-a)^2$

(2) $a^2+b^2+c^2\geqq ab+bc+ca$

(3) $(a^2+b^2+c^2)(x^2+y^2+z^2)$

$=(ax+by+cz)^2+(ay-bx)^2+(bz-cy)^2+(cx-az)^2$

(4) $(a^2+b^2+c^2)(x^2+y^2+z^2)\geqq(ax+by+cz)^2$

7 $a\geqq 0$，$b\geqq 0$ のとき，

$$2\sqrt{a}+3\sqrt{b}\geqq\sqrt{4a+9b}$$

を証明せよ。

8 次の不等式を証明せよ。ただし，文字はすべて正の数を表すものとする。

(1) $a+b+\dfrac{1}{a}+\dfrac{4}{b}\geqq 6$

(2) $\left(a+\dfrac{1}{b}\right)\left(b+\dfrac{4}{b}\right)\geqq 9$

(3) $(a+b)(b+c)(c+a)\geqq 8abc$

第3節
複素数と方程式

1 複素数

1 虚数単位

2乗すれば-1になる数をiで表し，これを**虚数単位**という。

$$\boldsymbol{i^2=-1}$$

$a>0$のとき

$$\boldsymbol{\sqrt{-a}=\sqrt{a}\,i}$$

例　$\sqrt{-16}=4i$，$\sqrt{-5}=\sqrt{5}i$

2 複素数

2つの実数a，bを用いて，$a+bi$の形で表される数を**複素数**という。このとき，aを**実部**（実数部分），bを**虚部**（虚数部分）という。$b=0$のとき，$a+bi$は実数aを表す。また，$b\neq0$のとき$a+bi$を**虚数**といい，特に$a=0$ならば**純虚数**という。

例　複素数$3+2i$，-4，$-\frac{1}{2}i$のうち，-4は実数，$3+2i$，$-\frac{1}{2}i$は虚数，特に$-\frac{1}{2}i$は純虚数。

3 複素数の計算 ▷ 例題24　例題25　例題27

複素数の計算は，多項式の場合と同じように計算する。ただし，次の2点に注意する。

① 計算過程でi^2が現れたら，それを-1に置き換える。

② $\sqrt{-a}$ $(a>0)$が現れたら，$\sqrt{a}i$に置き換えて計算する。

加法　$\boldsymbol{(a+bi)+(c+di)=(a+c)+(b+d)i}$

減法　$\boldsymbol{(a+bi)-(c+di)=(a-c)+(b-d)i}$

乗法　$\boldsymbol{(a+bi)(c+di)=(ac-bd)+(ad+bc)i}$

除法　$\boldsymbol{\dfrac{a+bi}{c+di}=\dfrac{(a+bi)(c-di)}{(c+di)(c-di)}=\dfrac{ac+bd}{c^2+d^2}+\dfrac{bc-ad}{c^2+d^2}i}$

例　$(3+4i)-(2+i)=1+3i$

$$\begin{aligned}(2+i)(1+i)&=2+3i+i^2\\&=2+3i-1\\&=1+3i\end{aligned}$$

$$\begin{aligned}\frac{2i}{1+i}&=\frac{2i(1-i)}{(1+i)(1-i)}=\frac{2(i-i^2)}{1-i^2}\\&=\frac{2\{i-(-1)\}}{1-(-1)}=1+i\end{aligned}$$

4 複素数の相等 ▷ 例題26

a, b, c, dが実数のとき

$$\boldsymbol{a+bi=c+di \iff a=c,\ b=d}$$

特に　$\boldsymbol{a+bi=0 \iff a=b=0}$

例　a, bが実数で, $a+bi=3+4i$のとき

$a=3$, $b=4$

5 共役な複素数

複素数$\alpha=a+bi$に対して, $a-bi$を**共役な複素数**といい

$$\boldsymbol{\overline{\alpha}=\overline{a+bi}}\ (=a-bi)$$

で表す。共役な複素数どうしの和や積はともに実数になる。

例　$(1+i)+(1-i)=2$

$(1+i)(1-i)=1-i^2=2$

複素数の分数計算では, 分母・分子に分母の共役な複素数をかけて, 分母を実数にする。

例　$\dfrac{2}{1+i}=\dfrac{2(1-i)}{(1+i)(1-i)}$

$=\dfrac{2(1-i)}{1-i^2}$

$=1-i$

6 2次方程式の解

2次方程式$ax^2+bx+c=0$の解は

$$\boldsymbol{x=\frac{-b\pm\sqrt{b^2-4ac}}{2a}}$$

で, $b^2-4ac<0$のとき, この方程式は互いに共役な複素数を解にもつ。

例　$x^2+x+1=0$の解は

$x=\dfrac{-1\pm\sqrt{-3}}{2}$

$=\dfrac{-1\pm\sqrt{3}i}{2}$

例題 24 複素数の計算 ★★★ 基本

次の計算をせよ。

(1) $(1+i)(2-i)$

(2) $i^2+i+\dfrac{1}{i}+\dfrac{1}{i^2}$

(3) $\dfrac{1}{3+i}+\dfrac{1}{3-i}$

(4) $(1+i)^6$

複素数の計算では，$i^2=-1$に注意

複素数の計算では，多項式のときと同様に文字iについて計算を行いますが，計算過程でi^2が現れたら，$i^2=-1$とします。(2)では，$\dfrac{1}{i}=\dfrac{i}{i^2}=\dfrac{i}{-1}=-i$とします。(3)では，通分すると分母が実数になります。(4)は，まず$(1+i)^2$を計算します。

解答

(1) $(1+i)(2-i)=2+i-i^2=\underline{2+i-(-1)}$ ❶

$=\mathbf{3+i}$ 答

(2) $i^2+i+\underline{\dfrac{1}{i}}$ ❷ $+\dfrac{1}{i^2}=-1+i+\dfrac{i}{i^2}+\dfrac{1}{-1}$

$=-2+i-i=\mathbf{-2}$ 答

(3) $\dfrac{1}{3+i}+\dfrac{1}{3-i}=\dfrac{(3-i)+(3+i)}{\underline{(3+i)(3-i)}}$ ❸

$=\dfrac{6}{9-i^2}=\dfrac{6}{9-(-1)}$

$=\mathbf{\dfrac{3}{5}}$ 答

(4) $\underline{(1+i)^2}$ ❹ $=1+2i+i^2=1+2i-1$

$=2i$

よって

$(1+i)^6=(2i)^3=8i^3=8i^2\cdot i$

$=\mathbf{-8i}$ 答

アドバイス

❶ $i^2=-1$を用います。

❷ 分母・分子にiをかけます。

❸ 通分すると分母が実数になります。

❹ まず$(1+i)^2$を計算します。

練習 25 次の計算をせよ。

(1) $(5+i)(3-i)$

(2) $i+\dfrac{1}{i}+\dfrac{1}{i^2}+\dfrac{1}{i^3}$

(3) $\dfrac{2i}{1+i}+\dfrac{5}{2-i}$

(4) $(1-i)^6$

例題 25 $\sqrt{-a}$ $(a>0)$の計算 ★★★ 基本

次の計算をせよ。

(1) $\sqrt{-4}+\sqrt{-9}$　　(2) $\sqrt{-4}\times\sqrt{-9}$

(3) $\dfrac{\sqrt{8}}{\sqrt{-2}}$　　(4) $(2+\sqrt{-3})(2-\sqrt{-3})$

$\sqrt{-a}$ $(a>0)$は$\sqrt{a}i$としてから計算

$\sqrt{-a}$ $(a>0)$を含む計算では，$\sqrt{a}i$の形にして，まず根号の中を正の数にします。

$a>0$, $b>0$のとき，　$\sqrt{a}\sqrt{b}=\sqrt{ab}$, $\dfrac{\sqrt{b}}{\sqrt{a}}=\sqrt{\dfrac{b}{a}}$ ……(＊)ですが

$a<0$, $b<0$のときは，　$\sqrt{a}\sqrt{b}\neq\sqrt{ab}$

$a<0$, $b>0$のときは，　$\dfrac{\sqrt{b}}{\sqrt{a}}\neq\sqrt{\dfrac{b}{a}}$

です。そこで，$\sqrt{a}i$ $(a>0)$の形にしてから計算すると，(＊)を用いることができます。

解答

(1) $\sqrt{-4}+\sqrt{-9}=2i$❶$+3i$
$=\boldsymbol{5i}$ 答

(2) $\sqrt{-4}\times\sqrt{-9}=2i\times3i$❷$=6i^2$
$=\boldsymbol{-6}$ 答

(3) $\dfrac{\sqrt{8}}{\sqrt{-2}}=\dfrac{2\sqrt{2}}{\sqrt{2}i}$❸$=\dfrac{2}{i}=\dfrac{2i}{i^2}=\boldsymbol{-2i}$ 答

(4) $(2+\sqrt{-3})(2-\sqrt{-3})=(2+\sqrt{3}i)(2-\sqrt{3}i)$
$=4-3i^2=4+3=\boldsymbol{7}$ 答

アドバイス

❶ $\sqrt{-4}=\sqrt{4}i$
$=2i$

❷ $\sqrt{-4}\times\sqrt{-9}=\sqrt{(-4)\cdot(-9)}$
$=\sqrt{36}$
$=6$
は間違いです。

❸ $\dfrac{\sqrt{8}}{\sqrt{-2}}=\sqrt{\dfrac{8}{-2}}$
$=\sqrt{-4}=2i$
としてはいけません。

Q $\sqrt{-1}\times\sqrt{-1}=\sqrt{(-1)\times(-1)}$ は間違いですか？

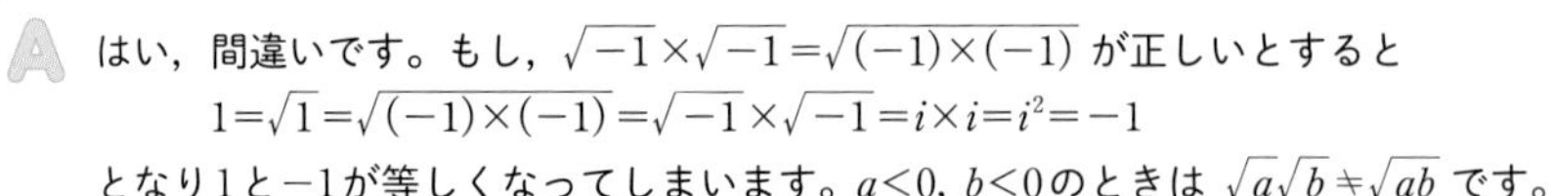

A はい，間違いです。もし，$\sqrt{-1}\times\sqrt{-1}=\sqrt{(-1)\times(-1)}$ が正しいとすると
$1=\sqrt{1}=\sqrt{(-1)\times(-1)}=\sqrt{-1}\times\sqrt{-1}=i\times i=i^2=-1$
となり1と-1が等しくなってしまいます。$a<0$, $b<0$のときは $\sqrt{a}\sqrt{b}\neq\sqrt{ab}$ です。

練習 26 次の計算をせよ。

(1) $\sqrt{-25}+\sqrt{-16}$　　(2) $\sqrt{-8}\times\sqrt{-2}$

(3) $\dfrac{\sqrt{12}}{\sqrt{-3}}$　　(4) $(3+\sqrt{-2})(3-\sqrt{-2})$

例題 26 複素数の相等 ★★★ 標準

次の等式を満たす実数x，yの値を求めよ。

(1) $(x+1)+(y-2)i=3+5i$

(2) $x(1+4i)+y(2+i)=5+6i$

POINT 複素数が等しいとき，$x+yi=a+bi \Longleftrightarrow x=a,\ y=b$

x，y，a，bが実数のとき，$x+yi=a+bi \Longleftrightarrow x=a$，$y=b$が成り立ちます。つまり，**「2つの複素数が等しい」**とは**「実部どうし，虚部どうしが等しい」**ことです。

解答

(1) $(x+1)+(y-2)i=3+5i$

$x+1$，$y-2$はいずれも実数だから

$$\begin{cases} x+1=3 \\ y-2=5 \end{cases}$$ ❶

よって　$\boldsymbol{x=2,\ y=7}$ (答)

(2) $x(1+4i)+y(2+i)=5+6i$

から　$(x+2y)+(4x+y)i=5+6i$

$x+2y$，$4x+y$は実数だから

$$\begin{cases} x+2y=5 \\ 4x+y=6 \end{cases}$$ ❷

これらを連立方程式として解くと

$\boldsymbol{x=1,\ y=2}$ (答)

アドバイス

❶ 実部どうし，虚部どうしがそれぞれ等しいです。

❷ 実部どうし，虚部どうしがそれぞれ等しいです。

STUDY 実部と虚部は別会計（1次独立）

実部は実部，虚部は虚部で計算するような関係を1次独立という。

数学の他の分野では

$$3\sqrt{2}+2\sqrt{2}+5\sqrt{3}-\sqrt{3}=5\sqrt{2}+4\sqrt{3}$$

の$\sqrt{2}$と$\sqrt{3}$の関係や

$$3x^2+5x+2x^2-3x=5x^2+2x$$

のx^2とxの関係と同じように考えればよい。

練習 27 次の等式を満たす実数x，yの値を求めよ。

(1) $x+yi-2-i=0$　　(2) $x(1+2i)-y(1+3i)=2+3i$

例題 27 複素数と式の値

★★★ 標準

$f(x)=x^2-2x+2$, $g(x)=x^4-x^3+x^2+x+1$, $\alpha=1+i$ のとき，次の値を求めよ。

(1) $f(\alpha)$　　(2) $g(\alpha)$

式の値は求め方を工夫する

(1)は，直接 x の値を代入して計算しても大した計算量ではありませんが，(2)は計算が大変です。(1)の結果を利用することを考えると **$x^4-x^3+x^2+x+1$ を x^2-2x+2 で割り，$x^4-x^3+x^2+x+1=(x^2-2x+2)\times$(商)+余り の形に変形してから $\alpha=1+i$ を代入すると，** $\alpha^2-2\alpha+2=0$ となるので，余りの部分だけの計算で済みます。

解答

(1) $f(x)=x^2-2x+2$

$\alpha=1+i$ だから

$$f(\alpha)=(1+i)^2-2(1+i)+2 \quad ❶$$
$$=1+2i+i^2-2-2i+2=\mathbf{0} \quad (答)$$

(2) $g(x)$ を $f(x)$ で割ると，次のようになる。

$$\begin{array}{r} x^2+\ x+1 \\ x^2-2x+2\overline{)x^4-\ x^3+\ x^2+\ x+1} \\ \underline{x^4-2x^3+2x^2\qquad\quad} \\ x^3-\ x^2+\ x\quad \\ \underline{x^3-2x^2+2x\quad} \\ x^2-\ x+1 \\ \underline{x^2-2x+2} \\ x-1 \end{array}$$

ここで，多項式の割り算の原理により

$$g(x)=(x^2+x+1)f(x)+x-1$$

したがって

$$g(\alpha)=(\alpha^2+\alpha+1)f(\alpha)+\alpha-1 \quad ❷$$
$$=(1+i)-1$$
$$=\boldsymbol{i} \quad (答)$$

アドバイス

❶ 直接代入せずに
$\alpha=1+i$ から
$(\alpha-1)^2=i^2$
$\alpha^2-2\alpha+2=0$
として求めるやり方もあります。

❷ $f(\alpha)=0$, $\alpha=1+i$ を用います。

練習 28 $f(x)=x^2-2x+2$, $g(x)=x^4-x^3+x^2-3x+3$, $\alpha=1-i$ のとき，$f(\alpha)$, $g(\alpha)$ の値を求めよ。

2 2次方程式

1 2次方程式の解の公式 ▷ 例題28 例題29

$a(\neq 0)$, b, cが実数のとき

① **2次方程式 $ax^2+bx+c=0$ の解は** $\quad x=\dfrac{-b\pm\sqrt{b^2-4ac}}{2a}$

② **2次方程式 $ax^2+2b'x+c=0$ の解は** $\quad x=\dfrac{-b'\pm\sqrt{b'^2-ac}}{a}$

例 $x^2+2x+2=0$ の解は

$$x=\frac{-1\pm\sqrt{1^2-1\cdot 2}}{1}=-1\pm\sqrt{-1}=-1\pm i$$

2 判別式 ▷ 例題30 例題31

係数が実数である2次方程式 $ax^2+bx+c=0$ の解が実数であるか，虚数であるかは，解の公式 $x=\dfrac{-b\pm\sqrt{b^2-4ac}}{2a}$ の根号の中の b^2-4ac の符号で決まる。そこで，これを**判別式**といい，Dで表す。

$D>0 \iff$ **異なる2つの実数解をもつ** ｝**実数解をもつ**
$D=0 \iff$ **(実数の) 重解をもつ** ｝
$D<0 \iff$ **異なる2つの虚数解をもつ**

注意 $ax^2+2b'x+c=0$ の解の判別は，$\dfrac{D}{4}=b'^2-ac$ の符号で行うことが多い。

例 2次方程式 $x^2+4x+4=0$ ……① の判別式Dについて

$$\frac{D}{4}=2^2-1\cdot 4=0$$

だから，2次方程式①は重解をもつ。

3 解と係数の関係 ▷ 例題35 例題36 例題37

2次方程式 $ax^2+bx+c=0$ の解をα，βとすると

$$\begin{cases} \alpha+\beta=-\dfrac{b}{a} \\ \alpha\beta=\dfrac{c}{a} \end{cases}$$

例 2次方程式 $3x^2+2x+1=0$ の解をα，βとすると

$$\alpha+\beta=-\frac{2}{3},\quad \alpha\beta=\frac{1}{3}$$

4 対称式の値 ▷ 例題 32

例えば，x^2+y^2 や x^3+y^3 のように x と y を入れ換えてももとの式と同じ式になる式を**対称式**という。

また，2つの文字の和と積 $x+y$，xy を**基本対称式**という。

2次方程式 $ax^2+bx+c=0$ の解を α，β とし，対称式 $\alpha^2+\beta^2$，$\alpha^3+\beta^3$，$(2\alpha+1)(2\beta+1)$ などの値を求める手順は次の通り。

① 解と係数の関係から $\alpha+\beta$，$\alpha\beta$ の値を求める。

② 値を求める式を $\alpha+\beta$ と $\alpha\beta$ で表す。このとき，$\alpha^2+\beta^2$，$\alpha^3+\beta^3$ は乗法公式を利用，分数式は通分，積の形は展開する。

③ $\alpha+\beta$，$\alpha\beta$ の値を代入する。

例 2次方程式 $x^2-3x+1=0$ の解を α，β とすると
$\alpha+\beta=3$，$\alpha\beta=1$ だから

$$\begin{aligned}\alpha^2+\beta^2&=(\alpha+\beta)^2-2\alpha\beta\\&=9-2\\&=7\end{aligned}$$

5 複素数の範囲での因数分解 ▷ 例題 33

2次方程式 $ax^2+bx+c=0$ の解が α，β のとき

$$ax^2+bx+c=a(x-\alpha)(x-\beta)$$

例 2次方程式 $x^2-2x+2=0$ を解くと，$x=1\pm i$ だから

$$\begin{aligned}x^2-2x+2&=\{x-(1+i)\}\{x-(1-i)\}\\&=(x-1-i)(x-1+i)\end{aligned}$$

6 2数を解とする2次方程式 ▷ 例題 34

2数 α，β を解とする2次方程式の1つは

$$(x-\alpha)(x-\beta)=0$$

すなわち

$$x^2-(\alpha+\beta)x+\alpha\beta=0$$

例 $1+i$，$1-i$ を解とする2次方程式の1つは

$$(1+i)+(1-i)=2$$
$$(1+i)(1-i)=1-i^2=2$$

から　$x^2-2x+2=0$

例題 28 2次方程式 ★★★ 基本

解の公式を用いて，次の2次方程式を解け。

(1) $2x^2-3x-1=0$　　(2) $4x^2+12x+9=0$

(3) $x^2+4x+7=0$

POINT 2次方程式は解の公式を用いるとすべて解ける

2次方程式$ax^2+bx+c=0$の解は，$x=\dfrac{-b\pm\sqrt{b^2-4ac}}{2a}$にあてはめると，複素数の範囲ですべて求められます。(2)，(3)では，2次方程式$ax^2+2b'x+c=0$の解が$x=\dfrac{-b'\pm\sqrt{b'^2-ac}}{a}$となることを用いると，計算が省力化できます。

解答

(1) $2x^2-3x-1=0$

$$x=\frac{3\pm\sqrt{9+8}}{4}$$

$$=\boldsymbol{\frac{3\pm\sqrt{17}}{4}}$$ 答

(2) $4x^2+12x+9=0$

$$x=\frac{-6\pm\sqrt{36-36}}{4}$$

$$=\boldsymbol{-\frac{3}{2}}$$ **（重解）** 答 ❶

(3) $x^2+4x+7=0$

$$x=-2\pm\sqrt{4-7}$$

$$=-2\pm\sqrt{-3}$$ ❷

$$=\boldsymbol{-2\pm\sqrt{3}i}$$ 答

アドバイス

❶ $x=-\frac{3}{2}$（重解）は2つの解がともに$-\frac{3}{2}$になって一致したことを意味しています。

❷ $\sqrt{-3}$のままでなく，$\sqrt{3}i$に直しておきます。

STUDY ルートの中身に注意

解の公式の根号の中が正，0，負になるときがあり，それぞれ解は，異なる2つの実数解，重解，異なる2つの虚数解となる。

練習 29

解の公式を用いて，次の2次方程式を解け。

(1) $x^2+x+1=0$　　(2) $(x-1)^2+(x-2)^2=(x+3)^2$

(3) $2x^2-2\sqrt{3}x+3=0$

例題 29　共役な解

2次方程式 $x^2+ax+b=0$ の解の1つが $1+i$ のとき，実数 a, b の値を求めよ。また，他の解を求めよ。

2次方程式の2つの虚数解 ⟹ 互いに共役

2次方程式（係数は実数）が虚数解をもつとき，解は異なる2つの虚数解で，互いに共役な複素数となっていることは，解の公式からわかります。このことを用いて，他の解を求めることもできますが，ここでは，**複素数の相等を用いて a, b を求め，さらに2次方程式を解いてそのことを確認しましょう。**

解答

$x^2+ax+b=0$　……①

①の解の1つが $1+i$ だから

$(1+i)^2+a(1+i)+b=0$ ❶

$a+b+(a+2)i=0$

$a+b$, $a+2$ は実数だから ❷

$$\begin{cases} a+b=0 \\ a+2=0 \end{cases}$$

よって　$\boldsymbol{a=-2,\ b=2}$ 答

このとき，①は

$x^2-2x+2=0$

$x=1\pm\sqrt{1-2}$

$=1\pm i$

したがって，他の解は　$\boldsymbol{1-i}$ 答

別解　$1+i$ が解だから，他の解はその共役な複素数

$\boldsymbol{1-i}$ 答

したがって，$x=1\pm i$ から

$(x-1)^2=(\pm i)^2$

$x^2-2x+2=0$ ❸

よって　$\boldsymbol{a=-2,\ b=2}$ 答

アドバイス

❶ 解はもとの方程式を満たします。

❷ x, y が実数のとき
$x+yi=0 \Longleftrightarrow x=0,\ y=0$

❸ 和と積の値から求めることもできます。p.69参照。

練習 30　2次方程式 $x^2+ax+b=0$ の解の1つが $1-\sqrt{2}i$ のとき，実数 a, b の値を求めよ。

例題 30　判別式①

★★★　標準

2次方程式$x^2+(k+3)x-k=0$について，次の問いに答えよ。

(1)　判別式Dをkを用いて表せ。

(2)　異なる2つの実数解をもつように，定数kの値の範囲を定めよ。

(3)　異なる2つの虚数解をもつように，定数kの値の範囲を定めよ。

2次方程式の解の判別 ⟹ 判別式Dの符号で判定

判別式Dは，解の公式のルートの中身b^2-4acであり

$D>0 \iff$ 異なる2つの実数解

$D=0 \iff$ 重解（実数解）

$D<0 \iff$ 異なる2つの虚数解

となっています。このことを用いて，(2)，(3)を解きます。

解答

(1)　$x^2+(k+3)x-k=0$

$D=(k+3)^2+4k$ ❶

$=\boldsymbol{k^2+10k+9}$ 答

(2)　異なる2つの実数解をもつ条件は，$D>0$であり

$k^2+10k+9>0$

$(k+1)(k+9)>0$ ❷

よって　$\boldsymbol{k<-9,\ -1<k}$ 答

(3)　異なる2つの虚数解をもつ条件は，$D<0$であり

$k^2+10k+9<0$

$(k+1)(k+9)<0$ ❸

よって　$\boldsymbol{-9<k<-1}$ 答

アドバイス

❶ $D=b^2-4ac$

❷

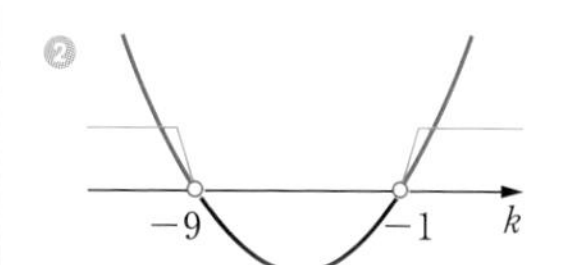

❸

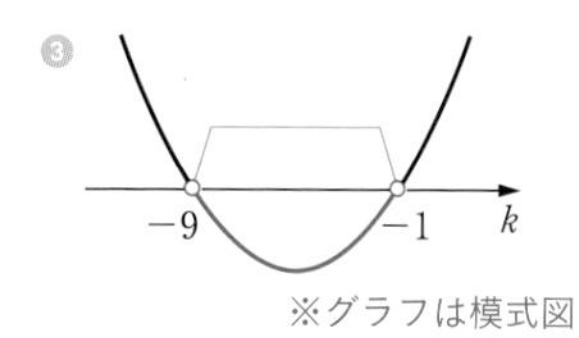

※グラフは模式図

STUDY　表現に気をつけよう

「実数解をもつ」場合は，「異なる2つの実数解をもつ」と「重解をもつ」の2つの場合があり，これらをあわせて$D \geqq 0$が条件となる。

練習 31　2次方程式$x^2+(k-2)x+1=0$が次の解をもつように，定数kの値の範囲を定めよ。

(1)　実数解　　　(2)　虚数解

例題 31　判別式②

★★★ 標準

2次方程式 $(k-1)x^2+(k-1)x+1=0$ が重解をもつように，定数 k の値を定めよ。また，そのときの重解を求めよ。

POINT　重解をもつ $\Longrightarrow$ $a\neq 0$，$D=0$，重解は $x=-\dfrac{b}{2a}$

2次方程式 $ax^2+bx+c=0$ が重解をもつとき，判別式 $D=0$ です。また，このとき，解の公式の $\pm\sqrt{b^2-4ac}$ の部分が0だから，重解は $x=-\dfrac{b}{2a}$ となります。本問では，$k=1$ のときは2次方程式にならないので，$k-1\neq 0$ という条件も必要です。

解答

$(k-1)x^2+(k-1)x+1=0$　……①

①は2次方程式だから

$k-1\neq 0$ ❶

よって　$k\neq 1$　……②

①の判別式を D とすると，①が重解をもつから　$D=0$

すなわち　$(k-1)^2-4(k-1)=0$

$(k-1)(k-5)=0$

よって　$k=1,\ 5$　……③

②，③から　$k=5$

このとき　$x=-\dfrac{k-1}{2(k-1)}$ ❷

$=-\dfrac{1}{2}$

以上から

$\boldsymbol{k=5,\ x=-\dfrac{1}{2}}$ 答

アドバイス

❶ 2次方程式だから，x^2 の係数は0ではありません。

❷ 重解は $x=-\dfrac{b}{2a}$

STUDY　x^2 の係数に注意

「2次方程式 $ax^2+bx+c=0$」となっているときは，$a\neq 0$ なので，そのことのチェックも忘れないようにしよう。

練習 32　2次方程式 $kx^2+2(k+6)x+7k+6=0$ が重解をもつように，定数 k の値を定めよ。また，そのときの重解を求めよ。

例題 32 対称式の値 ★★★ 標準

2次方程式 $2x^2-4x+3=0$ の2つの解を α, β とするとき，次の値を求めよ。

(1) $\alpha+\beta$, $\alpha\beta$ (2) $\alpha^2+\beta^2$ (3) $\alpha^3+\beta^3$ (4) $\dfrac{\beta}{\alpha}+\dfrac{\alpha}{\beta}$

対称式の値 ⟹ 対称式を基本対称式で表す

2数 α, β の対称式の値を求めるには，まず基本対称式 $\alpha+\beta$, $\alpha\beta$ の値を，解と係数の関係を用いて求めます。次に，**値を求める式を $\alpha+\beta$ と $\alpha\beta$ で表し，$\alpha+\beta$, $\alpha\beta$ の値を丸ごと代入します。**

解答

(1) 2次方程式 $2x^2-4x+3=0$ において，解と係数の関係から

$$\begin{cases}\alpha+\beta=-\dfrac{-4}{2}=\mathbf{2} \text{ (答)}\\ \alpha\beta=\dfrac{\mathbf{3}}{\mathbf{2}} \text{ (答)}\end{cases}$$ ❶

(2) $\alpha^2+\beta^2=(\alpha+\beta)^2-2\alpha\beta$

$=2^2-2\cdot\dfrac{3}{2}=\mathbf{1}$ (答)

(3) $\alpha^3+\beta^3=(\alpha+\beta)(\alpha^2-\alpha\beta+\beta^2)$ ❷

$=2\cdot\left(1-\dfrac{3}{2}\right)=\mathbf{-1}$ (答)

(4) $\dfrac{\beta}{\alpha}+\dfrac{\alpha}{\beta}=\dfrac{\beta^2+\alpha^2}{\alpha\beta}$ ❸ $=1\div\dfrac{3}{2}=\dfrac{\mathbf{2}}{\mathbf{3}}$ (答)

アドバイス

❶ $ax^2+bx+c=0$ $(a\neq0)$ の解を α, β とすると

$\alpha+\beta=-\dfrac{b}{a}$

$\alpha\beta=\dfrac{c}{a}$

❷ $\alpha^3+\beta^3$
$=(\alpha+\beta)^3-3\alpha\beta(\alpha+\beta)$
$=2^3-3\cdot\dfrac{3}{2}\cdot2=-1$
としてもよいです。

❸ まず通分します。

STUDY 式変形の方針

$\alpha^2+\beta^2$, $\alpha^3+\beta^3$ は乗法公式を用いる。$(2\alpha+1)(2\beta+1)$ など積の形はいったん展開。

また，$\dfrac{1}{\alpha+1}+\dfrac{1}{\beta+1}$ など分数形はまず通分する。

練習 33

2次方程式 $x^2-\sqrt{5}x+1=0$ の2つの解を α, β とするとき，次の値を求めよ。

(1) $\alpha^2\beta+\alpha\beta^2$ (2) $(2\alpha+1)(2\beta+1)$ (3) $\dfrac{1}{2\alpha+1}+\dfrac{1}{2\beta+1}$

例題 33　2次式の因数分解

次の2次式を複素数の範囲で因数分解せよ。

(1)　x^2-5x+1　　(2)　$3x^2+4x+2$

(3)　$36x^2+44x-15$

複素数の範囲での因数分解 ⟹ 解α, βを先に求める

一見して，たすき掛けなどの方法で簡単に因数分解できない場合は，**2次方程式 $ax^2+bx+c=0$ を解き，その解 α, β を用いて $ax^2+bx+c=a(x-\alpha)(x-\beta)$ とします。**

解答

(1)　$x^2-5x+1=0$ を解くと

$$x=\frac{5\pm\sqrt{21}}{2}$$

よって

$$x^2-5x+1=\left(x-\frac{5+\sqrt{21}}{2}\right)\left(x-\frac{5-\sqrt{21}}{2}\right)$$ 答 ❶

(2)　$3x^2+4x+2=0$ を解くと

$$x=\frac{-2\pm\sqrt{2}i}{3}$$

よって

$$3x^2+4x+2=3\left(x-\frac{-2+\sqrt{2}i}{3}\right)\left(x-\frac{-2-\sqrt{2}i}{3}\right)$$

$$=3\left(x+\frac{2-\sqrt{2}i}{3}\right)\left(x+\frac{2+\sqrt{2}i}{3}\right)$$ 答 ❷

(3)　$36x^2+44x-15=0$ を解くと

$$x=\frac{-22\pm\sqrt{1024}}{36}=\frac{-22\pm32}{36}$$

すなわち　$x=\frac{5}{18},\ -\frac{3}{2}$

よって　$36x^2+44x-15=36\left(x-\frac{5}{18}\right)\left\{x-\left(-\frac{3}{2}\right)\right\}$

$$=(18x-5)(2x+3)$$ 答 ❸

アドバイス

❶ 有理数の範囲では，因数分解できませんが，無理数の範囲で因数分解できます。

❷ 複素数の範囲で因数分解できます。

❸ たすき掛けを用いて因数分解すると，何通りも計算しなくてはいけません。

練習 34　次の2次式を複素数の範囲で因数分解せよ。

(1)　x^2-x-1　　(2)　$3x^2-10x+9$　　(3)　x^2+4

例題 34 2次方程式の作成 ★★★ 標準

2次方程式 $x^2-x+1=0$ の2つの解を α, β とするとき，次の2つの数を解とする2次方程式を求めよ。ただし，x^2 の項の係数は1とする。

(1) 2α, 2β　　(2) α^2, β^2

POINT 2数を解とする2次方程式 $\Longrightarrow$ x^2-(和)$x+$(積)$=0$

- 2数 p, q を解とする2次方程式は $x^2-(p+q)x+pq=0$ となります。したがって，**$p+q$ と pq の値がわかれば，2次方程式を作ることができます。**
- 本問では，2数が 2α, 2β や α^2, β^2 になっているので，その和と積は

$$p+q=2\alpha+2\beta=2(\alpha+\beta),\quad pq=2\alpha\cdot 2\beta=4\alpha\beta$$

のように対称式となり，実際に方程式を解いて α と β を求めなくても，**$\alpha+\beta$ と $\alpha\beta$ の値から，$p+q$ と pq の値を導くことができます。**

解答

$x^2-x+1=0$ の2つの解が α, β だから

$$\begin{cases}\alpha+\beta=1\\ \alpha\beta=1\end{cases}$$ ❶

(1) $$\begin{cases}2\alpha+2\beta=2(\alpha+\beta)=2\\ 2\alpha\cdot 2\beta=4\alpha\beta=4\end{cases}$$ ❷

よって，2数 2α, 2β を解とする2次方程式で x^2 の係数が1になるのは

$$\boldsymbol{x^2-2x+4=0}$$ ❸ (答)

(2) $$\begin{cases}\alpha^2+\beta^2=(\alpha+\beta)^2-2\alpha\beta=1-2=-1\\ \alpha^2\cdot\beta^2=(\alpha\beta)^2=1\end{cases}$$ ❹

よって，2数 α^2, β^2 を解とする2次方程式で，x^2 の係数が1となるのは

$$x^2-(-1)x+1=0$$ ❺

したがって

$$\boldsymbol{x^2+x+1=0}$$ (答)

アドバイス

❶ まず $\alpha+\beta$, $\alpha\beta$ の値を求めます。

❷ 2数 2α, 2β の和と積の値を求めます。

❸ 求める2次方程式は
x^2-(和)$x+$(積)$=0$
となります。

❹ 2数 α^2, β^2 の和と積を求めます。

❺ 求める2次方程式は
x^2-(和)$x+$(積)$=0$
となります。

練習 35 2次方程式 $2x^2+3x+4=0$ の2つの解を α, β とするとき，次の2つの数を解とする2次方程式を1つ作れ。

(1) $\dfrac{1}{\alpha}$, $\dfrac{1}{\beta}$　　(2) $2\alpha-1$, $2\beta-1$

例題 35 解の差

★★★ 応用

2次方程式$x^2+mx+24=0$の2つの解の差が5であるとき，定数mの値と2つの解を求めよ。

解の差がpならば2解をα，$\alpha+p$とおく

- 2つの解の差pが与えられていて，係数を決定したり，他の解を求める問題では，**2つの解をα，βとおかずに，α，$\alpha+p$とおくのがポイント**です。
- α，β $(\alpha<\beta)$，$\beta-\alpha=p$とおいても，結局$\beta=\alpha+p$となるので，最初から$\alpha, \alpha+p$とおいたほうが簡単です。

解答

$x^2+mx+24=0$　……①

①の2つの解の差が5だから，2つの解をα，$\alpha+5$とおける。❶

ここで，①において，解と係数の関係から

$$\begin{cases} \alpha+(\alpha+5)=-m & \cdots\cdots② \\ \alpha(\alpha+5)=24 & \cdots\cdots③ \end{cases}$$ ❷

③から　$\alpha^2+5\alpha-24=0$

$(\alpha+8)(\alpha-3)=0$

よって　$\alpha=3$，-8

$\alpha=3$のとき

$\alpha+5=8$

また，②から

$m=-(3+8)=-11$

$\alpha=-8$のとき

$\alpha+5=-3$

また，②から

$m=-(-3-8)=11$

よって　$\begin{cases} \boldsymbol{m=-11}，\text{2つの解は}\boldsymbol{3, 8} \\ \boldsymbol{m=11}，\text{2つの解は}\boldsymbol{-8, -3} \end{cases}$ (答) ❸

アドバイス

❶ α，$\alpha+5$とおくのがポイント（α，$\alpha-5$とおいてもよい）。

❷ 解と係数の関係を用います。

❸ 場合ごとに別々に書きます。

練習 36　2次方程式$x^2-kx+k+2=0$の1つの解が，他の解より2だけ大きいとき，定数kの値と2つの解を求めよ。

例題 36 解の比 ★★★ 応用

2次方程式 $x^2+mx+6=0$ の2つの解の比が2：3のとき，定数 m の値と2つの解を求めよ。

解の比が $m:n$ の2次方程式 ⟹ $\alpha=mp,\ \beta=np$ とおく

2つの解の比の値 k が与えられていて，係数を決定したり，他の解を求める問題では，**2つの解を α，β とおかずに，α，$k\alpha$ とおくのがポイント**です。また，解の比が $m:n$ のときは mp，np とおきます。

解答

$x^2+mx+6=0$ ……①

①の2つの解の比が2：3だから，2つの解を $2p$，$3p$ とおける。❶

ここで，①において，解と係数の関係から

$$\begin{cases} 2p+3p=-m & \cdots\cdots② \\ 2p\cdot 3p=6 & \cdots\cdots③ \end{cases}$$ ❷

③から

$6p^2=6$，　$p^2=1$

よって　$p=\pm 1$

$p=1$ のとき

2つの解は　2，3

また，②から

$m=-(2+3)=-5$

$p=-1$ のとき

2つの解は　-2，-3

また，②から

$m=-(-2-3)=5$

よって

$$\begin{cases} \boldsymbol{m=-5}, & \text{2つの解は}\ \boldsymbol{2,\ 3} \\ \boldsymbol{m=5}, & \text{2つの解は}\ \boldsymbol{-2,\ -3} \end{cases}$$ 答 ❸

アドバイス

❶ $2p$，$3p$ とおくのがポイント。

❷ 解と係数の関係を用います。

❸ 分けて答えます。

練習 37 2次方程式 $2x^2+mx+m-2=0$ の1つの解が他の解の2倍になるように，定数 m の値を定めよ。

例題 37　2次方程式の解の符号　★★★　応用

2次方程式$x^2-2(k+3)x+k+5=0$の2つの解をα, βとするとき，$\alpha>0$, $\beta>0$となるように，定数kの値の範囲を定めよ。

2次方程式の解の符号
⟹「判別式」と「解と係数の関係」

2次方程式の2つの解α, βがともに正となる条件は

判別式$D\geqq0$, $\alpha+\beta>0$, $\alpha\beta>0$

解答

2次方程式$x^2-2(k+3)x+k+5=0$の判別式をDとすると，$\alpha>0$, $\beta>0$となる条件は

$$\begin{cases}\dfrac{D}{4}=(k+3)^2-(k+5)\geqq0 & \cdots\cdots① \\ \alpha+\beta=2(k+3)>0 & \cdots\cdots② \\ \alpha\beta=k+5>0 & \cdots\cdots③\end{cases}$$ ❶

①から

$k^2+5k+4\geqq0$ ❷

$(k+1)(k+4)\geqq0$

よって　$k\leqq-4$, $-1\leqq k$　……④

②から

$k>-3$ ❷　……⑤

③から

$k>-5$ ❷　……⑥

④，⑤，⑥から

$\boldsymbol{k\geqq-1}$ 答

アドバイス

❶ 3つの条件をすべてチェックします。

❷ それぞれ別々に解いて，共通部分を求めます。

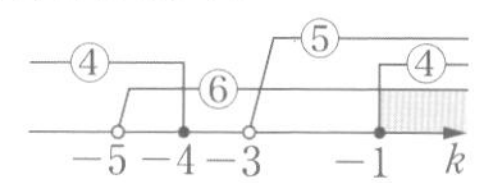

STUDY　解の符号は条件が大切

2次方程式$ax^2+bx+c=0$の判別式をD, 2つの解をα, βとすると

α, βがともに正 $\Longleftrightarrow$ $D\geqq0$, $\alpha+\beta>0$, $\alpha\beta>0$

α, βがともに負 $\Longleftrightarrow$ $D\geqq0$, $\alpha+\beta<0$, $\alpha\beta>0$

α, βが異符号 $\Longleftrightarrow$ $\alpha\beta<0$

練習 38　2次方程式$x^2+mx+1=0$の解をα, βとするとき，$\alpha<0$, $\beta<0$となるように，定数mの値の範囲を定めよ。

3 剰余の定理と因数定理

1 多項式の割り算の原理 ▷ 例題39

多項式$P(x)$を多項式$A(x)$で割ったときの商を$Q(x)$，余りを$R(x)$とすると

$P(x)=A(x)Q(x)+R(x)$　($R(x)$の次数$<A(x)$の次数)

例 x^3+2を$x+1$で割ると，商がx^2-x+1で余りが1である。このとき，
$x^3+2=(x+1)(x^2-x+1)+1$と表せる。

2 剰余の定理 ▷ 例題38 例題39

① xの多項式$P(x)$を$x-a$で割ったときの余りをRとすると

$$\boldsymbol{R=P(a)}$$

② xの多項式$P(x)$を$ax+b$ $(a\neq0)$で割ったときの余りをRとすると

$$\boldsymbol{R=P\left(-\frac{b}{a}\right)}$$

例 $P(x)=x^3-7x+5$を$x-1$で割った余りは
$P(1)=1-7+5=-1$

3 余りの次数 ▷ 例題39

xの多項式$P(x)$をn次式で割ったときの余りは$(n-1)$次以下の多項式である。

割る式の次数	余り	余りの式のおき方
1次式	定数	R
2次式	1次以下の多項式	$ax+b$
3次式	2次以下の多項式	ax^2+bx+c

4 因数定理 ▷ 例題40

① 多項式$P(x)$が因数$x-\alpha$をもつ $\Longleftrightarrow$ $P(\alpha)=0$

② 多項式$P(x)$が因数$(x-\alpha)(x-\beta)$ $(\alpha\neq\beta)$をもつ $\Longleftrightarrow$ $P(\alpha)=P(\beta)=0$

例 $P(x)=x^3-3x+2$

$\begin{cases} P(1)=1-3+2=0 & \text{よって，}P(x)\text{は}(x-1)\text{で割り切れる。} \\ P(-2)=-8+6+2=0 & \text{よって，}P(x)\text{は}(x+2)\text{で割り切れる。} \end{cases}$

したがって，$P(x)$は$(x-1)(x+2)$で割り切れる。

5 因数の見つけ方

多項式$f(x)$の因数$x-a$を見つけるとき，aは

$$\pm\frac{f(x)\text{の定数項の約数}}{f(x)\text{の最高次の項の係数の約数}}$$

のうちから，$f(a)=0$となるものを探す。1，-1，……など計算の簡単なものから試してみる。

例 $f(x)=x^3-3x+2$の因数を見つけるには

$$\pm\frac{1}{1},\ \pm\frac{2}{1},\ \text{すなわち，}\ \pm1,\ \pm2$$

のうちから，$f(a)=0$となるようなaの値を探す。

6 因数分解への利用 ▷ 例題 41

因数定理を用いて，3次以上の多項式を因数分解する手順は次のようにする。

① 因数分解する多項式を$f(x)$とおく。

② $f(a)=0$となるaの値を求める。

③ $f(x)$を$x-a$で割り，商$g(x)$を求める。

④ $f(x)=(x-a)g(x)$

⑤ $g(x)$が因数分解できれば，さらに因数分解する。

例 $P(x)=x^3-3x+2$において

$$P(1)=1-3+2=0$$

だから，$P(x)$は因数$x-1$をもつ。

$P(x)$を$x-1$で割ると，商はx^2+x-2だから

$$\begin{aligned}P(x)&=(x-1)(x^2+x-2)\\&=(x-1)(x+2)(x-1)\\&=(x-1)^2(x+2)\end{aligned}$$

$$\begin{array}{r|rrrr}1 & 1 & 0 & -3 & 2\\ & & 1 & 1 & -2\\\hline & 1 & 1 & -2 & 0\end{array}$$

例題 38 剰余の定理 ★★★ 基本

$P(x)=x^3+x^2-2x+1$ を次の式で割ったときの余りを求めよ。

(1) $x-2$　　(2) $x+3$　　(3) $2x+1$

POINT 1次式で割ったときの余り ⟹ 剰余の定理を用いる

- x の多項式 $P(x)$ を $x-\alpha$ で割ったときの商を $Q(x)$，余りを R とすると，多項式の割り算の原理により　$P(x)=(x-\alpha)Q(x)+R$　（R は定数）
ですから，この式の x に α を代入したものは
$$P(\alpha)=0\cdot Q(\alpha)+R=R$$
つまり，**余りは $P(\alpha)$ で求められます。**
- また，同様にして $ax+b$ で割ったときの余りは $P\left(-\dfrac{b}{a}\right)$ となることがわかります。

解答

$$P(x)=x^3+x^2-2x+1$$

(1) $P(x)$ を $x-2$ で割ったときの余り❶ は，剰余の定理により
$$P(2)=2^3+2^2-2\cdot 2+1$$
$$=\mathbf{9} \text{ (答)}$$

(2) $P(x)$ を $x+3$ で割ったときの余り❷ は
$$P(-3)=(-3)^3+(-3)^2-2(-3)+1$$
$$=\mathbf{-11} \text{ (答)}$$

(3) $P(x)$ を $2x+1$ で割ったときの余りは
$$P\left(-\frac{1}{2}\right)=\left(-\frac{1}{2}\right)^3+\left(-\frac{1}{2}\right)^2-2\left(-\frac{1}{2}\right)+1 \text{❸}$$
$$=\mathbf{\frac{17}{8}} \text{ (答)}$$

アドバイス

❶ 組立除法を用いると，次のようになります。

2	1	1	−2	1
		2	6	8
	1	3	4	9←余り

商 x^2+3x+4

❷

−3	1	1	−2	1
		−3	6	−12
	1	−2	4	−11←余り

商 x^2-2x+4

❸ 整式 $P(x)$ を1次式 $ax+b$ で割ったときの余りは
$$P\left(-\frac{b}{a}\right)$$

STUDY 組立除法も活用しよう

余りの計算には一般に剰余の定理が用いられるが，組立除法も便利である。特に，$P(x)$ の次数が高いときや，代入する数値が大きな数や分数のときには，組立除法のほうが容易に答えを得られる。

練習 39 $P(x)=4x^3-3x+1$ を次の式で割ったときの余りを求めよ。

(1) $x-1$　　(2) $x+2$　　(3) $3x-2$

例題 39 剰余の定理の応用

★★★ 応用

多項式$P(x)$を$x-1$で割ったときの余りが7，$x+3$で割ったときの余りが-9であるという。このとき，$P(x)$を$(x-1)(x+3)$で割ったときの余りを求めよ。

POINT

2次式で割ったときの余り
⟹ 多項式の割り算の原理と剰余の定理を用いる

与えられた条件を式として表すために，まず多項式の割り算の原理を用いて

$$P(x)=(x-1)(x+3)Q(x)+ax+b$$

とし，さらに剰余の定理を用いて，a，bについての関係式を2つ作ります。

解答

$P(x)$を$(x-1)(x+3)$で割ったときの商を$Q(x)$，余りを$ax+b$ ❶ とすると，多項式の割り算の原理から

$$P(x)=(x-1)(x+3)Q(x)+ax+b \quad ❷ \quad \cdots\cdots①$$

$P(x)$を$x-1$で割ると，余りが7

$P(x)$を$x+3$で割ると，余りが-9

だから $\begin{cases} P(1)=7 \\ P(-3)=-9 \end{cases}$

また，①から $\begin{cases} P(1)=a+b \\ P(-3)=-3a+b \end{cases}$

よって $\begin{cases} a+b=7 \\ -3a+b=-9 \end{cases}$

これらを解いて　$a=4$，$b=3$

よって，求める余りは

$4x+3$ 答

アドバイス

❶ $P(x)$を2次式で割ると，余りは1次以下の式だから$ax+b$とおけます。余りが定数項のときは$a=0$，割り切れる場合は$a=b=0$となります。

❷ 17を5で割ったとき，商が3，余りが2です。このとき，$17=5\times3+2$になるのと同じことです。

STUDY 余りの表し方

割る式の次数	余り	余りの式のおき方
1次式	定数	R
2次式	1次以下の多項式	$ax+b$
3次式	2次以下の多項式	ax^2+bx+c

練習 40　多項式$P(x)$を$x+2$で割ると余りが-4で，$x-3$で割ると余りが6のとき，$P(x)$をx^2-x-6で割ったときの余りを求めよ。

例題 40 因数定理の応用 ★★★ 応用

多項式$P(x)=3x^3+ax^2+bx-6$がx^2+x-2で割り切れるように，定数a，bの値を定めよ。

$P(x)$が$(x-\alpha)(x-\beta)$で割り切れる
$\Longrightarrow P(\alpha)=P(\beta)=0$

xの多項式$P(x)$が2次式$(x-\alpha)(x-\beta)$ $(\alpha \neq \beta)$で割り切れるとき，$P(x)$は$x-\alpha$でも$x-\beta$でも割り切れるから，$P(\alpha)=P(\beta)=0$となります。

解答

$$P(x)=3x^3+ax^2+bx-6$$

$P(x)$が，$x^2+x-2=(x+2)(x-1)$で割り切れるとき，
$P(x)$は$x+2$でも，$x-1$でも割り切れるから

$$\begin{cases} P(-2)=-24+4a-2b-6=0 \\ P(1)=3+a+b-6=0 \end{cases}$$

よって $\begin{cases} 2a-b=15 \\ a+b=3 \end{cases}$ ❶

これらを解いて **$a=6$，$b=-3$** (答)

別解

$$\begin{array}{r} 3x+a-3 \\ x^2+x-2 \overline{) \; 3x^3 \quad +ax^2 \qquad +bx-6} \\ \underline{3x^3 \quad +3x^2 \qquad -6x} \\ (a-3)x^2+(b+6)x-6 \\ \underline{(a-3)x^2+(a-3)x-2(a-3)} \\ (-a+b+9)x+2a-12 \end{array}$$

$P(x)$がx^2+x-2で割り切れるから ❷

$\begin{cases} -a+b+9=0 \\ 2a-12=0 \end{cases}$ を解いて **$a=6$，$b=-3$** (答)

アドバイス

❶
$$\begin{array}{rr} & 2a-b=15 \\ +) & a+b=\ \ 3 \\ \hline & 3a \quad =18 \\ & a=6 \end{array}$$

❷ 割り切れるから，余りが恒等的に0となります。

STUDY 割る式（2次式）が因数分解できないときは割り算を実行

$P(x)$が2次式$f(x)=(x-\alpha)(x-\beta)$で割り切れるとき，$P(\alpha)=P(\beta)=0$を用いるが，$f(x)$が因数分解できないときは，別解のように実際に割り算を実行する。

練習 41 $P(x)=x^3+ax+b$がx^2-x-2で割り切れるように，定数a，bの値を定めよ。

例題 41 因数分解

因数定理を用いて，次の式を因数分解せよ。

(1) x^3-7x+6　　(2) x^3-3x^2+4　　(3) $x^4+4x^3-16x-16$

POINT 因数定理を用いた因数分解 ⟹ 因数を見つけよ

因数定理を用いて，3次以上の多項式を因数分解する手順は次のようになります。

① 因数分解する多項式を$f(x)$とおく。　② $f(a)=0$となるaの値を求める。

③ $f(x)$を$x-a$で割り，商$g(x)$を求める。　④ $f(x)=(x-a)g(x)$

⑤ $g(x)$が因数分解できれば，さらに因数分解する。

解答

(1) $f(x)=x^3-7x+6$とおくと　$f(1)=1-7+6=0$

$f(x)$を$x-1$で割った商は❶ x^2+x-6より

$f(x)=(x-1)(x^2+x-6)$

$=\mathbf{(x-1)(x+3)(x-2)}$ 答

(2) $f(x)=x^3-3x^2+4$とおくと　$f(-1)=-1-3+4=0$

$f(x)$を$x+1$で割った商は❷ x^2-4x+4より

$f(x)=(x+1)(x^2-4x+4)=\mathbf{(x+1)(x-2)^2}$ 答

(3) $f(x)=x^4+4x^3-16x-16$とおくと

$f(2)=16+32-32-16=0$

$f(-2)=16-32+32-16=0$

$f(x)$を$(x-2)(x+2)$で割った商❸ はx^2+4x+4より

$f(x)=(x-2)(x+2)(x^2+4x+4)$

$=\mathbf{(x-2)(x+2)^3}$ 答

アドバイス

❶
1	1	0	−7	6
		1	1	−6
	1	1	−6	0

商x^2+x-6

❷
−1	1	−3	0	4
		−1	4	−4
	1	−4	4	0

商x^2-4x+4

❸
2	1	4	0	−16	−16
		2	12	24	16
	1	6	12	8	0
−2	1	6	12	8	
		−2	−8	−8	
	1	4	4	0	

商x^2+4x+4

STUDY 因数の見つけ方

$f(x)$の因数$x-a$を見つけるには，$\pm\dfrac{f(x)\text{の定数項の約数}}{f(x)\text{の最高次の項の係数の約数}}$のうちから，$f(a)=0$となるものを探す。例えば，(1)で，$f(x)=x^3-7x+6$の因数を見つけるには，$\pm\dfrac{1}{1}$，$\pm\dfrac{2}{1}$，$\pm\dfrac{3}{1}$，$\pm\dfrac{6}{1}$，すなわち，±1，±2，±3，±6のうちから探す。

練習 42 因数定理を用いて，次の式を因数分解せよ。

(1) $x^3-6x^2+11x-6$　　(2) $2x^3-7x^2+9$　　(3) $x^4+x^3-x^2+x-2$

4 高次方程式

1 高次方程式の解き方 ▷ 例題42 例題43

(1) 因数分解の公式を利用

$$a^2-b^2=(a+b)(a-b)$$
$$a^3+b^3=(a+b)(a^2-ab+b^2)$$
$$a^3-b^3=(a-b)(a^2+ab+b^2)$$

などを用いる。

例 $x^3+8=0$ を解くには

$$(x+2)(x^2-2x+4)=0$$
$$x+2=0 \quad \text{または} \quad x^2-2x+4=0$$

よって，解は　$x=-2,\ 1\pm\sqrt{3}i$

(2) 因数定理の利用

例 $x^3+4x^2+x-6=0$ ……①

ここで，$P(x)=x^3+4x^2+x-6$ とおくと

$$P(1)=1+4+1-6=0$$

$P(x)$ を $x-1$ で割ると，商は x^2+5x+6 だから，①は

$$(x-1)(x^2+5x+6)=0$$
$$(x-1)(x+2)(x+3)=0$$

よって，①の解は　$x=1,\ -2,\ -3$

1	1	4	1	−6
		1	5	6
	1	5	6	0

商　x^2+5x+6

(3) 置き換えを行う

例 $(x^2-2x)^2-2(x^2-2x)-3=0$

ここで，$x^2-2x=t$ とおくと

$$t^2-2t-3=0$$
$$(t+1)(t-3)=0$$
$$(x^2-2x+1)(x^2-2x-3)=0$$
$$(x-1)^2(x-3)(x+1)=0$$

よって

$x=1$（重解），$3,\ -1$

2 方程式の解 ▷ 例題44 例題45

係数が実数の高次方程式 $f(x)=0$ の解がいくつかわかっているとき，方程式の係数と他の解を求めるには

① わかっている解が実数 α のときは，$f(\alpha)=0$ を用いる。

② わかっている解が複素数 $a+bi$ のときは

(i) $f(a+bi)=0$ と複素数の相等を用いる。

(ii) $f(x)$ は $(x-a-bi)(x-a+bi)=x^2-2ax+a^2+b^2$ で割り切れることを用いる。

3 1の3乗根 ▷ 例題46

3次方程式 $x^3=1$ ……① の解は

$$x^3-1=0$$

$$(x-1)(x^2+x+1)=0$$

すなわち

$x-1=0$ または $x^2+x+1=0$ ……②

の解だから

$$x=1,\ \frac{-1\pm\sqrt{3}i}{2}$$

このうち，虚数解を ω_1，ω_2 とすると，これらは①，②の解だから

$$\omega_1{}^3=\omega_2{}^3=1$$

$$\begin{cases}\omega_1+\omega_2=-1\\ \omega_1\omega_2=1\end{cases}$$

$$\begin{cases}\omega_1{}^2+\omega_1+1=0\\ \omega_2{}^2+\omega_2+1=0\end{cases}$$

などの性質がある。

4 3次方程式の解と係数の関係 ▷ 例題47

3次方程式 $ax^3+bx^2+cx+d=0$ ($a\neq0$)の解が，α，β，γ のとき

$$\begin{cases}\alpha+\beta+\gamma=-\dfrac{b}{a}\\ \alpha\beta+\beta\gamma+\gamma\alpha=\dfrac{c}{a}\\ \alpha\beta\gamma=-\dfrac{d}{a}\end{cases}$$

例 3次方程式 $x^3+2x^2+3x+4=0$ の解を α，β，γ とするとき

$\alpha+\beta+\gamma=-2$

$\alpha\beta+\beta\gamma+\gamma\alpha=3$

$\alpha\beta\gamma=-4$

例題 42 高次方程式① ★★★ 標準

次の方程式を解け。

(1) $x^3-8=0$　　(2) $x^4+x^2-2=0$

(3) $(x^2+x)^2+(x^2+x)-6=0$　　(4) $x^4+x^2+1=0$

因数分解を用いる高次方程式は，公式や置き換えで工夫

因数分解を用いて解く形の高次方程式は，因数分解するための工夫が決め手となります。(4)はx^4と1だけに注目し，$x^4+x^2+1=(x^2+1)^2-\square$の形に変形します。

解答

(1) $x^3-8=0$

$(x-2)(x^2+2x+4)=0$ ❶

$x=2,\ x^2+2x+4=0$

よって　$\boldsymbol{x=2,\ -1\pm\sqrt{3}i}$ 答

(2) $x^4+x^2-2=0$

$(x^2+2)(x^2-1)=0$ ❷

$x^2=1,\ -2$　よって　$\boldsymbol{x=\pm1,\ \pm\sqrt{2}i}$ 答

(3) $x^2+x=t$とおくと　$t^2+t-6=0$

$(t+3)(t-2)=0$

$(x^2+x+3)(x^2+x-2)=0$

$(x^2+x+3)(x+2)(x-1)=0$

$x^2+x+3=0,\ x+2=0,\ x-1=0$

よって　$\boldsymbol{x=\dfrac{-1\pm\sqrt{11}i}{2},\ -2,\ 1}$ 答

(4) $x^4+x^2+1=0$

$(x^2+1)^2-x^2=0$ ❸

$(x^2+1+x)(x^2+1-x)=0$

$x^2+x+1=0,\ x^2-x+1=0$

よって　$\boldsymbol{x=\dfrac{-1\pm\sqrt{3}i}{2},\ \dfrac{1\pm\sqrt{3}i}{2}}$ 答

アドバイス

❶ 公式
$a^3-b^3=(a-b)(a^2+ab+b^2)$
を用います。

❷ x^2をかたまりとして計算します。

❸ $a^2-b^2=(a+b)(a-b)$
において，
$a=x^2+1,\ b=x$
となっています。

練習 43

次の方程式を解け。

(1) $x^3+1=0$　　(2) $x^4+3x^2-4=0$

(3) $(x^2+x)^2-8(x^2+x)+12=0$　　(4) $x^4+4=0$

例題 43 高次方程式②

★★★ 標準

次の方程式を解け。

(1) $x^3+x^2-5x+3=0$　　(2) $x^3-x^2-x-2=0$

(3) $x^4+x^3-5x^2+x-6=0$

因数定理を用いる高次方程式は，まず因数を1つ見つける

因数定理を用いる高次方程式では，まず1つ因数を見つけます。方程式を$P(x)=0$，因数を$x-a$とすると，aは，$\pm\dfrac{P(x)\text{の定数項の約数}}{P(x)\text{の最高次の項の係数の約数}}$のうちから探します。

解答

(1) $P(x)=x^3+x^2-5x+3$ とおくと

$P(1)=1+1-5+3=0$

$P(x)$を$x-1$で割ると❶ 商はx^2+2x-3だから

$P(x)=(x-1)(x^2+2x-3)=(x-1)^2(x+3)$

よって，$P(x)=0$の解は　**$x=-3$, 1 (重解)** (答)

(2) $P(x)=x^3-x^2-x-2$ とおくと

$P(2)=8-4-2-2=0$

$P(x)$を$x-2$で割った商は❷ x^2+x+1だから

$P(x)=(x-2)(x^2+x+1)$

よって，$P(x)=0$の解は

$\boldsymbol{x=2,\ \dfrac{-1\pm\sqrt{3}i}{2}}$ (答)

(3) $P(x)=x^4+x^3-5x^2+x-6$ とおくと

$P(2)=16+8-20+2-6=0$

$P(-3)=81-27-45-3-6=0$

$P(x)$を$(x-2)(x+3)$で割った商は❸ x^2+1だから

$P(x)=(x-2)(x+3)(x^2+1)$

よって，$P(x)=0$の解は

$\boldsymbol{x=2,\ -3,\ \pm i}$ (答)

アドバイス

❶

1	1	1	−5	3
		1	2	−3
	1	2	−3	0

商x^2+2x-3

❷

2	1	−1	−1	−2
		2	2	2
	1	1	1	0

商x^2+x+1

❸

2	1	1	−5	1	−6
		2	6	2	6
	1	3	1	3	0
−3	1	3	1	3	
		−3	0	−3	
	1	0	1	0	

商x^2+1

練習 44 次の方程式を解け。

(1) $x^3+3x+4=0$　　(2) $x(x+1)(x+2)=1\cdot2\cdot3$

(3) $x^4-x^3-x+1=0$

例題 44 既知の解と他の解①

★★★ 標準

3次方程式 $x^3-kx-6=0$ の解の1つが -1 のとき，定数 k の値と他の解を求めよ。

POINT 実数解がわかるとき ⟹ 解はもとの方程式を満たす

高次方程式で，実数解が1つわかっているときは，その解をもとの方程式に代入して係数を決定し，さらに高次方程式を解きます。そのとき，解の1つがわかっているので，割り算を実行することができます。因数定理を用いるまでもありません。

解答

$$x^3-kx-6=0 \quad \cdots\cdots①$$

①の解の1つが -1 だから

$$-1+k-6=0$$

よって

$$\boldsymbol{k=7}$$ (答)

このとき，①は

$$x^3-7x-6=0 \quad \cdots\cdots②$$

x^3-7x-6 を $x+1$ で割ると，商は x^2-x-6 ❶ だから，②は

$$(x+1)(x^2-x-6)=0$$

$$(x+1)(x+2)(x-3)=0$$

$$x=-1,\ -2,\ 3$$

よって，他の解は

$$\boldsymbol{-2,\ 3}$$ (答)

アドバイス

❶

-1	1	0	-7	-6
		-1	1	6
	1	-1	-6	0

商 x^2-x-6

STUDY 解から因数が決まる

方程式 $P(x)=0$ の解の一部がわかっているときには，因数の一部がわかる。

$x=\alpha$ が解 $\Longleftrightarrow P(\alpha)=0$

$\Longleftrightarrow x-\alpha$ を因数にもつ

$x=\alpha,\ \beta\ (\alpha\neq\beta)$ が解 $\Longleftrightarrow P(\alpha)=P(\beta)=0$

$\Longleftrightarrow (x-\alpha)(x-\beta)$ を因数にもつ

練習 45 x の方程式 $x^4-2x^3+ax^2+bx+6=0$ の解のうちの2つは $-2,\ 3$ であるという。定数 $a,\ b$ の値と他の解を求めよ。

例題 45 既知の解と他の解②

3次方程式 $x^3+x^2+ax+b=0$ の解の1つが $1-i$ である。a, b を実数とするとき，次の問いに答えよ。

(1) a, b の値を求めよ。　　(2) 他の2つの解を求めよ。

虚数解を代入して，複素数の相等条件へもち込む

高次方程式で，虚数解 α がわかっているときは，その解をもとの方程式に代入して係数を決定し，さらに他の解を求めます。

解答

(1) $x^3+x^2+ax+b=0$ ……①

①の解の1つが $1-i$ だから

$$(1-i)^3+(1-i)^2+a(1-i)+b=0$$

$$1-3i+3i^2-i^3+1-2i+i^2+a-ai+b=0 \quad ❶$$

$$a+b-2-(a+4)i=0$$

ここで，$a+b-2$, $a+4$ は実数だから

$$\begin{cases} a+b-2=0 \\ a+4=0 \end{cases}$$

よって　$\boldsymbol{a=-4,\ b=6}$ (答)

(2) (1)から，①は　$x^3+x^2-4x+6=0$ ……②

$P(x)=x^3+x^2-4x+6$ とおくと

$$P(-3)=-27+9+12+6=0$$

$P(x)$ を $x+3$ で割ると，商は x^2-2x+2 だから，❷

②は　$(x+3)(x^2-2x+2)=0$　より　$x=-3,\ 1\pm i$

よって，他の2つの解は　$\boldsymbol{-3,\ 1+i}$ (答)

アドバイス

❶ $i^2=-1$, $i^3=i^2\cdot i=-i$ を用います。

❷

-3	1	1	-4	6
		-3	6	-6
	1	-2	2	0

商 x^2-2x+2

STUDY 共役な複素数を用いても解ける

$1-i$ の共役な複素数 $1+i$ も解だから

$$x=1\pm i,\ (x-1)^2=(\pm i)^2,\ x^2-2x+2=0$$

x^3+x^2+ax+b を x^2-2x+2 で割った余りを0とおくと，a, b の値が求められる。

練習 46　x の方程式 $x^3+ax^2+bx+10=0$ の1つの解が $1-3i$ のとき，実数 a, b の値と他の解を求めよ。

例題 46 1の3乗根

★★★ 応用

3次方程式 $x^3=1$ の虚数解を ω_1，ω_2 とするとき，次の式の値を求めよ。

(1) $\omega_1{}^3$，$\omega_2{}^3$　　(2) $\omega_1{}^2+\omega_1+1$

(3) $\omega_1+\omega_2$，$\omega_1\omega_2$　　(4) $\omega_1{}^6+\omega_1{}^5+\omega_1{}^4+\omega_1{}^3+\omega_1{}^2+\omega_1+1$

1の3乗根の性質は，方程式 $x^3=1$ の解であることから

3次方程式 $x^3=1$ ……① から　$(x-1)(x^2+x+1)=0$

$x-1=0$ または $x^2+x+1=0$ ……②

よって　$x=1,\ \dfrac{-1\pm\sqrt{3}i}{2}$

ω_1，ω_2 は①の解であり，②の解でもあることを用います。

解答

$$x^3=1 \quad \cdots\cdots①$$
$$x^3-1=0$$
$$(x-1)(x^2+x+1)=0$$
$$x=1,\ x^2+x+1=0 \quad \cdots\cdots②$$

(1) ω_1，ω_2 は①の解だから

$\boldsymbol{\omega_1{}^3=1,\ \omega_2{}^3=1}$ ❶ 答

(2) ω_1 は②の解だから

$\omega_1{}^2+\omega_1+1=\mathbf{0}$ ❷ 答

(3) ω_1，ω_2 は②の解だから，解と係数の関係より

$\boldsymbol{\omega_1+\omega_2=-1,\ \omega_1\omega_2=1}$ 答

(4) $\omega_1{}^6+\omega_1{}^5+\omega_1{}^4+\omega_1{}^3+\omega_1{}^2+\omega_1+1$ ❸

$=\omega_1{}^4(\omega_1{}^2+\omega_1+1)+\omega_1(\omega_1{}^2+\omega_1+1)+1$

$=\mathbf{1}$ 答

アドバイス

❶ 解はもとの方程式を満たします。

❷ 解はもとの方程式を満たします。

❸ 直接値を代入して計算するのは大変です。(2)の結果を用います。

STUDY　名前の付いた解 ω（オメガ）

方程式の解で名前が付いているのはこれだけである。数値を直接代入するのではなく，解と係数の関係などを用いてスムーズに計算しよう。

練習 47　3次方程式 $x^3=1$ の虚数解を ω_1，ω_2 とするとき，次の式の値を求めよ。

(1) $\omega_1{}^{100}+\omega_2{}^{100}$　　(2) $\dfrac{1}{\omega_1}+\dfrac{1}{\omega_2}$

例題 47 3次方程式の解と係数の関係

★★★ 

3次方程式 $x^3-3x+1=0$ の解を α, β, γ とするとき，次の式の値を求めよ。

(1) $\alpha+\beta+\gamma$, $\alpha^2+\beta^2+\gamma^2$　　(2) $\alpha^3+\beta^3+\gamma^3$

POINT　3次方程式の解と係数の関係 ⟹ 対称式の性質を利用

3次方程式 $ax^3+bx^2+cx+d=0$ $(a \neq 0)$ の解が α, β, γ のとき，もとの方程式は $a(x-\alpha)(x-\beta)(x-\gamma)=0$ となることから

$$a\{x^3-(\alpha+\beta+\gamma)x^2+(\alpha\beta+\beta\gamma+\gamma\alpha)x-\alpha\beta\gamma\}=0$$

よって　$\alpha+\beta+\gamma=-\dfrac{b}{a}$, $\alpha\beta+\beta\gamma+\gamma\alpha=\dfrac{c}{a}$, $\alpha\beta\gamma=-\dfrac{d}{a}$

となります。式の左辺を**3文字の基本対称式**といい，$\alpha^2+\beta^2+\gamma^2$, $\alpha^3+\beta^3+\gamma^3$ **は，3つの基本対称式で表現できます。**このことを用いて，計算の省力化を図ります。

解答

(1)　$x^3-3x+1=0$　……①

①の解を α, β, γ とすると，解と係数の関係から❶

$$\begin{cases}\alpha+\beta+\gamma=\mathbf{0} \\ \alpha\beta+\beta\gamma+\gamma\alpha=-3\end{cases}$$ 答

よって　$\alpha^2+\beta^2+\gamma^2$

$=(\alpha+\beta+\gamma)^2-2(\alpha\beta+\beta\gamma+\gamma\alpha)$

$=0^2-2(-3)$

$=\mathbf{6}$ 答

(2)　α, β, γ は①の解だから❷

$$\begin{cases}\alpha^3-3\alpha+1=0 \\ \beta^3-3\beta+1=0 \\ \gamma^3-3\gamma+1=0\end{cases}　よって　\begin{cases}\alpha^3=3\alpha-1 \\ \beta^3=3\beta-1 \\ \gamma^3=3\gamma-1\end{cases}$$

これら3式を辺々加えると

$\alpha^3+\beta^3+\gamma^3=3(\alpha+\beta+\gamma)$❸$-3$

$=\mathbf{-3}$ 答

アドバイス

❶ $(x-\alpha)(x-\beta)(x-\gamma)=0$ を展開して，①と各次数の項の係数を比較しても同じです。

❷ 解はもとの方程式を満たします。

❸ $\alpha+\beta+\gamma=0$ です。

練習 48　3次方程式 $x^3-x^2+x+5=0$ の3つの解を α, β, γ とするとき，次の式の値を求めよ。

(1) $\alpha+\beta+\gamma$, $\alpha^2+\beta^2+\gamma^2$　　(2) $\alpha^3+\beta^3+\gamma^3$

定期テスト対策問題 3

解答・解説は別冊 p.31

1 次の式を簡単にせよ。

(1) $(i+1)(2i-1)$　　(2) $\sqrt{-2}\times\sqrt{-32}$

(3) $(2+\sqrt{-3})(3-\sqrt{-3})$　　(4) $\dfrac{2(1-i)}{1+i}$

(5) $\dfrac{\sqrt{8}}{\sqrt{-2}}\times\sqrt{\dfrac{-8}{-2}}$

2 $\alpha=3+2i$, $\beta=3-2i$ のとき，次の式の値を求めよ。

(1) $\alpha+\beta$　　(2) $\alpha\beta$

(3) $\alpha^2+\beta^2$　　(4) $\dfrac{\beta^2}{\alpha}+\dfrac{\alpha^2}{\beta}$

3 次の方程式を解け。

(1) $x^2-x-12=0$　　(2) $x^2-2x-9=0$

(3) $x^2-x+2=0$　　(4) $x^2+2x+7=0$

4 2次方程式 $x^2+(k+1)x+9=0$（k は実数）について，次の問いに答えよ。

(1) 異なる2つの実数解をもつように，k の値の範囲を定めよ。

(2) 重解をもつように，k の値を定め，解を求めよ。

5 2つの x の2次方程式 $x^2+(a+1)x+a^2=0$, $x^2+2ax+2a=0$ の一方が異なる2つの実数解をもち，他方が虚数解をもつとき，実数 a の値の範囲を求めよ。

6 2 次方程式 $x^2+(i+1)x+2i-2=0$ ……① が実数解をもつとき，次の問いに答えよ。

(1) x が実数のとき，左辺を実部と虚部に分け，$f(x)+g(x)\cdot i=0$ の形にせよ。

(2) 方程式 $f(x)=0$，$g(x)=0$ を解け。

(3) ①の実数解を求めよ。

7 2 次方程式 $2x^2-4x+3=0$ の 2 つの解を α, β とするとき，次の式の値を求めよ。

(1) $\alpha+\beta$，$\alpha\beta$　　(2) $\alpha^2+\beta^2$　　(3) $\alpha^3+\beta^3$

8 2 次方程式 $2x^2-3x+4=0$ の 2 つの解を α，β とするとき，次の問いに答えよ。

(1) $(2\alpha-3)(2\beta-3)$ の値を求めよ。

(2) $2\alpha-3$ と $2\beta-3$ を解とする 2 次方程式を作れ。ただし，x^2 の係数は 1 とする。

9 x の 2 次方程式 $x^2+(k-1)x+k^2=0$ $(k<0)$ の 2 つの解を α，β とするとき，$\alpha^3+\beta^3=2$ となるような k の値を求めよ。

10 2 次方程式 $x^2-kx+6=0$ について，次の問いに答えよ。

(1) 1 つの解が 2 のとき，k の値を求めよ。

(2) 2 つの解の比が 1：2 のとき，k の値を求めよ。

11 x の 2 次方程式 $x^2+ax+2a=0$ の 2 つの解を α，β とする。$\alpha+k$，$\beta+k$ を 2 つの解とする 2 次方程式が $x^2-3ax+3a+1=0$ になるとき，a，k の値を求めよ。

12 整式 $f(x)=x^3+3x^2+ax+b$ を $x-1$ で割ると 7 余り，$x+2$ で割ると 1 余るように，定数 a，b の値を定めよ。

13 整式 $f(x)$ は，$x-1$ で割ると 3 余り，$x-5$ で割ると 7 余る。このとき，$f(x)$ を $(x-1)(x-5)$ で割った余りを求めよ。

14 整式 $f(x)$ は，x^2-1 で割ると $2x+1$ 余り，x^2-x-2 で割ると $3x+6$ 余る。このとき，$f(x)$ を x^2-3x+2 で割った余りを求めよ。

15 次の方程式を解け。

(1) $x^4-10x^2+9=0$

(2) $x^3-3x^2-x+3=0$

(3) $x^4+5x^2+9=0$

(4) $x(x-1)(x-2)=3\cdot2\cdot1$

(5) $x(x-1)(x-2)(x-3)=4\cdot5\cdot6\cdot7$

(6) $(x^2+4x+3)(x^2+12x+35)+15=0$

16 3 次方程式 $x^3-4x^2+3x+a=0$ ……① の解の 1 つが 2 のとき，次の問いに答えよ。

(1) 定数 a の値を求めよ。

(2) 他の 2 つの解を求めよ。

17　a, b, cが実数で，xの方程式$x^4+ax^3+bx+c=0$の解のうちの2つは2とiである。このとき，次の問いに答えよ。

(1) a, b, cの値を求めよ。

(2) 残りの解を求めよ。

18　次の式を複素数の範囲で因数分解せよ。

(1) x^4-x^2-6

(2) $x^4-x^3-2x^2-2x+4$

19　方程式$2x^3-(a+2)x^2+a=0$について，次の問いに答えよ。

(1) $x=1$を解にもつことを示せ。

(2) この方程式が1を重解としてもつように，定数aの値を定めよ。

(3) この方程式が1以外の解を重解としてもつように，定数aの値を定めよ。

20　3次方程式$x^3-x^2-3x+1=0$の解をα, β, γとするとき，次の式の値を求めよ。

(1) $\alpha+\beta+\gamma$

(2) $\alpha^2+\beta^2+\gamma^2$

(3) $\alpha^3+\beta^3+\gamma^3$

21　3次方程式$x^3=1$　……①の虚数解の1つをωとするとき，次の問いに答えよ。

(1) ω^2も①の解であることを示せ。

(2) $x^3=8$の解をωを用いて表せ。

Mathematics Ⅱ

MY BEST

第2章 図形と方程式

第1節

点と直線，円

1　点

1　数直線上の2点間の距離　▷ 例題48

数直線上の2点A(a)，B(b)間の距離ABは次のようになる。

$$\mathbf{AB}=|b-a|=\begin{cases} b-a \ (a\leqq b\text{のとき}) \\ a-b \ (b<a\text{のとき}) \end{cases} \ (=|a-b|)$$

例　2点A(3)，B(−2)間の距離は　　$\mathrm{AB}=|(-2)-3|=3-(-2)=5$

2　数直線上の内分点・外分点の座標　▷ 例題49　例題50

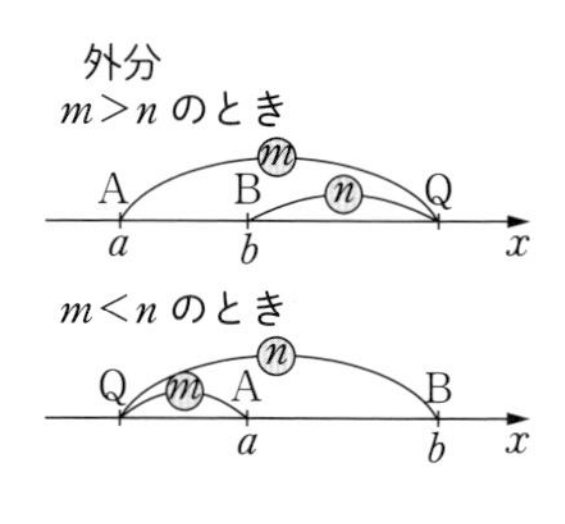

2点A(a)，B(b)を両端とする線分AB上にあって，AP：PB＝m：nとなる点Pを考える。このとき，点Pは線分ABをm：nに**内分**するという。

また，線分ABの延長上に点Qがあって，AQ：QB＝m：nとなるとき，点Qは線分ABをm：nに**外分**するという。

A(a)，B(b)のとき，線分ABをm：nに内分する点P，外分する点Qの座標は次のようになる。

$$\text{内分点P}\left(\frac{na+mb}{m+n}\right) \qquad \text{外分点Q}\left(\frac{-na+mb}{m-n}\right)$$

特に，線分ABの中点Mの座標は　$\mathbf{M}\left(\dfrac{a+b}{2}\right)$

例　2点A(−4)，B(14)のとき，線分ABを2：1に内分する点Pおよび外分する点Qの座標は

$$\mathrm{P}:\frac{1\times(-4)+2\times14}{2+1}=\frac{24}{3}=8,\quad \mathrm{Q}:\frac{-1\times(-4)+2\times14}{2-1}=32$$

3　平面上の2点間の距離　▷ 例題51

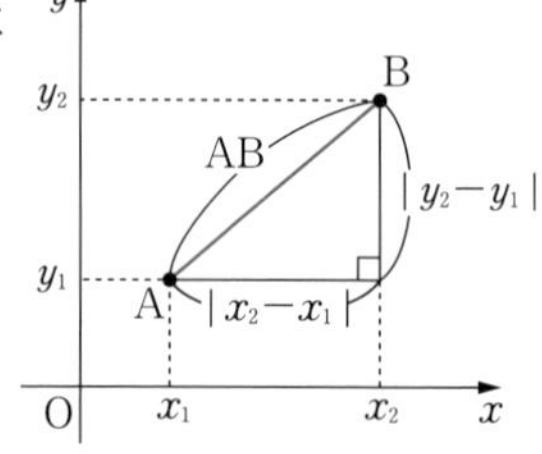

座標平面上の2点A(x_1，y_1)，B(x_2，y_2)間の距離ABは次のようになる。

$$\mathbf{AB}=\sqrt{(x_2-x_1)^2+(y_2-y_1)^2}$$

特に，原点Oと点Aの間の距離OAは

$$\mathbf{OA}=\sqrt{x_1^2+y_1^2}$$

例　2点A(2，4)，B(6，1)のとき

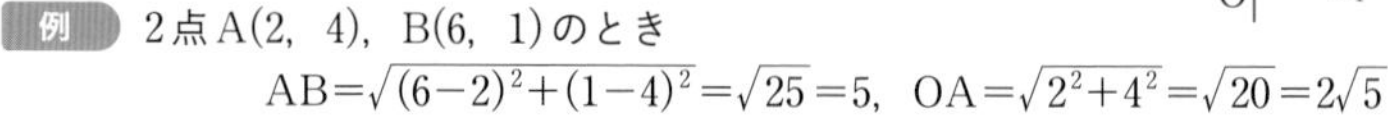

$$\mathrm{AB}=\sqrt{(6-2)^2+(1-4)^2}=\sqrt{25}=5,\quad \mathrm{OA}=\sqrt{2^2+4^2}=\sqrt{20}=2\sqrt{5}$$

4 平面上の内分点・外分点の座標 ▷ 例題 52

座標平面上の2点A$(x_1,\ y_1)$，B$(x_2,\ y_2)$を結ぶ線分ABを$m:n$の比に内分あるいは外分する点の座標は，次のようになる。

内分点$\left(\dfrac{nx_1+mx_2}{m+n},\ \dfrac{ny_1+my_2}{m+n}\right)$

外分点$\left(\dfrac{-nx_1+mx_2}{m-n},\ \dfrac{-ny_1+my_2}{m-n}\right)$

特に，線分ABの中点は

$\left(\dfrac{x_1+x_2}{2},\ \dfrac{y_1+y_2}{2}\right)$

例 2点A(2, 10)，B(5, −5)を結ぶ線分ABを1：2に内分する点Pの座標$(x,\ y)$は

$$x=\frac{2\times2+1\times5}{1+2}=\frac{9}{3}=3,\quad y=\frac{2\times10+1\times(-5)}{1+2}=\frac{15}{3}=5$$

よって

P(3, 5)

5 三角形の重心の座標 ▷ 例題 53

△ABCの3頂点をA$(x_1,\ y_1)$，B$(x_2,\ y_2)$，C$(x_3,\ y_3)$とするとき，重心Gの座標は

G$\left(\dfrac{x_1+x_2+x_3}{3},\ \dfrac{y_1+y_2+y_3}{3}\right)$

で与えられる。

例 △ABCの3頂点の座標がA(6, −3)，B(1, 5)，C(−4, 7)であるとき，重心G$(x,\ y)$は

$$x=\frac{6+1-4}{3}=1,\quad y=\frac{-3+5+7}{3}=3$$

よって

G(1, 3)

例題 48　2点間の距離

★★★　基本

Oを原点とする数直線上に4点A(5)，B(−1)，C(−7)，P(x)がある。このとき，次の問いに答えよ。

(1)　線分OA，AB，ACの長さをそれぞれ求めよ。

(2)　AP=3を満たす点Pの座標を求めよ。

線分PQの長さ ⟹ 点P，Qの位置関係に注意する

数直線上の線分PQの長さは，P(a)，Q(b)とすると，PQ=$|b-a|$と表されます。ここで

$$|b-a|=\begin{cases} b-a & (a\leqq b\text{のとき}) \\ a-b & (b<a\text{のとき}) \end{cases}$$

だから，aとbの大小関係に着目すると**大きいほうから小さいほうを引いたものが2点間の距離**になります。

$a<b$のとき

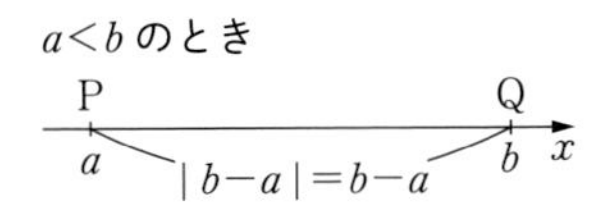

$a>b$のとき

解答

(1)　Oが原点，A(5)，B(−1)，C(−7)のとき

$\mathbf{OA}=|5-0|=\mathbf{5}$ 答

$\mathbf{AB}=|(-1)-5|=5-(-1)$ ❶ $=\mathbf{6}$ 答

$\mathbf{AC}=|(-7)-5|=5-(-7)=\mathbf{12}$ 答

(2)　A(5)，P(x)のとき

$\mathrm{AP}=|x-5|$

したがって，AP=3のとき

$|x-5|=3$

$x-5=\pm3$　　すなわち　$x=8,\ 2$

よって

P(2)またはP(8) 答

アドバイス

❶ 5>−1だから，5から−1を引きます。

$\mathrm{AB}=|(-1)-5|$
$=|-6|$
$=6$

と計算してもよいです。

注意　線分PQの長さは，2点P，Q間の距離のことだから，PQ=QPである。したがって，上の例題ではOA=AO，AB=BA，AC=CAだから，AB，ACを

AB=BA=5−(−1)，AC=CA=5−(−7)

と考えてもよい。

練習 49　数直線上の次の2点間の距離を求めよ。

(1)　P(−1)，Q(3)　　(2)　A(5)，B(−2)　　(3)　C(−3)，D(−7)

例題 49 数直線上の内分点 ★★★ 基本

数直線上の2点A(−7)，B(3)に対して，次の点の座標を求めよ。
(1) 線分ABの中点M
(2) 線分ABを3：2に内分する点P
(3) 線分ABを1：4に内分する点Q

POINT 内分点の公式は，分子をたすき掛けの形にする

2点A(a)，B(b)を両端とする線分ABをm：nに内分する点Pの座標xを求めるには，公式$x=\dfrac{na+mb}{m+n}$を利用します。右のように，分子はたすき掛けと覚えましょう。

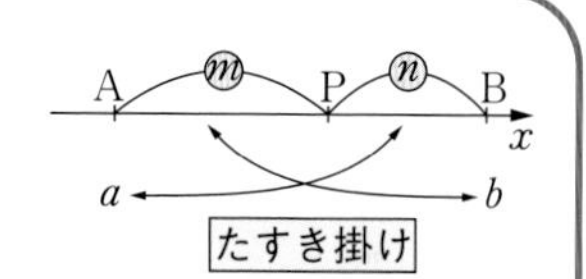

解答

求める点の座標をxとする。

(1) $x=\dfrac{-7+3}{2}=-2$ ❶ **M(−2)** 答

(2) $x=\dfrac{2\cdot(-7)+3\cdot3}{3+2}=\dfrac{-5}{5}=-1$ ❷ **P(−1)** 答

(3) $x=\dfrac{4\cdot(-7)+1\cdot3}{1+4}=\dfrac{-25}{5}=-5$ ❷ **Q(−5)** 答

アドバイス

❶ 中点だから$m=n=1$と考えて
$\dfrac{1\cdot a+1\cdot b}{1+1}=\dfrac{a+b}{2}$

❷ 分母は加えて
$m+n$
分子はたすき掛けで
$na+mb$

Q 内分点の間違いを確認する方法はありますか？

A 結果が不安なときは，図で確認しましょう。

上の例題の(2)では，$x=\dfrac{3\cdot(-7)+2\cdot3}{3+2}=-3$などと，3：2に内分する計算を逆にかけ合わせるミスをしてしまいがちです。

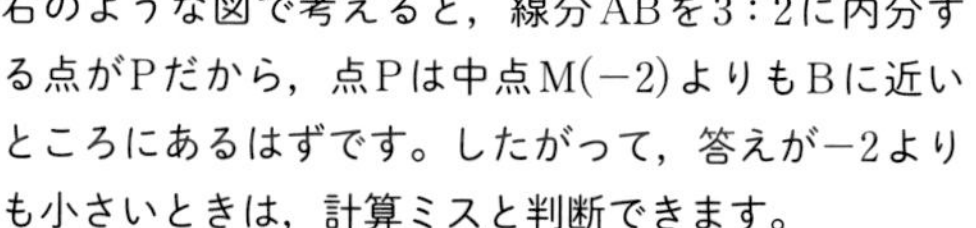

右のような図で考えると，線分ABを3：2に内分する点がPだから，点Pは中点M(−2)よりもBに近いところにあるはずです。したがって，答えが−2よりも小さいときは，計算ミスと判断できます。

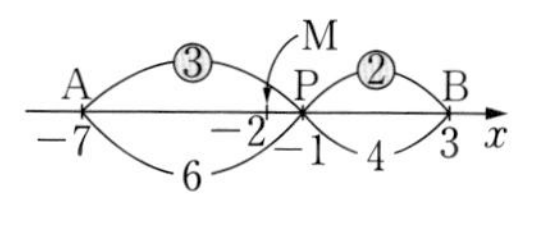

練習 50 2点A(10)，B(−4)を結ぶ線分ABを3：4に内分する点P，5：2に内分する点Qの座標をそれぞれ求めよ。

例題 50　数直線上の外分点　★★★ 基本

数直線上の2点A(−1)，B(5)に対して，次の点の座標を求めよ。

(1)　線分ABを3：1に外分する点P

(2)　線分ABを2：3に外分する点Q

POINT　外分点の公式は，内分点の公式のnを$-n$にする

- 2点A(a)，B(b)を両端とする線分ABを$m:n$に外分する点Pの座標xは，外分点の公式$x=\dfrac{-na+mb}{m-n}$を用いて求めます。このとき，内分点の場合と同様に，分子はたすき掛けになっています。また，nが$-n$になっていることに注意します。
- P，Qの位置関係は右図のようになります。

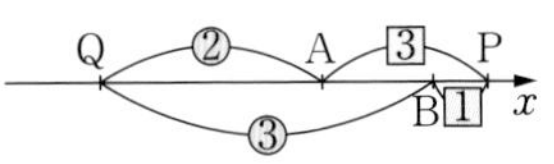

解答

求める点の座標をxとする。

(1)　$x=\dfrac{-1\cdot(-1)+3\cdot5}{3-1}=\dfrac{16}{2}=8$ ❶

よって　**P(8)** 答

(2)　$x=\dfrac{-3\cdot(-1)+2\cdot5}{2-3}=\dfrac{13}{-1}=-13$

よって　**Q(−13)** 答

アドバイス

❶ 3：1に外分するので
$m=3$，$n=1$
分母・分子ともに，nに
−（マイナス）の符号がつきます。

Q 外分点の位置はどうなりますか？

A 内分点と外分点の関係を考えると，公式はそれぞれ$\dfrac{na+mb}{m+n}$，$\dfrac{-na+mb}{m-n}$で，内分の公式のnを$-n$に置き換えたものが外分の公式になっています。したがって，$m:n$に外分するという場合には，内分の公式のnを$-n$に置き換えればよいです。すなわち，「$m:n$に外分する」ということは，「$m:(-n)$に内分する」ということだと考えられます。外分点Pの位置は

$m>n>0\Longrightarrow$ PはBの側の延長上，　$n>m>0\Longrightarrow$ PはAの側の延長上

にあります。

練習 51　2点A(−2)，B(14)を結ぶ線分ABを5：3に内分する点をP，7：11に外分する点をQとするとき，線分PQの中点Mの座標を求めよ。

例題 51 座標平面上の2点間の距離 ★★★ 基本

座標平面上の次の2点間の距離を求めよ。

(1) (0, 0), (3, −4)　　(2) (−1, −3), (3, −5)

(3) (−2, 3), (4, 3)

POINT　2点 $(x_1,\ y_1)$, $(x_2,\ y_2)$ 間の距離は

$$\sqrt{(x_2-x_1)^2+(y_2-y_1)^2} \quad \cdots\cdots①$$

2点 $A(x_1,\ y_1)$, $B(x_2,\ y_2)$ の間の距離を求めるには，上の公式①を用います。
特に，原点OとAとの間の距離は　$OA=\sqrt{x_1{}^2+y_1{}^2}$　……②　となります。
(1)では，②の公式において $x_1=3$, $y_1=-4$ を代入し，(2)では，①の公式において $x_1=-1$, $y_1=-3$, $x_2=3$, $y_2=-5$ を代入すればよいです。また，(3)では，2点の y 座標が3で等しいから，x 座標だけを考えればよいです。

解答

(1) O(0, 0), A(3, −4) のとき

$OA=\sqrt{3^2+(-4)^2}$ ❶

$=\sqrt{25}=\mathbf{5}$ 答

(2) B(−1, −3), C(3, −5) のとき

$BC=\sqrt{(3+1)^2+(-5+3)^2}$ ❷

$=\sqrt{4^2+(-2)^2}$

$=\sqrt{20}=\mathbf{2\sqrt{5}}$ 答

(3) D(−2, 3), E(4, 3) のとき，y 座標が等しいので，x 座標だけを考えて

$DE=|4-(-2)|$ ❸ $=\mathbf{6}$ 答

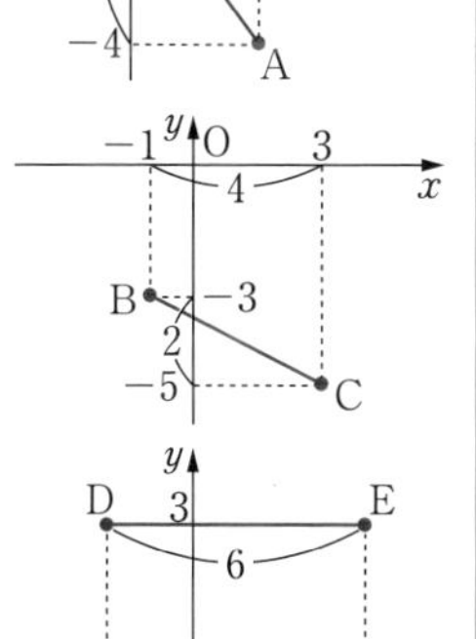

アドバイス

❶ 原点OとP$(a,\ b)$ との距離は
$OP=\sqrt{a^2+b^2}$

❷ Bの x 座標は −1 だから
$3-(-1)=3+1$
y 座標は −3 だから
$-5-(-3)=-5+3$

❸ この場合は，数直線上の距離と同じと考えてよいです。

Q 2点間の距離の公式を間違えてしまうことがあります。

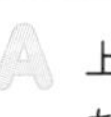

A 上の例題の(2)では $BC=\sqrt{(3-1)^2+(-5-3)^2}$ などとミスしがちです。慣れないうちは $3-(-1)$, $-5-(-3)$ とていねいに計算することがミスを防ぐコツです。

練習 52　2点 A(0, 1), B(2, 3) 間の距離を求めよ。また，x 軸上にあって，この2点から等距離にある点Pの座標を求めよ。

例題 52 平面上の内分点・外分点

★★★ 標準

2点A(2, −1), B(4, −2)に対して，次の点の座標を求めよ。

(1) 線分ABの中点

(2) 線分ABを3：2の比に内分する点

(3) 線分ABを3：2の比に外分する点

(4) 線分ABを2：3の比に外分する点

POINT 平面上も数直線上の場合と同様にたすき掛けで計算する

(2)で，平面上の線分ABを3：2に内分するということは，右図のようにx軸方向，y軸方向にそれぞれ3：2に内分することだから，数直線上での計算を2度行うことになります。(3)の外分点については，数直線上の場合と同様に，2を−2と置き換えればよいです。

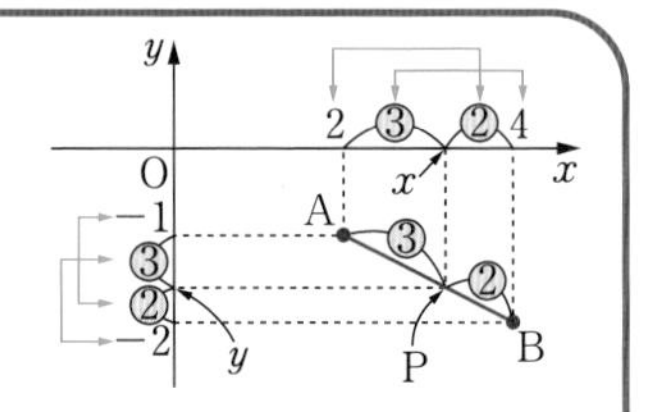

解答

求める点の座標を(x, y)とおく。

(1) 線分ABの中点だから❶

$$x=\frac{2+4}{2}=3,\ y=\frac{(-1)+(-2)}{2}=-\frac{3}{2}$$

よって $\left(\mathbf{3},\ -\frac{\mathbf{3}}{\mathbf{2}}\right)$ 答

(2) $x=\frac{2\cdot2+3\cdot4}{3+2}=\frac{16}{5},\ y=\frac{2\cdot(-1)+3\cdot(-2)}{3+2}=-\frac{8}{5}$ ❷

よって $\left(\frac{\mathbf{16}}{\mathbf{5}},\ -\frac{\mathbf{8}}{\mathbf{5}}\right)$ 答

(3) $x=\frac{-2\cdot2+3\cdot4}{3-2}=8,\ y=\frac{-2\cdot(-1)+3\cdot(-2)}{3-2}=-4$ ❸

よって **(8, −4)** 答

(4) $x=\frac{-3\cdot2+2\cdot4}{2-3}=-2,\ y=\frac{-3\cdot(-1)+2\cdot(-2)}{2-3}=1$

よって **(−2, 1)** 答

アドバイス

❶ 中点の場合は，線分ABを1:1に内分します。
$A(x_1, y_1)$, $B(x_2, y_2)$のとき
$x=\frac{x_1+x_2}{2},\ y=\frac{y_1+y_2}{2}$

❷ x, y座標とも
「分母は加えて，分子はたすき掛け」。

❸ 外分の場合は，$m:(-n)$に内分すると考えます。

練習 53 2点A(2, 3), B(−2, 1)に対して，線分ABを1：3に内分する点，および外分する点の座標をそれぞれ求めよ。

例題 53 三角形の重心 ★★★ 標準

3点A(1, 5), B(−1, −1), C(4, 2)に対して，次の点の座標を求めよ。

(1) △ABCの重心G

(2) △ABDの重心がCとなるような点D

△ABCの重心の座標は，3頂点の座標の相加平均

三角形の3本の中線は1点で交わり，この交点を重心といいます。重心は各中線を頂点のほうから2：1に内分します。3頂点の座標が，$A(x_1,\ y_1)$, $B(x_2,\ y_2)$, $C(x_3,\ y_3)$のとき，辺ABの中点Mは$\left(\dfrac{x_1+x_2}{2},\ \dfrac{y_1+y_2}{2}\right)$となるので，重心Gは線分CMを2：1に内分する点として

$\mathbf{G}\left(\dfrac{x_1+x_2+x_3}{3},\ \dfrac{y_1+y_2+y_3}{3}\right)$が得られます。

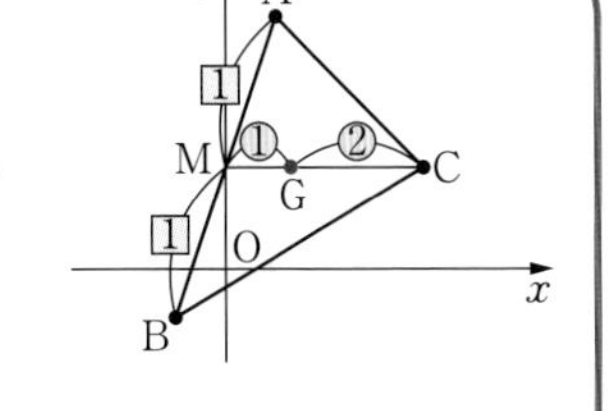

解答

$A(1,\ 5)$, $B(-1,\ -1)$, $C(4,\ 2)$

(1) △ABCの重心Gの座標を$(x,\ y)$とすると

$$x=\frac{1+(-1)+4}{3}=\frac{4}{3},\quad y=\frac{5+(-1)+2}{3}=\frac{6}{3}=2$$

よって　$\mathbf{G}\left(\dfrac{4}{3},\ 2\right)$ 答 ❶

(2) 点Dの座標を$(x,\ y)$とすると，△ABDの重心のx, y座標はそれぞれ

$$\frac{1+(-1)+x}{3}=\frac{x}{3},\quad \frac{5+(-1)+y}{3}=\frac{y+4}{3}$$ ❷

これが点C(4, 2)と一致するから

$$\frac{x}{3}=4,\quad \frac{y+4}{3}=2$$

これを解いて　$x=12$, $y=2$

よって　**D(12, 2)** 答

アドバイス

❶ 辺ABの中点Mは
M(0, 2)
だから，線分CMを2：1に内分する点の座標として計算すると

$$x=\frac{1\cdot4+2\cdot0}{2+1}=\frac{4}{3}$$

$$y=\frac{1\cdot2+2\cdot2}{2+1}=\frac{6}{3}=2$$

❷ A(1, 5)
B(−1, −1)
D(x, y)
を重心の座標の公式に代入。

練習 54 △ABCの頂点の座標がA(6, −3), B(1, 5), 重心Gの座標が(1, 3)であるとき，頂点Cの座標を求めよ。

2 直線

1 直線の方程式(1) ▷ 例題 54

傾きがmの直線の方程式は，次の式で表される。

① **y切片がnのとき**　　　$\boldsymbol{y=mx+n}$

② **点$(x_1,\ y_1)$を通るとき**　　$\boldsymbol{y-y_1=m(x-x_1)}$

傾きm，y切片nの直線$y=mx+n$ ……①　が，点$(x_1,\ y_1)$を通るとき，

この座標は直線の方程式を満たすので　　$y_1=mx_1+n$　　……②

このとき，①－②から　　$y-y_1=m(x-x_1)$　　……③

すなわち，点$(x_1,\ y_1)$を通る傾きmの直線の方程式は③で表される。

例　点$(1,\ 3)$を通り，傾きが2の直線の方程式は

$y-3=2(x-1)$　　すなわち　$y=2x+1$

2 直線の方程式(2) ▷ 例題 55　例題 56　例題 60

(1)　2点$(x_1,\ y_1)$，$(x_2,\ y_2)$を通る直線の方程式は，次の式で表される。

①　**$x_1 \neq x_2$のとき**　$\boldsymbol{y-y_1=\dfrac{y_2-y_1}{x_2-x_1}(x-x_1)}$

②　**$x_1=x_2$のとき**　$\boldsymbol{x=x_1}$

特に，2点$(a,\ 0)$，$(0,\ b)$を通る直線の方程式は

$$\boldsymbol{\frac{x}{a}+\frac{y}{b}=1}$$

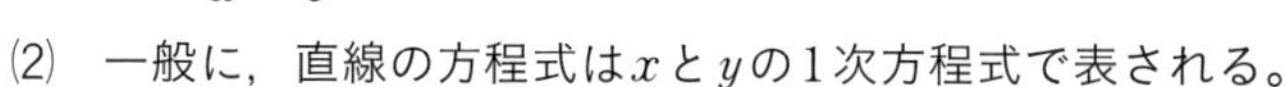

(2)　一般に，直線の方程式はxとyの1次方程式で表される。

直線の方程式の一般形

$ax+by+c=0$　(ただし，a，bは同時には0でない)

例　2点$(1,\ 2)$，$(2,\ 3)$を通る直線の方程式は

$y-2=\dfrac{3-2}{2-1}(x-1)$　　すなわち　$y=x+1$

3 2直線の平行 ▷ 例題 57

2直線$y=mx+n$と$y=m'x+n'$が平行であるとき，

その傾きmとm'の間には，次の関係が成り立つ。

2直線が平行 $\Longleftrightarrow$ $\boldsymbol{m=m'}$

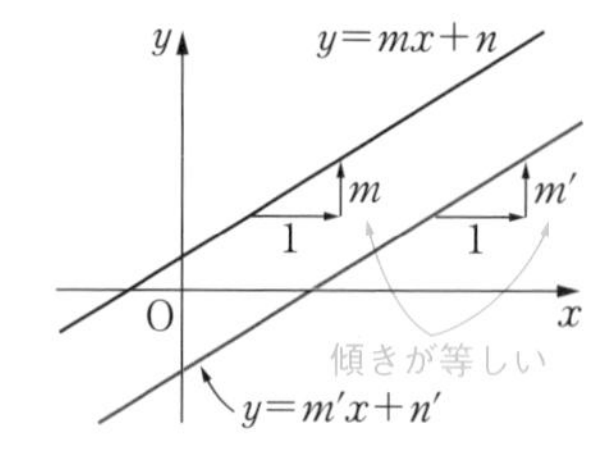

注意 $m=m'$, $n=n'$のとき，この2直線は一致するが，この場合も「平行」であると考えることにする。

例 直線$y=2x+3$……① と平行な直線の傾きをmとすると

$m=2$

したがって，$y=2x-1$, $y=2x+4$などは，すべて①と平行である。

4 2直線の垂直 ▷ 例題57 例題58

2直線$y=mx+n$, $y=m'x+n'$が垂直であるとき，その傾きmとm'の間には，次の関係が成り立つ。

2直線が垂直 $\Longleftrightarrow$ $mm'=-1$

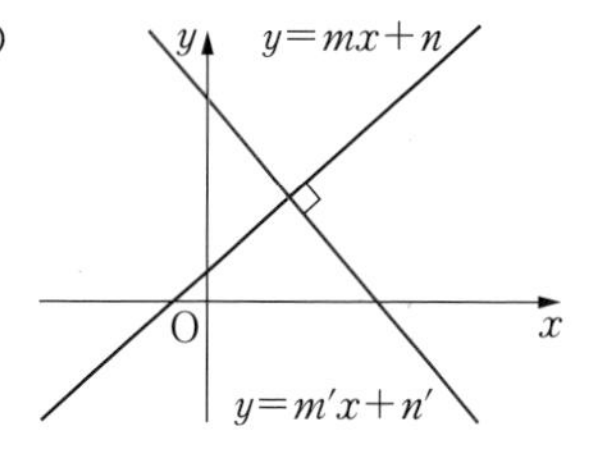

例 直線$y=2x+2$と垂直な直線の傾きmは

$2\cdot m=-1$ よって $m=-\frac{1}{2}$

5 点と直線の距離 ▷ 例題59

点$\mathrm{P}(x_1, y_1)$と直線$ax+by+c=0$との**距離**dは，次の式で与えられる。

$$d=\frac{|ax_1+by_1+c|}{\sqrt{a^2+b^2}}$$

特に，原点$(0, 0)$と直線$ax+by+c=0$との距離dは

$$d=\frac{|c|}{\sqrt{a^2+b^2}}$$

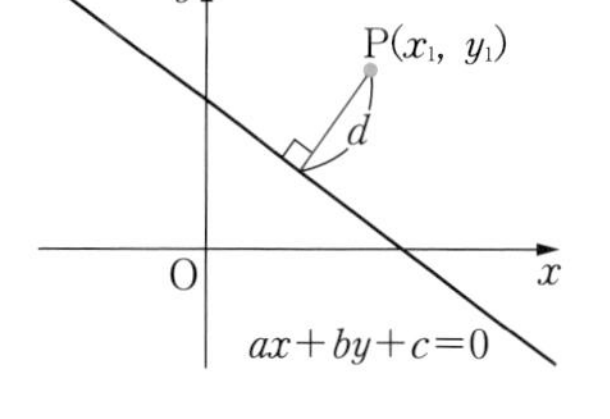

例 点$(1, 2)$と直線$x+y-4=0$との距離dは

$$d=\frac{|1+2-4|}{\sqrt{1^2+1^2}}=\frac{|-1|}{\sqrt{2}}=\frac{1}{\sqrt{2}}=\frac{\sqrt{2}}{2}$$

例題 54 傾きmの直線

★★★ 基本

次の直線の方程式を求めよ。

(1) 点$(2,\ -1)$を通り，傾きが3の直線

(2) 点$(3,\ 5)$を通り，y切片が-1の直線

(3) 点$(-3,\ 1)$を通り，x軸に平行な直線

(4) 点$(-2,\ 5)$を通り，x軸に垂直な直線

傾きがmの直線$\Longrightarrow y=mx+n$または$y-y_1=m(x-x_1)$

(1) 傾きと通る点がわかっているので，公式$y-y_1=m(x-x_1)$を利用します。

(2) y切片が-1の直線だから，$y=mx-1$とおいて考えます。

(3) x軸に平行な直線の傾きは0で，y座標はx座標の値に関係なく一定の値です。

(4) x軸に垂直な直線は傾きをもちません。x座標はy座標の値に関係なく一定の値をとります。

解答

(1) 点$(2,\ -1)$を通り，傾きが3の直線の方程式は

$$y-(-1)=3(x-2)$$ ❶

よって　　**$y=3x-7$** (答)

(2) 傾きをmとするとy切片が-1 ❷ だから，求める直線の方程式は $y=mx-1$ とおける。

これが点$(3,\ 5)$を通るから

$5=3m-1$　　よって　$m=2$

したがって　　**$y=2x-1$** (答)

(3) x軸に平行だから傾きは0で，yの値は一定であり

$y=1$ (答)

(4) x軸に垂直 ❸ だから，xの値は一定であり

$x=-2$ (答)

アドバイス

❶ $y-y_1=m(x-x_1)$から
$y=m(x-x_1)+y_1$として
$y=3(x-2)-1$
と考えてもよいです。

❷ グラフをかくと，傾き2がわかります。

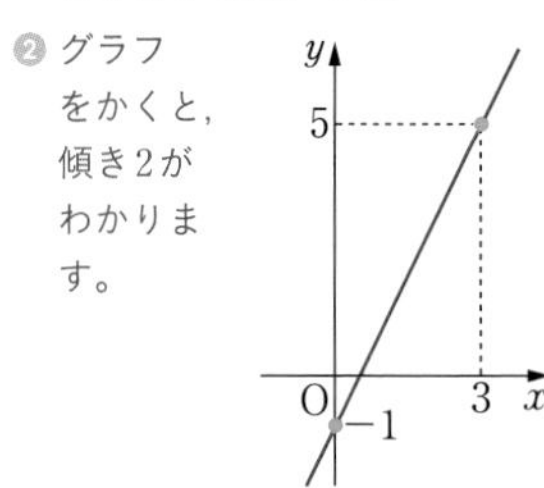

❸ 傾きをもたない直線。

注意 (1)は，y切片をnとして$y=3x+n$とおき，点$(2,\ -1)$を通ることから　$-1=6+n$
よって，$n=-7$から，$y=3x-7$と求めることもできます。

練習 55 次の直線の方程式を求めよ。

(1) 点$(2,\ -3)$を通り，傾きが-1の直線

(2) 点$(3,\ 4)$を通り，x軸に平行な直線

(3) 点$(-2,\ 3)$を通り，x軸に垂直な直線

例題 55　2点を通る直線の方程式　★★★　基本

次の2点を通る直線の方程式を求めよ。

(1)　(3, 2), (5, 6)　　(2)　(1, −1), (−2, −1)　　(3)　(3, −1), (3, 4)

直線の方程式を求めるとき，$x=x_1$，$y=y_1$ の形に注意

2点 $(x_1,\ y_1)$，$(x_2,\ y_2)$ を通る直線の方程式は

$x_1 \neq x_2$ のとき　　$y-y_1=\dfrac{y_2-y_1}{x_2-x_1}(x-x_1)$

となりますが，(2)のように $y_1=y_2$ の場合，この直線は x 軸に平行で $y=y_1$ となり，(3)のように $x_1=x_2$ の場合，y 軸に平行で $x=x_1$ となります。

解答

(1)　2点 (3, 2), (5, 6) を通る直線の方程式は

$$y-2=\frac{6-2}{5-3}(x-3) \quad ❶$$

よって　　$\boldsymbol{y=2x-4}$ (答)

(2)　2点 (1, −1), (−2, −1) を通る直線の方程式は

$$y+1=\frac{-1-(-1)}{-2-1}(x-1) \quad ❷$$

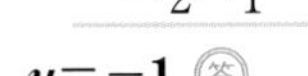

よって　　$\boldsymbol{y=-1}$ (答)

別解　y 座標が−1で等しいから，この直線は x 軸に平行で　　$\boldsymbol{y=-1}$ (答)

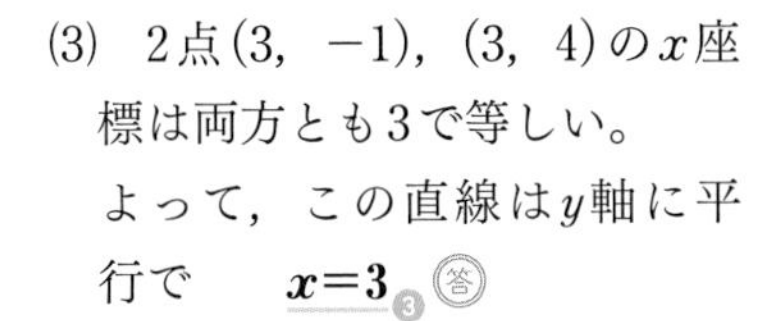

(3)　2点 (3, −1), (3, 4) の x 座標は両方とも3で等しい。

よって，この直線は y 軸に平行で　　$\boldsymbol{x=3}$ ❸ (答)

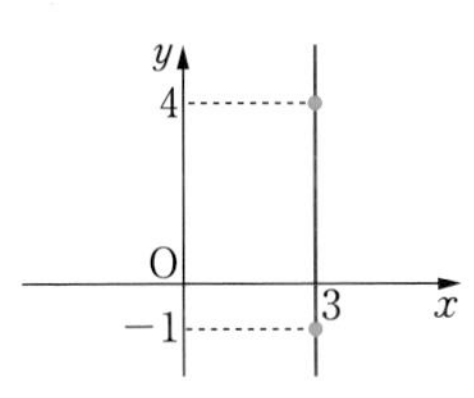

アドバイス

❶ 公式に $x_1=3$，$x_2=5$，$y_1=2$，$y_2=6$ を代入。
あるいは
$y-6=\dfrac{6-2}{5-3}(x-5)$
と計算してもよいです。

❷ $y_1=-1$，$y_2=-1$ だから，この直線の傾きは0になります。すなわち，x 軸に平行な直線です。

❸ $x_1=x_2$ のとき，直線の方程式は　$x=x_1$

練習 56　次の2点を通る直線の方程式を求めよ。

(1)　(2, 3), (1, −1)　　(2)　(3, 0), (−1, 0)

練習 57　2点 $(a,\ a^2)$，$(b,\ b^2)$ を通る直線の方程式を求めよ。ただし，$a \neq b$ とする。

例題 56 3点が同一直線上にある条件

3点$(-2,\ 6)$，$(7,\ 3)$，$(a,\ a+4)$が同一直線上にあるように，aの値を定めよ。

POINT 3点のうち，いずれか2点を通る直線の方程式を求める

3点が同一直線上にあるようにするには，**いずれか2点を通る直線の方程式を求め，残りの1点がその直線上にあるようにすればよい**です。本問では，与えられた3点の座標から判断して，まず2点$(-2,\ 6)$，$(7,\ 3)$を通る直線の方程式を求め，それに$x=a$，$y=a+4$を代入してaの値を求めるのがいちばん簡単です。

解答

A$(-2,\ 6)$，B$(7,\ 3)$，C$(a,\ a+4)$のとき

直線ABの方程式❶ は

$$y-6=\frac{3-6}{7-(-2)}(x+2)$$

$$y=-\frac{1}{3}(x+2)+6$$

よって　$x+3y=16$　……①

3点A，B，Cが同一直線上にあるから，点Cは直線①の上にある。❷ したがって，①に点Cのx座標とy座標の値を代入して

$a+3(a+4)=16$　よって　$\boldsymbol{a=1}$ 答

アドバイス

❶ 2点$(x_1,\ y_1)$，$(x_2,\ y_2)$を通る直線の方程式は

$$y-y_1=\frac{y_2-y_1}{x_2-x_1}(x-x_1)$$

❷ 直線AB上に点Cがあります。

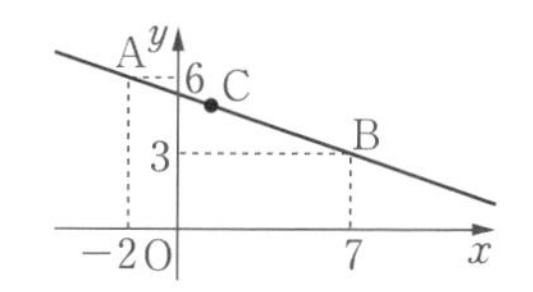

Q 3点が与えられたとき，直線の方程式はそのうちのどの2点から求めてもよいのですか？

A そのとおりです。上の例題では，点A，Bのx座標が異なるので直線がy軸に平行になることはありません。2点$(-2,\ 6)$，$(a,\ a+4)$から直線の方程式を求めると

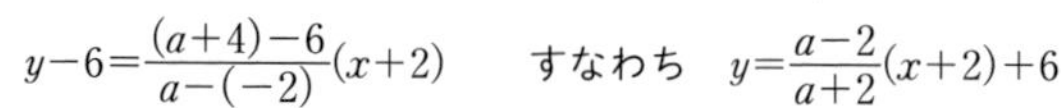

$$y-6=\frac{(a+4)-6}{a-(-2)}(x+2)\quad すなわち\quad y=\frac{a-2}{a+2}(x+2)+6$$

となり，この方程式に$(7,\ 3)$を代入してaの値を定められます。また，傾きのみに着目して$\dfrac{(a+4)-6}{a-(-2)}=\dfrac{3-6}{7-(-2)}$として，$a$の値を求めることもできます。

練習 58 3点$(3,\ -2)$，$(1,\ a)$，$(a,\ 0)$が同一直線上にあるように，aの値を定めよ。

例題 57 2直線の平行・垂直

★★★ 基本

点$(3,\ 2)$を通り，直線$3x+4y+1=0$に平行な直線と垂直な直線の方程式をそれぞれ求めよ。

傾きがm，m'の2直線が $\begin{cases} \text{平行} \iff m=m' \\ \text{垂直} \iff mm'=-1 \end{cases}$

- 2直線$y=mx+n$，$y=m'x+n'$において，$m=m'$のとき2直線は平行です。
- 傾きの積$mm'=-1$のとき2直線は垂直です。

解答

$$3x+4y+1=0 \quad \cdots\cdots①$$

直線①の傾きは$-\dfrac{3}{4}$ ❶ だから，

点$(3,\ 2)$を通り，①に平行な直線の方程式は

$$y-2=-\frac{3}{4}(x-3) \quad ❷$$

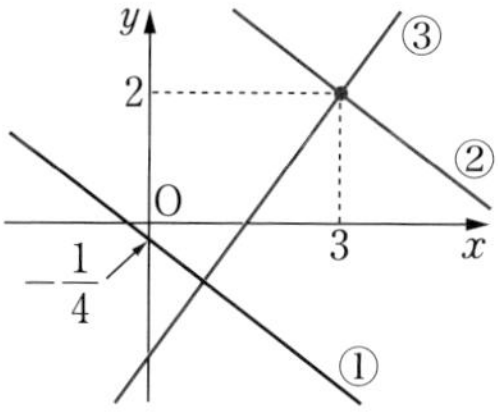

(図：x軸，y軸，O，2，3，$-\frac{1}{4}$，直線①②③)

よって　$\mathbf{3x+4y-17=0}$　……②　答

また，①に垂直な直線の傾きをmとすると

$$-\frac{3}{4}\cdot m=-1 \quad \text{すなわち} \quad m=\frac{4}{3}$$

よって，点$(3,\ 2)$を通り，①に垂直な直線の方程式は

$$y-2=\frac{4}{3}(x-3) \quad ❸$$

したがって　$\mathbf{4x-3y-6=0}$　……③　答

アドバイス

❶ ①を変形すると

$$4y=-3x-1$$
$$y=-\frac{3}{4}x-\frac{1}{4}$$

❷ 傾きがmで，点$(x_1,\ y_1)$を通る直線の方程式は

$$y-y_1=m(x-x_1)$$

ここでは，分母を払って

$$4(y-2)=-3(x-3)$$
$$3(x-3)+4(y-2)=0$$

❸ 分母を払って変形すると

$$3(y-2)=4(x-3)$$
$$4(x-3)-3(y-2)=0$$

Q 直線$ax+by+c=0$に平行・垂直な直線の方程式はどのような式になりますか？

A 上の例題ではまず傾きを求めましたが，一般に点$(x_1,\ y_1)$を通り，直線$ax+by+c=0$に平行な直線，垂直な直線の方程式は次のように表されます。

平行 $\Longrightarrow a(x-x_1)+b(y-y_1)=0$，垂直 $\Longrightarrow b(x-x_1)-a(y-y_1)=0$

点$(3,\ 2)$と直線$3x+4y+1=0$について，下のように計算してもよいです。

平行 $\Longrightarrow 3(x-3)+4(y-2)=0$，垂直 $\Longrightarrow 4(x-3)-3(y-2)=0$

練習 59　2点P$(1,\ 2)$，Q$(4,\ -4)$を結ぶ線分を$1:2$に内分する点Rを通り，直線PQに垂直な直線の方程式を求めよ。

例題 58　直線に関して対称な点　★★★ 標準

直線$2x+y-1=0$に関して，点A(1, 4)と対称な点Pの座標を求めよ。

POINT　直線に関する対称点は，垂直条件と中点条件から求める

直線ℓに関して点Aと対称な点Bの座標を求めるには

(ア)　直線ABとℓが垂直

(イ)　線分ABの中点がℓ上にある

の2つを利用します。本問は，求める点を$P(a, b)$として，垂直条件と線分APの中点$\left(\dfrac{a+1}{2}, \dfrac{b+4}{2}\right)$が直線$2x+y-1=0$上にあるための条件を考えます。

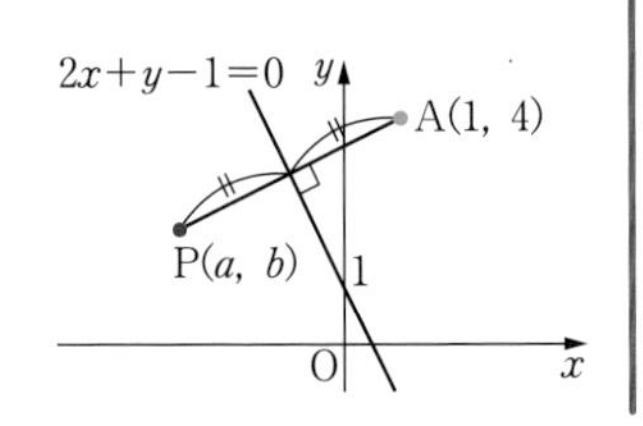

解答

直線　$2x+y-1=0$　……①

点$P(a, b)$とすると，直線①と直線APは垂直だから

$$(-2)_{❶}\cdot\frac{b-4}{a-1}_{❷}=-1$$

$a-1=2(b-4)$　よって　$a-2b=-7$　……②

線分APの中点$\left(\dfrac{a+1}{2}, \dfrac{b+4}{2}\right)$❸ は直線①上にあるから

$$2\cdot\frac{a+1}{2}+\frac{b+4}{2}-1=0 \qquad 2(a+1)+b+4-2=0$$

よって　$2a+b=-4$　……③

②，③から　$a=-3,\ b=2$ ❹

したがって　**P(−3, 2)** (答)

アドバイス

❶ 直線①の傾きは
$y=-2x+1$
から　-2

❷ 直線APの傾きは
$\dfrac{b-4}{a-1}$
点Pは直線①に関して点Aと対称だから　$a \neq 1$

❸ 2点(a, b)，(1, 4)の中点。

❹ ②+③×2から
$5a=-15$
$a=-3$

Q 基本的な対称点について教えてください。

A 点(a, b)と

x軸に関して対称な点は　$(a, -b)$

y軸に関して対称な点は　$(-a, b)$

直線$y=x$に関して対称な点は　(b, a)

直線$y=-x$に関して対称な点は　$(-b, -a)$

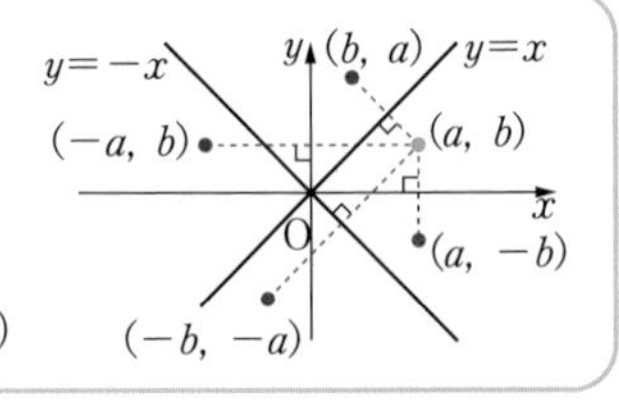

練習 60　直線$x+y=6$に関して，点A(4, −3)と対称な点Pの座標を求めよ。

例題 59 点と直線の距離 ★★★ 標準

次の点と直線の距離を求めよ。

(1) 原点と直線$4x-3y-5=0$

(2) 点$(3,\ 4)$と直線$x+2y-2=0$

POINT 点$(x_1,\ y_1)$と直線$ax+by+c=0$の距離 $\Longrightarrow d=\dfrac{|ax_1+by_1+c|}{\sqrt{a^2+b^2}}$

- 点$(x_1,\ y_1)$から直線$ax+by+c=0$への距離を求めるときは，上の公式を利用します。垂線の足の座標を考えるよりは，計算がぐんとラクになります。
- (1)では，原点との距離だから，$x_1=0$，$y_1=0$として上の公式を利用します。
- (2)では，$x_1=3$，$y_1=4$として上の公式を利用します。

解答

(1) 原点O$(0,\ 0)$と直線$4x-3y-5=0$との距離は

$$\frac{|4\cdot0-3\cdot0-5|}{\sqrt{4^2+(-3)^2}}=\frac{|-5|}{\sqrt{25}}=\frac{5}{5}=\mathbf{1}$$ 答 ❶

(2) 点$(3,\ 4)$と直線$x+2y-2=0$との距離は

$$\frac{|1\cdot3+2\cdot4-2|}{\sqrt{1^2+2^2}}=\frac{|9|}{\sqrt{5}}=\frac{\mathbf{9\sqrt{5}}}{\mathbf{5}}$$ 答

アドバイス

❶ 原点Oからの距離は
$\dfrac{|c|}{\sqrt{a^2+b^2}}$
として求めてもよいです。

Q 点と直線の距離公式を用いる際に注意すべきことはありますか？

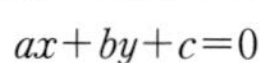

A 点と直線の距離を求める公式を用いる場合，直線の方程式は必ず

$$ax+by+c=0$$

の形に変形しておくことです。$ax+by=c$，$y=mx+n$などの形で考えると

$d=\dfrac{|ax_1+by_1|}{\sqrt{a^2+b^2}}$などと間違えたり，$a$，$b$にあたる数がわかりにくかったりします。

また，公式の分子には絶対値記号がついていることに注意してください。求めるのは「距離」だから，必ず正の数です。負の数で答えないようにしましょう。

練習 61 点$(1,\ 5)$と直線$y=-3x+2$との距離を求めよ。

練習 62 3直線$x+y-3=0$，$x+2y-4=0$，$2x+y-4=0$で作られる三角形の面積を求めよ。

例題 60 定点を通る直線 ★★★ 応用

次の方程式は，定数kがどのような値であっても，直線を表すことを示せ。また，その直線はつねにある定点を通ることを示せ。

$$(x+y-4)+k(x-y-1)=0$$

$ax+by+c+k(a'x+b'y+c')=0$は2直線の交点を通る直線

2直線$ax+by+c=0$，$a'x+b'y+c'=0$の交点を通る直線の方程式は上の式で表されます。この直線はkの値によって無数の直線を表しますが，**もとの2直線の交点は必ず通ります。**ただし，kがどのような値をとっても直線$a'x+b'y+c'=0$を表すことはできません。なお，方程式$ax+by+c=0$は$a=0$かつ$b=0$以外のとき，直線を表します。したがって，方程式$(x+y-4)+k(x-y-1)=0$が直線を表すことを示すには，方程式を$ax+by+c=0$の形に変形して，xとyの係数が同時には0ではないことを示せばよいです。

解答

$$(x+y-4)+k(x-y-1)=0 \quad \cdots\cdots①$$

①から　$(1+k)x+(1-k)y-4-k=0 \quad \cdots\cdots②$

このx，yの係数$1+k$と$1-k$は同時には0にならないから❶，②すなわち①は1つの直線を表す。

また，2直線 $x+y-4=0$，$x-y-1=0$ の交点は

$$\left(\frac{5}{2},\ \frac{3}{2}\right)$$

このとき，①において

$$\left(\frac{5}{2}+\frac{3}{2}-4\right)+k\left(\frac{5}{2}-\frac{3}{2}-1\right)=0$$

はつねに成り立つから，点$\left(\frac{5}{2},\ \frac{3}{2}\right)$の座標は$k$がどのような値をとっても①を満たす。

すなわち，直線①は必ず点$\left(\frac{5}{2},\ \frac{3}{2}\right)$を通る❷。

よって，与えられた方程式は定点を通る直線を表す。

アドバイス

❶ x，yの1次方程式
$ax+by+c=0$
はaとbが同時に0となるときは直線を表さないが，それ以外は直線を表します。

❷ ①はkの値によってさまざまに異なる直線を表しますが，必ず点$\left(\frac{5}{2},\ \frac{3}{2}\right)$を通ります。

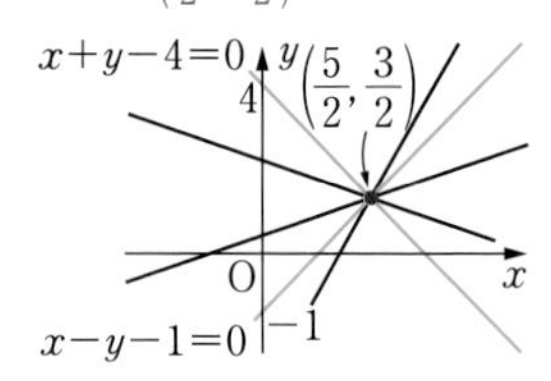

練習 63　2直線$x-2y-4=0$，$2x+y-3=0$の交点と点$(-1,\ 2)$を通る直線の方程式を求めよ。

3 円

1 円の方程式(1) ▷ 例題61

中心の座標と半径が与えられた円の方程式は，次の式で表される。

点C$(a,\ b)$を中心とし，半径がrの円の方程式は

$$(x-a)^2+(y-b)^2=r^2$$

特に，原点Oを中心とし，半径がrの円の方程式は

$$x^2+y^2=r^2$$

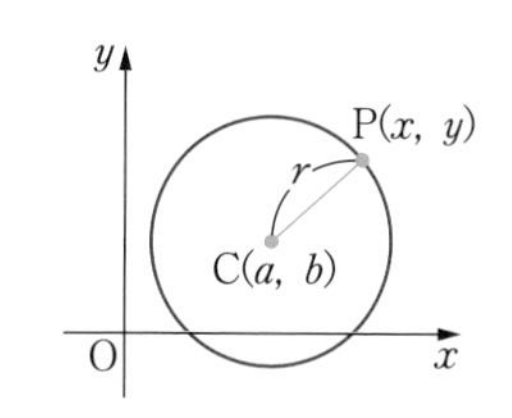

例　中心が原点で，半径が3の円の方程式は　$x^2+y^2=3^2$

中心が$(2,\ -3)$で，半径が1の円の方程式は

$(x-2)^2+(y+3)^2=1^2$

2 円の方程式(2) ▷ 例題62 例題63

一般に，円の方程式は，$l,\ m,\ n$を定数として，次の式で表される。

円の方程式の一般形

$$x^2+y^2+lx+my+n=0$$

逆に，この方程式は，$l^2+m^2-4n>0$のとき

$$\left(x+\frac{l}{2}\right)^2+\left(y+\frac{m}{2}\right)^2=\frac{l^2+m^2-4n}{4}\quad\left(=\left(\frac{\sqrt{l^2+m^2-4n}}{2}\right)^2\right)$$

と変形できるので，中心$\left(-\dfrac{l}{2},\ -\dfrac{m}{2}\right)$，半径$\dfrac{\sqrt{l^2+m^2-4n}}{2}$の円を表す。

例　方程式$x^2+y^2-2x+2y+1=0$は，$(x^2-2x)+(y^2+2y)=-1$から

$(x^2-2x+1)+(y^2+2y+1)=1$

すなわち　$(x-1)^2+(y+1)^2=1$

したがって，点$(1,\ -1)$を中心とし，半径が1の円を表す。

3 円と直線 ▷ 例題64 例題65 例題68

円と直線の共有点の座標は，円と直線の方程式を連立させたときの解として得られる。

また，円と直線の共有点の個数は，円と直線の方程式からy（またはx）を消去して得られるx（またはy）の2次方程式$ax^2+bx+c=0$（または$ay^2+by+c=0$）の判別式b^2-4acをDとして，次のようになる。

(ア)　$D>0 \iff$ 共有点が2つ $\iff$ 異なる2点で交わる

(イ)　$D=0 \iff$ 共有点が1つ $\iff$ 1点で接する

(ウ)　$D<0 \iff$ 共有点をもたない

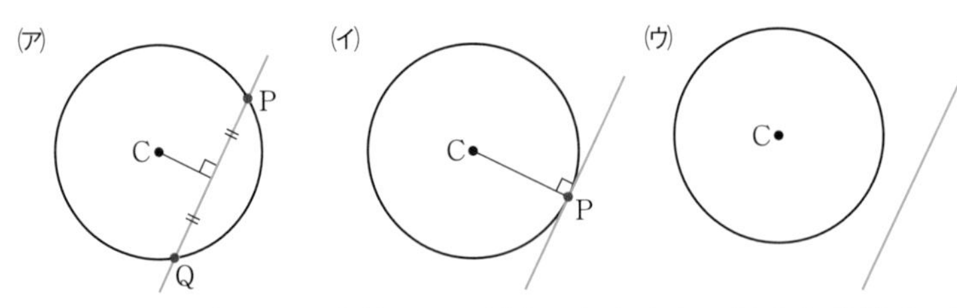

半径がrの円の中心Cと直線ℓの距離をdとすると，円Cと直線ℓの位置関係は

(ア)　$d<r \iff$ 異なる2点で交わる

(イ)　$d=r \iff$ 1点で接する

(ウ)　$d>r \iff$ 共有点をもたない

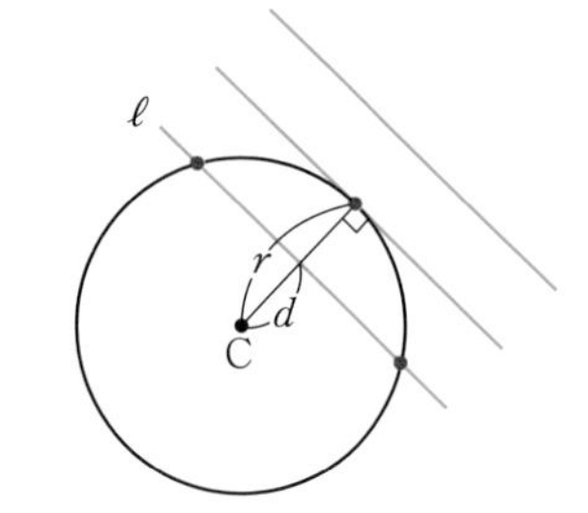

例　円$x^2+y^2=4$と直線$y=-x+1$の位置関係は

$x^2+(-x+1)^2=4$から　　$2x^2-2x-3=0$

$$\frac{D}{4}=(-1)^2-2\cdot(-3)=7>0$$

だから，異なる2点で交わる。

あるいは，$y=-x+1$から$x+y-1=0$とすると，円の中心O(0,　0)と直線との距離dは

$$d=\frac{|0+0-1|}{\sqrt{1^2+1^2}}=\frac{1}{\sqrt{2}}=\frac{\sqrt{2}}{2}$$

円の半径は2だから，dは半径より小さい。

よって，異なる2点で交わる。

4 円の接線 ▷ 例題66 例題67

円$x^2+y^2=r^2$の周上の点$(x_1,\ y_1)$における接線の方程式は

$$x_1x+y_1y=r^2$$

例　円$x^2+y^2=25$上の点(3,　−4)における接線の方程式は

$3x-4y=25$

5 2円の位置関係 ▷ 例題69 例題70

2つの円の半径をr_1，r_2 $(r_1>r_2)$，2つの円の中心間の距離をdとすると，

2円が互いに外部にある　$\iff d>r_1+r_2$

2円が外接する　$\iff d=r_1+r_2$

2円が2点で交わる　$\iff r_1-r_2<d<r_1+r_2$

2円が内接する　$\iff d=r_1-r_2$

2円の一方が他方の内部にある　$\iff d<r_1-r_2$

例題 61 円の方程式 ★★★ 基本

次のような円の方程式を求めよ。

(1) 点$(-2,\ 3)$を中心とし，原点を通る円

(2) 点$(1,\ 2)$を中心とし，x軸に接する円

(3) 2点A$(-2,\ -1)$，B$(2,\ 3)$を直径の両端とする円

座標軸に接する円の半径は，中心の座標から求める

点C$(a,\ b)$を中心とする円が，x軸（またはy軸）に接するとき，その半径は$|b|$（または$|a|$）です。(2)の円の半径は中心のy座標2です。

(1)

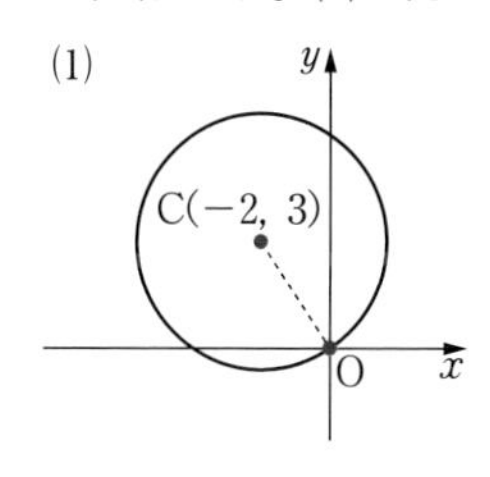

(2)

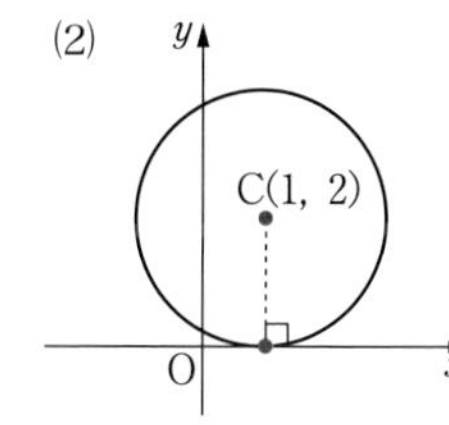

(3)

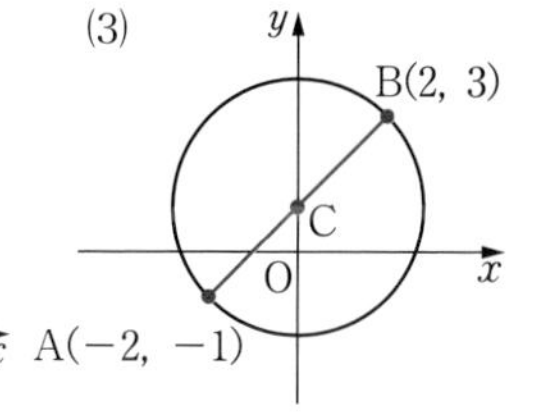

解答

(1) 点C$(-2,\ 3)$を中心とし，原点Oを通る円の半径は

$$\sqrt{(-2)^2+3^2}=\sqrt{13}$$

よって，円の方程式は

$$(x+2)^2+(y-3)^2=13 \text{ ❶ （答）}$$

(2) 点C$(1,\ 2)$を中心とし，x軸に接する円の半径は2 ❷ だから，その方程式は

$$(x-1)^2+(y-2)^2=4 \text{ （答）}$$

(3) 2点A$(-2,\ -1)$，B$(2,\ 3)$を直径の両端 ❸ とする円の中心Cは，線分ABの中点$(0,\ 1)$で，半径は

$$\text{CA}=\sqrt{(-2-0)^2+(-1-1)^2}=\sqrt{8}$$

よって，円の方程式は

$$x^2+(y-1)^2=8 \text{ （答）}$$

アドバイス

❶ 円の方程式を
$$(x+2)^2+(y-3)^2=r^2$$
として，原点Oを通ることからr^2を求めると
$$r^2=2^2+(-3)^2=13$$

❷ 厳密には，半径は中心のy座標の絶対値に等しいです。

❸ 一般に，2点$(x_1,\ y_1)$，$(x_2,\ y_2)$を直径の両端とする円の方程式は
$$(x-x_1)(x-x_2)+(y-y_1)(y-y_2)=0$$

練習 64 次の円の方程式を求めよ。

(1) 点C$(2,\ -4)$を中心として，点A$(-1,\ 2)$を通る円

(2) 点C$(3,\ 4)$を中心として，y軸に接する円

(3) 2点A$(-1,\ -2)$，B$(7,\ 4)$を直径の両端とする円

例題 62　一般の円の方程式　★★★ 基本

次の方程式はどんな図形を表すか。

(1)　$x^2+y^2-2x=0$　　(2)　$x^2+y^2+2x-4y=0$

(3)　$x^2+y^2-4x+6y+9=0$

$x^2+y^2+lx+my+n=0$ は平方式の和の形にする

一般に，x，yの2次方程式$x^2+y^2+lx+my+n=0$の表す図形は円です。そこで，これを$(x-a)^2+(y-b)^2=r^2$の形に変形したいです。x，yそれぞれについての平方式を作るために

$$\left\{x^2+lx+\left(\frac{l}{2}\right)^2\right\}+\left\{y^2+my+\left(\frac{m}{2}\right)^2\right\}=\left(\frac{l}{2}\right)^2+\left(\frac{m}{2}\right)^2-n$$

とすると　$$\left(x+\frac{l}{2}\right)^2+\left(y+\frac{m}{2}\right)^2=\frac{l^2+m^2-4n}{4}$$

これは，$l^2+m^2-4n>0$のときに限って円を表します。

解答

(1)　$x^2+y^2-2x=0$ ❶

$(x^2-2x+1)+y^2=1$

よって　$(x-1)^2+y^2=1$

これは，**点(1，0)を中心とし，半径が1の円** 答

(2)　$x^2+y^2+2x-4y=0$

$(x^2+2x+1)+(y^2-4y+4)=1+4$

よって　$(x+1)^2+(y-2)^2=5$

これは，**点(−1，2)を中心とし，半径が$\sqrt{5}$ ❷ の円** 答

(3)　$x^2+y^2-4x+6y+9=0$

$(x^2-4x+4)+(y^2+6y+9)=4$

よって　$(x-2)^2+(y+3)^2=4$

これは，**点(2，−3)を中心とし，半径が2の円** 答

アドバイス

❶ yの1次の項はないので
$x^2-2x+y^2=0$
を$(x-a)^2+y^2=a^2$の形にすればよいです。それには
$x^2-2x+1=(x-1)^2$
に着目します。

❷ $5=(\sqrt{5})^2$だから，半径は$\sqrt{5}$です。

練習 65　次の方程式が円を表すことを示し，その中心の座標と半径を求めよ。

(1)　$x^2+y^2-6x+4y+4=0$　　(2)　$3x^2+3y^2-2x+3y+1=0$

練習 66　方程式$x^2+y^2+x-2y+n=0$が円を表すように，nの値の範囲を定めよ。

例題 63　三角形の外接円　★★★ 標準

3点A(4, 6), B(−3, 5), C(1, −3)を頂点とする△ABCの外接円の方程式と外心の座標を求めよ。

3点を通る円は$x^2+y^2+ax+by+c=0$とおく

円の中心についての条件は与えられていませんが，もし，円の方程式を

$$(x-p)^2+(y-q)^2=r^2$$

として，**3点A, B, Cを通る条件を考えると**，p, q, rについての2次の連立方程式が得られます。ここでは，むしろ，**円の方程式を**

$$x^2+y^2+ax+by+c=0$$

として，a, b, cについての1次の連立方程式を作るほうが簡単です。

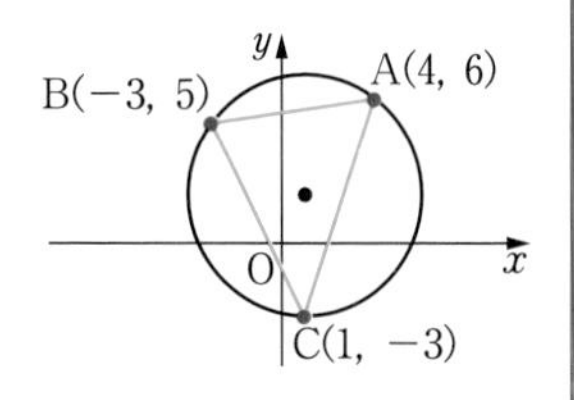

解答

外接円の方程式を

$$x^2+y^2+ax+by+c=0 \quad \cdots\cdots①$$ ❶

とすると，これが3点A(4, 6), B(−3, 5), C(1, −3)を通ることから

$$16+36+4a+6b+c=0 \quad \cdots\cdots②$$ ❷

$$9+25-3a+5b+c=0 \quad \cdots\cdots③$$

$$1+9+a-3b+c=0 \quad \cdots\cdots④$$

②−③から　$7a+b=-18$　……⑤

④−③から　$4a-8b=24$　よって　$a-2b=6$　……⑥

⑤, ⑥を解いて　$a=-2$, $b=-4$ ❸

④に代入して　$10-2+12+c=0$

よって　$c=-20$

このとき，①は　$x^2+y^2-2x-4y-20=0$

したがって　$\boldsymbol{(x-1)^2+(y-2)^2=25}$ ❹ 答

この外接円の中心が△ABCの外心だから，その座標は

(1, 2) 答

アドバイス

❶ 3点を通る円だから，方程式はこのようにおきます。

❷ 円①が点A(4, 6)を通ることから，$x=4$, $y=6$を代入。

❸ ⑤×2+⑥から
$15a=-30$
$a=-2$

❹ $(x^2-2x+1)+(y^2-4y+4)=25$
$(x-1)^2+(y-2)^2=25$

練習 67　3点A(1, 3), B(2, 0), C(−1, −1)を通る円の方程式を求めよ。また，この円の中心の座標と半径を求めよ。

例題 64　円と直線の共有点の個数

★★★ 基本

円$x^2+y^2=5$と次の各直線の共有点の個数を調べよ。

(1)　$y=x+4$　　(2)　$y=-2x+3$　　(3)　$x-2y+5=0$

円と直線の共有点の個数は，中心からの距離を考える

共有点の個数は，円と直線の方程式を連立させて，xまたはyの2次方程式を作り，その判別式をDとして

$D>0$なら2個，$D=0$なら1個，$D<0$なら0個

と考えてもよいですが，むしろ，**円の中心と直線の距離dと，円の半径rとの大小を調べるほうが簡単です。**

$d<r$なら2個，$d=r$なら1個，$d>r$なら0個

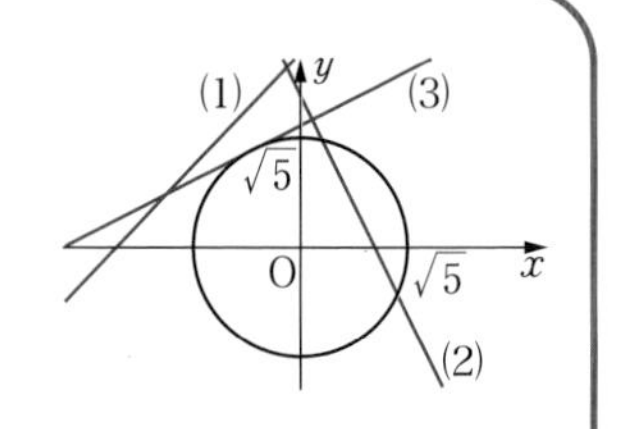

解答

円の中心O(0, 0)と(1)，(2)，(3)の直線との距離❶をそれぞれd_1，d_2，d_3とする。

(1)　$y=x+4$から　　$x-y+4=0$

$$d_1=\frac{|0-0+4|}{\sqrt{1^2+(-1)^2}}=\frac{4}{\sqrt{2}}=2\sqrt{2}$$

円の半径は$\sqrt{5}$だから，d_1は円の半径より大きい。❷

よって，共有点の個数は　　**0個**　㊟

(2)　$y=-2x+3$から　　$2x+y-3=0$

$$d_2=\frac{|0+0-3|}{\sqrt{2^2+1^2}}=\frac{3}{\sqrt{5}}=\frac{3\sqrt{5}}{5}<\sqrt{5}$$

よって，共有点の個数は　　**2個**　㊟

(3)　$x-2y+5=0$

$$d_3=\frac{|0-0+5|}{\sqrt{1^2+(-2)^2}}=\frac{5}{\sqrt{5}}=\sqrt{5}$$

よって，共有点の個数は　　**1個**　㊟

アドバイス

❶ 点$(x_1,\ y_1)$と直線$ax+by+c=0$との距離は

$$\frac{|ax_1+by_1+c|}{\sqrt{a^2+b^2}}$$

❷ 円$x^2+y^2=5$の半径を$r(=\sqrt{5})$とすると

$d_1=2\sqrt{2}=\sqrt{8}>\sqrt{5}$

より　$d_1>r$

同様に

$d_2=\frac{3\sqrt{5}}{5}<\frac{5\sqrt{5}}{5}=r$

$d_3=\sqrt{5}=r$

練習 68　円$x^2+y^2=5$と次の直線との共有点の座標を求めよ。

(1)　$y=x+1$　　(2)　$x+2y-5=0$

練習 69　次の円と直線の共有点の個数を求めよ。

(1)　$x^2+y^2=1,\ y=-2x+3$　　(2)　$x^2+y^2=8,\ x+y=4$

(3)　$x^2+y^2-2x+4y-5=0,\ 3x+y-6=0$

例題 65 円と直線の位置関係

★★★ 標準

円$x^2+y^2=2$と直線$y=m(x+2)$について，次の問いに答えよ。

(1) 異なる2点で交わるような定数mの値の範囲を求めよ。

(2) 互いに接するようにmの値を定めよ。また，接点の座標を求めよ。

接点の座標は2次方程式の重解から求める

例題 64 と同じように考えて，円の中心(0, 0)と直線$mx-y+2m=0$の距離dと，円の半径$\sqrt{2}$の大小から求めてもよいですが，このあと，(2)の**接点の座標は，2次方程式を解き直さなければいけません。それなら，はじめから判別式を利用したほうがよいです。**

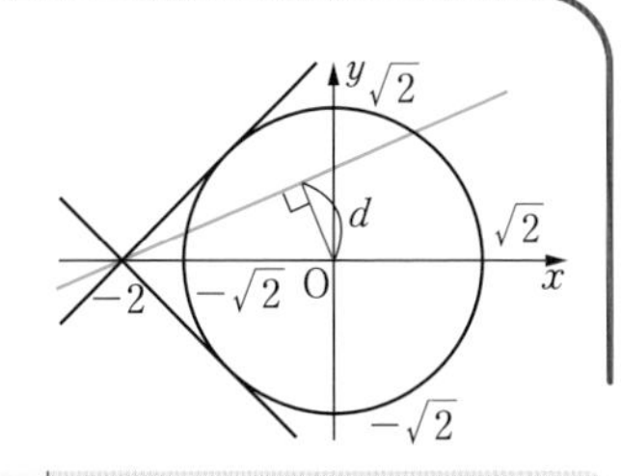

解答

(1) $x^2+y^2=2$ ……① $y=m(x+2)$ ……②

①，②からyを消去して $x^2+m^2(x+2)^2=2$

$(m^2+1)x^2$ ❶ $+4m^2x+2(2m^2-1)=0$ ……③

この判別式をDとすると

$$\frac{D}{4}=(2m^2)^2-(m^2+1)\cdot 2(2m^2-1)=-2(m^2-1)$$

円①と直線②が異なる2点で交わるのは，$D>0$のとき ❷ だから $-2(m^2-1)>0$ $(m+1)(m-1)<0$

よって **$-1<m<1$** 答

(2) 互いに接するのは，$D=0$のときだから

$m^2-1=0$ すなわち **$m=\pm 1$** 答

このとき，接点のx座標 ❸ は③の重解だから

$$x=\frac{-2m^2}{m^2+1}=\frac{-2}{2}=-1$$ ❹

②から $y=\pm(-1+2)=\pm 1$

よって，接点の座標は

$$\begin{cases} m=1\text{のとき} & (-1,\ 1) \\ m=-1\text{のとき} & (-1,\ -1) \end{cases}$$ 答

アドバイス

❶ $m^2+1>0$だから，③はxの2次方程式です。

❷ $D<0 \iff m^2-1>0$
$\iff m<-1,\ 1<m$
のとき，共有点はありません。

❸ $m=\pm 1$のとき，③は
$2x^2+4x+2=0$
$2(x+1)^2=0$
$x=-1$（重解）
としてもよいです。

❹ $ax^2+bx+c=0\ (a\neq 0)$
の重解は $x=-\dfrac{b}{2a}$

練習 70 円$x^2+y^2=2$と直線$y=-x+k$とが異なる2点で交わるように，kの値の範囲を定めよ。また，接するときのkの値はいくらか。

例題 66 円上の点における接線 ★★★ 基本

次の円上の点Pにおける接線の方程式を求めよ。

(1) $x^2+y^2=13$, P$(-3,\ 2)$　　(2) $x^2+y^2=4$, P$(1,\ \sqrt{3})$

円上の点における接線は，円の接線の公式を利用

円$x^2+y^2=13$上の点P$(-3,\ 2)$を通る接線の方程式は，円の接線の公式を利用します。つまり，**円$x^2+y^2=r^2$上の点$(x_1,\ y_1)$を通る接線の方程式は$x_1x+y_1y=r^2$**ですから，これに$x_1=-3$, $y_1=2$, $r^2=13$を代入すれば接線の方程式を求めることができます。

解答

(1) 円$x^2+y^2=13$上の点P$(-3,\ 2)$ ❶ における接線の方程式は

$$\boldsymbol{-3x+2y=13}$$ ❷

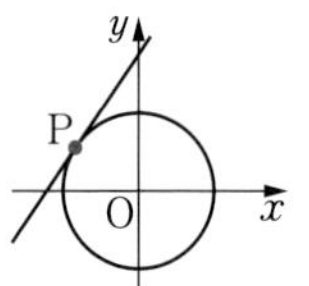

(2) 円$x^2+y^2=4$上の点P$(1,\ \sqrt{3})$における接線の方程式は

$$\boldsymbol{x+\sqrt{3}y=4}$$

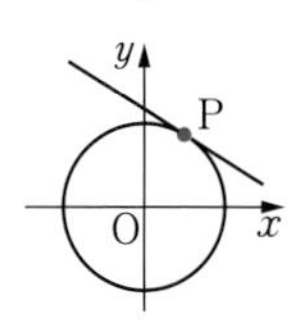

アドバイス

❶ 点P$(-3,\ 2)$を円の方程式の左辺に代入すると

$$x^2+y^2=(-3)^2+2^2=13$$

となるから，円の方程式$x^2+y^2=13$を満たします。したがって，点Pは円上の点です。

❷ 円$x^2+y^2=r^2$上の点$(x_1,\ y_1)$における接線の方程式は

$$x_1x+y_1y=r^2$$

Q 円上の点における接線の方程式を求めるとき，どんなことに注意したらいいですか？

A 円上の点における接線を求めるには円の接線の公式を使うとすぐに求められます。ただし，その点が円上にない円外の点の場合は，円の接線の公式は使えません。円外の点の座標をそのまま円の接線の公式にあてはめてしまわないように注意してください。その点が円上の点かどうかは，点の座標を円の方程式に代入することで確認できます。また，円外の点を通る接線の方程式は，次の例題 67の方法で求めます。

練習 71 次の円上の点Pにおける接線の方程式を求めよ。

(1) $x^2+y^2=4$, P$(-2,\ 0)$

(2) $x^2+y^2=27$, P$(5,\ -\sqrt{2})$

例題 67　円外の点からの接線　★★★ 標準

点P$(-3,\ 1)$を通り，円$x^2+y^2=1$に接する直線の方程式と，接点の座標を求めよ。

POINT　円外の点からの接線は，接点を$(x_1,\ y_1)$とおいて解く

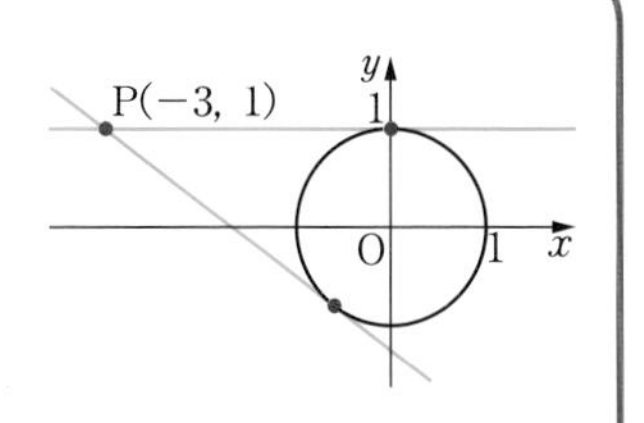

点P$(-3,\ 1)$を通り，y軸に平行な直線は円の接線とはなりませんから，傾きをmとして，直線の方程式を

$y-1=m(x+3)$　　すなわち　$y=mx+3m+1$

とおくことができます。これが円に接するとき，xの2次方程式の判別式$D=0$を利用してもよいですが，接点の座標を求めるので，円$x^2+y^2=1$上の点$(x_1,\ y_1)$における接線$x_1x+y_1y=1$が点P$(-3,\ 1)$を通るように考えたほうが簡単です。

解答

円$x^2+y^2=1$　……①

上の点$(x_1,\ y_1)$における接線の方程式は

$x_1x+y_1y=1$ ❶　……②

これが，点P$(-3,\ 1)$を通るには

$-3x_1+y_1=1$　すなわち　$y_1=3x_1+1$……③

また，点$(x_1,\ y_1)$は円①の周上にあるから

${x_1}^2+{y_1}^2=1$ ❷　……④

③を④に代入して

${x_1}^2+(3x_1+1)^2=1$

$10{x_1}^2+6x_1=0$

$2x_1(5x_1+3)=0$　よって　$x_1=0,\ -\frac{3}{5}$

③から，$x_1=0$のとき$y_1=1$，$x_1=-\frac{3}{5}$のとき$y_1=-\frac{4}{5}$

このとき，接線の方程式は②から

$\boldsymbol{y=1,\ 3x+4y=-5}$ ❸ 答

接点の座標は，順に

$\boldsymbol{(0,\ 1),\ \left(-\frac{3}{5},\ -\frac{4}{5}\right)}$ 答

アドバイス

❶ 円$x^2+y^2=r^2$上の点$(x_1,\ y_1)$における接線の方程式は

$x_1x+y_1y=r^2$

❷ これと③を満たすようなx_1，y_1の値が，接点の座標です。

❸ $x_1=-\frac{3}{5}$，$y_1=-\frac{4}{5}$のとき，接線の方程式②は

$-\frac{3}{5}x-\frac{4}{5}y=1$

$3x+4y=-5$

練習 72　点$(3,\ -1)$から円$x^2+y^2=5$に引いた接線の方程式を求めよ。

例題 68 円の弦の長さ

★★★ 標準

直線$y=2x-3$が円$x^2+y^2=2$によって切り取られてできる線分の長さを求めよ。

POINT 円によって切り取られる弦の長さは，三平方の定理で

直線と円の交点A，Bの座標を求めることができれば，弦ABの長さは2点A，B間の距離として計算することができます。本問では，直線と円の方程式を連立させて解くと，$A(1,\ -1)$，$B\left(\dfrac{7}{5},\ -\dfrac{1}{5}\right)$となるので，これからABの長さが得られます。しかし，**弦ABの中点Mをとり，OM⊥ABから三平方の定理を使うほうが簡単です。**

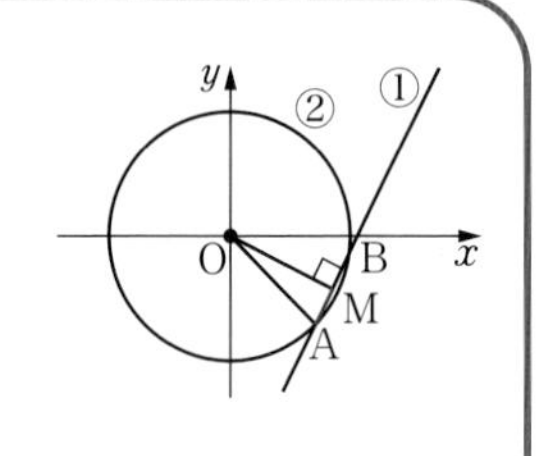

解答

$$y=2x-3 \quad \cdots\cdots① \qquad x^2+y^2=2 \quad \cdots\cdots②$$

円②の中心Oから直線①に下ろした垂線をOMとすると，Mは直線①が円②によって切り取られてできる線分ABの中点である。❶

①から　$2x-y-3=0$

よって　$OM=\dfrac{|-3|}{\sqrt{2^2+(-1)^2}}=\dfrac{3}{\sqrt{5}}$ ❷

△OAMで三平方の定理から

$$AM^2=OA^2-OM^2 \ ❸ =(\sqrt{2})^2-\left(\frac{3}{\sqrt{5}}\right)^2=2-\frac{9}{5}=\frac{1}{5}$$

したがって　$AB=2AM=2\sqrt{\dfrac{1}{5}}=\boldsymbol{\dfrac{2\sqrt{5}}{5}}$ 答

アドバイス

❶ 点Mは，線分ABの中点だから，求める線分の長さABは
$AB=2AM$

❷ 原点Oと直線
$2x-y-3=0$
の距離。

❸ △OAMにおいて
$OM\perp AM$
OAは円の半径$\sqrt{2}$です。

Q 円によって切り取られる弦の長さは，三平方の定理を用いて求めるべきですか？

A 直線が円によって切り取られる線分の長さを求める問題では，直線と円の2交点の座標が上の例題のように簡単な数値の場合には，どの方法で解いてもあまり差はありませんが，座標が無理数のときや，文字定数を含むときなどは，解答のように三平方の定理を使うほうがよいです。

練習 73 円$x^2+y^2=4$が直線$y=x-1$から切り取る線分の長さを求めよ。

例題 69 2円の位置関係 ★★★ 標準

次の2つの円の位置関係を調べよ。

(1) $x^2+y^2=1$，$(x+1)^2+(y+2)^2=4$

(2) $x^2+y^2=25$，$(x-1)^2+(y-1)^2=4$

POINT 2円の半径と，中心間の距離の大小関係を調べる

2つの円の位置関係を調べるには，2つの円の半径と，2つの円の中心間の距離の大小関係を調べればよいです。 一般に，2つの円の半径を r_1，r_2 $(r_1>r_2)$，2つの円の中心間の距離を d とすると，次のようになります。

2円が互いに外部にある $\iff d>r_1+r_2$

2円が外接する $\iff d=r_1+r_2$

2円が2点で交わる $\iff r_1-r_2<d<r_1+r_2$

2円が内接する $\iff d=r_1-r_2$

2円の一方が他方の内部にある $\iff d<r_1-r_2$

解答

(1) 円 $x^2+y^2=1$ は中心が点 $(0,\ 0)$，半径が1の円。

円 $(x+1)^2+(y+2)^2=2^2$ は中心が点 $(-1,\ -2)$，半径が2の円。

2つの円の中心間の距離は

$$\sqrt{(-1)^2+(-2)^2}=\sqrt{5}\ ❶$$

よって，$2-1<\sqrt{5}<2+1$ ❷ だから，**2つの円は2点で交わる。** 答

(2) 円 $x^2+y^2=5^2$ は中心が点 $(0,\ 0)$，半径が5の円。

円 $(x-1)^2+(y-1)^2=2^2$ は中心が点 $(1,\ 1)$，半径が2の円。

2つの円の中心間の距離は

$$\sqrt{1^2+1^2}=\sqrt{2}$$

よって，$\sqrt{2}<5-2$ ❸ だから，

円 $(x-1)^2+(y-1)^2=2^2$ は

円 $x^2+y^2=5^2$ の内部にある。 答

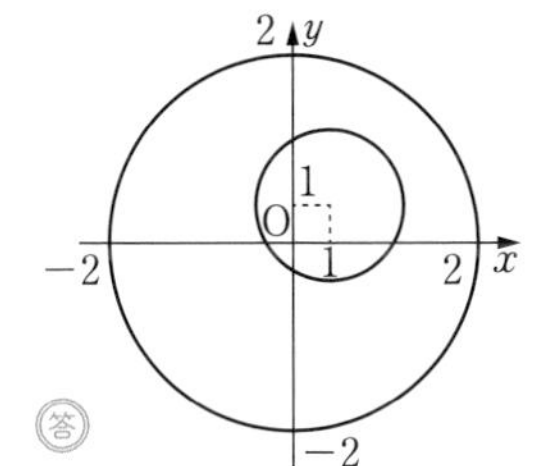

アドバイス

❶ 2円の中心 $(0,\ 0)$，$(-1,\ -2)$ の距離を求めます。

❷ 2円の半径を $r_1=2$，$r_2=1$，2円の中心間の距離を $d=\sqrt{5}$ とすると

$$r_1-r_2<d<r_1+r_2$$

が成り立ちます。

❸ 2円の半径を $r_1=5$，$r_2=2$，2円の中心間の距離を $d=\sqrt{2}$ とすると

$$d<r_1-r_2$$

が成り立ちます。

練習 74 2つの円 $x^2+y^2+4x=0$，$x^2+y^2-2x+4y+4=0$ の位置関係を調べよ。

例題 70　2円の内接・外接　★★★ 応用

次の円の半径を求めよ。

(1)　中心が点$(2,\ 2)$で，円$x^2+y^2=2$と内接する円C_1

(2)　中心が点$(-1,\ 2)$で，円$(x-2)^2+y^2=3$に外接する円C_2

2円が内接 $\Longleftrightarrow$ $d=r_1-r_2$ $(r_1>r_2)$，
2円が外接 $\Longleftrightarrow$ $d=r_1+r_2$

(1)では，円C_1が円$x^2+y^2=2$に内接する場合と，円$x^2+y^2=2$が円C_1に内接する場合の2通りが考えられますが，この問題では，円C_1の中心$(2,\ 2)$が円$x^2+y^2=2$の外部にあるので，円$x^2+y^2=2$が円C_1に内接することがわかります。したがって，2つの円の半径をr_1，r_2 $(r_1>r_2)$，2つの円の中心間の距離をdとするとき，「**2つの円が内接する $\Longleftrightarrow$ $d=r_1-r_2$**」を用いることで円C_1の半径が求まります。

(2)では，「**2つの円が外接する $\Longleftrightarrow$ $d=r_1+r_2$**」を用います。

解答

(1)　円$x^2+y^2=(\sqrt{2})^2$は中心が点$(0,\ 0)$，半径が$\sqrt{2}$の円。

2つの円の中心間の距離は

$$\sqrt{2^2+2^2}=2\sqrt{2}\ ❶$$

円C_1の半径をrとすると，円C_1に円$x^2+y^2=2$が内接するから，$r>\sqrt{2}$であり ❷

$$2\sqrt{2}=r-\sqrt{2}\ ❸$$

すなわち　$r=\mathbf{3\sqrt{2}}$ (答)

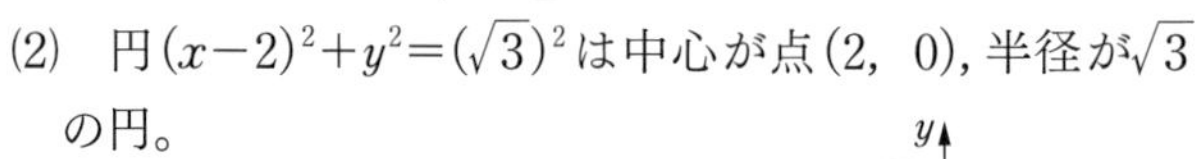

(2)　円$(x-2)^2+y^2=(\sqrt{3})^2$は中心が点$(2,\ 0)$，半径が$\sqrt{3}$の円。

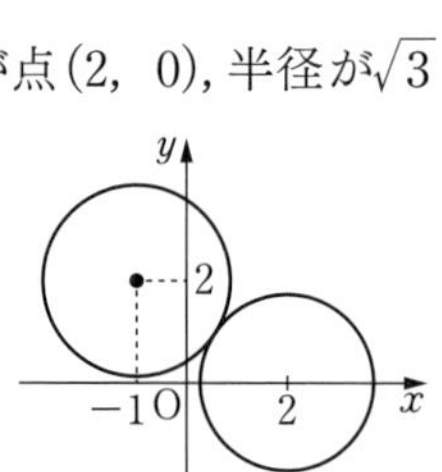

2つの円の中心間の距離は

$$\sqrt{(2+1)^2+(-2)^2}=\sqrt{13}$$

円C_2の半径をrとすると，2つの円が外接するから

$$\sqrt{13}=r+\sqrt{3}\ ❹$$

すなわち　$r=\mathbf{\sqrt{13}-\sqrt{3}}$ (答)

アドバイス

❶ 2円の中心$(0,\ 0)$，$(2,\ 2)$の距離を求めます。

❷ 円C_1の中心$(2,\ 2)$は，円$x^2+y^2=2$の外部の点なので，円C_1が円$x^2+y^2=2$に内接する$(r<\sqrt{2})$ことはありません。

❸ 2円の半径をr_1，r_2 $(r_1>r_2)$，2円の中心間の距離をdとすると
　2円が内接 $\Longleftrightarrow$ $d=r_1-r_2$

❹ 2円の半径をr_1，r_2，2円の中心間の距離をdとすると
　2円が外接 $\Longleftrightarrow$ $d=r_1+r_2$

練習 75　2円$x^2+y^2=1$，$(x-1)^2+(y-2)^2=r^2$ $(r>0)$ が接するときの半径rの値を求めよ。

定期テスト対策問題 4

解答・解説は別冊 p.51

1 3点 O(0, 0), A(−1, −3), B(6, 2) を3頂点とする平行四辺形 OABC がある。この平行四辺形の第4の頂点Cの座標を求めよ。

2 △ABC において，辺 BC, CA, AB を 1：2 の比に内分する点をそれぞれ D, E, F とする。このとき，△ABC と△DEF の重心は一致することを証明せよ。

3 △ABC の辺 BC の3等分点のうち，B に近いほうを D とするとき

$$2AB^2+AC^2=2BD^2+DC^2+3AD^2$$

が成り立つことを証明せよ。

4 平面上の相異なる3点 A$(-2k-1,\ 5)$, B$(1,\ k+3)$, C$(k+1,\ k-1)$ が同一直線上にあるように k の値を定め，その k の値に対応する直線の方程式を求めよ。

5 2直線 $x+2y+4=0$, $3x-y-1=0$ の交点を通り，直線 $2x+8y+3=0$ に垂直な直線の方程式を求めよ。

6　2直線 $x+(3-a)y=1$，$ax+2y=1$ が次の条件を満たすとき，それぞれの場合について，定数 a の値を求めよ。

(1)　平行である　　　　(2)　垂直である

7　△ABC の頂点から対辺またはその延長上に引いた3つの垂線は，1点で交わることを証明せよ。

8　方程式 $x^2+y^2+2mx-2(m-1)y+5m^2=0$ が，円を表すための実数 m の値の範囲を求めよ。また，この円の半径を最大にする m の値を求めよ。

9　円 $x^2+y^2-4ax-2ay+20a-25=0$ は定数 a がどんな値をとっても，2つの定点を通ることを証明せよ。

10　次のような円の方程式を求めよ。

(1)　中心が $(2,\ 0)$ で，直線 $4x-3y+2=0$ に接する円

(2)　円 $x^2+y^2-2x+4y=0$ と中心が同じで，直線 $y=x$ に接する円

(3)　中心が直線 $y=x+3$ 上にあり，点 $(6,\ 2)$ を通り，かつ x 軸に接する円

11　円 $x^2+y^2=r^2$ に接し，傾きが m である接線の方程式は

$$y=mx\pm r\sqrt{m^2+1}$$

であることを証明せよ。

12　直線 $y=-2x+1$ が曲線 $x^2+y^2-2x-6y-8=0$ で切り取られる弦の長さを求めよ。

13　円 $x^2+y^2=30$ と直線 $y=2x$ との交点を A，B とする。

(1)　k を定数とするとき，次の円は 2 点 A，B を通ることを示せ。

$$x^2+y^2+2kx-ky-30=0$$

(2)　(1)の円がさらに点 (3，1) を通るとき，その中心の座標と半径を求めよ。

第2節
軌跡と領域

1　軌跡

1 軌跡の求め方 ▷ 例題71 例題72

座標を用いて軌跡を求めるには以下の手順で考える。

① **座標軸を適当に定め，動点の座標を$(x,\ y)$とする。**

② **条件をx，yの関係式で表す。**

③ **②の関係式から軌跡を表す図形をかく。**

④ **軌跡の限界に注意する。**

例　2定点A(0, 1)，B(3, 0)から等距離にある点Pの軌跡は，
Pの座標を$(x,\ y)$とおいて

$$\mathrm{AP}=\mathrm{BP}$$

すなわち，$\mathrm{AP}^2=\mathrm{BP}^2$から

$$x^2+(y-1)^2=(x-3)^2+y^2$$

整理して，軌跡は

直線$3x-y=4$

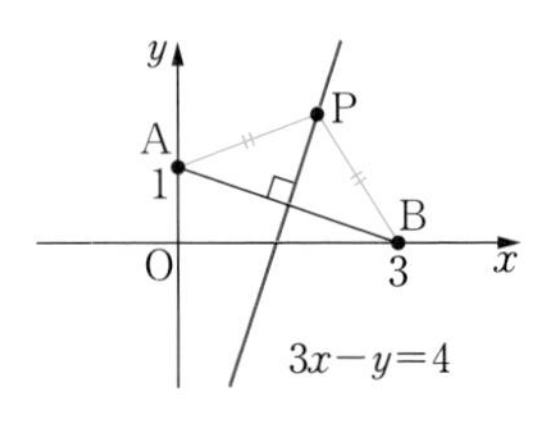

2 媒介変数表示による軌跡 ▷ 例題73

動点$(x,\ y)$のx，yが，$x=f(t)$，$y=g(t)$のように他の変数で別々に表されているとき，この2つの方程式からtを消去したxとyだけの関係式が，求める軌跡の方程式である。

このような変数tを媒介変数またはパラメータという。

例　$x=t+1$，$y=3t-2$で表される点$\mathrm{P}(x,\ y)$の軌跡は，$t=x-1$から

$y=3(x-1)-2$　　よって　直線$y=3x-5$

また，$x=t+1$，$y=3t-2$（ただし，$0\leqq t\leqq 3$）で表される点$\mathrm{P}(x,\ y)$の軌跡は，tを消去して

$y=3x-5$

さらに，$0\leqq t\leqq 3$のとき$1\leqq x\leqq 4$だから

線分$y=3x-5$　$(1\leqq x\leqq 4)$

例題 71 2次式で表された軌跡

★★★ 基本

AB=4となる2点A，Bについて，次の条件を満たす点Pの軌跡を求めよ。

(1) $AP^2-BP^2=-8$　　(2) $AP^2+BP^2=20$

POINT 動点$P(x,\ y)$としてxとyの関係式を導く

座標軸はできるだけ計算が簡単になるように考えます。ここでは$A(-2,\ 0)$，$B(2,\ 0)$とおきます。また，$P(x,\ y)$として，xとyの関係式を作り整理します。ただし，座標はかってに決めたものなので，この式を答えとしてはいけません。

解答

$A(-2,\ 0)$，$B(2,\ 0)$とし，条件を満たす点Pの座標を$(x,\ y)$とする。

(1) $AP^2-BP^2=-8$

$(x+2)^2+y^2$ ❶ $-\{(x-2)^2+y^2\}=-8$

$(x+2)^2-(x-2)^2=-8$

$x^2+4x+4-(x^2-4x+4)=-8$

$8x=-8$

よって　$x=-1$ ❷

したがって，求める軌跡は

線分ABを1：3に内分する点を通り，ABに垂直な直線 答

(2) $AP^2+BP^2=20$

$(x+2)^2+y^2+(x-2)^2+y^2=20$

$2x^2+2y^2+8=20$

よって　$x^2+y^2=6$ ❸

したがって，求める軌跡は

中心が線分ABの中点で，半径が$\sqrt{6}$の円 答

アドバイス

❶ 2点$(x_1,\ y_1)$，$(x_2,\ y_2)$間の距離dは

$d=\sqrt{(x_2-x_1)^2+(y_2-y_1)^2}$

だから

$AP^2=\{x-(-2)\}^2+(y-0)^2=(x+2)^2+y^2$

❷ 方程式$x=a$は，点$(a,\ 0)$を通り，x軸に垂直な直線を表します。点$(-1,\ 0)$は線分ABを1：3に内分する点になります。

❸ 方程式$x^2+y^2=r^2$は
中心が原点$O(0,\ 0)$
半径が$|r|$
の円を表します。

練習 76 AB=6となる2定点A，Bについて，次の条件を満たす点Pの軌跡を求めよ。

(1) $AP^2-BP^2=12$　　(2) $AP^2+BP^2=26$

練習 77 3点$A(0,\ 0)$，$B(2,\ 2)$，$C(4,\ 1)$について，$AP^2+BP^2+CP^2=22$を満たす点Pの軌跡を求めよ。

例題 72 アポロニウスの円

★★★ 標準

2点A$(-1,\ 0)$，B$(2,\ 0)$からの距離の比が$1:2$である点Pの軌跡を求めよ。

AP：BPが一定比となる点Pの軌跡は円か直線

AP：BP$=m:n$となる点Pの軌跡は，$m \neq n$のときは円となり，$m=n$のときは線分ABの垂直二等分線になります。本問では，動点Pの座標を$(x,\ y)$とおき，条件

$$\mathrm{AP}:\mathrm{BP}=1:2 \iff 2\mathrm{AP}=\mathrm{BP}$$

を満たすx，yの関係式を求めます。また，この場合は

$$\mathrm{AP}=\sqrt{(x+1)^2+y^2},\quad \mathrm{BP}=\sqrt{(x-2)^2+y^2}$$

だから，AP^2，BP^2の式，すなわち$4\mathrm{AP}^2=\mathrm{BP}^2$として根号をはずしたほうがよいです。

解答

条件から　$\mathrm{AP}:\mathrm{BP}=1:2$

内項，外項の積は等しいので　$2\mathrm{AP}=\mathrm{BP}$

すなわち　$4\mathrm{AP}^2=\mathrm{BP}^2$ ❶

したがって，点Pの座標を$(x,\ y)$とすると

$$4\{(x+1)^2+y^2\}=(x-2)^2+y^2$$

$$(x+2)^2+y^2=4$$ ❷

よって，求める軌跡は

中心が$(-2,\ 0)$，
半径が2の円 ❸ 答

アドバイス

❶ $2\mathrm{AP}=\mathrm{BP}$のままでは扱いにくいので，平方して考えます。

❷ $4(x^2+2x+1)+4y^2$
$=x^2-4x+4+y^2$
$x^2+y^2+4x=0$

❸ 求める軌跡は円となりますが，この円をアポロニウスの円と呼びます。

Q アポロニウスの円について教えてください。

A 一般に，2定点A，Bに対して，AP：BP$=m:n$である点Pの軌跡は，$m=n$のときは線分ABの垂直二等分線となり，$m \neq n$のときは円になります。この円をアポロニウスの円といい，線分ABを$m:n$に内分する点C，外分する点Dをとると，この2点を結ぶ線分CDを直径とする円になります。

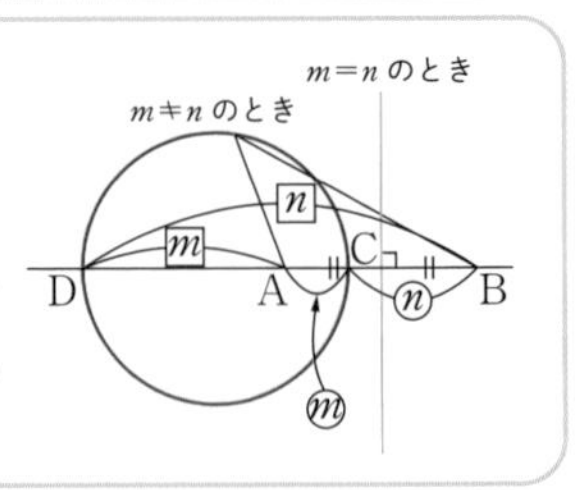

練習 78　2点A$(-5,\ 0)$，B$(5,\ 0)$からの距離の比が$2:3$である点Pの軌跡を求めよ。

例題 73 内分点の軌跡　★★★ 標準

円$(x-6)^2+y^2=9$の周上を動く点Pと原点Oとを結ぶ線分OPを，2：1に内分する点Qの軌跡を求めよ。

動点$(x,\ y)$のx，yが媒介変数表示
$\Longrightarrow$ x，yだけの関係式へ

点Pの座標がわかれば線分OPの内分点Qの座標もわかります。いま，点Pの座標を$(p,\ q)$，点Qの座標を$(x,\ y)$とすると，内分点の公式から

$$x=\frac{1\cdot 0+2\cdot p}{2+1},\quad y=\frac{1\cdot 0+2\cdot q}{2+1}$$

また，点$\mathrm{P}(p,\ q)$は，円$(x-6)^2+y^2=9$の周上を動くから　$(p-6)^2+q^2=9$

この3つの式から**p，qを消去したx，yの関係式が求める軌跡の方程式**です。

解答

円$(x-6)^2+y^2=9$　……①

①の周上の点Pの座標を$(p,\ q)$とすると

$(p-6)^2+q^2=9$ ❶　……②

原点$\mathrm{O}(0,\ 0)$と点$\mathrm{P}(p,\ q)$を結ぶ線分OPを，2：1に内分する点Qの座標を$(x,\ y)$とすると

$$x=\frac{1\cdot 0+2\cdot p}{2+1}=\frac{2}{3}p \ ❷$$

$$y=\frac{1\cdot 0+2\cdot q}{2+1}=\frac{2}{3}q$$

よって　$p=\dfrac{3}{2}x,\ q=\dfrac{3}{2}y$ ❸

これらを②に代入して

$\left(\dfrac{3}{2}x-6\right)^2+\left(\dfrac{3}{2}y\right)^2=9$ ❹　より　$(x-4)^2+y^2=4$

したがって，求める軌跡は

中心が$(4,\ 0)$，半径が2の円 (答)

アドバイス

❶ $\mathrm{P}(p,\ q)$は与えられた円上にありますから，その方程式を満たしています。

❷ $\mathrm{A}(x_1,\ y_1)$，$\mathrm{B}(x_2,\ y_2)$を$m:n$に内分する点の座標は
$\left(\dfrac{nx_1+mx_2}{m+n},\ \dfrac{ny_1+my_2}{m+n}\right)$

❸ 点$\mathrm{Q}(x,\ y)$の軌跡は，x，yの関係式を求めればよいから，p，qを消去します。そのためにp，qをx，yの式で表しておきます。

❹ 両辺に$\left(\dfrac{2}{3}\right)^2$をかけます。

注意　円$(x-6)^2+y^2=9$の中心を$\mathrm{A}(6,\ 0)$とし，線分OAを2：1に内分する点を$\mathrm{B}(4,\ 0)$とすると，点Qの軌跡は，点Bを中心とし，半径が$3\times\dfrac{2}{3}=2$の円です。

練習 79　点Pが直線$2x-y-1=0$上を動くとき，点$\mathrm{A}(-3,\ 1)$と点Pとを結ぶ線分APを3：5に内分する点Qの軌跡を求めよ。

2 領域

1 不等式の表す領域 ▷ 例題 74

座標平面上で，$y>f(x)$，$y<f(x)$，$x>a$，$x<a$が表す領域は次の通り。

① $\boldsymbol{y>f(x)} \iff$ **曲線**$\boldsymbol{y=f(x)}$**より上側の部分**

② $\boldsymbol{y<f(x)} \iff$ **曲線**$\boldsymbol{y=f(x)}$**より下側の部分**

③ $\boldsymbol{x>a} \iff$ **直線**$\boldsymbol{x=a}$**の右側の部分**

④ $\boldsymbol{x<a} \iff$ **直線**$\boldsymbol{x=a}$**の左側の部分**

注意 不等号が≦，≧であるときは境界を含み，＜，＞であるときは境界を含まない。

例 (1) $y>x-1$の表す領域は，
直線$y=x-1$の上側の部分。（図1）
(2) $y \leqq -x+1$の表す領域は，
直線$y=-x+1$およびその下側の部分。
（図2）

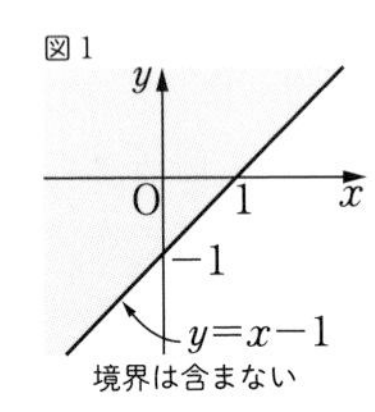

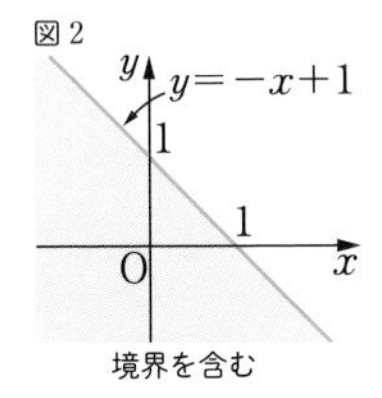

2 円と領域 ▷ 例題 75

円C:$(x-a)^2+(y-b)^2=r^2$で分けられた領域について，
次のことが成り立つ。

① $\boldsymbol{(x-a)^2+(y-b)^2<r^2}$**の表す領域**
$\iff$ **円Cの内部**

② $\boldsymbol{(x-a)^2+(y-b)^2>r^2}$**の表す領域**
$\iff$ **円Cの外部**

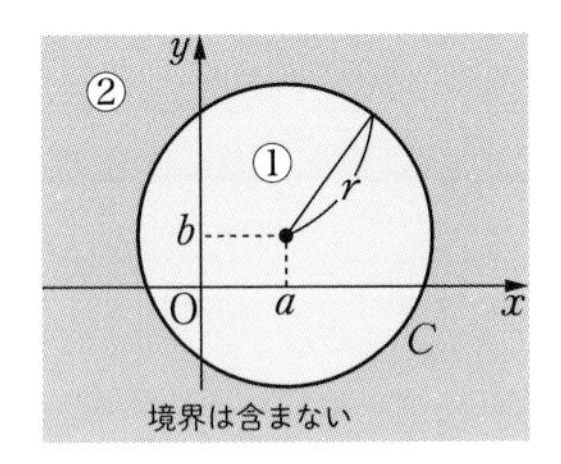

3 連立不等式の表す領域 ▷ 例題 76 例題 77 例題 78

連立不等式

$$\begin{cases} f(x,\ y)>0 \\ g(x,\ y)>0 \end{cases}$$

の表す領域は，それぞれの不等式の表す領域の共通部分である。

例題 74 直線・放物線と領域 ★★★ 基本

次の不等式の表す領域を図示せよ。

(1) $y \geqq 2x-3$　(2) $3x+y-2<0$　(3) $y>x^2-2x-1$

POINT 不等式$y>f(x)$の表す領域は$y=f(x)$のグラフの上側

- (1) 直線$y=2x-3$の上側の部分で，直線上の点も含みます。
- (2) $ax+by+c<0$のタイプは，$y>mx+n$あるいは$y<mx+n$の形に直します。
- (3) 放物線$y=x^2-2x-1$の上側の部分になります。

解答

(1) 不等式$y \geqq 2x-3$の表す領域は，直線$y=2x-3$およびその上側の部分❶である。

(2) $3x+y-2<0$から　$y<-3x+2$
よって，求める領域は直線$y=-3x+2$
すなわち　$3x+y-2=0$の下側の部分である。

(3) 不等式$y>x^2-2x-1$の表す領域は，放物線
$y=x^2-2x-1=(x-1)^2-2$の上側の部分である。

アドバイス

❶ 不等式$y \geqq mx+n$の表す領域は，直線も含むことに注意。グラフに，「境界を含む」と明示します。

(1)
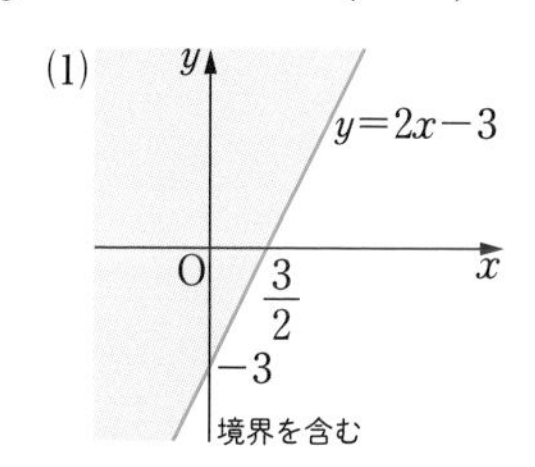

(2)
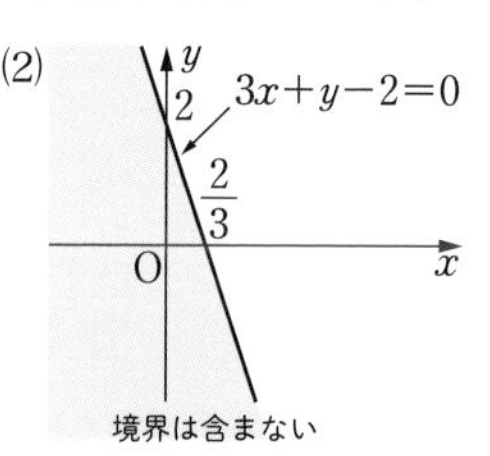

(3)
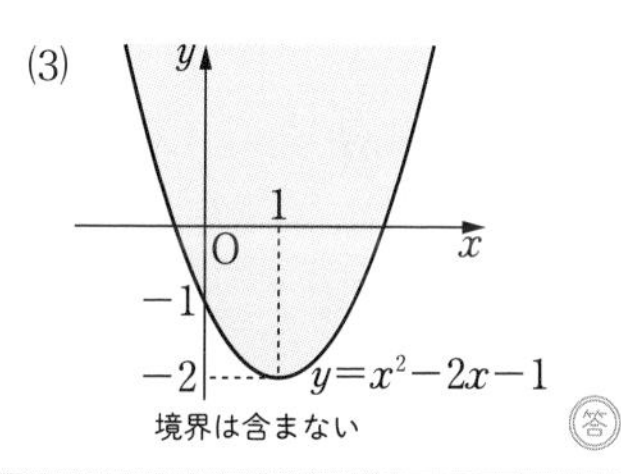

答

Q 不等式の表す領域における1点代入法について教えてください。

A 不等式$3x+y-2<0$の表す領域が直線$3x+y-2=0$の上側か下側かを判定する方法の1つとして，ある1点，例えば原点Oの座標$x=0$，$y=0$を代入して，不等式が成り立つかどうかを調べます。成り立つならば，この点を含む側，成り立たないならば，この点を含まない側となります。この場合は$-2<0$で成り立つから，原点を含む側が求める領域になります。これは，放物線や円などの場合も同様です。

練習 80 次の不等式の表す領域を図示せよ。

(1) $y \leqq -x+2$　(2) $3x-2y-4<0$

例題 75 円の内部・外部

★★★ 基本

次の不等式の表す領域を図示せよ。

(1) $x^2+y^2 \geqq 16$　(2) $(x-2)^2+(y+1)^2<4$　(3) $x^2+y^2+2x-6y-15 \leqq 0$

不等式 $(x-a)^2+(y-b)^2<r^2$ で表される領域は，円 $(x-a)^2+(y-b)^2=r^2$ の内部

- $(x-a)^2+(y-b)^2>r^2$ で表される領域は，円 $(x-a)^2+(y-b)^2=r^2$ の外部です。
- (3)はまず，$(x-a)^2+(y-b)^2 \leqq r^2$ の形に変形します。

解答

(1) $x^2+y^2 \geqq 16$

の表す領域は，円

$$x^2+y^2=16\ ❶$$

(中心が原点，半径が4)

上の点とその外部で，右図の青色の部分である。 (答)

$x^2+y^2=16$

y　4　-4　O　4　x　-4

境界を含む

(2) $(x-2)^2+(y+1)^2<4$

の表す領域は，円

$$(x-2)^2+(y+1)^2=4$$

(中心が(2，−1)，半径が2)

の内部❷で，右図の青色の部分である。 (答)

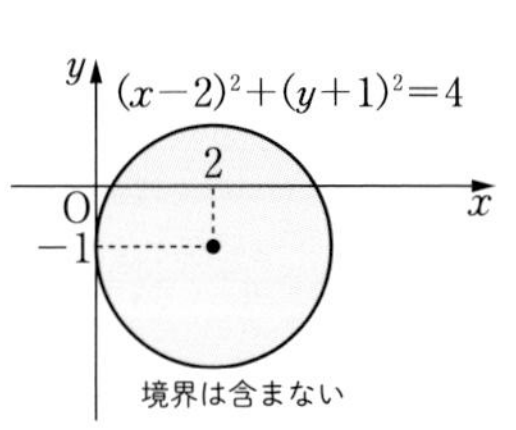

(3)
$$x^2+y^2+2x-6y-15 \leqq 0 \quad \cdots\cdots①$$
$$(x^2+2x)+(y^2-6y)-15 \leqq 0$$
$$(x+1)^2+(y-3)^2 \leqq 25$$

よって，不等式①の表す領域は，円

$$(x+1)^2+(y-3)^2=25$$

(中心が(−1，3)，半径が5)

上の点とその内部❸で，右図の青色の部分である。 (答)

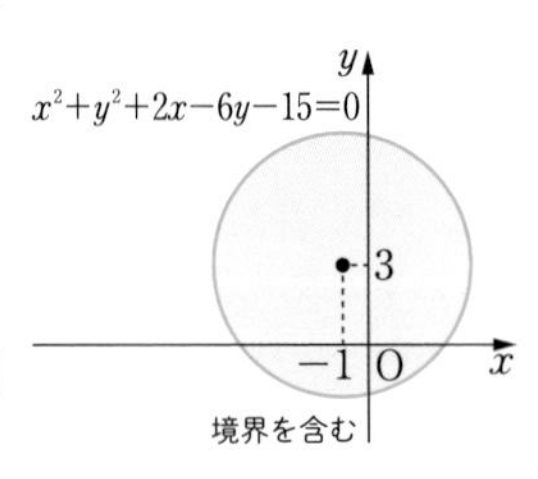

アドバイス

❶ 方程式

$(x-a)^2+(y-b)^2=r^2$

の表す図形は，中心が$(a,\ b)$，半径がrの円です。特に，

$x^2+y^2=r^2$

は，中心が原点の円になります。

❷ この領域は，点(2，−1)からの距離が2より小さい点の集まりです。

❸ $y>f(x)$ の場合と同様に，円によって，座標平面は2つの部分に分けられます。このうち，一方が求める領域になります。したがって，適当な1点（原点など）を①に代入して成り立つかどうかを調べてもよいです。

練習 81 次の不等式の表す領域を図示せよ。

(1) $(x+2)^2+(y-1)^2>1$　(2) $x^2+y^2-2x-4y+1 \leqq 0$

例題 76 連立不等式の表す領域 ★★★ 標準

次の連立不等式の表す領域を図示せよ。

(1) $\begin{cases} x-y+1>0 \\ 2x+y-4<0 \end{cases}$　　(2) $\begin{cases} x-y \leqq 1 \\ x^2+y^2 \leqq 25 \end{cases}$

不等式を同時に満たす点の領域は，各領域の共通部分

(1)で，不等式$x-y+1>0$，$2x+y-4<0$の表す領域をD_1，D_2とすれば，これらの不等式を同時に満たす点(x, y)の存在する領域は**2つの領域D_1, D_2の共通部分**です。

解答

(1) $\begin{cases} x-y+1>0 & \cdots\cdots① \\ 2x+y-4<0 & \cdots\cdots② \end{cases}$

①の表す領域D_1は　直線$x-y+1=0$の下側 ❶

②の表す領域D_2は　直線$2x+y-4=0$の下側

よって，求める領域は，D_1，D_2の共通部分 ❷ である。

すなわち，下図(1)の青色の部分で，境界は含まない。

(2) $\begin{cases} x-y \leqq 1 & \cdots\cdots③ \\ x^2+y^2 \leqq 25 & \cdots\cdots④ \end{cases}$

③の表す領域は　直線$x-y=1$とその上側

④の表す領域は　円$x^2+y^2=25$とその内部

よって，求める領域はこの共通部分 ❸ である。

すなわち，下図(2)の青色の部分で，境界を含む。

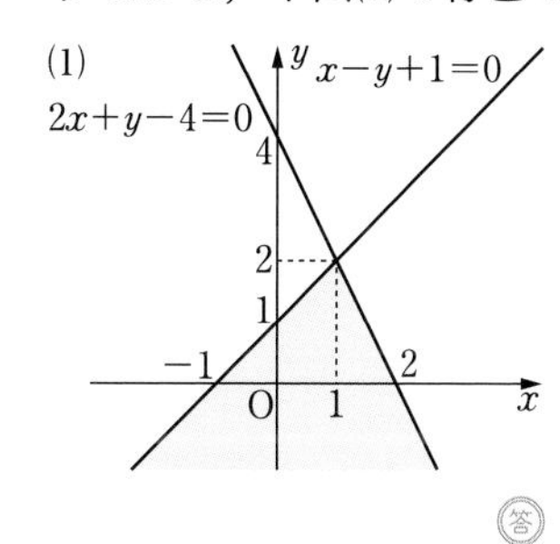

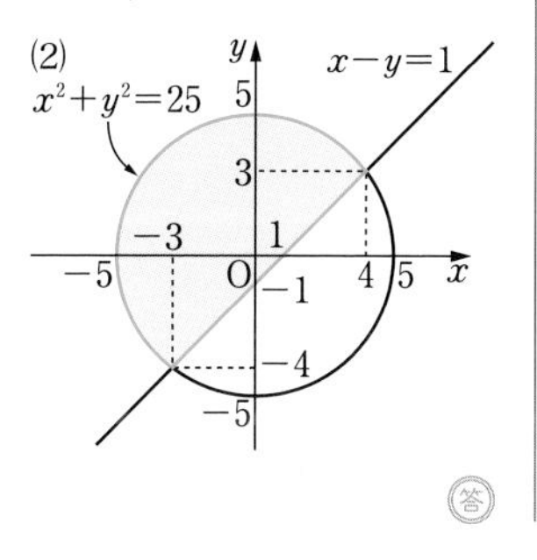

答　答

アドバイス

❶ 不等式$x-y+1>0$は$y<x+1$と変形できるから，表す領域は，直線$y=x+1$の下側の部分になります。

❷ 直線$x-y+1=0$と$2x+y-4=0$の交点は
　$(1,\ 2)$

❸ 直線$x-y=1$と円$x^2+y^2=25$との交点は
$y=x-1$から
$x^2+(x-1)^2=25$
$2x^2-2x-24=0$
$x^2-x-12=0$
$(x-4)(x+3)=0$
よって　$x=4,\ -3$
これを直線の式に代入して
$(4,\ 3)$，$(-3,\ -4)$

練習 82 次の連立不等式の表す領域を図示せよ。

(1) $\begin{cases} x-y+1 \geqq 0 \\ x^2+y^2-2 \leqq 0 \end{cases}$　　(2) $1 \leqq x^2+y^2 \leqq 4$

例題 77 積の形で表された不等式の表す領域 ★★★ 標準

次の不等式の表す領域を図示せよ。

(1) $(x-y)(x+y-1)>0$　　(2) $(2x-y+1)(x^2+y^2-1)\geqq 0$

(3) $(x-2y)(x^2-2x-y)<0$

不等式 $AB>0$ は，$A>0$，$B>0$ または $A<0$，$B<0$

(1)の領域は，(i) $\begin{cases} x-y>0 \\ x+y-1>0 \end{cases}$ と (ii) $\begin{cases} x-y<0 \\ x+y-1<0 \end{cases}$ の和集合です。

解答

(1)　$(x-y)(x+y-1)>0$

求める領域は，$x-y>0$ かつ $x+y-1>0$ の表す領域 D_1 ❶ と $x-y<0$ かつ $x+y-1<0$ の表す領域 D_2 ❷ の和集合 $D_1\cup D_2$ で，下図(1)の青色の部分である。

ただし，境界は含まない。

(2)　$(2x-y+1)(x^2+y^2-1)\geqq 0$

求める領域は，$2x-y+1\geqq 0$ かつ $x^2+y^2\geqq 1$ の表す領域 D_1 ❸ と $2x-y+1\leqq 0$ かつ $x^2+y^2\leqq 1$ の表す領域 D_2 ❸ の和集合 $D_1\cup D_2$ で，下図(2)の青色の部分である。

ただし，境界を含む。

(3)　$(x-2y)(x^2-2x-y)<0$

求める領域は，$x-2y<0$ かつ $x^2-2x-y>0$ の表す領域 D_1 ❹ と $x-2y>0$ かつ $x^2-2x-y<0$ の表す領域 D_2 ❹ の和集合 $D_1\cup D_2$ で，下図(3)の青色の部分である。

ただし，境界は含まない。

アドバイス

❶ 領域 D_1 は，
直線 $x-y=0$ の下側，
直線 $x+y-1=0$ の上側の
共通部分。

❷ 領域 D_2 は，
直線 $x-y=0$ の上側，
直線 $x+y-1=0$ の下側の
共通部分。

❸ D_1 は直線とその下側，円とその外部の共通部分。D_2 は直線とその上側，円とその内部の共通部分。

❹ D_1 は直線の上側で，放物線の下側。2つあることに注意。D_2 は直線の下側で，放物線の上側。

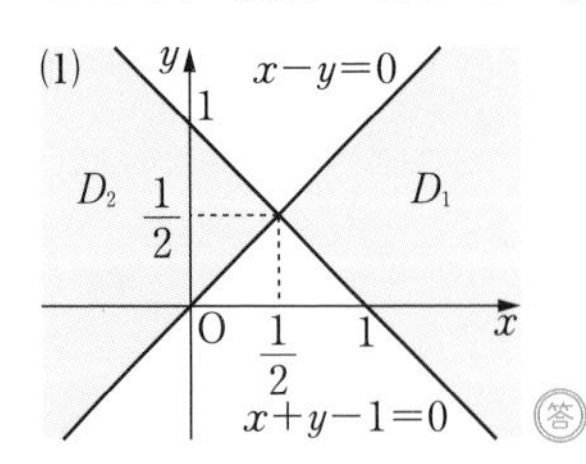

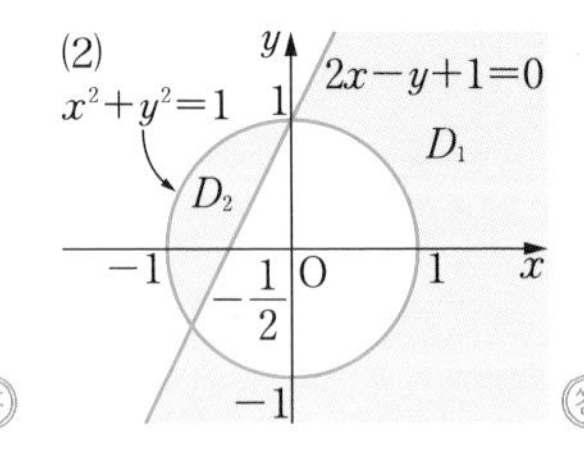

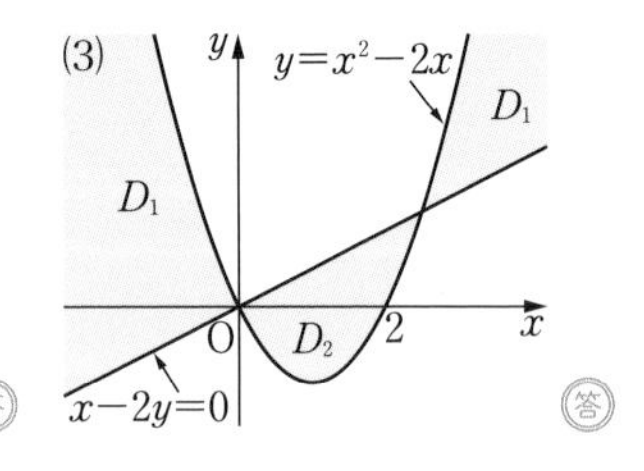

練習 83　次の不等式の表す領域を図示せよ。

(1) $(x-2)(x+y-1)\leqq 0$　　(2) $(x^2+y^2-1)(x^2+y^2-4)>0$

例題 78 領域における1次式の最大・最小 ★★★ 応用

x, yが4つの不等式$x \geqq 0$, $y \geqq 0$, $3x+2y \geqq 12$, $x+2y \geqq 8$を同時に満たすとき，$x+y$の最小値を求めよ。

条件がx, yの不等式で表された最大・最小問題は領域を利用

x, yの1次式の最大値，最小値を求めるには，**「1次式の値$=k$」とおき，与えられた不等式を同時に満たす領域Dと共有点をもつようなkの条件を考えます。**

解答

$x \geqq 0$, $y \geqq 0$, $3x+2y \geqq 12$, $x+2y \geqq 8$

を同時に満たす領域Dは，右図の斜線部分❶で，境界を含む。

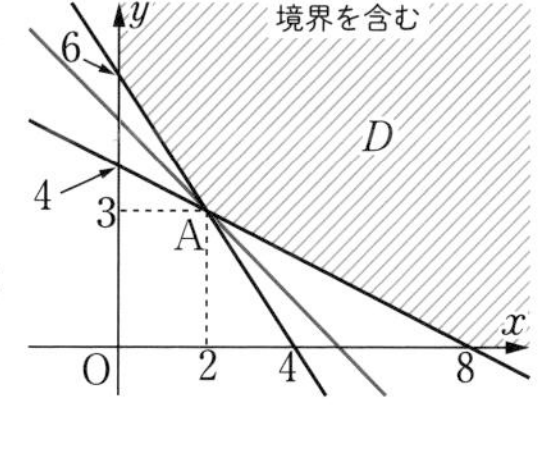

直線$3x+2y=12$, $x+2y=8$の傾きは，$-\dfrac{3}{2}$, $-\dfrac{1}{2}$で，この2直線の交点は，A(2, 3)である。

いま　$x+y=k$　……①

とおくと，①は傾きが-1, y切片がkの直線を表す。

直線①がDと共有点をもつ条件のもとで，y切片kの値が最小になるのは，直線①が点Aを通る❷ときである。

よって，$x+y$は

$x=2$, $y=3$のとき　最小値5❸ 答

アドバイス

❶ 不等式$3x+2y \geqq 12$の表す領域は，直線$3x+2y=12$とその上側の部分。

不等式$x+2y \geqq 8$の表す領域は，直線$x+2y=8$とその上側の部分。

❷ 3つの直線の傾きを考えると

$$-\frac{3}{2}<-1<-\frac{1}{2}$$

です。

❸ ①に$x=2$, $y=3$を代入して

$k=2+3=5$

領域における最大・最小のグラフの見方を教えてください。

A 領域Dと直線①が共有点をもつということは，図で考えると直線①が領域Dを通るということです。右図の赤線のように，傾きが-1の直線を考えると，Dを通過しないⓐの直線はこの条件を満たしていません。ⓑ, ⓒは満たしています。このとき，kはy切片になるから，領域Dを通る直線のうちkが最も小さいもの，すなわち点Aを通るときが答えになります。

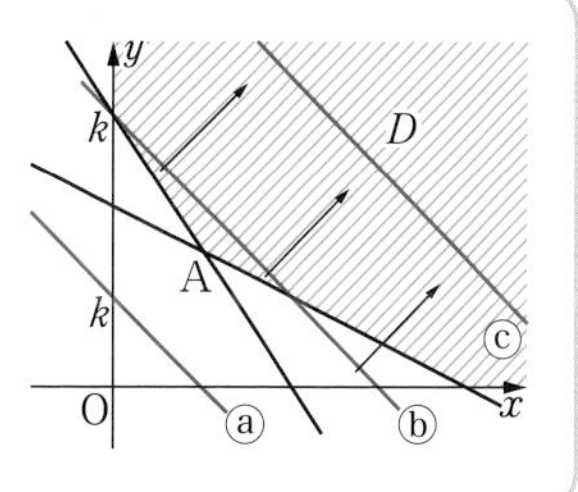

練習 84　点$(x,\ y)$が連立不等式$y \leqq 3x$, $2y \geqq x$, $x+3y-5 \leqq 0$の表す領域を動くとき，$x-y$のとる値の最大値と最小値を求めよ。

定期テスト対策問題 5

解答・解説は別冊 p.62

1　点 A$(-4,\ 0)$ と曲線 $x^2-4x+y^2+3=0$ 上を動く点 P がある。このとき，AP を $2:1$ に内分する点 Q の描く図形の方程式を求めよ。

2　直角 XOY がある。長さ 10 の線分 QR が，その端 Q，R をそれぞれ 2 辺 OX，OY 上に置いて動くときの線分 QR の中点 P の軌跡を求めよ。

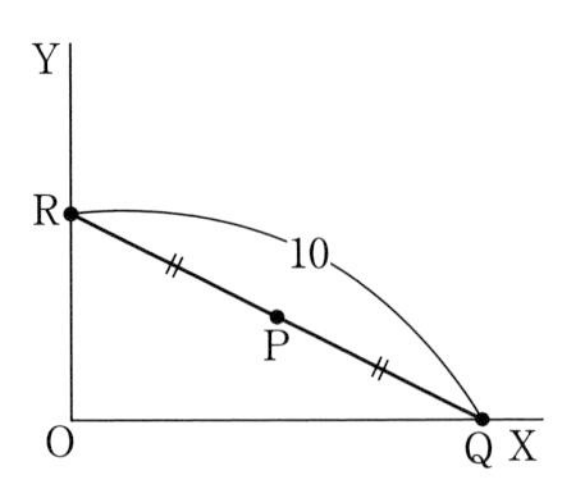

3　点 $(2,\ 1)$ と点 $(-2,\ 2)$ が直線 $2x-3y+c=0$ の両側にあるための c の値の範囲を求めよ。

4　2 つの不等式

$$\begin{cases} x^2-6x+y^2-16 \leqq 0 & \cdots\cdots① \\ y-2x+1 \geqq 0 & \cdots\cdots② \end{cases}$$

について，次の問いに答えよ。

(1)　2 つの不等式①，②を同時に満たす点 $(x,\ y)$ の存在する領域 D を図示せよ。

(2)　直線 $y=x+k$ が，(1)で図示された領域 D 内を通るとき，k の満たすべき条件を求めよ。

5　3 つの不等式

$$y \leqq x+1,\ \ y \leqq -x+1,\ \ y \geqq \frac{1}{3}x-1$$

が表す領域を D とするとき，次の問いに答えよ。

(1)　領域 D の面積を求めよ。

(2)　直線 $y=mx+1$ が D の面積を 2 等分するとき，m の値を求めよ。

(3)　点 $(x,\ y)$ が D 上を動くとき，$(x-1)^2+(y-1)^2$ の最大値・最小値を求めよ。

MY BEST

Mathematics Ⅱ

第3章 三角関数

第1節
三角関数

1　一般角と弧度法

1 動径と一般角 ▷ 例題 79

半直線OPが点Oを中心として回転するとき，はじめの位置を示す半直線OXを**始線**，半直線OPを**動径**という。
動径の回転には，正の向きと負の向きがあり，360°以上の角や負の角も考えられる。このような角を**一般角**といい，動径OPの表す角の1つをαとすると，動径OPの表す一般角θは

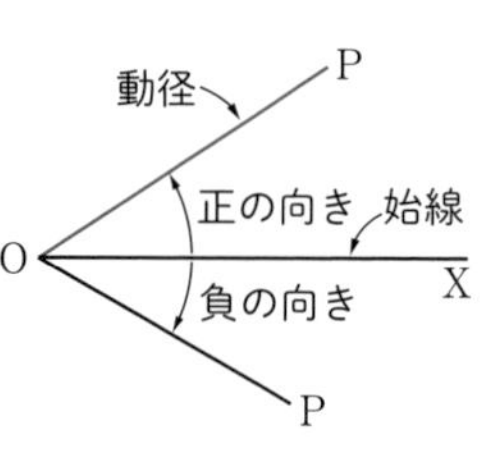

$$\boldsymbol{\theta=\alpha+360^\circ\times n}\ \textbf{(}\boldsymbol{n}\textbf{は整数)}$$

例　-315°は右図のようになり，動径OPの表す一般角θは
$\theta=45^\circ+360^\circ\times n$（$n$は整数）

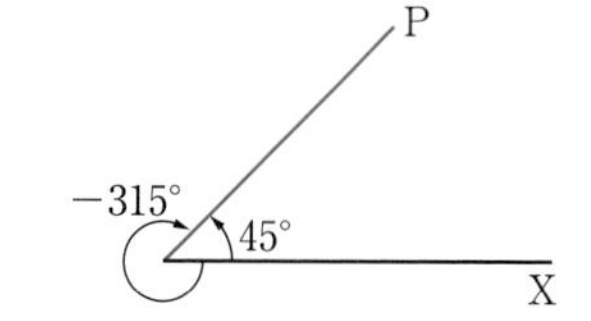

2 弧度法 ▷ 例題 80

これまでは，角の大きさの単位として度を用いてきた。この方法を**度数法**という。
半径rの円で，長さrの弧に対する中心角の大きさは，rの値によらず一定である。この中心角の大きさを**1ラジアン（弧度）**といい，この単位の角の表し方を**弧度法**という。

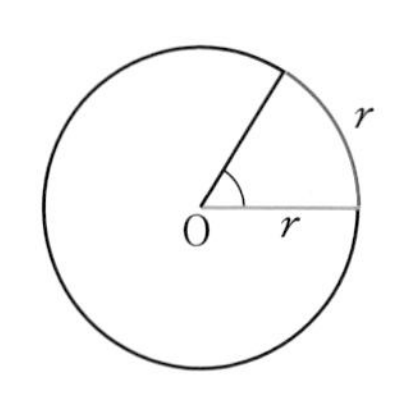

$$\mathbf{1ラジアン}=\frac{180^\circ}{\pi}\fallingdotseq 57.3^\circ,\ 180^\circ=\pi\,\mathbf{ラジアン}$$

3 扇形の弧の長さと面積 ▷ 例題 81

半径がr，中心角がθ（ラジアン）の扇形OABの弧ABの長さをl，その面積をSとすると

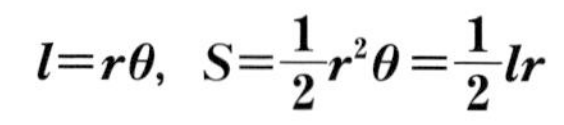

$$\boldsymbol{l=r\theta,\ S=\frac{1}{2}r^2\theta=\frac{1}{2}lr}$$

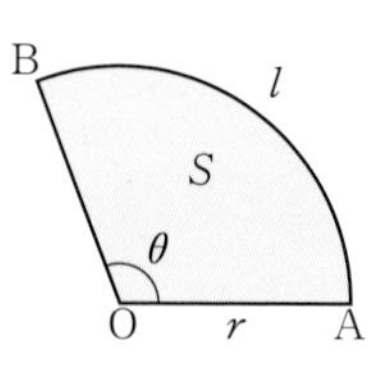

例題 79　一般角

★★★　基本

次の角を$\alpha+360°\times n$（nは整数）の形で表せ。ただし，$-180°<\alpha\leqq 180°$を満たすαを用いよ。

(1)　500°　　　(2)　1000°

(3)　$-290°$　　　(4)　$-830°$

POINT　**一般角 $\theta=\alpha+360°\times n$（$n$は整数）**

360°の整数倍を加えた角の動径は同じ位置になります。よって，指定された範囲でαを定めれば動径が決まります。本問では，$n=\pm1$，±2，……とnを変化させて$-180°<\alpha\leqq 180°$となるようなαの値を求めます。

解答

(1)　$500°=\mathbf{140°+360°\times 1}$　答

(2)　$1000°$❶ $=\mathbf{-80°+360°\times 3}$　答

(3)　$-290°=\mathbf{70°+360°\times(-1)}$　答

(4)　$-830°=\mathbf{-110°+360°\times(-2)}$　答

注意　(1)〜(4)を動径で表すと下のようになる。

(1)

(2)

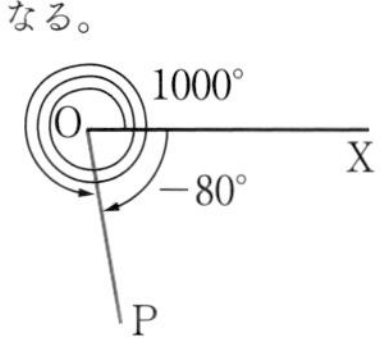

(3)

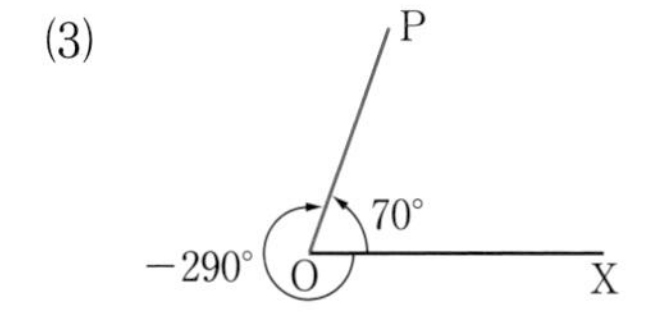

(4)

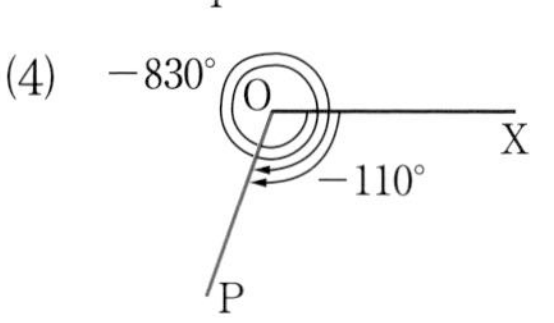

アドバイス

❶ $\alpha+360°\times n=1000°$

$-180°<\alpha\leqq 180°$から

$820°\leqq 1000°-\alpha<1180°$

$820°\leqq 360°\times n<1180°$

よって

$n=3$

と求めてもよいです。

$1000°=280°+360°\times 2$

とミスしないように。

$-180°<\alpha\leqq 180°$

に注意します。

練習 85　次の動径OPの表す一般角をいえ。

(1)　(2)　(3)

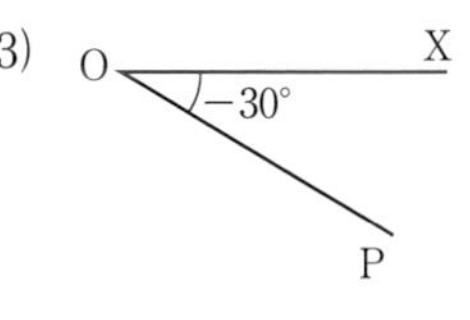

練習 86　次の角の中で，動径が一致するものどうしを番号で答えよ。

①　740°　　②　3650°　　③　$-670°$　　④　$-340°$

例題 80　度数法と弧度法

★★★ 基本

(1) 120°，$-270°$，420° を弧度法で表せ。

(2) 弧度法による角 $\frac{\pi}{5}$，$\frac{3}{4}\pi$，$-\frac{5}{2}\pi$ を度数法で表せ。

POINT　$180°=\pi$（ラジアン）が基本

$180°=\pi$（ラジアン）を基本として換算できるようにしておきましょう。

解答

(1) $1°=\frac{\pi}{180}$ ❶ だから

$$120°=\frac{\pi}{180}\times120=\frac{2}{3}\pi$$

$$-270°=-\frac{\pi}{180}\times270=-\frac{3}{2}\pi$$

$$420°=\frac{\pi}{180}\times420=\frac{7}{3}\pi$$

よって，順に　$\boldsymbol{\frac{2}{3}\pi}$，$\boldsymbol{-\frac{3}{2}\pi}$，$\boldsymbol{\frac{7}{3}\pi}$ （答）

(2) $\pi=180°$ だから ❷

$$\frac{\pi}{5}=\frac{180°}{5}=36°$$

$$\frac{3}{4}\pi=\frac{3}{4}\times180°=135°$$

$$-\frac{5}{2}\pi=-\frac{5}{2}\times180°=-450°$$

よって，順に　**36°，135°，−450°** （答）

アドバイス

❶ 一般に，$\theta°$ を弧度法で表すと

$$\theta°=\frac{\pi}{180}\times\theta \text{（ラジアン）}$$

❷ 一般に，$k\pi$ を度数法で表すと

$$k\pi=k\times180°$$

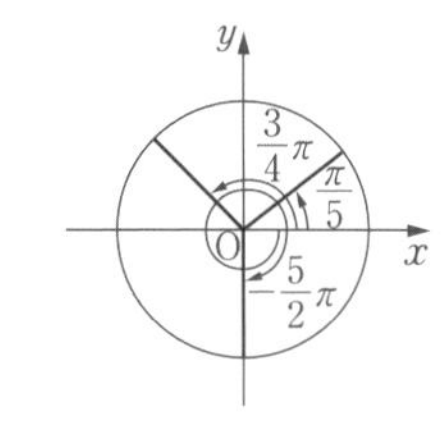

STUDY　基本変形のチェック

度数法と弧度法の関係は，1ラジアン$=\frac{180°}{\pi}$，$1°=\frac{\pi}{180}$ ラジアン　がもとになっているが，むしろ，$180°=\pi$（ラジアン）と覚えておく。

練習 87　15°，225°，300°，450° を弧度法で表せ。

練習 88　弧度法で表された角 $\frac{5}{12}\pi$，$\frac{8}{5}\pi$，$\frac{7}{2}\pi$，$\frac{10}{3}\pi$ は，それぞれ何度か。

例題 81 扇形の弧の長さと面積 ★★★ 基本

次のような扇形の弧の長さと面積を求めよ。

(1) 半径が5，中心角が $\frac{5}{6}\pi$　　(2) 半径が $3a$，中心角が $\frac{4}{3}\pi$

POINT 弧の長さ $l=r\theta$，面積 $S=\frac{1}{2}r^2\theta=\frac{1}{2}lr$

半径が r，中心角が θ（ラジアン）の**扇形の弧の長さ** l，**面積** S を求めるときは上の公式に従って計算します。

解答

扇形の弧の長さを l，面積を S とおく。

(1) 半径が5，中心角が $\frac{5}{6}\pi$ のときは

$$l=5\times\frac{5}{6}\pi=\boldsymbol{\frac{25}{6}\pi}\ \text{(答)}$$

$$S=\frac{1}{2}\times5^2\times\frac{5}{6}\pi=\boldsymbol{\frac{125}{12}\pi}\ \text{(答)}$$ ❶

(2) 半径が $3a$，中心角が $\frac{4}{3}\pi$ のときは

$$l=3a\times\frac{4}{3}\pi=\boldsymbol{4\pi a}\ \text{(答)}$$

$$S=\frac{1}{2}\times(3a)^2\times\frac{4}{3}\pi=\boldsymbol{6\pi a^2}\ \text{(答)}$$ ❷

アドバイス

❶ $S=\frac{1}{2}lr=\frac{1}{2}\times\frac{25}{6}\pi\times5=\frac{125}{12}\pi$

としてもよいです。

❷ $S=\frac{1}{2}lr=\frac{1}{2}\times4\pi a\times3a=6\pi a^2$

としてもよいです。

STUDY 扇形の弧の長さ，面積の公式の求め方

半径が r，中心角が θ（ラジアン）の扇形の弧の長さを l，面積を S とおく。

1つの定円においては，扇形の弧の長さも面積も中心角に比例するので

$l:2\pi r=\theta:2\pi$ から　$l\times2\pi=2\pi r\times\theta$　よって　$l=r\theta$　……①

$S:\pi r^2=\theta:2\pi$ から　$S\times2\pi=\pi r^2\times\theta$

よって　$S=\frac{1}{2}r^2\theta$　……②　または　$S=\frac{1}{2}r\theta\cdot r=\frac{1}{2}lr$　……③

扇形の弧の長さと面積を求めるときは，①，②，③の公式を用いる。

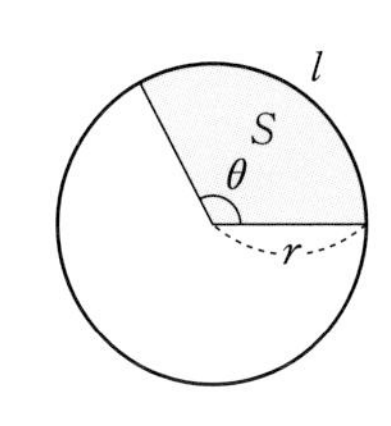

練習 89 半径が6の扇形について，次のものを求めよ。

(1) 中心角が $\frac{7}{4}\pi$ のときの弧の長さ l

(2) 面積が 24π のときの中心角 θ

2 三角関数

1 三角関数（正弦，余弦，正接） ▷ 例題 82

原点Oを中心とする半径rの円と角θの動径OPとの交点をP$(x,\ y)$とすると

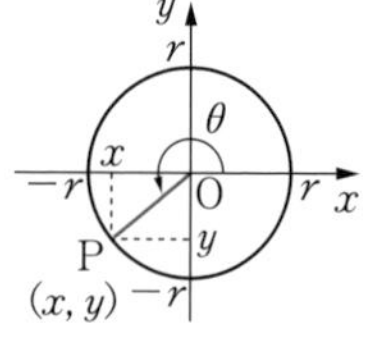

$$\sin\theta=\frac{y}{r},\ \cos\theta=\frac{x}{r},\ \tan\theta=\frac{y}{x}$$

これらをそれぞれ正弦，余弦，正接という。ただし，$\tan\theta$は$x=0$となるようなθに対しては定義されない。

例 $\sin\frac{5}{4}\pi$，$\cos\frac{5}{4}\pi$，$\tan\frac{5}{4}\pi$の値を求めるには，右図の単位円でOPの動径が$\frac{5}{4}\pi$になるようにとる。このとき，点Pの座標は$\left(-\frac{1}{\sqrt{2}},\ -\frac{1}{\sqrt{2}}\right)$であるから

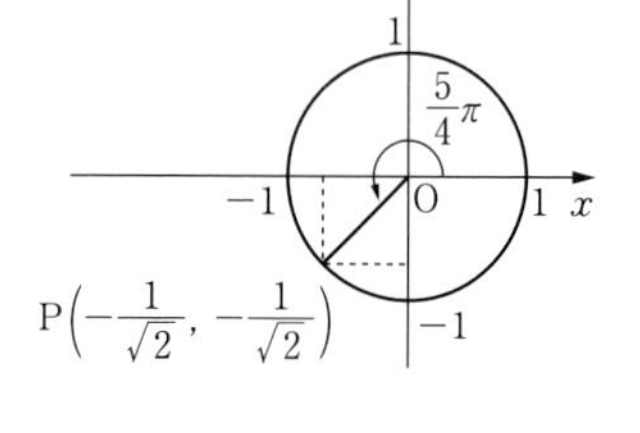

$$\sin\frac{5}{4}\pi=-\frac{1}{\sqrt{2}}$$

$$\cos\frac{5}{4}\pi=-\frac{1}{\sqrt{2}}$$

$$\tan\frac{5}{4}\pi=\frac{-\frac{1}{\sqrt{2}}}{-\frac{1}{\sqrt{2}}}=1$$

2 三角関数の相互関係 ▷ 例題 83 例題 84 例題 85

一般角の三角関数についても，数学Ⅰで学んだ三角比と同様に，正弦，余弦，正接の間には，次の公式が成り立つ。

$$\sin^2\theta+\cos^2\theta=1,\ \tan\theta=\frac{\sin\theta}{\cos\theta},\ 1+\tan^2\theta=\frac{1}{\cos^2\theta}$$

$\sin^2\theta+\cos^2\theta=1$の両辺を$\cos^2\theta$で割ると，

$$\frac{\sin^2\theta}{\cos^2\theta}+\frac{\cos^2\theta}{\cos^2\theta}=\frac{1}{\cos^2\theta}\quad すなわち\quad \tan^2\theta+1=\frac{1}{\cos^2\theta}$$

が導かれる。同様に，$\sin^2\theta+\cos^2\theta=1$の両辺を$\sin^2\theta$で割ると，

$$1+\frac{1}{\tan^2\theta}=\frac{1}{\sin^2\theta}$$

という式が導かれる。

例題 82　三角関数の値

★★★ 基本

θ が次の値のとき，$\sin\theta$，$\cos\theta$，$\tan\theta$ の値を求めよ。

(1) $\frac{7}{6}\pi$　　(2) $-\frac{7}{4}\pi$

三角関数の値は，単位円と特別な直角三角形で

三角関数の値は，**単位円と動径との交点を求め特別な直角三角形の辺の比から点Pの座標を求めます。**単位円ではなく考えやすい長さを半径にとってもよいです。

解答

(1) 点Pが単位円の周上にあって，動径OPの表す角が $\frac{7}{6}\pi$ のとき，点Pの座標は❶

$$P\left(-\frac{\sqrt{3}}{2},\ -\frac{1}{2}\right)$$

よって

$$\sin\frac{7}{6}\pi=-\frac{1}{2}$$

$$\cos\frac{7}{6}\pi=-\frac{\sqrt{3}}{2}$$

$$\tan\frac{7}{6}\pi=\frac{1}{\sqrt{3}}$$ 答

(2) (1)と同様に，点Pの座標は❷ $P\left(\frac{1}{\sqrt{2}},\ \frac{1}{\sqrt{2}}\right)$

よって

$$\sin\left(-\frac{7}{4}\pi\right)=\frac{1}{\sqrt{2}}$$

$$\cos\left(-\frac{7}{4}\pi\right)=\frac{1}{\sqrt{2}}$$

$$\tan\left(-\frac{7}{4}\pi\right)=1$$ 答

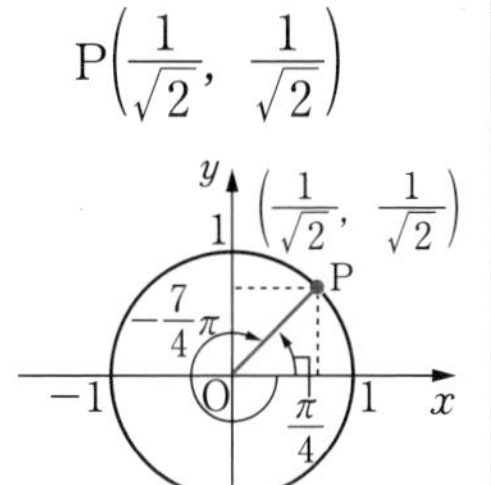

アドバイス

❶ 下図のように動径の長さは2にして考えてもよいです。

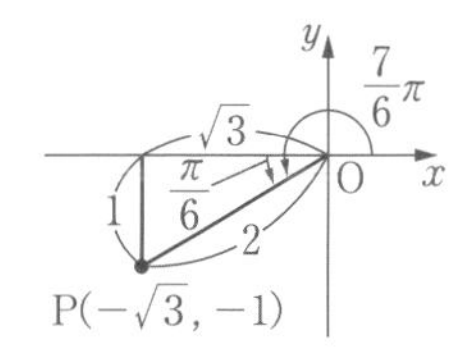

❷ 動径の長さを$\sqrt{2}$で考えると

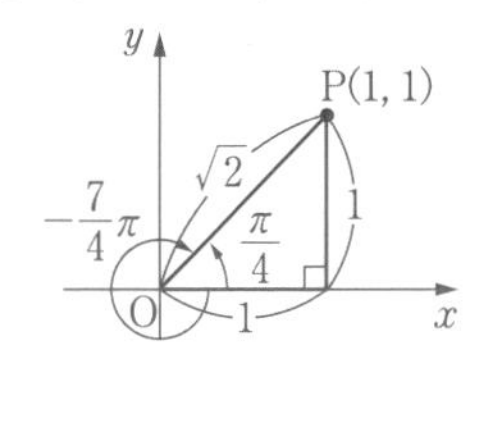

練習 90　次の値を求めよ。

(1) $\sin\left(-\frac{\pi}{6}\right)$　　(2) $\cos\frac{7}{4}\pi$　　(3) $\tan\left(-\frac{3}{4}\pi\right)$

(4) $\sin\frac{3}{2}\pi$　　(5) $\cos 2\pi$　　(6) $\tan\pi$

例題 83 三角関数の相互関係

★★★ 標準

次の問いに答えよ。

(1) $\sin\theta=-\dfrac{3}{5}$, $\pi<\theta<\dfrac{3}{2}\pi$ のとき，$\cos\theta$ および $\tan\theta$ の値を求めよ。

(2) $\tan\theta=-2$, $-\dfrac{\pi}{2}<\theta<0$ のとき，$\sin\theta$ および $\cos\theta$ の値を求めよ。

POINT $\sin\theta, \cos\theta, \tan\theta$ の1つの値から残り2つを計算

(1) $\sin^2\theta+\cos^2\theta=1$ を用いて，まず $\cos\theta$ の値を求めます。さらに，$\tan\theta=\dfrac{\sin\theta}{\cos\theta}$ を用いて，$\tan\theta$ の値を求めます。$\cos\theta<0$ に注意しましょう。

(2) $1+\tan^2\theta=\dfrac{1}{\cos^2\theta}$ を用いて $\cos\theta$ の値を求めます。$-\dfrac{\pi}{2}<\theta<0$ では $\cos\theta>0$。

解答

(1) $\sin\theta=-\dfrac{3}{5}$ のとき ❶

$$\cos^2\theta=1-\sin^2\theta=1-\left(-\frac{3}{5}\right)^2=\frac{16}{25}$$

$\pi<\theta<\dfrac{3}{2}\pi$ だから　$\cos\theta<0$

よって　$\boldsymbol{\cos\theta=-\dfrac{4}{5}}$, $\boldsymbol{\tan\theta}=\dfrac{\sin\theta}{\cos\theta}=\boldsymbol{\dfrac{3}{4}}$ 答

(2) $\tan\theta=-2$ のとき

$$\frac{1}{\cos^2\theta}=1+\tan^2\theta=1+(-2)^2=5,\ \cos^2\theta=\frac{1}{5}$$

$-\dfrac{\pi}{2}<\theta<0$ だから　$\cos\theta>0$

よって　$\boldsymbol{\cos\theta=\dfrac{1}{\sqrt{5}}}$ 答

$\boldsymbol{\sin\theta}=\cos\theta\tan\theta$ ❷ $=\dfrac{1}{\sqrt{5}}\times(-2)=\boldsymbol{-\dfrac{2}{\sqrt{5}}}$ 答

アドバイス

❶ $\pi<\theta<\dfrac{3}{2}\pi$

$\sin\theta=-\dfrac{3}{5}$

ということから

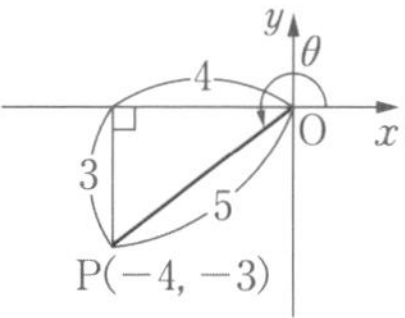

という図をかいて考えてもよいです。

❷ $\tan\theta=\dfrac{\sin\theta}{\cos\theta}$ の両辺に $\cos\theta$ をかけて

$\cos\theta\tan\theta=\sin\theta$

練習 91 $\sin\theta=\dfrac{4}{5}$ $\left(\dfrac{\pi}{2}<\theta<\pi\right)$ のとき，$\cos\theta$, $\tan\theta$ の値を求めよ。

練習 92 $\tan\theta=-3$ $\left(-\dfrac{\pi}{2}<\theta<0\right)$ のとき，$\sin\theta$, $\cos\theta$ の値を求めよ。

例題 84　等式の証明

★★★ 標準

次の等式を証明せよ。

(1)　$(\sin\theta-\cos\theta)^2+(\sin\theta+\cos\theta)^2=2$　　(2)　$\dfrac{\sin\theta}{1-\cos\theta}-\dfrac{1}{\tan\theta}=\dfrac{1}{\sin\theta}$

$\sin^2\theta+\cos^2\theta=1$，$\tan\theta=\dfrac{\sin\theta}{\cos\theta}$ を活用

- 三角関数の等式の証明では，$\sin^2\theta+\cos^2\theta=1$ などを用いて，式を簡単にします。$\tan\theta$ を含む式では，$\tan\theta$ をまず $\sin\theta$ と $\cos\theta$ で表します。
- また，等式の証明では，**複雑なほうの式を変形して簡単なほうの式を導くのが定石です。**(1)，(2)ともに，左辺から右辺を導きます。

| 解答 | | アドバイス |

(1)

$$
\begin{aligned}
&(\sin\theta-\cos\theta)^2+(\sin\theta+\cos\theta)^2\\
&=(\sin^2\theta+\cos^2\theta-2\sin\theta\cos\theta)\\
&\qquad+(\sin^2\theta+\cos^2\theta+2\sin\theta\cos\theta)\\
&=2\underline{(\sin^2\theta+\cos^2\theta)}_{❶}=2
\end{aligned}
$$

よって　$(\sin\theta-\cos\theta)^2+(\sin\theta+\cos\theta)^2=2$

(2)

$$
\begin{aligned}
\frac{\sin\theta}{1-\cos\theta}-\frac{1}{\tan\theta}&=\frac{\sin\theta}{1-\cos\theta}-\underline{\frac{\cos\theta}{\sin\theta}}_{❷}\\
&=\frac{\sin^2\theta-\cos\theta(1-\cos\theta)}{(1-\cos\theta)\sin\theta}\\
&=\underline{\frac{\sin^2\theta+\cos^2\theta-\cos\theta}{(1-\cos\theta)\sin\theta}}_{❸}\\
&=\frac{1-\cos\theta}{(1-\cos\theta)\sin\theta}=\frac{1}{\sin\theta}
\end{aligned}
$$

よって　$\dfrac{\sin\theta}{1-\cos\theta}-\dfrac{1}{\tan\theta}=\dfrac{1}{\sin\theta}$

アドバイス

❶ $\sin^2\theta+\cos^2\theta=1$ の公式が使えます。

❷ $\tan\theta$ は，まず $\sin\theta$ と $\cos\theta$ で表します。

$$\frac{1}{\tan\theta}=\frac{1}{\frac{\sin\theta}{\cos\theta}}=\frac{\cos\theta}{\sin\theta}$$

となります。

❸ ここでも，分子に

$\sin^2\theta+\cos^2\theta=1$

を利用します。

Q　等式 $A=B$ の証明方法を教えてください。

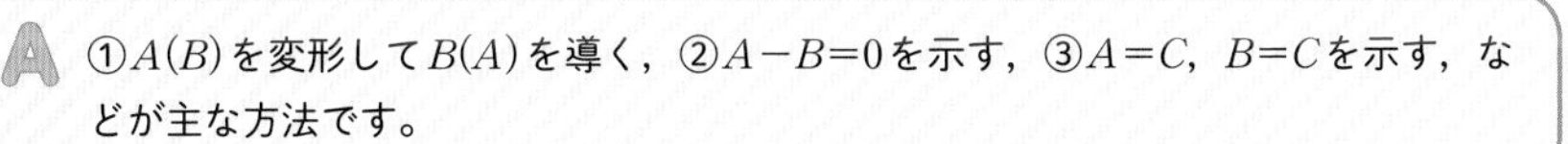

A　①$A(B)$ を変形して $B(A)$ を導く，②$A-B=0$ を示す，③$A=C$，$B=C$ を示す，などが主な方法です。

練習 93　次の等式を証明せよ。

(1)　$\cos^4\theta-\sin^4\theta=2\cos^2\theta-1$　　(2)　$\tan\theta+\dfrac{1}{\tan\theta}=\dfrac{1}{\sin\theta\cos\theta}$

例題 85 三角関数の式の値 ★★★ 標準

$\sin\theta+\cos\theta=\dfrac{1}{3}$ のとき，次の式の値を求めよ。

(1) $\sin\theta\cos\theta$　　(2) $\sin^3\theta+\cos^3\theta$　　(3) $\tan\theta+\dfrac{1}{\tan\theta}$

$\sin\theta$，$\cos\theta$ についての対称式は和と積で表す

まず，$\sin^2\theta+\cos^2\theta=1$ を用いて，和 $\sin\theta+\cos\theta$，積 $\sin\theta\cos\theta$ の値を求めます。対称式は和と積で表せますから，その値が計算できます。

解答

(1) $\sin\theta+\cos\theta=\dfrac{1}{3}$ の両辺を平方して

$$\sin^2\theta+\cos^2\theta+2\sin\theta\cos\theta=\frac{1}{9}$$

$\sin^2\theta+\cos^2\theta=1$ ❶ だから　　$1+2\sin\theta\cos\theta=\dfrac{1}{9}$

よって　　$\sin\theta\cos\theta=\boldsymbol{-\dfrac{4}{9}}$ (答)

(2) $\sin^3\theta+\cos^3\theta$

$=(\sin\theta+\cos\theta)(\sin^2\theta-\sin\theta\cos\theta+\cos^2\theta)$ ❷

$=\dfrac{1}{3}\left\{1-\left(-\dfrac{4}{9}\right)_{❸}\right\}=\boldsymbol{\dfrac{13}{27}}$ (答)

(3) $\tan\theta+\dfrac{1}{\tan\theta}=\dfrac{\sin\theta}{\cos\theta}+\dfrac{\cos\theta}{\sin\theta}$

$=\dfrac{\sin^2\theta+\cos^2\theta}{\sin\theta\cos\theta}=1\div\left(-\dfrac{4}{9}\right)=\boldsymbol{-\dfrac{9}{4}}$ (答)

アドバイス

❶ $\sin^2\theta+\cos^2\theta=1$ はつねに成り立つので，問題文になくても使えます。

❷ a^3+b^3
$=(a+b)(a^2-ab+b^2)$
で，$a=\sin\theta$，$b=\cos\theta$ とおきます。

❸ (1)の結果を利用します。

Q 対称式とは何ですか？

A $a+b$，ab，a^2+b^2 などのように a と b を入れかえてももとの式と同じになるような式のことです。対称式では整式の因数分解や変形公式などの公式が利用できます。

練習 94　$\sin\theta-\cos\theta=\dfrac{1}{4}$ のとき，次の式の値を求めよ。

(1) $\sin\theta\cos\theta$　　(2) $\sin\theta+\cos\theta$　　(3) $\sin^2\theta-\cos^2\theta$

3 三角関数の性質

1 三角関数のとる値

$-1 \leqq \sin\theta \leqq 1$, $-1 \leqq \cos\theta \leqq 1$

$\tan\theta$ はすべての実数値

例 $3\sin\theta$ のとり得る値の範囲は, $-1 \leqq \sin\theta \leqq 1$ から

$-3 \leqq 3\sin\theta \leqq 3$

$1+\cos\theta$ のとり得る値の範囲は, $-1 \leqq \cos\theta \leqq 1$ から

$0 \leqq 1+\cos\theta \leqq 2$

2 三角関数の符号 ▷ 例題 86

三角関数の各象限での符号は右の表のようになる。

三角関数＼象限	1	2	3	4
$\sin\theta$	＋	＋	－	－
$\cos\theta$	＋	－	－	＋
$\tan\theta$	＋	－	＋	－

第2象限	第1象限
第3象限	第4象限

例 第2象限で正になるのは $\sin\theta$, 第3象限で正になるのは $\tan\theta$, 第4象限で正になるのは $\cos\theta$ のみである。

3 変換公式 ▷ 例題 87 例題 88

n を整数とし, 複号を同順とすると, 以下の公式が成り立つ。

$$\begin{cases} \sin(\theta+2n\pi)=\sin\theta \\ \cos(\theta+2n\pi)=\cos\theta \\ \tan(\theta+2n\pi)=\tan\theta \end{cases}$$

$$\begin{cases} \sin\left(\dfrac{\pi}{2}\pm\theta\right)=\cos\theta \\ \cos\left(\dfrac{\pi}{2}\pm\theta\right)=\mp\sin\theta \\ \tan\left(\dfrac{\pi}{2}\pm\theta\right)=\mp\dfrac{1}{\tan\theta} \end{cases}$$

$$\begin{cases} \sin(\pi\pm\theta)=\mp\sin\theta \\ \cos(\pi\pm\theta)=-\cos\theta \\ \tan(\pi\pm\theta)=\pm\tan\theta \end{cases}$$

$$\begin{cases} \sin(-\theta)=-\sin\theta \\ \cos(-\theta)=\cos\theta \\ \tan(-\theta)=-\tan\theta \end{cases}$$

例 $\sin 780^\circ=\sin(60^\circ+360^\circ\times 2)=\sin 60^\circ=\dfrac{\sqrt{3}}{2}$

$\cos\left(-\dfrac{\pi}{3}\right)=\cos\dfrac{\pi}{3}=\dfrac{1}{2}$

$\tan\dfrac{7}{6}\pi=\tan\left(\pi+\dfrac{\pi}{6}\right)=\tan\dfrac{\pi}{6}=\dfrac{1}{\sqrt{3}}$

例題 86 三角関数の値

★★★ 基本

変換公式を用いて，次の三角関数の角を鋭角になるように変形し，その値を求めよ。ただし，(1)，(2)はp.379の三角関数の表を用いよ。

(1) $\sin 396°$　(2) $\cos 220°$　(3) $\sin 570°$

(4) $\cos 315°$　(5) $\tan(-120°)$

$\sin(\theta+2n\pi)=\sin\theta$，$\cos(\theta+2n\pi)=\cos\theta$，$\tan(\theta+2n\pi)=\tan\theta$

- (1)は $396°=360°+36°$ ですから，変換公式 $\sin(\theta+360°\times n)=\sin\theta$ を使います。
- (3)は $570°=360°+210°$，$210°=180°+30°$ と考えて，変換公式を2回使います。
- (5)は $\tan(-\theta)=-\tan\theta$ を使います。また，$120°=90°+30°$ です。

解答

(1) $\mathbf{\sin 396°}=\sin(360°+36°)$

$=\underline{\sin 36°}_{❶}=\mathbf{0.5878}$ 答

(2) $\mathbf{\cos 220°}=\cos(180°+40°)$

$=\underline{-\cos 40°}_{❷}=\mathbf{-0.7660}$ 答

(3) $\mathbf{\sin 570°}=\sin(360°+210°)=\underline{\sin 210°}_{❸}=\sin(180°+30°)$

$=\underline{-\sin 30°}_{❹}=\mathbf{-\frac{1}{2}}$ 答

(4) $\mathbf{\cos 315°}=\cos(360°-45°)=\underline{\cos(-45°)}_{❺}$

$=\underline{\cos 45°}_{❻}=\mathbf{\frac{1}{\sqrt{2}}}$ 答

(5) $\mathbf{\tan(-120°)}=\underline{-\tan 120°}_{❼}=-\tan(90°+30°)$

$=\underline{\frac{1}{\tan 30°}}_{❽}=\mathbf{\sqrt{3}}$ 答

アドバイス

❶ $\sin(\theta+360°\times n)=\sin\theta$

❷ $\cos(180°+\theta)=-\cos\theta$

❸ $\sin(\theta+360°\times n)=\sin\theta$

❹ $\sin(180°+\theta)=-\sin\theta$

❺ $\cos(\theta+360°\times n)=\cos\theta$

❻ $\cos(-\theta)=\cos\theta$

❼ $\tan(-\theta)=-\tan\theta$

❽ $\tan(90°+\theta)=-\frac{1}{\tan\theta}$

STUDY 三角関数の表

p.379の三角関数の表は0°から90°までの値しかないが，変換公式によって角を鋭角になるように変形すれば，1度きざみの三角関数の値はすべて求めることができる。

練習 95 変換公式を利用して，次の三角関数の角を鋭角になるように変形し，その値を求めよ。

(1) $\sin 300°$　(2) $\cos 480°$　(3) $\tan(-240°)$

例題 87 変換公式

★★★ 標準

次の式を簡単にせよ。

(1) $\sin(\pi-\theta)+\sin(\pi+\theta)+\cos(\pi-\theta)+\cos(\pi+\theta)$

(2) $\sin\left(\dfrac{\pi}{2}-\theta\right)+\sin\left(\dfrac{\pi}{2}+\theta\right)+\sin\left(\dfrac{3}{2}\pi-\theta\right)+\sin\left(\dfrac{3}{2}\pi+\theta\right)$

POINT 変換公式を用いて，角を θ に統一する

sin と cos については，$\left(\dfrac{\pi}{2}\times\text{偶数}\right)+\theta$ のときは符号が変わり，$\left(\dfrac{\pi}{2}\times\text{奇数}\right)\pm\theta$ のときは，**sin と cos が入れかわる**という原則を覚えておきましょう。

解答

(1) 変換公式を用いると

$\sin(\pi-\theta)+\sin(\pi+\theta)+\cos(\pi-\theta)+\cos(\pi+\theta)$

$=\sin\theta-\sin\theta-\cos\theta-\cos\theta$ ❶ $=\boldsymbol{-2\cos\theta}$ 答

(2) (1)と同様に

$\sin\left(\dfrac{\pi}{2}-\theta\right)+\sin\left(\dfrac{\pi}{2}+\theta\right)+\sin\left(\dfrac{3}{2}\pi-\theta\right)+\sin\left(\dfrac{3}{2}\pi+\theta\right)$

$=\cos\theta+\cos\theta-\cos\theta-\cos\theta$ ❷ $=\boldsymbol{0}$ 答

アドバイス

❶ $\sin(\pi\pm\theta)=\mp\sin\theta$

$\cos(\pi\pm\theta)=-\cos\theta$

❷ $\sin\left(\dfrac{3}{2}\pi\pm\theta\right)$

$=\sin\left\{\pi+\left(\dfrac{\pi}{2}\pm\theta\right)\right\}$

$=-\sin\left(\dfrac{\pi}{2}\pm\theta\right)=-\cos\theta$

STUDY $\dfrac{\pi}{2}\pm\theta$ の変換公式

$\dfrac{\pi}{2}\pm\theta$ の変換公式では三角関数が　**sin** $\Longleftrightarrow$ **cos**，**tan** $\longrightarrow$ $\dfrac{\mathbf{1}}{\mathbf{tan}}$

のように変わる。符号については θ を第1象限の角として，$\dfrac{\pi}{2}\pm\theta$ の動径がどの象限にあるかで判断する。変換公式を用いるときは，次の原則を知っておくとよい。

① $\dfrac{\pi}{2}$ が関係したときには，sin と cos が入れかわる。

② 符号はもとの三角関数で，θ を鋭角と考えて，動径のある象限を考える。

練習 96

次の式を簡単にせよ。

(1) $\cos\left(\dfrac{\pi}{2}-\theta\right)+\cos\left(\dfrac{\pi}{2}+\theta\right)+\cos\left(\dfrac{3}{2}\pi-\theta\right)+\cos\left(\dfrac{3}{2}\pi+\theta\right)$

(2) $\tan\left(\dfrac{\pi}{2}-\theta\right)+\tan\left(\dfrac{\pi}{2}+\theta\right)+\tan\left(\dfrac{3}{2}\pi-\theta\right)+\tan\left(\dfrac{3}{2}\pi+\theta\right)$

例題 88 変換公式の応用

次の式を簡単にせよ。

(1) $\dfrac{\tan(\pi+\theta)\sin\left(\dfrac{\pi}{2}+\theta\right)}{\cos\left(\dfrac{3}{2}\pi+\theta\right)}$　　(2) $\sin 80^\circ+\cos 140^\circ+\sin 130^\circ+\cos 190^\circ$

POINT いくつかの角が混在する式では，まず変換公式を

変換公式で角を統一して，**相互関係 $\sin^2\theta+\cos^2\theta=1$，$\tan\theta=\dfrac{\sin\theta}{\cos\theta}$** を使います。

解答

(1) $\cos\left(\dfrac{3}{2}\pi+\theta\right)=\cos\left\{\pi+\left(\dfrac{\pi}{2}+\theta\right)\right\}=-\cos\left(\dfrac{\pi}{2}+\theta\right)$

$=\sin\theta$

よって　$\dfrac{\tan(\pi+\theta)\sin\left(\dfrac{\pi}{2}+\theta\right)}{\cos\left(\dfrac{3}{2}\pi+\theta\right)}=\dfrac{\tan\theta\cos\theta}{\sin\theta}$ ❶

$=\dfrac{\sin\theta}{\cos\theta}$ ❷ $\cdot\dfrac{\cos\theta}{\sin\theta}=\mathbf{1}$ 答

(2) $\sin 80^\circ+\cos 140^\circ+\sin 130^\circ+\cos 190^\circ$

$=\sin(90^\circ-10^\circ)+\cos(90^\circ+50^\circ)$

$+\sin(180^\circ-50^\circ)+\cos(180^\circ+10^\circ)$ ❸

$=\cos 10^\circ-\sin 50^\circ+\sin 50^\circ-\cos 10^\circ=\mathbf{0}$ 答

アドバイス

❶ $\tan(\pi+\theta)=\tan\theta$

$\sin\left(\dfrac{\pi}{2}+\theta\right)=\cos\theta$

❷ $\tan\theta=\dfrac{\sin\theta}{\cos\theta}$

❸ $80^\circ=90^\circ-10^\circ$

$190^\circ=180^\circ+10^\circ$

とすると，角度が10°に統一できます。140°，130°も同様に考えます。

練習 97

次の式を簡単にせよ。

(1) $\cos\left(\dfrac{\pi}{2}-\theta\right)+\cos\left(\dfrac{\pi}{2}+\theta\right)+\cos(-\theta)+\cos(\pi-\theta)$

(2) $\sin(\theta+\pi)+\sin\left(\theta+\dfrac{\pi}{2}\right)+\sin\left(\theta-\dfrac{\pi}{2}\right)+\sin(\pi-\theta)$

(3) $\cos(\pi-\theta)\tan(\pi-\theta)+\sin\left(\dfrac{\pi}{2}+\theta\right)\tan(\pi+\theta)$

(4) $\sin 10^\circ+\sin 170^\circ+\sin 190^\circ+\sin 350^\circ$

(5) $\cos 20^\circ+\cos 160^\circ+\cos 200^\circ+\cos 340^\circ$

4 三角関数のグラフ

1 $y=\sin\theta$, $y=\cos\theta$ のグラフ ▷ 例題 89

$y=\sin\theta$, $y=\cos\theta$のグラフは次の性質をもっている。

① **周期　2π**

② **値域** $\begin{cases} -1 \leqq \sin\theta \leqq 1 \\ -1 \leqq \cos\theta \leqq 1 \end{cases}$

また，$y=\sin\theta$のグラフは原点に関して対称，$y=\cos\theta$のグラフはy軸に関して対称である。

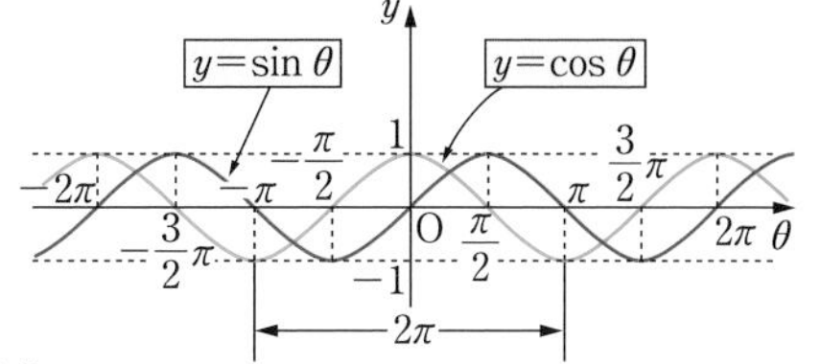

2 $y=\tan\theta$ のグラフ

$y=\tan\theta$のグラフは次の性質をもっている。

① **周期　π**

② **値域　すべての実数値**

③ **原点に関して対称**

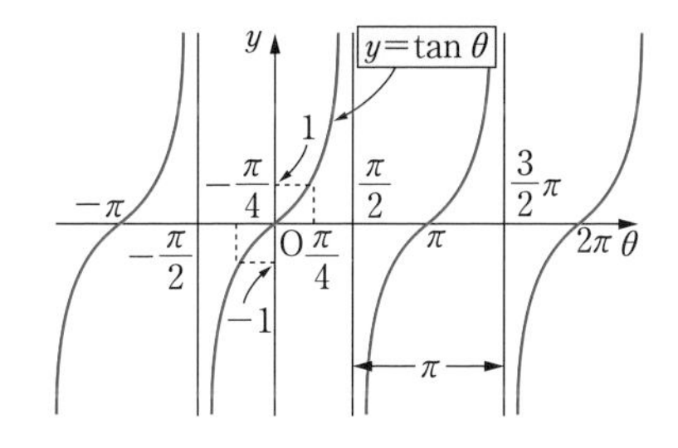

3 三角関数のグラフの平行移動 ▷ 例題 90

$y=\sin\theta$のグラフをθ軸の方向にα，y軸の方向にβだけ平行移動したグラフの方程式は

$$\boldsymbol{y-\beta=\sin(\theta-\alpha)}$$

例　$y=\sin\theta$のグラフをθ軸の方向に$\frac{\pi}{6}$，y軸の方向に1だけ平行移動すると

$$y-1=\sin\left(\theta-\frac{\pi}{6}\right)$$

すなわち

$$y=\sin\left(\theta-\frac{\pi}{6}\right)+1$$

例題 89　三角関数のグラフ①　★★★　基本

次の関数のグラフをかけ。

(1)　$y=2\sin\theta$　　(2)　$y=\sin 2\theta$

$\sin k\theta$，$\cos k\theta$ $(k>0)$ $\Longrightarrow$ 周期は $\dfrac{2\pi}{k}$

$y=\sin 3\theta$ や $y=\cos 4\theta$ の周期は 2π の $\dfrac{1}{3}$，$\dfrac{1}{4}$ 倍になります。

また，$y=\tan k\theta$ $(k>0)$ の周期は $\dfrac{\pi}{k}$ です。

解答

(1)　$y=2\sin\theta$ ❶ のグラフは，$y=\sin\theta$ のグラフを y 軸の方向に2倍に拡大したものだから，下図のようになる。

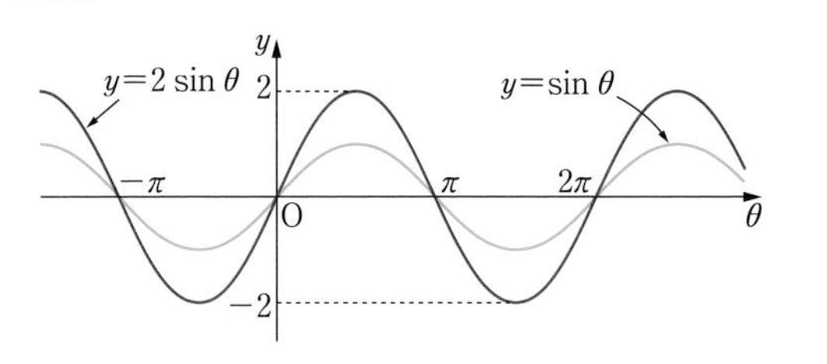

答

(2)　$y=\sin 2\theta$ のグラフは，周期が $\dfrac{2\pi}{2}=\pi$ ❷ で，$y=\sin\theta$ のグラフを θ 軸の方向に $\dfrac{1}{2}$ に縮小したものだから，下図のようになる。

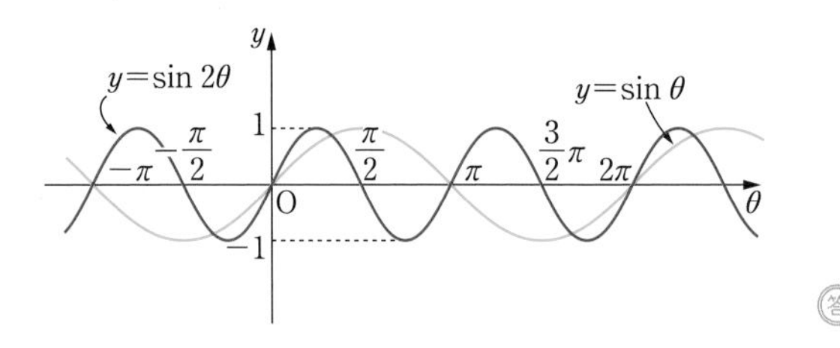

答

アドバイス

❶ $y=k\sin\theta$ $(k>0)$ は周期 2π で，値域は

$-k\leqq y\leqq k$

❷ 周期が $\sin\theta$ の2倍ではないことに注意。θ が，0から π まで変わると，2θ は0から 2π まで変わり，$y=\sin 2\theta$ のグラフは1周期が終わります。したがって，$y=\sin 2\theta$ の周期は $\dfrac{2\pi}{2}=\pi$ です。

練習 98　次の関数のグラフをかけ。

(1)　$y=3\cos\theta$　　(2)　$y=\cos 2\theta$　　(3)　$y=\tan\dfrac{\theta}{2}$

例題 90 三角関数のグラフ② ★★★ 標準

次の関数のグラフをかけ。

(1) $y=\sin\left(\theta-\dfrac{\pi}{3}\right)$　　(2) $y=2\cos\theta+1$

θを$\theta-\alpha$に置き換える $\Longleftrightarrow$ θ軸方向にαだけ平行移動
yを$y-\beta$に置き換える $\Longleftrightarrow$ y軸方向にβだけ平行移動

(2)は，$y-1=2\cos\theta$と変形して，$y=2\cos\theta$との関係を考えます。

解答

(1) $y=\sin\left(\theta-\dfrac{\pi}{3}\right)$

のグラフは，$y=\sin\theta$のグラフをθ軸の方向に$\dfrac{\pi}{3}$だけ平行移動❶したもので，右図のようになる。 (答)

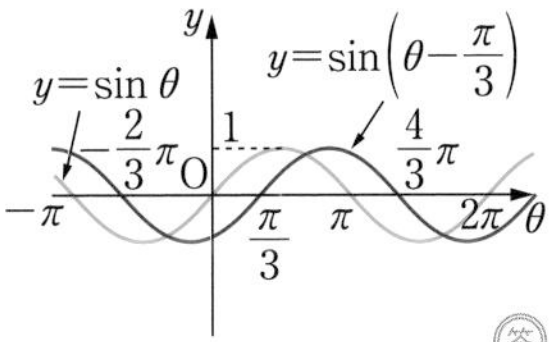

(2) $y-1=2\cos\theta$

と変形できるから，$y=2\cos\theta$のグラフをy軸の方向に1だけ平行移動❷したもので，右図のようになる。

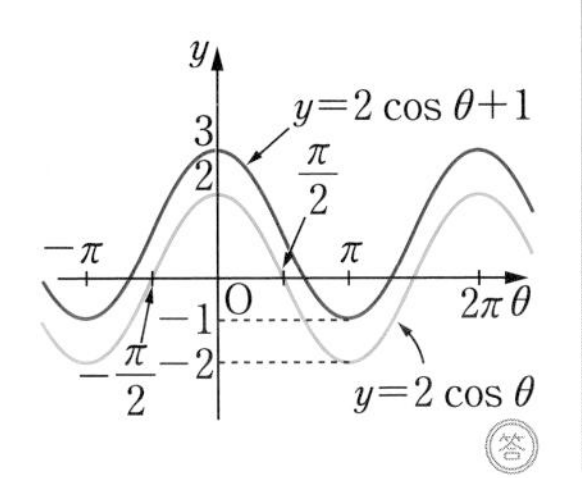

アドバイス

❶ 平行移動は$-\dfrac{\pi}{3}$ではなく，$\dfrac{\pi}{3}$であることに注意。

❷ $-1\leqq\cos\theta\leqq1$
$-2\leqq2\cos\theta\leqq2$
$-1\leqq2\cos\theta+1\leqq3$
したがって，値域は
$-1\leqq y\leqq3$

STUDY 三角関数のグラフの拡大・縮小と平行移動

① $y=k\sin\theta \Longleftrightarrow y=\sin\theta$を$y$軸方向に$k$倍に拡大$(k>1)$または縮小$(0<k<1)$

② $y=\sin k\theta \Longleftrightarrow y=\sin\theta$を$\theta$軸方向に$\dfrac{1}{k}$倍に縮小$(k>1)$または拡大$(0<k<1)$

③ $y-\beta=\sin(\theta-\alpha) \Longleftrightarrow y=\sin\theta$を$\theta$軸方向に$\alpha$，$y$軸方向に$\beta$だけ平行移動

練習 99 次の関数のグラフをかけ。

(1) $y=2\sin\theta+1$　　(2) $y=\cos\left(2\theta-\dfrac{\pi}{3}\right)$

5　三角関数の応用

1 三角方程式 ▷ 例題91 例題93

三角関数を含む方程式を**三角方程式**といい，方程式を満たす解（角）を求めることを**三角方程式を解く**という。また，一般角で表された解を**一般解**という。
三角方程式は，単位円上において $\sin\theta$ の値が y 座標，$\cos\theta$ の値が x 座標，$\tan\theta$ の値が動径の傾きになることを用いて解く。

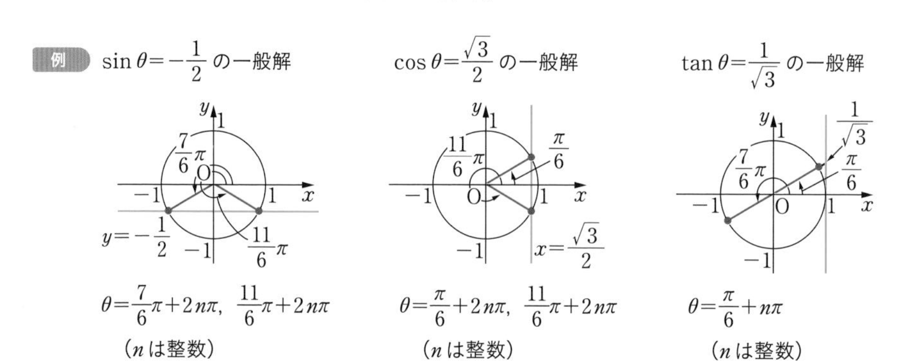

例　$\sin\theta=-\frac{1}{2}$ の一般解
$\cos\theta=\frac{\sqrt{3}}{2}$ の一般解
$\tan\theta=\frac{1}{\sqrt{3}}$ の一般解
$y=-\frac{1}{2}$
$x=\frac{\sqrt{3}}{2}$
$\frac{7}{6}\pi$
$\frac{11}{6}\pi$
$\frac{\pi}{6}$
$\frac{1}{\sqrt{3}}$
$\theta=\frac{7}{6}\pi+2n\pi,\ \frac{11}{6}\pi+2n\pi$
（n は整数）
$\theta=\frac{\pi}{6}+2n\pi,\ \frac{11}{6}\pi+2n\pi$
（n は整数）
$\theta=\frac{\pi}{6}+n\pi$
（n は整数）

2 三角不等式 ▷ 例題92

まず，不等号を等号に置き換えて，三角方程式を解く。次に，その解を利用して，単位円上における動径の存在範囲から，不等式の解を求める。

例　$0\leqq\theta<2\pi$ のとき

$\cos\theta<\frac{\sqrt{3}}{2}$ を満たす θ の値の範囲を求めると，

$\cos\theta=\frac{\sqrt{3}}{2}$ となる θ の値は，

$\theta=\frac{\pi}{6},\ \frac{11}{6}\pi$

であるから

$\frac{\pi}{6}<\theta<\frac{11}{6}\pi$

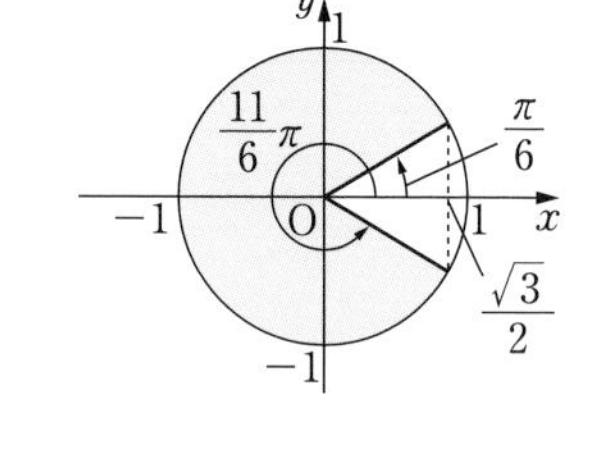

注意　単位円のかわりにグラフを用いてもよい。

例題 91　基本的な三角方程式　★★★　基本

次の等式を満たすθの値を求めよ。

(1)　$\sin\theta=\dfrac{\sqrt{3}}{2}$　　(2)　$\cos\theta=-\dfrac{1}{2}$　　(3)　$\tan\theta=\sqrt{3}$

POINT　**$\sin\theta=k$などを満たすθの値は単位円を利用**

三角方程式は，**単位円を用いて**，まず$0\leqq\theta<2\pi$の範囲で解を求めます。
また，$\tan\theta=m$を解くには，**原点を通り，傾きmの直線**で考えます。

解答

(1)　単位円と直線$y=\dfrac{\sqrt{3}}{2}$との交点をP，P′とすると，動径OP，OP′の表す角は

$0\leqq\theta<2\pi$では$\theta=\dfrac{\pi}{3}$ ❶，$\dfrac{2}{3}\pi$

よって，nを整数として

$$\boldsymbol{\theta=\frac{\pi}{3}+2n\pi,\ \frac{2}{3}\pi+2n\pi}\ \text{(答)}$$

(2)　単位円と直線$x=-\dfrac{1}{2}$の交点をP，P′とすると，動径OP，OP′の表す角は，nを整数として

$$\boldsymbol{\theta=\frac{2}{3}\pi+2n\pi,\ \frac{4}{3}\pi+2n\pi}\ \text{(答)}$$

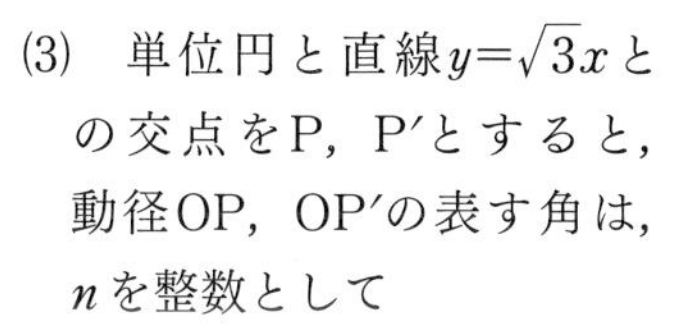

(3)　単位円と直線$y=\sqrt{3}x$との交点をP，P′とすると，動径OP，OP′の表す角は，nを整数として

$$\boldsymbol{\theta=\frac{\pi}{3}+n\pi}\ \text{(答)}\ ❷$$

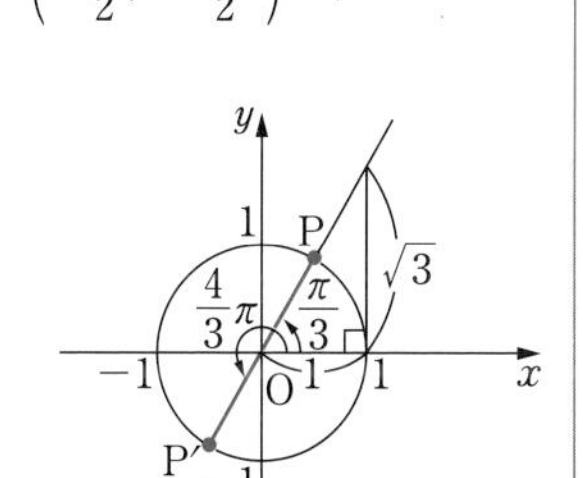

アドバイス

❶ 右の特別な直角三角形からわかるように$\sin\theta=\dfrac{\sqrt{3}}{2}$となるのは$\theta=\dfrac{\pi}{3}$のときです。また，$\dfrac{2}{3}\pi$は第2象限に直角三角形を作ります。

❷ $0\leqq\theta<2\pi$では，単位円との交点は2つあります。
$\dfrac{4}{3}\pi=\pi+\dfrac{\pi}{3}$ですから
$\dfrac{\pi}{3}+2m\pi$，$\dfrac{4}{3}\pi+2m\pi$
を合わせたもの（mは整数）。

練習 100　次の等式を満たすθの値を求めよ。

(1)　$\sin\theta=\dfrac{1}{2}$　　(2)　$\cos\theta=-\dfrac{1}{\sqrt{2}}$　　(3)　$\tan\theta=1$

例題 92　基本的な三角不等式　★★★ 基本

$0 \leqq \theta < 2\pi$ のとき，次の不等式を満たす θ の値の範囲を求めよ。

(1)　$\cos\theta > \dfrac{1}{2}$　　(2)　$\sin\theta < \dfrac{\sqrt{3}}{2}$　　(3)　$\tan\theta < 1$

POINT　$\sin\theta > k$ などを満たす θ の値は，単位円かグラフで

三角不等式を解くには，**単位円かグラフを利用**します。どちらも，境界になる値は，三角方程式を解いて求めます。(3)は，傾きが1より小さくなる θ の値の範囲です。

| 解答 |

(1)　$\cos\theta = \dfrac{1}{2}$ となるのは右図から　$\theta = \dfrac{\pi}{3}$，$\dfrac{5}{3}\pi$

よって，$\cos\theta > \dfrac{1}{2}$ ❶ となる θ の値の範囲は　$\boldsymbol{0 \leqq \theta < \dfrac{\pi}{3}}$，$\boldsymbol{\dfrac{5}{3}\pi < \theta < 2\pi}$ ❷ 答

❶ $y=\cos\theta$ のグラフで考えると下図のようになります。

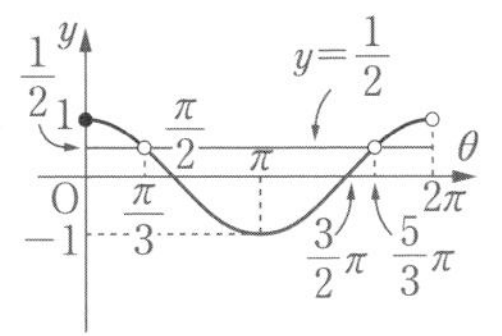

❷ 与えられた θ の範囲が $0 \leqq \theta < 2\pi$ であることに注意します。$-\dfrac{\pi}{3} < \theta < \dfrac{\pi}{3}$ などとしないように。

(2)　$\sin\theta = \dfrac{\sqrt{3}}{2}$ となるのは，右図から　$\theta = \dfrac{\pi}{3}$，$\dfrac{2}{3}\pi$

よって

$\boldsymbol{0 \leqq \theta < \dfrac{\pi}{3}}$，$\boldsymbol{\dfrac{2}{3}\pi < \theta < 2\pi}$ 答

(3)　動径OPの傾きが1になるのは　$\theta = \dfrac{\pi}{4}$，$\dfrac{5}{4}\pi$

よって，$\tan\theta < 1$ すなわち，OPの傾きが1より小さくなる θ の値の範囲は

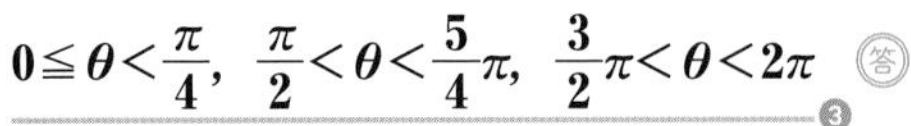

$\boldsymbol{0 \leqq \theta < \dfrac{\pi}{4}}$，$\boldsymbol{\dfrac{\pi}{2} < \theta < \dfrac{5}{4}\pi}$，$\boldsymbol{\dfrac{3}{2}\pi < \theta < 2\pi}$ 答 ❸

❸ グラフでは下図のようになります。範囲が3つに分かれることに注意。

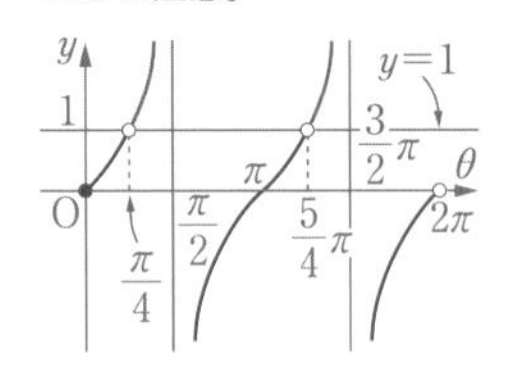

練習 101　$0 \leqq \theta < 2\pi$ のとき，次の不等式を満たす θ の値の範囲を求めよ。

(1)　$\sin\theta > \dfrac{1}{2}$　　(2)　$\cos\theta \leqq -\dfrac{\sqrt{3}}{2}$　　(3)　$\tan\theta \leqq \sqrt{3}$

例題 93 三角方程式 ★★★ 標準

$0 \leqq \theta < 2\pi$ のとき，方程式 $2\sin^2\theta - \cos\theta - 1 = 0$ を解け。

POINT 三角方程式 ⟹ 三角関数の種類を統一する

- 複数の種類の三角関数を含む式は，**1種類の三角関数で表します。**
- 本問は，$\sin^2\theta = 1 - \cos^2\theta$ を代入して，$\cos\theta$ だけの式に変形し，$\cos\theta$ の範囲に注意して，$\cos\theta$ の値を求め，それに対応する θ の値を求めます。

解答

$2\sin^2\theta - \cos\theta - 1 = 0$ ……①

①に，$\sin^2\theta = 1 - \cos^2\theta$ ❶ を代入して

$$2(1-\cos^2\theta) - \cos\theta - 1 = 0$$

$$-2\cos^2\theta - \cos\theta + 1 = 0$$

$$2\cos^2\theta + \cos\theta - 1 = 0 \quad ❷$$

$$(\cos\theta + 1)(2\cos\theta - 1) = 0$$

$$\cos\theta = -1, \ \frac{1}{2}$$

ここで，$0 \leqq \theta < 2\pi$ より，$-1 \leqq \cos\theta \leqq 1$ であるから，$\cos\theta = -1, \ \frac{1}{2}$ は適する。❸ このとき，$0 \leqq \theta < 2\pi$ であるから

$\cos\theta = -1$ より

$$\theta = \pi$$

$\cos\theta = \frac{1}{2}$ より

$$\theta = \frac{\pi}{3}, \ \frac{5}{3}\pi$$

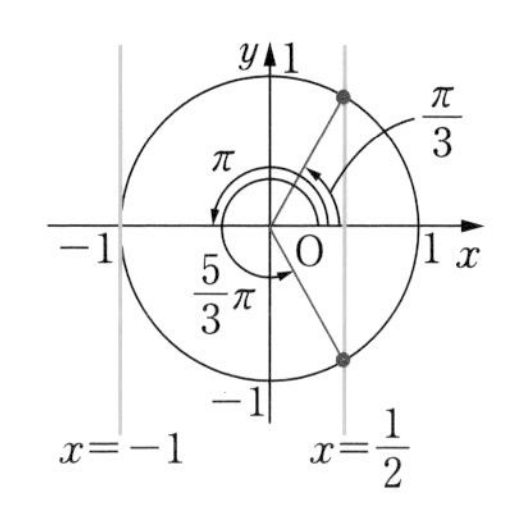

したがって，求める解は

$$\boldsymbol{\theta = \frac{\pi}{3}, \ \pi, \ \frac{5}{3}\pi}$$ 答

アドバイス

❶ $\sin^2\theta + \cos^2\theta = 1$ より $\sin^2\theta = 1 - \cos^2\theta$

❷ $\cos\theta$ の式に統一します。

❸ $-1 \leqq \cos\theta \leqq 1$ に適するかどうか確認します。

練習 102 $0 \leqq \theta < 2\pi$ のとき，方程式 $2\cos^2\theta + \sin\theta - 1 = 0$ を解け。

定期テスト対策問題 6

解答・解説は別冊 p.72

1 次の式の値を求めよ。

(1) $\sin(-750^\circ)+\cos(-60^\circ)+\tan 900^\circ$

(2) $\sin^2\theta+\sin^2\left(\dfrac{\pi}{2}-\theta\right)+\sin^2(\pi-\theta)+\sin^2\left(\dfrac{3}{2}\pi-\theta\right)$

2 $\sin\left(\dfrac{3}{2}\pi-\theta\right)=-\dfrac{3}{5}$，$0<\theta<\dfrac{\pi}{2}$ のとき，$\sin\theta$，$\cos\theta$，$\tan\theta$ の値を求めよ。

3 $\sin\theta-\cos\theta=\dfrac{1}{2}$ のとき，次の式の値を求めよ。

(1) $\sin\theta\cos\theta$

(2) $\sin^3\theta-\cos^3\theta$

(3) $\tan\theta+\dfrac{1}{\tan\theta}$

4 次の等式を満たす角θを求めよ。

(1) $\sin\theta=-\dfrac{1}{\sqrt{2}}$

(2) $\tan\theta=-\sqrt{3}$

5　$0 \leqq \theta < 2\pi$ において，次の不等式を満たす θ の範囲を求めよ。

(1)　$\sin\theta \leqq \dfrac{1}{\sqrt{2}}$

(2)　$2\cos\theta + \sqrt{3} > 0$

6　$y = \sin^2\theta - \cos\theta$ $(0 \leqq \theta < 2\pi)$ の最大値・最小値を求めよ。

7　2 次方程式 $x^2 - \sqrt{2}x + k = 0$ の 2 つの解が $\sin\theta$，$\cos\theta$ であるとき，次の問いに答えよ。

(1)　$\sin\theta + \cos\theta$ の値を求めよ。

(2)　k の値を求めよ。

(3)　θ の値を求めよ。

第2節

加法定理

1 加法定理

1 三角関数の加法定理 ▷ 例題94 例題95 例題96 例題97

2つの角の和または差の三角関数の値を求めるには，**加法定理**を用いる。この公式により，これまでに学習した特別な角の三角関数の値をもとにして，より多くの値を求めることができる。

① $\begin{cases} \sin(\alpha+\beta)=\sin\alpha\cos\beta+\cos\alpha\sin\beta \\ \sin(\alpha-\beta)=\sin\alpha\cos\beta-\cos\alpha\sin\beta \end{cases}$

② $\begin{cases} \cos(\alpha+\beta)=\cos\alpha\cos\beta-\sin\alpha\sin\beta \\ \cos(\alpha-\beta)=\cos\alpha\cos\beta+\sin\alpha\sin\beta \end{cases}$

③ $\begin{cases} \tan(\alpha+\beta)=\dfrac{\tan\alpha+\tan\beta}{1-\tan\alpha\tan\beta} \\ \tan(\alpha-\beta)=\dfrac{\tan\alpha-\tan\beta}{1+\tan\alpha\tan\beta} \end{cases}$

例　$75^\circ=45^\circ+30^\circ$ だから

$$\begin{aligned}\sin 75^\circ&=\sin(45^\circ+30^\circ)\\&=\sin 45^\circ\cos 30^\circ+\cos 45^\circ\sin 30^\circ\\&=\frac{1}{\sqrt{2}}\cdot\frac{\sqrt{3}}{2}+\frac{1}{\sqrt{2}}\cdot\frac{1}{2}=\frac{\sqrt{6}+\sqrt{2}}{4}\end{aligned}$$

2 2直線のなす角 ▷ 例題98

(1) 直線 $y=mx+n$ が x 軸の正の向きとなす角を α とすると

$$m=\tan\alpha$$

(2) 2直線 $y=mx+n$，$y=m'x+n'$ が垂直でないとき，2直線のなす鋭角を θ とすると

$$\tan\theta=\left|\frac{m-m'}{1+mm'}\right|$$

例　2直線 $y=\sqrt{3}x$，$y=\dfrac{1}{\sqrt{3}}x$ のなす角を θ $\left(0\leqq\theta\leqq\dfrac{\pi}{2}\right)$ とすると

$$\tan\theta=\left|\frac{\sqrt{3}-\dfrac{1}{\sqrt{3}}}{1+\sqrt{3}\cdot\dfrac{1}{\sqrt{3}}}\right|=\frac{2}{2\sqrt{3}}=\frac{1}{\sqrt{3}}$$

よって

$$\theta=30^\circ$$

例題 94 加法定理 ★★★ 基本

次の値を求めよ。

(1) $\sin 15^\circ$　(2) $\cos 15^\circ$　(3) $\tan 15^\circ$

30°，45°，60°の和・差で表して加法定理を利用

15°，75°，105°などのように**30°，45°，60°の和や差で表せる角の三角関数の値は加法定理で求められます**。これは15°の倍数すべてです。

解答

(1) $\sin 15^\circ = \sin(45^\circ - 30^\circ)$ ❶

$= \sin 45^\circ \cos 30^\circ - \cos 45^\circ \sin 30^\circ$

$= \dfrac{1}{\sqrt{2}} \cdot \dfrac{\sqrt{3}}{2} - \dfrac{1}{\sqrt{2}} \cdot \dfrac{1}{2} = \dfrac{\sqrt{6}-\sqrt{2}}{4}$ （答）

(2) $\cos 15^\circ = \cos(45^\circ - 30^\circ)$

$= \cos 45^\circ \cos 30^\circ + \sin 45^\circ \sin 30^\circ$

$= \dfrac{1}{\sqrt{2}} \cdot \dfrac{\sqrt{3}}{2} + \dfrac{1}{\sqrt{2}} \cdot \dfrac{1}{2} = \dfrac{\sqrt{6}+\sqrt{2}}{4}$ （答）

(3) $\tan 15^\circ$ ❷ $= \tan(45^\circ - 30^\circ)$

$= \dfrac{\tan 45^\circ - \tan 30^\circ}{1 + \tan 45^\circ \tan 30^\circ}$ ❸ $= \dfrac{1 - \frac{1}{\sqrt{3}}}{1 + 1 \cdot \frac{1}{\sqrt{3}}}$

$= \dfrac{\sqrt{3}-1}{\sqrt{3}+1} = \dfrac{(\sqrt{3}-1)^2}{2}$ ❹ $= 2-\sqrt{3}$ （答）

アドバイス

❶ $15^\circ = 60^\circ - 45^\circ$ を用いると

$\sin 15^\circ = \sin(60^\circ - 45^\circ)$

$= \sin 60^\circ \cos 45^\circ - \cos 60^\circ \sin 45^\circ$

$= \dfrac{\sqrt{3}}{2} \cdot \dfrac{1}{\sqrt{2}} - \dfrac{1}{2} \cdot \dfrac{1}{\sqrt{2}}$

$= \dfrac{\sqrt{6}-\sqrt{2}}{4}$

❷ $\tan 15^\circ = \dfrac{\sin 15^\circ}{\cos 15^\circ}$

と考えると，(1)，(2)から

$\tan 15^\circ = \dfrac{\sqrt{6}-\sqrt{2}}{\sqrt{6}+\sqrt{2}}$

$= \dfrac{\sqrt{3}-1}{\sqrt{3}+1} = 2-\sqrt{3}$

❸ 分母と分子の符号に注意。

❹ 分母・分子に $\sqrt{3}-1$ をかけて有理化します。

Q 加法定理の覚え方を教えてください。

A 次のような語呂合わせで覚えましょう。

$\sin(\alpha+\beta) = \sin\alpha\cos\beta + \cos\alpha\sin\beta$

㋚イタ㋻　㋚クラ二㋙スモス　㋙スモス㋚クラ

$\cos(\alpha+\beta) = \cos\alpha\cos\beta - \sin\alpha\sin\beta$

㋙トシ㋻　㋙スモス㋙スモス　㋚カナイ㋚カナイ　（ナイはマイナスの意味）

練習 103 次の値を求めよ。

(1) $\sin 165^\circ$　(2) $\cos 165^\circ$　(3) $\tan 165^\circ$

例題 95　加法定理の利用①　★★★ 標準

$0<\alpha<\dfrac{\pi}{2}$，$0<\beta<\dfrac{\pi}{2}$ とする。$\sin\alpha=\dfrac{3}{5}$，$\cos\beta=\dfrac{1}{2}$ であるとき，$\sin(\alpha+\beta)$ と $\cos(\alpha-\beta)$ の値を求めよ。

$\sin(\alpha\pm\beta)$，$\cos(\alpha\pm\beta)$ の値 ⟹ 加法定理を利用

$\sin(\alpha\pm\beta)$，$\cos(\alpha\pm\beta)$ の値は **$\sin\alpha$，$\cos\alpha$，$\sin\beta$，$\cos\beta$ の値がわかれば**，加法定理を利用して求めることができます。

解答

$\sin\alpha=\dfrac{3}{5}$ のとき

$$\cos^2\alpha=1-\sin^2\alpha=1-\left(\frac{3}{5}\right)^2=\frac{16}{25} \ ❶$$

$0<\alpha<\dfrac{\pi}{2}$ ❷ だから　　$\cos\alpha=\dfrac{4}{5}$

$\cos\beta=\dfrac{1}{2}$ のとき　　$\sin^2\beta=1-\cos^2\beta=1-\left(\dfrac{1}{2}\right)^2=\dfrac{3}{4}$

$0<\beta<\dfrac{\pi}{2}$ だから　　$\sin\beta=\dfrac{\sqrt{3}}{2}$

よって　　$\boldsymbol{\sin(\alpha+\beta)}=\sin\alpha\cos\beta+\cos\alpha\sin\beta$

$$=\frac{3}{5}\cdot\frac{1}{2}+\frac{4}{5}\cdot\frac{\sqrt{3}}{2}=\boldsymbol{\frac{3+4\sqrt{3}}{10}} \ (答)$$

$\boldsymbol{\cos(\alpha-\beta)}=\cos\alpha\cos\beta+\sin\alpha\sin\beta$

$$=\frac{4}{5}\cdot\frac{1}{2}+\frac{3}{5}\cdot\frac{\sqrt{3}}{2}=\boldsymbol{\frac{4+3\sqrt{3}}{10}} \ (答)$$

アドバイス

❶ これから

$\cos\alpha=\pm\sqrt{\dfrac{16}{25}}=\pm\dfrac{4}{5}$

❷ $\cos\alpha$，$\sin\beta$ の符号は α，β の値の範囲で決まります。

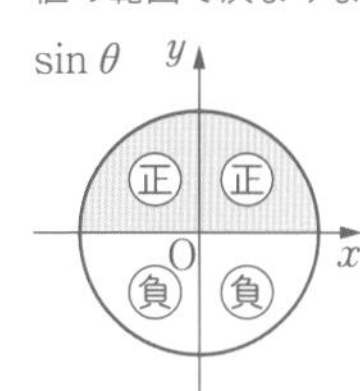

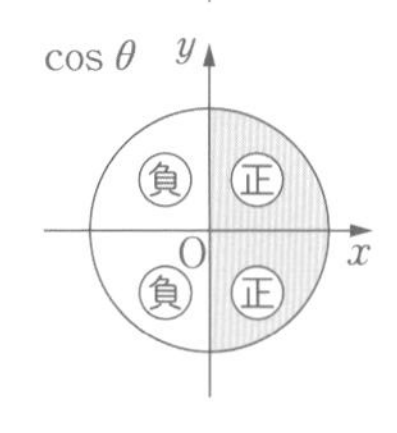

Q 三角関数では，$\sin^2\theta+\cos^2\theta=1$ はいつでも使ってよい公式なのですか？

A $\sin^2\theta+\cos^2\theta=1$ はつねに使うことができる公式です。問題に明示されていなくても利用できる条件として，いつでも活用できるようにしておきましょう。

練習 104　$0<\alpha<\dfrac{\pi}{2}$，$\dfrac{\pi}{2}<\beta<\pi$ で，$\sin\alpha=\dfrac{3}{5}$，$\sin\beta=\dfrac{12}{13}$ のとき，次の値を求めよ。

(1)　$\sin(\alpha-\beta)$　　　(2)　$\cos(\alpha+\beta)$

例題 96 加法定理の利用② ★★★ 基本

$0<\alpha<\dfrac{\pi}{2}$，$0<\beta<\dfrac{\pi}{2}$，$\tan\alpha=2$，$\tan\beta=3$のとき，次の値を求めよ。

(1) $\tan(\alpha+\beta)$　　(2) $\alpha+\beta$

角のとり得る値の範囲に注意

- 三角関数の値がわかっていて，その角を求めるときは，**条件から角のとり得る値の範囲**を調べておきます。
- (1) $\tan\alpha$，$\tan\beta$の値がわかっているから，加法定理

$$\tan(\alpha+\beta)=\frac{\tan\alpha+\tan\beta}{1-\tan\alpha\tan\beta}$$

によって，値を求めることができます。
- (2) $\alpha+\beta$のとり得る値の範囲に注意して$\tan(\alpha+\beta)$の値から$\alpha+\beta$の値を求めます。

解答

(1) $\tan\alpha=2$，$\tan\beta=3$のとき，加法定理から

$$\boldsymbol{\tan(\alpha+\beta)}=\frac{\tan\alpha+\tan\beta}{1-\tan\alpha\tan\beta}=\frac{2+3}{1-2\cdot3}=\boldsymbol{-1}$$ 答

(2) $0<\alpha<\dfrac{\pi}{2}$，$0<\beta<\dfrac{\pi}{2}$のとき　$0<\alpha+\beta<\pi$ ❶

(1)から　$\tan(\alpha+\beta)=-1$

よって　$\boldsymbol{\alpha+\beta=\dfrac{3}{4}\pi}$ 答

アドバイス

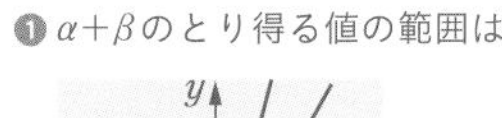
❶ $\alpha+\beta$のとり得る値の範囲は

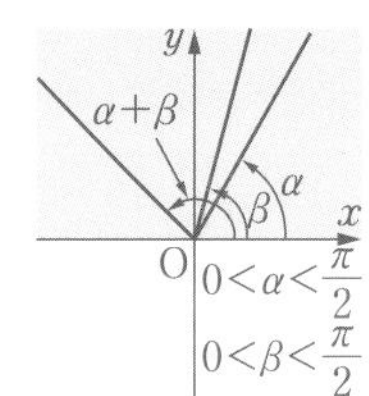

STUDY 加法定理の利用

加法定理は，p.158の公式のうち2つ，すなわち$\sin(\alpha+\beta)$，$\cos(\alpha+\beta)$を覚えていれば残りを導くことができる。

例えば，$\sin(\alpha-\beta)$は$\sin\{\alpha+(-\beta)\}$と考えて

$$\sin(\alpha-\beta)=\sin\{\alpha+(-\beta)\}=\sin\alpha\cos(-\beta)+\cos\alpha\sin(-\beta)$$

ここで，$\cos(-\beta)=\cos\beta$，$\sin(-\beta)=-\sin\beta$だから

$$\sin(\alpha-\beta)=\sin\alpha\cos\beta-\cos\alpha\sin\beta$$

とすればよい。

練習 105 α，βがともに鋭角で，$\tan\alpha=\dfrac{5}{2}$，$\tan\beta=\dfrac{7}{3}$のとき，次の値を求めよ。

(1) $\tan(\alpha+\beta)$　　(2) $\alpha+\beta$

例題 97　等式の証明

★★★ 標準

次の等式を証明せよ。

(1) $\sin(\alpha+\beta)\sin(\alpha-\beta)=\sin^2\alpha-\sin^2\beta$

(2) $\cos(\alpha+\beta)\cos(\alpha-\beta)=\cos^2\alpha+\cos^2\beta-1$

POINT　等式の証明 ⟹ 複雑な式から簡単な式を導く

- 等式の証明では，**複雑な式を変形して簡単な式にするのが定石です**。また，tanを含む式はsinとcosだけの式で表すほうがよいです。
- (1) 複雑なほうの左辺から右辺を導くのが定石です。加法定理より $\sin(\alpha+\beta)$，$\sin(\alpha-\beta)$ を展開して，基本公式 $\sin^2\theta+\cos^2\theta=1$ を用いて式を簡単にします。sinとcosがまじった式ではsinだけかcosだけの式に直すのがコツ。
- (2) (1)と同様に加法定理を用いて左辺から右辺を導きます。それには，sinを含まないように変形することを心がけます。

| 解答 |

(1) 加法定理から

$\sin(\alpha+\beta)\sin(\alpha-\beta)$

$=(\sin\alpha\cos\beta+\cos\alpha\sin\beta)\times(\sin\alpha\cos\beta-\cos\alpha\sin\beta)$

$=(\sin\alpha\cos\beta)^2-(\cos\alpha\sin\beta)^2$

$=\sin^2\alpha\underline{(1-\sin^2\beta)}$ ❶ $-(1-\sin^2\alpha)\sin^2\beta$

$=\sin^2\alpha-\sin^2\beta$

すなわち　$\sin(\alpha+\beta)\sin(\alpha-\beta)=\sin^2\alpha-\sin^2\beta$

(2) $\cos(\alpha+\beta)\cos(\alpha-\beta)$

$=(\cos\alpha\cos\beta-\sin\alpha\sin\beta)\times(\cos\alpha\cos\beta+\sin\alpha\sin\beta)$

$=(\cos\alpha\cos\beta)^2-(\sin\alpha\sin\beta)^2$

$=\cos^2\alpha\cos^2\beta-\underline{(1-\cos^2\alpha)(1-\cos^2\beta)}$ ❷

$=\cos^2\alpha\cos^2\beta-(1-\cos^2\alpha-\cos^2\beta+\cos^2\alpha\cos^2\beta)$

$=\cos^2\alpha+\cos^2\beta-1$

すなわち　$\cos(\alpha+\beta)\cos(\alpha-\beta)=\cos^2\alpha+\cos^2\beta-1$

| アドバイス |

❶ $\sin^2\beta+\cos^2\beta=1$ から
　$\cos^2\beta=1-\sin^2\beta$

❷ $\sin^2\alpha+\cos^2\alpha=1$
　$\sin^2\beta+\cos^2\beta=1$
　から
　$\sin^2\alpha=1-\cos^2\alpha$
　$\sin^2\beta=1-\cos^2\beta$

練習 106　次の等式を証明せよ。

(1) $\cos(\alpha+\beta)\cos(\alpha-\beta)=\cos^2\alpha-\sin^2\beta$

(2) $\dfrac{\tan\alpha-\tan\beta}{\tan\alpha+\tan\beta}=\dfrac{\sin(\alpha-\beta)}{\sin(\alpha+\beta)}$

例題 98 2直線のなす角

★★★ 応用

2直線$y=3x$，$y=\frac{1}{2}x$のなす角θを求めよ。

2直線のなす角 ⟹ $\tan(\alpha-\beta)$の加法定理を利用

2直線のなす角θを求めるには，**それぞれの直線がx軸となす角を考えて**加法定理を用います。$\tan(\alpha-\beta)<0$のときは，その補角をθとします。

解答

2直線$y=3x$，$y=\frac{1}{2}x$がx軸の正の向きとなす角をα，βとすると

$\tan\alpha=3$ ❶，$\tan\beta=\frac{1}{2}$

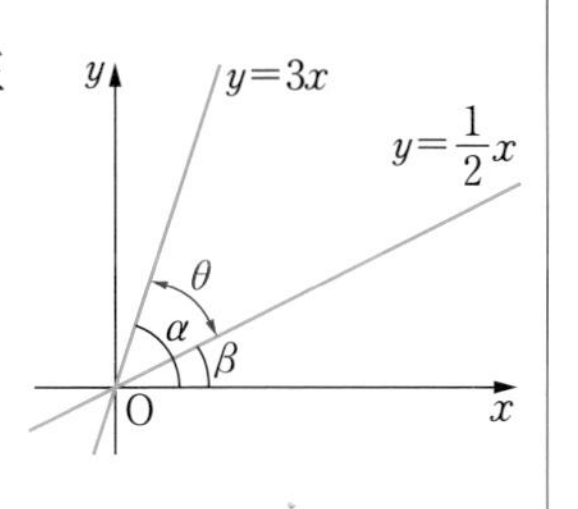

また，$\theta=\alpha-\beta$だから

$$\tan\theta=\tan(\alpha-\beta)$$

$$=\frac{\tan\alpha-\tan\beta}{1+\tan\alpha\tan\beta} ❷ =\frac{3-\frac{1}{2}}{1+3\cdot\frac{1}{2}}=1$$

$0\leqq\theta\leqq\frac{\pi}{2}$ ❸ だから

$$\boldsymbol{\theta=\frac{\pi}{4}}$$ （答）

アドバイス

❶ 直線の傾き3と$\tan\alpha$が一致することを左下の図で確認しておきましょう。

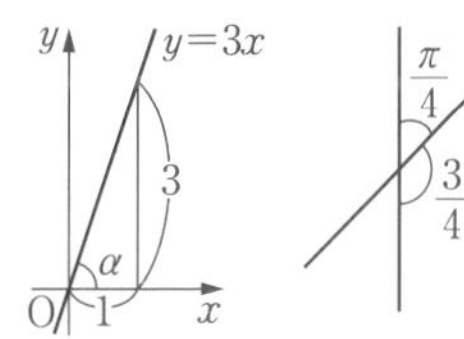

❷ 図より明らかに
$\tan\alpha>\tan\beta$

❸ 2直線のなす角は右上図のように2つありますが，ふつう
$0\leqq\theta\leqq\frac{\pi}{2}$
の範囲で考えます。

Q 原点を通らない2直線のなす角の求め方を教えてください。

A 例えば，2直線$y=3x-1$，$y=\frac{1}{2}x+1$のなす角は，右図のように，2直線を原点を通るように平行移動しても，なす角は変わらないから，実際には$y=3x$と$y=\frac{1}{2}x$のなす角を求めればよいことになります。

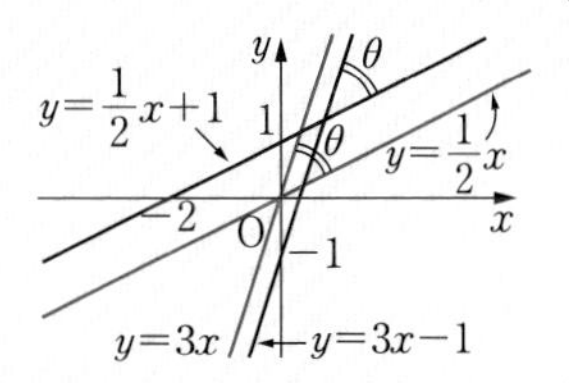

練習 107 2直線$y=-2x+5$，$y=3x+2$のなす角θを求めよ。

2　加法定理の応用

1　2倍角の公式　▷ 例題 99　例題 101　例題 102　例題 103

加法定理で，$\beta=\alpha$ とおくと，次の2倍角の公式が得られる。

例えば，$\sin(\alpha+\beta)=\sin\alpha\cos\beta+\cos\alpha\sin\beta$ で，$\beta=\alpha$ とすると

$$\sin 2\alpha=\sin\alpha\cos\alpha+\cos\alpha\sin\alpha=2\sin\alpha\cos\alpha$$

$$\boldsymbol{\sin 2\alpha=2\sin\alpha\cos\alpha}$$

$$\boldsymbol{\cos 2\alpha=\cos^2\alpha-\sin^2\alpha=1-2\sin^2\alpha=2\cos^2\alpha-1}$$

$$\boldsymbol{\tan 2\alpha=\frac{2\tan\alpha}{1-\tan^2\alpha}}$$

例　$0<\alpha<\dfrac{\pi}{2}$ で，$\sin\alpha=\dfrac{3}{5}$ のとき，$\cos\alpha>0$ から

$$\cos\alpha=\sqrt{1-\left(\frac{3}{5}\right)^2}=\frac{4}{5}$$

よって　$\sin 2\alpha=2\sin\alpha\cos\alpha=2\cdot\dfrac{3}{5}\cdot\dfrac{4}{5}=\dfrac{24}{25}$

2　半角の公式　▷ 例題 100

余弦の2倍角の公式から，次の半角の公式が得られる。

例えば，$\cos 2\alpha=1-2\sin^2\alpha$ で，α のかわりに $\dfrac{\alpha}{2}$ とすると

$$\cos\alpha=1-2\sin^2\frac{\alpha}{2}\qquad\text{よって}\quad \sin^2\frac{\alpha}{2}=\frac{1-\cos\alpha}{2}$$

$$\boldsymbol{\sin^2\frac{\alpha}{2}=\frac{1-\cos\alpha}{2}}$$

$$\boldsymbol{\cos^2\frac{\alpha}{2}=\frac{1+\cos\alpha}{2}}$$

$$\boldsymbol{\tan^2\frac{\alpha}{2}=\frac{1-\cos\alpha}{1+\cos\alpha}}$$

例　$\sin^2\dfrac{\pi}{8}=\dfrac{1-\cos\dfrac{\pi}{4}}{2}=\dfrac{1-\dfrac{1}{\sqrt{2}}}{2}=\dfrac{2-\sqrt{2}}{4}$

$\sin\dfrac{\pi}{8}>0$ であるから

$$\sin\frac{\pi}{8}=\sqrt{\frac{2-\sqrt{2}}{4}}=\frac{\sqrt{2-\sqrt{2}}}{2}$$

例題 99 2倍角の公式

★★★ 基本

$\frac{\pi}{2}<\alpha<\pi$ で，$\cos\alpha=-\frac{3}{5}$ のとき，次の値を求めよ。

(1) $\sin 2\alpha$　　(2) $\cos 2\alpha$　　(3) $\tan 2\alpha$

αがどの象限にあるかに注意して，2倍角の公式を使う

2倍角の公式を使いますが，$\frac{\pi}{2}<\alpha<\pi$ に注意して，まず，$\sin\alpha$の値を求めます。

(3)の$\tan 2\alpha$の値は，$\tan 2\alpha=\frac{\sin 2\alpha}{\cos 2\alpha}$ から求めます。

解答

$\cos\alpha=-\frac{3}{5}$ のとき　$\sin^2\alpha=1-\cos^2\alpha=1-\frac{9}{25}=\frac{16}{25}$

$\frac{\pi}{2}<\alpha<\pi$ ❶ では$\sin\alpha>0$だから　$\sin\alpha=\frac{4}{5}$

(1) 正弦の2倍角の公式から

$$\sin 2\alpha=2\sin\alpha\cos\alpha=2\cdot\frac{4}{5}\cdot\left(-\frac{3}{5}\right)=-\frac{24}{25}$$ 答

(2) 同様に　$\cos 2\alpha$ ❷ $=\cos^2\alpha-\sin^2\alpha$

$$=\left(-\frac{3}{5}\right)^2-\left(\frac{4}{5}\right)^2=-\frac{7}{25}$$ 答

(3) $\tan 2\alpha$ ❸ $=\frac{\sin 2\alpha}{\cos 2\alpha}=-\frac{24}{25}\cdot\left(-\frac{25}{7}\right)=\frac{24}{7}$ 答

アドバイス

❶ $\frac{\pi}{2}<\alpha<\pi$ のとき
$\cos\alpha<0$，$\sin\alpha>0$

❷ $\cos 2\alpha=2\cos^2\alpha-1$
$=2\left(-\frac{3}{5}\right)^2-1=-\frac{7}{25}$
としてもよいです。

❸ 正接の2倍角の公式
$\tan 2\alpha=\frac{2\tan\alpha}{1-\tan^2\alpha}$
を用いてもよいです。

Q 2倍角の公式で注意すべきポイントは何ですか？

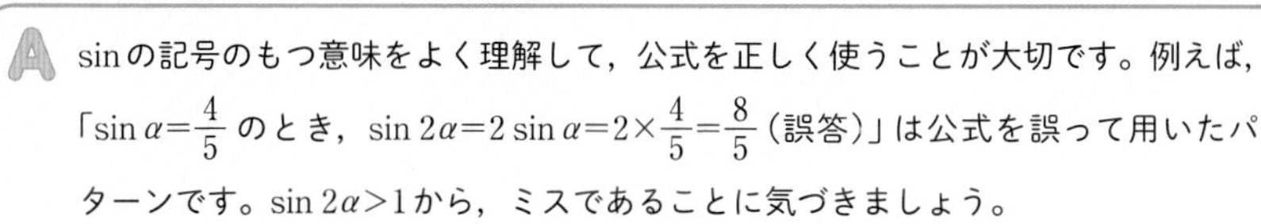

A sinの記号のもつ意味をよく理解して，公式を正しく使うことが大切です。例えば，「$\sin\alpha=\frac{4}{5}$ のとき，$\sin 2\alpha=2\sin\alpha=2\times\frac{4}{5}=\frac{8}{5}$（誤答）」は公式を誤って用いたパターンです。$\sin 2\alpha>1$から，ミスであることに気づきましょう。

練習 108 $\frac{\pi}{2}<\alpha<\pi$，$\sin\alpha=\frac{\sqrt{5}}{3}$ のとき，次の値を求めよ。

(1) $\sin 2\alpha$　　(2) $\cos 2\alpha$　　(3) $\tan 2\alpha$

例題 100 半角の公式

基本

$0<\alpha<\pi$, $\cos\alpha=-\frac{4}{5}$ のとき，次の値を求めよ。

(1) $\sin\frac{\alpha}{2}$　　(2) $\cos\frac{\alpha}{2}$　　(3) $\tan\frac{\alpha}{2}$

POINT $\frac{\alpha}{2}$ がどの象限にあるかに注意して，半角の公式を使う

本問では，例題 99 とは逆に，$\cos\alpha$ の値から，α の半角 $\frac{\alpha}{2}$ の三角関数の値を求めましょう。半角の公式によって，まず，$\sin^2\frac{\alpha}{2}$, $\cos^2\frac{\alpha}{2}$ の値を求めます。

解答

$\underline{0<\alpha<\pi}$❶, $\cos\alpha=-\frac{4}{5}$

(1), (2) 半角の公式から

$$\sin^2\frac{\alpha}{2}=\frac{1-\cos\alpha}{2}=\frac{1}{2}\left(1+\frac{4}{5}\right)=\frac{9}{10}$$

$$\cos^2\frac{\alpha}{2}=\frac{1+\cos\alpha}{2}=\frac{1}{2}\left(1-\frac{4}{5}\right)=\frac{1}{10}$$

$0<\frac{\alpha}{2}<\frac{\pi}{2}$ だから　$\sin\frac{\alpha}{2}>0$, $\cos\frac{\alpha}{2}>0$

したがって　$\boldsymbol{\sin\frac{\alpha}{2}=\frac{3}{\sqrt{10}}}$, $\boldsymbol{\cos\frac{\alpha}{2}=\frac{1}{\sqrt{10}}}$ 答

(3) $\underline{\boldsymbol{\tan\frac{\alpha}{2}}}$❷ $=\dfrac{\sin\frac{\alpha}{2}}{\cos\frac{\alpha}{2}}=\frac{3}{\sqrt{10}}\cdot\sqrt{10}=\boldsymbol{3}$ 答

アドバイス

❶ $0<\alpha<\pi$ のとき

$0<\frac{\alpha}{2}<\frac{\pi}{2}$

このとき

$\sin\frac{\alpha}{2}>0$, $\cos\frac{\alpha}{2}>0$

❷ $\tan^2\frac{\alpha}{2}=\frac{1-\cos\alpha}{1+\cos\alpha}$

$=\dfrac{1+\frac{4}{5}}{1-\frac{4}{5}}=9$

$\tan\frac{\alpha}{2}>0$ から $\tan\frac{\alpha}{2}=3$ と求めてもよいです。

Q (3)で半角の公式を使わないのはなぜですか？

A $\sin\frac{\alpha}{2}$, $\cos\frac{\alpha}{2}$ がわかっているときは，上の解答のほうが簡単だからです。もちろん，$\tan\frac{\alpha}{2}$ の値を求めるのに半角の公式を使ってもかまいません。

練習 109 $\pi<\theta<\frac{3}{2}\pi$ で，$\tan\theta=\frac{\sqrt{5}}{2}$ のとき，$\sin\frac{\theta}{2}$, $\cos\frac{\theta}{2}$, $\tan\frac{\theta}{2}$ の値を求めよ。

例題 101 三角方程式

★★★ 標準

$0 \leqq \theta < 2\pi$ のとき，次の方程式を解け。

(1) $\cos 2\theta - 3\cos\theta + 2 = 0$　　(2) $\sin 2\theta - \sin\theta = 0$

1種類の方程式　または　積＝0の形

一般に，三角方程式では，その形を見て，$f(\sin\theta)=0$ や $f(\cos\theta)=0$ の形か，いろいろな公式を使って，**積＝0の形にもち込みます。**

解答

(1) $\cos 2\theta - 3\cos\theta + 2 = 0$

$\cos 2\theta = 2\cos^2\theta - 1$ だから

$$(2\cos^2\theta - 1) - 3\cos\theta + 2 = 0$$

$$2\cos^2\theta - 3\cos\theta + 1 = 0 \quad ❶$$

$$(2\cos\theta - 1)(\cos\theta - 1) = 0$$

よって　$\cos\theta = 1,\ \dfrac{1}{2}$ ❷

$0 \leqq \theta < 2\pi$ のとき　$\cos\theta = 1$ から　$\theta = 0$

$\cos\theta = \dfrac{1}{2}$ から　$\theta = \dfrac{\pi}{3},\ \dfrac{5}{3}\pi$

よって　$\boldsymbol{\theta = 0,\ \dfrac{\pi}{3},\ \dfrac{5}{3}\pi}$ 答

(2) $\sin 2\theta - \sin\theta = 0$

2倍角の公式から　$2\sin\theta\cos\theta - \sin\theta = 0$ ❸

$$\sin\theta(2\cos\theta - 1) = 0$$

よって　$\sin\theta = 0$　または　$\cos\theta = \dfrac{1}{2}$

$0 \leqq \theta < 2\pi$ のとき

$\sin\theta = 0$ から　$\theta = 0,\ \pi$

$\cos\theta = \dfrac{1}{2}$ から　$\theta = \dfrac{\pi}{3},\ \dfrac{5}{3}\pi$

よって　$\boldsymbol{\theta = 0,\ \dfrac{\pi}{3},\ \pi,\ \dfrac{5}{3}\pi}$ 答

アドバイス

❶ $\cos\theta$ の2倍角の公式で $f(\cos\theta)=0$（$\cos\theta$ だけの式）の形にします。

❷ （単位円の図：y, 1, $\dfrac{5}{3}\pi$, $\dfrac{\pi}{3}$, -1, O, $\dfrac{1}{2}$, 1, x, -1）

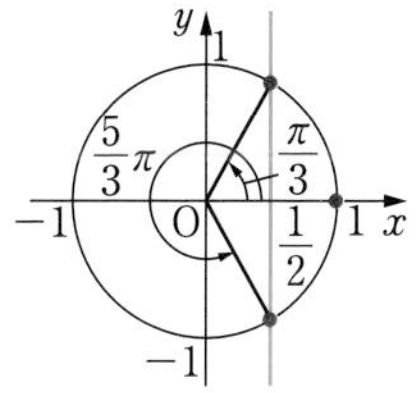

❸ 左辺を $\sin\theta$ でくくって，積＝0 の形にします。

練習 110　$0 \leqq \theta < 2\pi$ のとき，次の方程式を解け。

(1) $2\cos 2\theta - 4\sin\theta + 1 = 0$　　(2) $\sin 2\theta = \sqrt{3}\cos\theta$

|例題 102| 三角不等式 ★★★ 標準

$0 \leqq \theta < 2\pi$ のとき，次の不等式を解け。

(1) $3\sqrt{3}\sin\theta + \cos 2\theta - 4 < 0$　　(2) $\sin 2\theta > \sin\theta$

POINT $f(\sin\theta) > 0$ や $f(\cos\theta) > 0$ か積 > 0 の2タイプにもち込む

本問では，|例題 101|での三角方程式とペアになっている形，すなわち

(1) $\cos 2\theta = 1 - 2\sin^2\theta$ から，$\sin\theta$ についての2次不等式

(2) $\sin 2\theta = 2\sin\theta\cos\theta$ から，積 > 0 の形の不等式

にもち込め，$ab > 0 \iff a > 0,\ b > 0$ または $a < 0,\ b < 0$ を使うことになります。

| 解答 |

(1) $3\sqrt{3}\sin\theta + \cos 2\theta - 4 < 0$

2倍角の公式から　$3\sqrt{3}\sin\theta + (1 - 2\sin^2\theta) - 4 < 0$

$$2\sin^2\theta - 3\sqrt{3}\sin\theta + 3 > 0$$

$$(2\sin\theta - \sqrt{3})(\sin\theta - \sqrt{3}) > 0$$

$0 \leqq \theta < 2\pi$ において，$\sin\theta - \sqrt{3} < 0$ だから

$2\sin\theta - \sqrt{3} < 0$　　よって　$\sin\theta < \frac{\sqrt{3}}{2}$ ❶

したがって，不等式の解は

$$\boldsymbol{0 \leqq \theta < \frac{\pi}{3},\ \frac{2}{3}\pi < \theta < 2\pi}$$ 答

(2) $\sin 2\theta > \sin\theta$　$(0 \leqq \theta < 2\pi)$

同様に　$2\sin\theta\cos\theta > \sin\theta$

$\sin\theta(2\cos\theta - 1) > 0$ ❷

(ア) $\sin\theta > 0$ すなわち $0 < \theta < \pi$ のとき

$\cos\theta > \frac{1}{2}$　したがって　$0 < \theta < \frac{\pi}{3}$

(イ) $\sin\theta < 0$ すなわち $\pi < \theta < 2\pi$ のとき

$\cos\theta < \frac{1}{2}$　したがって　$\pi < \theta < \frac{5}{3}\pi$

よって，不等式の解は　$\boldsymbol{0 < \theta < \frac{\pi}{3},\ \pi < \theta < \frac{5}{3}\pi}$ 答

| アドバイス |

❶
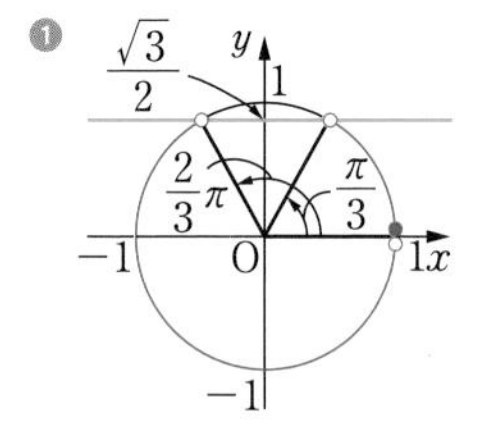

❷ $\sin\theta > 0,\ 2\cos\theta - 1 > 0$
または
$\sin\theta < 0,\ 2\cos\theta - 1 < 0$
を解いてもよいですが
$\sin\theta > 0,\ \sin\theta < 0$
の場合に分けるほうが簡単です。

練習 111　$0 \leqq \theta < 2\pi$ のとき，次の不等式を解け。

(1) $\cos 2\theta \leqq 3\sin\theta - 1$　　(2) $\sin 2\theta < \cos\theta$

例題 103 3倍角の公式

★★★ 応用

$3\alpha=2\alpha+\alpha$ であることを使って，次の等式を証明せよ。

(1) $\sin 3\alpha=3\sin\alpha-4\sin^3\alpha$　　(2) $\cos 3\alpha=-3\cos\alpha+4\cos^3\alpha$

POINT $\cos 2\alpha=\cos^2\alpha-\sin^2\alpha$ が基本

$\sin^2\alpha+\cos^2\alpha=1$ を使って，$\sin^2\alpha$ や $\cos^2\alpha$ だけで表すこともあります。

本問では,「$3\alpha=2\alpha+\alpha$ であることを使って」とありますから, まず加法定理によって

$$\sin 3\alpha=\sin(2\alpha+\alpha)=\sin 2\alpha\cos\alpha+\cos 2\alpha\sin\alpha$$

$$\cos 3\alpha=\cos(2\alpha+\alpha)=\cos 2\alpha\cos\alpha-\sin 2\alpha\sin\alpha$$

このあと，$\sin 2\alpha$，$\cos 2\alpha$ に2倍角の公式を使うところまではわかります。

(1)では $\sin\alpha$ だけで，(2)では $\cos\alpha$ だけで表すことを考えなければなりませんが，ここは，$\sin^2\alpha+\cos^2\alpha=1$ の基本公式をどう使うかがポイントです。

| 解答 | | アドバイス |

(1) 加法定理から

$$\sin 3\alpha=\sin(2\alpha+\alpha)=\sin 2\alpha\cos\alpha+\cos 2\alpha\sin\alpha$$

また　$\sin 2\alpha=2\sin\alpha\cos\alpha$，$\cos 2\alpha=1-2\sin^2\alpha$ ❶

よって　$\sin 3\alpha=2\sin\alpha\cos^2\alpha+(1-2\sin^2\alpha)\sin\alpha$

$=2\sin\alpha(1-\sin^2\alpha)+\sin\alpha-2\sin^3\alpha$

$=3\sin\alpha-4\sin^3\alpha$

(2) $\cos 3\alpha=\cos(2\alpha+\alpha)=\cos 2\alpha$ ❷ $\cos\alpha-\sin 2\alpha\sin\alpha$

$=(2\cos^2\alpha-1)\cos\alpha-2\sin^2\alpha\cos\alpha$

$=2\cos^3\alpha-\cos\alpha-2(1-\cos^2\alpha)$ ❸ $\cos\alpha$

$=-3\cos\alpha+4\cos^3\alpha$ 答

❶ 余弦の2倍角の公式

$\cos 2\alpha=\cos^2\alpha-\sin^2\alpha$

$=1-2\sin^2\alpha$

$=2\cos^2\alpha-1$

のどれを使ってもよいですが，$\sin 3\alpha$ を $\sin\alpha$ で表すことから第2式を使います。

❷ $\cos 3\alpha$ を $\cos\alpha$ で表すことから，上の第3式を使います。

❸ $\sin^2\alpha+\cos^2\alpha=1$ だから

$\sin^2\alpha=1-\cos^2\alpha$

Q 3倍角の公式とは何ですか？

A 例題の問題文にある公式が3倍角の公式です。18°や36°などの角の正弦・余弦の値を求めるときに利用します。

練習 112 $\theta=18^\circ$ のとき，次の問いに答えよ。

(1) 等式 $\sin 2\theta=\cos 3\theta$ が成り立つことを示せ。

(2) (1)の関係を用いて，$\sin\theta$ の値を求めよ。

3 三角関数の合成と和と積の公式

1 $a\sin\theta+b\cos\theta$ の変形 ▷ 例題104

$$a\sin\theta+b\cos\theta=\sqrt{a^2+b^2}\sin(\theta+\alpha)$$

ここで　$\cos\alpha=\dfrac{a}{\sqrt{a^2+b^2}}$, $\sin\alpha=\dfrac{b}{\sqrt{a^2+b^2}}$

この公式を，三角関数の**合成公式**という。

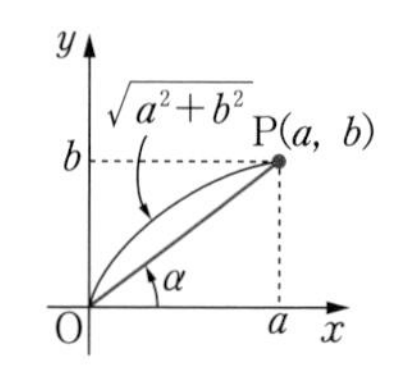

2 三角方程式・三角不等式 ▷ 例題105 例題106

$a\sin\theta$ と $b\cos\theta$ がまじった方程式・不等式は合成して種類を統一する。

三角方程式・三角不等式では，例題101，例題102 で，2つの形

① $f(\sin\theta)=0$, $f(\cos\theta)=0$　または　$f(\sin\theta)>0$, $f(\cos\theta)>0$

② 積$=0$ または 積>0

をとり扱ったが，三角関数の合成によって，第3の形である

③ $r\sin(\theta+\alpha)=c$ または $r\sin(\theta+\alpha)>c$

を導くことによって解くことができるものがある。

3 三角関数の最大・最小 ▷ 例題107 例題108 例題109

三角関数の最大・最小の問題では，同じ角・同じ種類に統一する。

例えば，関数 $y=a\sin\theta+b\cos\theta$ の最大・最小は，合成して，$y=r\sin(\theta+\alpha)$ の形にしてから解く。

また，置き換えを利用した最大・最小の問題では，（例えば $\sin\theta=t$ など）置き換えた文字の変域に注意する。

4 和と積の公式 ▷ 例題110 例題111

$\cos75^\circ\cos15^\circ$ や $\sin75^\circ+\sin15^\circ$ などの値について，積を和，和を積に直す公式を用いることによって，直接求められない三角関数の値が求められることがある。

例題 104 三角関数の合成 ★★★ 基本

次の式を $r\sin(\theta+\alpha)$ の形に変形せよ。

(1) $\sin\theta+\sqrt{3}\cos\theta$　　(2) $\sqrt{3}\sin\theta-\cos\theta$

POINT $a\sin\theta+b\cos\theta \Longrightarrow r\sin(\theta+\alpha)$ の形に合成

合成公式　$a\sin\theta+b\cos\theta=\sqrt{a^2+b^2}\sin(\theta+\alpha)$

について，Oを原点とする座標平面上に，点P$(a,\ b)$をとると，(1)ではP$(1,\sqrt{3})$，$\mathrm{OP}=\sqrt{1+3}=2$ですから

$\cos\alpha=\dfrac{1}{2}$，$\sin\alpha=\dfrac{\sqrt{3}}{2}$ ⇒ $\alpha=\dfrac{\pi}{3}$

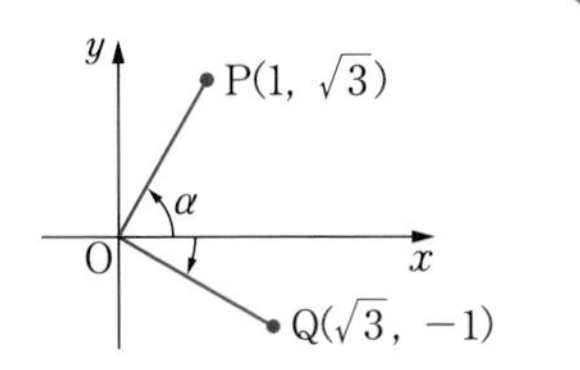

解答

(1) $\sqrt{1^2+(\sqrt{3})^2}=2$ だから

$\underline{\sin\theta+\sqrt{3}\cos\theta}$❶ $=2\left(\dfrac{1}{2}\sin\theta+\dfrac{\sqrt{3}}{2}\cos\theta\right)$

$=\underline{2\left(\sin\theta\cos\dfrac{\pi}{3}+\cos\theta\sin\dfrac{\pi}{3}\right)}$❷ $=\mathbf{2\sin\left(\theta+\dfrac{\pi}{3}\right)}$ 答

(2) $\underline{\sqrt{3}\sin\theta-\cos\theta}$❸ $=2\left(\dfrac{\sqrt{3}}{2}\sin\theta-\dfrac{1}{2}\cos\theta\right)$

$=2\left(\sin\theta\cos\dfrac{\pi}{6}-\cos\theta\sin\dfrac{\pi}{6}\right)=\mathbf{2\sin\left(\theta-\dfrac{\pi}{6}\right)}$ 答

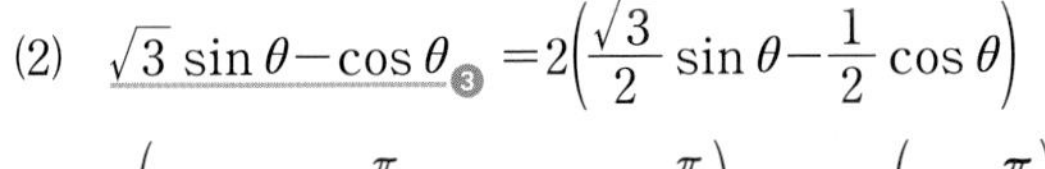

アドバイス

❶ $\sin\theta+\sqrt{3}\cos\theta$
$=r\sin(\theta+\alpha)$
とすると
$r=\mathrm{OP}=\sqrt{1^2+(\sqrt{3})^2}=2$
$\cos\alpha=\dfrac{1}{2}$，$\sin\alpha=\dfrac{\sqrt{3}}{2}$

よって　$\alpha=\dfrac{\pi}{3}$

❷ 加法定理を逆に使います。

❸ $r=\sqrt{(\sqrt{3})^2+(-1)^2}$
$=2$

Q $a\sin\theta+b\cos\theta$ の変形の手順を教えてください。

A ① まず，座標平面上に，点P$(a,\ b)$をとる。

② 次に，OPの長さ $r=\sqrt{a^2+b^2}$ と角 α を求める。

③ $a\sin\theta+b\cos\theta=r\sin(\theta+\alpha)$ の形にまとめる。

なお，α を具体的に求めることができない場合は，

「$\sin\alpha=\dfrac{a}{\sqrt{a^2+b^2}}$，$\cos\alpha=\dfrac{a}{\sqrt{a^2+b^2}}$ を満たす角」と，

ただし書きをつけておくことに注意しましょう。

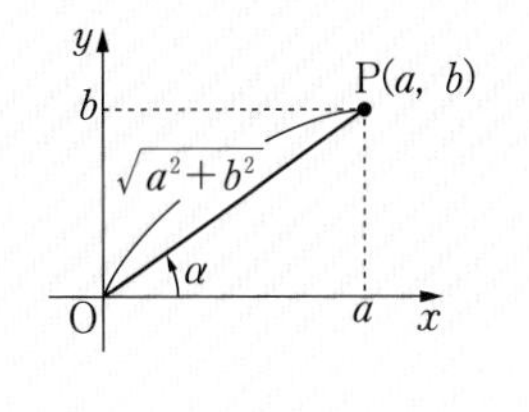

練習 113 次の式を $r\sin(\theta+\alpha)$ の形に変形せよ。

(1) $\sqrt{3}\sin\theta+\cos\theta$　　(2) $-\sin\theta+\sqrt{3}\cos\theta$

(3) $3\sin\theta+4\cos\theta$　　(4) $-\sin\theta+2\cos\theta$

例題 105 三角方程式

$0 \leqq \theta < 2\pi$ のとき，次の方程式を解け。

(1) $\sin\theta + \cos\theta = 1$　　(2) $\sin\theta - \sqrt{3}\cos\theta = -1$

$a\sin\theta + b\cos\theta = c \Longrightarrow r\sin(\theta+\alpha) = c$

$a\sin\theta + b\cos\theta = c$ のタイプの三角方程式を解くには，**三角関数の合成**によって，$r\sin(\theta+\alpha) = c$ の形を作り，まず $\theta+\alpha$ の値を求めます。

三角方程式について，例題 101 で2つのタイプをとりあげましたが，これは第3のタイプとして，三角関数の合成によって　$r\sin(\theta+\alpha) = c$　……(＊)

の形にもち込めるものです。前の例題と同じ要領で，三角関数の合成によって(＊)の形にもち込み，まず $\theta+\alpha$ の値を求めます。

解答

(1)

$$\underline{\sin\theta + \cos\theta}_{❶} = 1$$

$$\sqrt{2}\left(\frac{1}{\sqrt{2}}\sin\theta + \frac{1}{\sqrt{2}}\cos\theta\right) = 1$$

$$\sqrt{2}\sin\left(\theta + \frac{\pi}{4}\right) = 1, \quad \sin\left(\theta + \frac{\pi}{4}\right) = \frac{1}{\sqrt{2}}$$

また，$0 \leqq \theta < 2\pi$ のとき，$\dfrac{\pi}{4} \leqq \theta + \dfrac{\pi}{4} < \dfrac{9}{4}\pi$ だから

$\theta + \dfrac{\pi}{4} = \dfrac{\pi}{4},\ \dfrac{3}{4}\pi$　　よって　　$\boldsymbol{\theta = 0,\ \dfrac{\pi}{2}}$ 答

(2)

$$\sin\theta - \sqrt{3}\cos\theta = -1$$

$$2\left(\frac{1}{2}\sin\theta - \frac{\sqrt{3}}{2}\cos\theta\right) = -1$$

$$2\sin\left(\theta - \frac{\pi}{3}\right) = -1, \quad \underline{\sin\left(\theta - \frac{\pi}{3}\right) = -\frac{1}{2}}_{❷}$$

また，$0 \leqq \theta < 2\pi$ のとき，$-\dfrac{\pi}{3} \leqq \theta - \dfrac{\pi}{3} < \dfrac{5}{3}\pi$ だから

$\theta - \dfrac{\pi}{3} = -\dfrac{\pi}{6},\ \dfrac{7}{6}\pi$

よって　$\boldsymbol{\theta = \dfrac{\pi}{6},\ \dfrac{3}{2}\pi}$ 答

アドバイス

❶ $\sin\theta + \cos\theta = r\sin(\theta+\alpha)$ とすると

$r = \sqrt{1^2+1^2} = \sqrt{2}$

$\cos\alpha = \dfrac{1}{\sqrt{2}},\ \sin\alpha = \dfrac{1}{\sqrt{2}}$

から　$\alpha = \dfrac{\pi}{4}$

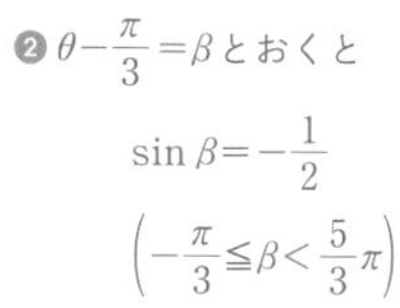

❷ $\theta - \dfrac{\pi}{3} = \beta$ とおくと

$\sin\beta = -\dfrac{1}{2}$

$\left(-\dfrac{\pi}{3} \leqq \beta < \dfrac{5}{3}\pi\right)$

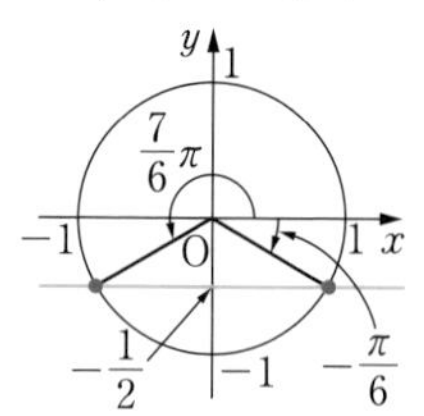

練習 114　$0 \leqq \theta < 2\pi$ のとき，次の方程式を解け。

(1) $\cos\theta - \sin\theta = 1$　　(2) $\sqrt{3}\sin\theta + \cos\theta = \sqrt{2}$

例題 106 三角不等式

★★★ 標準

$0 \leqq \theta < 2\pi$ のとき，次の不等式を解け。

(1) $\sin\theta - \cos\theta > 1$ (2) $\sin\theta \geqq \sin\left(\theta - \dfrac{\pi}{3}\right)$

POINT $a\sin\theta + b\cos\theta > c \Longrightarrow r\sin(\theta+\alpha) > c$

三角関数の合成によって $r\sin(\theta+\alpha) > c$ の形に導けるタイプの不等式です。

解答

(1) $\sin\theta - \cos\theta > 1$ $\sqrt{2}\left(\dfrac{1}{\sqrt{2}}\sin\theta - \dfrac{1}{\sqrt{2}}\cos\theta\right) > 1$

$\sqrt{2}\sin\left(\theta - \dfrac{\pi}{4}\right) > 1$, $\sin\left(\theta - \dfrac{\pi}{4}\right) > \dfrac{1}{\sqrt{2}}$ ❶

$0 \leqq \theta < 2\pi$ のとき，$-\dfrac{\pi}{4} \leqq \theta - \dfrac{\pi}{4} < \dfrac{7}{4}\pi$ だから

$\dfrac{\pi}{4} < \theta - \dfrac{\pi}{4} < \dfrac{3}{4}\pi$ よって $\boldsymbol{\dfrac{\pi}{2} < \theta < \pi}$ 答

(2) $\sin\theta \geqq \sin\left(\theta - \dfrac{\pi}{3}\right)$

加法定理から $\sin\theta \geqq \sin\theta\cos\dfrac{\pi}{3} - \cos\theta\sin\dfrac{\pi}{3}$

$\sin\theta \geqq \dfrac{1}{2}\sin\theta - \dfrac{\sqrt{3}}{2}\cos\theta$, $\dfrac{1}{2}\sin\theta + \dfrac{\sqrt{3}}{2}\cos\theta \geqq 0$

よって $\sin\left(\theta + \dfrac{\pi}{3}\right) \geqq 0$ ❷

$0 \leqq \theta < 2\pi$ のとき，$\dfrac{\pi}{3} \leqq \theta + \dfrac{\pi}{3} < \dfrac{7}{3}\pi$ だから

$\dfrac{\pi}{3} \leqq \theta + \dfrac{\pi}{3} \leqq \pi$, $2\pi \leqq \theta + \dfrac{\pi}{3} < \dfrac{7}{3}\pi$

よって，不等式の解は $\boldsymbol{0 \leqq \theta \leqq \dfrac{2}{3}\pi,\ \dfrac{5}{3}\pi \leqq \theta < 2\pi}$ 答

アドバイス

❶ $\theta - \dfrac{\pi}{4} = \beta$ とおくと

$\sin\beta > \dfrac{1}{\sqrt{2}}$

$\left(-\dfrac{\pi}{4} \leqq \beta < \dfrac{7}{4}\pi\right)$

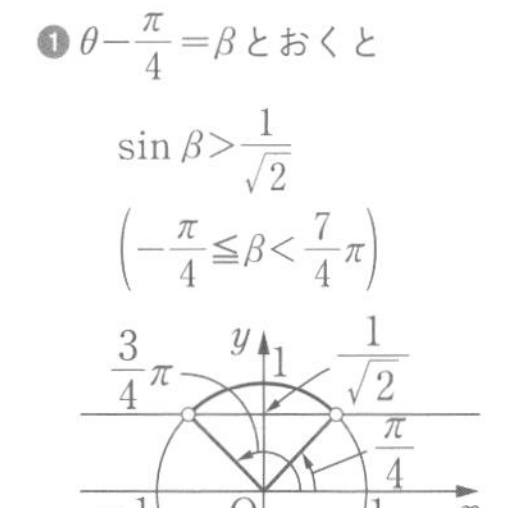

❷ $\theta + \dfrac{\pi}{3} = \beta$ とおくと

$\sin\beta \geqq 0$

$\left(\dfrac{\pi}{3} \leqq \beta < \dfrac{7}{3}\pi\right)$

練習 115 $0 \leqq \theta < 2\pi$ のとき，次の不等式を解け。

(1) $\sin\theta - \cos\theta < 0$ (2) $\sin\theta < \sin\left(\theta + \dfrac{2}{3}\pi\right)$

(3) $1 \leqq \sqrt{3}\sin\theta + \cos\theta \leqq \sqrt{3}$

例題 107　最大・最小①

★★★ 標準

$0 \leqq \theta < 2\pi$ のとき，次の関数の最大値と最小値を求めよ。

(1)　$y=\sqrt{3}\sin\theta+\cos\theta-1$　　　(2)　$y=\cos\theta+\cos\left(\theta+\dfrac{\pi}{3}\right)$

$y=a\sin\theta+b\cos\theta \Longrightarrow y=r\sin(\theta+\alpha)$

(2)は，$\cos\left(\theta+\dfrac{\pi}{3}\right)$ を加法定理により変形してから，合成を用います。

解答

(1)　$y=\sqrt{3}\sin\theta+\cos\theta-1=2\sin\left(\theta+\dfrac{\pi}{6}\right)-1$

$0 \leqq \theta < 2\pi$ のとき，$\dfrac{\pi}{6} \leqq \theta+\dfrac{\pi}{6} < \dfrac{13}{6}\pi$ だから，

y は　$\theta+\dfrac{\pi}{6}=\dfrac{\pi}{2}$ ❶　すなわち　$\boldsymbol{\theta=\dfrac{\pi}{3}}$ **のとき**

最大値　$2-1=\mathbf{1}$ 答

$\theta+\dfrac{\pi}{6}=\dfrac{3}{2}\pi$ ❷　すなわち　$\boldsymbol{\theta=\dfrac{4}{3}\pi}$ **のとき**

最小値　$-2-1=\mathbf{-3}$ 答

(2)　$y=\cos\theta+\left(\cos\theta\cos\dfrac{\pi}{3}-\sin\theta\sin\dfrac{\pi}{3}\right)$

$=\dfrac{3}{2}\cos\theta-\dfrac{\sqrt{3}}{2}\sin\theta=-\sqrt{3}\sin\left(\theta-\dfrac{\pi}{3}\right)$ ❸

$-\dfrac{\pi}{3} \leqq \theta-\dfrac{\pi}{3} < \dfrac{5}{3}\pi$ の範囲で，

y は　$\theta-\dfrac{\pi}{3}=\dfrac{3}{2}\pi$　すなわち　$\boldsymbol{\theta=\dfrac{11}{6}\pi}$ **のとき**

最大値　$\boldsymbol{\sqrt{3}}$ 答

$\theta-\dfrac{\pi}{3}=\dfrac{\pi}{2}$　すなわち　$\boldsymbol{\theta=\dfrac{5}{6}\pi}$ **のとき**

最小値　$\boldsymbol{-\sqrt{3}}$ 答

アドバイス

❶，❷ $0 \leqq \theta < 2\pi$ のとき

$-1 \leqq \sin\left(\theta+\dfrac{\pi}{6}\right) \leqq 1$

だから，y は

$\sin\left(\theta+\dfrac{\pi}{6}\right)=1$

で最大，

$\sin\left(\theta+\dfrac{\pi}{6}\right)=-1$

で最小。

❸ $\sin\left(\theta-\dfrac{\pi}{3}\right)=-1$

のとき最大，

$\sin\left(\theta-\dfrac{\pi}{3}\right)=1$

のとき最小。

練習 116　$0 \leqq \theta \leqq \pi$ のとき，次の関数の最大値と最小値，そのときの θ の値を求めよ。

(1)　$y=\sin\theta-\sqrt{3}\cos\theta$　　　(2)　$y=\sin\left(\theta+\dfrac{\pi}{4}\right)+\cos\left(\theta-\dfrac{\pi}{4}\right)$

例題 108 最大・最小② ★★★ 応用

$0 \leqq \theta < 2\pi$ の範囲で，関数

$$y=\sin^2\theta+2\sin\theta\cos\theta+3\cos^2\theta$$

の最大値と最小値，およびそのときのθの値を求めよ。

$\sin\theta$，$\cos\theta$ の2次の同次式 ⟹ 2θ の三角関数に

- $y=a\sin^2\theta+b\sin\theta\cos\theta+c\cos^2\theta$ の形の関数の最大・最小問題では，2倍角か半角の公式を用いて2θの三角関数に直し，合成へもち込みます。
- 上の例題の形では，$\sin\theta$ または $\cos\theta$ の1種類だけの関数には直しにくく，三角関数の合成にもち込むこともできません。しかし，2倍角の公式あるいは半角の公式によって2θの三角関数で表すと，三角関数の合成にもち込めます。

解答

$$y=\underline{\sin^2\theta}_{❶}+2\sin\theta\cos\theta+3\cos^2\theta$$
$$=\frac{1-\cos 2\theta}{2}+\sin 2\theta+3\cdot\frac{1+\cos 2\theta}{2}$$
$$=\sin 2\theta+\cos 2\theta+2$$
$$=\sqrt{2}\left(\frac{1}{\sqrt{2}}\sin 2\theta+\frac{1}{\sqrt{2}}\cos 2\theta\right)+2$$
$$=\underline{\sqrt{2}\sin\left(2\theta+\frac{\pi}{4}\right)+2}_{❷}$$

$0 \leqq \theta < 2\pi$ のとき　$\frac{\pi}{4} \leqq 2\theta+\frac{\pi}{4} < 4\pi+\frac{\pi}{4}$

この範囲で，yは

$2\theta+\frac{\pi}{4}=\frac{\pi}{2}$，$2\pi+\frac{\pi}{2}$　すなわち

$\theta=\frac{\pi}{8}$，$\frac{9}{8}\pi$ のとき　最大値 $\sqrt{2}+2$ 答

$2\theta+\frac{\pi}{4}=\frac{3}{2}\pi$，$2\pi+\frac{3}{2}\pi$　すなわち

$\theta=\frac{5}{8}\pi$，$\frac{13}{8}\pi$ のとき　最小値 $-\sqrt{2}+2$ 答

アドバイス

❶ 2倍角の公式から

$$\cos 2\theta=1-2\sin^2\theta$$
$$=2\cos^2\theta-1$$

よって

$$\sin^2\theta=\frac{1-\cos 2\theta}{2}$$
$$\cos^2\theta=\frac{1+\cos 2\theta}{2}$$

これは，半角の公式で，$\frac{\alpha}{2}=\theta$ とおいたものと同じです。

❷ $2\theta+\frac{\pi}{4}=\alpha$ とおくと

$$y=\sqrt{2}\sin\alpha+2$$
$$\left(\frac{\pi}{4} \leqq \alpha < 4\pi+\frac{\pi}{4}\right)$$

これは

$\sin\alpha=1$ のとき最大，

$\sin\alpha=-1$ のとき最小。

練習 117　$0 \leqq \theta \leqq \frac{\pi}{2}$ のとき，関数 $y=\cos^2\theta-4\cos\theta\sin\theta-3\sin^2\theta$ の最大値・最小値を求めよ。

例題 109　置き換え利用の最大・最小

★★★　応用

$0 \leqq \theta < 2\pi$ のとき, 関数 $y=2\sin\theta\cos\theta+\sin\theta+\cos\theta$ について, 次の問いに答えよ。

(1)　$t=\sin\theta+\cos\theta$ とおいて，y を t の関数で表せ。

(2)　t のとり得る値の範囲を求めよ。

(3)　y の最大値と最小値を求めよ。

POINT　**$\sin\theta$，$\cos\theta$ の対称式は，$\sin\theta+\cos\theta=t$ とおく**

$\sin\theta$，$\cos\theta$ の対称式で表された関数 $f(\theta)$ の最大・最小を求めるには，
$t=\sin\theta+\cos\theta$ とおいて，$f(\theta)$ を t の関数で表すのが定石です。

解答

$$y=2\sin\theta\cos\theta+\sin\theta+\cos\theta$$

(1)　$t=\sin\theta+\cos\theta$ の両辺を平方して

$$t^2=\sin^2\theta+\cos^2\theta+2\sin\theta\cos\theta$$

$\sin^2\theta+\cos^2\theta=1$ から　　$2\sin\theta\cos\theta=t^2-1$

よって　　$y=t^2-1+t=\boldsymbol{t^2+t-1}$ 答

(2)　　$t=\sin\theta+\cos\theta=\sqrt{2}\sin\left(\theta+\dfrac{\pi}{4}\right)$

θ はすべての角をとるから　　$-1 \leqq \sin\left(\theta+\dfrac{\pi}{4}\right) \leqq 1$

よって　　$\boldsymbol{-\sqrt{2} \leqq t \leqq \sqrt{2}}$ ❶ 答

(3)　　$y=t^2+t-1$

$$=\left(t+\frac{1}{2}\right)^2-\frac{5}{4}$$

(2)の範囲で，y は $t=-\dfrac{1}{2}$

のとき，最小値 $-\dfrac{5}{4}$ をとり，

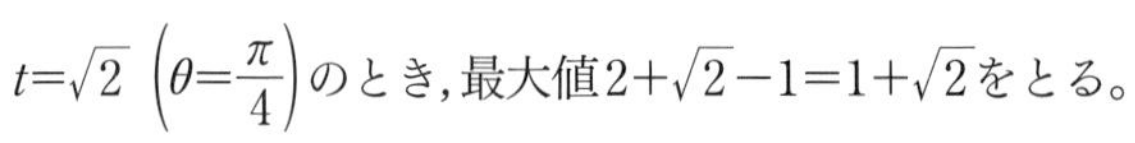
$t=\sqrt{2}$ $\left(\theta=\dfrac{\pi}{4}\right)$ のとき, 最大値 $2+\sqrt{2}-1=1+\sqrt{2}$ をとる。

よって　　**最大値 $1+\sqrt{2}$，最小値 $-\dfrac{5}{4}$** 答

アドバイス

❶　$t=\sin\theta+\cos\theta$
$=\sqrt{2}\sin\left(\theta+\dfrac{\pi}{4}\right)$
$-\sqrt{2} \leqq t \leqq \sqrt{2}$
はよく出てくる式で, 公式として覚えておきましょう。
これは, $0 \leqq \theta < 2\pi$ の制限があっても同じです。

練習 118　関数 $y=\sin\theta+\cos\theta+\sin\theta\cos\theta$ について，次の問いに答えよ。

(1)　$\sin\theta+\cos\theta=t$ とおいて，y を t で表せ。

(2)　$0 \leqq \theta < 2\pi$ のとき，関数 y のとる値の範囲を求めよ。

例題 110 積を和・差に変形する公式

★★★ 応用

加法定理を用いて，次の等式を証明せよ。

(1) $\sin\alpha\cos\beta=\dfrac{1}{2}\{\sin(\alpha+\beta)+\sin(\alpha-\beta)\}$

$\cos\alpha\sin\beta=\dfrac{1}{2}\{\sin(\alpha+\beta)-\sin(\alpha-\beta)\}$

(2) $\cos\alpha\cos\beta=\dfrac{1}{2}\{\cos(\alpha+\beta)+\cos(\alpha-\beta)\}$

$\sin\alpha\sin\beta=-\dfrac{1}{2}\{\cos(\alpha+\beta)-\cos(\alpha-\beta)\}$

POINT $\sin\alpha\cos\beta$などの変形公式は加法定理から導く

sin，cosの積を和・差に変形する公式は，**加法定理**からいつでも導き出せるようにしておくことが大切です。

解答

(1) 加法定理から

$\sin(\alpha+\beta)=\sin\alpha\cos\beta+\cos\alpha\sin\beta$ ……①

$\sin(\alpha-\beta)=\sin\alpha\cos\beta-\cos\alpha\sin\beta$ ……②

①＋②：$\sin(\alpha+\beta)+\sin(\alpha-\beta)=2\sin\alpha\cos\beta$

①－②：$\sin(\alpha+\beta)-\sin(\alpha-\beta)=2\cos\alpha\sin\beta$

よって　$\sin\alpha\cos\beta=\dfrac{1}{2}\{\sin(\alpha+\beta)+\sin(\alpha-\beta)\}$

$\cos\alpha\sin\beta$❶ $=\dfrac{1}{2}\{\sin(\alpha+\beta)-\sin(\alpha-\beta)\}$

(2) $\cos(\alpha+\beta)=\cos\alpha\cos\beta-\sin\alpha\sin\beta$ ……③

$\cos(\alpha-\beta)=\cos\alpha\cos\beta+\sin\alpha\sin\beta$ ……④

③＋④：$\cos(\alpha+\beta)+\cos(\alpha-\beta)=2\cos\alpha\cos\beta$

③－④：$\cos(\alpha+\beta)-\cos(\alpha-\beta)=-2\sin\alpha\sin\beta$

よって　$\cos\alpha\cos\beta$❷ $=\dfrac{1}{2}\{\cos(\alpha+\beta)+\cos(\alpha-\beta)\}$

$\sin\alpha\sin\beta=-\dfrac{1}{2}\{\cos(\alpha+\beta)-\cos(\alpha-\beta)\}$

アドバイス

❶ これは，上の公式で，αとβを入れかえて

$\sin\beta\cos\alpha$

$=\dfrac{1}{2}\{\sin(\beta+\alpha)+\sin(\beta-\alpha)\}$

から

$\cos\alpha\sin\beta$

$=\dfrac{1}{2}\{\sin(\alpha+\beta)-\sin(\alpha-\beta)\}$

としても得られます。

❷ この公式によると，例えば

$\cos3\theta\cos2\theta$

$=\dfrac{1}{2}\{\cos(3\theta+2\theta)+\cos(3\theta-2\theta)\}$

$=\dfrac{1}{2}(\cos5\theta+\cos\theta)$

練習 119 例題 110 の公式を利用して，次の値を求めよ。

(1) $\sin45^\circ\cos15^\circ$　(2) $\cos45^\circ\cos75^\circ$　(3) $\sin75^\circ\sin15^\circ$

例題 111 和・差を積に変形する公式 ★★★ 応用

次の等式を証明せよ。

(1) $\sin A+\sin B=2\sin\frac{A+B}{2}\cos\frac{A-B}{2}$

$\sin A-\sin B=2\cos\frac{A+B}{2}\sin\frac{A-B}{2}$

(2) $\cos A+\cos B=2\cos\frac{A+B}{2}\cos\frac{A-B}{2}$

$\cos A-\cos B=-2\sin\frac{A+B}{2}\sin\frac{A-B}{2}$

POINT 和・差 ⟺ 積の変形は，加法定理から導ける

$\sin(\alpha+\beta)=\sin\alpha\cos\beta+\cos\alpha\sin\beta$，$\sin(\alpha-\beta)=\sin\alpha\cos\beta-\cos\alpha\sin\beta$
の和・差を作って，$\alpha+\beta=A$，$\alpha-\beta=B$ と置き換えます。

解答

加法定理から

$\sin(\alpha+\beta)+\sin(\alpha-\beta)=2\sin\alpha\cos\beta$ ……①

$\sin(\alpha+\beta)-\sin(\alpha-\beta)=2\cos\alpha\sin\beta$ ……②

$\cos(\alpha+\beta)+\cos(\alpha-\beta)$❶ $=2\cos\alpha\cos\beta$ ……③

$\cos(\alpha+\beta)-\cos(\alpha-\beta)=-2\sin\alpha\sin\beta$ ……④

ここで　$\alpha+\beta=A$，$\alpha-\beta=B$❷

とおくと　$\alpha=\frac{A+B}{2}$，$\beta=\frac{A-B}{2}$

このとき，①，②，③，④から，それぞれ

(1) $\sin A+\sin B=2\sin\frac{A+B}{2}\cos\frac{A-B}{2}$

$\sin A-\sin B=2\cos\frac{A+B}{2}\sin\frac{A-B}{2}$

(2) $\cos A+\cos B=2\cos\frac{A+B}{2}\cos\frac{A-B}{2}$

$\cos A-\cos B=-2\sin\frac{A+B}{2}\sin\frac{A-B}{2}$

アドバイス

❶ 前の例題と同様に
$\cos(\alpha+\beta)$
$=\cos\alpha\cos\beta-\sin\alpha\sin\beta$
$\cos(\alpha-\beta)$
$=\cos\alpha\cos\beta+\sin\alpha\sin\beta$
この2式を辺々加えます。
④は辺々引いて得られます。

❷ 2式を辺々加えて
$2\alpha=A+B$
辺々引いて
$2\beta=A-B$

練習 120 例題 111 の公式を利用して，次の値を求めよ。

(1) $\sin 75^\circ+\sin 15^\circ$　(2) $\sin 15^\circ-\sin 75^\circ$　(3) $\cos 75^\circ+\cos 15^\circ$

定期テスト対策問題 7

解答・解説は別冊 p.85

1 α は鈍角，β は鋭角で，$\sin\alpha=\dfrac{4}{5}$，$\sin\beta=\dfrac{3}{5}$ のとき，次の式の値を求めよ。

(1) $\cos\alpha$　　(2) $\sin(\alpha-\beta)$　　(3) $\cos(\alpha+\beta)$

2 次の 2 直線のなす角 θ を求めよ。

$2x-y+1=0$，$x-3y+1=0$

3 $\dfrac{\pi}{2}<\alpha<\pi$，$\cos\alpha=-\dfrac{3}{4}$ であるとき，次の値を求めよ。

(1) $\cos 2\alpha$　　(2) $\sin 2\alpha$　　(3) $\cos\dfrac{\alpha}{2}$　　(4) $\sin\dfrac{\alpha}{2}$

4 $\sin\theta+\cos\theta=\sqrt{2}$ であるとき，$\sin 2\theta$，$\sin 4\theta$ の値を求めよ。

5 $0\leqq\theta<2\pi$ のとき，次の方程式を解け。

(1) $\cos 2\theta=3\cos\theta+1$　　(2) $\sin 2\theta+\cos\theta=0$

6 $0\leqq\theta<2\pi$ のとき，次の不等式を解け。

(1) $\sin\theta+\cos 2\theta>1$　　(2) $\sqrt{3}\sin\theta+\cos\theta<\sqrt{2}$

7 $0\leqq x<2\pi$ のとき，次の関数の最大値と最小値，およびそのときの x の値を求めよ。

(1) $y=\cos 2x+2\sin x$　　(2) $y=2\sin\left(x-\dfrac{\pi}{6}\right)+2\cos x$

8 次の式を簡単にせよ。

(1) $\cos\left(\dfrac{\pi}{3}+\theta\right)+\cos\left(\dfrac{\pi}{3}-\theta\right)$　　(2) $\sin^2(\theta-10^\circ)+\sin^2(\theta+80^\circ)$

9 $0<\alpha<\pi$，$0<\beta<\pi$ のとき，不等式

$$\sin\alpha+\sin\beta>\sin(\alpha+\beta)$$

が成り立つことを証明せよ。

10 α，β は鋭角で

$$\cos\alpha+\cos\beta=1 \quad \cdots\cdots①$$

$$\sin\alpha+\sin\beta=\sqrt{3} \quad \cdots\cdots②$$

を満たすとき，次の問いに答えよ。

(1) ①，②の両辺を平方して加えることにより，$\cos(\alpha-\beta)$ の値を求めよ。

(2) α，β を求めよ。

11 直線 $y=\dfrac{1}{2}x$ を原点のまわりに，正の向きに $\dfrac{\pi}{4}$ 回転した直線の方程式を求めよ。

12 $0\leqq\theta\leqq\pi$ のとき，次の不等式が成り立つことを証明せよ。また，等号が成り立つのはどのような場合か。

$$\frac{1}{2}\sin 2\theta\leqq\sin\theta\leqq 2\sin\frac{\theta}{2}$$

13 次の式を計算せよ。

(1) $\sqrt{3}\sin 15^\circ+\cos 15^\circ$

(2) $\cos^2\theta+\cos^2\left(\theta+\dfrac{2}{3}\pi\right)+\cos^2\left(\theta-\dfrac{2}{3}\pi\right)$

14 長さ2の線分ABを直径とする半円の弧の上を点Pが動くとする。$\sqrt{3}\,$AP$+$BP が最大となるときの∠PABの大きさ θ を求めよ。また，その最大値を求めよ。

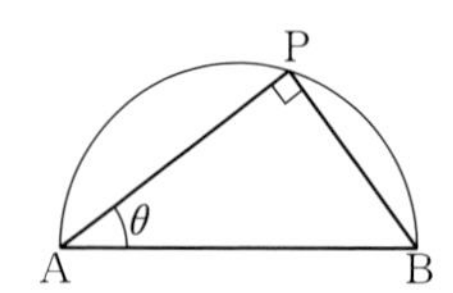

MY BEST

Mathematics Ⅱ

第 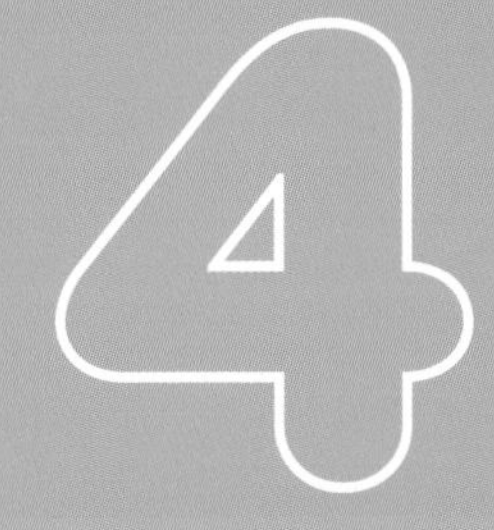 章

指数・対数関数

第1節
指数関数

1 指数の拡張

1 累乗根 ▷ 例題112

n乗すればaになる数，すなわち　$x^n=a$
となる数xをaの**n乗根**という。2乗根(平方根)，3乗根(立方根)，……，n乗根，……をまとめて**累乗根**という。aのn乗根は

$$n\text{が偶数のとき}\quad \begin{cases} a>0\text{ならば，2つあって}\pm\sqrt[n]{a} \\ a=0\text{ならば，}\sqrt[n]{0}=0 \\ a<0\text{ならば，なし} \end{cases}$$

nが奇数のとき，つねに1つあって　$\sqrt[n]{a}$

注意 ここでは，n乗根は実数のものだけを考える。

例 $3^4=81$，$(-3)^4=81$だから，81の4乗根は3と-3である。すなわち
$\sqrt[4]{81}=3$と$-\sqrt[4]{81}=-3$
$(-2)^3=-8$だから，-8の3乗根は-2のただ1つ。すなわち
$\sqrt[3]{-8}=-2$

2 累乗根の性質 ▷ 例題112

$a>0$，$b>0$で，m，n，pが正の整数のとき，$\sqrt[n]{a}>0$であって

① $\sqrt[n]{a^n}=(\sqrt[n]{a})^n=a$　② $\sqrt[n]{a^m}=(\sqrt[n]{a})^m$

③ $\sqrt[n]{a}\sqrt[n]{b}=\sqrt[n]{ab}$　④ $\dfrac{\sqrt[n]{a}}{\sqrt[n]{b}}=\sqrt[n]{\dfrac{a}{b}}$

⑤ $\sqrt[m]{\sqrt[n]{a}}=\sqrt[mn]{a}$　⑥ $\sqrt[n]{a^m}=\sqrt[np]{a^{mp}}$

3 0，負の指数 ▷ 例題112 例題113

自然数m，nに対しては，**指数法則**

$$a^ma^n=a^{m+n},\ (a^m)^n=a^{mn},\ (ab)^n=a^nb^n$$

が成り立つ。指数を0や負の整数にまで拡張しても，これらの指数法則が成り立つようにするには

$a\neq0$，nが正の整数のとき　$a^0=1$，$a^{-n}=\dfrac{1}{a^n}$

と定めるしかない。逆に，このように定めると指数法則は維持される。

例 $3^0=1$，$5^{-3}=\dfrac{1}{5^3}=\dfrac{1}{125}$

4 分数の指数 ▷ 例題 112 例題 113

$a>0$ で，m，n を正の整数とするとき

正の有理数 $r=\dfrac{m}{n}$ に対して

$$a^r=a^{\frac{m}{n}}=\sqrt[n]{a^m}$$

負の有理数 $-r$ に対して

$$a^{-r}=\frac{1}{a^r}$$

と定義する。

例 $8^{\frac{2}{3}}=\sqrt[3]{8^2}=\sqrt[3]{(2^3)^2}=\sqrt[3]{(2^2)^3}=2^2=4$

$9^{-\frac{1}{2}}=\dfrac{1}{9^{\frac{1}{2}}}=\dfrac{1}{\sqrt{9}}=\dfrac{1}{3}$

5 指数法則 ▷ 例題 112 例題 113

以上のように指数を正負の有理数にまで拡張しても，指数法則は成り立つ。

$a>0$，$b>0$ で，r，s が有理数のとき

① $a^ra^s=a^{r+s}$　　①′ $a^r\div a^s=a^{r-s}$

② $(a^r)^s=a^{rs}$

③ $(ab)^r=a^rb^r$

例 $8^{\frac{2}{3}}=(2^3)^{\frac{2}{3}}=2^2=4$，$8^{\frac{1}{3}}=(2^3)^{\frac{1}{3}}=2^1=2$

よって

$8^{\frac{2}{3}}\cdot 8^{\frac{1}{3}}=4\cdot 2=8$

となるが，これを次のように指数法則で計算してよい。

$8^{\frac{2}{3}}\cdot 8^{\frac{1}{3}}=8^{\frac{2}{3}+\frac{1}{3}}=8^1=8$

6 無理数の指数

ここでは，例えば $3^{\sqrt{2}}$ をどのように定めるのかという話をする。

$\sqrt{2}=1.4142135\cdots\cdots$

であるが，この値をもとに

$3^{1.4}$，$3^{1.41}$，$3^{1.414}$，$3^{1.4142}$，$3^{1.41421}$，$3^{1.414213}$，$3^{1.4142135}$，……

の値を計算する（これらの指数はすべて有理数）。すると，これらの値はある一定の値に限りなく近づく。この値を $3^{\sqrt{2}}$ と定める。このようにして，すべての実数 r に対して $a^r(a>0)$ の値を定めることができる。

例題 112　指数の計算①　★★★　基本

次の式を簡単にせよ。

(1) $\sqrt[3]{125}$　　(2) $\sqrt[4]{\dfrac{1}{16}}$

(3) $8^{-\frac{2}{3}}$　　(4) $625^{0.75}$

(5) $\sqrt[3]{2}\times\sqrt[3]{4}$　　(6) $\sqrt[3]{\sqrt{64}}$

(7) $\sqrt[3]{3}\times\sqrt[6]{81}$　　(8) $25^{1.5}\times5^{-0.75}\div5^{1.25}$

指数の計算は a^r の形に直して，指数法則を用いる

複雑な指数がまじった計算では，まず，すべての項を a^r の形に直し，それから指数法則を用いて計算するとよいです。a^r の形に直すためには，$\sqrt[n]{a^m}=a^{\frac{m}{n}}$ を用います。

また，$a^{-r}=\dfrac{1}{a^r}$ の変形にも慣れましょう。

解答

(1) $\sqrt[3]{125}=125^{\frac{1}{3}}$ ❶ $=(5^3)^{\frac{1}{3}}=5^{3\times\frac{1}{3}}$ ❷ $=5^1=\mathbf{5}$ 答

(2) $\sqrt[4]{\dfrac{1}{16}}=\left(\dfrac{1}{16}\right)^{\frac{1}{4}}=\left\{\left(\dfrac{1}{2}\right)^4\right\}^{\frac{1}{4}}=\left(\dfrac{1}{2}\right)^{4\times\frac{1}{4}}=\left(\dfrac{1}{2}\right)^1=\mathbf{\dfrac{1}{2}}$ 答

(3) $8^{-\frac{2}{3}}=(2^3)^{-\frac{2}{3}}=2^{3\times\left(-\frac{2}{3}\right)}=2^{-2}=\dfrac{1}{2^2}=\mathbf{\dfrac{1}{4}}$ 答

(4) $625^{0.75}=625^{\frac{3}{4}}$ ❸ $=(5^4)^{\frac{3}{4}}=5^{4\times\frac{3}{4}}=5^3=\mathbf{125}$ 答

(5) $\sqrt[3]{2}\times\sqrt[3]{4}=2^{\frac{1}{3}}\times4^{\frac{1}{3}}=2^{\frac{1}{3}}\times(2^2)^{\frac{1}{3}}$ ❹

$=2^{\frac{1}{3}}\times2^{\frac{2}{3}}=2^{\frac{1}{3}+\frac{2}{3}}$ ❺ $=2^1=\mathbf{2}$ 答

(6) $\sqrt[3]{\sqrt{64}}=(\sqrt{64})^{\frac{1}{3}}=8^{\frac{1}{3}}=(2^3)^{\frac{1}{3}}$

$=2^{3\times\frac{1}{3}}=2^1=\mathbf{2}$ 答

(7) $\sqrt[3]{3}\times\sqrt[6]{81}=3^{\frac{1}{3}}\times81^{\frac{1}{6}}=3^{\frac{1}{3}}\times(3^4)^{\frac{1}{6}}$ ❻

$=3^{\frac{1}{3}}\times3^{4\times\frac{1}{6}}=3^{\frac{1}{3}+\frac{2}{3}}=3^1=\mathbf{3}$ 答

(8) $25^{1.5}\times5^{-0.75}\div5^{1.25}=25^{\frac{3}{2}}\times5^{-\frac{3}{4}}\div5^{\frac{5}{4}}=(5^2)^{\frac{3}{2}}\times5^{-\frac{3}{4}}\div5^{\frac{5}{4}}$ ❼

$=5^{3+\left(-\frac{3}{4}\right)-\frac{5}{4}}=5^1=\mathbf{5}$ 答

アドバイス

❶ $\sqrt[3]{125}=\sqrt[3]{125^1}=125^{\frac{1}{3}}$

❷ 指数法則
$(a^r)^s=a^{rs}$

❸ 指数が小数のときは分数に直します。

❹ 底を2にそろえます。

❺ 指数法則
$a^ra^s=a^{r+s}$

❻ 底を3にそろえます。

❼ 底を5にそろえます。

練習 121　次の式を簡単にせよ。

(1) $2^{-2}\times2^5\div2^{-3}$　　(2) $4^{\frac{1}{3}}\times4^{\frac{1}{4}}\div4^{\frac{1}{12}}$

(3) $\sqrt[3]{25}\times\sqrt[6]{625^{-4}}$　　(4) $54^{\frac{2}{5}}\times144^{\frac{2}{5}}$

例題 113　指数の計算②　★★★ 標準

次の式を計算せよ。ただし，$a>0$，$b>0$とする。

(1) $\sqrt{a^3}\times\sqrt[3]{a^4}\div a^2$　　(2) $\sqrt[6]{ab^4}\times\sqrt[3]{a^4b}\div\sqrt[12]{a^6b^{-3}}$

(3) $(a^{-\frac{3}{2}})^{-\frac{4}{9}}\times\dfrac{1}{\sqrt[3]{a}}$　　(4) $(a^{\frac{1}{4}}+b^{\frac{1}{4}})(a^{\frac{1}{4}}-b^{\frac{1}{4}})(a^{\frac{1}{2}}+b^{\frac{1}{2}})$

複雑な指数計算は展開公式も利用する

(4)の$(a^{\frac{1}{4}}+b^{\frac{1}{4}})(a^{\frac{1}{4}}-b^{\frac{1}{4}})$の部分は和と差の積の形をしています。したがって，すぐ(2乗)−(2乗)の形に直してよいです。このように**展開公式が使えるものはすぐ利用します**。他には$(a\pm b)(a^2\mp ab+b^2)=a^3\pm b^3$（複号同順）などもよく用いられます。

解答

(1) $\sqrt{a^3}\times\sqrt[3]{a^4}\div a^2=a^{\frac{3}{2}}\times a^{\frac{4}{3}}\div a^2=\underline{a^{\frac{3}{2}+\frac{4}{3}-2}}$ ❶

$=\boldsymbol{a^{\frac{5}{6}}}$ 答

(2) $\sqrt[6]{ab^4}\times\sqrt[3]{a^4b}\div\sqrt[12]{a^6b^{-3}}=(ab^4)^{\frac{1}{6}}\times(a^4b)^{\frac{1}{3}}\div(a^6b^{-3})^{\frac{1}{12}}$

$=\underline{a^{\frac{1}{6}}b^{\frac{2}{3}}\times a^{\frac{4}{3}}b^{\frac{1}{3}}\div(a^{\frac{1}{2}}b^{-\frac{1}{4}})}$ ❷ $=a^{\frac{1}{6}+\frac{4}{3}-\frac{1}{2}}b^{\frac{2}{3}+\frac{1}{3}-\left(-\frac{1}{4}\right)}$

$=\boldsymbol{ab^{\frac{5}{4}}}$ 答

(3) $(a^{-\frac{3}{2}})^{-\frac{4}{9}}\times\dfrac{1}{\sqrt[3]{a}}=a^{-\frac{3}{2}\times\left(-\frac{4}{9}\right)}\times\dfrac{1}{a^{\frac{1}{3}}}=a^{\frac{2}{3}}\times\underline{a^{-\frac{1}{3}}}$ ❸

$=\boldsymbol{a^{\frac{1}{3}}}$ 答

(4) $(a^{\frac{1}{4}}+b^{\frac{1}{4}})(a^{\frac{1}{4}}-b^{\frac{1}{4}})(a^{\frac{1}{2}}+b^{\frac{1}{2}})=\underline{\{(a^{\frac{1}{4}})^2-(b^{\frac{1}{4}})^2\}}$ ❹ $(a^{\frac{1}{2}}+b^{\frac{1}{2}})$

$=(a^{\frac{1}{2}}-b^{\frac{1}{2}})(a^{\frac{1}{2}}+b^{\frac{1}{2}})=\underline{(a^{\frac{1}{2}})^2-(b^{\frac{1}{2}})^2}$ ❺ $=\boldsymbol{a-b}$ 答

アドバイス

❶ $a^ra^s=a^{r+s}$および$a^r\div a^s=a^ra^{-s}=a^{r-s}$を使います。

❷ $(ab)^r=a^rb^r$および$(a^r)^s=a^{rs}$を使います。

❸ $\dfrac{1}{a^r}=a^{-r}$を使います。

❹ $a^{\frac{1}{4}}=A$，$b^{\frac{1}{4}}=B$として$(A+B)(A-B)=A^2-B^2$の公式を利用します。

❺ $a^{\frac{1}{2}}=A$，$b^{\frac{1}{2}}=B$として，❹と同様に考えます。

STUDY　有理数の指数

整数でない有理数a^rの指数rは，$a>0$のときに限り定義する。そうしないと

$(-8)^{\frac{1}{3}}=\sqrt[3]{-8}=-2$，$(-8)^{\frac{1}{3}}=(-8)^{\frac{2}{6}}=\sqrt[6]{(-8)^2}=\sqrt[6]{64}=\sqrt[6]{2^6}=2$

のように同一の数式に異なる2つの値が出てきてしまう。

練習 122　次の式を簡単にせよ。ただし，$a>0$，$b>0$とする。

(1) $\sqrt[3]{a\sqrt{ab}\sqrt[4]{ab^{-2}}}$　　(2) $(a-b)\div(a^{\frac{1}{3}}-b^{\frac{1}{3}})$

練習 123　$a^{\frac{1}{2}}+a^{-\frac{1}{2}}=2$のとき，次の値を求めよ。ただし，$a>0$とする。

(1) $a+a^{-1}$　　(2) a^2+a^{-2}　　(3) $a^{\frac{3}{2}}+a^{-\frac{3}{2}}$

2 指数関数とそのグラフ

1 指数関数

関数$y=a^x$ $(a>0,\ a\neq1)$を，aを**底**とする**指数関数**という。

定義域は実数全体の集合で，値域は正の実数全体の集合である。

注意 $a=1$のときは，つねに$1^x=1$である。

2 指数関数 $y=a^x$ のグラフ ▷ 例題114 例題117

関数$y=a^x$ $(a>0,\ a\neq1)$のグラフは，次の性質をもつ。

① **点$(0,\ 1)$，$(1,\ a)$を通る。**

② **x軸が漸近線である。**

また，aの値によって

③ **$0<a<1$のとき　右下がりのグラフ（単調減少）**
$1<a$のとき　右上がりのグラフ（単調増加）

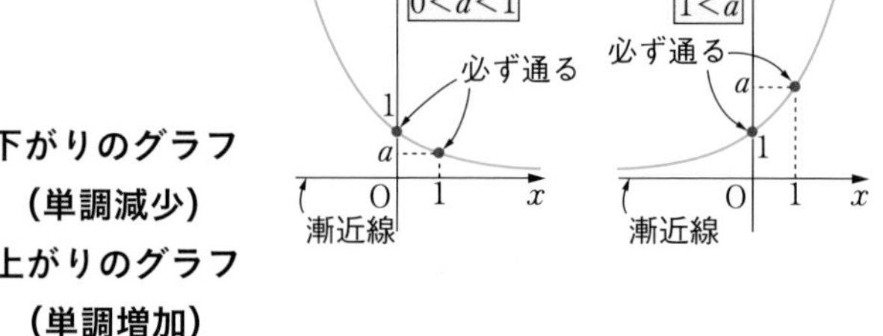

注意 $y=a^x$のグラフと$y=a^{-x}$のグラフはy軸に関して対称になる。

3 指数方程式・不等式 ▷ 例題115 例題116

(1) 底aが共通である指数については，次のことが成り立つ。

$$a^r=a^s \iff r=s$$

例 $3^x=81$のとき，$81=3^4$だから $3^x=3^4$　　よって　$x=4$

(2) 指数の大小について，次のことが成り立つ。

$0<a<1$**のとき**　$a^r<a^s \iff r>s$（向きが逆）

$1<a$**のとき**　$a^r<a^s \iff r<s$

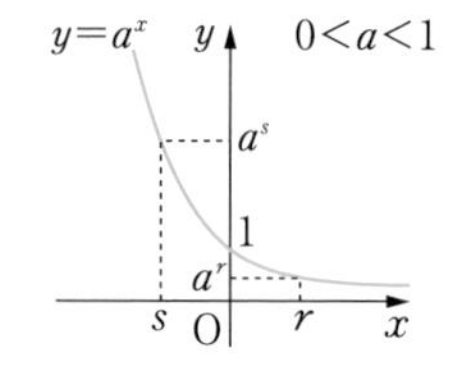

例 $2^x<8$となるxは，$8=2^3$で，底の2が1より大きいから

$x<3$

$\left(\frac{1}{2}\right)^x<4$となる$x$は，$4=2^2=\left(\frac{1}{2}\right)^{-2}$で，底の$\frac{1}{2}$が1より小さいから

$x>-2$

例題 114 指数の大小の関係

★★★ 基本

次の各組の数の大小を比較せよ。

(1) $\sqrt[5]{4}$, $\sqrt[7]{8}$　　(2) $\sqrt[3]{9}$, $\sqrt[4]{27}$, $\dfrac{1}{\sqrt{3}}$　　(3) $\sqrt[3]{\dfrac{1}{4}}$, $\left(\dfrac{1}{8}\right)^{-\frac{1}{2}}$, $\sqrt{2}$

指数の大小の比較は底をそろえることが基本

指数の大小比較は，底をそろえたあとで，$y=a^x$ のグラフが $a>1$ ならば単調増加，$0<a<1$ ならば単調減少であることを利用します。

解答

(1) $\sqrt[5]{4}=\sqrt[5]{2^2}=2^{\frac{2}{5}}$ ❶，　$\sqrt[7]{8}=\sqrt[7]{2^3}=2^{\frac{3}{7}}$ ❶

底は2で1より大きく，$\dfrac{2}{5}<\dfrac{3}{7}$ なので　$2^{\frac{2}{5}}<2^{\frac{3}{7}}$

よって　$\boldsymbol{\sqrt[5]{4}<\sqrt[7]{8}}$ ❷ 答

(2) $\sqrt[3]{9}=\sqrt[3]{3^2}=3^{\frac{2}{3}}$，$\sqrt[4]{27}=\sqrt[4]{3^3}=3^{\frac{3}{4}}$，$\dfrac{1}{\sqrt{3}}=\dfrac{1}{3^{\frac{1}{2}}}=3^{-\frac{1}{2}}$

底は3で1より大きく，$-\dfrac{1}{2}<\dfrac{2}{3}<\dfrac{3}{4}$ なので

$3^{-\frac{1}{2}}<3^{\frac{2}{3}}<3^{\frac{3}{4}}$　　よって　$\boldsymbol{\dfrac{1}{\sqrt{3}}<\sqrt[3]{9}<\sqrt[4]{27}}$ 答

(3) $\sqrt[3]{\dfrac{1}{4}}=\sqrt[3]{\left(\dfrac{1}{2}\right)^2}=\left(\dfrac{1}{2}\right)^{\frac{2}{3}}$

$\left(\dfrac{1}{8}\right)^{-\frac{1}{2}}=\left\{\left(\dfrac{1}{2}\right)^3\right\}^{-\frac{1}{2}}=\left(\dfrac{1}{2}\right)^{-\frac{3}{2}}$ ❸

$\sqrt{2}=2^{\frac{1}{2}}=\left\{\left(\dfrac{1}{2}\right)^{-1}\right\}^{\frac{1}{2}}$ ❹ $=\left(\dfrac{1}{2}\right)^{-\frac{1}{2}}$

底は $\dfrac{1}{2}$ で1より小さく，$-\dfrac{3}{2}<-\dfrac{1}{2}<\dfrac{2}{3}$ なので

$\left(\dfrac{1}{2}\right)^{-\frac{3}{2}}>\left(\dfrac{1}{2}\right)^{-\frac{1}{2}}>\left(\dfrac{1}{2}\right)^{\frac{2}{3}}$

よって　$\boldsymbol{\sqrt[3]{\dfrac{1}{4}}<\sqrt{2}<\left(\dfrac{1}{8}\right)^{-\frac{1}{2}}}$ 答

アドバイス

❶ 底を2にそろえます。

❷ 与えられた数の形に戻して答えること。

❸ $(a^r)^s=a^{rs}$

❹ 底を $\dfrac{1}{2}$ にそろえます。

練習 124　次の各組の数の大小を比較せよ。

(1) $2^{3.5}$, $4^{1.5}$, $8^{1.2}$　　(2) $\sqrt{0.25}$, $\sqrt[4]{0.125}$, $\sqrt[5]{0.5}$

(3) $\sqrt{\dfrac{3}{2}}$, $\sqrt[3]{\dfrac{4}{9}}$, $\sqrt[5]{\dfrac{16}{81}}$, $\sqrt[4]{\dfrac{8}{27}}$

例題 115 指数方程式

★★★ 標準

次の方程式を解け。

(1) $4^{2x-3}=8$　　(2) $36^x=\dfrac{1}{6}$　　(3) $4^x-2^{x+2}-32=0$

指数方程式を解くには，底を1つのものにそろえる

(1)は底を2に，(2)は6にそろえます。(3)は底を2にそろえて，$2^x=t$と置き換えを行います。指数の性質から，$t=2^x>0$であることに注意します。

解答

(1) $4^{2x-3}=(2^2)^{2x-3}=2^{4x-6}$ ❶，$8=2^3$

よって　$4x-6=3$　すなわち　$\boldsymbol{x=\dfrac{9}{4}}$ 答

(2) $36^x=(6^2)^x=6^{2x}$，$\dfrac{1}{6}=6^{-1}$ ❷

よって　$2x=-1$　すなわち　$\boldsymbol{x=-\dfrac{1}{2}}$ 答

(3) $4^x-2^{x+2}-32=0$

$2^x=t$とおくと，$t>0$で ❸

$4^x=(2^2)^x=2^{2x}=(2^x)^2=t^2$

$2^{x+2}=2^x\cdot2^2=4\cdot2^x=4t$

したがって，方程式は

$t^2-4t-32=0$，$(t+4)(t-8)=0$

$t>0$だから　$t=8$ ❹

よって　$2^x=8$ ❺　すなわち　$\boldsymbol{x=3}$ 答

アドバイス

❶ $(a^r)^s=a^{rs}$から
$(2^2)^{2x-3}=2^{2(2x-3)}$

❷ $\dfrac{1}{a^n}=a^{-n}$

❸ $2^x>0$です。一般に指数関数の値域は，$a>0$から
$y=a^x>0$

❹ $t>0$だから，$t=-4$は適しません。

❺ $8=2^3$だから　$2^x=2^3$

Q 置き換えをするとき，注意すべき点はありますか。

A 上の例題の(3)では，xはすべての実数値をとるので，$t=2^x>0$です。もし仮に，xの範囲が$x\geqq3$となっていたりすれば，$t=2^x\geqq2^3=8$となります。ただ置き換えるだけでなく，新しい変数の変域にはつねに気をつけなければいけません。

練習 125 次の方程式を解け。

(1) $2^{x-3}=\dfrac{1}{64}$　　(2) $3^{1-x}=27\cdot\sqrt[3]{3}$　　(3) $2^{2x+1}-3\cdot2^x-2=0$

例題 116 指数不等式 ★★★ 標準

次の不等式を解け。

(1) $4^x \geqq 2^{x+1}$　　(2) $\left(\frac{1}{2}\right)^x < \left(\frac{1}{8}\right)^{x+2}$　　(3) $9^x - 3^x - 6 < 0$

POINT 指数不等式は，底をそろえて指数の大小関係を利用

- (1), (2)は底をそろえて，指数の大小関係を利用します。すなわち
  $0<a<1$のとき　$a^r < a^s \Longleftrightarrow r>s$
  $1<a$のとき　$a^r < a^s \Longleftrightarrow r<s$
- (3)は，$3^x = t$とおき，tの2次不等式を解きます。tの範囲からxの範囲を求めます。

解答

(1) $4^x = (2^2)^x = 2^{2x}$だから　$2^{2x} \geqq 2^{x+1}$

底2は1より大きいから❶　$2x \geqq x+1$

よって　$\boldsymbol{x \geqq 1}$ 答

(2) $\left(\frac{1}{8}\right)^{x+2} = \left\{\left(\frac{1}{2}\right)^3\right\}^{x+2} = \left(\frac{1}{2}\right)^{3x+6}$ だから $\left(\frac{1}{2}\right)^x < \left(\frac{1}{2}\right)^{3x+6}$

底$\frac{1}{2}$は1より小さいから❷

$x > 3x+6$　よって　$\boldsymbol{x < -3}$ 答

(3) $3^x = t$とおくと，$t>0$で

$9^x = (3^2)^x = 3^{2x} = (3^x)^2 = t^2$

よって，不等式は　$t^2 - t - 6 < 0$

$(t+2)(t-3) < 0$　　$-2 < t < 3$

$t>0$だから　$0<t<3$

よって　$0<3^x<3$❸

底3は1より大きいから　$\boldsymbol{x<1}$ 答

アドバイス

❶ $a^r = a^s \Longleftrightarrow r=s$
は$a>0$で成り立ちますから
$1<a$のとき
$a^r \geqq a^s \Longleftrightarrow r \geqq s$

❷ $0<a<1$のとき
$a^r < a^s \Longleftrightarrow r>s$

❸ 下の$y=3^x$のグラフから，
$0<y<3$を満たすxの値の範囲
は　$x<1$

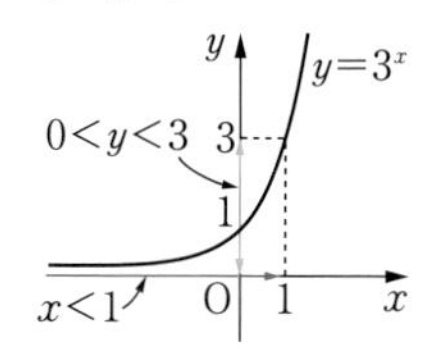

参考 上の例題の(2)では，底を2にして考えると　$\left(\frac{1}{2}\right)^x = 2^{-x}$，$\left(\frac{1}{8}\right)^{x+2} = \left(\frac{1}{2}\right)^{3x+6} = 2^{-3x-6}$

となるから　$-x < -3x-6$　よって　$x<-3$

このように，底を1より大きくすると不等号の向きを逆にする必要がなくなる。

練習 126 次の不等式を解け。

(1) $\left(\frac{1}{3}\right)^{x+2} < 81$　　(2) $\frac{1}{8} < \left(\frac{1}{2}\right)^x < 2$　　(3) $4^x - 2^x \leqq 2$

例題 117 指数関数の最大値・最小値 ★★★ 応用

xのとり得る値の範囲が$x \leqq 0$であるとき，関数$f(x)=3^{2x+1}-2\cdot 3^{x-1}+k$の最大値は0であるという。このとき，定数$k$の値および$f(x)$の最小値を求めよ。

POINT $a^x=t$とおくときは，まずtの変域をチェック

$3^{2x+1}=3^{2x}\cdot 3=3\cdot(3^x)^2$，$3^{x-1}=3^x\cdot 3^{-1}=\dfrac{1}{3}\cdot 3^x$ですから，$3^x=t$とおくと$f(x)$は

$$f(x)=3t^2-\frac{2}{3}t+k=g(t)$$

となり，tの2次関数となります。$x \leqq 0$のとき，$0<t \leqq 1$であることに注意します。

解答

$3^x=t$とおくと，$x \leqq 0$のとき　$0<t \leqq 1$ ❶

$$3^{2x+1}=3\cdot(3^x)^2=3t^2,\ 3^{x-1}=\frac{1}{3}\cdot 3^x=\frac{1}{3}t$$

したがって，$Y=f(x)=g(t)$とおくと

$$Y=g(t)=3t^2-\frac{2}{3}t+k$$
$$=3\left(t^2-\frac{2}{9}t\right)+k$$
$$=3\left(t-\frac{1}{9}\right)^2+k-\frac{1}{27}$$

これより，$0<t \leqq 1$では，$g(t)$は$t=1$で最大となり，条件から ❷

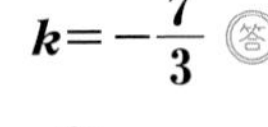

$$g(1)=3-\frac{2}{3}+k=k+\frac{7}{3}=0 \quad よって \quad \boldsymbol{k=-\frac{7}{3}}$$ 答

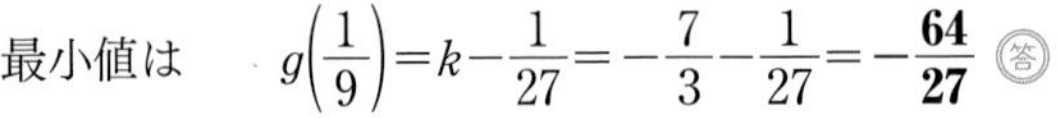

最小値は　$g\left(\dfrac{1}{9}\right)=k-\dfrac{1}{27}=-\dfrac{7}{3}-\dfrac{1}{27}=\boldsymbol{-\dfrac{64}{27}}$ 答

アドバイス

❶ 置き換えをしたら，新しい変数の変域を調べます。

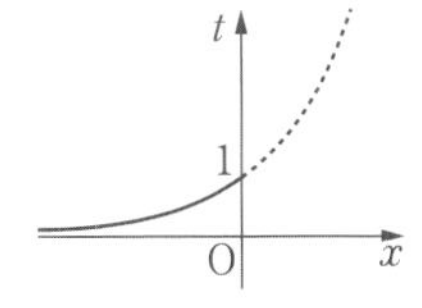

❷ $Y=f(x)=g(t)$の$0<t \leqq 1$におけるグラフから，最大値は

$g(1)=0$

練習 127 xのとり得る値の範囲が$-1 \leqq x \leqq 3$であるとき，a^xのとり得る値の範囲をaで表せ。ただし，$a>0$で$a \neq 1$とする。

練習 128 xの関数$y=-(9^x+9^{-x})+2(3^x+3^{-x})+3$について

(1) $t=3^x+3^{-x}$とおくと，yはtの関数とみなすことができる。この関数を$f(t)$とおく。$f(t)$を求めよ。また，tのとり得る値の範囲を求めよ。

(2) yの最大値を求めよ。また，そのときのxの値を求めよ。

定期テスト対策問題 8

解答・解説は別冊 p.95

1 次の式を簡単にせよ。

(1) $\sqrt[3]{12}\cdot\sqrt[3]{18}$

(2) $\dfrac{1}{3}\sqrt[6]{9}+2\cdot\sqrt[3]{\dfrac{1}{9}}$

2 a，b を正の数とするとき，次の式を簡単にせよ。

(1) $\dfrac{\sqrt[3]{a^2}\sqrt{a}}{\sqrt[6]{a}}$

(2) $(a^{\frac{1}{6}}+b^{\frac{1}{6}})(a^{\frac{1}{6}}-b^{\frac{1}{6}})(a^{\frac{2}{3}}+a^{\frac{1}{3}}b^{\frac{1}{3}}+b^{\frac{2}{3}})$

3 次の数を小さいものから順に並べよ。

(1) $\sqrt{3}$，$\sqrt[3]{5}$，$\sqrt[4]{10}$

(2) $\sqrt[3]{3}$，$9^{\frac{1}{4}}$，$\sqrt[4]{27}$，$\left(\dfrac{1}{9}\right)^{-\frac{1}{3}}$

4 $y=5^x$ のグラフと次の関数のグラフの位置関係をいえ。

(1) $y=\dfrac{1}{25}\cdot 5^x$

(2) $y=\dfrac{1}{5^x}$

(3) $y=-5^{-x}$

5 次の方程式・不等式を解け。

(1) $8^{3x}=128$

(2) $3^{2x+1}+2\cdot 3^x-1=0$

(3) $4^x>2^x\cdot 16^{x-1}$

(4) $4^{x+1}-9\cdot 2^x+2>0$

6 関数 $y=-4^x+2^{x+1}$ の最大値を求めよ。

第2節
対数関数

1 対数とその性質

1 対数の定義 ▷ 例題 118

$a>0$, $a\neq1$ とする。任意の正の数Mに対して，$M=a^p$を満たす実数pがただ1つ定まる。このpの値を$\log_a M$で表す。すなわち

$$\boldsymbol{p=\log_a M \iff M=a^p}$$

$\log_a M$をaを**底**とするMの**対数**といい，Mを**真数**という。真数の値はつねに正でなければならない。このことを**真数条件**という。

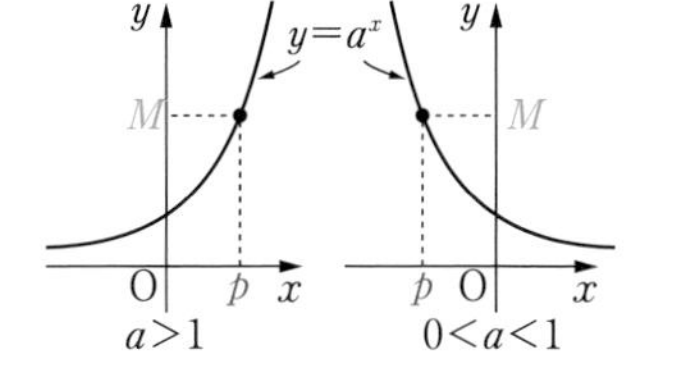

例 $2^3=8 \iff 3=\log_2 8$
$10^{-2}=0.01 \iff -2=\log_{10} 0.01$

2 対数の性質 ▷ 例題 119 例題 120 例題 121 例題 122

$a>0$, $a\neq1$, $M>0$, $N>0$, pは任意の実数，また，$b>0$, $b\neq1$とする。このとき，次の公式が成り立つ。

① $\log_a 1=0$, $\log_a a=1$, $\log_a a^p=p$

② $\log_a MN=\log_a M+\log_a N$

③ $\log_a \dfrac{M}{N}=\log_a M-\log_a N$

④ $\log_a M^p=p\log_a M$

⑤ $\log_a M=\dfrac{\log_b M}{\log_b a}$ **（底の変換公式）**

例 $\log_3 1=0$,　$\log_5 5=1$
$\log_2 6=\log_2(2\times3)$
$=\log_2 2+\log_2 3$
$=1+\log_2 3$

例題 118　対数の値

次の値を求めよ。

(1) $\log_3 27$　(2) $\log_{100} 10$　(3) $\log_{\frac{1}{3}} 81$　(4) $\log_{\sqrt{2}} 8$

対数の値を求めるときは，$\log_a a^p = p$ が基本

対数の値を求めるには，対数の公式を利用しながら式を変形していき，最後に $\log_a a^p$ の形の式にまでもっていくというのが基本的な考え方です。
あるいは，与式を指数の表現に直して指数方程式を解く要領で値を求めます。

解答

(1) $\mathbf{\log_3 27} = \log_3 3^3 = \mathbf{3}$ 答

(2) $\mathbf{\log_{100} 10} = \log_{100} \sqrt{100} = \log_{100} 100^{\frac{1}{2}} = \mathbf{\frac{1}{2}}$ 答

(3) $\mathbf{\log_{\frac{1}{3}} 81} = \log_{\frac{1}{3}} 3^4 = \log_{\frac{1}{3}} \left(\frac{1}{3}\right)^{-4}$ ❶ $= \mathbf{-4}$ 答

(4) $\mathbf{\log_{\sqrt{2}} 8} = \log_{\sqrt{2}} 2^3 = \log_{\sqrt{2}} (\sqrt{2})^6$ ❷ $= \mathbf{6}$ 答

別解　(1) $\log_3 27 = x$ とおくと　$3^x = 27$

$3^x = 3^3$　よって　$\mathbf{\log_3 27 = x = 3}$ ❸ 答

(2) $\log_{100} 10 = x$ とおくと　$100^x = 10$

$(10^2)^x = 10$,　$10^{2x} = 10$　よって　$2x = 1$

したがって　$\mathbf{\log_{100} 10 = x = \frac{1}{2}}$ 答

(3) $\log_{\frac{1}{3}} 81 = x$ とおくと　$\left(\frac{1}{3}\right)^x = 81$

3^{-x} ❹ $= 3^4$　よって　$\mathbf{\log_{\frac{1}{3}} 81 = x = -4}$ 答

(4) $\log_{\sqrt{2}} 8 = x$ とおくと　$(\sqrt{2})^x = 8$

$(2^{\frac{1}{2}})^x = 2^3$,　$2^{\frac{1}{2}x} = 2^3$　よって　$\frac{1}{2}x = 3$

したがって　$\mathbf{\log_{\sqrt{2}} 8 = x = 6}$ 答

アドバイス

❶ $a^n = (a^{-1})^{-n} = \left(\frac{1}{a}\right)^{-n}$

❷ $2^3 = \{(\sqrt{2})^2\}^3 = (\sqrt{2})^6$

❸ $a^r = a^s$ ならば
$r = s$

❹ $\left(\frac{1}{a}\right)^n = (a^{-1})^n = a^{-n}$

練習 129　次の対数の値を求めよ。

(1) $\log_2 256$　(2) $\log_3 \frac{1}{\sqrt{3}}$　(3) $\log_{27} 9$　(4) $\log_{\frac{1}{2}} \frac{1}{\sqrt{32}}$

練習 130　次の等式を満たす x の値を求めよ。

(1) $\log_8 4 = x$　(2) $\log_4 x = 2$　(3) $\log_x 27 = 2$

例題 119 公式を使った対数の計算 ★★★ 標準

次の式を簡単にせよ。

(1) $\log_{10}4+\log_{10}25$　　(2) $\log_3 24\sqrt{2}-\log_3 8\sqrt{6}$

(3) $\log_5 27-4\log_5\sqrt{75}-\log_5 15$

底が同じ対数の計算は，1つの対数か真数を整数に分解

底がそろっている場合の対数の計算は，公式を用いて，(a)**1つの対数にまとめていく**，または，(b)**真数を整数に分解する**，のどちらかの方針で変形していきます。

解答

(1) $\log_{10}4+\log_{10}25=\log_{10}(4\cdot25)$ ❶
$=\log_{10}100=\log_{10}10^2=\mathbf{2}$ ❷ 答

(2) $\log_3 24\sqrt{2}-\log_3 8\sqrt{6}=\log_3\dfrac{24\sqrt{2}}{8\sqrt{6}}$ ❸ $=\log_3\dfrac{3}{\sqrt{3}}$
$=\log_3\sqrt{3}=\log_3 3^{\frac{1}{2}}=\mathbf{\dfrac{1}{2}}$ 答

(3) $\log_5 27-4\log_5\sqrt{75}-\log_5 15$
$=\log_5 27-\log_5(\sqrt{75})^4$ ❹ $-\log_5 15$
$=\log_5\dfrac{27}{75^2\cdot15}=\log_5\dfrac{1}{5^5}=\log_5 5^{-5}=\mathbf{-5}$ 答

別解 (1) $\log_{10}4+\log_{10}25=\log_{10}2^2+\log_{10}5^2$
$=2\log_{10}2+2(1-\log_{10}2)$ ❺ $=\mathbf{2}$ 答

(2) $\log_3 24\sqrt{2}-\log_3 8\sqrt{6}=\log_3(2^3\cdot3\sqrt{2})-\log_3(2^3\cdot\sqrt{2}\sqrt{3})$
$=\log_3(2^{\frac{7}{2}}\cdot3)-\log_3(2^{\frac{7}{2}}\cdot3^{\frac{1}{2}})$
$=\dfrac{7}{2}\log_3 2+1-\left(\dfrac{7}{2}\log_3 2+\dfrac{1}{2}\right)=\mathbf{\dfrac{1}{2}}$ 答

(3) $\log_5 27-4\log_5\sqrt{75}-\log_5 15$
$=\log_5 3^3-4\log_5(3\cdot5^2)^{\frac{1}{2}}-\log_5(3\cdot5)$ ❻
$=3\log_5 3-2\log_5(3\cdot5^2)-\log_5(3\cdot5)$
$=3\log_5 3-2(\log_5 3+2)-(\log_5 3+1)=\mathbf{-5}$ 答

アドバイス

❶ $\log_a M+\log_a N=\log_a MN$

❷ $\log_a a^p=p$

❸ $\log_a M-\log_a N=\log_a\dfrac{M}{N}$

❹ $p\log_a M=\log_a M^p$

❺ $\log_{10}5=\log_{10}\dfrac{10}{2}$
$=\log_{10}10-\log_{10}2$
$=1-\log_{10}2$

❻ 対数の性質を用いて，真数部分がなるべく小さい数（素数）になるように分解するのが，この方法のコツです。

練習 131 次の式を簡単にせよ。

(1) $\log_6 4+\log_6 9$　　(2) $\log_2 12-\log_2 3$

(3) $2\log_5 3+\log_5\dfrac{\sqrt{5}}{9}$　　(4) $\dfrac{3}{2}\log_3 2+\log_3\dfrac{1}{\sqrt{3}}-3\log_3\sqrt{6}$

例題 120　底の変換公式

★★★ 標準

次の式を簡単にせよ。

(1)　$\log_4 8$　　(2)　$\log_2 5\cdot\log_5 7\cdot\log_7 8$　　(3)　$\log_9 36-\log_3 2$

底がふぞろいの対数は底の変換公式で底をそろえる

底が異なる対数が2個以上ある場合の計算は，まず底の変換公式で底をそろえてから行います。その際，**新しい底の値としては，より小さい整数値を選んだほうがよいです**（もちろん2以上）。例えば(2)では2，5，7のうち，2に底をそろえます。

解答

(1)　$\log_4 8=\dfrac{\log_2 8}{\log_2 4}=\dfrac{\log_2 2^3}{\log_2 2^2}=\dfrac{3\log_2 2}{2\log_2 2}=\mathbf{\dfrac{3}{2}}$ ㊀ ❶

(2)　$\log_2 5\cdot\log_5 7\cdot\log_7 8=\log_2 5\cdot\dfrac{\log_2 7}{\log_2 5}\cdot\dfrac{\log_2 8}{\log_2 7}$ ❷

$=\log_2 8=\log_2 2^3=\mathbf{3}$ ㊀

(3)　$\log_9 36-\log_3 2=\dfrac{\log_3 36}{\log_3 9}-\log_3 2$ ❸

$=\dfrac{\log_3 6^2}{\log_3 3^2}-\log_3 2=\dfrac{2\log_3 6}{2\log_3 3}-\log_3 2$

$=\log_3 6-\log_3 2=\log_3\dfrac{6}{2}=\log_3 3$

$=\mathbf{1}$ ㊀

アドバイス

❶ 底を2にそろえます。

❷ それぞれの対数の底を2にそろえます。

❸ 底を3にそろえます。

Q　底の変換公式って何ですか？

A　次のことを対数のままで行ったのが底の変換公式です。上の例題の(1)で，$\log_4 8$の値を求めるということは，$4^x=8$となるxを求めることです。xの値はこのままでは求められませんが，$4=2^2$，$8=2^3$なので$(2^2)^x=2^3$とすることにより，xの値が得られます。4も8も2の累乗だから，底を2にして計算すると見やすくなりますね。

他の底の場合は$\log_4 8=\dfrac{\log_b 8}{\log_b 4}=\dfrac{\log_b 2^3}{\log_b 2^2}=\dfrac{3\log_b 2}{2\log_b 2}=\dfrac{3}{2}$となります。

練習 132　次の式を簡単にせよ。

(1)　$\log_2 3\cdot\log_3 4$　　(2)　$(\log_2 3+\log_4 9)(\log_3 4+\log_9 2)$

(3)　$\log_5 3\cdot\log_3\sqrt{8}\cdot\log_8\dfrac{1}{5}$　　(4)　$\dfrac{\log_2 27\cdot\log_3 6\cdot\log_7 8}{\log_7 2+\log_7 3}$

例題 121 対数の性質 ★★★ 標準

(1) $\log_{10}2=x$, $\log_{10}3=y$のとき，次の値をx, yを用いて表せ。

(i) $\log_{10}24$　(ii) $\log_{10}5$　(iii) $\log_6\sqrt{30}$

(2) $\log_2 3=a$, $\log_3 7=b$のとき，$\log_{21}56$をa, bを用いて表せ。

POINT 対数の性質を利用するときは，まず底をそろえる

- (1)の(i), (ii)は，**真数を分解する**ことによって対応できます。(iii)は底が6なので，まず底を10に変換しなければなりません。
- (2)は，底がばらばらなので，**すべての底をそろえてみる**ことです。

解答

(1)(i) $\mathbf{\log_{10}24}=\log_{10}(2^3\cdot 3)=\log_{10}2^3+\log_{10}3$ ❶

$=3\log_{10}2+\log_{10}3=\boldsymbol{3x+y}$ 答

(ii) $\mathbf{\log_{10}5}=\log_{10}\dfrac{10}{2}=\log_{10}10-\log_{10}2$ ❷

$=1-\log_{10}2=\boldsymbol{1-x}$ 答

(iii) $\mathbf{\log_6\sqrt{30}}=\dfrac{\log_{10}\sqrt{30}}{\log_{10}6}$ ❸ $=\dfrac{\log_{10}(3\cdot 10)^{\frac{1}{2}}}{\log_{10}(2\cdot 3)}$

$=\dfrac{\frac{1}{2}(\log_{10}3+\log_{10}10)}{\log_{10}2+\log_{10}3}=\dfrac{\log_{10}3+1}{2(\log_{10}2+\log_{10}3)}$

$=\boldsymbol{\dfrac{y+1}{2(x+y)}}$ 答

(2) $\log_3 7=b$から　$\dfrac{\log_2 7}{\log_2 3}=b$ ❹

$\log_2 3=a$から　$\log_2 7=ab$

よって　$\mathbf{\log_{21}56}=\dfrac{\log_2 56}{\log_2 21}$ ❺ $=\dfrac{\log_2(2^3\cdot 7)}{\log_2(3\cdot 7)}$

$=\dfrac{3+\log_2 7}{\log_2 3+\log_2 7}=\boldsymbol{\dfrac{3+ab}{a+ab}}$ 答

アドバイス

❶ $\log_a MN=\log_a M+\log_a N$

❷ $\log_a\dfrac{M}{N}=\log_a M-\log_a N$

❸ 底の変換公式によって，底を10に変えます。
$\log_a M=\dfrac{\log_b M}{\log_b a}$

❹ 底を2に変えます。

❺ 底を2に変えます。

練習 133 $\log_{10}2=a$, $\log_{10}3=b$とおくとき，次の値をa, bで表せ。

(1) $\log_{10}\sqrt{12}$　(2) $\log_{10}0.75$　(3) $\log_{18}15$

練習 134 $\log_2 3=a$, $\log_3 5=b$とおくとき，次の値をa, bで表せ。

(1) $\log_2 5$　(2) $\log_2 10$　(3) $\log_{10}6$

例題 122 等式の証明

★★★ 応用

0でない実数x, y, zが, $2^x=5^y=10^z$を満たすとき, 次の問いに答えよ。

(1) x, yをzを用いて表せ。　　(2) $\dfrac{1}{x}+\dfrac{1}{y}=\dfrac{1}{z}$を証明せよ。

POINT　指数どうしの関係式を得るには, 対数をとる

(1) $2^x=5^y=10^z$の等式からx, y, zの間に成り立つ関係式を手に入れたいのであれば, **各辺の対数をとること**です。この場合, 基本的には底は何でもよいのですが, 本問の場合は「zを用いて」とあるので, 底を10にするのがよいです。

解答

(1) $2^x>0$, $5^y>0$, $10^z>0$だから❶

$\log_{10} 2^x=\log_{10} 5^y=\log_{10} 10^z$

$x\log_{10} 2=y\log_{10} 5=z$

よって　$\boldsymbol{x=\dfrac{z}{\log_{10} 2}}$, $\boldsymbol{y=\dfrac{z}{\log_{10} 5}}$ 答

(2) (1)から　$\dfrac{1}{x}+\dfrac{1}{y}=\dfrac{\log_{10} 2}{z}+\dfrac{\log_{10} 5}{z}$

$=\dfrac{1}{z}(\log_{10} 2+\log_{10} 5)=\dfrac{1}{z}\log_{10}(2\cdot 5)$❷

$=\dfrac{1}{z}\log_{10} 10=\dfrac{1}{z}$

よって　$\dfrac{1}{x}+\dfrac{1}{y}=\dfrac{1}{z}$

アドバイス

❶ 対数に直す場合, 真数にあたる数はつねに正であることを確かめる必要があります。

❷ $\log_a M+\log_a N=\log_a MN$

参考　上の例題で(2)の証明だけ行えばよいときは, 次のように対数を使わずに解くこともできる。

$2^x=5^y=10^z$から　$2=10^{\frac{z}{x}}$, $5=10^{\frac{z}{y}}$

辺々をかけて　$2\cdot 5=10^{\frac{z}{x}}\cdot 10^{\frac{z}{y}}=10^{\frac{z}{x}+\frac{z}{y}}$

$2\cdot 5=10=10^1$だから　$\dfrac{z}{x}+\dfrac{z}{y}=1$　したがって　$\dfrac{1}{x}+\dfrac{1}{y}=\dfrac{1}{z}$

練習 135　a, bが1でない正の数のとき, 次の等式を証明せよ。

(1) $\log_a b\cdot\log_b a=1$　　(2) $\log_{\frac{1}{a}} b=\log_a \dfrac{1}{b}$

練習 136　0でない実数x, y, zが, $2^x=3^y=6^z$を満たすとき, $\dfrac{1}{x}+\dfrac{1}{y}=\dfrac{1}{z}$を証明せよ。

2 対数関数とそのグラフ

1 対数関数

関数$y=\log_a x$ ($a>0$, $a\neq1$)を，aを底とする**対数関数**という。
定義域は正の実数全体の集合で，値域は実数全体の集合である。

2 対数関数 $y=\log_a x$ のグラフ ▷ 例題 123

関数$y=\log_a x$ ($a>0$, $a\neq1$)のグラフは，指数関数$y=a^x$のグラフと直線$y=x$に関して対称である。
また，次の性質をもつ。

① **点(1, 0)，(a, 1)を通る。**

② **y軸が漸近線である。**

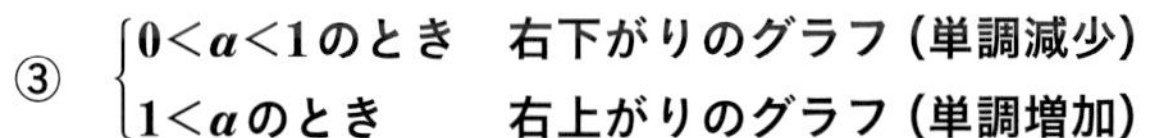

③ **$0<a<1$のとき　右下がりのグラフ（単調減少）**
　 $1<a$のとき　　右上がりのグラフ（単調増加）

3 対数方程式・不等式 ▷ 例題 124 例題 125

(1) 底aが共通である対数については次のことが成り立つ。

$$\log_a M=\log_a N \iff M=N>0$$

(2) 対数の大小については次のことが成り立つ。

$0<a<1$のとき　$\log_a M<\log_a N \iff M>N>0$

$1<a$のとき　$\log_a M<\log_a N \iff 0<M<N$

例 $\log_2 x=\log_2 3$のとき
　　$x=3$
$\log_{10} 5<\log_{10} x$のとき
　　$5<x$
$\log_{\frac{1}{2}} x<\log_{\frac{1}{2}} 2$のとき，$0<\frac{1}{2}<1$だから
　　$x>2$

例題 123 対数の大小比較

★★★ 基本

次の各組の数の大小を比較せよ。

(1) $\log_2\dfrac{1}{3}$，0，$\log_2 7$，$\dfrac{1}{2}\log_2 3$　　(2) $\log_{0.2}\sqrt{8}$，$\dfrac{1}{2}\log_{0.2}10$，$\log_{0.2}3$

(3) $3\log_3 2$，$4\log_9 3$，$\log_9 100$

対数 $\log_a M$，$\log_a N$ の大小は a と 1 との大小に注意

対数の大小は $\begin{cases} 0<a<1 \text{のとき} & \log_a M<\log_a N \iff M>N>0 \\ a>1 \text{のとき} & \log_a M<\log_a N \iff 0<M<N \end{cases}$ を利用します。

解答

(1)　$0=\log_2 1$，　$\dfrac{1}{2}\log_2 3=\log_2 3^{\frac{1}{2}}=\log_2\sqrt{3}$

$\dfrac{1}{3}<1<\sqrt{3}<7$ で底の 2 は 1 より大きいから

$$\log_2\frac{1}{3}<\log_2 1<\log_2\sqrt{3}<\log_2 7 \quad ❶$$

すなわち　$\boldsymbol{\log_2\dfrac{1}{3}<0<\dfrac{1}{2}\log_2 3<\log_2 7}$ 答

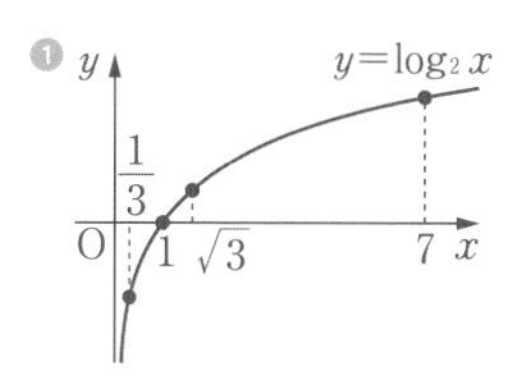

(2) $\dfrac{1}{2}\log_{0.2}10=\log_{0.2}10^{\frac{1}{2}}=\log_{0.2}\sqrt{10}$，　$\log_{0.2}3=\log_{0.2}\sqrt{9}$

$\sqrt{8}<\sqrt{9}<\sqrt{10}$ で，底の 0.2 は 1 より小さいから

$$\log_{0.2}\sqrt{8}>\log_{0.2}\sqrt{9}>\log_{0.2}\sqrt{10} \quad ❷$$

すなわち　$\boldsymbol{\dfrac{1}{2}\log_{0.2}10<\log_{0.2}3<\log_{0.2}\sqrt{8}}$ 答

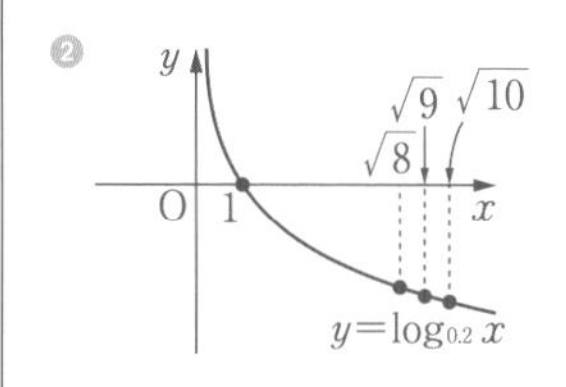

(3)　$3\log_3 2=\log_3 2^3=\log_3 8$

$4\log_9 3=4\cdot\dfrac{\log_3 3}{\log_3 9}=4\cdot\dfrac{1}{2}=2=2\log_3 3=\log_3 9$

$\log_9 100=\dfrac{\log_3 100}{\log_3 9}=\dfrac{\log_3 10^2}{\log_3 3^2}=\dfrac{2\log_3 10}{2}=\log_3 10$

$8<9<10$ で，底の 3 は 1 より大きいから

$$\log_3 8<\log_3 9<\log_3 10$$

すなわち　$\boldsymbol{3\log_3 2<4\log_9 3<\log_9 100}$ 答

練習 137　次の各組の数の大小を比較せよ。

(1) $\log_{0.9}2\sqrt{3}$，$\log_{0.9}3$，$\log_{0.9}\pi$　　(2) $\log_2 6$，$\log_3 6$，$\log_4 6$

例題 124 対数方程式

★★★ 標準

次の方程式を解け。

(1) $\log_2(x+1)+\log_2(x-2)=2$　　(2) $(\log_3 x)^2+\log_3 x^2-3=0$

対数方程式は $\log_a f(x)=\log_a g(x)$ または置き換え

- 対数方程式を解くときには，まず真数条件をチェックします。
- (2)は，$\log_3 x=t$ とおけば，t の2次方程式が得られます。

解答

(1) $\log_2(x+1)+\log_2(x-2)=2$ ……①

真数は正だから　$x+1>0,\ x-2>0$ ❶

よって　$x>2$ ……②

このとき①から　$\log_2(x+1)(x-2)=\log_2 4$ ❷

したがって　$(x+1)(x-2)=4$

$x^2-x-6=0,\quad (x+2)(x-3)=0$

よって　$x=-2,\ 3$

②を満たすのは ❸　$\boldsymbol{x=3}$ 答

(2) $(\log_3 x)^2+\log_3 x^2-3=0$ ……③

$\log_3 x=t\ (x>0)$ とおくと ❹，$\log_3 x^2=2\log_3 x$ から，

方程式③は　$t^2+2t-3=0$

$(t+3)(t-1)=0$　よって　$t=-3,\ 1$

すなわち　$\log_3 x=-3,\ 1$　よって　$x=3^{-3},\ 3^1$

したがって　$\boldsymbol{x=\frac{1}{27},\ 3}$ 答

アドバイス

❶ この2つの共通範囲をとります。

❷ 右辺 $=2=2\cdot1=2\cdot\log_2 2$
$=\log_2 2^2=\log_2 4$

❸ 対数方程式・不等式では，求めた結果が「真数は正」の条件を満たすかどうか確かめる必要があります。

❹ 2次以上の項が出てくるときは，置き換えを考えます。

STUDY 真数条件と底の条件

真数は正である。これを真数条件という。例題の(1)では $x+1>0,\ x-2>0$ でなければならない。
さらに，底についても条件がある。底は正であって，1以外の実数である。したがって，方程式の中に $\log_x 4$ という部分があるときは，$x>0,\ x\neq1$ である。

練習 138 次の方程式を解け。

(1) $\log_{10}(x+1)+\log_{10}(3-x)=\log_{10}2x$

(2) $\log_4(x+4)+\log_2(x+1)=1$

(3) $(\log_2 x)^2+\log_2 4x=4$

例題 125　対数不等式　★★★ 標準

次の不等式を解け。

(1) $\log_{\frac{1}{3}}(x+2)>1$　　(2) $\log_3(x-2)+\log_3(2x-7)>2$

(3) $(\log_2 x)^2-\log_2 x^6+8\leqq 0$

対数不等式は 0<底<1 か 1<底 か に注意

対数不等式の場合もまず真数条件をチェックすることから始めます。そして，$\log_a M<\log_a N$ は 例題 123 と同様に考えて解きます。

解答

(1) 真数は正だから　$x>-2$ ❶　……①

不等式は　$\log_{\frac{1}{3}}(x+2)>\log_{\frac{1}{3}}\frac{1}{3}$ ❷

底は1より小さいから　$x+2<\frac{1}{3}$ ❸　よって　$x<-\frac{5}{3}$

これと①から　$\boldsymbol{-2<x<-\frac{5}{3}}$ 答

(2) 真数は正だから　$x-2>0,\ 2x-7>0$

よって　$x>\frac{7}{2}$　……②

不等式は　$\log_3(x-2)+\log_3(2x-7)>\log_3 9$ ❹

$\log_3(x-2)(2x-7)>\log_3 9$ ❺

底は1より大きいから　$(x-2)(2x-7)>9$

$2x^2-11x+5>0,\quad (2x-1)(x-5)>0$

よって　$x<\frac{1}{2},\ 5<x$

これと②から　$\boldsymbol{x>5}$ 答

(3) $\log_2 x=t\ (x>0)$ とおくと，❻　$\log_2 x^6=6\log_2 x$ から

$t^2-6t+8\leqq 0,\ (t-2)(t-4)\leqq 0$　よって　$2\leqq t\leqq 4$

すなわち　$2\leqq \log_2 x\leqq 4,\quad \log_2 2^2\leqq \log_2 x\leqq \log_2 2^4$

底は1より大きいから　$\boldsymbol{4\leqq x\leqq 16}$ 答

アドバイス

❶ $x+2>0$ から
$x>-2$

❷ $1=\log_{\frac{1}{3}}\frac{1}{3}$

❸ 底が1より小さいときは真数の大小関係が逆になります。

❹ $2=2\log_3 3=\log_3 3^2=\log_3 9$

❺ 左辺を1つの対数にまとめます。

❻ $t=\log_2 x$ において，値域は実数全体です。すなわち，任意の実数 t に対して，正の数 x が1つだけ対応します。

練習 139　次の不等式を解け。

(1) $\log_2(x+1)+\log_2(x-2)<2$　　(2) $2\log_{\frac{1}{2}}(x-2)>\log_{\frac{1}{2}}(2x-1)$

(3) $(\log_2 x)^2<\log_2 x+2$

3 常用対数

1 常用対数の定義

10を底とする対数$\log_{10} N$を常用対数という。

例 $\log_{10} 10000=\log_{10} 10^4=4$

$\log_{10}\dfrac{1}{100}=\log_{10} 10^{-2}=-2$

Nの値が1.00から9.99までについては，常用対数表によって$\log_{10} N$の値を調べることができる。

$\log_{10} 2=0.3010$，$\log_{10} 3=0.4771$はよく使われる。

これ以外のNの値については，工夫して$\log_{10} N$の値を求める。

例
$$\begin{aligned}\log_{10} 200&=\log_{10}(2\times10^2)\\&=\log_{10} 2+\log_{10} 10^2\\&=\log_{10} 2+2\\&=0.3010+2\\&=2.3010\end{aligned}$$

$$\begin{aligned}\log_{10} 0.03&=\log_{10}(3\times10^{-2})\\&=\log_{10} 3+\log_{10} 10^{-2}\\&=\log_{10} 3-2\\&=0.4771-2\\&=-1.5229\end{aligned}$$

2 桁数・小数点の問題 ▷ 例題126 例題127 例題128

① Nの整数部分がn桁

$$\Longleftrightarrow 10^{n-1}\leqq N<10^n \Longleftrightarrow n-1\leqq\log_{10} N<n$$

② Nの小数第n位に初めて0でない数字が現れる

$$\Longleftrightarrow \frac{1}{10^n}\leqq N<\frac{1}{10^{n-1}} \Longleftrightarrow 10^{-n}\leqq N<10^{-(n-1)}$$

$$\Longleftrightarrow -n\leqq\log_{10} N<-(n-1)$$

注意 10^{n-1}はn桁の最小の数であり，10^nは$(n+1)$桁の最小の数である。

$\dfrac{1}{10^n}$は小数第n位に初めて0でない数字が現れる数の中の最小数である。

小数第	1 2 3 ⋯	$n-1$	n	位
	↓↓↓	↓	↓	
$\dfrac{1}{10^n}=$	0.000⋯	0	1	

例題 126 桁数の問題

基本

次の問いに答えよ。ただし，$\log_{10}2=0.3010$，$\log_{10}3=0.4771$ とする。

(1) 2^{30} は何桁の数か。

(2) 18^{20} は何桁の数か。

(3) $(1.25)^n$ の整数部分が3桁の数になるような自然数 n の範囲を求めよ。

POINT Nの整数部分がn桁 $\Longleftrightarrow n-1\leqq\log_{10}N<n$

- (1) 2^{30} の常用対数 $\log_{10}2^{30}$ の値を求めます。(2)も同様です。
- (3) $10^2\leqq(1.25)^n<10^3$ となればよいです。各辺の常用対数をとり，n を導きます。

| 解答 |

(1) 2^{30} の常用対数をとると

$$\log_{10}2^{30}=30\cdot\log_{10}2=30\times0.3010=9.03$$

だから　$9<\log_{10}2^{30}<10$，　$10^9<2^{30}<10^{10}$ ❶

よって，2^{30} の桁数は **10桁** ❷ 答

(2) $\log_{10}18^{20}=20\cdot\log_{10}18=20\cdot\log_{10}(2\cdot3^2)$ ❸

$=20(\log_{10}2+2\log_{10}3)$

$=20(0.3010+2\times0.4771)=25.104$

だから　$25<\log_{10}18^{20}<26$

$10^{25}<18^{20}<10^{26}$ ❹

よって，18^{20} の桁数は **26桁** ❺ 答

(3) $(1.25)^n$ の整数部分が3桁となるためには

$$10^2\leqq(1.25)^n<10^3$$

各辺の常用対数をとると　$2\leqq n\log_{10}1.25<3$ ❻

ここで　$\log_{10}1.25=\log_{10}\dfrac{10}{8}=1-3\log_{10}2$ ❼

$=1-3\times0.3010=0.097$

だから　$\dfrac{2}{0.097}\leqq n<\dfrac{3}{0.097}$，　$20.6\cdots\leqq n<30.9\cdots$

したがって　$\mathbf{21\leqq n\leqq30}$ 答

| アドバイス |

❶ $9=\log_{10}10^9$
$10=\log_{10}10^{10}$

❷ 10^9 は10桁の最小の数です。

❸ 18を素因数分解します。

❹ $25=\log_{10}10^{25}$
$26=\log_{10}10^{26}$

❺ 10^{25} は26桁の最小の数です。

❻ $\log_{10}10^2=2$，$\log_{10}10^3=3$

❼ 1.25を2と10だけで表すと
$1.25=\dfrac{10}{8}=\dfrac{10}{2^3}$

練習 140 5^{30} は何桁の整数か。ただし，$\log_{10}2=0.3010$ とする。

練習 141 12^n が15桁の整数であるとき，自然数 n の値を求めよ。ただし，$\log_{10}2=0.3010$，$\log_{10}3=0.4771$ とする。

例題 127 小数第n位問題

★★★ 標準

次の数を小数で表すとき，小数第何位に初めて0でない数字が現れるか。ただし，$\log_{10}2=0.3010$，$\log_{10}3=0.4771$ とする。

(1) 0.5^{20}　　(2) $\left(\dfrac{1}{6}\right)^{10}$

小数第n位に初めて0以外
$\Longleftrightarrow$ $-n \leqq \log_{10}N < -(n-1)$

(1)で，0.5^{20}は正の数ですが，かなり0に近い数です。したがって，それを小数に直したときには，小数点以下しばらく0が続き，小数第何位かに初めて0でない数字が現れます。それが第何位であるかは，常用対数を利用して計算します。

解答

(1) $N=0.5^{20}=\left(\dfrac{1}{2}\right)^{20}=2^{-20}$ ❶

この常用対数をとると

$$\log_{10}N=\log_{10}2^{-20}=-20\log_{10}2$$
$$=-20\times0.3010=-6.02$$

したがって　$-7<\log_{10}N<-6$

$10^{-7}<N<10^{-6}$ ❷

よって　**小数第7位** 答

(2) $N=\left(\dfrac{1}{6}\right)^{10}=\left(\dfrac{1}{2\cdot3}\right)^{10}=(2\cdot3)^{-10}$ ❸

$$\log_{10}N=\log_{10}(2\cdot3)^{-10}=-10\log_{10}(2\cdot3)$$
$$=-10(\log_{10}2+\log_{10}3)$$ ❹
$$=-10(0.3010+0.4771)$$
$$=-7.781$$

したがって　$-8<\log_{10}N<-7$

$10^{-8}<N<10^{-7}$

よって　**小数第8位** 答

アドバイス

❶ $\dfrac{1}{2}=2^{-1}$ですから
$\left(\dfrac{1}{2}\right)^{20}=(2^{-1})^{20}=2^{-20}$

❷ 常用対数の場合，底は10で1より大きいから，対数の大小関係と真数の大小関係は同じ。

❸ $\left(\dfrac{1}{6}\right)^{10}=(6^{-1})^{10}=6^{-10}$
$=(2\cdot3)^{-10}$
としてもよいです。

❹ $\log_a MN$
$=\log_a M+\log_a N$

練習 142 $\left(\dfrac{1}{30}\right)^{20}$を小数で表すと，小数第何位に初めて0でない数字が現れるか。ただし，$\log_{10}3=0.4771$ とする。

練習 143 不等式$0.99^n<0.01$を満たす自然数nの最小値を求めよ。ただし，$\log_{10}9.9=0.9956$ とする。

例題 128 半減期

★★★ 標準

ある放射性物質の放射能の強さは，10年後には最初の強さの $\frac{1}{2}$ になるという。次の問いに答えよ。ただし，$\log_{10}2=0.3010$ とする。

(1) 50年後には最初の強さと比べてどれくらいになるか。

(2) 放射能の強さが初めて，最初の強さの $\frac{1}{100}$ 以下になるのは何年後か。

指数方程式・不等式の文章題は常用対数を用いて解く

放射性物質の半減期，バクテリアの増殖，預金の複利計算，これらはすべて累乗にかかわる問題です。このような文章題が出たら，まず**その内容を指数方程式・不等式を用いて表現します。それから常用対数を用いて解きます。**

解答

(1) 10年で最初の強さの $\frac{1}{2}$ になるので，50年後には

$$\left(\frac{1}{2}\right)^{\frac{50}{10}}{}_{❶}=\left(\frac{1}{2}\right)^{5}{}_{❷}=\frac{1}{32}$$

よって，最初の強さの　$\boldsymbol{\frac{1}{32}}$ (答)

(2) n年後に最初の強さの $\frac{1}{100}$ 以下になるとすると

$$\left(\frac{1}{2}\right)^{\frac{n}{10}}\leqq\frac{1}{100}\qquad \text{すなわち}\qquad 2^{\frac{n}{10}}\geqq100_{❸}$$

両辺の常用対数をとって　$\log_{10}2^{\frac{n}{10}}\geqq\log_{10}100$

$$\frac{n}{10}\log_{10}2\geqq2,\qquad n\log_{10}2\geqq20$$

すなわち　$n\geqq\frac{20}{\log_{10}2}=\frac{20}{0.3010}=66.4\cdots$

よって，放射能の強さが初めて最初の強さの $\frac{1}{100}$ 以下になるのは　**67年後**❹ (答)

アドバイス

❶ 1年ごとの減少率は $\left(\frac{1}{2}\right)^{\frac{1}{10}}$ です。

❷ 半減期の10年の5倍ですから，すぐ $\left(\frac{1}{2}\right)^{5}$ としてもよいです。

❸ 両辺の逆数をとるから不等号の向きが逆になります。例えば $3\leqq4$ のとき

$$\frac{1}{3}\geqq\frac{1}{4}$$

❹ 66.4…年後にちょうど $\frac{1}{100}$ になりますから，66年後の放射能の強さはまだ $\frac{1}{100}$ より大きいです。したがって，$\frac{1}{100}$ 以下になるのは67年後です。

練習 144 年利率3%の複利でa円を定期預金したとき，これが2倍以上になるのは何年後か。また，年利率が5%の場合はどうか。ただし，$\log_{10}2=0.3010$，$\log_{10}1.03=0.0128$，$\log_{10}1.05=0.0212$ とする。

定期テスト対策問題 9

解答・解説は別冊 p.103

1 次の式の値を求めよ。

(1) $\log_3 8\sqrt{3}-3\log_3 6$

(2) $(2\log_{10}5)^2+2(\log_{10}4)(\log_{10}25)+(\log_{10}4)^2$

(3) $(\log_3 2+\log_9 2)(\log_4 3+\log_8 3)$

2 $\log_{10}2=x$，$\log_{10}3=y$ とおくとき，次の数を x，y で表せ。

(1) $\log_{10}18$　(2) $\log_{10}\sqrt{0.2}$　(3) $\log_{45}\sqrt{12}$

3 $\sqrt{2}^{\log_2 9}$ は有理数になることを示せ。

4 次の方程式を解け。

(1) $\log_{10}x-\log_{10}(2-x)=\log_{10}(x+1)$

(2) $\log_2 x+\log_x 16=4$

5 次の不等式を解け。

(1) $\log_3(x-3)>\log_3(x^2-6x+5)-1$

(2) $\log_3 x>\log_9(x+6)$

6 関数 $y=\log_3(x+2)+\log_3(4-x)$ について，次の問いに答えよ。

(1) x の値の範囲を求めよ。

(2) y の最大値およびそのときの x の値を求めよ。

7 $\log_{10}2=0.3010$，$\log_{10}3=0.4771$ とするとき，次の問いに答えよ。

(1) 6^{30} は何桁の数か。

(2) $\left(\frac{1}{3}\right)^{30}$ を小数で表すと，小数第何位に初めて 0 でない数字が現れるか。

8 色のついたガラス板があり，光線がこのガラス板を 1 枚通過するごとに，光の強さが通過前の 81％に減衰するという。このガラスを最低何枚重ねれば，光線が通過した後の光の強さが通過前の $\frac{1}{16}$ 以下になるか。$\log_{10}2=0.3010$，$\log_{10}3=0.4771$ として計算せよ。

Mathematics Ⅱ

第  章

微分法・積分法

第1節
微分法

1 平均変化率と微分係数

1 関数の極限値 ▷ 例題129

関数$f(x)$において，xがaと異なる値をとりながらaに限りなく近づくとき，$f(x)$の値がαに限りなく近づくならば

$$\lim_{x \to a} f(x) = \alpha \quad \text{または} \quad x \to a \text{のとき} f(x) \to \alpha$$

と書き，このαを，xがaに近づくときの$f(x)$の**極限値**という。

$f(x)=c$ (cは定数) のとき　$\displaystyle\lim_{x \to a} f(x) = c$

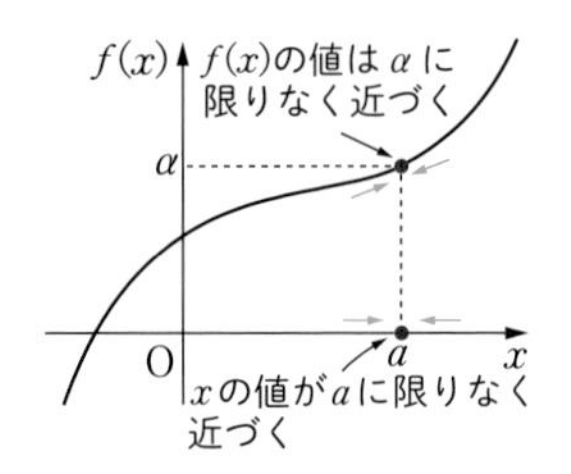

2 平均変化率 ▷ 例題130

関数$f(x)$において，$\dfrac{f(b)-f(a)}{b-a}$の値を，xがaからbまで変化するときの$f(x)$の**平均変化率**という。この値は，点$(a,\ f(a))$と点$(b,\ f(b))$を通る直線の傾きになる。

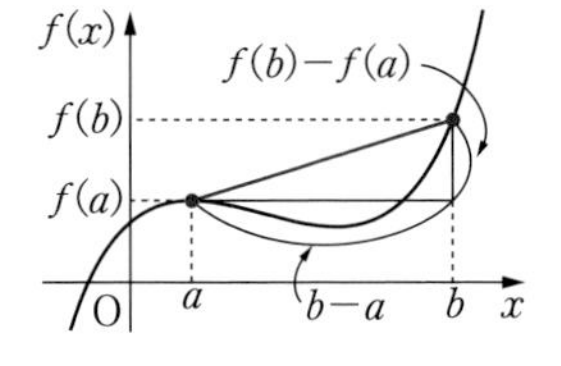

例 $f(x)=x^2$のとき，xが1から3まで変化するときの平均変化率は

$$\frac{f(3)-f(1)}{3-1} = \frac{9-1}{2} = 4$$

3 微分係数 ▷ 例題131

関数$f(x)$において，極限値

$$\lim_{b \to a} \frac{f(b)-f(a)}{b-a}$$

が存在するとき，この値を$f(x)$の$x=a$における**微分係数**または**変化率**といい，$f'(a)$で表す。右図のように，$f'(a)$は$x=a$における$f(x)$のグラフの接線の傾きになる。

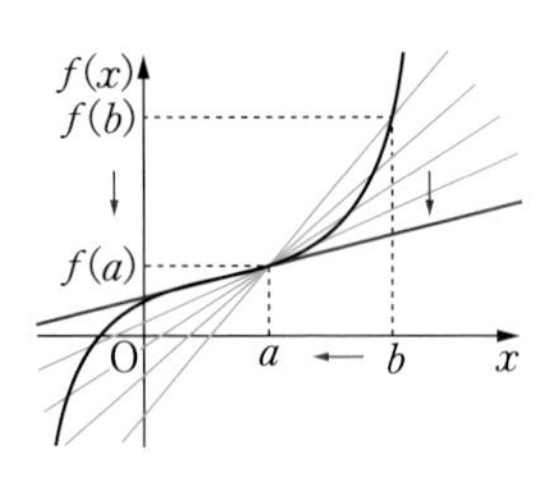

例 $f(x)=x^2$のとき

$$f'(1) = \lim_{b \to 1} \frac{b^2-1^2}{b-1}$$
$$= \lim_{b \to 1}(b+1) = 2$$

例題 129 関数の極限値

★★★ 基本

次の極限値を求めよ。

(1) $\lim_{x \to 2}(2x+1)$　(2) $\lim_{x \to 4}\dfrac{x^2-5x+4}{x-4}$　(3) $\lim_{x \to 2}\dfrac{x^3-x^2-2x}{x^3-3x^2+2x}$

POINT 関数の極限 $\lim_{x \to a}\dfrac{f(x)}{x-a}$ は $x \neq a$ として $f(x)$ を変形

極限値を求める関数が分数式で，その分母が $x \to a$ で0になるときは，$x \neq a$ として $f(x)$ を変形し，分母・分子を $x-a$ で割ります。 $x \to a$ であるとき，x は a と異なる値をとりながら a に限りなく近づくので，$x \neq a$ すなわち $x-a \neq 0$ です。

(1)は，$\lim_{x \to a}f(x)=f(a)$ として計算してよいです。

解答

(1) $\lim_{x \to 2}(2x+1)=2\cdot2+1=\mathbf{5}$ 答

(2) $\lim_{x \to 4}\dfrac{x^2-5x+4}{x-4}$ ❶ $=\lim_{x \to 4}\dfrac{(x-4)(x-1)}{x-4}$

$=\lim_{x \to 4}(x-1)$ ❷ $=4-1=\mathbf{3}$ 答

(3) $\lim_{x \to 2}\dfrac{x^3-x^2-2x}{x^3-3x^2+2x}=\lim_{x \to 2}\dfrac{x(x-2)(x+1)}{x(x-2)(x-1)}$

$=\lim_{x \to 2}\dfrac{x+1}{x-1}$ ❸ $=\dfrac{2+1}{2-1}=\mathbf{3}$ 答

アドバイス

❶ $x \to 4$ で，分母に $x-4$ があるので分子を変形します。

❷ $x \neq 4$ だから分母・分子を $x-4$ で割ります。

❸ $x \to 2$ だから $x \neq 2$
また，x が2に近づくので $x \neq 0$ としてよいです。

Q $\lim_{x \to a}f(x)$ は $f(a)$ とどう違うのですか？

A 関数値 $f(a)$ はグラフ上の点についてだけ考えるのに対し，極限値は $\lim_{x \to a}f(x)=\alpha$ に対応する点がグラフ上になくてもかまわないことが違います。例えば，上の例題の(2)で，$y=f(x)$ のグラフは右のようになります。分母に $x-4$ がありますから，x が4のときの値 $f(4)$ は存在しません。しかし，x の値を4に近づけると，$\lim_{x \to 4}f(x)$ が3になることが右図からもわかります。

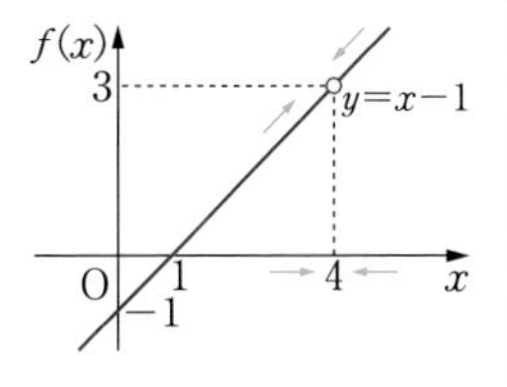

練習 145 次の極限値を求めよ。

(1) $\lim_{x \to 3}(x-1)(x-3)$　(2) $\lim_{x \to 0}\dfrac{x^2+x}{x}$　(3) $\lim_{x \to -1}\dfrac{x^3+1}{x^2-3x-4}$

例題 130 平均変化率

(1) xの値が1から3まで変わるとき，次の関数の平均変化率を求めよ。

(i) $f(x)=3x$　　(ii) $f(x)=x^2-7x+4$

(2) xの値が2から$2+h$まで変わるとき，関数$f(x)=x^2$の平均変化率を求めよ。

POINT 平均変化率の計算は2点$(a,\ f(a))$，$(b,\ f(b))$から

関数$f(x)$で，xの値がaからbまで変わるとき，xの増加量は$b-a$で，$f(x)$の増加量は$f(b)-f(a)$です。

そこで，$\dfrac{f(b)-f(a)}{b-a}$の値を「xがaからbまで変わるときの$f(x)$の平均変化率」といいます。この値は**2点$(a,\ f(a))$，$(b,\ f(b))$を通る直線の傾き**にほかなりません。

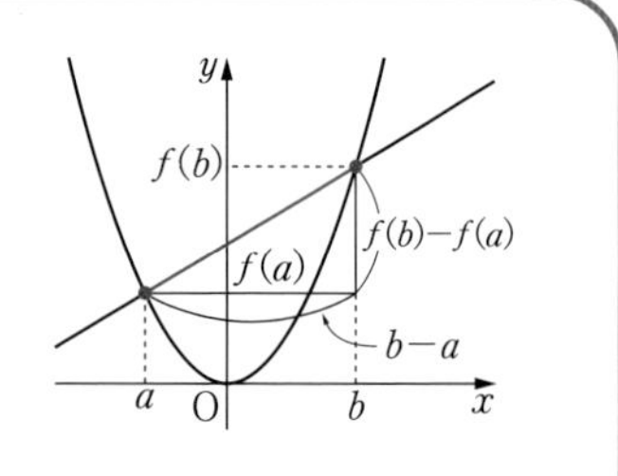

解答

(1) (i) $f(x)=3x$のとき

$$\frac{f(3)-f(1)}{3-1}=\frac{3\cdot3-3\cdot1}{2}=\frac{6}{2}$$ ❶

$$=\mathbf{3}$$ 答

(ii) $f(x)=x^2-7x+4$のとき

$$\frac{f(3)-f(1)}{3-1}=\frac{3^2-7\cdot3+4-(1^2-7\cdot1+4)}{2}$$

$$=\frac{(-8)-(-2)}{2}=\mathbf{-3}$$ 答

(2) $f(x)=x^2$のとき

$$\frac{f(2+h)-f(2)}{(2+h)-2}=\frac{(2+h)^2-2^2}{h}=\frac{4h+h^2}{h}$$

$$=\mathbf{4+h}$$ ❷ 答

アドバイス

❶ 平均変化率の計算では，引く順序を間違えないように。「直線の傾きを求める」と考えましょう。
例えば，2点(1, 0)，(2, 4)を結んだ直線の傾きは

セット $\dfrac{4-0}{2-1}$ セット

❷ この問題では，もちろん$h\neq0$である。hは負の数でもかまいません。

練習 146 関数$f(x)=3x-2$について，xの値が3から$3+h$まで変わるときの平均変化率を求めよ。

練習 147 関数$f(x)=x^3-5$について，xの値がaから$a+h$まで変わるときの平均変化率を求めよ。

例題 131 微分係数

★★★ 標準

関数$f(x)=x^2-3x+2$について，次の微分係数を求めよ。

(1) $f'(2)$　　(2) $f'(a)$

微分係数$f'(a)$は，点$(a,\ f(a))$での接線の傾き

関数$f(x)$の$x=a$における微分係数$f'(a)$は

$$f'(a)=\lim_{b\to a}\frac{f(b)-f(a)}{b-a}$$

または，$b-a=h$とおいて

$$f'(a)=\lim_{h\to 0}\frac{f(a+h)-f(a)}{h}$$

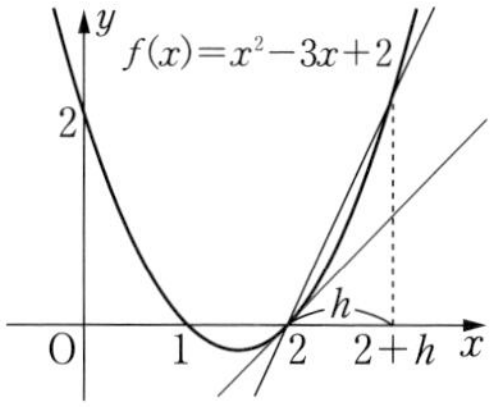

と定義されます。これは，xがaからbまで変わるときの平均変化率，すなわち，2点$(a,\ f(a))$，$(b,\ f(b))$を通る直線の傾きを，bが限りなくaに近づいたときについて求めたものです。したがって，この値**$f'(a)$は$x=a$のとき，すなわち点$(a,\ f(a))$における接線の傾き**になります。

（図：y，$f(x)=x^2-3x+2$，2，O，1，2，$2+h$，h，x）

解答

$$f(x)=x^2-3x+2$$

(1) $f'(2)=\lim_{h\to 0}\frac{f(2+h)-f(2)}{h}$ ❶

$=\lim_{h\to 0}\frac{\{(2+h)^2-3(2+h)+2\}-(2^2-3\cdot 2+2)}{h}$

$=\lim_{h\to 0}\frac{h^2+h}{h}=\lim_{h\to 0}(h+1)=\mathbf{1}$ 答

(2) $f'(a)=\lim_{h\to 0}\frac{f(a+h)-f(a)}{h}$

$=\lim_{h\to 0}\frac{\{(a+h)^2-3(a+h)+2\}-(a^2-3a+2)}{h}$

$=\lim_{h\to 0}\frac{2ah+h^2-3h}{h}$

$=\lim_{h\to 0}(2a+h-3)=\boldsymbol{2a-3}$ ❷ 答

アドバイス

❶ x座標が2からhだけ大きい点が，限りなく2に近づくと考えます。

❷ このaにx座標を入れると，$y=f(x)$上のすべての点における接線の傾きが求められます。例えば

$x=2$:　$2\cdot 2-3=1$

$x=5$:　$2\cdot 5-3=7$

練習 148 次の関数について，$x=1$における微分係数を求めよ。また，$x=a$における微分係数を求めよ。

(1) $f(x)=\frac{1}{3}x^2+1$　　(2) $f(x)=x^3-2x$

2　導関数

1　導関数の定義　▷ 例題132　例題133

関数$f(x)$が与えられたとき，微分係数$f'(a)$は点$(a,\ f(a))$での接線の傾きになるが，このaにいろいろな数を代入すると，$y=f(x)$のグラフ上のすべての点での接線の傾きを求めることができる。このとき，$x=a$に$f'(a)$を対応させると新しい関数$f'(x)$を定義することができる。これを$f(x)$の**導関数**という。すなわち

$$f'(x)=\lim_{h\to 0}\frac{f(x+h)-f(x)}{h}$$

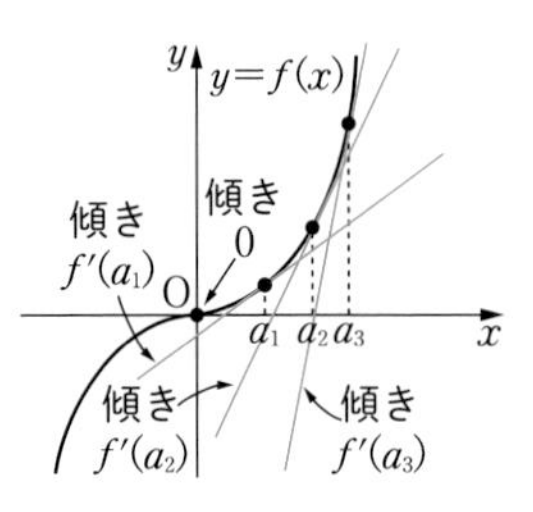

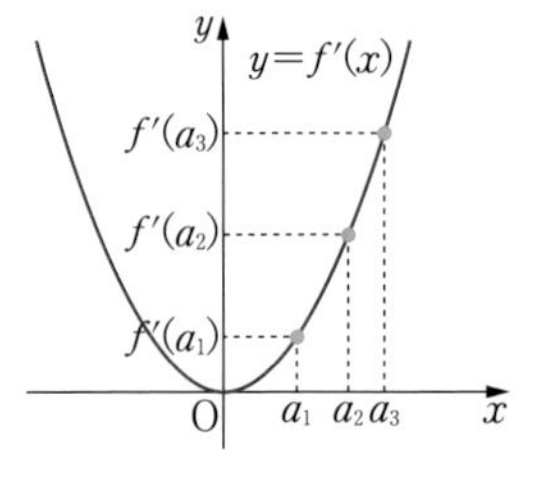

$y=f(x)$の導関数は$f'(x)$以外にy'，$\dfrac{dy}{dx}$などで表すこともある。$f(x)$から$f'(x)$を求めることを，**$f(x)$を微分する**という。

2　$y=x^n$ の導関数　▷ 例題132　例題133

関数$y=x^n$（$n=1,\ 2,\ 3,\ \cdots$）の導関数は

$$y'=nx^{n-1}$$

関数$y=c$（定数関数）の導関数は

$$y'=0$$

例　$y=x$のとき

$y'=1$

$y=x^2$のとき

$y'=2x$

$y=x^3$のとき

$y'=3x^2$

3　導関数の公式　▷ 例題132　例題133　例題134

関数$f(x)$，$g(x)$と定数k，lについて，次の公式が成り立つ。

$y=kf(x)$　ならば　$y'=kf'(x)$

$y=f(x)+g(x)$　ならば　$y'=f'(x)+g'(x)$

$y=kf(x)+lg(x)$　ならば　$y'=kf'(x)+lg'(x)$

例　$y=2x^3+x$のとき

$y'=(2x^3)'+(x)'=2(x^3)'+1$

$=2\cdot 3x^2+1=6x^2+1$

例題 132 導関数の計算① ★★★ 基本

(1) 次の関数の導関数を定義に従って求めよ。

(i) $y=x^2$　　(ii) $y=x^3$

(2) 次の関数を微分せよ。

(i) $y=3x^2+5x$　　(ii) $y=(x^2+1)(x-3)$

導関数の計算は定義または公式を用いて行う

- (1)は，「定義に従って」と指示されているので，導関数の定義 $f'(x)=\lim_{h\to 0}\frac{f(x+h)-f(x)}{h}$ を用いて計算します。
- (2)は，導関数の公式 $(x^n)'=nx^{n-1}$ を用いて計算します。

解答

(1)(i) $y'=\lim_{h\to 0}\frac{(x+h)^2-x^2}{h}=\lim_{h\to 0}\frac{x^2+2hx+h^2-x^2}{h}$

$=\lim_{h\to 0}\frac{h(2x+h)}{h}=\lim_{h\to 0}(2x+h)$ ❶ $=\mathbf{2x}$ (答)

(ii) $y'=\lim_{h\to 0}\frac{(x+h)^3-x^3}{h}$

$=\lim_{h\to 0}\frac{x^3+3x^2h+3xh^2+h^3-x^3}{h}$ ❷

$=\lim_{h\to 0}(3x^2+3xh+h^2)=\mathbf{3x^2}$ (答)

(2)(i) $y=3x^2+5x$

$y'=(3x^2)'+(5x)'=3(x^2)'+5(x)'$ ❸

$=3\cdot 2x+5\cdot 1=\mathbf{6x+5}$ (答)

(ii) $y=(x^2+1)(x-3)=x^3-3x^2+x-3$

$y'=3x^2-3\cdot 2x+1=\mathbf{3x^2-6x+1}$ (答)

アドバイス

❶ $h\to 0$なので分母・分子をhで割ります。

❷ $(a+b)^3=a^3+3a^2b+3ab^2+b^3$ です。（展開公式）

❸ 詳しく計算するとこのようになりますが，慣れればこの2つの式は省いてよいです。

練習 149 次の関数を微分せよ。

(1) $y=3x^3+7x+3$　　(2) $y=x(x-1)(x+1)$

(3) $y=(3x-2)^2$　　(4) $y=(x+3)(x+2)^2$

練習 150 次の関数を〔　〕内の文字について微分せよ。

(1) $s=4.9t^2$　〔t〕　　(2) $p=\frac{5}{9}(q-32)$　〔q〕

例題 133 導関数の計算② ★★★ 標準

次の問いに答えよ。

(1) $y=(ax+b)^2$ のとき，$y'=2a(ax+b)$ であることを示せ。

(2) (1)の結果を利用して，$y=(3x+1)^2$ を微分せよ。

POINT $y=(ax+b)^2$ の導関数は $y'=2a(ax+b)$

証明は，導関数の定義 $f'(x)=\lim_{h\to 0}\frac{f(x+h)-f(x)}{h}$ に従って計算します。

解答

(1) $y=(ax+b)^2$ のとき

$$y'=\lim_{h\to 0}\frac{\{a(x+h)+b\}^2-(ax+b)^2}{h} \quad ❶$$

$$=\lim_{h\to 0}\frac{\{(ax+b)+ah\}^2-(ax+b)^2}{h} \quad ❷$$

$$=\lim_{h\to 0}\frac{2(ax+b)ah+a^2h^2}{h}$$

$$=\lim_{h\to 0}\frac{\{2a(ax+b)+a^2h\}h}{h}$$

$$=\lim_{h\to 0}\{2a(ax+b)+a^2h\}=2a(ax+b)$$

(2) $y=(3x+1)^2$ のとき，(1)の結果から

$$y'=2\cdot 3(3x+1)=\mathbf{18x+6} \quad ❸$$ 答

アドバイス

❶ $f(x)=(ax+b)^2$ のとき
$f(x+h)=\{a(x+h)+b\}^2$
です。

❷ そのまま展開するよりも，$(ax+b)$ に着目して，このように変形したほうが計算がラクです。

❸ $(3x+1)^2=9x^2+6x+1$
から計算すると
$y'=\{(3x+1)^2\}'$
$=(9x^2+6x+1)'$
$=18x+6$

Q $y=(ax+b)^n$ の導関数 y' は，どのようになるのですか？

A $y=(ax+b)^3$，$y=(ax+b)^4$，……の導関数についても次のことがいえます。

$y=(ax+b)^3$ のとき　$y'=3a(ax+b)^2$

$y=(ax+b)^4$ のとき　$y'=4a(ax+b)^3$

……………………………………………

一般に　$y=(ax+b)^n$ のとき　$y'=na(ax+b)^{n-1}$

練習 151 次の問いに答えよ。

(1) $(x+h)^4-x^4=h(4x^3+6hx^2+4h^2x+h^3)$ を示せ。

(2) $(x^4)'=4x^3$ を示せ。

(3) $y=(2x^2-1)(3x^2+x-2)$ を微分せよ。

例題 134 関数の決定

★★★ 標準

2次関数$f(x)$が次の条件をすべて満たすとき，$f(x)$を求めよ。

$f(1)=1,\quad f'(1)=1,\quad f'(2)=5$

POINT 関数の決定問題は係数についての連立方程式を作る

- 求める文字定数がn個あるときは，条件から方程式をn個作り，それらを連立させて解きます。
- 本問で，$f(x)$は2次関数ですから$f(x)=ax^2+bx+c\ (a\neq 0)$とおくことができます。$f'(x)$を求めて，3つの条件から$a,\ b,\ c$についての連立方程式を作ります。

解答

$f(x)=ax^2+bx+c\ (a\neq 0)$❶ とおくと

$f'(x)=2ax+b$

$f(1)=1$❷ から　$a+b+c=1$　……①

$f'(1)=1$から　$2a+b=1$　……②

$f'(2)=5$から　$4a+b=5$　……③

③－②から　$2a=4,\quad a=2$

②に代入して　$4+b=1,\quad b=-3$

①に代入して　$2-3+c=1,\quad c=2$

よって，求める2次関数は

$\boldsymbol{f(x)=2x^2-3x+2}$ 答

アドバイス

❶ 2次関数だから，$a\neq 0$というただし書きを忘れないように。

❷ $f(1)=1$とは，$f(x)$のxに1を代入すると，その値が1になることです。
よって
$a\cdot 1^2+b\cdot 1+c=1$

STUDY 関数の決定問題での方程式の作り方

関数の係数などを決定するときには，まずわからない文字の個数を考える。上の例題では$a,\ b,\ c$の3個である。このとき，3つの文字を求めるには3つの方程式が必要になるので，条件から$f(x)$または$f'(x)$に関する3つの関係を見つければよい。
条件が文章で表されている場合は，「グラフが点$(1,\ 2)$を通る」，「点$(2,\ 0)$での接線の傾きが-1」などといった部分に下線を引いて，条件を整理すれば方程式を作ることができる。

練習 152 関数$f(x)=ax^3+bx^2+cx+d$において，$f(0)=1,\ f(1)=2,\ f'(0)=2,\ f'(1)=3$のとき，$a,\ b,\ c,\ d$の値を求めよ。

練習 153 3次関数$f(x)=ax^3+bx^2-6$がある。$f'(1)=7,\ f'(-2)=4$となるように定数$a,\ b$の値を定めよ。

3 接線の方程式

1 接線の方程式 ▷ 例題135

曲線$y=f(x)$上の点$\mathrm{P}(a,\ f(a))$における接線の方程式は

$$\boldsymbol{y-f(a)=f'(a)(x-a)}$$

例 放物線$y=x^2-3x$上の点$(1,\ -2)$における接線の傾きは，$y'=2x-3$より，-1である。よって，その点における接線の方程式は

$$y-(-2)=-1\cdot(x-1)$$

すなわち

$$y=-x-1$$

2 与えられた点を通る接線 ▷ 例題136

曲線$y=f(x)$上にない定点を通る接線は，接点を$(a,\ f(a))$とおいて接線の方程式

$$y-f(a)=f'(a)(x-a) \quad \cdots\cdots①$$

を作る。次に，接線①が与えられた点を通る条件から，aの値を求め，①の式に代入する。

3 法線の方程式 ▷ 例題137

法線とは，曲線上の点で，その点(接点)における接線と垂直に交わる直線である。

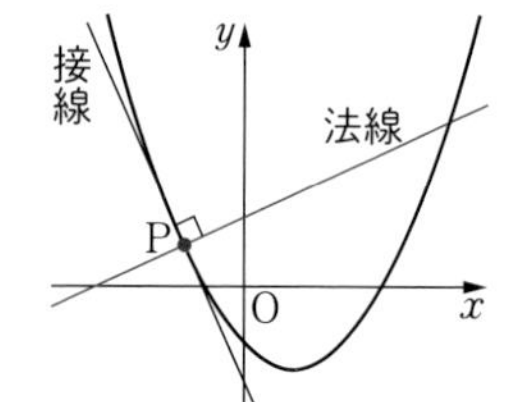

点$\mathrm{P}(a,\ f(a))$における法線の傾きをmとすると，

$f'(a)\neq 0$のとき

$$m\cdot f'(a)=-1 \qquad \text{つまり} \qquad m=-\frac{1}{f'(a)}$$

となる。よって，法線の方程式は

$$\boldsymbol{y-f(a)=-\frac{1}{f'(a)}(x-a)}$$

なお，$f'(a)=0$のとき

接線は$y=f(a)$，法線は$x=a$

である。

例題 135 接線の方程式

★★★ 標準

関数$f(x)=x^3-4x$について，次の問いに答えよ。

(1) 曲線$y=f(x)$上の点$(2,\ 0)$における接線の方程式を求めよ。

(2) 直線$y=-x+1$に平行な接線の方程式を求めよ。

点$(a,\ f(a))$における接線は$y-f(a)=f'(a)(x-a)$

曲線$y=f(x)$上の点$\mathrm{P}(a,\ f(a))$における接線の傾きは$f'(a)$です。また，点$(x_1,\ y_1)$を通り，傾きがmの直線の方程式は　$y-y_1=m(x-x_1)$

だから，**点$\mathrm{P}(a,\ f(a))$における接線の方程式は**

$$y-f(a)=f'(a)(x-a)$$

(2)は，まず，$f'(x)=-1$となるxの値を求めます。

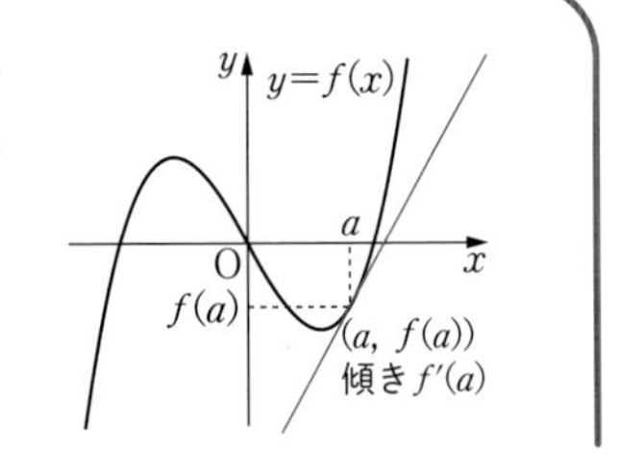

解答

(1)　$f(x)=x^3-4x$

$f'(x)=3x^2-4$

$x=2$のとき　$f'(2)=3\cdot2^2-4=8$ ❶

よって，点$(2,\ 0)$における接線の方程式は

$y-0=8(x-2)$ ❷

すなわち　$\boldsymbol{y=8x-16}$ （答）

(2) 直線$y=-x+1$に平行な接線の傾きは-1 ❸

だから　$f'(x)=3x^2-4=-1$

$3x^2=3,\quad x^2=1$　したがって　$x=\pm1$ ❹

$x=1$のとき　$f(1)=1^3-4\cdot1=-3$

よって，点$(1,\ -3)$における接線の方程式は

$y-(-3)=-(x-1)$

すなわち　$\boldsymbol{y=-x-2}$ （答）

$x=-1$のとき　$f(-1)=(-1)^3-4\cdot(-1)=3$

よって，点$(-1,\ 3)$における接線の方程式は

$y-3=-\{x-(-1)\}$

すなわち　$\boldsymbol{y=-x+2}$ （答）

アドバイス

❶ これが点$(2,\ 0)$での接線の傾きになります。

❷ $y-0=8(x-2)$
（8は$f'(2)$，0と2は点$(2,\ 0)$）

❸ 2直線$y=m_1x+n_1$と$y=m_2x+n_2$が平行ならば$m_1=m_2$です。

❹

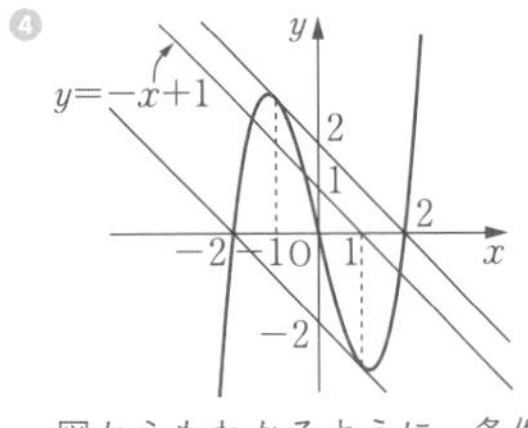

図からもわかるように，条件を満たす接線は2本あります。

練習 154　次の曲線上の与えられた点における接線の方程式を求めよ。

(1) $y=-x^2+4x-1$　点$(3,\ 2)$　　(2) $y=x^3-4x$　点$(-1,\ 3)$

例題 136　曲線外の点からの接線の方程式　★★★　応用

原点 $(0,\ 0)$ から，曲線 $f(x)=x^2+2x+4$ に引いた接線の方程式と，接点の座標を求めよ。

POINT　曲線外の点からの接線は接点を $(a,\ f(a))$ とおく

曲線 $y=f(x)$ 上の点 $(a,\ f(a))$ における接線の方程式を作り，これが与えられた点を通るように，定数 a の値を定めます。

まず，接点の座標を考える。この点は曲線 $y=f(x)$ 上の点ですから $(a,\ f(a))$ とおけます。

この点における接線　$\boldsymbol{y-f(a)=f'(a)(x-a)}$

が，原点 $(0,\ 0)$ を通るように定数 a の値を定めます。

右図のように2本の接線が引けることに注意します。

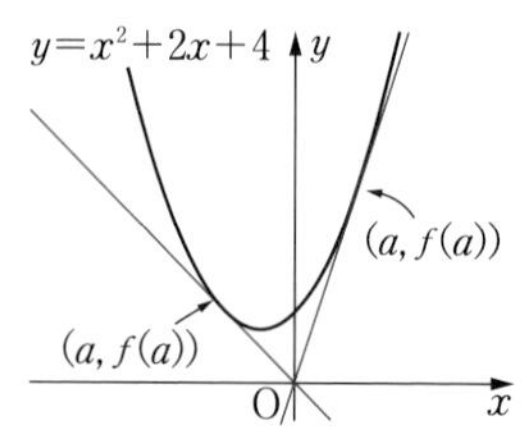

解答

$$f(x)=x^2+2x+4 \quad \cdots\cdots①$$
$$f'(x)=2x+2$$

①上の点 $(a,\ a^2+2a+4)$❶ における接線の方程式は

$$y-(a^2+2a+4)=(2a+2)(x-a) \text{❷}$$

よって　$y=(2a+2)x-a^2+4$　……②

これが原点 $(0,\ 0)$ を通ることから

$$0=(2a+2)\cdot 0-a^2+4$$
$$a^2=4,\quad a=\pm 2$$

$a=2$ のとき，接点は

$(2,\ 2^2+2\cdot 2+4$❸$)$ から　**$(2,\ 12)$** 答

②から，接線の方程式は　$y=(2\cdot 2+2)x-2^2+4$

すなわち　$\boldsymbol{y=6x}$❹ 答

$a=-2$ のとき，接点は

$(-2,\ (-2)^2+2(-2)+4)$ から　**$(-2,\ 4)$** 答

②から，接線の方程式は　$y=\{2(-2)+2\}x-(-2)^2+4$

すなわち　$\boldsymbol{y=-2x}$ 答

アドバイス

❶ 曲線 $f(x)=x^2+2x+4$ 上の点の x 座標を a とすると，y 座標は
$f(a)=a^2+2a+4$

❷ 曲線上の点 $(a,\ f(a))$ における接線の方程式は
$y-f(a)=f'(a)(x-a)$

❸ $a=2$ を
$f(a)=a^2+2a+4$
に代入します。

❹ 原点を通る直線なので
$y=mx$
の形になります。

練習 155　点 $(1,\ 0)$ から，放物線 $y=x^2+3$ に引いた接線の方程式を求めよ。

練習 156　点 $(2,\ 1)$ から，曲線 $y=x^3+1$ に引いた接線の方程式を求めよ。

例題 137 法線の方程式

★★★ 応用

曲線$y=x^3-3x^2+2x$上の点Pにおける法線の傾きが1である。このとき，点Pの座標と点Pにおける法線の方程式を求めよ。

POINT 接線の傾きが$f'(a)(\neq 0)$のとき法線の傾きは$-\dfrac{1}{f'(a)}$

本問では，点$P(a,\ f(a))$とおき，法線の傾き$-\dfrac{1}{f'(a)}$が1であることから，aの値を求めます。

解答

$$f(x)=x^3-3x^2+2x$$
$$f'(x)=3x^2-6x+2$$

$P(a,\ f(a))$とおくと，点Pにおける法線の傾きが1より

$$-\frac{1}{f'(a)}=1 \quad \text{すなわち} \quad f'(a)=-1$$ ❶

したがって　$f'(a)=3a^2-6a+2=-1$

$$3a^2-6a+3=0,\quad 3(a-1)^2=0$$ ❷

すなわち　$a=1$

$f(1)=1^3-3\cdot1^2+2\cdot1=0$より　$\mathbf{P(1,\ 0)}$ 答

よって，法線の方程式は

$$y-0=1\cdot(x-1)$$ ❸

すなわち　$\boldsymbol{y=x-1}$ 答

アドバイス

❶ 接線の傾きが$f'(a)$のとき法線の傾きは$-\dfrac{1}{f'(a)}$

❷ 解が重解ですから，接線，法線は，それぞれ1つ。

❸ 点$(a,\ b)$を通り傾きmの直線の方程式は$y-b=m(x-a)$

STUDY 接線，法線の傾きが0の場合

曲線$y=f(x)$上の点$P(a,\ f(a))$における接線の傾きが0の場合は，右図のように

接線$y=f(a)$，法線$x=a$

である。

また，曲線$x=g(y)$上の点$(g(a),\ a)$における法線の傾きが0の場合は

接線$x=g(a)$，法線$y=a$

となる。

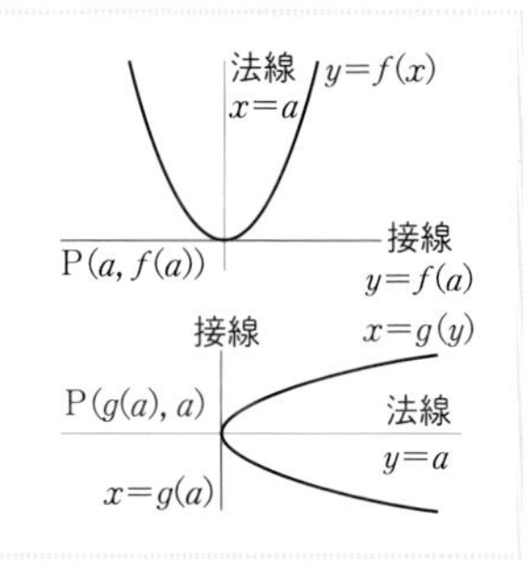

練習 157 曲線$y=x^3-2x$上の点Pにおける法線の傾きが-1であるとき，点Pの座標と点Pにおける法線の方程式を求めよ。

4　関数の増減と極大・極小

1 関数の増減 ▷ 例題 138

関数の増減については，次のことが成り立つ。

ある区間でつねに $f'(x)>0$

$\Longrightarrow$ その区間で $f(x)$ は単調に増加

ある区間でつねに $f'(x)<0$

$\Longrightarrow$ その区間で $f(x)$ は単調に減少

ある区間でつねに $f'(x)=0$

$\Longrightarrow$ その区間で $f(x)$ は定数

例 $f(x)=x^2-2x+3$ のとき

$f'(x)=2x-2=2(x-1)$

したがって

$x<1$　ならば　$f'(x)<0$

$x>1$　ならば　$f'(x)>0$

右図からもわかるように，$f(x)$ は

$x<1$ $(f'(x)<0)$ で単調に減少し，

$x>1$ $(f'(x)>0)$ で単調に増加する。

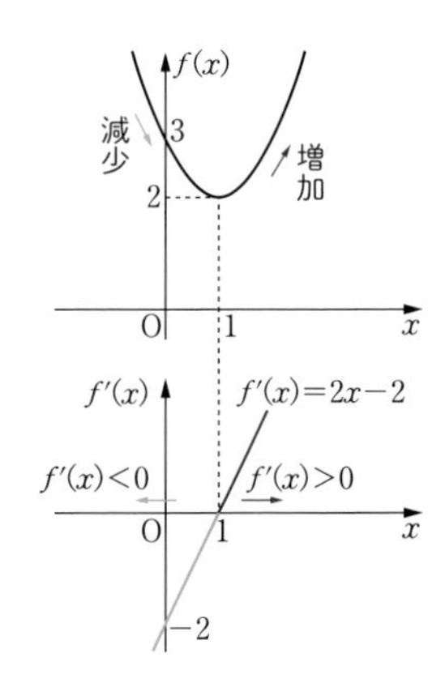

注意 $f(x)=x^3$ のとき

$f'(x)=3x^2$ $(\geqq 0)$

で，$x=0$ のとき $f'(x)=0$ となるが，$f'(x)=0$ となる x の値が有限個であるときも全体として単調増加と考える。

すなわち，

$f(x)=x^3$ は単調に増加する。

2 極大・極小の定義 ▷ 例題 139

関数 $f(x)$ において，$x=a$ の前後で $f'(x)$ の符号が，正から負にかわるとき

$x=a$ で $f(x)$ は**極大**になる

といい，$f(a)$ を**極大値**という。

逆に，$x=a$ の前後で $f'(x)$ の符号が，負から正に変わるとき

$x=a$ で $f(x)$ は**極小**になる

といい，$f(a)$ を**極小値**という。

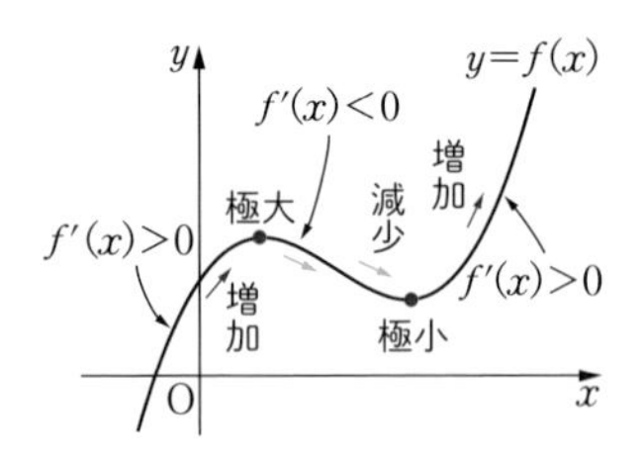

例 $f(x)=x^3-3x$ のとき

$$f'(x)=3x^2-3$$
$$=3(x+1)(x-1)$$

よって，$f(x)$ の増減表は次のようになる。

x	$\cdots$	-1	$\cdots$	1	$\cdots$
$f'(x)$	$+$	0	$-$	0	$+$
$f(x)$	↗	極大 2	↘	極小 -2	↗

$x=-1$ で極大となり，極大値は　2
$x=1$ で極小となり，極小値は　-2

3 極値の判定 ▷ 例題140 例題141

極大値，極小値をまとめて**極値**といい，次のことが成り立つ。

$f(x)$ が $x=a$ で極値をとる $\Longrightarrow$ $f'(a)=0$　　……(＊)

したがって，関数 $f(x)$ の極値を求めるには

$f'(x)=0$ となる x の値

を求め，その値の前後において $f'(x)$ の符号が変化するかどうかを調べればよい。ただし，$f'(x)=0$ となる x の値は，あくまでも極値をとる x の値の「候補」にしか過ぎない。上の命題(＊)の逆である「$f'(a)=0 \Longrightarrow f(x)$ が $x=a$ で極値をとる」は成り立たないことに注意。必ず増減表をかいて，$f'(a)=0$ となる a の前後の符号の変化を調べなければならない。

例 $f(x)=x^3$ とすると

$$f'(x)=3x^2$$

だから　　$f'(0)=0$

となるが，右の増減表のように，$x=0$ の前後で $f'(x)$ の符号は変化しない。したがって，$f(0)$ は極値ではない。

x	$\cdots$	0	$\cdots$
$f'(x)$	$+$	0	$+$
$f(x)$	↗	0	↗

注意 上の(＊)は，2次関数や3次関数などの整関数について成り立つものである。例えば $f(x)=|x|$ という関数は $x=0$ で極小値をとるが，微分係数 $f'(0)$ は存在しない。

例題 138 関数の増減

★★★ 基本

次の関数の増減を調べよ。

(1) $y=x^3-3x^2-9x$　　　(2) $y=-2x^3+6x+3$

$f(x)$ は $f'(x)>0$ の区間で増加，$f'(x)<0$ の区間で減少

関数 $f(x)$ の増減は，その導関数 $f'(x)$ の符号で判定できます。

解答

(1) $y'=3x^2-6x-9=3(x+1)(x-3)$ ❶

$y'=0$ となる x の値は　$x=-1,\ 3$

よって，この関数の増減表は右のようになる。❷

x	$\cdots$	-1	$\cdots$	3	$\cdots$
y'	$+$	0	$-$	0	$+$
y	↗	5	↘	-27	↗

したがって

$\begin{cases} \boldsymbol{x<-1,\ 3<x} \text{ で増加} \\ \boldsymbol{-1<x<3} \text{ で減少} \end{cases}$ 答

(2) $y'=-6x^2+6=-6(x+1)(x-1)$

$y'=0$ となる x の値は　$x=\pm1$

よって，この関数の増減表は右のようになる。

x	$\cdots$	-1	$\cdots$	1	$\cdots$
y'	$-$	0	$+$	0	$-$
y	↘	-1	↗	7	↘

したがって

$\begin{cases} \boldsymbol{x<-1,\ 1<x} \text{ で減少} \\ \boldsymbol{-1<x<1} \text{ で増加} \end{cases}$ 答

アドバイス

❶ $y'=0$ となる x の値を求めるには，右辺を因数分解して，「$=0$」とおきます。

❷ y' の正負を判定するには適当な値を y' に代入してみます。例えば

$x=-2$ のとき $y'=15>0$

$x=0$ のとき $y'=-9<0$

$x=4$ のとき $y'=15>0$

y' は2次関数なので，グラフから考えてもよいです。

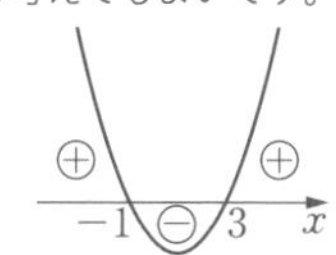

Q 関数の増減を調べるポイントはありますか？

A y' の値が正→負または負→正と変わるときは，必ず一度 $y'=0$ となります。したがって，y の増減を調べるには $y'=0$ となる x の値を求めるのがポイントです。

x	$\cdots$	-1	$\cdots$	3	$\cdots$
y'	$+$	0	$-$	0	$+$
y	↗	5	↘	-27	↗

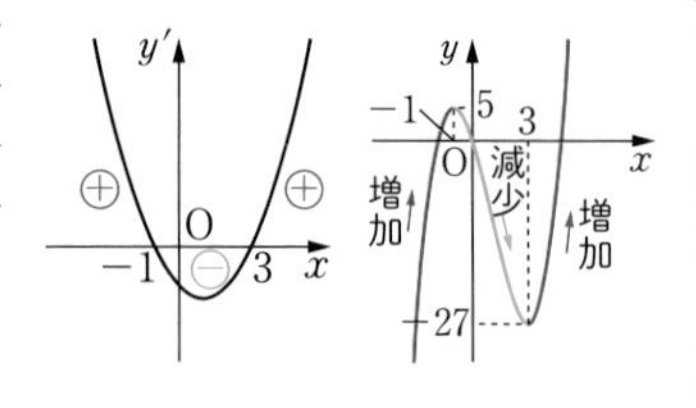

練習 158 次の関数の増加，減少を調べよ。

(1) $y=x^3-9x^2+5$　　　(2) $y=x^3+3x$

例題 139 関数のグラフ

★★★ 標準

次の関数の極値を求め，そのグラフをかけ。

(1)　$y=x^3-6x^2+9x-1$　　(2)　$y=x^4-6x^2-8x$

関数のグラフをかくときは，極値から増減表を作る

関数yの導関数y'が0となるxの値の前後でy'の符号が変化すれば，yはその点で極値をとります。よって，増減表を作り，y'の符号の変化を調べます。

解答

(1)　$y'=3x^2-12x+9=3(x^2-4x+3)=3(x-1)(x-3)$

$y'=0$となるxの値は　$x=1,\ 3$ ❶

したがって，関数yの増減表は次のようになる。

x	…	1	…	3	…
y'	+	0	−	0	+
y	↗	3 極大	↘	−1 極小	↗

極大値3（$x=1$のとき）
極小値−1（$x=3$のとき） ❷　(答)

よって，グラフは右上図のようになる。

(2)　$y'=4x^3-12x-8=4(x^3-3x-2)$ ❸
$=4(x+1)^2(x-2)$ ❹

$y'=0$となるxの値は　$x=-1,\ 2$

したがって，関数yの増減表は次のようになる。

x	…	−1	…	2	…
y'	−	0	−	0	+
y	↘	3	↘	極小 −24	↗

極小値−24（$x=2$のとき）
極大値は存在しない。　(答)

よって，グラフは右図のようになる。

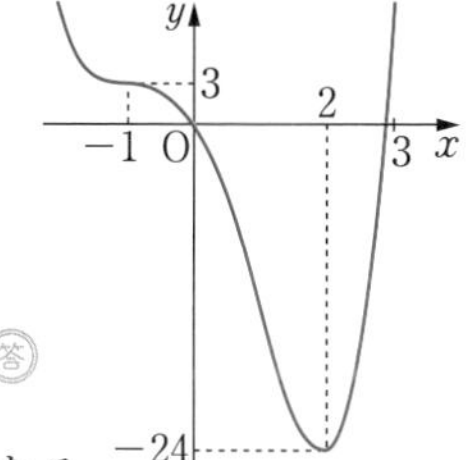

アドバイス

❶ $y'=0$となるxの値を求めて，その前後のy'の符号の変化を調べます。
$y'=3(x-1)(x-3)$のxに0，2，4などを入れると
$3(0-1)(0-3)>0$
負 × 負 ＝正
$3(2-1)(2-3)<0$
正 × 負 ＝負
$3(4-1)(4-3)>0$
正 × 正 ＝正

❷ yが極値をとるときのxの値（つまり，$x=1,\ 3$）を$y=x^3-6x^2+9x-1$に代入すれば，極大値，極小値が求められます。

❸ $y'=4(x+1)(x^2-x-2)$
$=4(x+1)\cdot(x+1)(x-2)$
$=4(x+1)^2(x-2)$

❹ y'のグラフは

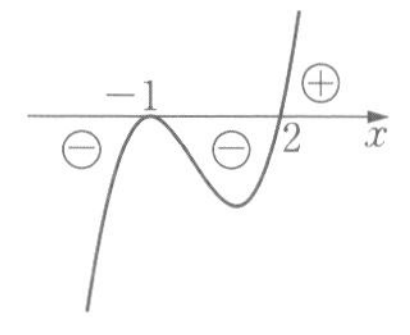

練習 159　次の関数の極値を求め，グラフをかけ。

(1)　$y=4x^3-3x^2-6x+2$　　(2)　$y=-x^3+3x^2-2$

(3)　$y=x^3-3x^2+3x+1$　　(4)　$y=x^4-8x^2+12$

例題 140 関数の決定①

★★★ 標準

関数$f(x)=x^3+ax^2+bx+4$が$x=1$で極小値-1をとるようにa，bの値を定めよ。

$f(x)$が$x=a$で極値をもつならば$f'(a)=0$

本問では，$x=1$で極値をとることから$f'(1)=0$で，このときの極小値が-1であることから$f(1)=-1$，この2つの条件から，a，bについての方程式が2つ得られます。この連立方程式を解いて，a，bの値を求めればよいです。

解答

$$f(x)=x^3+ax^2+bx+4$$
$$f'(x)=3x^2+2ax+b$$

$x=1$のとき極値をとることから❶　　$f'(1)=0$

よって　　$3\cdot1^2+2a\cdot1+b=0$

$$2a+b=-3 \quad \cdots\cdots①$$

また，$x=1$のとき極小値-1をとることから❶

$$f(1)=1^3+a\cdot1^2+b\cdot1+4=-1$$
$$a+b=-6 \quad \cdots\cdots②$$

①，②から　　$a=3$，$b=-9$❷

よって　　$f(x)=x^3+3x^2-9x+4$

$$f'(x)=3x^2+6x-9=3(x^2+2x-3)=3(x+3)(x-1)$$

$f'(x)=0$となるxの値は　　$x=-3$，1

したがって，この関数の増減表は下のようになり，$x=1$で確かに極小となるから

$a=3$，$b=-9$ 答

x	$\cdots$	-3	$\cdots$	1	$\cdots$
$f'(x)$	$+$	0	$-$	0	$+$
$f(x)$	↗	31 極大	↘	-1 極小	↗

アドバイス

❶ 問題文中の「$x=1$で極小値-1をとる」ということから2つの式を作ります。
$x=1$で
　極値をとる $\Longrightarrow$ $f'(1)=0$
　極小値-1 $\Longrightarrow$ $f(1)=-1$

❷ この段階でa，bの値は出てきますが，その値が題意を満たすこと（すなわち，$x=1$で極小値をとること）を確認しなければなりません。
$f'(1)=0$でも$x=1$で極値をとるとは限りません。また，極値をとっても極小値とは限らないからです。そのため増減表を作って確認します。

練習 160　関数$f(x)=-x^3+ax^2+bx-1$が$x=1$で極大値1をとるように，a，bの値を定めよ。また，$f(x)$の極小値を求めよ。

練習 161　関数$f(x)=ax^3+bx^2+cx+\dfrac{1}{2}$について，次の(i)，(ii)がともに成り立つようにa，b，cの値を定めよ。

(i)　$f'(0)=-6$　　　　(ii)　$x=1$のとき極小値-3をとる。

例題 141 関数の決定②

★★★ 応用

関数 $f(x)=x^3+ax^2+bx+1$ は $x=1$ で極大値，$x=3$ で極小値をとる。この関数 $f(x)$ を決定し，極大値，極小値を求めよ。

3次関数が $x=\alpha$，β で極値 $\Longrightarrow$ $f'(\alpha)=0$，$f'(\beta)=0$

3次関数 $f(x)$ が $x=\alpha$，β で極値をとるとき，導関数 $f'(x)$ は $x=\alpha$，β で0となります。求めた関数が題意を満たすことを確認するのを忘れないこと。本問では，まず $f'(x)$ を求め，$x=1$，3を代入して a，b について連立方程式を作ります。

解答

$$f(x)=x^3+ax^2+bx+1$$
$$f'(x)=3x^2+2ax+b$$

$f(x)$ が $x=1$ で極値をもつ❶ことから

$$f'(1)=3\cdot1^2+2a\cdot1+b=0$$
$$2a+b=-3 \quad \cdots\cdots ①$$

$f(x)$ が $x=3$ で極値をもつことから

$$f'(3)=3\cdot3^2+2a\cdot3+b=0$$
$$6a+b=-27 \quad \cdots\cdots ②$$

②−①から　$4a=-24$，$a=-6$

①に代入して　$b=9$

このとき　$f(x)=x^3-6x^2+9x+1$

$$f'(x)=3x^2-12x+9=3(x^2-4x+3)=3(x-1)(x-3)$$

$f(x)$ の増減表は右のようになり，題意を満たしている。❷

x	$\cdots$	1	$\cdots$	3	$\cdots$
$f'(x)$	+	0	−	0	+
$f(x)$	↗	極大	↘	極小	↗

よって　$\boldsymbol{f(x)=x^3-6x^2+9x+1}$ 答

また　**極大値は5（$x=1$ のとき）**，**極小値は1（$x=3$ のとき）** 答

アドバイス

❶ $x=1$ で極値をもつ $\Longrightarrow f'(1)=0$

ただし，$f'(x)=0$ であっても極値をもつとは限りません。増減表で確認します。

❷ 3次関数

$f(x)=ax^3+bx^2+cx+d$

について

$x=\alpha$，β　$(\alpha<\beta)$

で $f'(x)=0$ となるとすると

$a>0$ のとき
α で極大
β で極小

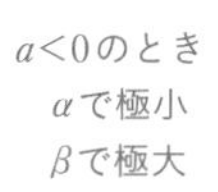

$a<0$ のとき
α で極小
β で極大

練習 162　関数 $f(x)=x^3+ax^2+bx$ が $x=-1$ で極大値，$x=2$ で極小値をもつという。関数 $f(x)$ を決定し，極大値，極小値を求めよ。

練習 163　a は負でない整数とする。関数 $f(x)=x^3+x^2+ax+2$ が極大値も極小値ももつとき，定数 a の値を求めよ。

5 関数の最大・最小

1 閉区間・開区間

区間の両端の値a，bを含む区間$\{x|a \leqq x \leqq b\}$を**閉区間**といい，記号

　　$[a,\ b]$

で表す。また，区間$\{x|a<x<b\}$を**開区間**といい，記号

　　$(a,\ b)$

で表す。

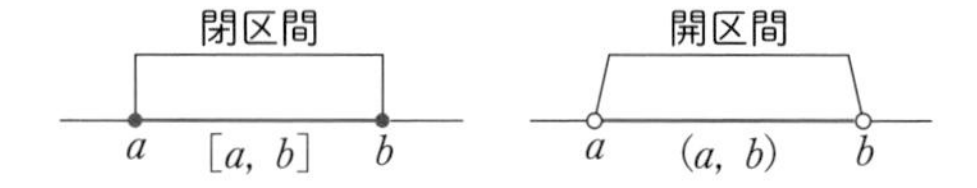

2 最大値・最小値 ▷ 例題142 例題143 例題144

閉区間$[a,\ b]$における関数$f(x)$のグラフが右図のようであるとき，この区間における$f(x)$の最大値は$f(a)$であり，最小値は$f(\alpha)$である。

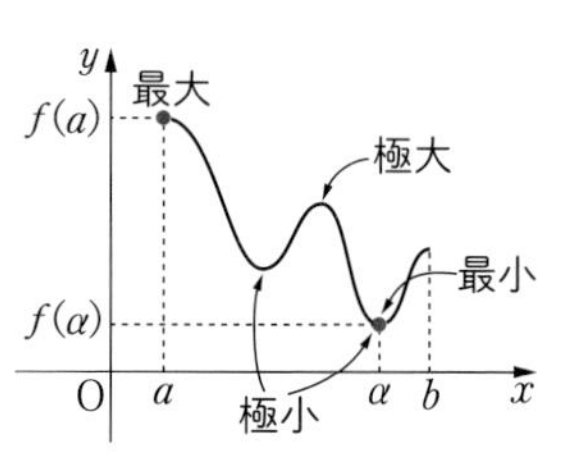

閉区間$[a,\ b]$における$f(x)$の最大値・最小値を求めるには，極大値・極小値と区間の両端での値$f(a)$，$f(b)$のすべてを求めて比べる。

区間が開区間のときは，最大値あるいは最小値が存在しない場合がある。

例 関数$f(x)=x^3-3x$の閉区間$[-2,\ 3]$における最大値・最小値を求めると

$$f'(x)=3x^2-3$$
$$=3(x+1)(x-1)$$

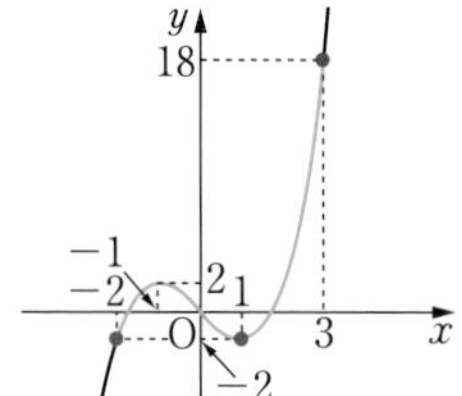

したがって，関数$f(x)$の増減表は次のようになる。

x	-2	$\cdots$	-1	$\cdots$	1	$\cdots$	3
$f'(x)$		$+$	0	$-$	0	$+$	
$f(x)$	-2	↗	2 極大	↘	-2 極小	↗	18

よって

$$\begin{cases} 最大値\quad 18\quad (x=3) \\ 最小値\quad -2\quad (x=-2,\ 1) \end{cases}$$

例題 142 関数の最大・最小

★★★ 標準

次の関数の最大値・最小値を求めよ。

(1) $f(x)=x^3-3x^2+1$ $(-1\leqq x\leqq 4)$　　(2) $f(x)=-2x^3+3x^2+4$ $(0\leqq x\leqq 2)$

POINT 関数の最大値・最小値は増減表を作る

- 関数の最大値・最小値を求めるには，**極大値・極小値および区間の両端における関数の値をすべて求めて比較**します。
- 増減表を利用してグラフをかくと全体の増減のようすがわかるので，計算ミスなどが防げます。

解答

(1) $f(x)=x^3-3x^2+1$ ❶ $(-1\leqq x\leqq 4)$

$f'(x)=3x^2-6x=3x(x-2)$

$f'(x)=0$ となる x の値は　$x=0,\ 2$

よって，この関数の増減表は右のようになる。

x	-1	$\cdots$	0	$\cdots$	2	$\cdots$	4
$f'(x)$		$+$	0	$-$	0	$+$	
$f(x)$	-3	↗	1 極大	↘	-3 極小	↗	17

したがって　$\begin{cases}\textbf{最大値 } 17 \quad (x=4)\\ \textbf{最小値 } -3 \quad (x=-1,\ 2)\end{cases}$ 答

(2) $f(x)=-2x^3+3x^2+4$ ❷ $(0\leqq x\leqq 2)$

$f'(x)=-6x^2+6x=-6x(x-1)$

$f'(x)=0$ となる x の値は　$x=0,\ 1$

よって，この関数の増減表は右のようになる。

x	0	$\cdots$	1	$\cdots$	2
$f'(x)$	0	$+$	0	$-$	
$f(x)$	4	↗	5 極大	↘	0

したがって

$\begin{cases}\textbf{最大値 } 5 \quad (x=1)\\ \textbf{最小値 } 0 \quad (x=2)\end{cases}$ 答

アドバイス

❶ グラフは下のようになります。

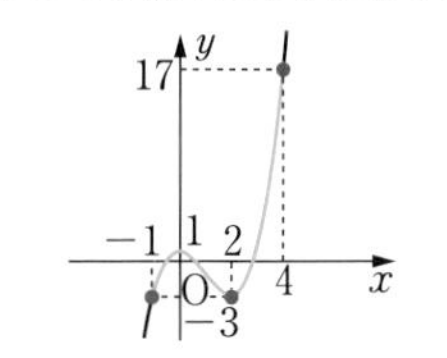

❷ グラフは下のようになります。

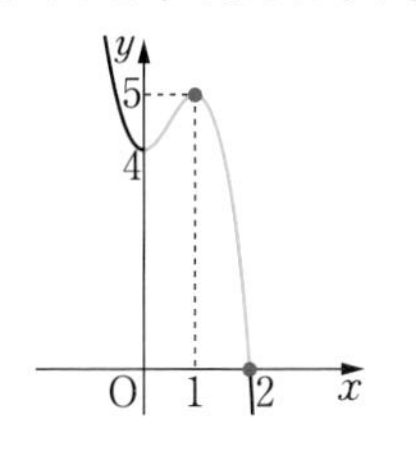

練習 164 次の関数の最大値・最小値を求めよ。

(1) $f(x)=2x^3-3x^2-12x$ $(-2\leqq x\leqq 4)$

(2) $f(x)=-x^3+3x^2+9x-2$ $(-2\leqq x\leqq 5)$

例題 143 面積の最大値

★★★ 標準

放物線$y=3-x^2$とx軸とで囲まれた図形に内接し，x軸上に2つの頂点をもつ長方形の面積の最大値を求めよ。

面積の最大・最小は変数で表し，増減を調べる

- 図形の面積の最大・最小問題では，面積を変数で表し，関数の最大・最小を調べます。このとき，変数の値にどんな制限があるかに注意します。
- 本問では，放物線とx軸とで囲まれた図形はy軸に関して対称で，長方形が内接するので，長方形のx軸上の2点は$(x,\ 0)$，$(-x,\ 0)$$(x>0)$とおくことができます。

解答

右図のように，内接する長方形をABCDとする。
点Aの座標を$(x,\ 0)$とすると，
点B，C，Dの座標は❶

$B(x,\ 3-x^2)$
$C(-x,\ 3-x^2)$
$D(-x,\ 0)$

ここで，xのとり得る値の範囲は　$0<x<\sqrt{3}$❷
長方形ABCDの面積をSとすると

$S=2x(3-x^2)$❸ $=-2x^3+6x$
$S'=-6x^2+6=-6(x+1)(x-1)$

$0<x<\sqrt{3}$で$S'=0$となるxの値は　$x=1$❹
よって，Sの増減表は右のようになる。

x	0	$\cdots$	1	$\cdots$	$\sqrt{3}$
S'	／	$+$	0	$-$	／
S	／	↗	4	↘	／

したがって，長方形の面積は，**$x=1$のとき**，極大かつ最大で
最大値　4　答

アドバイス

❶ 点Aの座標が決まると，B，C，Dの位置も決まります。点Bは放物線$y=3-x^2$上の点だからy座標は$3-x^2$です。
❷ $x=0$，$x=\sqrt{3}$のときは，長方形がぺちゃんこになってしまいます。そこで，xの変域は
$0<x<\sqrt{3}$
❸ $AB=3-x^2$，$AD=2x$
❹ $S'=0$となるxの値は$x=-1$，1ですが，$0<x<\sqrt{3}$だから，$x=-1$のときは考えなくてよいです。

練習 165　関数$y=6x-x^2$ $(0<x<6)$のグラフ上の点$P(x,\ y)$からx軸に下ろした垂線をPHとし，原点をOとする。このとき△POHの面積を最大にするxの値を求めよ。

練習 166　関数$y=4-x^2$ $(-2\leqq x\leqq 2)$のグラフ上にy軸に関して対称な2点A，Bをとり，原点をOとする。このとき△AOBの面積の最大値を求めよ。

例題 144 容積の最大値

★★★ 応用

1辺が12 cmの正方形の厚紙がある。四すみから同じ大きさの正方形を切り取って，右図の点線にそって折り曲げ，ふたのない箱を作る。箱の容積を最大にするには，切り取る正方形の1辺の長さをどれだけにすればよいか。ただし，紙の厚さは考えないものとする。

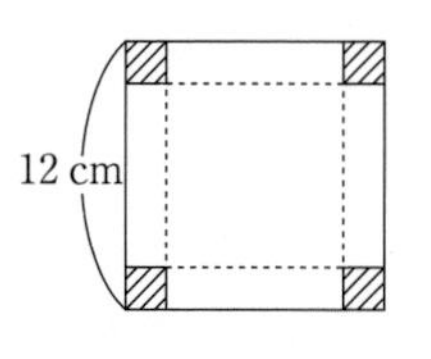

体積の最大・最小は変数で表し，増減を調べる

切り取る正方形の1辺の長さをx cmとすると，箱の容積Vをxを用いて表すことができます。xのとり得る値の範囲に注意します。

解答

切り取る正方形の1辺の長さをx cmとし，箱の容積をV cm^{3}とすると

$$V=(12-2x)^2x\ ❶ =\{2(6-x)\}^2x$$
$$=4(36-12x+x^2)x$$
$$=4(x^3-12x^2+36x)$$
$$V'=4(3x^2-24x+36)$$
$$=12(x^2-8x+12)=12(x-2)(x-6)$$

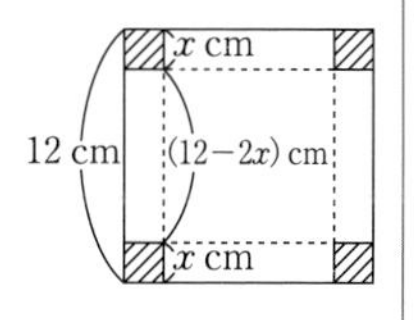

xのとり得る値の範囲は　$0<x<6$ ❷

この範囲で，Vの増減表は下のようになる。

したがって，Vは$x=2$のとき極大かつ最大である。

x	0	…	2	…	6
V'	／	+	0	−	／
V	／	↗	極大	↘	／

すなわち，切り取る正方形の1辺の長さは　**2 cm** 答

アドバイス

❶ 箱の底面は正方形で，その1辺の長さは$(12-2x)$ cm，箱の深さはx cmです。

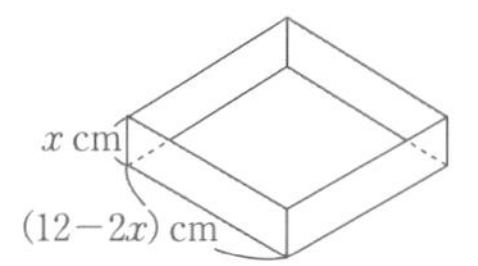

❷ $x=0$では深さがなくなり，$x=6$では底面がなくなります。
したがって，xの変域は
$0<x<6$

練習 167　縦16 cm，横10 cmの長方形の厚紙の四すみから同じ大きさの正方形を切り取り，折り曲げてふたのない箱を作る。この箱の容積を最大にするには，切り取る正方形の1辺の長さをどれだけにすればよいか。

練習 168　1辺の長さがaの正三角形の厚紙がある。この厚紙の三すみから右図のような合同な四角形を切り取り，折り曲げてふたのない箱を作る。箱の容積を最大にするxの値を，aを用いて表せ。

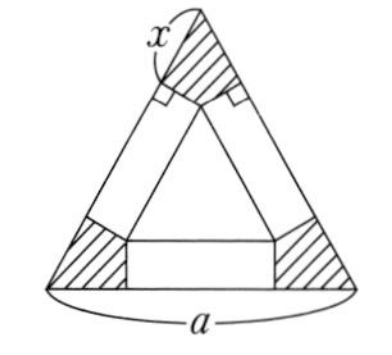

6 方程式・不等式への応用

1 方程式への応用 ▷ 例題145 例題146

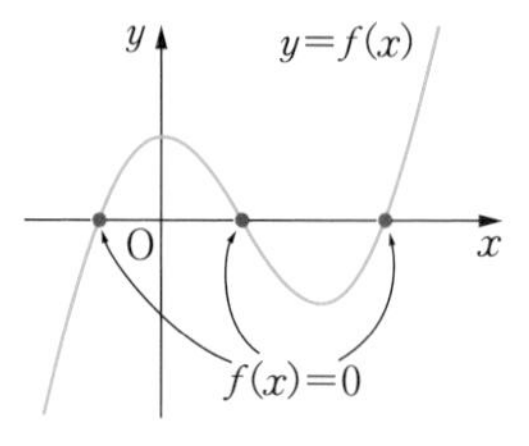

方程式$f(x)=0$の実数解は関数$y=f(x)$のグラフとx軸との共有点のx座標である。したがって，$y=f(x)$のグラフとx軸の共有点の個数は方程式$f(x)=0$の実数解の個数と一致する。

3次関数においては，x軸との共有点の個数は

極値がない ⟹ 共有点は1個

極大値・極小値が同符号

⟹ 共有点は1個

極大値または極小値の一方が0

⟹ 共有点は2個

極大値が正で極小値が負

⟹ 共有点は3個

となる。

例 関数$f(x)=x^3-3x^2+2x$について，
$y=f(x)$のグラフは右の図のようになり，
方程式$f(x)=0$の解は

$$f(x)=x(x-1)(x-2)$$
$$=0$$

より

$$x=0,\ 1,\ 2 \quad (3個の実数解)$$

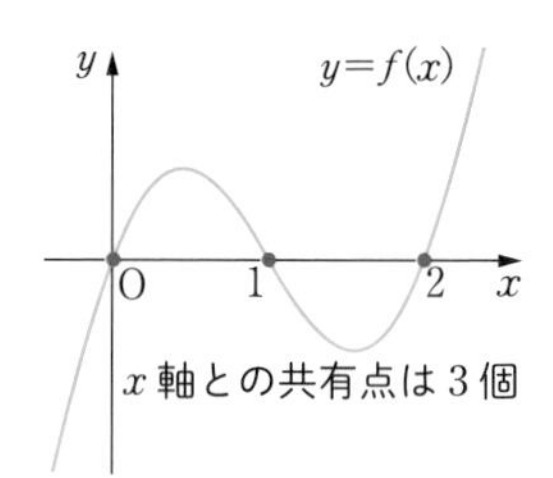

2 不等式への応用 ▷ 例題147

ある範囲で不等式$f(x)>g(x)$が成り立つことを示すには，その範囲で$f(x)-g(x)>0$であることを示せばよい。これを示すには，関数$f(x)-g(x)$の与えられた範囲での最小値が正であることを示す。

また

$f(x)$が単調に増加し，$f(a)\geqq 0$ならば　　$x>a$で$f(x)>0$

例題 145 実数解の個数①

★★★ 標準

次の方程式の異なる実数解の個数を求めよ。

(1) $x^3-3x+1=0$　　(2) $x^3+3x^2-9x+5=0$

POINT 方程式の実数解の個数はグラフとx軸との共有点の個数

方程式$f(x)=0$の異なる実数解の個数は，$y=f(x)$のグラフとx軸$(y=0)$との共有点の個数と一致します。増減表，グラフなどを使って調べます。

解答

(1) $f(x)=x^3-3x+1$とおくと❶

$$f'(x)=3x^2-3=3(x+1)(x-1)$$

$f'(x)=0$となるxの値は　$x=\pm1$

よって，$f(x)$の増減表は下のようになる。

x	$\cdots$	-1	$\cdots$	1	$\cdots$
$f'(x)$	$+$	0	$-$	0	$+$
$f(x)$	↗	3 極大	↘	-1 極小	↗

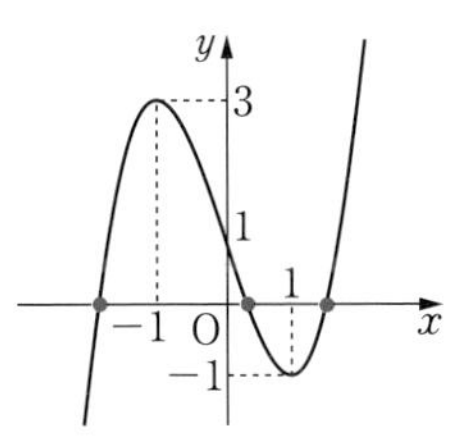

$y=f(x)$のグラフは右のようになり，x軸と3点で交わっている。❷

したがって，$f(x)=0$の実数解の個数は　**3個** 答

(2) $f(x)=x^3+3x^2-9x+5$とおくと

$$f'(x)=3x^2+6x-9=3(x+3)(x-1)$$

$f'(x)=0$となるxの値は　$x=-3,\ 1$

よって，$f(x)$の増減表は下のようになる。

x	$\cdots$	-3	$\cdots$	1	$\cdots$
$f'(x)$	$+$	0	$-$	0	$+$
$f(x)$	↗	32 極大	↘	0 極小	↗

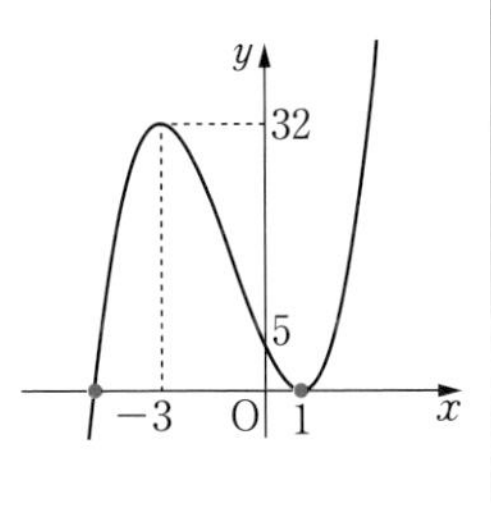

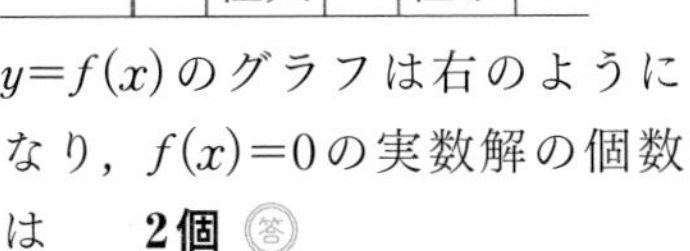

$y=f(x)$のグラフは右のようになり，$f(x)=0$の実数解の個数は　**2個** 答

アドバイス

❶ 方程式と関数をしっかり区別して考えましょう。方程式そのものは微分できないので，方程式の左辺を関数$f(x)$とおいて微分します。

❷ 3次関数では，一般に極大値が正で，極小値が負であるとき，x軸と3点で交わります。本問では，増減表を見ると

　$x<-1$，$-1<x<1$，$x>1$

の範囲でx軸と交わることがわかります。

　また，共有点が2個となるのは，極大値または極小値が0になる（x軸に接する）ときです。

練習 169　次の方程式の異なる実数解の個数を求めよ。

(1) $x^3-3x^2+5=0$　(2) $x^3-12x+16=0$　(3) $x^3-3x^2+1=0$

例題 146　実数解の個数②

★★★　応用

aを定数とするとき，方程式$x^3-3x-a=0$の異なる実数解はいくつあるか。aの値によって分類せよ。

POINT　$f(x)-a=0$の実数解$\Longrightarrow y=f(x)$と$y=a$の関係から

本問は，関数$y=x^3-3x-a$のグラフとx軸との共有点の個数を調べてもよいですが，グラフ全体がaの値によって上下に平行移動するので，わかりにくいです。そこで，$x^3-3x-a=0$を変形して$x^3-3x=a$とし，$y=x^3-3x$のグラフと直線$y=a$との共有点を考えます。曲線は固定されたままでわかりやすいです。

解答

$$x^3-3x-a=0 \quad \cdots\cdots①$$

から　$x^3-3x=a$

そこで　$\begin{cases} y=x^3-3x & \cdots\cdots② \\ y=a & \cdots\cdots③ \end{cases}$

とおくと，方程式①の実数解は，曲線②と直線③の共有点のx座標で与えられる。❶

②から　$y'=3x^2-3=3(x+1)(x-1)$

よって，②の増減表およびグラフは次のようになる。

x	$\cdots$	-1	$\cdots$	1	$\cdots$
y'	$+$	0	$-$	0	$+$
y	↗	2 極大	↘	-2 極小	↗

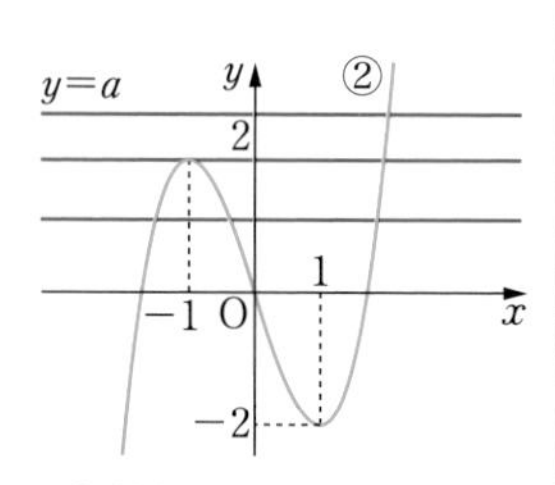

曲線②と直線$y=a$との共有点から実数解の個数は

$$\begin{cases} a<-2,\ 2<a\text{のとき} & 1\text{個} \\ a=\pm2\text{のとき} & 2\text{個} \\ -2<a<2\text{のとき} & 3\text{個} \end{cases}$$
❷ 答

アドバイス

❶ この2つのグラフの共有点の個数をaの値によって分けて考えます。

❷ 例えば$a=2$とすると，$x=-1$が解になることがグラフからわかります。このとき$x=-1$で曲線②と直線③は接するので，$x=-1$は重解になります。実際

$$x^3-3x-2$$
$$=(x+1)^2(x-2)$$

と因数分解できます。

練習 170　aを定数とするとき，方程式$x^3-6x^2+a=0$の異なる実数解の個数はいくつあるか。aの値によって分類せよ。

練習 171　方程式$2x^3-9x^2-24x+1=0$の異なる実数解の個数を調べよ。また，正の解，負の解の個数を調べよ。

例題 147 不等式への応用

★★★ 応用

次の問いに答えよ。

(1) $x \geqq 0$ のとき，不等式 $2x^3+1 \geqq 3x^2$ が成り立つことを示せ。

(2) $x \geqq 0$ のとき，不等式 $x^3+a>3x^2$ がつねに成り立つような a の値の範囲を求めよ。

POINT $f(x)>g(x)$ の証明は $f(x)-g(x)>0$ を示す

$f(x)>g(x)$ を示すには $f(x)-g(x)>0$ を示せばよいので，$y=f(x)-g(x)$ の増減表を作り，最小値が正であることを示します。

解答

(1) $f(x)=2x^3-3x^2+1$ ❶ $(x \geqq 0)$ とおくと

$f'(x)=6x^2-6x=6x(x-1)$

よって，$f'(x)=0$ となる x の値は　$x=0,\ 1$

$f(x)$ の増減表 ❷ は右のようになるから，$x \geqq 0$ のとき　$f(x) \geqq 0$

x	0	$\cdots$	1	$\cdots$
$f'(x)$	0	$-$	0	$+$
$f(x)$	1	↘	0 極小	↗

すなわち，$x \geqq 0$ のとき

$2x^3+1 \geqq 3x^2$（等号は $x=1$ のとき）

(2) $f(x)=x^3-3x^2+a$ $(x \geqq 0)$ とおくと

$f'(x)=3x^2-6x=3x(x-2)$

よって，$f'(x)=0$ となる x の値は　$x=0,\ 2$

$f(x)$ の増減表は右のようになる。このとき，極小値 $f(2)$ は $x \geqq 0$ の範囲で最小値となり　$f(2)=2^3-3\cdot2^2+a=a-4$

x	0	$\cdots$	2	$\cdots$
$f'(x)$	0	$-$	0	$+$
$f(x)$	a	↘	極小	↗

よって，$f(x)>0$ すなわち不等式 $x^3+a>3x^2$ がつねに成り立つのは　$a-4>0$ ❸

のとき，すなわち　$\boldsymbol{a>4}$ 答

アドバイス

❶ $(2x^3+1)-3x^2$
$=2x^3-3x^2+1$
だから
$f(x)=2x^3-3x^2+1$
とおきます。

❷ $x \geqq 0$ のときだけ調べればよいから，増減表もこの範囲だけでよいです。
$y=f(x)$ のグラフは下のようになります。

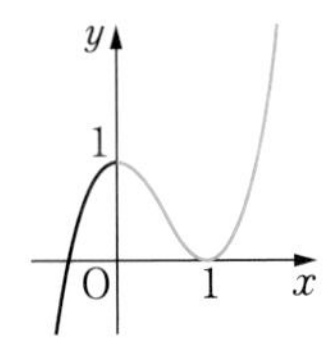

❸ $y=f(x)$ のグラフは下のようになります。

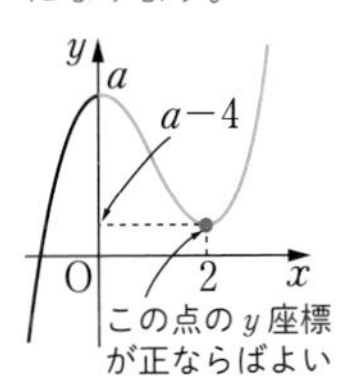

練習 172 $x \geqq 0$ のとき，$x^3 \geqq 3x-2$ が成り立つことを証明せよ。

練習 173 $x \geqq 0$ のとき，$4x^3>3x^2+a$ がつねに成り立つような a の値の範囲を求めよ。

定期テスト対策問題 10

解答・解説は別冊 p.118

1 次の極限値を求めよ。

(1) $\lim_{x\to1}(x^3-2x^2-x+4)$

(2) $\lim_{x\to2}\frac{x^2-x-2}{x-2}$

(3) $\lim_{x\to1}\frac{2x^2-5x+3}{x^2+2x-3}$

2 x の値が 1 から 3 まで変わるときの次の関数の平均変化率を求めよ。

(1) $y=-3x$

(2) $y=-x^2+5$

3 次の関数について，〔　〕の中に指定された x の値における微分係数を，定義に従って求めよ。

(1) $f(x)=x^2-x$ 〔$x=2$〕

(2) $f(x)=x^3+x$ 〔$x=a$〕

4 等式

$$(2x+1)f'(x)-4f(x)+3=0$$

がすべての実数 x について成り立ち，$f(-1)=1$ である。このような 2 次関数 $f(x)$ を求めよ。

5 次の等式が成り立つように，定数 a，b の値を定めよ。

$$\lim_{x\to1}\frac{x^2-ax+b}{x^2-1}=1$$

6　曲線 $y=x^3-x$ について，次の接線の方程式を求めよ。

(1)　曲線上の点 $(1,\ 0)$ における接線

(2)　傾きが 2 である接線

7　点 $(-1,\ 1)$ から曲線 $y=x^3+3x$ に引いた接線の方程式を求めよ。

8　曲線 $y=ax^2+bx+c$ が点 $(1,\ -3)$ を通り，点 $(2,\ 6)$ で曲線 $y=x^3-x$ と共通の接線をもつとき，a，b，c の値を求めよ。

9　次の関数について，増減，極値を調べ，そのグラフをかけ。

(1)　$y=x^3-3x^2+2$　　(2)　$y=12x-x^3$

10　関数 $f(x)=x^3-3m^2x$ の極大値が 54 であるとき，次の問いに答えよ。ただし，$m>0$ とする。

(1)　m の値を求めよ。

(2)　$f(x)$ の極小値を求めよ。

(3)　$y=f(x)$ のグラフをかけ。

11　3次関数 $y=x^3+ax^2+bx+c$ は，$x=1$ で極値をとる。また，そのグラフは点(2, 1)を通り，この点における接線の傾きは -3 である。定数 a, b, c の値を求めよ。

12　次の方程式の実数解の個数とそれらの符号を調べよ。

$$2x^3-3x^2-12x+20=0$$

13　次の関数の(　)内の範囲における最大値・最小値を求めよ。

(1)　$y=x^3-6x^2+9x-1$　$(0 \leqq x \leqq 5)$

(2)　$y=-2x^3-5x^2+4x+2$　$(-3 \leqq x \leqq 2)$

14　放物線 $y=4-x^2$ と x 軸との交点を A, B とする。線分 AB とこの放物線とで囲まれた部分に内接する台形 ABCD の面積の最大値を求めよ。

15　$x \geqq 0$ のとき，$(x+1)^3 \geqq 6x^2+1$ が成り立つことを証明せよ。

16　原点から曲線 $y=x^3+ax^2+1$ に接線が3本引けるような，実数 a の値の範囲を求めよ。

第2節
積分法

1 不定積分

1 不定積分 ▷ 例題148 例題149 例題150

微分すると$f(x)$になる関数，つまり　　$F'(x)=f(x)$

となる関数$F(x)$を，$f(x)$の**不定積分**または**原始関数**といい，記号$\int f(x)dx$で表す。すなわち

$$F'(x)=f(x) \iff \int f(x)dx=F(x)+C \quad (C\text{は定数})$$

定数Cを**積分定数**という。また，$f(x)$の不定積分を求めることを，**$f(x)$を積分する**という。

例　$(x^2)'=2x$だから

$$\int 2x\,dx=x^2+C \quad (C\text{は積分定数})$$

2 x^n の不定積分 ▷ 例題148 例題149 例題150

nが負でない整数のとき，次の公式が成り立つ。

$$\int x^n dx=\frac{1}{n+1}x^{n+1}+C \quad (C\text{は積分定数})$$

例　$\int x\,dx=\frac{1}{2}x^2+C$ (Cは積分定数)

3 不定積分の公式 ▷ 例題148 例題149 例題150

① $\int kf(x)dx=k\int f(x)dx$ （kは定数）

② $\int \{f(x)\pm g(x)\}dx=\int f(x)dx\pm\int g(x)dx$ （複号同順）

例　$\int 5x^2 dx=5\int x^2 dx$

$\int (x^2-2)dx=\int x^2 dx-\int 2\,dx$

$\int (5x^4-3x^2+x)dx=\int 5x^4 dx-\int 3x^2 dx+\int x\,dx$

$=5\int x^4 dx-3\int x^2 dx+\int x\,dx$

例題 148 不定積分の計算

★★★ 基本

次の不定積分を求めよ。

(1) $\int(2x+3)dx$　(2) $\int(t^2-t+3)dt$　(3) $\int(x^2+1)(x-2)dx$

積の形の積分は，展開して降べきの順にしてから

積の形をした関数の積分を計算する場合には，まず展開して降べきの順に整理してから積分します。また，答えに積分定数Cを忘れないように。

解答

Cを積分定数とする。

(1) $\int(2x+3)dx=\underline{\int 2x\,dx+\int 3\,dx}_{❶}=\underline{2\int x\,dx+3\int dx}_{❷}$

$=\underline{\frac{2}{1+1}x^{1+1}+3x+C}_{❸}$

$=\boldsymbol{x^2+3x+C}$ (答)

(2) $\int(t^2-t+3)dt=\underline{\boldsymbol{\frac{1}{3}t^3-\frac{1}{2}t^2+3t}}_{❹}\boldsymbol{+C}$ (答)

(3) $\int(x^2+1)(x-2)dx=\int\underline{(x^3-2x^2+x-2)}_{❺}dx$

$=\boldsymbol{\frac{1}{4}x^4-\frac{2}{3}x^3+\frac{1}{2}x^2-2x+C}$ (答)

アドバイス

❶ $\int\{f(x)+g(x)\}dx$

$=\int f(x)dx+\int g(x)dx$

❷ $\int kf(x)dx=k\int f(x)dx$

❸ $\int x^n dx=\frac{1}{n+1}x^{n+1}+C$

❹ 慣れてきたら，このように一度に計算してもよいです。

❺ まず展開して整理します。

Q (1)の不定積分の計算で，$\int 2x\,dx=x^2+C$，$\int 3\,dx=3x+C$だから，答えは$x^2+3x+2C$となるのではないですか？

A 積分定数Cは，関数$f(x)$を積分した関数$F(x)$の無数にある定数の代表です。例えば，x^2+Cはx^2+1，x^2+2，x^2-1，……などの関数のすべてを表しています。したがって，x^2+3x+CのCもすべての数を表しますから，1つにまとめて表します。

練習 174 次の不定積分を求めよ。

(1) $\int(2x+1)(x-3)dx$　(2) $\int x^2(1-x)dx$

(3) $\int x(x-3)(x+3)dx$　(4) $\int u(u+2)(u+3)du$

例題 149 関数の決定

★★★ 標準

次の条件を満たす関数$f(x)$を求めよ。

(1) $f'(x)=5x-2$, $f(0)=-2$

(2) $f'(x)=(x+1)(x-3)$, $f(-1)=0$

POINT 関数の決定で積分定数の決定は$(a,\ f(a))$を代入

● 不定積分の計算から出てくる積分定数Cを求め，関数$f(x)$を決定するには，$y=f(x)$を満たす$(x,\ y)$の値$(a,\ f(a))$を不定積分に代入します。

● 本問では，$f'(x)$が与えられていますから，まず，その不定積分$\int f'(x)dx$を求めます。

不定積分には積分定数Cがつきますが，もう1つの条件からこの値を決定できます。

解答

(1) $f'(x)=5x-2$のとき

$$f(x)=\int f'(x)dx=\int (5x-2)dx$$

$$=\frac{5}{2}x^2-2x+C \quad (C\text{は積分定数})$$ ❶

$f(0)=-2$だから　　$C=-2$

よって　　$\boldsymbol{f(x)=\frac{5}{2}x^2-2x-2}$ 答

(2) $f'(x)=(x+1)(x-3)$のとき

$$f(x)=\int f'(x)dx=\int (x+1)(x-3)dx$$

$$=\int (x^2-2x-3)dx$$

$$=\frac{1}{3}x^3-x^2-3x+C \quad (C\text{は積分定数})$$ ❷

$f(-1)=0$だから

$$\frac{1}{3}\cdot(-1)^3-(-1)^2-3\cdot(-1)+C=0,\quad C=-\frac{5}{3}$$

よって　　$\boldsymbol{f(x)=\frac{1}{3}x^3-x^2-3x-\frac{5}{3}}$ 答

アドバイス

❶ 積分定数Cはいろいろな値をとることができますから，$f'(x)=5x-2$を満たす関数$f(x)$は無数にあります。

❷ $\frac{1}{3}x^3-x^2-3x+C$

を微分すると

$\left(\frac{1}{3}x^3\right)'-(x^2)'-(3x)'+(C)'$

$=\frac{1}{3}\cdot 3x^2-2x-3+0$

$=x^2-2x-3$

で確かに$\int$内の関数になります。

練習 175 次の条件を満たす関数$f(x)$を求めよ。

(1) $f'(x)=5-6x^2$, $f(2)=0$　　(2) $f'(x)=3x^2+2$, $f(2)=7$

例題 150 接線の傾きと曲線 ★★★ 標準

関数$y=f(x)$のグラフは点$(1,\ 5)$を通り，このグラフ上の任意の点$(x,\ y)$における接線の傾きは$2x$に等しいという。このとき，関数$f(x)$を求めよ。

POINT　接線の傾きが$f'(x)$のとき，$f(x)=\int f'(x)dx$

本問で，接線の傾きが$2x$に等しいということは，$f'(x)=2x$ということです。したがって，これを積分すれば$f(x)$が求められます。さらに，グラフが点$(1,\ 5)$を通るということから積分定数が決定できます。

解答

接線の傾きが$2x$だから

$$f'(x)=2x$$

よって　$f(x)=\int 2x\,dx$

$$=x^2+C \text{ ❶}$$

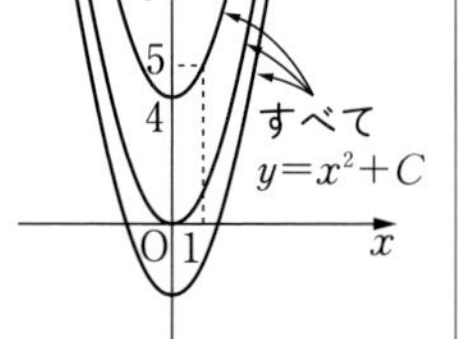

関数$y=f(x)$のグラフは点$(1,\ 5)$を通るから

$$f(1)=1^2+C=5$$

よって　$C=4$

したがって　$\boldsymbol{f(x)=x^2+4}$ 答

アドバイス

❶ $f(x)=x^2+C$はCの値の違いによって，無数の放物線を表します。

STUDY　積分は微分の逆演算

関数$f(x)$の導関数$f'(x)$が与えられている場合，関数$f(x)$は$f'(x)$を積分したものになる。

$$\boldsymbol{f'(x)\text{がわかっている} \Longrightarrow f(x)=\int f'(x)dx}$$

例えば　$(x^2+x+C)'=2x+1 \iff \int(2x+1)dx=x^2+x+C$

すなわち　$x^2+x+C \underset{\text{積分}}{\overset{\text{微分}}{\rightleftarrows}} 2x+1$

練習 176　曲線$y=f(x)$上の任意の点$(x,\ y)$における接線の傾きはx^2に比例し，かつ，この曲線は2点$(1,\ -3)$，$(2,\ 4)$を通るという。この曲線の方程式を求めよ。

2 定積分

1 定積分の定義

関数$f(x)$の不定積分の1つを$F(x)$とするとき，$F(b)-F(a)$の値を$f(x)$のaからbまでの**定積分**といい，記号$\int_a^b f(x)dx$で表す。

また，$F(b)-F(a)=\Big[F(x)\Big]_a^b$と書く。すなわち

$$\int_a^b f(x)dx=\Big[F(x)\Big]_a^b=F(b)-F(a)$$

ここで，aを定積分の**下端**，bを**上端**という。また，$\int_a^b f(x)dx$の値を求めることを，**関数$f(x)$をaからbまで積分する**という。

注意 定積分の値は，積分定数Cの値に関係なく1通りに定まる。したがって，定積分の計算ではCを無視してよい。

例 $\int_1^2 2x\,dx=\Big[x^2\Big]_1^2=2^2-1^2=4-1=3$

2 定積分の性質 ▷ 例題151 例題152 例題153

定積分について，次の公式が成り立つ。

① $\int_a^a f(x)dx=0$

② $\int_b^a f(x)dx=-\int_a^b f(x)dx$

③ $\int_a^b kf(x)dx=k\int_a^b f(x)dx$ （kは定数）

④ $\int_a^b \{f(x)\pm g(x)\}dx=\int_a^b f(x)dx\pm\int_a^b g(x)dx$ （複号同順）

⑤ $\int_a^b f(x)dx=\int_a^c f(x)dx+\int_c^b f(x)dx$

例 $\int_3^1 x^2\,dx=-\int_1^3 x^2\,dx=-\Big[\frac{1}{3}x^3\Big]_1^3=-\left(\frac{1}{3}\cdot 3^3-\frac{1}{3}\cdot 1^3\right)=-\frac{26}{3}$ （公式②）

$\int_1^2 3x\,dx=3\int_1^2 x\,dx=3\Big[\frac{1}{2}x^2\Big]_1^2=\frac{3}{2}(2^2-1^2)=\frac{9}{2}$ （公式③）

$\int_{-1}^2 (x^2-x)dx=\int_{-1}^2 x^2\,dx-\int_{-1}^2 x\,dx=\Big[\frac{1}{3}x^3\Big]_{-1}^2-\Big[\frac{1}{2}x^2\Big]_{-1}^2$

$=\frac{1}{3}\{2^3-(-1)^3\}-\frac{1}{2}\{2^2-(-1)^2\}=3-\frac{3}{2}=\frac{3}{2}$ （公式④）

例題 151 定積分の計算

★★★ 基本

次の定積分の値を求めよ。

(1) $\displaystyle\int_1^2(4x^3-3x^2-2x+1)dx$　(2) $\displaystyle\int_0^2(x^2+1)(2x+3)dx$

(3) $\displaystyle\int_{-1}^2(t^2-5t+4)dt$

POINT 定積分の計算は不定積分を求めるのが基本

- 定積分は$F(b)-F(a)$を計算するので，まず不定積分$F(x)$を正確に求めます。
- 本問で，被積分関数が展開されていないものについては，展開してから不定積分を求めます。あとは前ページの 2 の定積分の公式を利用して計算します。

解答

(1) $\displaystyle\int_1^2(4x^3-3x^2-2x+1)dx=\left[x^4-x^3-x^2+x\right]_1^2$ ❶

$=(2^4-2^3-2^2+2)-(1^4-1^3-1^2+1)=\mathbf{6}$ 答

(2) $\displaystyle\int_0^2(x^2+1)(2x+3)dx=\int_0^2(2x^3+3x^2+2x+3)dx$ ❷

$\displaystyle=\left[\frac{1}{2}x^4+x^3+x^2+3x\right]_0^2$

$=(8+8+4+6)-0=\mathbf{26}$ 答

(3) $\displaystyle\int_{-1}^2(t^2-5t+4)dt$ ❸ $\displaystyle=\left[\frac{1}{3}t^3-\frac{5}{2}t^2+4t\right]_{-1}^2$

$\displaystyle=\frac{8}{3}-10+8-\left(-\frac{1}{3}-\frac{5}{2}-4\right)$

$\displaystyle=\frac{2}{3}-\left(-\frac{41}{6}\right)$ ❹ $\displaystyle=\mathbf{\frac{15}{2}}$ 答

アドバイス

❶ 定積分の計算では，積分定数は無視してよいです。

❷ まず，$(x^2+1)(2x+3)$を展開して整理します。

❸ 文字がtに変わっても，計算のしかたはxの場合と同じです。

❹ $\displaystyle\frac{1}{3}(8+1)-\frac{5}{2}(4-1)+4(2+1)$ と計算してもよいです。

STUDY 定積分の計算方法

定積分の計算では，上端を代入して計算した値から下端を代入して計算した値を引くことになるが，下端の計算の部分をカッコでくくっておくと，符号のつけ間違いが少なくなる。また，分数が多く出てくるので，分母が同じものに分けて計算するほうが計算がラクになることも多い。

練習 177 次の定積分の値を求めよ。

(1) $\displaystyle\int_{-1}^2(3x+1)(x-2)dx$　(2) $\displaystyle\int_{-2}^1(t-2)^2dt$

例題 152　偶関数・奇関数　★★★ 標準

次の(1)，(2)が成り立つことを示し，それを用いて(3)の定積分を求めよ。

(1)　$n=0,\ 2$ のとき　$\displaystyle\int_{-a}^{a} x^n\,dx=2\int_0^a x^n\,dx$

(2)　$n=1,\ 3$ のとき　$\displaystyle\int_{-a}^{a} x^n\,dx=0$　　(3)　$\displaystyle\int_{-2}^{2}\left(1-\frac{2}{15}x+\frac{1}{4}x^2-\frac{4}{7}x^3\right)dx$

$\displaystyle\int_{-a}^{a} x^n\,dx=2\int_0^a x^n\,dx$ (n 偶数)，$\displaystyle\int_{-a}^{a} x^n\,dx=0$ (n 奇数)

(1)，(2)は，定積分の定義に従って計算します。

解答

(1)　$n=0,\ 2$ のとき

$$\int_{-a}^{a} x^n\,dx=\left[\frac{1}{n+1}x^{n+1}\right]_{-a}^{a}=\frac{1}{n+1}a^{n+1}-\frac{1}{n+1}(-a)^{n+1}$$

$$=\frac{1}{n+1}a^{n+1}+\underline{\frac{1}{n+1}a^{n+1}}_{❶}=\frac{2}{n+1}a^{n+1}$$

$$2\int_0^a x^n\,dx=2\left[\frac{1}{n+1}x^{n+1}\right]_0^a=\frac{2}{n+1}a^{n+1}$$

よって　$\displaystyle\int_{-a}^{a} x^n\,dx=2\int_0^a x^n\,dx$

(2)　$n=1,\ 3$ のとき

$$\int_{-a}^{a} x^n\,dx=\left[\frac{1}{n+1}x^{n+1}\right]_{-a}^{a}=\frac{1}{n+1}a^{n+1}-\frac{1}{n+1}(-a)^{n+1}$$

$$=\frac{1}{n+1}a^{n+1}-\underline{\frac{1}{n+1}a^{n+1}}_{❷}=0$$

(3)　$\displaystyle\int_{-2}^{2}\left(1-\frac{2}{15}x+\frac{1}{4}x^2-\frac{4}{7}x^3\right)dx$

$$=\int_{-2}^{2}dx-\frac{2}{15}\int_{-2}^{2}x\,dx+\frac{1}{4}\int_{-2}^{2}x^2\,dx-\frac{4}{7}\int_{-2}^{2}x^3\,dx$$

$$=\underline{2\int_0^2 dx+\frac{2}{4}\int_0^2 x^2\,dx}_{❸}=2\Big[x\Big]_0^2+\frac{1}{2}\left[\frac{x^3}{3}\right]_0^2$$

$$=2\cdot2+\frac{1}{2}\cdot\frac{8}{3}=\mathbf{\frac{16}{3}}$$ 答

アドバイス

❶ $n=0$ のとき
　$(-a)^{n+1}=(-a)^1=-a$
$n=2$ のとき
　$(-a)^{n+1}=(-a)^3=-a^3$
したがって，$n=0,\ 2$ のとき
　$(-a)^{n+1}=-a^{n+1}$

❷ $n=1,\ 3$ のとき
　$n+1=2,\ 4$ (偶数)
だから
　$(-a)^{n+1}=a^{n+1}$

❸ 偶数次の項は2倍し，奇数次の項は消えます。

練習 178　次の定積分の値を求めよ。

(1)　$\displaystyle\int_{-1}^{1}(x^4+4x^3-5x+1)\,dx$　　(2)　$\displaystyle\int_{-2}^{2}(x-1)^3\,dx$

例題 153 定積分の公式の利用

★★★ 標準

次の定積分の値を求めよ。

(1) $\int_1^3 (x^2-x)dx+\int_1^3 (x^2+x)dx$　　(2) $\int_{-2}^0 (2x+1)^3 dx+\int_0^2 (2x+1)^3 dx$

POINT 定積分の計算は，工夫してできるだけ数値計算を少なく

(1)は，2つの定積分の上端と下端が一致しているので，**積分する関数を1つにまとめます。**(p.243の 2 の公式④)

(2)は，積分する関数が同じで，前の定積分の上端と後の定積分の下端が一致しているので，**積分する区間を合成します。**(公式⑤)

解答

(1) $\int_1^3 (x^2-x)dx+\int_1^3 (x^2+x)dx$

$=\int_1^3 \{(x^2-x)+(x^2+x)\}dx$ ❶ $=\int_1^3 2x^2 dx=2\left[\frac{1}{3}x^3\right]_1^3$ ❷

$=\frac{2}{3}(3^3-1^3)=\mathbf{\frac{52}{3}}$ (答)

(2) $\int_{-2}^0 (2x+1)^3 dx+\int_0^2 (2x+1)^3 dx=\int_{-2}^2 (2x+1)^3 dx$ ❸

$=\int_{-2}^2 (8x^3+12x^2+6x+1)dx=2\int_0^2 (12x^2+1)dx$ ❹

$=2\left[4x^3+x\right]_0^2=2(32+2)=\mathbf{68}$ (答)

アドバイス

❶ 積分区間が一致しているときは，積分する関数を1つにまとめます。

❷ $\int_a^b kf(x)dx=k\int_a^b f(x)dx$

❸ $\int_a^c f(x)dx+\int_c^b f(x)dx$

$=\int_a^b f(x)dx$

❹ 積分区間が−2から2までなので，例題 152 の結果を使って，奇数次の項は消しました。

STUDY 定積分の公式

(2)のような積分区間を合成する公式は，積分する関数が同じで，一方の下端と他方の上端が等しいときに使うことができる。

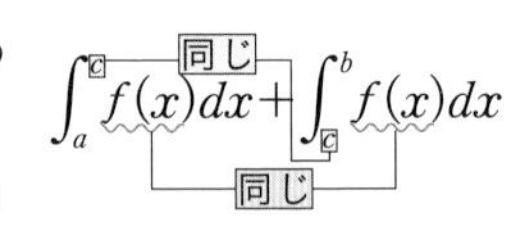

また，例題 152 の(1)，(2)で証明した等式は，積分区間の上端と下端がちょうど符号を入れかえた形になっている場合に使うことができる。この等式を使うと計算を減らすことができるので，ぜひ覚えておきたい。

練習 179 次の定積分の値を求めよ。

(1) $\int_{-1}^1 (x^2-1)dx$　　(2) $\int_{-2}^2 (x^3-x)dx$　　(3) $\int_1^{-1} y^2(y^2+1)dy$

(4) $\int_2^3 (x^2-x+1)dx+\int_3^{-2} (x^2-x+1)dx$

例題 154 等式の証明 ★★★ 応用

次の等式が成り立つことを証明せよ。

$$\int_a^b (x-a)(x-b)dx = -\frac{1}{6}(b-a)^3$$

定積分 $\int_a^b (x-a)(x-b)dx = -\frac{1}{6}(b-a)^3$

右辺に$b-a$という項を含むので，$b-a$が共通因数となるように計算を進めます。

解答

$$\int_a^b (x-a)(x-b)dx = \int_a^b \{x^2-(a+b)x+ab\}dx$$

$$= \int_a^b x^2 dx - (a+b)\int_a^b x\,dx + ab\int_a^b dx \quad ❶$$

$$= \frac{1}{3}\Big[x^3\Big]_a^b - \frac{1}{2}(a+b)\Big[x^2\Big]_a^b + ab\Big[x\Big]_a^b$$

$$= \frac{1}{3}(b^3-a^3) - \frac{1}{2}(a+b)(b^2-a^2) + ab(b-a) \quad ❷$$

$$= \frac{1}{3}(b-a)(b^2+ab+a^2) \quad ❸ \quad -\frac{1}{2}(a+b)^2(b-a) + ab(b-a)$$

$$= \frac{1}{6}(b-a)\{2(b^2+ab+a^2) - 3(a+b)^2 + 6ab\}$$

$$= -\frac{1}{6}(b-a)(b^2-2ab+a^2) = -\frac{1}{6}(b-a)^3$$

アドバイス

❶ $\int_a^b kf(x)dx$
$= k\int_a^b f(x)dx$

❷ $b-a$が出てくるように変形することを考えます。

❸ b^3-a^3
$=(b-a)(b^2+ba+a^2)$

STUDY 準公式の利用方法 (p.255の 3 面積(3)参照)

上の例題の結果を用いると，放物線と直線で囲まれた図形の面積を求めることができる。放物線$y=ax^2+bx+c$ $(a>0)$と直線$y=mx+n$との交点のx座標をα，β $(\alpha<\beta)$とすると，面積Sは

$$S=\int_\alpha^\beta \{(mx+n)-(ax^2+bx+c)\}dx$$

となる。ここで，α，βは方程式$mx+n=ax^2+bx+c$の解で

$$(mx+n)-(ax^2+bx+c) = -a(x-\alpha)(x-\beta)$$

よって　$S=\int_\alpha^\beta \{-a(x-\alpha)(x-\beta)\}dx = \frac{a}{6}(\beta-\alpha)^3$

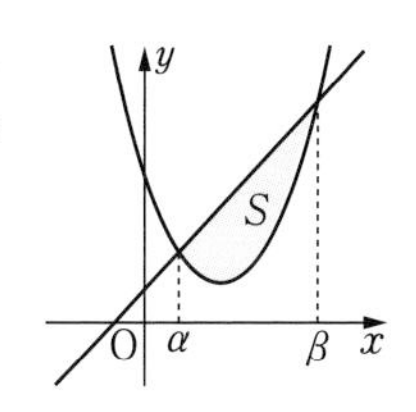

練習 180 次の等式が成り立つことを証明せよ。

(1) $\int_a^b (x-a)dx = \frac{1}{2}(b-a)^2$　　(2) $\int_a^b (x-a)^2 dx = \frac{1}{3}(b-a)^3$

例題 155　絶対値記号のついた関数の定積分　★★★　応用

次の定積分の値を求めよ。

(1) $\displaystyle\int_0^2 |x-1|dx$　　(2) $\displaystyle\int_0^3 |x(x-1)|dx$

絶対値を含む定積分は，記号内の符号で区間を分ける

グラフがx軸より下にある部分は上に折り返すことにより，積分区間を分けます。
(1)は，$0 \leqq x \leqq 1$では$|x-1|=-(x-1)$，$1 \leqq x \leqq 2$では$|x-1|=x-1$

解答

(1) $0 \leqq x \leqq 1$のとき　$|x-1|=-(x-1)$ ❶
$1 \leqq x \leqq 2$のとき　$|x-1|=x-1$ ❶

$$\int_0^2 |x-1|dx=\int_0^1 |x-1|dx+\int_1^2 |x-1|dx$$
$$=-\int_0^1 (x-1)dx+\int_1^2 (x-1)dx$$
$$=-\left[\frac{x^2}{2}-x\right]_0^1+\left[\frac{x^2}{2}-x\right]_1^2$$
$$=-\left(\frac{1}{2}-1\right)+(2-2)-\left(\frac{1}{2}-1\right)=\mathbf{1}$$ (答)

(2) $0 \leqq x \leqq 1$のとき　$|x(x-1)|=-x(x-1)$ ❷
$1 \leqq x \leqq 3$のとき　$|x(x-1)|=x(x-1)$ ❷

$$\int_0^3 |x(x-1)|dx=\int_0^1 |x(x-1)|dx+\int_1^3 |x(x-1)|dx$$
$$=-\int_0^1 x(x-1)dx+\int_1^3 x(x-1)dx$$
$$=-\int_0^1 (x^2-x)dx+\int_1^3 (x^2-x)dx$$
$$=-\left[\frac{x^3}{3}-\frac{x^2}{2}\right]_0^1+\left[\frac{x^3}{3}-\frac{x^2}{2}\right]_1^3$$
$$=-\left(\frac{1}{3}-\frac{1}{2}\right)+\left(9-\frac{9}{2}\right)-\left(\frac{1}{3}-\frac{1}{2}\right)$$
$$=\mathbf{\frac{29}{6}}$$ (答)

アドバイス

❶ $y=|x-1|$のグラフは下のようになります。

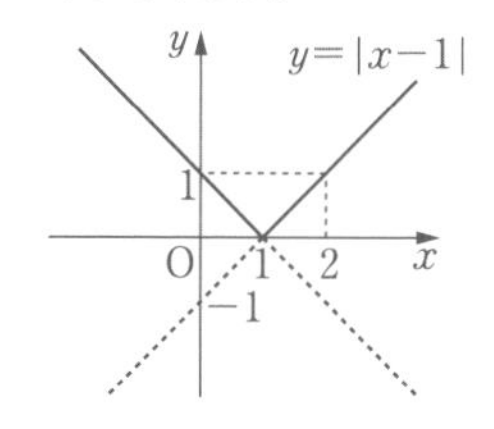

❷ $y=|x(x-1)|$のグラフは下のようになります。

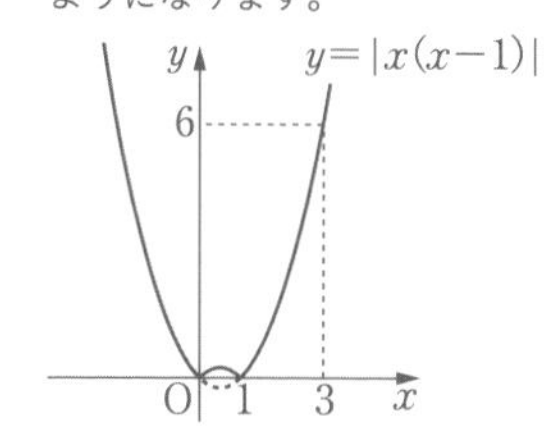

練習 181　次の定積分の値を求めよ。

(1) $\displaystyle\int_{-1}^2 |x|dx$　　(2) $\displaystyle\int_0^3 |4-2x|dx$　　(3) $\displaystyle\int_0^3 |(x-1)(x-2)|dx$

3　定積分と種々の問題

1 $\int_a^x f(t)dt$ の導関数 ▷ 例題156 例題159

$F(x)$ を $f(x)$ の不定積分，a を定数とすると

$$\int_a^x f(t)dt = F(x) - F(a)$$

このとき，$F(a)$ は定数だから，両辺を x で微分すると

$$\boldsymbol{\frac{d}{dx}\int_a^x f(t)dt = F'(x) = f(x)}$$

が成り立つ。すなわち，$\int_a^x f(t)dt$ は $f(x)$ の不定積分である。

例　$g(x) = \int_0^x (3t^2 - t)dt$ について

$$g'(x) = \frac{d}{dx}\int_0^x (3t^2 - t)dt = 3x^2 - x$$

実際に　$g(x) = \int_0^x (3t^2 - t)dt = \left[t^3 - \frac{t^2}{2}\right]_0^x = x^3 - \frac{x^2}{2}$

これを微分して　$g'(x) = 3x^2 - x$

2 定積分を含む関数 ▷ 例題158

$F(x)$ を $f(x)$ の不定積分，a，b を定数とすると

$$\int_a^b f(t)dt = F(b) - F(a)$$

このとき，$F(a)$，$F(b)$ は定数だから

$$\int_a^b f(t)dt \text{ は定数} \Longrightarrow \int_a^b f(t)dt = k \text{（定数）}$$

とおける。

例　$f(x) = 3x^2 + 2x + \int_0^2 f(t)dt$ のとき，$f(x)$ を求める。

$\int_0^2 f(t)dt = k$（定数）とおくと　$f(x) = 3x^2 + 2x + k$

よって　$\int_0^2 f(t)dt = \int_0^2 (3t^2 + 2t + k)dt = \left[t^3 + t^2 + kt\right]_0^2 = 12 + 2k$

すなわち，$12 + 2k = k$ から　$k = -12$

したがって　$f(x) = 3x^2 + 2x - 12$

例題 156 定積分で表された関数①

★★★ 標準

次の等式を満たす関数$f(x)$，および定数aの値を求めよ。

(1) $\int_a^x f(t)dt=x^2-5x+4$　　(2) $\int_0^x (t+1)f(t)dt=x^3+x^2-x+a$

POINT 定積分で表された関数(微分型)では $\dfrac{d}{dx}\int_a^x f(t)dt=f(x)$

- 定積分で表された関数のうち，積分の上端または下端にxを含んでいる形では，両辺をxで微分して，xの関数$f(x)$を求めます。
- 本問の(1)は，左辺をxで微分すると$f(x)$です。このことから両辺をxで微分すれば，$f(x)$を求められます。また，$\int_a^a f(t)dt=0$だから，xにaを代入して考えます。
- (2)は，$(t+1)f(t)=g(t)$と考えます。

解答

(1) $\int_a^x f(t)dt=x^2-5x+4$ ……①

両辺をxで微分すると

$f(x)$❶ $=2x-5$ 答

また，①で$x=a$とおくと

$\int_a^a f(t)dt=a^2-5a+4$

左辺$=0$❷ だから　$a^2-5a+4=0$

$(a-1)(a-4)=0$　よって　$a=1,\ 4$ 答

(2) $\int_0^x (t+1)f(t)dt=x^3+x^2-x+a$ ……②

両辺をxで微分すると

$(x+1)f(x)$❸ $=3x^2+2x-1=(x+1)(3x-1)$

xは任意だから　$f(x)=3x-1$ 答

また，②で$x=0$とおくと　$a=0$ 答

アドバイス

❶ $\dfrac{d}{dx}\int_a^x f(t)dt=f(x)$の公式から。

❷ $\int_a^a f(t)dt=0$から。

❸ $(t+1)f(t)=g(t)$と考えると $\dfrac{d}{dx}\int_0^x g(t)dt=g(x)$

練習 182 次の等式を満たす関数$f(x)$，および定数aの値を求めよ。

$\int_a^x f(t)dt=x^2-2x+1$

練習 183 aが定数のとき，等式$\dfrac{d}{dx}\int_x^a f(t)dt=-f(x)$が成り立つことを示せ。

例題 157　定積分の等式

★★★ 標準

次の等式が成り立つように，正の定数aの値を定めよ。

(1) $\int_{-1}^{1}(a^2-x^2)dx=2$　　(2) $2\int_{0}^{a}x(x-2)dx=\int_{0}^{2}ax^2dx$

文字定数を含む定積分の等式は方程式の形にもち込む

文字定数を含む積分についての等式では，**定積分を計算して方程式の形にもち込み**，文字定数の値を決めます。

解答

(1) $$\int_{-1}^{1}(a^2-x^2)dx=2 \quad \cdots\cdots①$$

$$\int_{-1}^{1}(a^2-x^2)dx=2\int_{0}^{1}(a^2-x^2)dx$$ ❶

$$=2\left[a^2x-\frac{1}{3}x^3\right]_0^1=2\left(a^2-\frac{1}{3}\right)$$

よって，①から　$2\left(a^2-\frac{1}{3}\right)=2$，　$a^2=\frac{4}{3}$

$a>0$から❷　$\boldsymbol{a=\frac{2\sqrt{3}}{3}}$ 答

(2) $$2\int_{0}^{a}x(x-2)dx=\int_{0}^{2}ax^2dx \quad \cdots\cdots②$$

左辺$=2\int_{0}^{a}(x^2-2x)dx=2\left[\frac{1}{3}x^3-x^2\right]_0^a=2\left(\frac{1}{3}a^3-a^2\right)$

右辺$=\left[\frac{1}{3}ax^3\right]_0^2=\frac{8}{3}a$

よって，②から　$2\left(\frac{1}{3}a^3-a^2\right)=\frac{8}{3}a$

整理して　$a^3-3a^2-4a=0$ ❸

$a(a^2-3a-4)=0$

$a(a+1)(a-4)=0$ ❹

$a>0$から　$\boldsymbol{a=4}$ 答

アドバイス

❶ $\int_{-a}^{a}x^2dx=2\int_{0}^{a}x^2dx$

$\int_{-a}^{a}dx=2\int_{0}^{a}dx$

となります。上端と下端の値に注目。

❷「aは正の定数」という条件を忘れないように。

❸ 上式の両辺に$\frac{3}{2}$をかけました。

❹ この解としては，0，−1，4の3つが出てきます。

練習 184　関数$f(x)=ax+b$が次の等式を満たしているとき，$f(x)$を求めよ。

$$\int_{-1}^{1}f(x)dx=0,\quad \int_{-1}^{1}xf(x)dx=2$$

例題 158 定積分で表された関数②

★★★ 標準

次の等式を満たす関数$f(x)$を求めよ。

$$f(x)=x^2+\int_{-1}^{0}xf(t)dt$$

定積分で表された関数(定数型)は $\int_a^b f(t)dt=k$ とおく

定積分で表された関数$\int_a^b f(t)dt$を含んでいるものは，これをk(定数)とおきます。

本問で，$\int_{-1}^{0}xf(t)dt$はtについての積分だから，xは定数と考えます。したがって，$\int_{-1}^{0}xf(t)dt=x\int_{-1}^{0}f(t)dt$で，$\int_{-1}^{0}f(t)dt$は定数です。これを$k$とおけば，$f(x)$は$k$を用いて$f(x)=x^2+kx$と表されますから，あとは$k$の値を求めることを考えます。

解答

$$f(x)=x^2+\int_{-1}^{0}xf(t)dt=x^2+x\int_{-1}^{0}f(t)dt \quad \cdots\cdots①$$

ここで　$\int_{-1}^{0}f(t)dt=k$　(kは定数)　……②

とおくと，①から

$$f(x)=x^2+kx \quad \cdots\cdots③$$

これを②に代入して

$$k=\int_{-1}^{0}f(t)dt=\int_{-1}^{0}(t^2+kt)dt$$

$$=\left[\frac{t^3}{3}+\frac{k}{2}t^2\right]_{-1}^{0}=-\left(-\frac{1}{3}+\frac{k}{2}\right)$$

すなわち　$k=\frac{1}{3}-\frac{k}{2}$　より　$k=\frac{2}{9}$

よって，③から　$\boldsymbol{f(x)=x^2+\frac{2}{9}x}$ (答)

アドバイス

❶ tについての積分だからxは定数と考えます。

❷ $f(t)$がどんな関数でも，$\int_{-1}^{0}f(t)dt$はある数値になりますから，定数kとおくことができます。

練習 185 次の等式を満たす関数$f(x)$を求めよ。

$$f(x)=x+\int_0^2 f(t)dt$$

練習 186 次の2つの等式が成り立つとき，$f(x)$，$g(x)$をそれぞれ求めよ。

$$f(x)=x+1+\int_0^2 g(t)dt, \qquad g(x)=2x-3+\int_0^1 f(t)dt$$

例題 159　関数の極値

★★★　応用

関数$f(x)=\int_1^x(t^2-2t-3)dt$の極値を求めよ。

POINT　定積分で表された関数の導関数は$\dfrac{d}{dx}\int_a^x f(t)dt=f(x)$

定積分で表された関数$F(x)=\int_a^x f(t)dt$の導関数$F'(x)$は$f(x)$になります。また，

$F(a)=\int_a^a f(t)dt=0$となることは覚えておきましょう。

解答

関数$f(x)$を微分すると

$$f'(x)=\frac{d}{dx}\int_1^x(t^2-2t-3)dt$$
$$=x^2-2x-3$$
$$=(x+1)(x-3)$$ ❶

また　$$f(x)=\int_1^x(t^2-2t-3)dt$$
$$=\left[\frac{1}{3}t^3-t^2-3t\right]_1^x$$
$$=\left(\frac{1}{3}x^3-x^2-3x\right)-\left(\frac{1}{3}-1-3\right)$$
$$=\frac{1}{3}x^3-x^2-3x+\frac{11}{3}$$ ❷

$f(x)$の増減表は右のようになる。したがって，$f(x)$の極値は

x	$\cdots$	-1	$\cdots$	3	$\cdots$
$f'(x)$	$+$	0	$-$	0	$+$
$f(x)$	↗	$\frac{16}{3}$ 極大	↘	$-\frac{16}{3}$ 極小	↗

$x=-1$のとき　極大値$\dfrac{16}{3}$
$x=3$のとき　極小値$-\dfrac{16}{3}$　(答) ❸

アドバイス

❶ $f'(x)=0$となるのは
$x=-1,\ 3$
のとき。これから増減表を作ります。

❷ これを微分すると，当然
$f'(x)=x^2-2x-3$
となります。

❸ 関数$f(x)$のグラフは下のようになります。

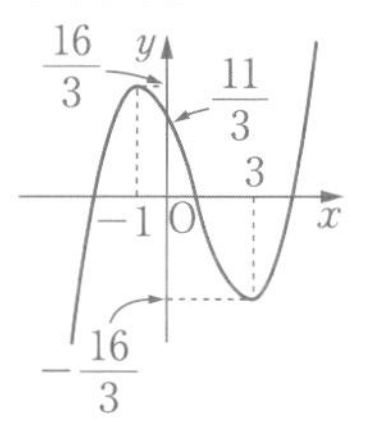

練習 187　次の関数の極値を求めよ。

(1)　$f(x)=\int_{-1}^x t(t+1)dt$　　(2)　$f(x)=\int_x^1(3t^2-1)dt$

例題 160 不等式の証明

次の不等式を証明せよ。ただし，p，qは定数とする。

$$\int_0^1 (px+q)^2 dx \geqq \left\{\int_0^1 (px+q)dx\right\}^2$$

POINT 左辺≧右辺を証明するためには，左辺−右辺≧0を示す

本問では，まず，左辺，右辺をそれぞれ積分してみます。その結果，両辺ともp，qについての多項式になりますが，あとは，左辺−右辺≧0となることを示します。

解答

$$\int_0^1 (px+q)^2 dx = \int_0^1 (p^2x^2+2pqx+q^2)dx \quad ❶$$

$$= \left[\frac{p^2}{3}x^3+pqx^2+q^2x\right]_0^1 = \frac{p^2}{3}+pq+q^2 \quad (=A)$$

$$\left\{\int_0^1 (px+q)dx\right\}^2 = \left\{\left[\frac{p}{2}x^2+qx\right]_0^1\right\}^2 \quad ❷$$

$$= \left(\frac{p}{2}+q\right)^2 = \frac{p^2}{4}+pq+q^2 \quad (=B)$$

ここで $A-B=\left(\dfrac{p^2}{3}+pq+q^2\right)-\left(\dfrac{p^2}{4}+pq+q^2\right)=\dfrac{p^2}{12}\geqq 0$ ❸

よって　$\displaystyle\int_0^1 (px+q)^2 dx \geqq \left\{\int_0^1 (px+q)dx\right\}^2$

等号は$p=0$のとき成り立つ。

アドバイス

❶ まず被積分関数を展開します。

❷ 定積分してから，その結果を平方することに注意。

❸ $A \geqq B$の証明では
$A-B=(\text{実数})^2 \geqq 0$
とすることが多いです。

STUDY コーシー・シュワルツの不等式

tを任意の実数とするとき，つねに$\{tf(x)-g(x)\}^2 \geqq 0$だから，$a<b$のとき

$$\int_a^b \{tf(x)-g(x)\}^2 dx \geqq 0 \iff t^2\int_a^b \{f(x)\}^2 dx - 2t\int_a^b f(x)g(x)dx + \int_a^b \{g(x)\}^2 dx \geqq 0$$

これをtについての2次不等式とみて，つねに成り立つ条件を考えると

$$\int_a^b \{f(x)\}^2 dx \cdot \int_a^b \{g(x)\}^2 dx \geqq \left\{\int_a^b f(x)g(x)dx\right\}^2 \quad (a<b) \quad \text{（コーシー・シュワルツの不等式）}$$

が得られる。例題は$f(x)=px+q$，$g(x)=1$，$a=0$，$b=1$の特別な場合である。

練習 188　a，bは定数で$f(x)=ax+b$，$g(x)=3x-2$のとき，次の不等式を示せ。

$$\int_0^1 \{f(x)\}^2 dx \cdot \int_0^1 \{g(x)\}^2 dx \geqq \left\{\int_0^1 f(x)g(x)dx\right\}^2$$

4 面積

1 面積(1) ▷ 例題161 例題165

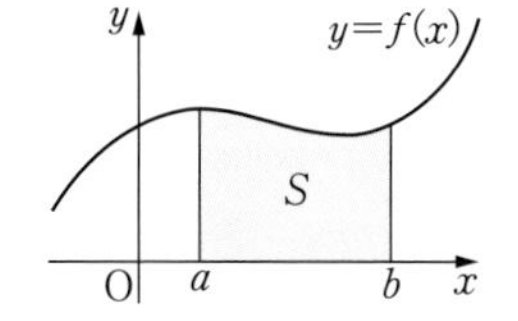

区間$[a,\ b]$で，$f(x)\geqq 0$のとき，曲線$y=f(x)$，2直線$x=a$，$x=b$およびx軸で囲まれた部分の面積Sは

$$\boldsymbol{S=\int_a^b f(x)dx}$$

例 放物線$y=x^2$と2直線$x=1$，$x=2$およびx軸で囲まれた部分の面積Sは

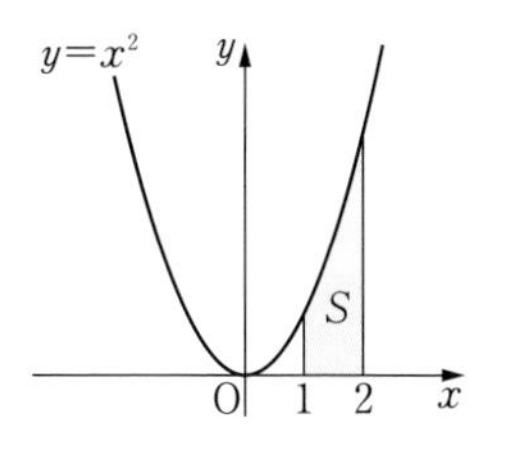

$$S=\int_1^2 x^2dx$$
$$=\left[\frac{1}{3}x^3\right]_1^2$$
$$=\frac{1}{3}(8-1)$$
$$=\frac{7}{3}$$

2 面積(2) ▷ 例題161 例題165

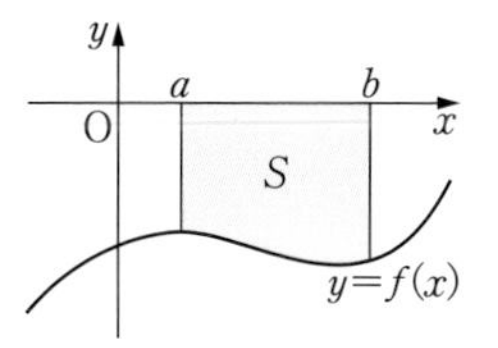

区間$[a,\ b]$で，$f(x)\leqq 0$のとき，曲線$y=f(x)$，2直線$x=a$，$x=b$およびx軸で囲まれた部分の面積Sは

$$\boldsymbol{S=-\int_a^b f(x)dx}$$

3 面積(3) ▷ 例題162 例題163 例題164

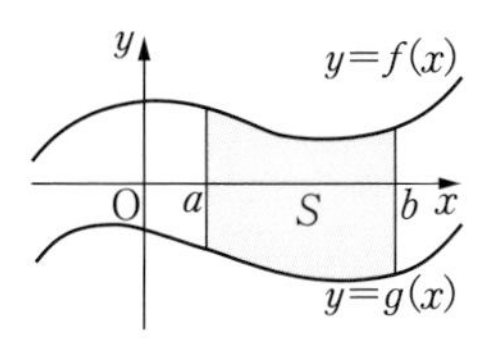

区間$[a,\ b]$で，$f(x)\geqq g(x)$のとき，2曲線$y=f(x)$，$y=g(x)$および2直線$x=a$，$x=b$で囲まれた部分の面積Sは

$$\boldsymbol{S=\int_a^b \{f(x)-g(x)\}dx}$$

例 放物線$y=x^2+1$と直線$y=x$の位置関係は右図のようになるから，この2つのグラフと2直線$x=0$，$x=1$で囲まれた部分の面積Sは

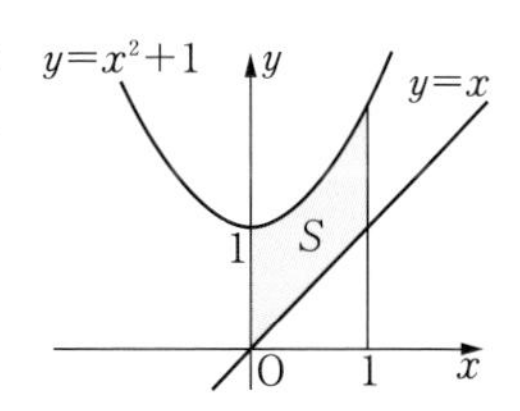

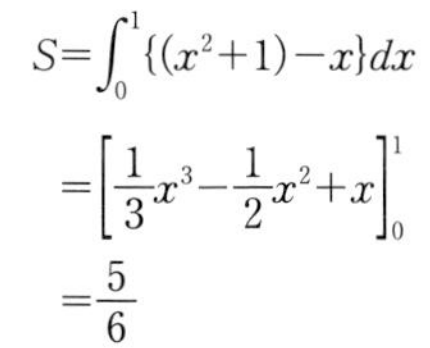

$$S=\int_0^1\{(x^2+1)-x\}dx$$
$$=\left[\frac{1}{3}x^3-\frac{1}{2}x^2+x\right]_0^1$$
$$=\frac{5}{6}$$

例題 161　定積分と面積　★★★ 基本

次の各部分の面積を求めよ。

(1)　放物線$y=x^2+1$とx軸および2直線$x=1$，$x=3$とで囲まれた部分

(2)　放物線$y=x^2-2x$とx軸とで囲まれた部分

曲線とx軸の間の面積はグラフをかいて定積分表示へ

- 曲線$y=f(x)$とx軸にはさまれた部分の面積を求めるときは，**$y=f(x)$のグラフとx軸の上下関係を確認して積分**します。面積は「正の数」です。
- 本問でも，まず，グラフをかいて放物線がx軸より上にあるか，下にあるかを確認します。(2)で，積分する区間は，放物線とx軸との交点から求めます。

解答

(1)　区間$[1,\ 3]$で　$x^2+1>0$ ❶

だから，求める面積Sは

$$S=\int_1^3(x^2+1)dx$$

$$=\left[\frac{1}{3}x^3+x\right]_1^3$$

$$=9+3-\left(\frac{1}{3}+1\right)=\mathbf{\frac{32}{3}}$$ 答

(2)　$y=x^2-2x$とx軸との交点のx座標は

$x^2-2x=0$ ❷

から　$x(x-2)=0$　すなわち　$x=0,\ 2$

区間$[0,\ 2]$において　$y=x^2-2x\leqq0$ ❸

よって，求める面積Sは

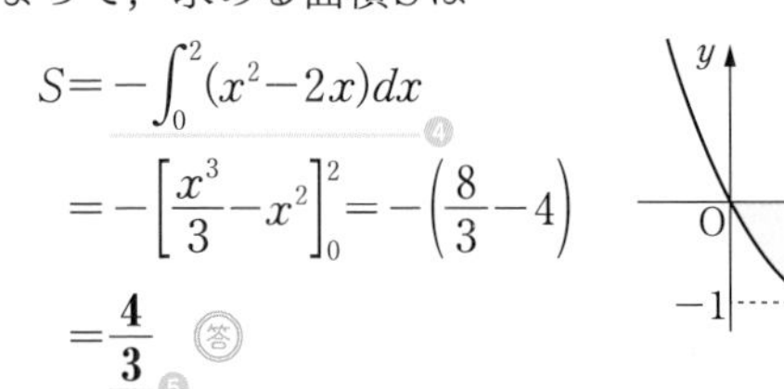

$$S=-\int_0^2(x^2-2x)dx$$ ❹

$$=-\left[\frac{x^3}{3}-x^2\right]_0^2=-\left(\frac{8}{3}-4\right)$$

$$=\mathbf{\frac{4}{3}}$$ 答 ❺

アドバイス

❶ 積分する区間で，グラフがx軸すなわち直線$y=0$より上にあります。

❷ x軸との交点ですから，$y=0$，すなわち，方程式$x^2-2x=0$を満たすxの値です。

❸ グラフからもx軸の下にあることがわかります。

❹ グラフがx軸より下にあるときはこの公式を使います。

❺ 面積は必ず「正の数」です。答えを負の数で答えないように。

練習 189　放物線$y=x^2+1$とx軸，y軸および直線$x=2$とで囲まれた部分の面積を求めよ。

練習 190　放物線$y=6x-3x^2$とx軸とで囲まれた部分の面積を求めよ。

例題 162 放物線と直線で囲まれた部分の面積★★★ 基本

(1) 放物線 $y=x^2$ と直線 $y=x+1$ および y 軸と直線 $x=1$ とで囲まれた部分の面積を求めよ。

(2) 放物線 $y=-x^2+2x$ と直線 $y=x-2$ とで囲まれた部分の面積を求めよ。

POINT 放物線と直線の囲む面積は位置関係を確認して積分へ

(2)では，放物線と直線の上下関係を確認してから積分します。

解答

(1) $y=x^2$ ……① $y=x+1$ ……②

放物線①，直線②のグラフは右図のようになる。

区間 $[0,\ 1]$ で $x+1>x^2$ ❶

だから，求める面積 S は

$$S=\int_0^1(x+1-x^2)dx$$

$$=\left[\frac{x^2}{2}+x-\frac{x^3}{3}\right]_0^1=\frac{7}{6}$$ ❷ 答

(2) $y=-x^2+2x$ ……①

$y=x-2$ ……②

①，②から y を消去して

$$-x^2+2x=x-2$$

$$x^2-x-2=0$$

$$(x+1)(x-2)=0$$

よって $x=-1,\ 2$ ❸

①，②のグラフの位置関係は右上図のようになり

$$S=\int_{-1}^2\{(-x^2+2x)-(x-2)\}dx=\int_{-1}^2(-x^2+x+2)dx$$

$$=-\int_{-1}^2(x+1)(x-2)dx=\frac{1}{6}\{2-(-1)\}^3=\frac{9}{2}$$ ❹ 答

アドバイス

❶ 積分する区間内だけでの大小関係がわかればよいです。

❷ もし，正しく計算したのに負の数が答えになったら，大小関係を間違えたミスです。

❸ 2つのグラフで囲まれた部分は区間 $[-1,\ 2]$ です。

❹ $\int_\alpha^\beta(x-\alpha)(x-\beta)dx$

$=-\frac{1}{6}(\beta-\alpha)^3$

練習 191 放物線 $y=x^2-2x$ と直線 $y=x$ および $x=1$，$x=3$ で囲まれた部分の面積を求めよ。

練習 192 放物線 $y=x^2-3x+3$ と直線 $y=2x-1$ で囲まれた部分の面積を求めよ。

例題 163　2つの放物線で囲まれた部分の面積 ★★★ 標準

2つの放物線$y=-x^2+7x-7$, $y=2x^2-8x+5$によって囲まれた部分の面積を求めよ。

POINT　2曲線の囲む部分の面積は交点と位置関係から積分へ

2つの曲線で囲まれた部分の面積を求めるには，まず，交点から積分区間を求め，さらにグラフから2つの曲線の上下関係を確認します。
本問では，まず，2つの放物線の交点のx座標を求めます。さらに，2つの交点の間すなわち積分区間でどちらの放物線が上方にあるかを調べるためにグラフをかきます。

解答

$y=-x^2+7x-7$　……①
$y=2x^2-8x+5$　……②

①，②からyを消去して❶

$-x^2+7x-7=2x^2-8x+5$
$3x^2-15x+12=0$
$x^2-5x+4=0$
$(x-1)(x-4)=0$

よって　$x=1, 4$

①，②のグラフの位置関係は右図のようになるから，求める面積Sは

$$S=\int_1^4\{(-x^2+7x-7)-(2x^2-8x+5)\}dx$$ ❷
$$=\int_1^4(-3x^2+15x-12)dx=-3\int_1^4(x^2-5x+4)dx$$
$$=-3\int_1^4(x-1)(x-4)dx$$
$$=-3\left\{-\frac{1}{6}(4-1)^3\right\}=\frac{1}{2}\cdot 3^3=\mathbf{\frac{27}{2}}$$ (答)

アドバイス

❶ まず，2曲線の交点のx座標を求めます。求められた2つの交点のx座標の間が積分区間になります。

❷ 区間[1, 4]では①のグラフが②のグラフよりも上にあります。
一般に上に凸の放物線と下に凸の放物線によって囲まれる場合，上に凸の放物線が上方になります。

練習 193　2つの放物線$y=2x^2-5x-3$, $y=-x^2+x+6$によって囲まれた部分の面積を求めよ。

練習 194　2つの放物線$y=x^2+2x$, $y=3x^2+6x$によって囲まれた部分の面積を求めよ。

例題 164 区間の分割

★★★ 標準

次の曲線または直線によって囲まれた部分の面積を求めよ。

(1) $y=x^2-2x$, x軸, $x=0$, $x=3$　　(2) $y=-x^2$, $y=x-2$, $x=0$, $x=2$

POINT グラフの上下関係が入れかわる場合は積分区間を分割

積分区間内で，グラフの上下関係が変わるとき，その交点のx座標で積分区間を分け，上にあるグラフの式から下にあるグラフの式を引きます。

解答

(1) $y=x^2-2x$ ❶

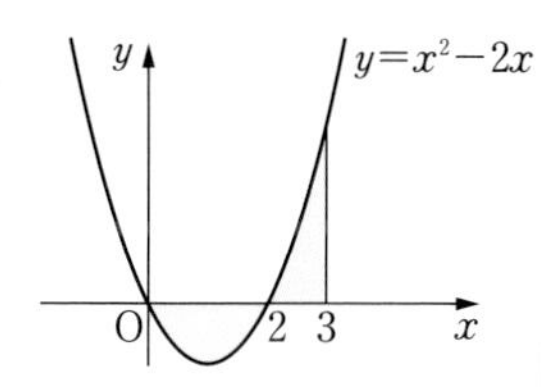

グラフは右図のように区間$[0,\ 2]$ではx軸より下，区間$[2,\ 3]$ではx軸より上にあるから，求める面積Sは

$$S=-\int_0^2(x^2-2x)dx+\int_2^3(x^2-2x)dx \quad ❷$$

$$=-\left[\frac{1}{3}x^3-x^2\right]_0^2+\left[\frac{1}{3}x^3-x^2\right]_2^3$$

$$=-\left(\frac{8}{3}-4\right)+\left\{9-9-\left(\frac{8}{3}-4\right)\right\}=\mathbf{\frac{8}{3}}$$ 答

(2) $y=-x^2$, $y=x-2$ ❸

グラフは右図のように区間$[0,\ 1]$で$y=-x^2$が上，区間$[1,\ 2]$で$y=x-2$が上だから，求める面積Sは

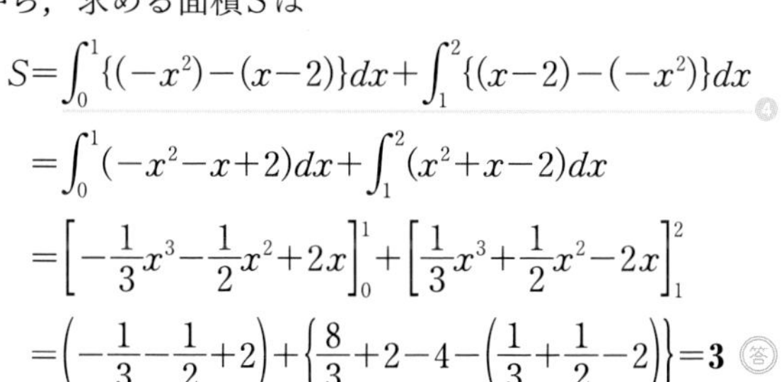

$$S=\int_0^1\{(-x^2)-(x-2)\}dx+\int_1^2\{(x-2)-(-x^2)\}dx \quad ❹$$

$$=\int_0^1(-x^2-x+2)dx+\int_1^2(x^2+x-2)dx$$

$$=\left[-\frac{1}{3}x^3-\frac{1}{2}x^2+2x\right]_0^1+\left[\frac{1}{3}x^3+\frac{1}{2}x^2-2x\right]_1^2$$

$$=\left(-\frac{1}{3}-\frac{1}{2}+2\right)+\left\{\frac{8}{3}+2-4-\left(\frac{1}{3}+\frac{1}{2}-2\right)\right\}=\mathbf{3}$$ 答

アドバイス

❶ この放物線とx軸との交点のx座標は

$x^2-2x=0$

から　$x(x-2)=0$

よって　$x=0,\ 2$

❷ 区間$[0,\ 2]$では

$x^2-2x\leqq 0$

区間$[2,\ 3]$では

$x^2-2x\geqq 0$

❸ この2つのグラフの交点のx座標は

$-x^2=x-2$

$x^2+x-2=0$

$(x+2)(x-1)=0$

よって　$x=-2,\ 1$

区間$[0,\ 2]$での面積を求めるのだから，$[0,\ 1]$と$[1,\ 2]$に分けます。

❹ それぞれの区間内で，上にあるグラフの式から下にあるグラフの式を引きます。

練習 195 放物線$y=x^2-3x$と直線$y=2x$および$x=0$, $x=6$で囲まれた部分の面積を求めよ。

例題 165　3次関数で囲まれた部分の面積

★★★ 応用

次の各部分の面積を求めよ。

(1)　曲線$y=x(x-1)(x+1)$とx軸および2直線$x=1$，$x=2$で囲まれた部分

(2)　曲線$y=x(x-1)(x+1)$とx軸で囲まれた部分

POINT　3次関数とx軸の囲む面積はx軸との交点を求める

まず3次関数のグラフとx軸の交点のx座標を求め，積分区間を決めます。

(1)は，区間$[1,\ 2]$では$y=x(x-1)(x+1)\geqq 0$だから，そのまま積分します。

(2)は，$y=x(x-1)(x+1)$のグラフとx軸との交点の座標を求め，積分区間を定めます。

解答

(1)　3次関数

$y=x(x-1)(x+1)$　……①

のグラフは区間$[1,\ 2]$ではx軸より上にある。❶ すなわち

$x(x-1)(x+1)\geqq 0$

したがって，求める面積は

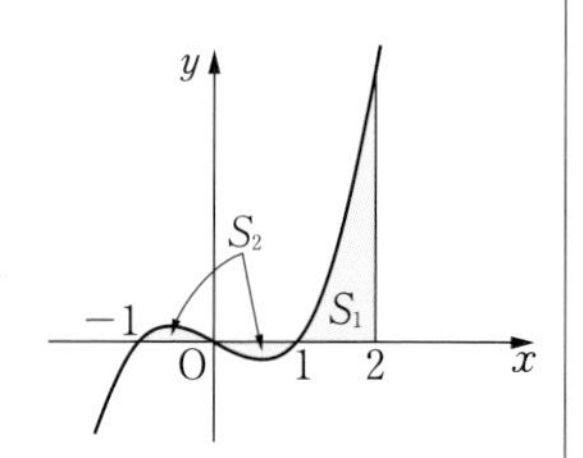

$$S_1=\int_1^2 x(x-1)(x+1)dx=\int_1^2(x^3-x)dx$$

$$=\left[\frac{1}{4}x^4-\frac{1}{2}x^2\right]_1^2=4-2-\left(\frac{1}{4}-\frac{1}{2}\right)=\frac{9}{4}$$ 答

(2)　①とx軸との交点のx座標は

$x(x-1)(x+1)=0$　　すなわち　$x=-1,\ 0,\ 1$

①のグラフは区間$[-1,\ 0]$でx軸より上，区間$[0,\ 1]$ではx軸より下にある。よって，求める面積は

$$S_2=\int_{-1}^0(x^3-x)dx-\int_0^1(x^3-x)dx$$ ❷

$$=\left[\frac{1}{4}x^4-\frac{1}{2}x^2\right]_{-1}^0-\left[\frac{1}{4}x^4-\frac{1}{2}x^2\right]_0^1$$

$$=-\left(\frac{1}{4}-\frac{1}{2}\right)-\left(\frac{1}{4}-\frac{1}{2}\right)=\frac{1}{2}$$ 答

アドバイス

❶ 曲線$y=x(x-1)(x+1)$はx軸と$x=-1$，0，1で交わり，そのグラフは左のようになります。

❷ 区間$[-1,\ 0]$では
$x(x-1)(x+1)$
$=x^3-x\geqq 0$
区間$[0,\ 1]$では
$x(x-1)(x+1)$
$=x^3-x\leqq 0$

練習 196　曲線$y=x(x-2)(x-3)$とx軸によって囲まれた部分の面積を求めよ。

練習 197　曲線$y=-8x^3+1$とx軸およびy軸で囲まれた部分の面積を求めよ。

定期テスト対策問題 11

解答・解説は別冊 p.134

1 曲線 $y=f(x)$ 上の点 (x, y) における接線の傾きが $4x^2-x$ で表される曲線のうちで，点 $(1, 1)$ を通るものを求めよ。

2 次の定積分の値を求めよ。

(1) $\displaystyle\int_1^3 (x+1)(x-2)dx$　　(2) $\displaystyle\int_0^3 |x^2-1|dx$

3 定積分 $\displaystyle\int_{-2}^2 |x(x-2)|dx$ の値を求めよ。

4 2次関数 $f(x)$ で，$f(0)=1$，$f'(1)=2$，$\displaystyle\int_{-1}^1 f(x)dx=\frac{14}{3}$ であるものを求めよ。

5 x の2次関数 $f(x)=-x^2+ax+b$ が，次の2つの条件を満たすとき，定数 a，b の値を求めよ。

(A) $\displaystyle\int_0^6 f(x)dx=12$

(B) $-1\leqq x\leqq 1$ における $f(x)$ の最小値は -5 である。

6 次の等式を満たす関数 $f(x)$ を求めよ。

$$f(x)=x^3-3x+\frac{8}{3}\int_0^1 f(t)dt$$

7 次の等式を満たす関数 $f(x)$ を求めよ。

$$f(x)=1+\int_0^1 (x+t)f(t)dt$$

8 曲線 $y=3-|x^2-1|$ と x 軸とで囲まれた部分の面積 S を求めよ。

9 曲線 $y=|x^2-6x+5|$ と直線 $y=4x-4$ で囲まれた部分の面積を求めよ。

10 2つの放物線 $y=-x^2+k$ と $y=x^2+1$ で囲まれた部分の面積が $\dfrac{8}{3}$ になるように，定数 k の値を定めよ。

11 放物線 $y=-x(x-2)$ と x 軸とで囲まれた部分の面積を，直線 $y=mx$ が2等分するとき，m の値を求めよ。

12 放物線 $y=x^2-x+1$ について，次の問いに答えよ。

(1) 原点からこの曲線に引いた2本の接線の方程式を求めよ。

(2) 放物線と(1)で求めた2本の接線で囲まれた図形の面積を求めよ。

Mathematics B

第1章 数列

| 1 | 数列

| 2 | 漸化式と数学的帰納法

第1節
数列

1 数列とは

1 数列とは

ある規則に従って，順に並べられた数の列を**数列**という。数列を作っているそれぞれの数を数列の**項**といい，最初から順に，第1項，第2項，第3項，……，第n項という。特に，第1項を**初項**という。
項の個数が有限である数列を**有限数列**といい，このとき項の個数を**項数**，最後の項を**末項**という。また，項の個数が有限でない（無限に続く）数列を**無限数列**という。

例　1,　3,　5,　7,　9,　11
↑第1項（初項）　↑第2項　↑第3項　↑第6項（末項）　項数は6

2 数列の表し方と一般項 ▷ 例題166

一般に，数列の各項を

$$a_1,\ a_2,\ a_3,\ \cdots\cdots,\ a_n,\ \cdots\cdots$$

で表す。a_1は第1項，a_2は第2項，……を表す。このとき，第n項a_nがnの式で表されていると，そのnに数値を代入することにより，すべての項が求められる。
このa_nを数列の**一般項**という。
数列の1つ1つの項ではなく，数列全体を表したいときには，$\{a_n\}$と書く。同じ文脈の中で2つ以上の数列が出てくるときには，$\{a_n\}$，$\{b_n\}$，$\{c_n\}$，……などで区別する。

例　数列$\{a_n\}$：1，4，9，16，25，……は

$$1=1^2,\ 4=2^2,\ 9=3^2,\ 16=4^2,\ 25=5^2,\ \cdots\cdots$$

と表せるから，この数列の一般項は，$a_n=n^2$である。

例　数列$\{b_n\}$：3，6，9，12，15，……は

$$\{b_n\}:3\times1,\ 3\times2,\ 3\times3,\ 3\times4,\ 3\times5,\ \cdots\cdots$$

と書き直すことができる。よって，一般項は，$b_n=3n$である。

例題 166 数列と一般項 ★★★ 基本

(1) 第n項が次の式で表される数列$\{a_n\}$の初項から第5項までを書け。

(i) $a_n=3n+2$　(ii) $a_n=2^n$　(iii) $a_n=n(n+1)$

(2) 次の数列$\{a_n\}$の一般項を求めよ。

(i) 3, 4, 5, 6, 7, ……　(ii) −1, −2, −3, −4, −5, ……

(iii) 1·1, 2·3, 3·5, 4·7, 5·9, ……

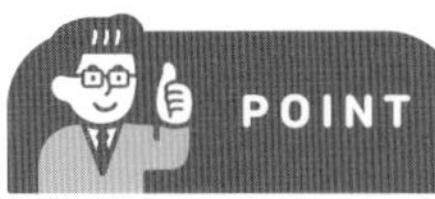

一般項は第n項をnの式で表したもの

一般項a_nが与えられているなら，そのnの式のnに順に1, 2, 3, ……を代入すれば，第1項，第2項，第3項，……が求められます。数列の一般項を求める場合は，その数列の規則性を見抜き，第n項a_nをnの式で表します。

解答

(1)(i) $a_n=3n+2$

nに1, 2, 3, 4, 5を順に代入して❶

$\boldsymbol{a_1}=3\times1+2=\mathbf{5}$,　$\boldsymbol{a_2}=3\times2+2=\mathbf{8}$,

$\boldsymbol{a_3}=3\times3+2=\mathbf{11}$,　$\boldsymbol{a_4}=3\times4+2=\mathbf{14}$

$\boldsymbol{a_5}=3\times5+2=\mathbf{17}$ 答

(ii) $a_n=2^n$のときも，同様にして

$\boldsymbol{a_1=2}$, $\boldsymbol{a_2=4}$, $\boldsymbol{a_3=8}$, $\boldsymbol{a_4=16}$, $\boldsymbol{a_5=32}$ 答

(iii) $a_n=n(n+1)$のときも，同様にして

$\boldsymbol{a_1}=1\cdot2=\mathbf{2}$,　$\boldsymbol{a_2}=2\cdot3=\mathbf{6}$,　$\boldsymbol{a_3}=3\cdot4=\mathbf{12}$,

$\boldsymbol{a_4}=4\cdot5=\mathbf{20}$,　$\boldsymbol{a_5}=5\cdot6=\mathbf{30}$ 答

(2) 各項の値とそれが第何項なのかを考えて

(i) $\boldsymbol{a_n=n+2}$❷ 答

(ii) $\boldsymbol{a_n=-n}$ 答

(iii) $\boldsymbol{a_n=n(2n-1)}$❸ 答

アドバイス

❶ 第100項を求めたいときは，nに100を代入すればよいです。

❷ $3=1+2$, $4=2+2$, $5=3+2$, ……

❸ 各項の左の数と右の数を別々に考えます。

練習 198 一般項が次の式で表される数列$\{a_n\}$の初項から第5項までを求めよ。

(1) $a_n=(-1)^n$　(2) $a_n=n^2+1$　(3) $a_n=3\cdot2^{n-1}$

練習 199 次の数列$\{a_n\}$の一般項を求めよ。

(1) −1, 3, −5, 7, −9, ……　(2) $\frac{1}{2}$, $\frac{2}{3}$, $\frac{3}{4}$, $\frac{4}{5}$, $\frac{5}{6}$, ……

2 等差数列とその和

1 等差数列 ▷ 例題 168

数列

$$a_1,\ a_2,\ a_3,\ \cdots\cdots,\ a_n,\ \cdots\cdots$$

において，各項に一定の数dを加えると次の項が得られるとき，この数列を**等差数列**といい，一定の数dを**公差**という。

$$a_1,\ \underset{+d}{\curvearrowright}\ a_2,\ \underset{+d}{\curvearrowright}\ a_3,\ \underset{+d}{\curvearrowright}\ a_4,\ \cdots\cdots\ a_n,\ \underset{+d}{\curvearrowright}\ a_{n+1},\ \cdots\cdots$$

等差数列では，次の関係が成り立つ。

$$a_{n+1}=a_n+d \quad \text{あるいは} \quad a_{n+1}-a_n=d$$

2 等差数列の一般項 ▷ 例題 167

初項a，公差dの等差数列$\{a_n\}$については

$$a_1=a,\quad a_2=a_1+d=a+d,\quad a_3=a_2+d=a+2d,$$
$$a_4=a_3+d=a+3d,\quad \cdots\cdots$$

が成り立つ。

よって，一般項は

$$\boldsymbol{a_n=a+(n-1)d}$$

3 等差数列の和 ▷ 例題 169 例題 170 例題 171

初項a，公差d，末項l，項数nの等差数列の和をS_nとすると

$$S_n=a+(a+d)+(a+2d)+\cdots\cdots+l$$
$$S_n=l+(l-d)+(l-2d)+\cdots\cdots+a$$

辺々加えて

$$2S_n=n(a+l)=n\{2a+(n-1)d\}$$

すなわち

$$\boldsymbol{S_n=\frac{1}{2}n(a+l)}$$
$$\boldsymbol{=\frac{1}{2}n\{2a+(n-1)d\}}$$

例題 167 等差数列の一般項 ★★★ 基本

次のような数列$\{a_n\}$の一般項，および第20項を求めよ。

(1) 数列-2, 1, 4, 7, 10, ……

(2) 第5項が95，第15項が25である等差数列

等差数列の一般項は$a_n=a+(n-1)d$

初項がa，公差がdの等差数列の一般項は$a_n=a+(n-1)d$です。ここに問題の条件を代入して，必要とするものを求めます。

解答

(1) 初項が-2，公差が3の等差数列❶だから一般項は

$$a_n=-2+(n-1)\times3=\mathbf{3n-5}\ \text{(答)}$$

第20項は，$n=20$を代入して

$$a_{20}=3\times20-5=\mathbf{55}\ \text{(答)}$$

(2) 等差数列の初項をa，公差をdとすると，一般項は

$a_n=a+(n-1)d$ ……①

第5項が95❷だから　$a+4d=95$ ……②

第15項が25だから　$a+14d=25$ ……③

③−②から　$10d=-70$

$d=-7$

②に代入して　$a-28=95$

$a=123$

よって，①から　$a_n=123+(n-1)\times(-7)$

$$a_n=\mathbf{130-7n}\ \text{(答)}$$

第20項は，$n=20$を代入して

$$a_{20}=130-7\times20=\mathbf{-10}\ \text{(答)}$$

アドバイス

❶ -2, 1, 4, 7, 10, ……
　$+3$ $+3$ $+3$ $+3$

初項-2に次々と3を加えて作られる数列ですから，公差が3の等差数列です。

❷ 第5項の5は番号 $\Longrightarrow$ nに代入
95は項の値 $\Longrightarrow$ a_nに代入

すなわち

$a_n=a+(n-1)d$

に$n=5$，$a_5=95$を代入すると

$95=a+(5-1)d$

よって

$a+4d=95$

練習 200 次のような等差数列$\{a_n\}$の一般項，および第30項を求めよ。

(1) 初項が17，第5項が5である等差数列

(2) 公差が4，第6項が7である等差数列

練習 201 第17項が52，第30項が13である等差数列$\{a_n\}$の一般項を求めよ。また，a_nが初めて負になるのは第何項か。

例題 168 等差数列をなす条件 ★★★ 基本

(1) 数列a, b, cがこの順に等差数列をなすための必要十分条件は，$2b=a+c$が成り立つことであることを証明せよ。

(2) 数列6, b, -2が等差数列であるとき，bの値を求めよ。

a, b, cが等差数列 $\Longleftrightarrow$ $2b=a+c$

等差数列は隣り合う項の差がつねに一定な数列です。このことから(1)は容易に証明することができます。(2)は(1)を用います。

解答	アドバイス

(1) 数列a, b, cがこの順に等差数列をなすとき

$b-a=c-b$ ❶ ……①

$2b=a+c$ ……②

逆に，②が成り立てば①も成り立つので，a, b, cは等差数列になる。

(2) 6, b, -2が等差数列であるから

$2b=6+(-2)$ ❷

よって　$b=2$ (答)

❶ a, b, c（d d）
$b-a=c-b=d$

❷ (1)を使っています。

Q 例題(1)のbはどんな性質があるんですか？

A a, b, cがこの順に等差数列をなすとき，bを等差中項といい，上の(1)は等差中項と両隣りの項との関係を表す式です。

では，bの値は何を意味しているのかというと，実は，それは3つの数a, b, cの平均を表しています。実際，$\dfrac{a+b+c}{3}=\dfrac{(a+c)+b}{3}=\dfrac{2b+b}{3}=\dfrac{3b}{3}=b$です。

一般に等差数列をなすn個の数a, $a+d$, $a+2d$, $a+3d$, ……, $a+(n-1)d=l$の平均は$\dfrac{1}{2}(a+l)$です。これは両端から順にペアを作っていくと，ペアの平均がつねに$\dfrac{1}{2}(a+l)$となることからわかります。nが奇数のときは，まん中の数はペアが作れませんが，この数自身が$\dfrac{1}{2}(a+l)$です。

練習 202 数列a, 2, -2が等差数列となるように，aの値を定めよ。

例題 169 等差数列の和

★★★ 基本

(1) 等差数列1，7，13，19，……，55の和を求めよ。

(2) 初項が2，初項から第10項までの和が155の等差数列がある。この数列の初項から第n項までの和を求めよ。

等差数列の和⟹$S_n=\frac{1}{2}n(a+l)=\frac{1}{2}n\{2a+(n-1)d\}$

等差数列の和の公式は2通りあります。状況に応じて使いやすいほうで計算すればよいのですが，いずれも**初項と項数の値は必要**です。

解答

(1) 数列1，7，13，19，……，55は，初項が1，公差が6の等差数列だから，その項数をnとすると，末項は

$1+(n-1)\times6=55$ ❶，$6n-5=55$，$n=10$

よって，初項が1，末項が55，項数が10の等差数列の和S_{10}は　$S_{10}=\frac{1}{2}\times10\times(1+55)=\mathbf{280}$ 答

(2) 等差数列の公差をdとすると，初項から第10項までの和 ❷ が155だから

$\frac{1}{2}\times10\times\{2\times2+(10-1)d\}=155$

$5(4+9d)=155$，$d=3$

よって，初項から第n項までの和S_nは

$S_n=\frac{1}{2}n\{2\times2+(n-1)\times3\}=\mathbf{\frac{1}{2}n(3n+1)}$ 答

アドバイス

❶ 与えられた数列の末項55が第何項であるかを求めます。

❷ 等差数列の和の公式

$S_n=\frac{1}{2}n\{2a+(n-1)d\}$

に$a=2$，$n=10$，$S_{10}=155$を代入してdを求めます。

STUDY 途中の項からの和

第m項から第n項（$m<n$）までの和を求めるには，①S_n-S_{m-1}を計算する方法と，②第m項から第n項までを項数$n-m+1$の等差数列と考えて和の公式にあてはめる方法がある。

練習 203 次の等差数列の和を求めよ。

(1) 3，6，9，12，……，$3n$

(2) -5，-2，1，4，……（第15項まで）

練習 204 第6項が10，第15項が37の等差数列がある。この数列の第5項から第20項までの和を求めよ。

例題 170 等差数列の和の最大

★★★ 標準

初項が40，公差が-3の等差数列について，次の問いに答えよ。

(1) 初項から第何項までの和が230になるか。

(2) 初項から第何項までの和が最大となるか。

等差数列の和の最大・最小 ⟹ 何項目で符号が変わるか

- (1) 等差数列の和の公式にあてはめて，$S_n=230$となるnを求めます。
- (2) **公差が負**ですから，**項の値はだんだん減少**し，第何項目からは負になります。
  負の項を加えても和は減少するだけなので，正の項だけの和が最大値になります。

| 解答 |

(1) 初項からn項までの和S_n❶が230になるとすると

$$\frac{1}{2}n\{2\times40-3(n-1)\}=230,\quad n(83-3n)=460$$

$$3n^2-83n+460=0,\quad (3n-23)(n-20)=0$$

nは自然数だから　　$n=20$

よって　　**第20項までの和** 答

(2) 一般項は　　$a_n=40-3(n-1)=43-3n$

$a_n>0$を満たすnの範囲は

$$43-3n>0,\ n<14.3\cdots$$

nは自然数だから　　$1\leqq n\leqq14$

よって，初項から第14項までが正❷で，あとは負となるので，**第14項までの和**が最大となる。答

| アドバイス |

❶ 等差数列の和の公式

$$S_n=\frac{1}{2}n\{2a+(n-1)d\}$$

に，$a=40$，$d=-3$を代入します。

❷ 和は，負の項を加えると減少してしまいます。

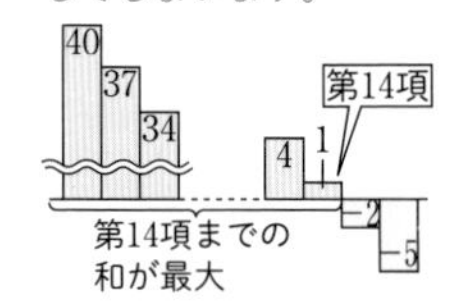

STUDY | S_nはnの2次式

上の例題の(2)ではS_nはnの2次式なので，これを利用して和が最大になるときを求めることもできる。

$$S_n=\frac{1}{2}n\{2\times40-3(n-1)\}=-\frac{3}{2}n^2+\frac{83}{2}n=-\frac{3}{2}\left(n-\frac{83}{6}\right)^2+\frac{83^2}{24}$$

$\left|n-\frac{83}{6}\right|$が最小になるとき，$S_n$は最大となる。$\frac{83}{6}=13+\frac{5}{6}$なので，$n=14$のとき，$\left|n-\frac{83}{6}\right|$が最小になることがわかる。

練習 205 初項が50，公差が-4の等差数列がある。初項から第何項までの和が最大となるか。また，そのときの和を求めよ。

例題 171 倍数の和 ★★★ 標準

2桁の自然数について，次のような数の和を求めよ。

(1) 4でも6でも割り切れる数　　(2) 4または6で割り切れる数

倍数の和は等差数列の和

- (1) 4でも6でも割り切れる数は，**4と6の最小公倍数の12**で割り切れる数です。
- (2) 4で割り切れる数の集合をA，6で割り切れる数の集合をBとすると$A\cap B$は12で割り切れる数の集合です。$A\cup B$に属する数の和を求めればよいですが，**$A\cap B$に属する数を2度加えることがないようにしなければなりません。**

解答

(1) 4でも6でも割り切れる数は，12の倍数だから

$$12\times1,\ 12\times2,\ 12\times3,\ \cdots\cdots,\ 12\times8$$

これは初項が12，末項が96，項数が8の等差数列だから，その和❶は　$\dfrac{1}{2}\times8\times(12+96)=\mathbf{432}$ 答

(2) 2桁の自然数のうち4で割り切れる数は

$$4\times3,\ 4\times4,\ 4\times5,\ \cdots\cdots,\ 4\times24$$

これは初項が12，末項が96，項数が22❷の等差数列。

6で割り切れる数は

$$6\times2,\ 6\times3,\ 6\times4,\ \cdots\cdots,\ 6\times16$$

これは初項が12，末項が96，項数が15の等差数列。

4の倍数の和を$S(4)$，6の倍数の和を$S(6)$，12の倍数の和を$S(12)$とすると

$$S(4)=\frac{1}{2}\times22\times(12+96)=1188$$

$$S(6)=\frac{1}{2}\times15\times(12+96)=810$$

よって，4または6で割り切れる数の和は

$$S(4)+S(6)-S(12)=1188+810-432=\mathbf{1566}$$ ❸ 答

アドバイス

❶ 初項と末項がわかっているので

$$S_n=\frac{1}{2}\times\boxed{項数}\times(\boxed{初項}+\boxed{末項})$$

を利用して，和を求めます。このとき，数列の項数に注意。

❷ 項数の求め方に注意します。4で割り切れる数のうち2桁のものは，4の倍数4, 8, 12, 16, ……, 96　の3番目の数から24番目の数までですから，2番目までの倍数は除きます。よって，この個数は

$24-2=22$

同様に，6で割り切れる数のうち，2桁のものの個数は

$16-1=15$

❸ $S(12)$は，$S(4)$の一部であり，また$S(6)$の一部でもありますから，2度加えないように1回引きます。

練習 206　100以下の自然数について，次の問いに答えよ。

(1) 6で割ると2余る数の和を求めよ。

(2) 4で割ると2余る数または6で割ると2余る数の和を求めよ。

3 等比数列とその和

1 等比数列 ▷ 例題 173

数列

$$a_1,\ a_2,\ a_3,\ \cdots\cdots,\ a_n,\ \cdots\cdots$$

において，各項に一定の数rをかけると次の項が得られるとき，この数列を等比数列といい，一定の数rを公比という。

$$a_1 \xrightarrow{\times r} a_2 \xrightarrow{\times r} a_3 \xrightarrow{\times r} a_4,\ \cdots\cdots\ a_n \xrightarrow{\times r} a_{n+1},\ \cdots\cdots$$

等比数列では，次の関係が成り立つ。

$$a_{n+1}=ra_n$$

2 等比数列の一般項 ▷ 例題 172

初項がa，公比がrの等比数列$\{a_n\}$については

$$a_1=a,\quad a_2=a_1\times r=ar,\quad a_3=a_2\times r=ar^2,$$
$$a_4=a_3\times r=ar^3,\ \cdots\cdots$$

が成り立つ。よって，一般項は

$$\boldsymbol{a_n=ar^{n-1}}$$

3 等比数列の和 ▷ 例題 174 例題 175 例題 176

初項がa，公比がrの等比数列の初項から第n項までの和をS_nとすると

$$\begin{array}{rl} S_n= & a+ar+ar^2+\cdots\cdots+ar^{n-1} \\ -)\ rS_n= & \quad\ ar+ar^2+\cdots\cdots+ar^{n-1}+ar^n \\ \hline (1-r)S_n= & a \qquad\qquad\qquad\qquad\qquad -ar^n \end{array}$$
$$=a(1-r^n)$$

したがって

$$\boldsymbol{S_n=\begin{cases} \dfrac{a(1-r^n)}{1-r}=\dfrac{a(r^n-1)}{r-1} & (r\neq 1\text{のとき}) \\ na & (r=1\text{のとき}) \end{cases}}$$

例題 172 等比数列の一般項 ★★★ 基本

次のような等比数列$\{a_n\}$の一般項を求めよ。

(1) 3, 6, 12, 24, 48, ……

(2) 初項が-2, 公比が-2

(3) 第2項が6, 第4項が54

等比数列の一般項は$a_n=ar^{n-1}$

- 等比数列の一般項を求めるには, **初項と公比**がわかればよいです。
- (1) 公比は隣り合う2項によって求められます。
- (2) 初項も公比も与えられているのですから, 一般項の式にあてはめればよいです。
- (3) 一般項$a_n=ar^{n-1}$に問題の条件を代入して, aとrを求めます。

解答

(1) 与えられた数列は, 初項が3, 公比が2❶ の等比数列だから　$\boldsymbol{a_n=3\cdot 2^{n-1}}$❷ 答

(2) $\boldsymbol{a_n}=(-2)\cdot(-2)^{n-1}=\boldsymbol{(-2)^n}$❸ 答

(3) 等比数列の初項をa, 公比をrとする。

第2項が6だから　$ar=6$❹　……①

第4項が54だから　$ar^3=54$❺　……②

①を②に代入して　$6r^2=54$, $r^2=9$

よって　$r=\pm 3$

①から, $r=3$のとき　$3a=6$, $a=2$

$r=-3$のとき　$-3a=6$, $a=-2$

したがって, 一般項は

$\boldsymbol{a_n=2\cdot 3^{n-1}}$ **または** $\boldsymbol{a_n=-2\cdot(-3)^{n-1}}$ 答

アドバイス

❶ 3, 6, 12, 24, ……（×2 ×2 ×2）

❷ 一般項は　$a_n=ar^{n-1}$

❸ $a^m\times a^n=a^{m+n}$

❹ $n=2$, $a_2=6$を代入して
$6=ar^{2-1}$
$ar=6$

❺ $n=4$, $a_4=54$を代入して
$54=ar^{4-1}$
$ar^3=54$

練習 207 次の等比数列$\{a_n\}$の□に適する数を求めよ。また, 一般項も求めよ。

$\frac{1}{3}$, $\frac{1}{2}$, □, $\frac{9}{8}$, $\frac{27}{16}$, ……

練習 208 公比が4, 第3項が48の等比数列$\{a_n\}$の初項を求めよ。また, 768は第何項か。

練習 209 第2項が192, 第5項が24の等比数列$\{a_n\}$の初項と公比を求めよ。ただし, 公比は実数とする。

例題 173 等比数列をなす条件 ★★★ 標準

3つの数a, b, cがこの順に等比数列をなし，その和は21で，積は216である。3つの数a, b, cを求めよ。ただし，$a<b<c$とする。

$abc \neq 0$のとき，a, b, cが等比数列 $\iff$ $b^2=ac$

a, b, cがこの順に等比数列をなすとき，bを等比中項といいます。
このとき，a, b, cがいずれも0でなければ

$$\frac{b}{a}=\frac{c}{b}\ (=\text{公比})\qquad \text{よって}\qquad b^2=ac$$

| 解答 | アドバイス |

和が21，積が216だから

$a+b+c=21$ ……①

$abc=216$ ……②

a, b, cはこの順に等比数列をなすから

$b^2=ac$ ……③

③を②に代入して

$b^3=216$❶ より $b=6$

①，②に代入して $a+c=15$ ……④

$ac=36$ ……⑤

④から $c=15-a$

⑤に代入して $a(15-a)=36$

$a^2-15a+36=0$, $(a-3)(a-12)=0$

$a<c$だから❷ $a=3$, $c=12$

よって **$a=3$, $b=6$, $c=12$** 答

❶ $b^3=216$
$b^3-216=0$
$b^3-6^3=0$
$(b-6)(b^2+6b+36)=0$
ここで
$b^2+6b+36=(b+3)^2+27>0$
だから $b-6=0$
$b=6$

❷ $a=12$のときは，$c=3$となって，$a<c$を満たしません。

Q $b^2=ac$でもa, b, cが等比数列ではないこともあるのですか？

A 「a, b, cが等比数列 $\Longrightarrow$ $b^2=ac$」はつねに成り立ちます。しかし，例えば，0, 0, 1では$0^2=0\times1$ですが，等比数列ではありません。aもbもcも0でなければ，逆も成り立ちます。

練習 210 数列y, 3, $2y+3$が等比数列をなすとき，yの値を求めよ。

例題 174 等比数列の和 ★★★ 基本

次の等比数列の初項から第n項までの和を求めよ。

(1) 4, 12, 36, 108, 324, ……　　(2) 320, −80, 20, −5, ……

$r \neq 1$のとき　$S_n=\dfrac{a(1-r^n)}{1-r}=\dfrac{a(r^n-1)}{r-1}$

等比数列において，公比rが1ならば，すべての項が初項と等しくなるから，$S_n=na$です。$r \neq 1$のときは，$r>1$か$r<1$かによって使い分けましょう。

解答

初項から第n項までの和をS_nとする。

(1) 初項が4，公比が3の等比数列だから

$$S_n \text{❶}=\frac{4\cdot(3^n-1)}{3-1}=\mathbf{2(3^n-1)}$$ (答)

(2) 初項が320，公比が$-\dfrac{1}{4}$の等比数列だから

$$S_n=\frac{320\cdot\left\{1-\left(-\frac{1}{4}\right)^n\right\}}{1-\left(-\frac{1}{4}\right)} \text{❷}$$

$$=\mathbf{256\left\{1-\left(-\frac{1}{4}\right)^n\right\}} \text{❸}$$ (答)

アドバイス

❶ 公比>1ですから $S_n=\dfrac{a(r^n-1)}{r-1}$ を利用します。

❷ 公比が負であることに注意します。必ずカッコをつけて，公式にあてはめましょう。

❸ これ以上，答えは簡単にはなりません。

Q 等比数列の和の公式の使い分け方を教えてください。

A 等比数列の和の公式は次のように使い分けるといいですよ。

$r<1$のときは　$S_n=\dfrac{a(1-r^n)}{1-r}$，　　$r>1$のときは　$S_n=\dfrac{a(r^n-1)}{r-1}$

練習 211 次の等比数列の和を求めよ。

(1) 初項6，公比2，項数5　　(2) 初項$\dfrac{8}{3}$，公比$\dfrac{3}{2}$，末項$\dfrac{81}{4}$

練習 212 次の等比数列の初項から第n項までの和を求めよ。

(1) 3, −6, 12, −24, 48, ……　　(2) 5, 5, 5, 5, ……

練習 213 公比が2，初項から第5項までの和が155の等比数列の初項を求めよ。

例題 175 等比数列の和の応用

数列$\{a_n\}$:18, 1818, 181818, 18181818, ……, の一般項を求めよ。

POINT ***PPP⋯P*という形の数 ⟹ 等比数列の和**

この数列の各項で18が繰り返されていることに注目すると

$a_1=18$

$a_2=1818=18+1800=18(1+100)$

$a_3=181818=18+1800+180000=18(1+100+100^2)$

……

このことからa_nが予想できます。

解答

この数列は

$18,\ 18(1+100),\ 18(1+100+100^2),\ \cdots\cdots$

と表されるので，一般項a_nは

$a_n=18181818\cdots\cdots$ ❶

$=18(1+100+100^2+100^3+\cdots\cdots+100^{n-1})$

ここで，カッコ内は，初項が1，公比が100 ❷ の等比数列の初項から第n項までの和だから

$$\boldsymbol{a_n}=18\times\frac{1\times(100^n-1)}{100-1}=18\times\frac{100^n-1}{99}$$

$$=\boldsymbol{\frac{2}{11}(10^{2n}-1)}$$ ❸ (答)

アドバイス

❶ $a_n=\underbrace{\boxed{18}\boxed{18}\boxed{18}\cdots\boxed{18}}_{\boxed{18}\text{が}n\text{個}}$

❷ 公比100は10^2とも書けますが，項数がわかりやすいように100のままにしておきます。

❸ $100^n=(10^2)^n=10^{2n}$

ただし，答えは

$\frac{2}{11}(100^n-1)$

のままでもかまいません。

STUDY 同じ数字が繰り返されている数

上の例題は18の繰り返しであったが，他の場合は次のように変わる。

$$\underbrace{777\cdots\cdots7}_{n\text{個}}=7+70+700+\cdots\cdots+\underbrace{700\cdots\cdots0}_{n\text{桁}}=7(\underbrace{1+10+10^2+\cdots\cdots+10^{n-1}}_{n\text{個}})$$

$$\underbrace{123123\cdots\cdots123}_{n\text{個}}=123+123000+123000000+\cdots\cdots+\underbrace{123000\cdots\cdots000}_{3n\text{桁}}$$

$$=123(\underbrace{1+1000+1000^2+\cdots\cdots+1000^{n-1}}_{n\text{個}})$$

練習 214 次の数列$\{a_n\}$の一般項および初項から第n項までの和S_nを求めよ。

1, 11, 111, 1111, 11111, ……

例題 176 複利計算 ★★★ 応用

毎年の始めに10万円ずつ積み立てるとき，10年後の年末には積立金の元利合計はいくらになるか。ただし，年利率6%で1年ごとの複利法で計算するものとし，$1.06^{10}=1.79$ とする。

POINT 複利計算 ⟹ 等比数列の和の公式を用いる

一定期間ごとに利息を元金に繰り入れ，その合計額を次の期間の元金とする方法を，**複利法**といいます。第1回から第10回まで積み立てたそれぞれの10万円の元利合計は，次のようになります。

	1年後	2年後	……	9年後	10年後
第1回	10万円→$10\times(1+0.06)$	→$10\times(1+0.06)^2$	→…	$10\times(1+0.06)^9$	→$10\times(1+0.06)^{10}$
第2回	10万円→	$10\times(1+0.06)$	→…	$10\times(1+0.06)^8$	→$10\times(1+0.06)^9$
第3回		10万円→	…	$10\times(1+0.06)^7$	→$10\times(1+0.06)^8$
……					
第10回				10万円→	$10\times(1+0.06)$
					元利合計

解答

10年後の元利合計❶をS万円とすると

$$S=10(1+0.06)^{10}+10(1+0.06)^9+\cdots\cdots+10(1+0.06)$$
$$=10\times1.06+10\times1.06^2+\cdots\cdots+10\times1.06^{10}$$
$$=10(1.06+1.06^2+1.06^3+\cdots\cdots+1.06^{10})$$

カッコ内は，初項が1.06，公比が1.06の等比数列の初項から第10項までの和❷だから

$$S=10\times\frac{1.06(1.06^{10}-1)}{1.06-1}=10\times\frac{1.06(1.79-1)}{0.06}$$
$$=10\times\frac{1.06\times0.79}{0.06}=139.56666\cdots\ (\text{万円})$$

よって **1395667円**❸ 答

アドバイス

❶ 元利合計とは，元金と利息を合わせたもので，最終的にたまるお金のことです。

❷ 公比>1だから
$$S_n=\frac{a(r^n-1)}{r-1}$$
を使って，和を求めます。

❸ 1円未満は四捨五入します。

練習 215 例題 176で，年利率を5%としたとき，積立金の元利合計はいくらになるか。ただし，$1.05^{10}=1.63$ とする。

練習 216 ある年の始めに年利率8%で100万円を借り，1年ごとの複利で，10年間で返済する。毎年末にいくらずつ払えばよいか。ただし，$1.08^{10}=2.159$ とする。

4 いろいろな数列

1 和の記号Σ(シグマ) ▷ 例題177

$a_1+a_2+a_3+\cdots\cdots+a_n$ を $\sum_{k=1}^{n} a_k$ という記号で表す。

$\sum_{k=1}^{n} a_k$ は a_k の k の値を1から順次 n まで変えて，それら n 個の値すべての和をとったものを意味する。

2 Σの計算法則 ▷ 例題178 例題179

① $\displaystyle\sum_{k=1}^{n}(a_k+b_k)=\sum_{k=1}^{n}a_k+\sum_{k=1}^{n}b_k$

② $\displaystyle\sum_{k=1}^{n}ca_k=c\sum_{k=1}^{n}a_k$ （c は定数）

3 数列の和の公式 ▷ 例題178 例題179 例題180

① $\displaystyle\sum_{k=1}^{n}c=nc$ （c は定数）

特に， $\displaystyle\sum_{k=1}^{n}1=n$

② $\displaystyle\sum_{k=1}^{n}k=1+2+3+\cdots\cdots+n=\frac{1}{2}n(n+1)$

③ $\displaystyle\sum_{k=1}^{n}k^2=1^2+2^2+3^2+\cdots\cdots+n^2=\frac{1}{6}n(n+1)(2n+1)$

④ $\displaystyle\sum_{k=1}^{n}k^3=1^3+2^3+3^3+\cdots\cdots+n^3=\left\{\frac{1}{2}n(n+1)\right\}^2$

4 階差数列 ▷ 例題183

数列 $\{a_n\}$ に対して

$$b_n=a_{n+1}-a_n \quad (n=1,\ 2,\ 3,\ \cdots\cdots)$$

で定義される数列 $\{b_n\}$ を，数列 $\{a_n\}$ の**階差数列**という。

$n\geqq2$ のとき $\displaystyle a_n=a_1+\sum_{k=1}^{n-1}b_k$

例題 177 Σの使い方 ★★★ 基本

(1) 次の和をΣを使わないで表せ。

(i) $\sum_{k=1}^{4}(2k+5)$　　(ii) $\sum_{k=3}^{5}2^k$

(2) 次の和を記号Σを用いて表せ。

$7+3+(-1)+(-5)+\cdots\cdots+(-29)$

POINT　Σは数列の和を表す記号

例えば$\sum_{k=1}^{10}\boxed{}$と書いてあれば，$\boxed{}$のkに1，2，3，4，……と順に10まで値を代入し，その結果得られた10個の値の和を意味します。したがって，$\sum_{k=1}^{10}\boxed{}$をΣを使わないで書いたら，その中に文字kはありません。このことから，$\sum_{j=1}^{8}(2j-1)=\sum_{l=1}^{8}(2l-1)$などのように，**$k$以外の文字に置き換えてもかまいません。**

解答	アドバイス

(1) (i) $\sum_{k=1}^{4}(2k+5)=\mathbf{7+9+11+13}$ ❶ 答

(ii) $\sum_{k=3}^{5}2^k=2^3+2^4+2^5=\mathbf{8+16+32}$ 答

(2) 数列7，3，-1，-5，……，-29

は，初項が7，公差が-4の等差数列だから，第k項❷は

$a_k=7+(k-1)\times(-4)=11-4k$

ここで，$a_k=-29$とすると

$11-4k=-29$，　$k=10$

よって，末項-29は第10項だから

$7+3+(-1)+(-5)+\cdots\cdots+(-29)=\sum_{k=1}^{10}\mathbf{(11-4k)}$ 答

❶ $a_k=2k+5$とすると

$a_1=2\times1+5=7$
$a_2=2\times2+5=9$
$a_3=2\times3+5=11$
$a_4=2\times4+5=13$

❷ 初項がa，公差がdの等差数列の第k項は

$a_k=a+(k-1)d$

練習 217　次の和をΣを使わないで表せ。

(1) $\sum_{k=4}^{7}(k-2)^2$　　(2) $\sum_{k=1}^{n}\frac{k}{k+1}$

練習 218　次の和をΣを用いて表せ。

$2\cdot1+4\cdot4+8\cdot7+16\cdot10+32\cdot13+\cdots\cdots+2^n\cdot(3n-2)$

例題 178 Σの計算①

基本

次の和を求めよ。

(1) $\displaystyle\sum_{k=1}^{n}(4k-3)$ (2) $\displaystyle\sum_{k=1}^{n}k(k+2)$ (3) $\displaystyle\sum_{k=1}^{n}(4k^3+2k)$

Σの計算は展開して公式を利用する

Σの計算法則 ① $\displaystyle\sum_{k=1}^{n}(a_k+b_k)=\sum_{k=1}^{n}a_k+\sum_{k=1}^{n}b_k$ ② $\displaystyle\sum_{k=1}^{n}ca_k=c\sum_{k=1}^{n}a_k$

によって，(1)は$\displaystyle 4\sum_{k=1}^{n}k-\sum_{k=1}^{n}3$と変形できます。あとは$\Sigma$の公式を用いて計算します。

解答

(1) $\displaystyle\sum_{k=1}^{n}(4k-3)=4\underline{\sum_{k=1}^{n}k}_{❶}-\underline{\sum_{k=1}^{n}3}_{❷}$

$\displaystyle =4\times\frac{1}{2}n(n+1)-3\times n$

$=2n^2+2n-3n=\boldsymbol{n(2n-1)}$ 答

(2) $\displaystyle\sum_{k=1}^{n}k(k+2)=\sum_{k=1}^{n}(k^2+2k)=\underline{\sum_{k=1}^{n}k^2}_{❸}+2\sum_{k=1}^{n}k$

$\displaystyle =\frac{1}{6}n(n+1)(2n+1)+2\times\frac{1}{2}n(n+1)$

$\displaystyle =\underline{\frac{1}{6}n(n+1)\{(2n+1)+6\}}_{❹}$

$\displaystyle =\boldsymbol{\frac{1}{6}n(n+1)(2n+7)}$ 答

(3) $\displaystyle\sum_{k=1}^{n}(4k^3+2k)=4\underline{\sum_{k=1}^{n}k^3}_{❺}+2\sum_{k=1}^{n}k$

$\displaystyle =4\times\left\{\frac{n(n+1)}{2}\right\}^2+2\times\frac{n(n+1)}{2}$

$=n^2(n+1)^2+n(n+1)$

$=\underline{n(n+1)\{n(n+1)+1\}}_{❻}$

$=\boldsymbol{n(n+1)(n^2+n+1)}$ 答

アドバイス

❶ $\displaystyle\sum_{k=1}^{n}k=\frac{1}{2}n(n+1)$

❷ $\displaystyle\sum_{k=1}^{n}c=nc$ (cは定数)

❸ $\displaystyle\sum_{k=1}^{n}k^2=\frac{1}{6}n(n+1)(2n+1)$

❹ 共通因数と分数係数 $\frac{1}{6}n(n+1)$をくくり出します。

❺ $\displaystyle\sum_{k=1}^{n}k^3=\left\{\frac{1}{2}n(n+1)\right\}^2$

❻ 共通因数$n(n+1)$でくくります。

練習 219 次の和を求めよ。

(1) $\displaystyle\sum_{k=1}^{n}(5-2k)$ (2) $\displaystyle\sum_{k=1}^{n}(k+1)(3k-2)$

(3) $\displaystyle\sum_{k=1}^{n}k(k+1)(k+2)$

例題 179 Σの計算②

★★★ 基本

次の数列の初項から第n項までの和を求めよ。

$1\cdot1,\ 3\cdot4,\ 5\cdot7,\ 7\cdot10,\ 9\cdot13,\ \cdots\cdots$

Σの計算 ⟹ 第k項をkの式で表してから計算

数列の一般項がわかっている場合にはただちにΣの計算ができますが，一般項がわかっていない場合には，まず**第k項をkの式で表す**ことから始めなくてはなりません。本問の場合，各項は2つの数の積です。

解答

この数列の第k項をa_kとすると

$$a_k=(2k-1)\underline{(3k-2)}_{❶}$$

だから，初項から第n項までの和をS_nとすると

$$S_n=\sum_{k=1}^{n}(2k-1)(3k-2)$$

$$=\sum_{k=1}^{n}(6k^2-7k+2)=6\sum_{k=1}^{n}k^2-7\sum_{k=1}^{n}k+\sum_{k=1}^{n}2$$

$$=6\times\frac{1}{6}n(n+1)(2n+1)-7\times\frac{1}{2}n(n+1)+2n$$

$$=\frac{n}{2}\{2(n+1)(2n+1)-7(n+1)+4\}$$

$$=\boldsymbol{\frac{1}{2}n(4n^2-n-1)}\ \text{(答)}\ ❷$$

アドバイス

❶ 初項が1，公差が3の等差数列の第k項は

$1+(k-1)\times3=3k-2$

❷ 求めた和

$S_n=\frac{1}{2}n(4n^2-n-1)$

が正しいかどうか，検算しておきましょう。

$S_1=1$は初項と一致。

$S_2=13$も，第2項までの和$1\times1+3\times4$と一致します。この結果から，答えが正しそうなことが確かめられます。

Q この例題の解答で数列の一般項をa_nでなくa_kと表したのはなぜですか？

A 数列の一般項はa_nで表すことが多いですが，この例題ではnは特定の意味をもつ文字として使われているためa_kで表しました。

練習 220 次の数列の和を求めよ。

(1) $1\cdot2,\ 2\cdot5,\ 3\cdot8,\ 4\cdot11,\ \cdots\cdots,\ n(3n-1)$

(2) $1^2,\ 3^2,\ 5^2,\ 7^2,\ \cdots\cdots,\ (2n-1)^2$

練習 221 次の数列の初項から第n項までの和を求めよ。

$1\cdot2,\ 2\cdot3,\ 3\cdot4,\ 4\cdot5,\ 5\cdot6,\ \cdots\cdots$

例題 180　いろいろな数列の和①

次の数列の初項から第n項までの和S_nを求めよ。

(1)　1, 1+2, 1+2+3, 1+2+3+4, 1+2+3+4+5, ……

(2)　1^2, 1^2+2^2, $1^2+2^2+3^2$, $1^2+2^2+3^2+4^2$, $1^2+2^2+3^2+4^2+5^2$, ……

POINT　第k項が数列の和 ⟹ 第k項を計算してkで表す

(1)　**第k項a_kは**　$a_k=1+2+3+\cdots\cdots+k=\frac{1}{2}k(k+1)$

(2)　**第k項a_kは**　$a_k=1^2+2^2+3^2+\cdots\cdots+k^2=\frac{1}{6}k(k+1)(2k+1)$

解答

与えられた数列の第k項をa_kとすると

(1)　$a_k=1+2+3+\cdots\cdots+k=\underline{\sum_{i=1}^{k}i}$❶$=\frac{1}{2}k(k+1)$

$$S_n=\sum_{k=1}^{n}a_k=\sum_{k=1}^{n}\frac{1}{2}k(k+1)=\frac{1}{2}\sum_{k=1}^{n}k^2+\frac{1}{2}\sum_{k=1}^{n}k$$

$$=\frac{1}{2}\times\frac{1}{6}n(n+1)(2n+1)+\frac{1}{2}\times\frac{1}{2}n(n+1)$$

$$=\frac{1}{12}n(n+1)(2n+1+3)=\boldsymbol{\frac{1}{6}n(n+1)(n+2)}$$ ❷ (答)

(2)　$a_k=1^2+2^2+3^2+\cdots\cdots+k^2=\sum_{i=1}^{k}i^2=\frac{1}{6}k(k+1)(2k+1)$

$$S_n=\sum_{k=1}^{n}a_k=\sum_{k=1}^{n}\frac{1}{6}k(k+1)(2k+1)$$

$$=\frac{1}{3}\underline{\sum_{k=1}^{n}k^3}+\frac{1}{2}\sum_{k=1}^{n}k^2+\frac{1}{6}\sum_{k=1}^{n}k$$ ❸

$$=\frac{1}{3}\times\left\{\frac{1}{2}n(n+1)\right\}^2+\frac{1}{2}\times\frac{1}{6}n(n+1)(2n+1)+\frac{1}{6}\times\frac{1}{2}n(n+1)$$ ❹

$$=\boldsymbol{\frac{1}{12}n(n+1)^2(n+2)}$$ (答)

アドバイス

❶ $1+2+3+\cdots\cdots+k$ は，初項から第k項までの和ですから，Σ計算にはk以外の文字（ここではi）を用います。

❷ $n=1$，2を代入して，答えをチェックしておきましょう。

❸ $\sum_{k=1}^{n}k^3=\left\{\frac{1}{2}n(n+1)\right\}^2$

❹ 共通因数と分数係数 $\frac{1}{12}n(n+1)$をくくり出してから計算すると，まとめやすいです。

練習 222　次の数列の初項から第n項までの和S_nを求めよ。

1, 1+2, 1+2+4, 1+2+4+8, ……

例題 181 いろいろな数列の和② ★★★ 標準

次の和を求めよ。

$$\frac{1}{1\cdot3}+\frac{1}{3\cdot5}+\frac{1}{5\cdot7}+\frac{1}{7\cdot9}+\cdots\cdots+\frac{1}{(2n-1)(2n+1)}$$

POINT 第k項が分数の形 ⟹ 部分分数に分ける

第k項は $\dfrac{1}{(2k-1)(2k+1)}$ なので，数列の和の公式は使えません。ここでは

$\dfrac{1}{(2k-1)(2k+1)}=\dfrac{1}{2}\left(\dfrac{1}{2k-1}-\dfrac{1}{2k+1}\right)$ という変形を行います。

解答

$$\frac{1}{1\cdot3}+\frac{1}{3\cdot5}+\frac{1}{5\cdot7}+\cdots\cdots+\frac{1}{(2n-1)(2n+1)}$$

$$=\sum_{k=1}^{n}\frac{1}{(2k-1)(2k+1)}$$

$$=\frac{1}{2}\sum_{k=1}^{n}\left(\frac{1}{2k-1}-\frac{1}{2k+1}\right)$$

$$=\frac{1}{2}\left\{\left(\frac{1}{1}-\frac{1}{3}\right)+\left(\frac{1}{3}-\frac{1}{5}\right)+\left(\frac{1}{5}-\frac{1}{7}\right)+\cdots\cdots+\left(\frac{1}{2n-1}-\frac{1}{2n+1}\right)\right\}$$ ❶

$$=\frac{1}{2}\left(1-\frac{1}{2n+1}\right)=\boldsymbol{\frac{n}{2n+1}}$$ 答

アドバイス

❶
$\frac{1}{1}-\frac{1}{3}$

$\frac{1}{3}-\frac{1}{5}$

$\frac{1}{5}-\frac{1}{7}$

………

$+)\ \frac{1}{2n-1}-\frac{1}{2n+1}$

$1-\frac{1}{2n+1}$

計算をこのように書くと，隣の項どうしで消し合うことがよくわかります。

Q 部分分数に分ける方法は，ほかにどんなやり方がありますか？

A ほかにも次のようなやり方があります。

$$\frac{1}{k(k+1)}=\frac{1}{k}-\frac{1}{k+1}\qquad \frac{1}{k(k+1)(k+2)}=\frac{1}{2}\left\{\frac{1}{k(k+1)}-\frac{1}{(k+1)(k+2)}\right\}$$

$$\frac{1}{k(k+2)}=\frac{1}{2}\left(\frac{1}{k}-\frac{1}{k+2}\right)\qquad \frac{1}{k(k+1)(k+2)(k+3)}=\frac{1}{3}\left\{\frac{1}{k(k+1)(k+2)}-\frac{1}{(k+1)(k+2)(k+3)}\right\}$$

練習 223 次の和を求めよ。

$$\frac{3}{1\cdot4}+\frac{3}{4\cdot7}+\frac{3}{7\cdot10}+\frac{3}{10\cdot13}+\cdots\cdots+\frac{3}{(3n-2)(3n+1)}$$

例題 182 いろいろな数列の和③

★★★ 応用

次の和S_nを求めよ。

$$S_n=2\cdot3+4\cdot3^2+6\cdot3^3+8\cdot3^4+\cdots\cdots+2n\cdot3^n$$

第k項が等差数列×等比数列 ⟹ 公比をかけて引く

左側の数は2, 4, 6, 8, ……で等差数列，右側の数は3, 3^2, 3^3, 3^4, ……で等比数列です。等比数列部分の公比3をS_nにかけて，S_n-3S_nを計算します。

解答

$$S_n=2\cdot3+4\cdot3^2+6\cdot3^3+8\cdot3^4+\cdots\cdots+2n\cdot3^n \quad \cdots\cdots①$$

$$3S_n=2\cdot3^2+4\cdot3^3+6\cdot3^4+8\cdot3^5+\cdots\cdots+(2n-2)\cdot3^n+2n\cdot3^{n+1} \quad \cdots\cdots②$$ ❶

①−②から

$$-2S_n=2\cdot3+2\cdot3^2+2\cdot3^3+2\cdot3^4+2\cdot3^5+\cdots\cdots+2\cdot3^n-2n\cdot3^{n+1}$$

$$=2(3+3^2+3^3+3^4+3^5+\cdots\cdots+3^n)-2n\cdot3^{n+1}$$

よって　$S_n=n\cdot3^{n+1}-(3+3^2+3^3+3^4+\cdots\cdots+3^n)$

ここで，カッコ内は，初項が3，公比が3，項数がnの等比数列の和だから

$$\boldsymbol{S_n}=n\cdot3^{n+1}-\frac{3(3^n-1)}{3-1}=\frac{2n\cdot3^{n+1}-3^{n+1}+3}{2}$$

$$=\boldsymbol{\frac{1}{2}\{(2n-1)3^{n+1}+3\}}$$ (答)

アドバイス

❶ S_nと$3S_n$は項を1つずらして書くとよいです。3の累乗部分が一致するようにします。

STUDY S_n-rS_nの計算の注意点

$S_n=1\cdot3+3\cdot3^2+5\cdot3^3+7\cdot3^4+\cdots\cdots+(2n-1)\cdot3^n$について調べてみよう。

$$S_n=1\cdot3+3\cdot3^2+5\cdot3^3+7\cdot3^4+\cdots\cdots+(2n-1)\cdot3^n \quad \cdots\cdots①$$

$$3S_n=1\cdot3^2+3\cdot3^3+5\cdot3^4+\cdots\cdots+(2n-3)\cdot3^n+(2n-1)\cdot3^{n+1} \quad \cdots\cdots②$$

①−②から　$-2S_n=1\cdot3+2\cdot3^2+2\cdot3^3+2\cdot3^4+\cdots\cdots+2\cdot3^n-(2n-1)\cdot3^{n+1}$

$$=1\cdot3+2\underbrace{(3^2+3^3+3^4+\cdots\cdots+3^n)}_{\text{等比数列の和}}-(2n-1)\cdot3^{n+1}$$

上の例題と異なり，ここでは最初の項も除外しないと等比数列の和にはならない。

練習 224　和$\dfrac{1}{2}+\dfrac{3}{2^2}+\dfrac{5}{2^3}+\dfrac{7}{2^4}+\cdots\cdots+\dfrac{2n-1}{2^n}$を求めよ。

例題 183 階差数列 ★★★ 基本

次の数列$\{a_n\}$の一般項を求めよ。

$-2,\ 1,\ 6,\ 13,\ 22,\ 33,\ \cdots\cdots$

規則のつかめない数列 ⟹ 階差数列を調べる

与えられた数列が等差数列でも等比数列でもなく，その他の規則性も見つけられないときは，階差数列を作ってみます。もとの数列を$\{a_n\}$としたとき，階差数列を$\{b_n\}$とすると，b_nは　$b_n=a_{n+1}-a_n \quad (n=1,\ 2,\ 3,\ \cdots\cdots)$

で定義されます。そして　$n\geqq 2$のとき　$a_n=a_1+\sum_{k=1}^{n-1}b_k$

解答

数列$\{a_n\}$の階差数列を$\{b_n\}$とすると

$\{b_n\}:3,\ 5,\ 7,\ 9,\ 11,\ \cdots\cdots$

これは，初項が3，公差が2の等差数列だから

$b_n=3+(n-1)\times 2=2n+1$

$n\geqq 2$のとき ❶

$$\begin{aligned}a_n&=a_1+\sum_{k=1}^{n-1}b_k\\&=-2+\sum_{k=1}^{n-1}(2k+1)\\&=-2+2\sum_{k=1}^{n-1}k+\sum_{k=1}^{n-1}1 \quad ❷\\&=-2+2\times\frac{1}{2}(n-1)n+(n-1)\\&=n^2-3\end{aligned}$$

ここで，$n=1$とおくと

$a_1=1^2-3=-2$

だから，$n=1$のときも成り立つ。

よって　$\boldsymbol{a_n=n^2-3}$ 答

アドバイス

❶ 階差数列を利用して一般項を求めるときは，$n\geqq 2$であることに注意します。数列$\{a_n\}$の階差数列を$\{b_n\}$とすると

$a_n=a_1+\sum_{k=1}^{n-1}b_k$

ここで$n=1$とすると

$n-1=0$となり，$\sum_{k=1}^{n-1}b_k$は意味をなさないからです。

❷ $\sum_{k=1}^{n}k=\frac{1}{2}n(n+1)$

のnを$n-1$で置き換えると

$\sum_{k=1}^{n-1}k=\frac{1}{2}(n-1)n$

練習 225　次の数列$\{a_n\}$の一般項を求めよ。

(1) $2,\ 7,\ 10,\ 11,\ 10,\ \cdots\cdots$

(2) $1,\ 2,\ 5,\ 14,\ 41,\ 122,\ \cdots\cdots$

(3) $2,\ 3,\ 7,\ 16,\ 32,\ 57,\ \cdots\cdots$

例題 184 数列の和と一般項

★★★ 標準

初項から第n項までの和S_nが，次の式で表される数列$\{a_n\}$の一般項を求めよ。

(1) $S_n=2n^2+3n$　　(2) $S_n=2n^2+3n+1$

POINT $a_n=S_n-S_{n-1}$ $(n\geqq 2)$，$a_1=S_1$である

数列$\{a_n\}$の初項から第n項までの和をS_nとすると，$n\geqq 2$のとき

$$\begin{array}{rl} & S_n=a_1+a_2+a_3+\cdots\cdots+a_{n-1}+a_n \\ -) & S_{n-1}=a_1+a_2+a_3+\cdots\cdots+a_{n-1} \\ \hline & S_n-S_{n-1}=a_n \end{array}$$

また，$n=1$については，$S_1=a_1$です。

解答

(1) $S_n=2n^2+3n$

$n\geqq 2$のとき

$$\begin{aligned} a_n&=S_n-S_{n-1} \\ &=(2n^2+3n)-\{2(n-1)^2+3(n-1)\} \\ &=4n+1 \quad \cdots\cdots① \end{aligned}$$

$n=1$のとき❶

$$a_1=S_1=2\times 1^2+3\times 1=5$$

したがって，①は$n=1$のときも成り立つから

$$\boldsymbol{a_n=4n+1}$$ (答)

(2) $S_n=2n^2+3n+1$

$n\geqq 2$のとき

$$\begin{aligned} a_n&=S_n-S_{n-1} \\ &=(2n^2+3n+1)-\{2(n-1)^2+3(n-1)+1\} \\ &=4n+1 \end{aligned}$$

$n=1$のとき

$$a_1=S_1=2\times 1^2+3\times 1+1=6$$ ❷

したがって　$\begin{cases} \boldsymbol{a_n=4n+1} & \boldsymbol{(n\geqq 2)} \\ \boldsymbol{a_1=6} \end{cases}$ (答)

アドバイス

❶ $n=1$のときだけ別に考えなくてはなりません。
$a_n=S_n-S_{n-1}$
で，$n=1$とおくと
$a_1=S_1-S_0$
となり，S_0は意味をもたないからです。

❷ $a_n=4n+1$のnに1を代入すると，$a_1=5$。したがって，$a_n=4n+1$は$n=1$のとき使うことができません。

練習 226 初項から第n項までの和S_nが次の式で与えられる数列$\{a_n\}$はどんな数列か。

(1) $S_n=-2n^2+5n$　　(2) $S_n=n^2-2n+1$

例題 185 群数列

★★★ 応用

自然数の列を次のように（　）でくくり，群に分ける。

(1)，(2，3)，(4，5，6)，(7，8，9，10)，(11，12，……)，……

(1) 第n番目の群の最初の項を求めよ。

(2) 第n番目の群に含まれるn個の項の総和を求めよ。

群数列 ⟹ 第$(n-1)$群までの項の総数に注目

群数列の「第n群の最初の項を求めよ」という設問を解くためには，第$(n-1)$群までの項の総数を求めることです。仮にその値がKだとすると，第n群の最初の項は，第1群の初項から数えて$(K+1)$番目の項ということになります。

解答

(1) 第k群はk個の項を含むから，第$(n-1)$群までの項の項数をS個とすると，$n \geqq 2$のとき❶

$$S=1+2+3+\cdots\cdots+(n-1)=\frac{1}{2}(n-1)n$$

第n群の最初の項は，$(S+1)$番目の自然数だから

$$S+1=\frac{1}{2}(n-1)n+1=\frac{1}{2}(n^2-n+2)$$

これは，$n=1$のときも成り立つ❷から，求める項は

$$\boldsymbol{\frac{1}{2}(n^2-n+2)}$$ ❸ 答

(2) 第n群の最初の項をaとすると，第n群❹は，初項がa，公差が1，項数がnの等差数列だから，第n群の項の総和は　$\frac{n}{2}\{2a+(n-1)\times 1\}=\frac{n}{2}(2a+n-1)$

(1)から　$a=\frac{1}{2}(n^2-n+2)$

よって，求める総和は　$\boldsymbol{\frac{1}{2}n(n^2+1)}$ 答

アドバイス

❶ Sは，第$(n-1)$群までの項の総数ですから，$n=1$では意味をもちません。

❷ $\frac{1}{2}(n^2-n+2)$で，$n=1$とおくと，値は1となって，第1群の項に等しいです。

❸ はじめから数えての項数と項の値は一致します。

❹ 第n群：
$$\underbrace{a,\ a+1,\ a+2,\ \cdots,\ a+n-1}_{n\text{個}}$$

練習 227 奇数の列を，次のように（　）でくくり，群に分ける。

(1，3)，(5，7，9，11)，(13，15，17，19，21，23)，(25，……)，……

(1) 第n番目の群の最初の項を求めよ。

(2) 第n番目の群に含まれる項の和を求めよ。

例題 186 格子点の個数

自然数nに対し，連立不等式 $0 \leqq x \leqq n$，$y \geqq 0$，$y \leqq n^2-x^2$ の表す領域に含まれる格子点（x座標とy座標がともに整数値である点）の個数を求めよ。ただし，境界はすべて含むものとする。

POINT $x=k$あるいは$y=k$の格子点の個数を調べる

連立不等式の表す領域を図示して，直線$x=k$あるいは直線$y=k$上の格子点の個数を調べ，Σの計算にもち込みます。

解答

まず，放物線$y=n^2-x^2$とx軸の交点のx座標は，$x=\pm n$❶ である。このとき，3つの不等式を同時に満たす領域は図のかげをつけた部分で，境界を含む。

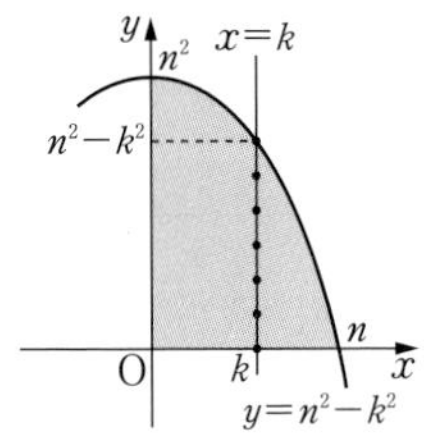

直線$x=k$（$k=0, 1, 2, \cdots, n$）上の格子点の個数をa_kとおくと，直線$x=k$上での格子点のy座標は$y=0, 1, 2, \cdots, n^2-k^2$ であるから

$$a_k=n^2-k^2+1 \text{❷}$$

よって，求める格子点の個数は

$$\sum_{k=0}^{n} a_k = a_0 \text{❸} + \sum_{k=1}^{n} a_k$$

$$=(n^2-0^2+1)+\sum_{k=1}^{n}(n^2-k^2+1)$$

$$=n^2+1+(n^2+1)\sum_{k=1}^{n}1-\sum_{k=1}^{n}k^2$$

$$=n^2+1+(n^2+1)n \text{❹} -\frac{1}{6}n(n+1)(2n+1)$$

$$=\frac{1}{6}(n+1)\{6(n^2+1)-n(2n+1)\}$$

$$=\boldsymbol{\frac{1}{6}(n+1)(4n^2-n+6)} \textbf{（個）} \text{（答）}$$

アドバイス

❶ $y=0$として
$0=n^2-x^2$
$x^2=n^2$
$x=\pm n$

❷ $(n^2-k^2)-0+1$
$=n^2-k^2+1$

❸ Σの公式を利用するために，$k=0$の場合を除いておきます。

❹ $n^2+1+(n^2+1)n$
$=(n^2+1)(n+1)$

練習 228 自然数nに対し，連立不等式 $y \geqq 0$，$y \leqq -x^2+nx$ の表す領域に含まれる格子点の個数を求めよ。ただし，境界はすべて含むものとする。

定期テスト対策問題 12

解答・解説は別冊 p.153

1 次の数列 $\{a_n\}$ の一般項を求めよ。

(1) 5, 9, 13, 17, 21, ……

(2) 3, −6, 12, −24, 48, ……

2 第2項が12で，第5項が324の等比数列について，初項と公比を求めよ。ただし，公比は実数とする。

3 第3項が67で，第7項が55の等差数列 $\{a_n\}$ がある。このとき，次の問いに答えよ。

(1) 一般項を求めよ。

(2) 初項から第何項までの和が最大となるか。また，その最大値を求めよ。

4 初項から第 n 項までの和 S_n が

$$S_n=n^2+3n$$

で与えられる数列 $\{a_n\}$ の一般項を求めよ。

5 次の数列 $\{a_n\}$ の一般項を求めよ。

(1) 3, 33, 333, 3333, ……

(2) 1, 3, 7, 15, 31, ……

6 次の和を求めよ。

(1) $1\cdot2\cdot3+2\cdot3\cdot5+3\cdot4\cdot7+4\cdot5\cdot9+\cdots\cdots+n(n+1)(2n+1)$

(2) $\dfrac{2}{1\cdot3}+\dfrac{2}{2\cdot4}+\dfrac{2}{3\cdot5}+\dfrac{2}{4\cdot6}+\cdots\cdots+\dfrac{2}{n(n+2)}$

(3) $1\cdot1+2\cdot3+3\cdot3^2+4\cdot3^3+5\cdot3^4+\cdots\cdots+n\cdot3^{n-1}$

7 数列

$$1,\ 1+3,\ 1+3+5,\ 1+3+5+7,\ 1+3+5+7+9,\ \cdots\cdots$$

について，次の問いに答えよ。

(1) 第 k 項を k を用いて表せ。

(2) 初項から第 n 項までの和を求めよ。

第２節
漸化式と数学的帰納法

1 漸化式

1 数列の帰納的定義

一般に数列$\{a_n\}$は，次の2つの条件を与えると，a_1からa_2，a_2からa_3，a_3からa_4，……と，各項が順次ただ1通りに定まる。

① 初項a_1

② a_nからa_{n+1}を作る関係式

このような数列の定め方を，数列の**帰納的定義**といい，②の関係式を数列$\{a_n\}$の**漸化式**という。

例 $a_1=-1$，$a_{n+1}=2a_n+n$によって定義される数列$\{a_n\}$は次のようになる。

$a_2=2a_1+1=-2+1=-1$，　$a_3=2a_2+2=-2+2=0$，

$a_4=2a_3+3=0+3=3$，　$a_5=2a_4+4=6+4=10$，……

2 基本的な漸化式 ▷ 例題 187 例題 188

(1) 等差数列

$$a_1=a,\ a_{n+1}=a_n+d$$

(2) 等比数列

$$a_1=a,\ a_{n+1}=ra_n$$

(3) $a_{n+1}=a_n+f(n)$

$f(n)=a_{n+1}-a_n$で，$\{f(n)\}$が$\{a_n\}$の階差数列だから

$$a_n=a_1+\sum_{k=1}^{n-1}f(k)\quad(n\geqq 2)$$

(4) $a_{n+1}=pa_n+q$ （p，q**は定数**，$p\neq 0$，1，$q\neq 0$）

この数列$\{a_n\}$の一般項を求めるには，$\alpha=p\alpha+q$を満たすαの値を用いて

$$\begin{array}{rl} & a_{n+1}=pa_n+q \\ -) & \alpha\quad\ =p\alpha+q \\ \hline & a_{n+1}-\alpha=p(a_n-\alpha) \end{array}$$

したがって，数列$\{a_n-\alpha\}$は公比がpの等比数列である。このことから，一般項$a_n-\alpha$がわかり，a_nを求めることができる。

例題 187 基本的な漸化式

★★★ 基本

次のように定義された数列の一般項を求めよ。ただし，$n \geqq 1$とする。

(1) $a_1=5,\ a_{n+1}=a_n+3$　(2) $a_1=1,\ a_{n+1}=2a_n$

(3) $a_1=2,\ a_{n+1}=a_n+2n-1$　(4) $a_1=1,\ a_{n+1}=a_n+2^{n-1}$

$a_{n+1}-a_n=f(n) \Longrightarrow \{f(n)\}$は階差数列である

(3)は$2n-1$が，(4)は2^{n-1}がそれぞれ**階差数列の一般項**にあたりますから，$\{a_n\}$の階差数列を$\{b_n\}$としたときの公式　$a_n=a_1+\sum_{k=1}^{n-1}b_k \quad (n \geqq 2)$

を用いて，一般項a_nを求めることができます。

解答

(1) $a_1=5,\ a_{n+1}-a_n=3$

数列$\{a_n\}$は，初項が5，公差が3の等差数列だから

$$\boldsymbol{a_n}=5+(n-1)\cdot 3 \text{ ❶} =\boldsymbol{3n+2} \text{ (答)}$$

(2) $a_1=1,\ a_{n+1}=2a_n$

から　$\boldsymbol{a_n}=1\cdot 2^{n-1} \text{ ❷}=\boldsymbol{2^{n-1}}$ (答)

(3) $a_1=2,\ a_{n+1}-a_n=2n-1$

階差数列の公式から，$n \geqq 2$のとき

$$a_n=a_1+\sum_{k=1}^{n-1}(2k-1) \text{ ❸} =2+2\cdot\frac{(n-1)n}{2}-(n-1)$$

$$=n^2-2n+3$$

これは，$n=1$のときも成り立つから❹

$$\boldsymbol{a_n=n^2-2n+3} \text{ (答)}$$

(4) $a_1=1,\ a_{n+1}-a_n=2^{n-1}$

$$a_n=a_1+\sum_{k=1}^{n-1}2^{k-1} \quad (n \geqq 2)$$

$$=1+\frac{1\cdot(2^{n-1}-1)}{2-1}=2^{n-1}$$

これは，$n=1$のときも成り立つから

$$\boldsymbol{a_n=2^{n-1}} \text{ (答)}$$

アドバイス

❶ 初項がa，公差がdの等差数列$\{a_n\}$の一般項は
$a_n=a+(n-1)d$

❷ 初項がa，公比がrの等比数列$\{a_n\}$の一般項は
$a_n=ar^{n-1}$

❸ 数列$\{a_n\}$の階差数列を$\{b_n\}$とすると
$a_{n+1}-a_n=b_n$
$n \geqq 2$のとき
$a_n=a_1+(a_2-a_1)+(a_3-a_2)+\cdots\cdots+(a_n-a_{n-1})$
$=a_1+\sum_{k=1}^{n-1}b_k$

❹ $n=1$のときは，あとで確認します。

練習 229 次のように定義された数列の一般項を求めよ。ただし，$n \geqq 1$とする。

(1) $a_1=2,\ a_{n+1}=-3a_n$　(2) $a_1=3,\ a_{n+1}=a_n+n^2-n$

(3) $a_1=2,\ a_{n+1}=a_n+3^n$

例題 188　$a_{n+1}=pa_n+q$

★★★ 基本

次のように定義された数列$\{a_n\}$の一般項を求めよ。

$a_1=5,\ a_{n+1}=3a_n-4\quad (n=1,\ 2,\ 3,\ \cdots\cdots)$

POINT　$a_{n+1}=pa_n+q \Longrightarrow a_{n+1}-\alpha=p(a_n-\alpha)$ に変形

与えられた漸化式$a_{n+1}=3a_n-4$において，a_{n+1}とa_nをともにαで置き換えて，$\alpha=3\alpha-4$とします。これを解くと$\alpha=2$。**この値を漸化式の両辺から引いて**

$a_{n+1}-2=3a_n-4-2$　　よって　　$a_{n+1}-2=3(a_n-2)$

このことから，数列$\{a_n-2\}$は公比が3の等比数列であることがわかります。

解答

$a_{n+1}=3a_n-4$の両辺から2を引いて❶

$a_{n+1}-2=3(a_n-2)$

$a_n-2=b_n$とおくと　　$b_{n+1}=3b_n$

よって，数列$\{b_n\}$は，初項が

$b_1=a_1-2=5-2=3$

で，公比が3の等比数列だから　　$b_n=3\cdot 3^{n-1}=3^n$

したがって　　$\boldsymbol{a_n}=b_n+2=\boldsymbol{3^n+2}$ 答

別解　　$a_{n+1}=3a_n-4$　　$\cdots\cdots$①

nを1つ下げて　　$a_n=3a_{n-1}-4$　　$\cdots\cdots$②

①−②から　　$a_{n+1}-a_n=3(a_n-a_{n-1})\quad (n\geqq 2)$

$\{a_n\}$の階差数列を$\{b_n\}$とすると，$\{b_n\}$は初項がb_1，公比が3の等比数列となり

$b_n=b_1\cdot 3^{n-1}=(a_2-a_1)3^{n-1}$

$a_1=5$のとき，$a_2=3a_1-4=11$　より　$b_n=6\cdot 3^{n-1}=2\cdot 3^n$

$n\geqq 2$のとき，$a_n=a_1+\sum_{k=1}^{n-1}b_k$から

$$\boldsymbol{a_n}=5+\sum_{k=1}^{n-1}2\cdot 3^k=5+2\cdot\frac{3(3^{n-1}-1)}{3-1}=\boldsymbol{3^n+2}$$ 答

これは，$n=1$のときも成り立つ。

アドバイス

❶ 漸化式で，a_n，a_{n+1}をαとおいて

$\alpha=3\alpha-4,\ \alpha=2$

これを漸化式の両辺から引きます。

練習 230　$n\geqq 1$に対して，次のように定義された数列$\{a_n\}$の一般項を求めよ。

(1)　$a_1=3,\ a_{n+1}=2a_n-1$　　(2)　$a_1=5,\ a_{n+1}=-2a_n+9$

(3)　$a_1=1,\ 2a_{n+1}-a_n+2=0$

例題 189　数列の和と漸化式　★★★　標準

数列$\{a_n\}$の初項から第n項までの和S_nが

$$S_n=2a_n-n \quad (n=1,\ 2,\ 3,\ \cdots\cdots)$$

で与えられるとき，次の問いに答えよ。

(1)　a_1を求めよ。　　(2)　a_{n+1}をa_nの式で表せ。

(3)　a_nをnを用いて表せ。

S_nとa_nの関係式 $\Longrightarrow$ $a_n=S_n-S_{n-1}$を利用する

$a_n=S_n-S_{n-1}$ $(n \geqq 2)$，$a_1=S_1$です。$S_n=2a_n-n$において，$n=1$とすれば，$a_1=S_1$を求めることができます。(2)では$a_{n+1}=S_{n+1}-S_n$であることから，$S_{n+1}=2a_{n+1}-(n+1)$と$S_n=2a_n-n$の差をとってみます。**a_{n+1}とa_nの関係式**を得ることができるので，例題 188のようにしてこの漸化式を解けばよいです。

解答

(1)　$S_n=2a_n-n \quad (n \geqq 1)$　……①

$n=1$とおくと　$S_1=2a_1-1$

$S_1=a_1$だから　$a_1=2a_1-1$

$$\boldsymbol{a_1=1}$$ 答

(2)　①から　$S_{n+1}=2a_{n+1}-(n+1)$ ❶　……②

②－①から　$S_{n+1}-S_n=2(a_{n+1}-a_n)-1$

$S_{n+1}-S_n=a_{n+1}$だから

$$a_{n+1}=2(a_{n+1}-a_n)-1$$

$$\boldsymbol{a_{n+1}=2a_n+1}$$ 答　……③

(3)　③の両辺に1を加えて ❷

$$a_{n+1}+1=2(a_n+1)$$

よって，数列$\{a_n+1\}$は，初項が

$$a_1+1=1+1=2$$

で，公比が2の等比数列であるから

$$a_n+1=2\cdot 2^{n-1}$$

$$\boldsymbol{a_n=2^n-1}$$ 答

アドバイス

❶ $S_n=2a_n-n \quad (n \geqq 1)$
で，nを1つ増やして
$S_{n+1}=2a_{n+1}-(n+1)$
とした場合，当然$n \geqq 1$でよいですが，nを1つ減らして
$S_{n-1}=2a_{n-1}-(n-1)$
とした場合は，$n \geqq 2$のときだけ成り立つことに注意します。

❷ $\alpha=2\alpha+1$から
$\alpha=-1$
したがって，漸化式の両辺から-1を引く，つまり，両辺に1を加えます。

練習 231　数列$\{a_n\}$の初項から第n項までの和をS_nとする。

$$S_n=3a_n-1 \quad (n=1,\ 2,\ 3,\ \cdots\cdots)$$

のとき，$\{a_n\}$の一般項を求めよ。

例題 190 漸化式の応用

★★★ 標準

平面上にn個の円があって，どの2つの円も異なる2点で交わり，また，どの3つの円も同一の点で交わっていない。このとき，これらの円によって平面はいくつの部分に分けられているか。

a_nの状態からa_{n+1}の状態への変化で増えるものを調べる

問題のn個の円によって，平面がa_n個の部分に分けられるとします。$a_1=2$，$a_2=4$はすぐにわかります。すでに2つの円がかかれていて，そこに3番目の円をかき加えるとします。3番目の円はいままでの2個の円との間で4個の交点をもちます。その4個の交点によって，3番目の円の周は4つの円弧に分かれますが，それぞれの円弧がいままで1つであった部分を2つの部分に分けています。このことから，$a_3=a_2+4$であり，この考え方を**n個の円と$(n+1)$番目の円に一般化**します。

解答

n個の円によって，平面がa_n個の部分に分けられたとする。これにもう1つの円を追加すると，円との交点は$2n$個増え，これによって，平面の部分も$2n$個だけ増える。したがって

$$a_{n+1}=a_n+2n \text{ ❶} \quad (n=1,\ 2,\ 3,\ \cdots\cdots)$$

$$a_{n+1}-a_n=2n$$

$a_1=2$だから，$n\geqq 2$のとき

$$a_n=a_1+\sum_{k=1}^{n-1}2k=2+2\cdot\frac{(n-1)n}{2}$$

$$=n^2-n+2$$

これは，$n=1$のときも成り立つから，n個の円によって平面が分けられる部分の数は

n^2-n+2 (個) 答

アドバイス

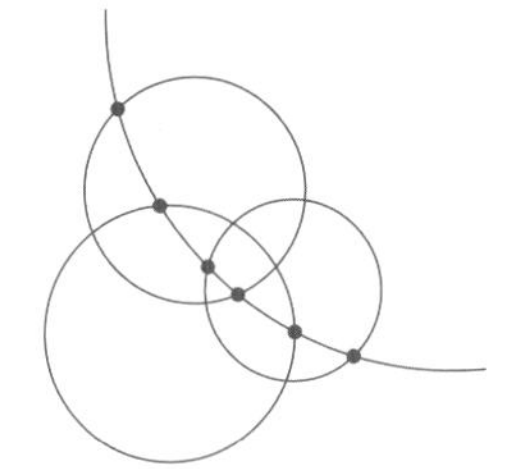

❶ 2つの円，3つの円，これを繰り返していって，一般にn個の円というような問題では，解答のように，n番目と$(n+1)$番目の関係を調べる方法の他に，最初のほうから順に調べて，n番目を推定するという方法もあります。

練習 232 円周上の異なるn個の点を頂点とするn角形の対角線の本数をa_nとする。ただし，nは4以上の整数とする。

(1) a_4を求めよ。

(2) a_{n+1}とa_nの関係を式で表せ。

(3) a_nを求めよ。

例題 191 $a_{n+1}=pa_n+cq^n$ ★★★ 応用

次のように定められた数列$\{a_n\}$がある。

$$a_1=1,\ a_{n+1}=3a_n+3\cdot 2^n \quad (n=1,\ 2,\ 3,\ \cdots\cdots)$$

(1) $b_n=\dfrac{a_n}{2^n}$とおくとき，数列$\{b_n\}$の一般項を求めよ。

(2) 数列$\{a_n\}$の一般項を求めよ。

両辺をq^{n+1}で割る（またはp^{n+1}で割る）

$a_{n+1}=3a_n+3\cdot 2^n$の両辺を2^{n+1}で割ると

$$\frac{a_{n+1}}{2^{n+1}}=\frac{3a_n}{2^{n+1}}+\frac{3}{2} \quad すなわち \quad \frac{a_{n+1}}{2^{n+1}}=\frac{3}{2}\cdot\frac{a_n}{2^n}+\frac{3}{2}$$

したがって，$b_{n+1}=\dfrac{3}{2}b_n+\dfrac{3}{2}$という$\{b_n\}$の漸化式が得られます。

解答

(1) $a_{n+1}=3a_n+3\cdot 2^n$

両辺を2^{n+1}で割ると❶

$$\frac{a_{n+1}}{2^{n+1}}=\frac{3a_n}{2^{n+1}}+\frac{3\cdot 2^n}{2^{n+1}}=\frac{3}{2}\cdot\frac{a_n}{2^n}+\frac{3}{2}$$

$\dfrac{a_n}{2^n}=b_n$とおくと　$b_{n+1}=\dfrac{3}{2}b_n+\dfrac{3}{2}$

両辺に3を加えて❷　$b_{n+1}+3=\dfrac{3}{2}(b_n+3)$

したがって，数列$\{b_n+3\}$は初項が

$$b_1+3=\frac{1}{2}❸+3=\frac{7}{2}$$

で，公比が$\dfrac{3}{2}$の等比数列だから

$$b_n+3=\frac{7}{2}\left(\frac{3}{2}\right)^{n-1}$$

$$\boldsymbol{b_n}=\frac{7}{2}\left(\frac{3}{2}\right)^{n-1}-3=\boldsymbol{\frac{7\cdot 3^{n-1}}{2^n}-3} \quad (答)$$

(2) $\boldsymbol{a_n}=2^nb_n=\boldsymbol{7\cdot 3^{n-1}-3\cdot 2^n}$ (答)

アドバイス

❶ 両辺を3^{n+1}で割って

$$\frac{a_{n+1}}{3^{n+1}}=\frac{a_n}{3^n}+\left(\frac{2}{3}\right)^n$$

としてもよいです。$\dfrac{a_n}{3^n}=b_n$とおくと

$$b_{n+1}=b_n+\left(\frac{2}{3}\right)^n$$

つまり，数列$\{b_n\}$の階差数列が$\left\{\left(\dfrac{2}{3}\right)^n\right\}$です。

❷ $\alpha=\dfrac{3}{2}\alpha+\dfrac{3}{2}$から

$\alpha=-3$

そこで両辺に3を加えます。（両辺から-3を引く）

❸ $b_1=\dfrac{a_1}{2}=\dfrac{1}{2}$

練習 233 次のように定められた数列の一般項を求めよ。ただし，$n\geqq 1$とする。

(1) $a_1=1,\ a_{n+1}=2a_n+2^{n+1}$　　(2) $a_1=1,\ a_{n+1}=2a_n+3^n$

例題 192 分数形の漸化式

次のように定められた数列$\{a_n\}$がある。

$$a_1=2,\ a_{n+1}=\frac{a_n}{a_n+3}\quad (n=1,\ 2,\ 3,\ \cdots\cdots)$$

(1) $b_n=\dfrac{1}{a_n}$とおいて，b_{n+1}をb_nで表せ。

(2) 数列$\{a_n\}$の一般項を求めよ。

POINT 両辺の逆数をとって，数列$\left\{\dfrac{1}{a_n}\right\}$を考える

$a_{n+1}=\dfrac{a_n}{a_n+3}$の両辺の逆数をとると　$\dfrac{1}{a_{n+1}}=\dfrac{a_n+3}{a_n}=1+\dfrac{3}{a_n}$

したがって，$\{b_n\}$の漸化式$b_{n+1}=3b_n+1$が得られます。

解答

(1) $$a_{n+1}=\frac{a_n}{a_n+3}\quad\cdots\cdots①$$

①の両辺の逆数をとり❶

$$\frac{1}{a_{n+1}}=\frac{a_n+3}{a_n}=1+\frac{3}{a_n}$$

$\dfrac{1}{a_n}=b_n$とおくと　$\boldsymbol{b_{n+1}=3b_n+1}$ 答

(2) (1)から　$b_{n+1}+\dfrac{1}{2}=3\left(b_n+\dfrac{1}{2}\right)$❷

したがって，数列$\left\{b_n+\dfrac{1}{2}\right\}$は，初項が

$$b_1+\frac{1}{2}=\frac{1}{a_1}+\frac{1}{2}=\frac{1}{2}+\frac{1}{2}=1$$

公比が3の等比数列だから

$$b_n+\frac{1}{2}=3^{n-1},\quad b_n=3^{n-1}-\frac{1}{2}$$

よって　$\boldsymbol{a_n}=\dfrac{1}{b_n}$❸$=\dfrac{1}{3^{n-1}-\dfrac{1}{2}}=\boldsymbol{\dfrac{2}{2\cdot 3^{n-1}-1}}$ 答

アドバイス

❶ (1)の問題文から，$n\geqq 1$のとき$a_n\neq 0$は明らかです。実際には，$n\geqq 1$のとき$a_n>0$であることが数学的帰納法により示されます。

❷ $\alpha=3\alpha+1$を解いて

$$\alpha=-\frac{1}{2}$$

❸ $b_n=\dfrac{1}{a_n}$より　$a_n=\dfrac{1}{b_n}$

練習 234 数列$\{a_n\}$が，$a_1=2,\ a_{n+1}=\dfrac{2a_n}{2+a_n}$ $(n=1,\ 2,\ 3,\ \cdots)$で定められている。

(1) $\dfrac{1}{a_1},\ \dfrac{1}{a_2},\ \dfrac{1}{a_3}$を求めよ。　(2) 数列$\{a_n\}$の一般項を求めよ。

例題 193 $a_{n+2}+pa_{n+1}+qa_n=0$

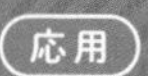

$a_1=3$, $a_2=7$, $a_{n+2}-a_{n+1}-2a_n=0$ $(n=1,\ 2,\ 3,\ \cdots\cdots)$ で定められた数列 $\{a_n\}$ の一般項を求めよ。

POINT $\boldsymbol{a_{n+2}-\alpha a_{n+1}=\beta(a_{n+1}-\alpha a_n)}$ **の形を利用する**

漸化式 $a_{n+2}+pa_{n+1}+qa_n=0$ ……①の a_{n+2}, a_{n+1}, a_n の代わりに，それぞれ x^2, x, 1 とおいた2次方程式 $x^2+px+q=0$ の解を α, β とすると解と係数の関係から

$$\alpha+\beta=-p,\ \alpha\beta=q$$

これを①に代入して

$$a_{n+2}-(\alpha+\beta)a_{n+1}+\alpha\beta a_n=0 \quad \cdots\cdots②$$

②を変形すると，以下の2通りが成り立ちます。

$$\boldsymbol{a_{n+2}-\alpha a_{n+1}=\beta(a_{n+1}-\alpha a_n),\ a_{n+2}-\beta a_{n+1}=\alpha(a_{n+1}-\beta a_n)} \quad \cdots\cdots㊍$$

解答

$a_{n+2}-a_{n+1}-2a_n=0$ を変形すると

$$a_{n+2}+a_{n+1}=2(a_{n+1}+a_n) \quad \cdots\cdots①$$

$$a_{n+2}-2a_{n+1}=-(a_{n+1}-2a_n) \quad \cdots\cdots②$$

①から，数列 $\{a_{n+1}+a_n\}$ は初項が $a_2+a_1=10$，公比が2の等比数列だから

$$a_{n+1}+a_n=10\cdot 2^{n-1} \quad \cdots\cdots③$$

同様に，②から，数列 $\{a_{n+1}-2a_n\}$ は初項が $a_2-2a_1=1$，公比が -1 の等比数列だから

$$a_{n+1}-2a_n=1\cdot(-1)^{n-1}=(-1)^{n-1} \quad \cdots\cdots④$$

③－④から

$$3a_n=10\cdot 2^{n-1}-(-1)^{n-1}$$

よって

$$\boldsymbol{a_n=\frac{10\cdot 2^{n-1}-(-1)^{n-1}}{3}} \quad (答)$$

アドバイス

❶ $x^2-x-2=0$ を解くと $(x+1)(x-2)=0$ から $x=-1, 2$
$\alpha=-1$, $\beta=2$ として㊍を利用します。

練習 235 $a_1=1$, $a_2=4$, $a_{n+2}=5a_{n+1}-6a_n$ $(n=1, 2, 3, \cdots\cdots)$ で定められた数列 $\{a_n\}$ の一般項を求めよ。

2 数学的帰納法

1 数学的帰納法

自然数nについての命題が，すべての自然数nについて成り立つことを証明するには，次の2つを証明すればよい。この証明法を**数学的帰納法**という。

(I) $n=1$のとき，その命題が成り立つ。

(II) $n=k$のとき，その命題が成り立つと仮定すると$n=k+1$のときにも成り立つ。

例題 194 等式の証明①

次の等式を，数学的帰納法によって証明せよ。

$$1\cdot 2+2\cdot 3+3\cdot 4+\cdots\cdots+n(n+1)=\frac{1}{3}n(n+1)(n+2)$$

$n=k+1$のとき，$n=k$のときに何が加わるのかを考える

$n=k+1$のときは，$n=k$のときよりも1個だけ項の個数が多くなります。

解答

$$1\cdot 2+2\cdot 3+3\cdot 4+\cdots\cdots+n(n+1)=\frac{1}{3}n(n+1)(n+2) \quad \cdots\cdots①$$

(I) $n=1$のとき　(左辺)$=1\cdot 2=2$，(右辺)$=\frac{1}{3}\cdot 1\cdot 2\cdot 3=2$

で，①は成り立つ。

(II) $n=k$のとき，①が成り立つと仮定すると

$$1\cdot 2+2\cdot 3+3\cdot 4+\cdots\cdots+k(k+1)=\frac{1}{3}k(k+1)(k+2)$$

この両辺に$(k+1)(k+2)$を加えると❶

$$1\cdot 2+2\cdot 3+3\cdot 4+\cdots\cdots+k(k+1)+(k+1)(k+2)$$

$$=\frac{1}{3}k(k+1)(k+2)+(k+1)(k+2)$$

$$=\frac{1}{3}(k+1)(k+2)(k+3)$$

よって，①は$n=k+1$のときも成り立つ。

(I)，(II)から，①はすべての自然数nに対して成り立つ。

アドバイス

❶ $n=k$のときの等式は

$$1\cdot 2+2\cdot 3+3\cdot 4+\cdots\cdots+k(k+1)=\frac{1}{3}k(k+1)(k+2)$$

で，これから，$n=k+1$の等式を証明するには，この左辺に着目して，両辺に

$$(k+1)\{(k+1)+1\}=(k+1)(k+2)$$

を加えます。

例題 195 等式の証明②　★★★ 標準

次の等式を，数学的帰納法によって証明せよ。

$$1+2\cdot2+3\cdot2^2+\cdots\cdots+n\cdot2^{n-1}=(n-1)\cdot2^n+1$$

POINT　$n=k$のとき，$n=k+1$のときの式を書いて比べてみる

$n=k$のときの式は　$1+2\cdot2+3\cdot2^2+\cdots\cdots+k\cdot2^{k-1}=(k-1)\cdot2^k+1$　……①

$n=k+1$のときは　$1+2\cdot2+3\cdot2^2+\cdots\cdots+k\cdot2^{k-1}+(k+1)\cdot2^k=k\cdot2^{k+1}+1$　……②

②の左辺は①の左辺に$(k+1)\cdot2^k$が加わったものです。そこで①の両辺に$(k+1)\cdot2^k$を加えてみます。

| 解答 | アドバイス |

$1+2\cdot2+3\cdot2^2+\cdots\cdots+n\cdot2^{n-1}=(n-1)\cdot2^n+1$　……①

(I)　$n=1$のとき　(左辺)$=1$,　(右辺)$=0+1=1$

で，①は成り立つ。

(II)　$n=k$のとき，①が成り立つと仮定すると

$$1+2\cdot2+3\cdot2^2+\cdots\cdots+k\cdot2^{k-1}=(k-1)\cdot2^k+1$$

この両辺に$(k+1)\cdot2^k$を加えて

$$1+2\cdot2+3\cdot2^2+\cdots\cdots+k\cdot2^{k-1}+(k+1)\cdot2^k$$
$$=(k-1)\cdot2^k+1+(k+1)\cdot2^k$$
$$=\underline{2k\cdot2^k}_{❶}+1=k\cdot2^{k+1}+1$$

これは，①が$n=k+1$のときも成り立つことを示す。

(I)，(II)から，①はすべての自然数nに対して成り立つ。

❶ $2k\cdot2^k=k\cdot2\cdot2^k$
$=k\cdot2^{k+1}$

参考　この等式は数学的帰納法によらずに，次のように直接証明することもできる（例題 182 参照）。

$$\begin{array}{rl} S_n= & 1+2\cdot2+3\cdot2^2+\cdots\cdots\cdots\cdots+n\cdot2^{n-1} \\ -)\ 2S_n= & \quad 1\cdot2+2\cdot2^2+3\cdot2^3+\cdots\cdots+(n-1)\cdot2^{n-1}+n\cdot2^n \\ \hline -S_n= & 1+\ 2+\ 2^2+\cdots\cdots\cdots\cdots+\ 2^{n-1}\quad -n\cdot2^n \end{array}$$

よって　$S_n=-\dfrac{1\cdot(2^n-1)}{2-1}+n\cdot2^n=(n-1)\cdot2^n+1$

練習 236　nを自然数とするとき，次の等式を数学的帰納法によって証明せよ。

(1)　$1^2+3^2+5^2+\cdots\cdots+(2n-1)^2=\dfrac{1}{3}n(2n-1)(2n+1)$

(2)　$1\cdot2\cdot3+2\cdot3\cdot4+3\cdot4\cdot5+\cdots\cdots+n(n+1)(n+2)=\dfrac{1}{4}n(n+1)(n+2)(n+3)$

例題 196 不等式の証明

★★★ 標準

(1) nが自然数のとき，不等式$3^n>2n$が成り立つことを証明せよ。

(2) nが5以上の自然数のとき，不等式$2^n>n^2$が成り立つことを証明せよ。

POINT $n=k$の式の左辺か右辺を$n=k+1$の式に変える

(1)では，$n=k$のとき　$3^k>2k$　……①

$n=k+1$のとき　$3^{k+1}>2(k+1)$　……②

①から②を導くには，**左辺に注目して**3をかけるか，**右辺に注目して**2を加えます。

解答

(1) $3^n>2n$　……①

(I) $n=1$のとき

(左辺)$=3^1=3$, (右辺)$=2\cdot1=2$ で, ①は成り立つ。

(II) $n=k$のとき，①が成り立つと仮定すると

$3^k>2k$

両辺に3をかけて　$3^{k+1}>6k$

ここで　$6k-2(k+1)$❶ $=2(2k-1)>0$❷

したがって　$3^{k+1}>6k>2(k+1)$

よって，$n=k+1$のときも①は成り立つ。

(I), (II)から，すべての自然数nで①は成り立つ。

(2) $2^n>n^2$ $(n\geqq5)$❸　……②

(I) $n=5$のとき，$2^5=32$, $5^2=25$で，②は成り立つ。

(II) $n=k$ $(k\geqq5)$のとき，②が成り立つと仮定すると

$2^k>k^2$

両辺に2をかけて　$2^{k+1}>2k^2$

ここで，$k\geqq5$のとき　$2k^2-(k+1)^2=k(k-2)-1>0$

したがって　$2^{k+1}>2k^2>(k+1)^2$

よって，$n=k+1$のときも②は成り立つ。

(I), (II)から，5以上の自然数nに対して②は成り立つ。

アドバイス

❶ 示すことは$n=k+1$のときの

$3^{k+1}>2(k+1)$

ですから，$6k>2(k+1)$

すなわち，$6k-2(k+1)>0$

を示せばよいです。

❷ $k\geqq1$のとき　$2k-1>0$

❸ 自然数nについての命題を数学的帰納法によって証明する場合，その命題は，1から始まるすべての自然数に対してのものとは限りません。(2)のように，$n\geqq5$の自然数のこともあります。実際に，$2^n>n^2$については

$n=1$:　$2>1$

$n=2$:　$2^2=2^2$

$n=3$:　$2^3<3^2$

$n=4$:　$2^4=4^2$

$n\geqq5$:　$2^n>n^2$

となっています。

練習 237 nが2以上の自然数のとき，不等式$3^n>2n+1$が成り立つことを証明せよ。

練習 238 nが4以上の自然数のとき，不等式$2^n>n^2-n+2$が成り立つことを証明せよ。

例題 197 漸化式と数学的帰納法 ★★★ 基本

$a_1=2,\ a_{n+1}=-a_n+2n+3\quad(n=1,\ 2,\ 3,\ \cdots\cdots)$

で定義される数列$\{a_n\}$について，a_nを表すnの式を推定し，それが正しいことを数学的帰納法によって証明せよ。

一般項を推定して数学的帰納法で証明

与えられた漸化式から，a_2，a_3，a_4，……の値を順次求めてみれば，**一般項を推定**することは容易にできます。その推定が正しいことを数学的帰納法で証明することも簡単にできます。

解答

$$a_{n+1}=-a_n+2n+3 \qquad \cdots\cdots①$$

$a_1=2$のとき　$a_2=-a_1+2+3=3$

同様にして　$a_3=-a_2+4+3=4$

　　　　　　$a_4=-a_3+6+3=5$

これから　$a_n=n+1$ ❶ 　……②

と推定される。

②がすべての自然数nに対して成り立つことを数学的帰納法によって証明する。

(I)　$a_1=2$だから，$n=1$のとき②は成り立つ。

(II)　$n=k$のとき，②が成り立つと仮定すると

$$a_k=k+1$$

　このとき，①から

$$a_{k+1}=-a_k+2k+3=-(k+1)+2k+3$$
$$=k+2$$

　よって，$n=k+1$のときも②は成り立つ。

(I)，(II)から，すべての自然数nに対して②が成り立つので

$$\boldsymbol{a_n=n+1}$$ 答

アドバイス

❶ 一般に

$a_{n+1}=pa_n+qn+r$

の形の漸化式は，必ず

$a_{n+1}+A(n+1)+B$
$=p(a_n+An+B)$

の形に変形することができます。この考えから，①は

$a_{n+1}-(n+2)$
$=-\{a_n-(n+1)\}$

$a_n-(n+1)=b_n$とおくと

$b_{n+1}=-b_n$

$b_n=b_1(-1)^{n-1}$

$a_1=2$のとき，$b_1=0$だから

$b_n=0$

よって　$a_n=n+1$

練習 239　$a_1=\dfrac{1}{2},\ a_{n+1}=\dfrac{1}{2-a_n}\quad(n=1,\ 2,\ 3,\ \cdots\cdots)$

で定義される数列の一般項を推定し，その推定が正しいことを数学的帰納法を用いて証明せよ。

例題 198 命題と数学的帰納法

2以上の自然数nに対して，3^n-2n-1は，4の倍数であることを数学的帰納法を用いて証明せよ。

$n=k$のときの仮定を式で表して利用する

- $n=k$のときの仮定は，「3^k-2k-1は4の倍数である」ということになりますが，これは式で表現すると，「$3^k-2k-1=4l$（lは整数）とおける」ということになります。こうすれば$n=k+1$のときの命題を導くことが容易になります。
- このように，$n=k$のときの仮定が文章表現になっている場合は，その内容を式による表現に変える必要があります。そのほうが$n=k+1$のときの命題を導きやすいです。

解答

命題「3^n-2n-1は，4の倍数である」　……①

(I)　$n=2$のとき

$$3^2-2\cdot2-1=4$$

から，命題①は成り立つ。

(II)　$n=k$（$k\geqq2$）のとき，命題①が成り立つと仮定すると ❶

$$3^k-2k-1=4l\ （l\text{は整数}）$$

とおくことができるから

$$3^k=2k+4l+1$$

このとき

$$\begin{aligned}3^{k+1}-2(k+1)-1&=3\cdot3^k-2k-3\\&=3(2k+4l+1)-2k-3\\&=4(k+3l)\end{aligned}$$

これは4の倍数だから，$n=k+1$のときも命題①は成り立つ。

(I)，(II)から，2以上の自然数nに対して，命題①は成り立つ。

アドバイス

❶ 3^k-2k-1が4の倍数であると仮定すると

$$\begin{aligned}&3^{k+1}-2(k+1)-1\\&\quad-(3^k-2k-1)\\&=3^k(3-1)-2\\&=2(3^k-1)\end{aligned}$$

3^kは奇数だから，上の式は4の倍数。

よって

$$3^{k+1}-2(k+1)-1$$

も4の倍数である。

このようにすれば「$=4l$」とおかずに証明できますが，かなり難しいです。

練習 240　すべての自然数nに対して，$n^3+(n+1)^3+(n+2)^3$は9の倍数であることを証明せよ。

定期テスト対策問題 13

解答・解説は別冊 p.164

1　次のように定義された数列 $\{a_n\}$ の一般項を求めよ。

(1)　$a_1=-5,\ a_{n+1}=a_n+3$　$(n=1,\ 2,\ 3,\ \cdots\cdots)$

(2)　$a_1=3,\ a_{n+1}=-2a_n$　$(n=1,\ 2,\ 3,\ \cdots\cdots)$

2　次のように定義された数列 $\{a_n\}$ の一般項を求めよ。

(1)　$a_1=1,\ a_{n+1}=a_n+2n+1$　$(n=1,\ 2,\ 3,\ \cdots\cdots)$

(2)　$a_1=3,\ a_{n+1}=\frac{1}{2}a_n-1$　$(n=1,\ 2,\ 3,\ \cdots\cdots)$

3　$a_1=5,\ 3a_{n+1}=a_n+2$　$(n=1,\ 2,\ 3,\ \cdots\cdots)$

で定義される数列 $\{a_n\}$ について，次の問いに答えよ。

(1)　a_n を n を使って表せ。

(2)　数列 $\{a_n\}$ の初項から第 n 項までの和を求めよ。

4　数列 $\{a_n\}$ の初項から第 n 項までの和 S_n が $2S_n=a_n+2n$ $(n\geqq 1)$ で与えられるとき，次の問いに答えよ。

(1)　a_1 を求めよ。

(2)　a_{n+1} を a_n の式で表せ。

(3)　数列 $\{a_n\}$ の一般項を求めよ。

5　次の条件で定められる数列 $\{a_n\}$ の第 n 項を n の式で表せ。

$$a_1=0,\quad na_{n+1}=(n+1)a_n+2\quad (n=1,\ 2,\ 3,\ \cdots\cdots)$$

6　n を自然数とするとき，次の等式を数学的帰納法で証明せよ。

$$1\cdot 1!+2\cdot 2!+3\cdot 3!+\cdots\cdots+n\cdot n!=(n+1)!-1$$

7　$a_n=5^n-1$ $(n=1,\ 2,\ 3,\ \cdots\cdots)$ とするとき，次の問いに答えよ。

(1)　$a_{n+1}-a_n$ を計算せよ。

(2)　すべての自然数 n に対して，a_n は 4 の倍数であることを，数学的帰納法を用いて証明せよ。

Mathematics B

第2章 確率分布と統計的な推測

第1節
確率分布

1　確率変数と確率分布

1 確率変数

試行の結果によってその値が定まる変数で，それぞれにその値をとる確率が定まるような変数を**確率変数**という。確率変数は通常X，Y，Zなどの大文字で表す。

例　1個のサイコロを投げて，出た目の数を得点とすると，得点Xは確率変数である。

2 確率分布 ▷ 例題199 例題200 例題201

確率変数Xのとる値と，その値をとる確率との対応を示したものを**確率分布**という。Xのとる値が有限個のときは表にまとめることができる。確率変数Xはその確率分布に**従う**，という。また，確率変数Xの値がxとなる確率を$P(X=x)$と表す。

X	x_1	x_2	$\cdots$	x_n	計
P	p_1	p_2	$\cdots$	p_n	1

例　1の例の確率変数Xについては，確率分布は次のようになる。

X	1	2	3	4	5	6	計
P	$\frac{1}{6}$	$\frac{1}{6}$	$\frac{1}{6}$	$\frac{1}{6}$	$\frac{1}{6}$	$\frac{1}{6}$	1

3 確率変数の期待値 ▷ 例題199 例題200 例題201

確率変数Xのとる値がx_1，x_2，$\cdots$，x_nのn個であり，それぞれの値をとる確率がp_1，p_2，$\cdots$，p_nのとき

$$x_1p_1+x_2p_2+\cdots+x_np_n=\sum_{i=1}^{n}x_ip_i$$

の値を確率変数Xの**期待値**または**平均**といい，$E(X)$やmで表す。

$$\boldsymbol{E(X)=x_1p_1+x_2p_2+\cdots+x_np_n}$$

例　2の例では

$$E(X)=1\times\frac{1}{6}+2\times\frac{1}{6}+\cdots+6\times\frac{1}{6}$$
$$=(1+2+\cdots+6)\times\frac{1}{6}=\frac{7}{2}$$

注意　Eはexpectationから，mはmean valueの頭文字からきている。

4 確率変数の分散と標準偏差 ▷ 例題199 例題200 例題201

確率変数Xの期待値をmとしたとき，確率変数$(X-m)^2$の期待値$E((X-m)^2)$をXの**分散**といい，$V(X)$で表す。

$$\boldsymbol{V(X)=E((X-m)^2)}$$
$$\boldsymbol{=E(X^2)-m^2}$$

Xの分散の正の平方根$\sqrt{V(X)}$の値をXの**標準偏差**といい，$\sigma(X)$で表す。

$$\boldsymbol{\sigma(X)=\sqrt{V(X)}}$$

例 3の例では

$$V(X)=E(X^2)-m^2$$
$$=\left(1^2\times\frac{1}{6}+2^2\times\frac{1}{6}+\cdots+6^2\times\frac{1}{6}\right)-\left(\frac{7}{2}\right)^2$$
$$=\frac{91}{6}-\frac{49}{4}=\frac{35}{12}$$
$$\sigma(X)=\sqrt{\frac{35}{12}}=\frac{\sqrt{105}}{6}$$

5 確率変数$aX+b$の期待値，分散，標準偏差 ▷ 例題202

a，bを定数として，確率変数Xから別の確率変数$aX+b$を作ることができる。$aX+b$の期待値$E(aX+b)$，分散$V(aX+b)$，標準偏差$\sigma(aX+b)$は，次のようになる。

$$\boldsymbol{E(aX+b)=aE(X)+b}$$
$$\boldsymbol{V(aX+b)=a^2V(X)}$$
$$\boldsymbol{\sigma(aX+b)=|a|\sigma(X)}$$

例 サイコロ1個を投げて，出た目の100倍を賞金額Yとすると

$$E(Y)=E(100X)=100E(X)$$
$$=100\times\frac{7}{2}=350$$
$$V(Y)=V(100X)=100^2V(X)$$
$$=10000\times\frac{35}{12}=\frac{87500}{3}$$
$$\sigma(Y)=\sigma(100X)$$
$$=100\sigma(X)$$
$$=100\times\frac{\sqrt{105}}{6}$$
$$=\frac{50\sqrt{105}}{3}$$

例題 199　期待値，分散，標準偏差①　★★★ 基本

1から5までの番号のついた玉が1つずつ，合計5個が袋の中に入っている。この中から同時に2個を取り出し，大きい番号の数を得点Xとする。

(1)　Xの確率分布を求めよ。

(2)　期待値$E(X)$，分散$V(X)$，標準偏差$\sigma(X)$を求めよ。

期待値，分散，標準偏差は，まず確率分布を正確に求めることから

Xのとり得る値は2，3，4，5の4通りです。それぞれについて，Xがその値をとる確率を求めたあと，定義に従って$E(X)$，$V(X)$，$\sigma(X)$を求めます。

解答

(1)　Xのとり得る値は2，3，4，5である。

$$P(X=2)=\frac{1}{{}_5C_2}=\frac{1}{10}$$ ❶

$$P(X=3)=\frac{{}_2C_1}{{}_5C_2}=\frac{2}{10}$$

$$P(X=4)=\frac{{}_3C_1}{{}_5C_2}=\frac{3}{10}$$

$$P(X=5)=\frac{{}_4C_1}{{}_5C_2}=\frac{4}{10}$$

以上から，Xの確率分布は右のようになる。

X	2	3	4	5	計
P	$\frac{1}{10}$	$\frac{2}{10}$	$\frac{3}{10}$	$\frac{4}{10}$	1

❷ 答

(2)　$E(X)=2\times\frac{1}{10}+3\times\frac{2}{10}+4\times\frac{3}{10}+5\times\frac{4}{10}=\mathbf{4}$ 答

$V(X)=E(X^2)-\{E(X)\}^2$ ❸

$=\left(2^2\times\frac{1}{10}+3^2\times\frac{2}{10}+4^2\times\frac{3}{10}+5^2\times\frac{4}{10}\right)-4^2$

$=17-16=\mathbf{1}$ 答

$\sigma(X)=\sqrt{V(X)}=\mathbf{1}$ 答

アドバイス

❶ 全体の場合の数は${}_5C_2=10$（通り）です。$X=i$となるのは，iの番号の玉と，もう1つiより小さい番号の玉を取り出せばよいので，$i-1$通り。

❷ $\frac{2}{10}$，$\frac{4}{10}$は約分できますが，分母がそろっていたほうが大小がわかりやすく，計算もしやすいので，10のままにします。

❸ $V(X)$は$E((X-m)^2)$ではなく，この式で求めたほうが計算がラクです。

練習 241　1から5までの番号のついた玉が1個ずつ合計5個が袋の中に入っている。この中から同時に3個を取り出し最大の番号の数を得点Xとする。

(1)　Xの確率分布を求めよ。

(2)　期待値$E(X)$，分散$V(X)$，標準偏差$\sigma(X)$を求めよ。

例題 200 期待値，分散，標準偏差②

★★★ 標準

袋の中に5個の白玉と3個の赤玉が入っている。この中から3個を同時に取り出すとき，その中の赤玉の個数をXとする。

(1) Xの確率分布を求めよ。

(2) 期待値$E(X)$，分散$V(X)$，標準偏差$\sigma(X)$を求めよ。

Xの確率分布は，Xのとり得る値，確率の合計値の確認を行う

Xのとり得る値は0，1，2，3の4通りです。全体の場合の数は${}_8C_3$です。あとは白玉，赤玉それぞれ何個ずつ取り出せばよいかを考えて確率を計算します。

解答

(1) Xのとり得る値は0，1，2，3である。

$$P(X=0)=\frac{{}_5C_3}{{}_8C_3}=\frac{10}{56}$$

$$P(X=1)=\frac{{}_5C_2\times{}_3C_1}{{}_8C_3}=\frac{30}{56}$$ ❶

$$P(X=2)=\frac{{}_5C_1\times{}_3C_2}{{}_8C_3}=\frac{15}{56}$$

$$P(X=3)=\frac{{}_3C_3}{{}_8C_3}=\frac{1}{56}$$

よって，Xの確率分布は次のようになる。

X	0	1	2	3	計
P	$\frac{10}{56}$	$\frac{30}{56}$	$\frac{15}{56}$	$\frac{1}{56}$	1 ❷

(答)

(2) $$E(X)=0\times\frac{10}{56}+1\times\frac{30}{56}+2\times\frac{15}{56}+3\times\frac{1}{56}=\frac{9}{8}$$ (答)

$$V(X)=E(X^2)-\{E(X)\}^2$$
$$=\left(0^2\times\frac{10}{56}+1^2\times\frac{30}{56}+2^2\times\frac{15}{56}+3^2\times\frac{1}{56}\right)-\left(\frac{9}{8}\right)^2$$
$$=\frac{99}{56}-\frac{81}{64}=\frac{225}{448}$$ (答)

$$\sigma(X)=\sqrt{\frac{225}{448}}=\frac{15}{8\sqrt{7}}=\frac{15\sqrt{7}}{56}$$ (答)

アドバイス

❶ 白玉5個から2個，赤玉3個から1個を取り出します。

❷ 合計が1になることはつねに確認します。

練習 242 例題 200において，取り出した白玉の個数をYとしたとき，Yの確率分布および期待値$E(Y)$，分散$V(Y)$，標準偏差$\sigma(Y)$を求めよ。

例題 201 期待値，分散の公式

確率変数Xが右のような分布に従い，期待値を$E(X)=m$，分散を$V(X)$とするとき，次の各公式が成り立つことを証明せよ。

X	x_1	x_2	x_3	$\cdots$	x_n	計
P	p_1	p_2	p_3	$\cdots$	p_n	1

(1) $E((X-m)^2)=E(X^2)-m^2$

(2) $E(aX+b)=am+b$

(3) $V(aX+b)=a^2V(X)$

期待値，分散の公式の証明
$E(X)=x_1p_1+x_2p_2+\cdots+x_np_n$が基本

$E((X-m)^2)$は期待値の定義から$\sum_{i=1}^{n}(x_i-m)^2p_i$になります。あとは$\Sigma$記号の計算規則に従って変形していけばよいです。$V(X)$の定義は$E((X-m)^2)$です。

解答

(1) $E((x-m)^2)=\sum_{i=1}^{n}(x_i-m)^2p_i=\sum_{i=1}^{n}(x_i{}^2-2mx_i+m^2)p_i$

$=\sum_{i=1}^{n}x_i{}^2p_i-2m\sum_{i=1}^{n}x_ip_i+m^2\sum_{i=1}^{n}p_i$

$=\sum_{i=1}^{n}x_i{}^2p_i-2m\cdot m+m^2\cdot 1$ ❶

$=E(X^2)-m^2$

(2) $E(aX+b)=\sum_{i=1}^{n}(ax_i+b)p_i$

$=a\sum_{i=1}^{n}x_ip_i+b\sum_{i=1}^{n}p_i$ ❶ ❶

$=am+b$

(3) $V(aX+b)=E(((aX+b)-(am+b))^2)$ ❷

$=E((a(X-m))^2)=E(a^2(X-m)^2)$

$=a^2E((X-m)^2)$

$=a^2V(X)$

アドバイス

❶ $\sum_{i=1}^{n}x_ip_i=m$，$\sum_{i=1}^{n}p_i=1$

❷ $V(X)$の定義は
$V(X)=E((X-m)^2)$

練習 243 標準偏差について，$\sigma(aX+b)=|a|\sigma(X)$を示せ。

練習 244 期待値$E(X)=3$，分散$V(X)=2$のとき，次の値を求めよ。

(1) $E(2X-4)$　(2) $V(-2X+1)$　(3) $\sigma(-X+3)$

例題 202 $aX+b$の期待値，分散，標準偏差 ★★★ 標準

確率変数Xについて，期待値を$E(X)=m$，標準偏差を$\sigma(X)=\sigma$とする。このとき

$$Z=\frac{X-m}{\sigma}\times 10+50$$

で定義される確率変数Zについて期待値$E(Z)$，標準偏差$\sigma(Z)$を求めよ。

$E(aX+b)$，$\sigma(aX+b)$の公式を用いて計算する

$Z=\frac{X-m}{\sigma}\times 10+50=\frac{10}{\sigma}X-\frac{10m}{\sigma}+50$です。したがって，$aX+b$についての期待値，分散，標準偏差の公式を用いることができます。

| 解答 |

$$Z=\frac{X-m}{\sigma}\times 10+50=\frac{10}{\sigma}X-\frac{10m}{\sigma}+50$$

よって

$$\boldsymbol{E(Z)}=\frac{10}{\sigma}E(X)-\frac{10m}{\sigma}+50$$

$$=\frac{10}{\sigma}\cdot m-\frac{10m}{\sigma}+50=\mathbf{50} \text{ (答)}$$

$$\boldsymbol{\sigma(Z)}=\left|\frac{10}{\sigma}\right|\sigma(X)=\frac{10}{\sigma}\cdot\sigma=\mathbf{10} \text{ (答)}$$ ❶

| アドバイス |

❶ $\sigma>0$です。

Q 偏差値とはどういうものか教えてください。

A 上の例題で示したZが実は偏差値の式です。つまり偏差値はつねに平均が50になります。

(ア) 平均点が40点，標準偏差が10点のテストで60点をとった人の偏差値は

$$Z=\frac{60-40}{10}\times 10+50=70$$

(イ) 平均点が70点で，標準偏差が20点のテストで60点をとった人の偏差値は

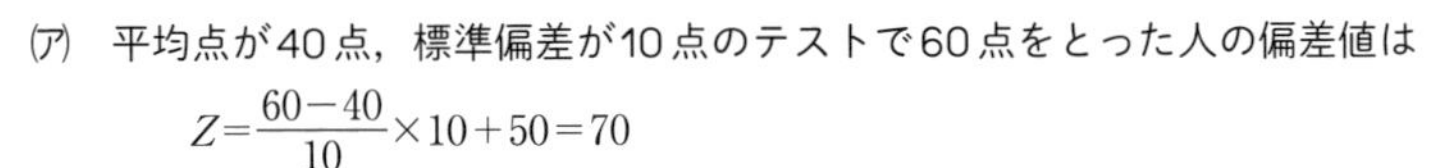

$$Z=\frac{60-70}{20}\times 10+50=45$$

となり，同じ点数でもテストの平均点や得点のバラつきによって評価が異なってしまいますが，標準的な数値に直す1つの方法が偏差値です。

練習 245 平均点が60点，標準偏差が8点のテストで偏差値が70の人の得点を求めよ。

2 確率変数の和と積

1 確率変数の和の期待値 ▷ 例題203 例題204

2つの確率変数X, Yの和を$Z=X+Y$とすると，Zも確率変数である。Zの期待値$E(Z)$は$E(X)+E(Y)$で与えられる。すなわち，和の期待値は，期待値の和である。

$$\boldsymbol{E(X+Y)=E(X)+E(Y)}$$

一般にa, bを定数としたとき，次の等式が成り立つ。

$$\boldsymbol{E(aX+bY)=aE(X)+bE(Y)}$$

また，このことは確率変数が3つ以上のときにも成り立つ。つまり

$$\boldsymbol{E(X+Y+Z)=E(X)+E(Y)+E(Z)}$$

例 大小2個のサイコロを同時に投げて，出た目の数をそれぞれX, Yとすると，$Z=X+Y$の確率分布は次のようになる。

Z	2	3	4	5	6	7	8	9	10	11	12	計
P	$\frac{1}{36}$	$\frac{2}{36}$	$\frac{3}{36}$	$\frac{4}{36}$	$\frac{5}{36}$	$\frac{6}{36}$	$\frac{5}{36}$	$\frac{4}{36}$	$\frac{3}{36}$	$\frac{2}{36}$	$\frac{1}{36}$	1

$Z=X+Y$の表

X \ Y	1	2	3	4	5	6
1	2	3	4	5	6	7
2	3	4	5	6	7	8
3	4	5	6	7	8	9
4	5	6	7	8	9	10
5	6	7	8	9	10	11
6	7	8	9	10	11	12

よって

$$E(Z)=2\times\frac{1}{36}+3\times\frac{2}{36}+4\times\frac{3}{36}+\cdots\cdots+12\times\frac{1}{36}$$
$$=\frac{252}{36}=7$$

ここで，$E(X)=E(Y)=\frac{7}{2}$である。(p.306のテーマ1 3 の 例 参照)

したがって，確かに$E(Z)=E(X+Y)=E(X)+E(Y)$が成り立つ。

つまり，$E(Z)$は単純に

$$E(Z)=E(X+Y)=E(X)+E(Y)=\frac{7}{2}+\frac{7}{2}=7$$

として求めてよい。

2 独立な確率変数 ▷ 例題206

2つの確率変数X, Yについて，Xのとる任意の値aと，Yのとる任意の値bについて

$$\boldsymbol{P(X=a,\ Y=b)=P(X=a)\cdot P(Y=b)}$$

が成り立つとき，XとYは互いに**独立**であるという。

確率変数が3つのときは

$$\boldsymbol{P(X=a,\ Y=b,\ Z=c)=P(X=a)\cdot P(Y=b)\cdot P(Z=c)}$$

が成り立つとき，X, Y, Zは互いに**独立**であるという。

3 独立な確率変数の積の期待値 ▷ 例題 205

X と Y が互いに独立な確率変数であるなら

$$E(XY)=E(X)E(Y)$$

同様に3つの確率変数 X, Y, Z が互いに独立なら

$$E(XYZ)=E(X)E(Y)E(Z)$$

が成り立つ。

例 硬貨を投げて，表が出れば $X=1$，裏が出れば $X=0$ とする。また，サイコロを投げて出た目の数を3で割った余りを Y とする。Y のとり得る値は，$Y=0$，1，2である。
$Z=XY$ としたとき，下の表から
Z の確率分布は次のようになる。

Z	0	1	2	計
P	$\frac{4}{6}$	$\frac{1}{6}$	$\frac{1}{6}$	1

$Z=XY$ の表

X \ Y	0	1	2
0	0	0	0
1	0	1	2

したがって

$$E(Z)=E(XY)=0\cdot\frac{4}{6}+1\cdot\frac{1}{6}+2\cdot\frac{1}{6}=\frac{1}{2}$$

一方

$$E(X)=0\cdot\frac{1}{2}+1\cdot\frac{1}{2}=\frac{1}{2},\quad E(Y)=0\cdot\frac{1}{3}+1\cdot\frac{1}{3}+2\cdot\frac{1}{3}=1$$

よって

$$E(XY)=E(X)E(Y)$$

が成り立っている。
この例では X と Y が互いに独立な確率変数であることは明らかであるが，X と Y が互いに独立な確率変数であるときは，$E(XY)=E(X)E(Y)$ は公式として用いてよい。
一般には，X と Y が互いに独立，すなわち $P(X=a,\ Y=b)=P(X=a)\cdot P(Y=b)$ を示してから，$E(XY)=E(X)E(Y)$ を用いる。

4 独立な確率変数の和の分散 ▷ 例題 206

X と Y が互いに独立な確率変数であるなら

$$V(X+Y)=V(X)+V(Y)$$

一般に X と Y が独立なら

$$V(aX+bY)=a^2V(X)+b^2V(Y)$$

同様に3つの確率変数 X, Y, Z がどの2つも互いに独立なら

$$V(X+Y+Z)=V(X)+V(Y)+V(Z)$$

が成り立つ。

例題 203 確率変数の和 ★★★ 標準

100円硬貨と500円硬貨を1枚ずつもち，同時に投げる。表が出た硬貨の金額の和をZとしたとき，Zの期待値$E(Z)$と分散$V(Z)$を求めよ。

POINT

確率変数の和の期待値は期待値の和

$E(X+Y)=E(X)+E(Y)$

XとYが独立なとき，$V(X+Y)=V(X)+V(Y)$

100円硬貨が表なら$X=100$，裏なら$X=0$とし，500円硬貨が表なら$Y=500$，裏なら$Y=0$とします。そうすれば，$Z=X+Y$です。

解答

100円硬貨が表なら$X=100$, 裏なら$X=0$とする。また，500円硬貨が表なら$Y=500$，裏なら$Y=0$とする。

このとき，$Z=X+Y$である。

$$E(X)=100\times\frac{1}{2}+0\times\frac{1}{2}=50 \quad ❶$$

$$E(Y)=500\times\frac{1}{2}+0\times\frac{1}{2}=250 \quad ❷$$

よって $\boldsymbol{E(Z)}=E(X+Y)$

$=E(X)+E(Y)$

$=50+250=\mathbf{300}$ 答

XとYは独立だから

$$V(X)=E(X^2)-\{E(X)\}^2$$

$$=100^2\times\frac{1}{2}-50^2=2500$$

$$V(Y)=E(Y^2)-\{E(Y)\}^2$$

$$=500^2\times\frac{1}{2}-250^2=62500$$

したがって $\boldsymbol{V(Z)}=V(X+Y)$

$=V(X)+V(Y)$

$=2500+62500=\mathbf{65000}$ 答

アドバイス

❶

X	100	0	計
P	$\frac{1}{2}$	$\frac{1}{2}$	1

❷

Y	500	0	計
P	$\frac{1}{2}$	$\frac{1}{2}$	1

練習 246 10円硬貨，100円硬貨，500円硬貨を1枚ずつもち，同時に投げる。表の出た硬貨の金額の和をWとしたとき，Wの期待値$E(W)$と分散$V(W)$を求めよ。

例題 204 確率変数の和の期待値

★★★ 応用

2つの確率変数X, Yがそれぞれ次のような確率分布に従うとする。

X	x_1	x_2	$\cdots$	x_m	計
P	p_1	p_2	$\cdots$	p_m	1

Y	y_1	y_2	$\cdots$	y_n	計
P	q_1	q_2	$\cdots$	q_n	1

このとき，$E(X+Y)=E(X)+E(Y)$が成り立つことを証明せよ。

確率変数の和の期待値は期待値の和
$E(X+Y)=E(X)+E(Y)$ はつねに成り立つ

$P(X=x_i,\ Y=y_j)=p_{ij}$ $(1\leqq i\leqq m,\ 1\leqq j\leqq n)$とおくと，$p_{i1}+p_{i2}+p_{i3}+\cdots+p_{in}=p_i$, $p_{1j}+p_{2j}+p_{3j}+\cdots+p_{mj}=q_j$です。

解答

$P(X=x_i,\ Y=y_j)=p_{ij}$ とおくと，右の表が得られる。

X \ Y	y_1	y_2	$\cdots$	y_n	計
x_1	p_{11}	p_{12}	$\cdots$	p_{1n}	p_1
x_2	p_{21}	p_{22}	$\cdots$	p_{2n}	p_2
$\vdots$		$\cdots\cdots\cdots$			$\vdots$
x_m	p_{m1}	p_{m2}	$\cdots$	p_{mn}	p_m
計	q_1	q_2	$\cdots$	q_n	1

❶

したがって

$$\begin{aligned}E(X+Y)&=(x_1+y_1)p_{11}+(x_1+y_2)p_{12}+\cdots+(x_1+y_n)p_{1n}\\&\quad+(x_2+y_1)p_{21}+(x_2+y_2)p_{22}+\cdots+(x_2+y_n)p_{2n}\\&\quad\cdots\cdots\cdots\cdots\\&\quad+(x_m+y_1)p_{m1}+(x_m+y_2)p_{m2}+\cdots+(x_m+y_n)p_{mn}\\&=x_1(p_{11}+p_{12}+\cdots+p_{1n})+x_2(p_{21}+p_{22}+\cdots+p_{2n})\\&\quad+\cdots+x_m(p_{m1}+p_{m2}+\cdots+p_{mn})\\&\quad+y_1(p_{11}+p_{21}+\cdots+p_{m1})+y_2(p_{12}+p_{22}+\cdots+p_{m2})\\&\quad+\cdots+y_n(p_{1n}+p_{2n}+\cdots+p_{mn})\ ❷\\&=(x_1p_1+x_2p_2+\cdots+x_mp_m)\\&\quad+(y_1q_1+y_2q_2+\cdots+y_nq_n)\\&=E(X)+E(Y)\end{aligned}$$

アドバイス

❶ 全部でmn通りに分けてあります。

❷ x_iについては表の横の並びに沿ってまとめます。y_jについては表の縦の並びに沿ってまとめます。

練習 247 2つの確率変数X, Yについて期待値$E(X)=2$, $E(Y)=3$が成り立つとき，次の確率変数の期待値を求めよ。

(1) $X-Y$　　(2) $2X+4Y$　　(3) $\dfrac{1}{2}X-\dfrac{1}{3}Y$

例題 205 確率変数の積 ★★★ 標準

1個のサイコロを2回投げて，出た目の積をZとする。Zの期待値$E(Z)$を求めよ。

確率変数の積の期待値

XとYが独立なとき，$E(XY)=E(X)E(Y)$

1回目に出た目の数をX，2回目に出た目の数をYとすれば，$Z=XY$です。XとYは互いに独立ですから，$E(Z)=E(XY)=E(X)E(Y)$です。

解答

1回目に出た目の数をX，2回目に出た目の数をYとすると，$Z=XY$である。

XとYは互いに独立な確率変数である。したがって

$$E(Z)=E(XY)=E(X)E(Y) \quad ❶$$

ここで

$$E(X)=1\times\frac{1}{6}+2\times\frac{1}{6}+3\times\frac{1}{6}+\cdots+6\times\frac{1}{6}$$

$$=\frac{7}{2}$$

同様に

$$E(Y)=\frac{7}{2}$$

よって

$$\boldsymbol{E(Z)}=\frac{7}{2}\cdot\frac{7}{2}$$

$$=\frac{\mathbf{49}}{\mathbf{4}} \quad \text{(答)}$$

アドバイス

❶ X，Yが独立ですから
$E(XY)=E(X)E(Y)$

STUDY XとYが独立なとき，$E(XY)=E(X)E(Y)$を示す

XとYは互いに独立であるとする。$P(X=x_i,\ Y=y_j)=p_{ij}$，$P(X=x_i)=p_i$，$P(Y=y_j)=q_j$とおくと

$$p_{ij}=P(X=x_i,\ Y=y_j)=P(X=x_i)\cdot P(Y=y_j)=p_iq_j$$

$$E(XY)=x_1y_1p_{11}+x_1y_2p_{12}+\cdots+x_my_np_{mn}$$

$$=x_1y_1p_1q_1+x_1y_2p_1q_2+\cdots+x_my_np_mq_n$$

$$=(x_1p_1+x_2p_2+\cdots+x_mp_m)(y_1q_1+y_2q_2+\cdots+y_nq_n)=E(X)E(Y)$$

練習 248 1個のサイコロを3回投げて，出た目の積をZとする。Zの期待値$E(Z)$を求めよ。

例題 206 確率変数の和の分散 ★★★ 応用

2つの確率変数XとYが互いに独立なとき
$$V(X+Y)=V(X)+V(Y)$$
が成り立つことを証明せよ。

確率変数の和の分散の性質
XとYが独立ならば，$V(X+Y)=V(X)+V(Y)$

$V(X)=E(X^2)-\{E(X)\}^2$です。したがって
$$V(X+Y)=E((X+Y)^2)-\{E(X+Y)\}^2$$
これを計算します。XとYが独立ですから，途中で$E(XY)=E(X)E(Y)$が使えます。

解答

$$\begin{aligned}V(X+Y)&=E((X+Y)^2)-\{E(X+Y)\}^2\\&=E(X^2+2XY+Y^2)-\{E(X)+E(Y)\}^2\\&=E(X^2)+2E(XY)+E(Y^2)\\&\quad-[\{E(X)\}^2+2E(X)E(Y)+\{E(Y)\}^2]\\&=E(X^2)+\underline{2E(X)E(Y)}_{❶}+E(Y^2)\\&\quad-[\{E(X)\}^2+2E(X)E(Y)+\{E(Y)\}^2]\\&=E(X^2)-\{E(X)\}^2+E(Y^2)-\{E(Y)\}^2\\&=V(X)+V(Y)\end{aligned}$$

アドバイス

❶ XとYは互いに独立なので $E(XY)=E(X)E(Y)$

STUDY X，Y，Zがどの2つも互いに独立なときの$V(X+Y+Z)$

3つの確率変数X，Y，Zについても，どの2つもが互いに独立ならば
$$V(X+Y+Z)=V(X)+V(Y)+V(Z)$$
が成り立つ。実際
$$\begin{aligned}&V(X+Y+Z)=E((X+Y+Z)^2)-\{E(X+Y+Z)\}^2\\&=E(X^2+Y^2+Z^2+2XY+2YZ+2ZX)-\{E(X)+E(Y)+E(Z)\}^2\\&=E(X^2)+E(Y^2)+E(Z^2)+2E(XY)+2E(YZ)+2E(ZX)\\&\qquad-[\{E(X)\}^2+\{E(Y)\}^2+\{E(Z)\}^2+2E(X)E(Y)+2E(Y)E(Z)+2E(Z)E(X)]\\&=E(X^2)+E(Y^2)+E(Z^2)+2E(X)E(Y)+2E(Y)E(Z)+2E(Z)E(X)\\&\qquad-[\{E(X)\}^2+\{E(Y)\}^2+\{E(Z)\}^2+2E(X)E(Y)+2E(Y)E(Z)+2E(Z)E(X)]\\&=E(X^2)-\{E(X)\}^2+E(Y^2)-\{E(Y)\}^2+E(Z^2)-\{E(Z)\}^2\\&=V(X)+V(Y)+V(Z)\end{aligned}$$

練習 249 大，中，小3個のサイコロを投げて，それぞれの出る目をX，Y，Zとする。$X+Y+Z$の分散$V(X+Y+Z)$を求めよ。

3 二項分布

1 二項分布 ▷ 例題 207

一般に，1回の試行で事象Aが起こる確率をpとする。この試行をn回反復したときAの起こる回数をXとすると，Xは次のような確率分布に従う。

X	0	1	…	i	…	n	計
P	${}_n\mathrm{C}_0p^0q^n$	${}_n\mathrm{C}_1p^1q^{n-1}$	…	${}_n\mathrm{C}_ip^iq^{n-i}$	…	${}_n\mathrm{C}_np^nq^0$	1

この表の確率の欄には二項係数が並んでいる。このような確率分布を**二項分布**といい，$B(n,\ p)$で表す。ただし，$0<p<1$，$q=1-p$とする。

例　1個のサイコロを3回投げるとき，1の目が出る回数をXとすると，Xは次のような確率分布に従う。

X	0	1	2	3	計
P	${}_3\mathrm{C}_0\left(\frac{1}{6}\right)^0\left(\frac{5}{6}\right)^3$	${}_3\mathrm{C}_1\left(\frac{1}{6}\right)^1\left(\frac{5}{6}\right)^2$	${}_3\mathrm{C}_2\left(\frac{1}{6}\right)^2\left(\frac{5}{6}\right)^1$	${}_3\mathrm{C}_3\left(\frac{1}{6}\right)^3\left(\frac{5}{6}\right)^0$	1

2 二項分布の平均と分散 ▷ 例題 208 例題 209

確率変数Xが二項分布$B(n,\ p)$に従うとき，Xの平均と分散は次のような式で与えられる。

$$\boldsymbol{E(X)=np}$$
$$\boldsymbol{V(X)=npq\quad(q=1-p)}$$

例　1個のサイコロを10回投げるとき，1の目が出る回数をXとすると，Xは二項分布$B\left(10,\ \frac{1}{6}\right)$に従うから

$$E(X)=10\times\frac{1}{6}=\frac{5}{3}$$
$$V(X)=10\times\frac{1}{6}\times\frac{5}{6}=\frac{25}{18}$$

例　100枚の硬貨を同時に投げて，表の出る枚数をXとすると，Xは二項分布$B\left(100,\ \frac{1}{2}\right)$に従うから

$$E(X)=100\times\frac{1}{2}=50$$
$$V(X)=100\times\frac{1}{2}\times\frac{1}{2}=25$$

例題 207 二項分布

★★★ 基本

1個のサイコロを4回投げるとき，6の目が出る回数をXとする。Xが次の値をとる確率を求めよ。

(1) $X=1$　　(2) $1 \leqq X \leqq 3$　　(3) $X \geqq 3$

POINT 二項分布の計算　$P(X=i)={}_n\mathrm{C}_i p^i q^{n-i}$　$(q=1-p)$

Xは二項分布$B\left(4,\ \dfrac{1}{6}\right)$に従うので，$P(X=i)={}_4\mathrm{C}_i\left(\dfrac{1}{6}\right)^i\left(\dfrac{5}{6}\right)^{4-i}$です。

解答

(1) $P(X=1)={}_4\mathrm{C}_1\left(\dfrac{1}{6}\right)\left(\dfrac{5}{6}\right)^3=\dfrac{4\cdot5^3}{6^4}=\mathbf{\dfrac{125}{324}}$ 答

(2) $P(1\leqq X\leqq 3)=\underline{P(X=1)+P(X=2)+P(X=3)}$ ❶

$={}_4\mathrm{C}_1\left(\dfrac{1}{6}\right)^1\left(\dfrac{5}{6}\right)^3+{}_4\mathrm{C}_2\left(\dfrac{1}{6}\right)^2\left(\dfrac{5}{6}\right)^2+{}_4\mathrm{C}_3\left(\dfrac{1}{6}\right)^3\left(\dfrac{5}{6}\right)^1$

$=4\cdot\dfrac{5^3}{6^4}+6\cdot\dfrac{5^2}{6^4}+4\cdot\dfrac{5}{6^4}$

$=\dfrac{1}{6^4}(500+150+20)=\mathbf{\dfrac{335}{648}}$ 答

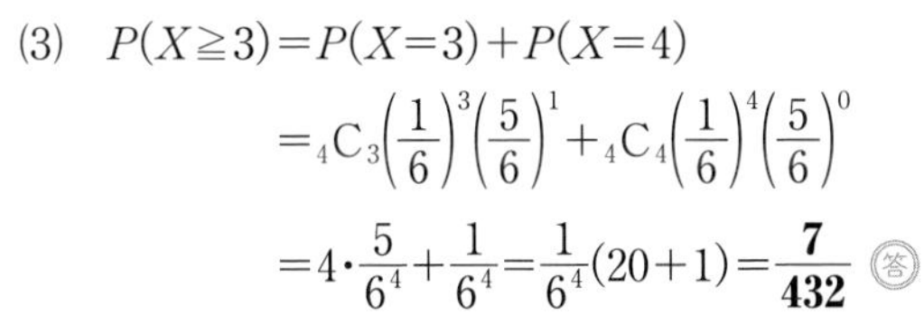

(3) $P(X\geqq 3)=P(X=3)+P(X=4)$

$={}_4\mathrm{C}_3\left(\dfrac{1}{6}\right)^3\left(\dfrac{5}{6}\right)^1+{}_4\mathrm{C}_4\left(\dfrac{1}{6}\right)^4\left(\dfrac{5}{6}\right)^0$

$=4\cdot\dfrac{5}{6^4}+\dfrac{1}{6^4}=\dfrac{1}{6^4}(20+1)=\mathbf{\dfrac{7}{432}}$ 答

アドバイス

❶ $1-\{P(X=0)+P(X=4)\}$ とする方法もあります。

Q nが大きいときの二項分布は計算が大変です……。どうしたらいいですか？

A サイコロを720回投げて1の目が出る回数が130回以上，140回以下となる確率は

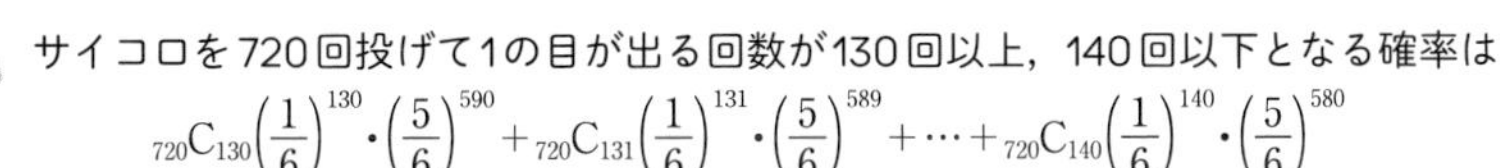

$${}_{720}\mathrm{C}_{130}\left(\frac{1}{6}\right)^{130}\cdot\left(\frac{5}{6}\right)^{590}+{}_{720}\mathrm{C}_{131}\left(\frac{1}{6}\right)^{131}\cdot\left(\frac{5}{6}\right)^{589}+\cdots+{}_{720}\mathrm{C}_{140}\left(\frac{1}{6}\right)^{140}\cdot\left(\frac{5}{6}\right)^{580}$$

となり，かなり大変な計算になります。このような確率は，このあと学習する正規分布を利用して求めます(p.331参照)。

練習 250 1枚の硬貨を5回投げ，表が出た回数をXとする。Xが次の値をとる確率を求めよ。

(1) $X=1$　　(2) $X=3$　　(3) $1\leqq X\leqq 3$

例題 208　二項分布の平均と分散①

★★★ 標準

大，小2個のサイコロを投げて，同じ目が出れば得点は1点，異なる目が出れば得点は0点とする。サイコロを投げることを10回繰り返したとき，得られる得点の合計をXとする。
確率変数Xはどのような確率分布に従うか。また，Xの平均$E(X)$，分散$V(X)$，標準偏差$\sigma(X)$も求めよ。

二項分布の平均と分散の性質
Xが$B(n,\ p)$に従うなら　$E(X)=np$, $V(X)=np(1-p)$

いずれの場合も$X=i$となる確率を求めます。それが${}_n\mathrm{C}_i p^i q^{n-i}$ $(q=1-p)$という形の式で与えられるならば，Xは二項分布$B(n,\ p)$に従うことになります。

解答

同じ目が出る確率は$\dfrac{6}{36}=\dfrac{1}{6}$❶，異なる目が出る確率は$\dfrac{5}{6}$である。同じ目が出る回数を$i$とすると

$$P(X=i)={}_{10}\mathrm{C}_i\left(\frac{1}{6}\right)^i\left(1-\frac{1}{6}\right)^{10-i}\quad(0\leqq i\leqq 10)$$

となるから

Xは二項分布$B\left(10,\ \dfrac{1}{6}\right)$に従う。 答

よって

$$E(X)=10\times\frac{1}{6}=\mathbf{\frac{5}{3}}$$ 答

$$V(X)=10\times\frac{1}{6}\times\frac{5}{6}=\mathbf{\frac{25}{18}}$$ 答

$$\sigma(X)=\sqrt{\frac{25}{18}}=\mathbf{\frac{5\sqrt{2}}{6}}$$ 答

アドバイス

❶ 目の出方は$6^2=36$（通り）。同じ目が出るのは(1, 1), (2, 2), ……, (6, 6)の6通りになります。

練習 251　次のような確率変数Xについて，その平均$E(X)$と分散$V(X)$を求めよ。

(1)　1個のサイコロを投げて2以下の目が出れば得点は10点，3以上の目が出れば得点は0点とする。20回投げたときの得点の合計をXとする。

(2)　10個のサイコロを同時に投げて，5以上の目が出たサイコロの個数をXとする。

例題 209 二項分布の平均と分散② ★★★ 応用

1回の試行につき，事象Aの起こる確率をpとする。この試行をn回繰り返したとき，Aの起こる回数をXとする。
ここで，次のような確率変数X_i ($i=1$, 2, 3, …, n)を考える。第i回目の試行でAが起これば$X_i=1$，起こらなければ$X_i=0$とする。このとき，Xの平均$E(X)$，分散$V(X)$を求めよ。

POINT 二項分布の平均と分散の公式 1回ごとの試行をもとにして求めよ

$X=X_1+X_2+X_3+\cdots+X_n$ですから，和の平均が使えます。また，X_1, X_2, …, X_n はそれぞれ互いに独立ですから，和の分散が使えます。

解答

$$X=X_1+X_2+X_3+\cdots+X_n$$

である。また，各X_iは右のような確率分布に従う。ただし，$q=1-p$

X_i	1	0	計
P	p	q	1

したがって

$$E(X_i)=1\cdot p+0\cdot q=p$$

$$V(X_i)=E(X_i{}^2)-\{E(X_i)\}^2=(1^2\cdot p+0^2\cdot q)-p^2$$
$$=p-p^2=p(1-p)=pq$$

n回の試行は反復試行なので，各X_iは互いに独立である。❶ 以上から

$$\boldsymbol{E(X)}=E(X_1+X_2+X_3+\cdots+X_n)$$
$$=E(X_1)+E(X_2)+E(X_3)+\cdots+E(X_n) \quad ❷$$
$$=p+p+p+\cdots+p=\boldsymbol{np} \quad \text{(答)}$$

$$\boldsymbol{V(X)}=V(X_1+X_2+X_3+\cdots+X_n)$$
$$=V(X_1)+V(X_2)+V(X_3)+\cdots+V(X_n)$$
$$=pq+pq+pq+\cdots+pq$$
$$=npq=\boldsymbol{np(1-p)} \quad \text{(答)}$$

アドバイス

❶ $P(X_i=a,\ X_j=b)$
$=P(X_i=a)\cdot P(X_j=b)$
($a=0$, 1, $b=0$, 1)

❷ この等式は各X_iが独立でなくても成り立ちます。

練習 252 Aの袋には1から6までのカードが1枚ずつ，Bの袋には1から4までのカードが1枚ずつ入っている。それぞれの袋からカードを1枚ずつ抜き出したとき，1のカードの枚数をXとする。Xの平均$E(X)$と分散$V(X)$を求めよ。

4 正規分布

1 確率密度関数 ▷ 例題 210

Xが$\alpha \leqq x \leqq \beta$の範囲に属するすべての実数値をとり，次の(1)，(2)，(3)を満たす関数$f(x)$があるとき，Xを**連続型確率変数**，$f(x)$をXの**確率密度関数**，$y=f(x)$のグラフをXの**分布曲線**といい，$f(x)$によって定まる確率分布を**連続型確率分布**という。

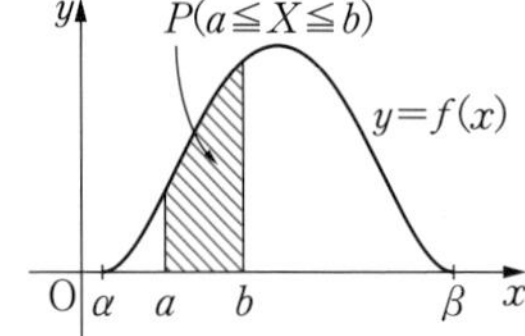

(1) $\boldsymbol{f(x) \geqq 0}$

(2) $\boldsymbol{P(a \leqq X \leqq b)=\int_a^b f(x)dx}$

　　(a，bは$\alpha \leqq a \leqq b \leqq \beta$を満たす実数)

(3) $\boldsymbol{\int_\alpha^\beta f(x)dx=1}$

2 平均・分散・標準偏差 ▷ 例題 211 例題 212

確率変数Xが確率密度関数$f(x)(\alpha \leqq x \leqq \beta)$をもつとき，平均$E(X)$，分散$V(X)$，標準偏差$\sigma(X)$は次のようになる。

(1) $\boldsymbol{E(X)=\int_\alpha^\beta xf(x)dx}$

(2) $\boldsymbol{V(X)=\int_\alpha^\beta \{x-E(X)\}^2 f(x)dx}$

$$=\int_\alpha^\beta x^2 f(x)dx-\{E(X)\}^2$$

(3) $\boldsymbol{\sigma(X)=\sqrt{V(X)}}$

3 正規分布 ▷ 例題 213 例題 215

(1) 確率変数Xのとり得る値が実数全体で，Xの確率密度関数が，

$f(x)=\dfrac{1}{\sqrt{2\pi}\sigma}e^{-\frac{(x-m)^2}{2\sigma^2}}$であるとき，この$X$の確率分布を，平均$m$，標準偏差$\sigma$の**正規分布**といい，$N(m,\ \sigma^2)$で表す。

また，このとき，確率変数Xは正規分布$N(m,\ \sigma^2)$に従うという。ただし，e，πは無理数で，$e=2.71828\cdots$，$\pi=3.14\cdots$である。

(2) 確率変数Xが正規分布$N(m,\ \sigma^2)$に従うとき，正規分布の平均$E(X)$，分散$V(X)$，標準偏差$\sigma(X)$は

$$\boldsymbol{E(X)=m,\ V(X)=\sigma^2,\ \sigma(X)=\sigma}$$

4 標準正規分布 ▷ 例題 214 例題 216

(1) 確率変数Xが正規分布$N(m,\ \sigma^2)$に従うとき

$$Z=\frac{X-m}{\sigma}$$

とおくと，Zの確率分布は，平均0，標準偏差1の**標準正規分布**$N(0,\ 1)$となり，その確率密度関数は

$$f(z)=\frac{1}{\sqrt{2\pi}}e^{-\frac{z^2}{2}}$$

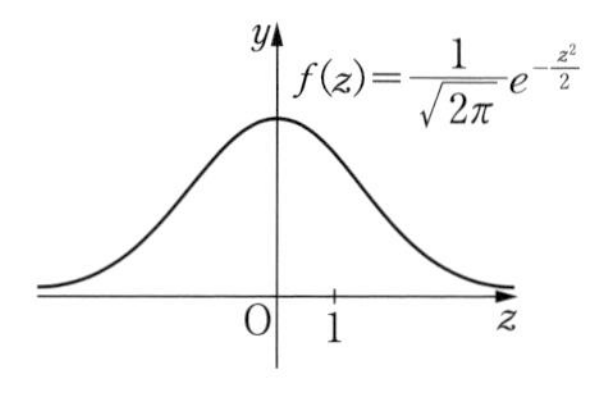

(2) $P(0\leqq Z\leqq k)=\int_0^k f(z)dz$の値は，右図の斜線部分の面積を意味するが，実際には計算できないので，正規分布表を用いる。
また，このグラフは，y軸に関して対称であり，全体の面積は1である。

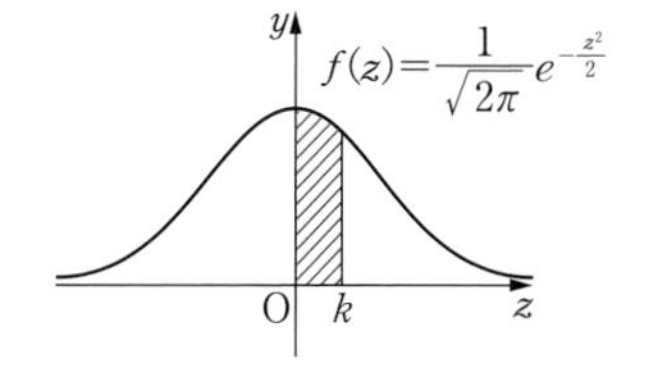

5 二項分布の正規分布による近似 ▷ 例題 217

確率変数Xが二項分布$B(n,\ p)$に従うとき，nが十分に大きいならば，

$$Z=\frac{X-np}{\sqrt{np(1-p)}}$$

とおくと，確率変数Zは近似的に標準正規分布$N(0,\ 1)$に従う。

例題 210 確率密度関数

★★★ 基本

確率変数Xのとり得る値の範囲が$0 \leqq X \leqq 2$で，確率密度関数が$f(x)=ax$であるとき，次の値を求めよ。

(1) a　　(2) $P(1 \leqq X \leqq 2)$　　(3) $P(X \leqq k)=\dfrac{1}{4}$となる$k$

確率密度関数　全体の面積 $\int_\alpha^\beta f(x)dx=1$

$f(x)$ $(\alpha \leqq x \leqq \beta)$が確率密度関数のとき，$\int_\alpha^\beta f(x)dx=1$となります。これを用いて，$a$の値を定めます。また，(2)は，$P(1 \leqq X \leqq 2)=\int_1^2 f(x)dx$，(3)は，$0 \leqq X \leqq 2$だから$P(X \leqq k)=\int_0^k f(x)dx$ を用います。

解答

(1) 確率密度関数$f(x)$が$f(x)=ax$ $(0 \leqq x \leqq 2)$だから

$$\int_0^2 f(x)dx=\int_0^2 ax\,dx=\left[\frac{ax^2}{2}\right]_0^2=2a$$

よって　$2a=1$ ❶

したがって　$\boldsymbol{a=\frac{1}{2}}$ (答)

(2) (1)から　$f(x)=\dfrac{1}{2}x$

$$P(1 \leqq X \leqq 2)=\int_1^2 \frac{1}{2}x\,dx=\left[\frac{x^2}{4}\right]_1^2 \text{ ❷}$$

$$=\frac{4}{4}-\frac{1}{4}=\boldsymbol{\frac{3}{4}} \text{ (答)}$$

(3) $P(X \leqq k)=\int_0^k \dfrac{1}{2}x\,dx=\left[\dfrac{x^2}{4}\right]_0^k=\dfrac{k^2}{4}$

よって　$\dfrac{k^2}{4}=\dfrac{1}{4}$ ❸ より　$k^2=1$

$0 \leqq k \leqq 2$だから　$\boldsymbol{k=1}$ (答)

アドバイス

❶ 確率密度関数の定義から
$\int_0^2 f(x)dx=1$

❷
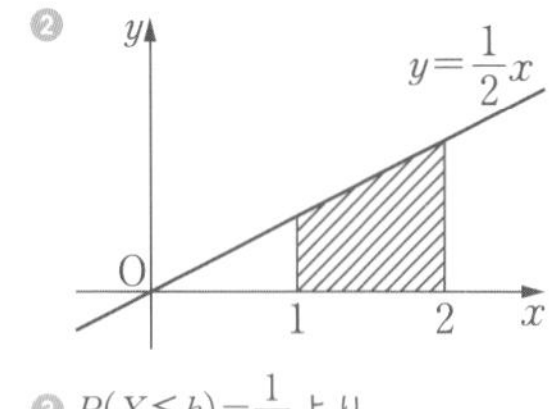

❸ $P(X \leqq k)=\dfrac{1}{4}$より

練習 253 確率変数Xのとり得る値の範囲が$0 \leqq X \leqq 2$で，確率密度関数が$f(x)=ax^2$のとき，次の値を求めよ。

(1) a　　(2) $P(0 \leqq X \leqq 1)$　　(3) $P(X \leqq k)=\dfrac{1}{64}$となる$k$

例題 211 平均・分散・標準偏差 ★★★ 標準

確率変数Xの確率密度関数$f(x)$が$f(x)=2x$ $(0\leqq x\leqq 1)$のとき，次の値を求めよ。

(1) Xの平均$E(X)$　(2) Xの分散$V(X)$　(3) Xの標準偏差$\sigma(X)$

離散から連続 Σが$\int$に変わる

確率変数Xの確率密度関数が$f(x)$ $(\alpha\leqq x\leqq\beta)$のとき，

Xの平均$E(X)$は　$E(X)=\int_\alpha^\beta xf(x)dx$

Xの分散$V(X)$は　$V(X)=\int_\alpha^\beta \{x-E(X)\}^2f(x)dx$

Xの標準偏差$\sigma(X)$は　$\sigma(X)=\sqrt{V(X)}$

これらは離散型のときのΣを$\int$に変えた形になっています。

| 解答 |

(1) 確率密度関数$f(x)$が$f(x)=2x$ $(0\leqq x\leqq 1)$だから

$$\boldsymbol{E(X)}=\int_0^1 xf(x)dx=\int_0^1 x\cdot 2x\,dx=\left[\frac{2x^3}{3}\right]_0^1=\boldsymbol{\frac{2}{3}}$$ 答

(2) $$\boldsymbol{V(X)}=\int_0^1\left(x-\frac{2}{3}\right)^2\cdot 2x\,dx=\int_0^1\left(2x^3-\frac{8}{3}x^2+\frac{8}{9}x\right)dx$$ ❶

$$=\left[\frac{x^4}{2}-\frac{8}{9}x^3+\frac{4}{9}x^2\right]_0^1=\frac{1}{2}-\frac{8}{9}+\frac{4}{9}=\boldsymbol{\frac{1}{18}}$$ 答

(3) $$\boldsymbol{\sigma(X)}=\sqrt{V(X)}=\sqrt{\frac{1}{18}}=\boldsymbol{\frac{\sqrt{2}}{6}}$$ 答

| アドバイス |

❶ 本問は解答の通りに計算しても容易ですが，計算が繁雑になる場合は

$$V(X)=\int_\alpha^\beta\{x-E(X)\}^2f(x)dx=\int_\alpha^\beta x^2f(x)dx-\{E(X)\}^2$$

を用いると楽になります(p.326参照)。

練習 254 確率変数Xの確率密度関数が$f(x)=3x^2$ $(0\leqq x\leqq 1)$で表されるとき，平均$E(X)$と分散$V(X)$を求めよ。

例題 212 分散公式（2乗の平均－(平均)^2） ★★★ 標準

(1) 確率変数Xの確率密度関数$f(x)$ $(\alpha \leqq x \leqq \beta)$の平均$E(X)$を$m$とするとき，分散$V(X)$は，$V(X)=\int_{\alpha}^{\beta} x^2 f(x)dx - m^2$となることを示せ。

(2) この公式を用いて例題 211 (2)の分散を求めよ。

分散公式 $V(X)=\int_{\alpha}^{\beta} x^2 f(x)dx - m^2$ を用いる

分散$V(X)$を求めるときに，この公式を用いると，かなり計算が省力化できます。

解答

(1) 確率変数Xの確率密度関数が$f(x)$ $(\alpha \leqq x \leqq \beta)$だから

$$V(X)=\int_{\alpha}^{\beta}(x-m)^2 f(x)dx \quad ❶$$
$$=\int_{\alpha}^{\beta}\{x^2 f(x)-2xmf(x)+m^2 f(x)\}dx$$
$$=\int_{\alpha}^{\beta} x^2 f(x)dx-2m\int_{\alpha}^{\beta} xf(x)dx+m^2\int_{\alpha}^{\beta} f(x)dx \quad ❷❸$$
$$=\int_{\alpha}^{\beta} x^2 f(x)dx-2m\cdot m+m^2\cdot 1$$
$$=\int_{\alpha}^{\beta} x^2 f(x)dx-m^2$$

(2) 確率変数Xの確率密度関数が$f(x)=2x$ $(0 \leqq x \leqq 1)$，平均が$\frac{2}{3}$だから

$$\boldsymbol{V(X)}=\int_{0}^{1} x^2 f(x)dx-m^2$$
$$=\int_{0}^{1} x^2\cdot 2x\,dx-\left(\frac{2}{3}\right)^2$$
$$=\left[\frac{1}{2}x^4\right]_0^1-\frac{4}{9}$$
$$=\frac{1}{2}-\frac{4}{9}=\boldsymbol{\frac{1}{18}} \quad 答$$

アドバイス

❶ 分散の定義式です。

❷ $\int_{\alpha}^{\beta} xf(x)dx=m$

❸ $\int_{\alpha}^{\beta} f(x)dx=1$

練習 255 確率変数Xの確率密度関数が$f(x)=\frac{1}{2}x$ $(0 \leqq x \leqq 2)$のとき，Xの平均$E(X)$，分散$V(X)$を求めよ。

例題 213 標準正規分布

★★★ 標準

確率変数Zは標準正規分布$N(0,\ 1)$に従う。
$P(0 \leqq Z \leqq 1)=a$とするとき，次の値をaを用いて表せ。

(1) $P(-1 \leqq Z \leqq 0)$　　(2) $P(Z \geqq 1)$

(3) $P(-1 \leqq Z \leqq 1)$　　(4) $P(Z \leqq 1)$

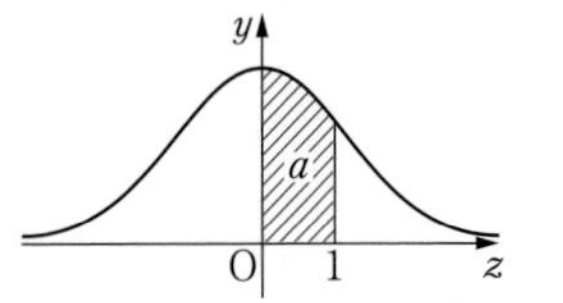

POINT 標準正規分布はグラフの対称性を用いる

標準正規分布$N(0,\ 1)$では，**グラフの対称性および全体の面積が1であることを用います。**

解答	アドバイス

(1) $P(-1 \leqq Z \leqq 0)$
$=P(0 \leqq Z \leqq 1)=\boldsymbol{a}$ ❶ 答

❶ 対称性から明らかです。

(2) $P(Z \geqq 1)$
$=P(Z \geqq 0)-P(0 \leqq Z \leqq 1)$ ❷
$=\boldsymbol{\frac{1}{2}-a}$ 答

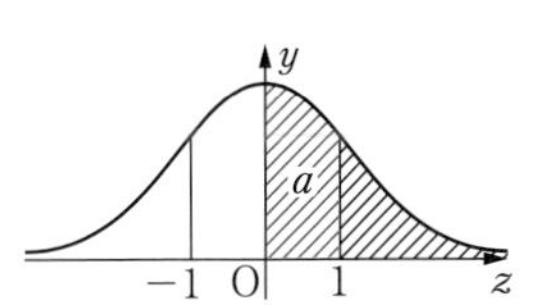

❷ 右半分の面積は$\frac{1}{2}$

(3) $P(-1 \leqq Z \leqq 1)$
$=P(-1 \leqq Z \leqq 0)+P(0 \leqq Z \leqq 1)$ ❸
$=a+a$
$=\boldsymbol{2a}$ 答

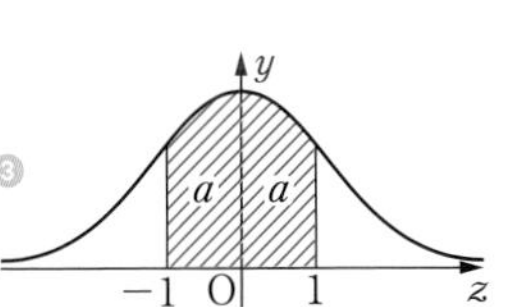

❸ どちらの面積もaです。

(4) $P(Z \leqq 1)$
$=P(Z \leqq 0)$ ❹ $+P(0 \leqq Z \leqq 1)$
$=\boldsymbol{\frac{1}{2}+a}$ 答

❹ 左半分の面積も$\frac{1}{2}$です。

$P(Z \leqq 1)=1-P(Z \geqq 1)$
$=1-\left(\frac{1}{2}-a\right)$
$=\frac{1}{2}+a$

としてもよいです。

練習 256 確率変数Zが標準正規分布$N(0,\ 1)$に従い，$P(0 \leqq Z \leqq 2)=a$とするとき，次の値をaを用いて表せ。

(1) $P(-2 \leqq Z \leqq 0)$　　(2) $P(-2 \leqq Z \leqq 2)$

(3) $P(Z \geqq 2)$　　(4) $P(Z \leqq 2)$

例題 214 確率変数の標準化

★★★ 標準

確率変数Zが標準正規分布$N(0,\ 1)$に従うとき，$P(0\leqq Z\leqq 1)=a$，$P(0\leqq Z\leqq 2)=b$，$P(0\leqq Z\leqq 3)=c$とする。確率変数Xが$N(5,\ 2^2)$に従うとき，次の確率をa，b，cで表せ。

(1) $P(3\leqq X\leqq 7)$

(2) $P(3\leqq X\leqq 9)$

(3) $P(7\leqq X\leqq 11)$

POINT $Z=\dfrac{X-m}{\sigma}$の標準化でZは標準正規分布$N(0,\ 1)$に従う

確率変数Xが正規分布$N(m,\ \sigma^2)$に従うとき，$Z=\dfrac{X-m}{\sigma}$で表される確率変数Zの平均$E(Z)$，標準偏差$\sigma(Z)$は，$E(Z)=0$，$\sigma(Z)=1$となり，確率変数Zは標準正規分布$N(0,\ 1)$に従うので，正規分布表（p.378参照）を見て確率の計算ができます。

解答

$Z=\dfrac{X-5}{2}$とおくと，$X=3,\ 7,\ 9,\ 11$のとき，それぞれ

$$Z=-1,\ 1,\ 2,\ 3$$

したがって，求める確率は

(1) $P(3\leqq X\leqq 7)=P(-1\leqq Z\leqq 1)$ ❶
$=2P(0\leqq Z\leqq 1)$
$=\boldsymbol{2a}$ 答

(2) $P(3\leqq X\leqq 9)=P(-1\leqq Z\leqq 2)$ ❷
$=P(0\leqq Z\leqq 1)+P(0\leqq Z\leqq 2)$
$=\boldsymbol{a+b}$ 答

(3) $P(7\leqq X\leqq 11)=P(1\leqq Z\leqq 3)$ ❸
$=P(0\leqq Z\leqq 3)-P(0\leqq Z\leqq 1)$
$=\boldsymbol{c-a}$ 答

アドバイス

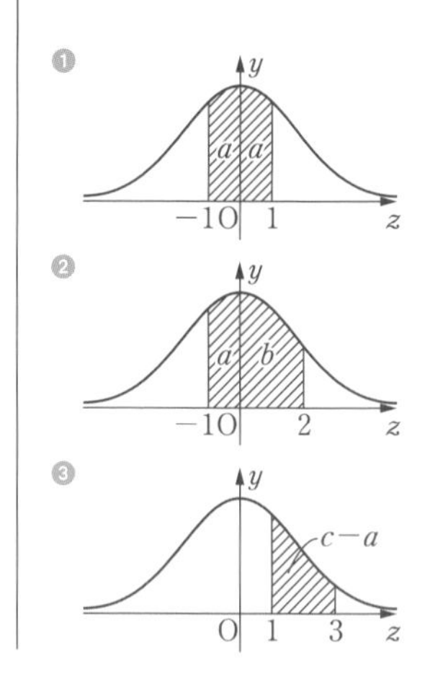

練習 257 確率変数Xが正規分布$N(50,\ 10^2)$に従うとき，次の確率を，例題 214のa，b，cで表せ。

(1) $P(20\leqq X\leqq 70)$　(2) $P(30\leqq X\leqq 70)$　(3) $P(70\leqq X\leqq 80)$

例題 215 正規分布 ★★★ 標準

ある生物の個体の体長は，平均50 cm，標準偏差2 cmの正規分布に従うという。このとき，体長が46 cm以上52 cm以下のものは全体のおよそ何%であるか答えよ。ただし，Zが標準正規分布$N(0,\ 1)$に従うとき，$P(0\leqq Z\leqq 1)=0.3413$，$P(0\leqq Z\leqq 2)=0.4772$とする。

POINT 正規分布$N(m,\ \sigma^2)$を標準正規分布にかえる

Xが正規分布$N(m,\ \sigma^2)$に従うとき，$Z=\dfrac{X-m}{\sigma}$と置き換えると，Zは標準正規分布$N(0,\ 1)$に従うので，あとは正規分布表 (p.378) から調べることができます。本問では，必要な部分の数値だけ示されています。

解答

体長をX cmとすると，Xは$N(50,\ 2^2)$に従う。

ここで

$$Z=\frac{X-50}{2}$$

とおくと，Zは$N(0,\ 1)$に従う。

$X=46,\ 52$のとき，それぞれ

$$Z=-2,\ 1$$

よって，求める確率は

$$\begin{aligned}P(46\leqq X\leqq 52)&=P(-2\leqq Z\leqq 1)\\&=P(-2\leqq Z\leqq 0)+P(0\leqq Z\leqq 1)\\&=P(0\leqq Z\leqq 2)+P(0\leqq Z\leqq 1)\\&=0.4772+0.3413\\&=0.8185\end{aligned}$$

よって

$$100\times 0.8185=81.85$$

より，およそ

82% 答

アドバイス

Zは標準正規分布に従います。

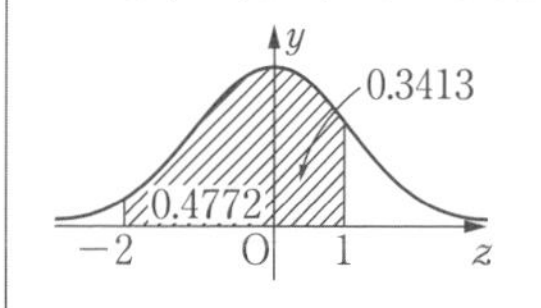

練習 258 例題 215 において，46 cm以上54 cm以下のものは全体の約何%か。

例題 216 正規分布の応用 ★★★ 標準

ある高校の3年生男子400人の身長が平均170 cm，標準偏差5 cmの正規分布に従うとき

(1) 右の表から，$P(Z \geqq k)=0.025$ となるkを求めよ。

(2) 身長の高いほうから10人の中に入るのは約何cm以上の生徒か。

k	$P(0 \leqq Z \leqq k)$
1.95	0.4744
1.96	0.4750
1.97	0.4756
1.98	0.4761
1.99	0.4767

(Zは標準正規分布$N(0,\ 1)$に従う)

相対的順位の決定では，まずZの値を定める

順位や比率から変数Xを定めるときには，まず，正規分布表からZの値（範囲）を定め，さらに，$Z=\dfrac{X-m}{\sigma}$を用いて，Xの値（範囲）を定めます。

解答

(1) 正規分布表から

$$P(Z \geqq k)=P(Z \geqq 0)-P(0 \leqq Z \leqq k)$$

$$0.025=0.5-P(0 \leqq Z \leqq k)$$ ❶

$$P(0 \leqq Z \leqq k)=0.475$$

よって　**$k=1.96$** 答

(2) Xが正規分布$N(170,\ 5^2)$に従うとき，$Z=\dfrac{X-170}{5}$は，標準正規分布$N(0,\ 1)$に従う。

また，$\dfrac{10}{400}=0.025$だから，上位10人に入るには

$$Z \geqq 1.96$$

$$\frac{X-170}{5} \geqq 1.96$$

$$X \geqq 179.8$$

よって　**約179.8 cm以上** 答

アドバイス

❶
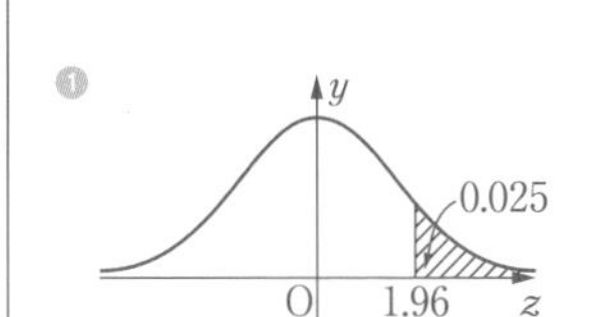

例題 216 において，高いほうから5番以内に入るのは約何cm以上の生徒か。

k	$P(0 \leqq Z \leqq k)$
2.21	0.4864
2.22	0.4868
2.23	0.4871
2.24	0.4875
2.25	0.4878

例題 217 二項分布への応用 ★★★ 応用

Zが標準正規分布$N(0,\ 1)$に従うとき，$P(0 \leqq Z \leqq 1)=a$，$P(0 \leqq Z \leqq 2)=b$とする。1個のサイコロを720回投げるとき，1の目が出る回数が130回以上140回以下である確率を，正規分布による近似を利用し，a，bを用いて表せ。

POINT 二項分布は正規分布で近似

二項分布$B(n,\ p)$はnが大きいとき，正規分布で近似できます。よって，まず平均m，標準偏差σを求め，さらに標準正規分布にかえます。

解答

1の目が出る回数をXとすると，Xは二項分布$B\left(720,\ \frac{1}{6}\right)$に従う。

Xの平均mと標準偏差σは

$$m=720\cdot\frac{1}{6} \text{ ❶}$$
$$=120$$
$$\sigma=\sqrt{720\cdot\frac{1}{6}\cdot\frac{5}{6}} \text{ ❷}$$
$$=10$$

この二項分布を正規分布$N(120,\ 10^2)$で近似し，

$Z=\frac{X-120}{10}$とおくと，Zは標準正規分布$N(0,\ 1)$に従うとみなすことができる。

$X=130$，140のとき，それぞれ　$Z=1$，2

よって，求める確率は

$$P(130 \leqq X \leqq 140)=P(1 \leqq Z \leqq 2)$$
$$=P(0 \leqq Z \leqq 2)-P(0 \leqq Z \leqq 1) \text{ ❸}$$
$$=\boldsymbol{b-a}$$ 答

アドバイス

❶ 二項分布$B(n,\ p)$の平均mは
$m=np$

❷ 二項分布$B(n,\ p)$の標準偏差σは
$\sigma=\sqrt{np(1-p)}$

❸
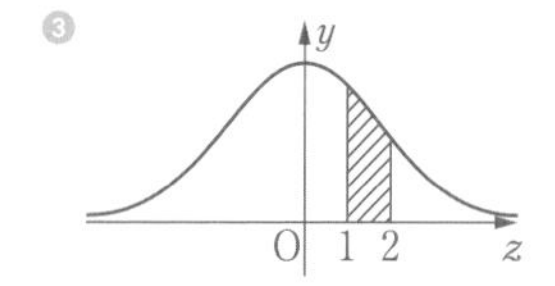

練習 260 例題 217 において，次の確率をa，bを用いて表せ。

(1) 1の目の出る回数が110回以下

(2) 1の目の出る回数が140回以上

(3) 1の目の出る回数が110回以上130回以下

定期テスト対策問題 14

解答・解説は別冊 p.175

1 袋の中に4個の赤玉と3個の白玉が入っている。この中から同時に3個の玉を取り出し，赤玉の個数 x と白玉の個数 y の積 xy の値を X とする。X の確率分布を求めよ。また，X の期待値 $E(X)$，分散 $V(X)$ も求めよ。

2 大小2個のサイコロを投げ，出た目の数をそれぞれ X，Y とする。このとき，次の問いに答えよ。

(1) 期待値 $E(X)$，$E(Y)$ をそれぞれ求めよ。

(2) 分散 $V(X)$，$V(Y)$ をそれぞれ求めよ。

(3) 期待値 $E(X+Y)$，分散 $V(X+Y)$ を求めよ。

(4) 期待値 $E(XY)$ を求めよ。

3 Aの袋には2個の赤玉と3個の白玉が，Bの袋には3個の赤玉と4個の白玉が入っている。それぞれの袋から2個ずつ取り出したとき，取り出された4個の中にある赤玉の個数を X とする。X の期待値 $E(X)$ と分散 $V(X)$ を求めよ。

4 1回目は1個のサイコロを，2回目は2個のサイコロを，3回目は3個のサイコロを同時に投げる。それぞれの回で偶数の目を出したサイコロの個数を順に X，Y，Z とする。このとき XYZ の期待値 $E(XYZ)$ を求めよ。

5 1個のサイコロを4回投げる。4回のうち2以下の目が出た回数を X とする。

(1) X の確率分布を求めよ。

(2) X はどのような分布に従うか。

(3) 平均 $E(X)$，分散 $V(X)$ を求めよ。

6 あるクラス40人の生徒がサイコロを1個ずつもち，同時に投げる。このとき，1の目が出た生徒の人数を X とする。X の平均 $E(X)$ と分散 $V(X)$ を求めよ。

7　確率変数 X のとる値の範囲が $0 \leqq X \leqq 2$ で，その確率密度関数 $f(x)$ が次の式で与えられるものとする。

$$f(x)=\begin{cases} ax & (0 \leqq x \leqq 1) \\ a(2-x) & (1 \leqq x \leqq 2) \end{cases}$$

(1)　定数 a の値を求め，X の分布曲線をかけ。

(2)　$P(0.5 \leqq X \leqq 1.5)$ を求めよ。

8　確率変数 X が次の正規分布に従うとき，$P(X \geqq 80)$ を求めよ。

(1)　$N(60,\ 10^2)$

(2)　$N(60,\ 20^2)$

(3)　$N(50,\ 10^2)$

（Z は標準正規分布 $N(0,\ 1)$ に従う）

k	$P(0 \leqq Z \leqq k)$
1	0.3413
2	0.4772
3	0.4987

9　確率変数 X が正規分布 $N(50,\ 10^2)$ に従うとき，$P(X \geqq \alpha)=0.025$ が成り立つような α の値を求めよ。ただし，確率変数 Z が標準正規分布 $N(0, 1)$ に従うとき，$P(0 \leqq Z \leqq 1.96)=0.475$ とする。

10　あるパン工場で生産される500個のパンの重さは，平均100 g，標準偏差5 g の正規分布に従うという。この500個のうち，90 g以下となるのはおよそ何個か。ただし，確率変数 Z が標準正規分布 $N(0,\ 1)$ に従うとき，$P(0 \leqq Z \leqq 2)=0.4772$ とする。

11　ある高等学校の3年男子300人の身長が，平均170 cm，標準偏差5 cm の正規分布に大体従うものとする。このとき，身長が165 cmから175 cmまでの生徒の人数は約何人か。ただし，確率変数 Z が標準正規分布 $N(0,\ 1)$ に従うとき，$P(0 \leqq Z \leqq 1)=0.3413$ とする。

12　400枚の硬貨を投げるとき，表の出る枚数を X とする。X の確率分布を正規分布で近似して，$X \leqq 190$ となる確率を求めよ。ただし，確率変数 Z が標準正規分布 $N(0,\ 1)$ に従うとき，$P(0 \leqq Z \leqq 1)=0.3413$ とする。

第2節
統計的な推測，仮説検定

1　母集団と標本

1 標本調査

ある集団の特性を数量的に調査することで得られる数値を**統計**または**統計データ**と呼ぶ。統計の調査には，対象全体からデータを集めて調べる**全数調査**と，調査対象からその一部を抜き出して調べる**標本調査**がある。

例　全数調査：国勢調査，学校の健康診断など
標本調査：テレビの視聴率，世代間の意識調査など

2 母集団と標本

標本調査における調査の対象全体を**母集団**，母集団における個々のものを**個体**，個体の総数を**母集団の大きさ**という。
調査のため，母集団から抜き出された個体の集合を**標本**といい，母集団から標本を抜き出すことを**抽出**，抜き出された標本の個体の総数を**標本の大きさ**という。

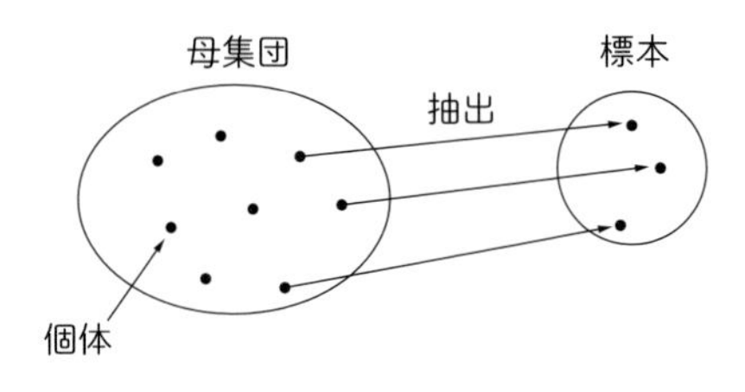

母集団の各個体を等しい確率で抽出することを**無作為抽出**といい，無作為抽出によって選ばれた標本を**無作為標本**という。

例　母集団 $\{1,\ 2,\ 3\}$ から大きさ2の標本を同時に取り出すとき，このような標本としては $\{1,\ 2\}$，$\{1,\ 3\}$，$\{2,\ 3\}$ が考えられる。

3 復元抽出と非復元抽出

母集団から標本を抽出する方法としては

復元抽出：毎回元の状態に戻しながら個体を1個ずつ抽出する
非復元抽出：個体を元に戻さないで抽出する

の2つの方法がある。

注意　統計では，母集団の大きさが十分大きいとき，非復元抽出と復元抽出にあまり違いはないので，非復元抽出も復元抽出と同様に扱っていくことになる。

4 母集団分布 ▷ 例題 218

調査対象の母集団の性質をその母集団の**特性**といい，数量的に表される特性を**変量**という。大きさNの母集団の変量Xの異なる値をx_1，x_2，……，x_nそれぞれの値をとる個体の個数をf_1，f_2，……，f_nとして母集団から1個の個体を無作為抽出すれば，変量Xは確率変数であって，Xの確率分布は右の表のようになる。

X	x_1	x_2	……	x_n	計
P	$\frac{f_1}{N}$	$\frac{f_2}{N}$	……	$\frac{f_n}{N}$	1

$(f_1+f_2+\cdots\cdots+f_n=N)$

このXの確率分布を**母集団分布**といい，Xの期待値，分散，標準偏差を，それぞれ，**母平均**，**母分散**，**母標準偏差**といい，それぞれ，m，σ^2，σで表す。

5 標本平均 ▷ 例題 219 例題 220

母集団から大きさnの無作為標本を復元抽出し，n個の変量xの値をX_1，X_2，……，X_nとして，$\overline{X}=\frac{X_1+X_2+\cdots\cdots+X_n}{n}$を考えるとき，$\overline{X}$を大きさ$n$の**標本平均**という。$\overline{X}$は，試行の結果ごとに値が定まり，その値に対応して確率が定まるので，確率変数である。また，試行の結果として実際に定まった値を，確率変数Xの**実現値**，あるいは単に**確率変数の値**ということがある。

6 標本平均の期待値と標準偏差 ▷ 例題 221 例題 222 例題 223

母平均m，母標準偏差σの母集団から，大きさnの標本を復元抽出するとき，標本平均$\overline{X}$の期待値$E(\overline{X})$，標準偏差$\sigma(\overline{X})$は

$$\boldsymbol{E(\overline{X})=m,\ \sigma(\overline{X})=\frac{\sigma}{\sqrt{n}}}$$

となることが知られている(**中心極限定理**)。

7 標本平均$\overline{X}$と標準正規分布 ▷ 例題 223 例題 224

母平均m，母標準偏差σの母集団から，大きさnの標本を無作為抽出するとき，nが大きいならば，標本平均$\overline{X}$の分布は，正規分布$N\left(m,\ \frac{\sigma^2}{n}\right)$で近似できる。

標本平均$\overline{X}$に対して，$\boldsymbol{Z=\frac{\overline{X}-m}{\frac{\sigma}{\sqrt{n}}}}$は標準正規分布$N(0,\ 1)$に従う。

参考 $\overline{X}$に対して，Zを求めることを標準化ということがある。

例題 218 母集団分布

★★★ 基本

20人のクラスで，ある確認テストを行ったら，右の表のような結果が得られた。この20人を母集団として，無作為に選んだ1人の生徒の正答数を変量Xとするとき，

正答数	1	2	3	4	計
人数	0	4	8	8	20

(1) Xの確率分布を求めよ。

(2) 母平均m，母分散σ^2，母標準偏差σを求めよ。

確率変数X_iの確率がp_iのとき，
母平均：$m=\sum X_i p_i$，母標準偏差：$\sigma=\sqrt{\sum X_i^2 p_i - m^2}$

20人の生徒から無作為に1人を取り出すとき，その1人の正答数をXとすると，Xは確率変数です。まずは，表に従って，**Xの確率分布を求めましょう。**

解答

(1) テスト結果をもとにしたXの確率分布は，右のようになる。

X	1	2	3	4	計
P	0	$\frac{1}{5}$	$\frac{2}{5}$	$\frac{2}{5}$	1

答

(2) (1)の結果❶から

$$m❷=1\times0+2\times\frac{1}{5}+3\times\frac{2}{5}+4\times\frac{2}{5}$$

$$=\frac{16}{5} \text{ 答}$$

$$\sigma^2=1^2\times0+2^2\times\frac{1}{5}+3^2\times\frac{2}{5}+4^2\times\frac{2}{5}-\left(\frac{16}{5}\right)^2$$

$$=\frac{14}{25} \text{ 答}$$

$$\sigma=\sqrt{\frac{14}{25}}$$

$$=\frac{\sqrt{14}}{5} \text{ 答}$$

アドバイス

❶ 確率分布は，平均，分散，標準偏差を求める計算のかなめとなります。

❷ 平均は，分散や標準偏差のすべての計算に関係するので，計算ミスに注意が必要です。

練習 261 1，2，3の数字を1つずつ書いた札が，それぞれ1枚，2枚，3枚ある。これを母集団とし，札に書かれた数字Xをこの母集団の変量とする。このとき，次の問いに答えよ。

(1) 母集団分布を求めよ。

(2) 母平均m，母分散σ^2，母標準偏差σを求めよ。

例題 219 標本平均

★★★ 基本

袋に入った2枚のカード｛[1]，[2]｝を母集団として，大きさ3の標本を復元抽出によって取り出すとき，標本の選び方の総数を求めよ。また，それらの標本をすべて列挙し，それぞれの標本平均を求めよ。

標本抽出での標本の選び方は，復元抽出は重複順列，非復元抽出は順列

母集団から取り出したカードに書かれた数字を順に，x_1，x_2とすると，復元抽出なら$x_1=x_2$の場合もありますから，**重複順列で考えます。**

解答

母集団｛1，2｝から大きさ3の標本を復元抽出するとき，$(x_1,\ x_2,\ x_3)$の組は重複順列となるから，標本の選び方の総数は

$$2^3=2\times2\times2=\mathbf{8}\ \textbf{(通り)}$$ 答

また，取り出す標本❶を具体的に列挙すると

｛1，1，1｝，｛1，1，2｝，｛1，2，1｝，｛1，2，2｝，
｛2，1，1｝，｛2，1，2｝，｛2，2，1｝，｛2，2，2｝ 答

となる。

これらの標本の標本平均を順に$\overline{X}_1$，$\overline{X}_2$，…，$\overline{X}_8$とする❷と，標本平均はそれぞれ

$$\overline{X}_1=\frac{1+1+1}{3}=\mathbf{1},\quad \overline{X}_2=\frac{1+1+2}{3}=\mathbf{\frac{4}{3}}$$ 答

以下，同様に計算して

$$\overline{X}_3=\frac{4}{3},\quad \overline{X}_4=\frac{5}{3},\quad \overline{X}_5=\frac{4}{3},\quad \overline{X}_6=\frac{5}{3},$$

$$\overline{X}_7=\frac{5}{3},\quad \overline{X}_8=2$$ 答

アドバイス

❶ 標本は母集団から取り出した個体を要素とする集合ですが，母集団の個体を全体集合とする集合の部分集合ではありません。

❷ 標本平均は，取り出した標本ごとに定まります。

練習 262 袋に入った4枚のカード[1]，[2]，[3]，[4]を母集団として，大きさ2の標本を復元抽出によって取り出すとき，標本の選び方の総数を求めよ。また，それらの標本をすべて列挙し，それぞれの標本平均を求めよ。

例題 220 標本平均の確率分布

★★★ 基本

1，2，3の数字を1つずつ書いた札が，それぞれ2枚ずつ全部で6枚ある。これを母集団とし，大きさ2の標本を復元抽出する。取り出したカードの順に，数字をX_1，X_2とし，その標本平均を$\overline{X}$する。標本平均$\overline{X}$の確率分布を求めよ。

POINT

大きさnの標本の標本平均は，取り出したn個の個体の平均　$\overline{X}=\dfrac{X_1+X_2+\cdots\cdots+X_n}{n}$

$(X_1,\ X_2)$として**考えられる場合をすべて列挙します。**これをもとに，確率分布を求めます。

解答

考えられる標本$(X_1,\ X_2)$は，全部で

$(1,\ 1)$，$(1,\ 2)$，$(1,\ 3)$，
$(2,\ 1)$，$(2,\ 2)$，$(2,\ 3)$，
$(3,\ 1)$，$(3,\ 2)$，$(3,\ 3)$

の9通りの場合がある。

したがって，$\overline{X}$の取り得る値❶としては，全部で

$\overline{X}=1,\ \dfrac{3}{2},\ 2,\ \dfrac{5}{2},\ 3$

の場合がある。

これらのこと❷から，標本平均$\overline{X}$の確率分布は次のようになる。

$\overline{X}$	1	$\frac{3}{2}$	2	$\frac{5}{2}$	3	計
$P(\overline{X})$	$\frac{1}{9}$	$\frac{2}{9}$	$\frac{3}{9}$	$\frac{2}{9}$	$\frac{1}{9}$	1

答

アドバイス

❶ X_1+X_2の値としては
$2,\ 3,\ 4,\ 5,\ 6$

❷ $2=1+1$
$3=1+2,\ 2+1$
$4=1+3,\ 2+2,\ 3+1$
$5=2+3,\ 3+2$
$6=3+3$

練習 263　1，2，3の数字を1つずつ書いた札が，それぞれ10枚ずつ全部で30枚ある。ここから，大きさ3の標本を復元抽出するとき，標本平均$\overline{X}$の確率分布を求めよ。

例題 221 標本平均の期待値 ★★★ 基本

ある袋には，1と書かれたカードが1枚，2と書かれたカードが2枚入っている。これを母集団として，この袋から大きさ3の標本を無作為に復元抽出するとき，

(1) 標本平均$\overline{X}$の確率分布を求めよ。

(2) 標本平均$\overline{X}$の期待値を求めよ。

$\overline{X}$の期待値は，$\overline{X}$の確率分布を基本に考える

取り出すカードの順番にX_1，X_2，X_3とすると，$X_1+X_2+X_3$の値としては，3，4，5，6の場合があります。

解答

(1) $X_1+X_2+X_3$の取り得る値は　3，4，5，6である。

$X_1+X_2+X_3=3$となる確率は❶ $\left(\frac{1}{3}\right)^3$

$X_1+X_2+X_3=4$となる確率は❷ ${}_3C_2\left(\frac{1}{3}\right)^2\left(\frac{2}{3}\right)$

$X_1+X_2+X_3=5$となる確率は❸ ${}_3C_1\left(\frac{1}{3}\right)\left(\frac{2}{3}\right)^2$

$X_1+X_2+X_3=6$となる確率は❹ $\left(\frac{2}{3}\right)^3$

よって，$\overline{X}$の確率分布は右のようになる。

$\overline{X}$	1	$\frac{4}{3}$	$\frac{5}{3}$	2	計
P	$\frac{1}{27}$	$\frac{6}{27}$	$\frac{12}{27}$	$\frac{8}{27}$	1

(答)

(2) $\overline{X}$の確率分布から，$\overline{X}$の期待値❺は

$$E(\overline{X})=1\times\frac{1}{27}+\frac{4}{3}\times\frac{6}{27}+\frac{5}{3}\times\frac{12}{27}+2\times\frac{8}{27}$$

$$=\frac{1+8+20+16}{27}=\frac{5}{3}$$ (答)

アドバイス

❶ 1を3回引く

❷ 1を2回，2を1回引く

❸ 1を1回，2を2回引く

❹ 2を3回引く

❺ 母集団分布の期待値は

$1\times\frac{1}{3}+2\times\frac{2}{3}=\frac{5}{3}$

ですから，標本平均の期待値と一致します。

練習 264 ある袋には，1と書かれたカードが1枚，2と書かれたカードが2枚，3と書かれたカードが3枚入っている。これを母集団として，この袋から大きさ2の標本を無作為に復元抽出するとき，標本平均$\overline{X}$の期待値を求めよ。

例題 222　$\overline{X}$の確率分布と母集団分布の関係　★★★　基本

母平均40，母標準偏差8の大きな母集団から，大きさ16の標本を抽出するとき，その標本平均$\overline{X}$の期待値と標準偏差$\sigma(\overline{X})$を求めよ。

POINT

母平均m，母標準偏差σの母集団から抽出した大きさnの標本平均$\overline{X}$の期待値と標準偏差は

$$E(\overline{X})=E(X)=m,\quad \sigma(\overline{X})=\frac{\sigma(X)}{\sqrt{n}}=\frac{\sigma}{\sqrt{n}}$$

母集団から復元抽出した標本平均の期待値と母平均，標本平均の標準偏差と母標準偏差の関係は，これから何度も出てきます。しっかりおさえておきましょう。

解答

標本平均$\overline{X}$の期待値は，母平均$E(X)$と等しいので

$$\boldsymbol{E(\overline{X})}=E(X)$$
$$=\boldsymbol{40} \text{ (答)}$$

母標準偏差が8で，標本の大きさは16だから，標本平均$\overline{X}$の標準偏差$\sigma(\overline{X})$は

$$\boldsymbol{\sigma(\overline{X})}=\frac{8}{\sqrt{16}} \text{ ❶}$$
$$=\boldsymbol{2} \text{ (答)}$$

アドバイス

❶ 標本の標準偏差は，母標準偏差の$\frac{1}{\sqrt{n}}$倍です。

Q この公式にどんな意味があるんですか？

A 母集団から大きさを決めて取り出した標本と元の母集団について，この式から，母集団については標本を，標本については母集団を調べることで，それぞれの傾向がわかります。

練習 265　母平均60，母標準偏差5の母集団から，大きさ25の標本を無作為抽出するとき，その標本平均$\overline{X}$の期待値$E(\overline{X})$と標準偏差$\sigma(\overline{X})$を求めよ。

例題 223　標本平均の期待値と標準偏差　★★★ 標準

箱の中に製品が多数入っていて，その中の不良品の割合は$\frac{1}{10}$である。この箱の中から，標本として無作為に36個の製品を抽出するとき，k番目に抽出された製品が不良品なら1，良品なら0の値を対応させる確率変数をX_kとする。標本平均$\overline{X}=\frac{1}{36}(X_1+X_2+\cdots+X_{36})$の平均$E(\overline{X})$と標準偏差$\sigma(\overline{X})$を求めよ。

POINT

標本平均$\overline{X}$の期待値$E(\overline{X})$と標準偏差$\sigma(\overline{X})$

$$E(\overline{X})=m,\quad \sigma(\overline{X})=\frac{\sigma}{\sqrt{n}}$$

母平均m，母標準偏差σのとき，標本平均$\overline{X}$の期待値$E(\overline{X})$，標準偏差$\sigma(\overline{X})$は，

$E(\overline{X})=m$，$\sigma(\overline{X})=\frac{\sigma}{\sqrt{n}}$となります。

解答

不良品のとき1，良品のとき0だから，母平均m，母標準偏差σは

$$m=1\cdot\frac{1}{10}+0\cdot\frac{9}{10}$$
$$=\frac{1}{10}$$
$$\sigma=\sqrt{1^2\cdot\frac{1}{10}+0^2\cdot\frac{9}{10}-\left(\frac{1}{10}\right)^2}=\frac{3}{10}$$ ❶

よって

$$\boldsymbol{E(\overline{X})=\frac{1}{10}}$$ ❷ 答

$$\sigma(\overline{X})=\frac{\sigma}{\sqrt{36}}$$ ❸
$$=\frac{1}{6}\cdot\frac{3}{10}$$
$$=\boldsymbol{\frac{1}{20}}$$ 答

アドバイス

❶ $\sigma=\sqrt{2乗平均-(平均)^2}$

❷ $E(\overline{X})=m$

❸ $\sigma(\overline{X})=\frac{\sigma}{\sqrt{n}}$

練習 266　母標準偏差が0.5の母集団から大きさnの無作為標本を復元抽出するとき，標本平均$\overline{X}$の標準偏差が$\frac{1}{40}$以下になるnの最小値を求めよ。

例題 224　標本平均の標準化　★★★ 標準

母平均50，母標準偏差10の母集団から大きさ25の標本を抽出するとき，

(1)　標本平均$\overline{X}$の期待値$E(\overline{X})$，および標準偏差$\sigma(\overline{X})$を求めよ。

(2)　標本平均$\overline{X}$が52より大きい値をとる確率を求めよ。

ただし，確率変数Zが標準正規分布$N(0,\ 1)$に従うとき，$P(0 \leqq Z \leqq 1)=0.3413$とする。

標本平均$\overline{X}$の分布は正規分布になるので，標準化して標準正規分布にする

標本平均$\overline{X}$の分布は，近似的に正規分布となるので，**母平均m，母標準偏差σから期待値$E(\overline{X})=m$，および標準偏差$\sigma(\overline{X})=\dfrac{\sigma}{\sqrt{n}}$を求めます。**さらに，(2)では，$\overline{X}$を標準化し，標準正規分布にします。

解答

(1)　母平均50，母標準偏差10で，標本の大きさが25だから

$$E(\overline{X})=50 \quad \text{(答)}$$

$$\sigma(\overline{X})=\frac{10}{\sqrt{25}}=2 \quad \text{(答)}$$

(2)　$Z=\dfrac{\overline{X}-50}{2}$とおくと，$Z$は標準正規分布$N(0,\ 1)$に従うから

$$\begin{aligned}P(\overline{X}>52)&=P\left(Z>\frac{52-50}{2}\right)\\&=P(Z>1)\\&=P(Z \geqq 0)-P(0 \leqq Z \leqq 1)\\&=0.5-0.3413\\&=\mathbf{0.1587} \quad \text{(答)}\end{aligned}$$

アドバイス

❶ $E(\overline{X})=m$

❷ $\sigma(\overline{X})=\dfrac{\sigma}{\sqrt{n}}$

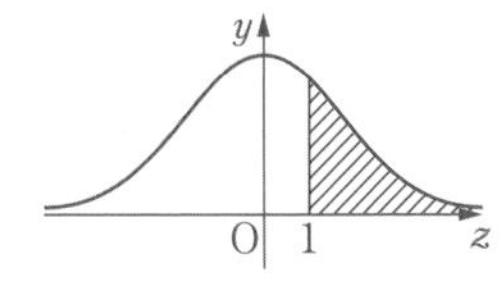

練習 267　母平均50，母標準偏差20をもつ母集団から，大きさ100の無作為標本を抽出するとき，

(1)　標本平均$\overline{X}$の期待値$E(\overline{X})$および標準偏差$\sigma(\overline{X})$を求めよ。

(2)　標本平均$\overline{X}$が54より大きい値をとる確率を求めよ。

ただし，Zが標準正規分布$N(0,\ 1)$に従うとき，$P(0 \leqq Z \leqq 2)=0.4772$とする。

2 統計的な推測

1 母平均の推定 ▷ 例題225 例題226 例題227 例題228

母平均のような母集団分布の特性を示す数値を標本から推測することを**推定**といい，推定はある幅をもって行われることから，**区間推定**と呼ばれる。
母標準偏差σの母集団から大きさnの標本を無作為抽出し，その標本平均を$\overline{X}$とする。nが大きいとき，次の母平均mに対する不等式は95％の確率で成り立つ。

$$\overline{X}-1.96\cdot\frac{\sigma}{\sqrt{n}}\leqq m\leqq\overline{X}+1.96\cdot\frac{\sigma}{\sqrt{n}}\quad\cdots\cdots(*)$$

このmの範囲を母平均mに対する**信頼度95％の信頼区間**といい，

$$\left[\overline{X}-1.96\cdot\frac{\sigma}{\sqrt{n}},\ \overline{X}+1.96\cdot\frac{\sigma}{\sqrt{n}}\right]$$

で表す。

注意 母平均mに対する信頼度95％の信頼区間とは，実際に標本抽出を繰り返し行って，たくさんの不等式(*)を作ったとき，その95％がmについての正しい式と考えてよいことを意味する。なお，不等式の1.96を2.58で置き換えた範囲が，信頼度99％の信頼区間を表す。

2 母比率と標本比率 ▷ 例題229

大きさnの母集団の中で，ある特性Aをもつものの割合をpとするとき，pを**母比率**という。同様に，抽出された標本の中で特性Aをもつものの割合をRとすると，Rを**標本比率**という。このとき

$$E(R)=p$$

$$V(R)=\frac{pq}{n}\quad（ただし，q=1-p）$$

が成り立ち，nが大きいとき，標本比率Rは近似的に正規分布$N\left(p,\ \dfrac{pq}{n}\right)$に従う。

3 母比率の推定 ▷ 例題230 例題231

母集団から，大きさnの標本を無作為抽出したときの標本比率がRであるとき，nが大きいならば，母比率pに対する信頼度95％の信頼区間は

$$R-1.96\sqrt{\frac{R(1-R)}{n}}\leqq p\leqq R+1.96\sqrt{\frac{R(1-R)}{n}}$$

例題 225　母平均の推定①

★★★　基本

母標準偏差15の母集団から，大きさ400の標本を抽出したときの標本平均が60であった。このとき，母平均mに対する信頼度95%の信頼区間を求めよ。

POINT

大きさn，標本平均$\overline{X}$の，mに対する信頼度95%の信頼区間は　$\left[\overline{X}-1.96\cdot\dfrac{\sigma}{\sqrt{n}},\ \overline{X}+1.96\cdot\dfrac{\sigma}{\sqrt{n}}\right]$

母標準偏差σの母集団から，大きさnの標本を無作為抽出したとき，母平均mに対する信頼度95%の信頼区間は

$$\left[\overline{X}-1.96\cdot\frac{\sigma}{\sqrt{n}},\ \overline{X}+1.96\cdot\frac{\sigma}{\sqrt{n}}\right]$$

解答

母標準偏差が15，標本の大きさが400，標本平均は60 ❶
だから，母平均mに対する信頼度95%の信頼区間は

$$60-1.96\cdot\frac{15}{\sqrt{400}}\leqq m\leqq 60+1.96\cdot\frac{15}{\sqrt{400}}$$ ❷

すなわち

$$58.53\leqq m\leqq 61.47$$

よって，求める区間は

[58.53，61.47] 答

アドバイス

❶ 母標準偏差，抽出標本の大きさ，標本平均がわかっていて，母平均がわからないときは，公式を直接用います。

❷ 信頼度99%の信頼区間では，1.96を2.58に置き換えます。

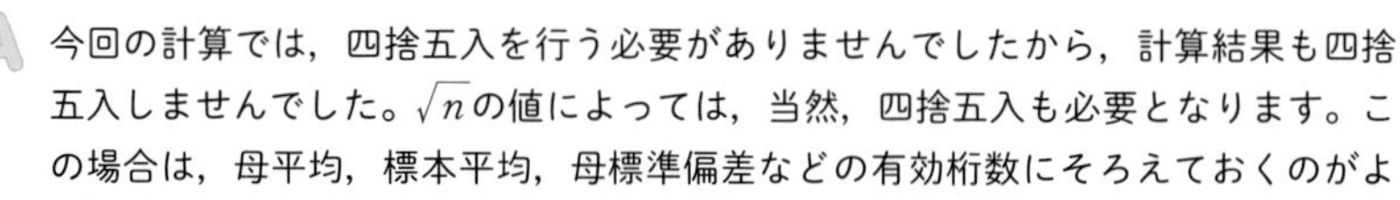

Q 統計では，計算結果に無理数とかあまり使いませんよね。有効数字はどう考えればいいんですか？

A 今回の計算では，四捨五入を行う必要がありませんでしたから，計算結果も四捨五入しませんでした。$\sqrt{n}$の値によっては，当然，四捨五入も必要となります。この場合は，母平均，標本平均，母標準偏差などの有効桁数にそろえておくのがよいでしょう。

練習 268　母標準偏差5.0の母集団から，大きさ100の標本を抽出したところ，標本平均は168であった。このとき，母平均mに対する信頼度95%の信頼区間を求めよ。

例題 226 母平均の推定②

★★★ 標準

ある田の稲の穂196本について，その穂の粒数を調べたら，1穂の平均粒数は70.0粒，標準偏差は20.0粒であった。この田の1穂あたりの平均粒数を，信頼度95%で推定せよ。

母標準偏差がわからないときの推定 標本の標準偏差sで代用する

実際の標本調査では母標準偏差がわからないことがほとんどです。標本の大きさnが大きいとき，母標準偏差σと標本の標準偏差sはほとんど同じような値になることから，母標準偏差のかわりに標本の標準偏差を用います。

大きさnの標本の実際の平均値を$\overline{X}$，標本の標準偏差をsとする信頼度95%の信頼区間は

$$\left[\overline{X}-1.96\cdot\frac{s}{\sqrt{n}},\ \overline{X}+1.96\cdot\frac{s}{\sqrt{n}}\right]$$

解答

標本の大きさをn，標本平均を$\overline{X}$，標本の標準偏差をsとすると，nが大きいときは，母標準偏差のかわりにsを用いることができる❶から，母平均mに対する信頼度95%の信頼区間は

$$\left[\overline{X}-1.96\cdot\frac{s}{\sqrt{n}},\ \overline{X}+1.96\cdot\frac{s}{\sqrt{n}}\right]$$

$n=196$，$\overline{X}=70.0$，$s=20.0$より

$$1.96\cdot\frac{20.0}{\sqrt{196}}=\frac{1.96\cdot20.0}{14}=2.8$$ ❷

だから，求める信頼区間は

$$[70.0-2.8,\ 70.0+2.8]$$

すなわち

67.2粒以上72.8粒以下 答

アドバイス

❶ 十分大きなnとしての明確なきまりはありませんが，おおよそ30以上と考えてよいでしょう。

❷ $\sqrt{196}=14$

練習 269 全国の食堂から無作為に抽出した900軒について，年間の米購入量を調査したところ，平均値970 kg，標準偏差300 kgであった。食堂1軒あたりの平均購入量を信頼度95%で推定せよ。

例題 227 母平均の推定③

★★★ 標準

次の標本は，正規分布に従う母集団から抽出された標本である。

7　7　8　9　9　9　10　11　11

母平均mに対する信頼度95%の信頼区間を求めよ。ただし，$\sqrt{2}=1.41$とする。

POINT 母集団が正規分布に従う $\Longrightarrow N\left(m,\ \dfrac{\sigma^2}{n}\right)$

母集団が正規分布に従うとき，nが大きくなくても，常に**標本平均$\overline{X}$は，正規分布$N\left(m,\ \dfrac{\sigma^2}{n}\right)$に従う**ことが知られています。ここでは，上記の9個の値から，標本平均と標本の標準偏差を求めます。

解答

標本$\{7,\ 7,\ 8,\ 9,\ 9,\ 9,\ 10,\ 11,\ 11\}$から，標本平均$\overline{X}$を求めると

$$\overline{X}=\frac{7+7+8+9+9+9+10+11+11}{9}=9$$

分散$\sigma^2$❶は

$$9\sigma^2=(-2)^2+(-2)^2+(-1)^2+0^2+0^2+0^2+1^2+2^2+2^2$$

$$=18$$

$$\sigma^2=2$$

よって　$\sigma=\sqrt{2}$❷

したがって，母平均mに対する信頼度95%の信頼区間は

$$\left[9-1.96\cdot\frac{\sqrt{2}}{\sqrt{9}},\ 9+1.96\cdot\frac{\sqrt{2}}{\sqrt{9}}\right]$$❷

$1.96\cdot\dfrac{\sqrt{2}}{\sqrt{9}}\fallingdotseq 0.92$だから，求める信頼区間は

[8.08, 9.92] 答

アドバイス

❶ ここでは

$V(X)=E(X^2)-\{E(X)\}^2$

を計算するほうが面倒。

❷ 母標準偏差が示されていないので，標本の標準偏差を用います。母平均の推定区間は

$$\overline{X}-1.96\cdot\frac{s}{\sqrt{n}}\leqq m\leqq\overline{X}+1.96\cdot\frac{s}{\sqrt{n}}$$

練習 270 下の標本は，母標準偏差9の正規分布に従う母集団から大きさ9の標本を取り出したものである。

9，11，11，12，13，15，27，27，28

このとき，母平均mに対する信頼度95%の信頼区間を求めよ。

例題 228 標本の大きさの決定

★★★ 標準

ある工場で生産された製品1個あたりの重さの母標準偏差σは5 gであるという。その母平均mを信頼度95%で推定するとき，

(1) 標本の大きさが196のとき，信頼区間の幅を求めよ。

(2) 信頼区間の幅を0.4 g以下にするには，標本の大きさnを少なくともいくらにすればよいか。

信頼区間の幅は　$2\times k\times\dfrac{\sigma}{\sqrt{n}}$

信頼区間の幅は　$2\times k\times\dfrac{\sigma}{\sqrt{n}}$

ここで，nは標本の大きさ，σは母標準偏差で，信頼度95%のときは$k=1.96$，信頼度99%のときは$k=2.58$です。

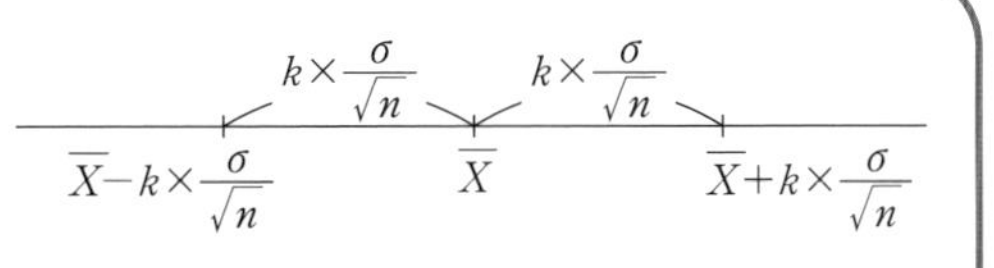

解答

(1) 標本の大きさ$n=196$，母標準偏差$\sigma=5$だから，信頼区間の幅は

$$2\times1.96\times\frac{\sigma}{\sqrt{n}}=2\times1.96\times\frac{5}{\sqrt{196}}$$
$$=\frac{10\times1.96}{\sqrt{1.96\times100}}$$
$$=\sqrt{1.96}\ ❶=\mathbf{1.4}\ (\mathrm{g})$$ 答

(2) 信頼区間の幅が0.4以下だから

$$2\times1.96\times\frac{5}{\sqrt{n}}\leqq0.4$$
$$0.4\sqrt{n}\geqq19.6\ ❷$$
$$\sqrt{n}\geqq49$$
$$n\geqq2401$$

よって，nを少なくとも**2401**にすればよい。答

アドバイス

❶ $1.96=1.4^2$

❷ $19.6\div0.4=49$

練習 271 全国の高校生の身長の母標準偏差が5 cmであるという。その母平均mを信頼度95%で推定するとき，

(1) 標本の大きさが784人のとき，信頼区間の幅を求めよ。

(2) 信頼区間の幅を1.4 cm以下にするには，標本の大きさnを少なくともいくらにすればよいか。

例題 229 母比率と正規分布 ★★★ 応用

1つのサイコロを400回投げるとき，偶数の目が出る回数をXとする。このとき，$P\left(\left|\dfrac{X}{400}-0.5\right|\leqq 0.05\right)$の値を求めよ。ただし，$P(0\leqq Z\leqq 2)=0.4772$とする。

POINT 母比率p，標本比率R，大きさnのとき，標本比率は正規分布$N\left(p,\ \dfrac{pq}{n}\right)$に従う

400回投げるという試行は，大きな母集団から400個のサイコロを無作為に抽出するという試行と同じと見ることができます。サイコロの偶数の目が出る確率は0.5だから，この母集団から大きさ400の無作為標本を取り出すとき，Xは二項分布$B(400,\ 0.5)$に従います。

解答

サイコロの偶数の目が出る確率は0.5だから，Xは二項分布$B(400,\ 0.5)$に従い，$N(400\cdot 0.5,\ 400\cdot 0.5^2)$❶ に従う。

標本比率$\dfrac{X}{400}$は，近似的に正規分布$N\left(0.5,\ \dfrac{0.5^2}{400}\right)$に従うから，$\dfrac{X}{400}=R$とおくと

$$Z=\frac{R-0.5}{\dfrac{0.5}{20}} \quad より \quad R-0.5=\frac{Z}{40}$$ ❷

よって

$$\begin{aligned}P(|R-0.5|\leqq 0.05)&=P\left(\left|\frac{Z}{40}\right|\leqq 0.05\right)\\&=P(|Z|\leqq 2)\\&=P(-2\leqq Z\leqq 2)\\&=2P(0\leqq Z\leqq 2)\\&=2\cdot 0.4772\\&=\mathbf{0.9544}\end{aligned}$$ 答

アドバイス

❶ $N(np,\ np(1-p))$

❷ 標本平均の標準化と同様に考えます。

$$Z=\frac{R-p}{\dfrac{\sqrt{p(1-p)}}{\sqrt{n}}}$$

練習 272 1つのサイコロを100回投げるとき，奇数の目が出る回数をXとする。このとき，$P\left(\left|\dfrac{X}{100}-0.5\right|\leqq 0.05\right)$となる確率を求めよ。ただし，$P(0\leqq Z\leqq 1)=0.3413$とする。

例題 230　母比率の推定①　★★★　基本

ある政党の政策についての賛否を問う世論調査で，有権者から無作為抽出した400人について調べたら，支持者が144人いた。この政策の支持者の母比率pに対する信頼度95%の信頼区間を求めよ。

POINT　**大きさn，標本比率Rのとき，母比率pの95%の信頼区間は**

$$\left[R-1.96\sqrt{\frac{R(1-R)}{n}},\ R+1.96\sqrt{\frac{R(1-R)}{n}}\right]$$

公式に従って求めていきましょう。

解答

標本比率Rは　$R=\dfrac{144}{400}=\dfrac{36}{100}=0.36$

$n=400$だから

$$1.96\sqrt{\frac{R(1-R)}{n}}=1.96\sqrt{\frac{0.36\cdot0.64}{400}}$$

$$=\frac{1.96\cdot0.6\cdot0.8}{20}$$

$$=0.04704\fallingdotseq0.047$$ ❶

したがって，求める信頼区間は

$$[0.36-0.047,\ 0.36+0.047]$$

すなわち　$[\mathbf{0.313},\ \mathbf{0.407}]$　答

アドバイス

❶ 標本比率が小数第2位までの有限小数なので，ここでは小数第3位まで求めました。

Q　比率で考えると，400人中144人が支持したのと，100人中36人が支持したのは同じことのように思えるのですが？

A　上の計算の400を100に変えて計算していくと，Rは同じですが，その信頼区間は，$[0.266,\ 0.454]$となって，あいまいさが増してしまいます。これを見てもわかるように，標本数が多いほうが信頼区間の精度が高まり，区間の幅が狭くなります。

練習 273　雑誌のアンケートで，ある企画に参加したいかどうかを問う調査を行った。900人から得られた回答について調べたら，参加したいと答えた人が576人いた。この企画に参加したいと考える人の母比率pに対する信頼度95%の信頼区間を求めよ。

例題 231　母比率の推定②

★★★ 標準

ある工場の品質検査で，大量にある製品Aの中から無作為に900個を選んで調べたところ，90個の不良品が見つかった。

(1)　標本の標準偏差を求めよ。

(2)　工場で作られる製品の不良率pに対する信頼度95%の信頼区間を求めよ。

標本比率がRのとき，標本の標準偏差sは

$$s=\sqrt{R(1-R)}$$

確率変数Xの値を，不良品であることを1，そうでないことを0とすれば，母比率pのもとでの期待値$E(X)$は $E(X)=1\cdot p+0\cdot(1-p)=p$ となります。

解答

(1)　標本比率Rに対して，その平均もRだから，標準偏差sは

$$s^2=1^2\cdot R+0^2\cdot(1-R)-R^2 \quad ❶$$
$$=R-R^2=R(1-R)$$

よって　$s=\sqrt{R(1-R)}$

$R=\dfrac{90}{900}=0.1$ より

$$s=\sqrt{0.1(1-0.1)}=\sqrt{0.09}=\mathbf{0.3} \text{ (答)}$$

(2)　大きさn，標本比率Rの母比率pに対する信頼度95%の信頼区間は

$$\left[R-1.96\sqrt{\frac{R(1-R)}{n}},\ R+1.96\sqrt{\frac{R(1-R)}{n}}\right]$$

であり，$R=0.1$，$n=900$のとき

$$1.96\sqrt{\frac{0.1(1-0.1)}{900}}=1.96\cdot\frac{0.3}{30}=0.0196$$

だから，95%の信頼区間は

$$[0.1-0.0196,\ 0.1+0.0196]$$

すなわち

$$[\mathbf{0.0804},\ \mathbf{0.1196}] \text{ (答)}$$

アドバイス

❶ Xの確率分布をもとに考えます。

X	1	0	計
確率	R	$1-R$	1

練習 274　1個のさいころを投げて，1の目が出る確率を信頼度95%で推定したい。信頼区間の幅を0.1以下にするためには，さいころを何回以上投げればよいか。

定期テスト対策問題 15

解答・解説は別冊 p.187

1 0から9までの数字を1つずつ記入した10個の球を袋に入れ，これを母集団とし，球に記入された数字を変量Xとして考える。この母集団から大きさ3の標本を復元抽出し，その標本平均を$\overline{X}$とする。このとき，次の問いに答えよ。

(1) Xの平均$E(X)$と分散$V(X)$を求めよ。

(2) $\overline{X}$の平均$E(\overline{X})$と分散$V(\overline{X})$を求めよ。

2 母平均50，母標準偏差10をもつ母集団から，大きさ100の標本を無作為抽出するとき，その標本平均$\overline{X}$が52より大きい値をとる確率を求めよ。

ただし，Zが標準正規分布に従うとき，$P(0 \leqq Z \leqq 2)=0.4772$とする。

3 次の標本は母平均m，母分散5^2の母集団分布をもつ母集団から抽出されたものである。

109.5　106.8　117.2　106.3　107.5　105.8　107.9　104.0　107.9

母平均mに対する信頼度95%の信頼区間を求めよ。

4 ある工場で生産された製品の中から900個を無作為に選んで調べたところ，重さの平均が25 gであった。母標準偏差を5 gとして，この工場の全製品の重さの平均mに対する信頼度95%の信頼区間を求めよ。

5 ある工場で生産された電球の中から625個の標本を抽出し，電球の寿命を調べたところ，平均が1410時間，標準偏差が200時間であった。この工場で生産された電球の平均寿命mに対する信頼度95%の信頼区間を求めよ。また，信頼度95%で平均寿命mを推定するとき，信頼区間の幅を10時間以下にするには標本の大きさnを少なくともいくらにすればよいか。

6 ある工場で，製品の中から無作為に625個を抽出して調べたところ，25個の不良品があった。製品全体についての不良率pに対する信頼度95%の信頼区間を求めよ。ただし，$\sqrt{6}=2.449$とする。

3 仮説検定

1 仮説検定 ▷ 例題 232 例題 233

母集団について考えた仮定を**仮説**といい，母集団についての仮説が正しいかどうかを確率を用いて判断する方法を**仮説検定**という。仮説検定において，正しいかどうかを判断したい主張を**対立仮説**，対立仮説に反する仮定として立てた主張を**帰無仮説**という。帰無仮説が誤りと判断されることを，仮説を**棄却する**という。

2 有意水準と棄却域 ▷ 例題 232 例題 233

仮説検定を行う際に，判断の基準となる確率を**有意水準**という。有意水準以下となる確率変数の値の範囲を**棄却域**という。

注意 有意水準としては，0.05と0.01がよく用いられる。

3 仮説検定の手順 ▷ 例題 232 例題 233

① ある事象が起こった状況や原因を推測し，仮説を立てる。
② 有意水準αを定め，仮説から棄却域を求める。
③ 標本から得られた確率変数の値が棄却域に入れば仮説を棄却し，棄却域に入らなければ仮説を棄却しない。

4 両側検定と片側検定 ▷ 例題 234 例題 235 例題 236 例題 237 例題 238

仮説検定には，両側検定と片側検定がある。
両側検定は，コインの裏表の出方が等しいかどうかをを調べたいときなどで，表が出やすくても裏が出やすくても仮説が棄却されるように，棄却域を両側にとる必要がある場合などに用いられる。
片側検定は，品種改良や薬の開発などで，効果の有無について，棄却域を片側だけに設定する必要がある場合や，事前に$p \geqq 0.5$が明らかな場合に用いられる。

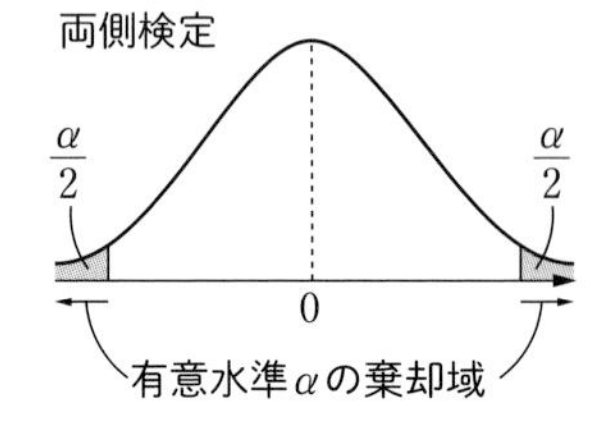

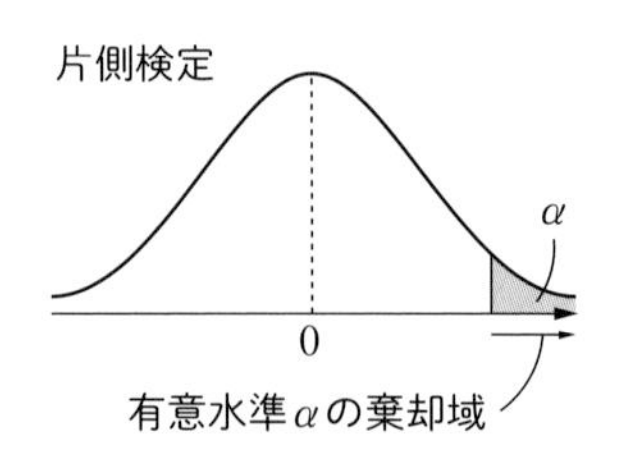

例題 232 仮説検定の基本的な考え方 ★★★ 基本

ある1個のコインを9回投げたところ，表が8回出た。このコインには偏りがあるといえるか。9回中8回以上表が出る確率を求めたうえで，有意水準5%で検定せよ。

有意水準5%で検定
求めた確率と基準確率0.05との大小で判断

コインの表裏の出方に偏りがあるとしたら，「もし，偏りがなければ，そんなことが起こるはずがない！」といいたくなりますよね。本当に起こるはずがないかどうかを，ある確率を基準として数学的に検証するのが，仮説検定の基本的な考え方です。

このように，「偏りがある(対立仮説)」に対して，**検証では，その否定「偏りがない(帰無仮説)」から出発して，基準とする確率αとの大小で判断します。**

ここでは偏りの有無を問題としているので，「表」だけでなく「裏」が8回以上出る確率も考えに入れる必要があります。

解答

「題意のコインには偏りがない」という仮説を立てる。

1枚のコインを投げて表が9回中8回出たという事象をAとする。また，1枚のコインを投げたとき，表の出る確率を$\frac{1}{2}$と仮定する。

このとき，表が9回中8回以上出るか，または，裏が9回中8回以上出る確率は

$$\frac{{}_9C_9+{}_9C_8}{2^9}+\frac{{}_9C_1+{}_9C_0}{2^9}=\frac{10}{512}+\frac{10}{512}=\frac{5}{128}$$

この確率と有意水準0.05との大きさを比べる❶と

$$\frac{5}{128}-0.05=\frac{5}{128}-\frac{1}{20}=\frac{100-128}{128\cdot 20}<0$$

求めた確率は有意水準5%より小さいので，棄却域に入る。❷したがって，**このコインには偏りがあると判断される。** 答

アドバイス

❶ 基準となる確率αと求めた確率pとの大小関係。

$p \geqq \alpha$…そんなことが起こる場合もある
↓
仮説は棄却できない

$p<\alpha$…そんなことは起こるはずがないような，珍しいことが起こった
↓
仮説は棄却

❷ 帰無仮説のもと，事象Aが起こることは，通常ありえないことだから，この仮定(帰無仮説)は誤りであったと判断します。

練習 275 ある1個のコインを6回投げたところ，表が5回出た。このコインには偏りがあるといえるか。有意水準5%で検定せよ。

例題 233 母平均の仮説検定① ★★★ 標準

ある大学において，昨年度の男子学生全体の身長の平均値は170.0 cm，標準偏差は7.5 cmであった。今年度の男子学生の中から無作為に100人を選んで身長を調べたところ，平均値が168 cmであった。このことから，今年度の男子学生の身長の平均値は，昨年度に比べて変わったといえるか。有意水準5%で検定せよ。ただし，$P(-1.96 \leqq Z \leqq 1.96)=0.95$とする。

有意水準5%の棄却域は　$Z \leqq -1.96,\ 1.96 \leqq Z$

対立仮説が「変わった」のだから，帰無仮説は「変わらない」となります。つまり，母平均$m=170.0$が帰無仮説となります。

解答

「今年度の男子学生の身長の平均値は，昨年度と変わらない」という仮説を立てる。
男子学生100人の身長の平均値を$\overline{X}$，母平均をm，母標準偏差をσとすると

$$m=170.0,\ \frac{\sigma}{\sqrt{100}}=\frac{7.5}{\sqrt{100}}=0.75$$

標本平均$\overline{X}$は，正規分布$N(170.0,\ 0.75^2)$に従うから，

$\overline{X}=168.0$のとき　$Z=\dfrac{168.0-170.0}{0.75} \fallingdotseq -2.67$ ❶

有意水準5%で検定するとき

$$P(-1.96 \leqq Z \leqq 1.96)=0.95$$

したがって，有意水準5%の棄却域は

$Z \leqq -1.96$　または　$1.96 \leqq Z$ ❷

$Z=-2.67$は棄却域$Z \leqq -1.96$に含まれるから，仮説は棄却される。すなわち，**今年度の男子学生の身長の平均値は，昨年度と比べて変わったといえる。** 答

アドバイス

❶ 標本平均$\overline{X}$をZに変換して，基準となる確率から求めた定数との大小を比べます。

$$Z=\frac{\overline{X}-m}{\frac{\sigma}{\sqrt{n}}}$$

❷ 以降，有意水準5%の棄却域は

$Z \leqq -1.96,\ 1.96 \leqq Z$

とします。

練習 276 日々製造されるある工業製品Aの重さは，平均100 g，標準偏差2 gの正規分布に従う。ある日，この製品400個を無作為抽出して重さを測ったところ，平均値が99.8 gであった。このときの製品Aには問題があったといえるか。$P(-1.96 \leqq Z \leqq 1.96)=0.95$として，有意水準5%で検定せよ。

例題 234　母平均の仮説検定②　★★★ 標準

正規分布$N(a,\ 9^2)$に従うある母集団から大きさ9の標本を取り出した。

9, 11, 11, 12, 13, 15, 27, 27, 28

このとき，母平均は24であるといえるか。有意水準5%で検定せよ。
ただし，$P(-1.96 \leqq Z \leqq 1.96)=0.95$とする。

母集団が正規分布に従う ⟹ $\overline{X}$ は $N\left(m,\ \dfrac{\sigma^2}{n}\right)$ に従う

(母平均a)＝24と仮定(帰無仮説)して，この条件のもと，**実際に取り出した9つの数値の平均が棄却域に入るかどうか**を調べます。

| 解答 |

帰無仮説を$a=24$とおく。
この母集団から抽出された標本の大きさは9だから，これらの標本の標本平均を$\overline{X}$とおくと，$\overline{X}$は正規分布$N\left(24,\ \dfrac{9^2}{9}\right)$，すなわち，$N(24,\ 3^2)$に従うので，

$Z=\dfrac{\overline{X}-24}{3}$とおくと，$Z$は標準正規分布$N(0,\ 1)$に従う。
ここで，標本平均$\overline{X}$は

$$\overline{X}=\frac{9+11+11+12+13+15+27+27+28}{9} \text{ ❶}$$
$$=17$$

だから

$$Z=\frac{17-24}{3} \fallingdotseq -2.33$$

有意水準5%での棄却域は，$|Z| \geqq 1.96$であり，Zの値は棄却域に入るから，母平均は**24とはいえない。** 答

| アドバイス |

❶ このように，実際の試行で得られた確率変数$\overline{X}$の値は，実現値と呼ばれることがあります。

練習 277　ある動物の生後3か月後の体重は，平均65 kg，標準偏差4.8 kgの正規分布に従うという。いま，この動物9匹を特別な餌で飼育して，3か月後の体重を測定したところ，次のような結果が得られた。

60, 62, 63, 66, 69, 69, 71, 74, 78

このとき，この餌は動物の体重に大きな変化を与えたと考えられるか。有意水準5%で検定せよ。ただし，$P(|Z| \leqq 1.96)=0.95$とする。

例題 235 母平均と標本平均の差

★★★ 応用

ある果物は重さ約200 gのものをMサイズとして箱詰めして出荷している。出荷予定のMサイズの果物100個を取り出して重さを量ったら，重さの平均は196.0 gであった。Mサイズの果物の平均の重さは本当に200 gといえるだろうか。母標準偏差を20.0 gとして，有意水準5%で検定せよ。ただし，$P(|Z|\leqq 2)=0.9544$ とする。

$P(|\overline{X}-m|\geqq|\overline{x}-m|)$ は標準化して考える

Mサイズの果物の重さは，200 gよりも重すぎても軽すぎてもいけません。そこで，帰無仮説を母平均 $m=200$ として，**標本平均 $\overline{X}$ と母平均 m の差 $|\overline{X}-m|$ が，実際の平均の重さ $\overline{x}$ と m の差 $|\overline{x}-m|$ よりも大きくなる確率を調べます。**

| 解答 |

$m=200$ ❶ を帰無仮説とする。

母標準偏差をσ，標本平均を$\overline{X}$とすると，$Z=\dfrac{\overline{X}-m}{\dfrac{\sigma}{\sqrt{n}}}$ は近似的に標準正規分布$N(0,\ 1)$に従う。このとき，標本平均$\overline{X}$の標準偏差は$\dfrac{20.0}{\sqrt{100}}=2.0$だから

$$P(|\overline{X}-200|\geqq|196-200|)$$

$$=P\left(\frac{|\overline{X}-200|}{\frac{20.0}{\sqrt{100}}}\geqq\frac{4}{\frac{20.0}{\sqrt{100}}}\right)=P(|Z|\geqq 2)$$ ❷

$P(|Z|\leqq 2)=0.9544$ だから

$$P(|Z|\geqq 2)=1-0.9544=0.0456$$

この値は有意水準0.05より小さいので，棄却域に入り，仮説は棄却される。よって，**平均の重さは200 gとはいえない。** (答)

| アドバイス |

❶ 本当に200 gかと疑っているのだから，対立仮説は$m\neq 200$です。

❷ 標本平均の標準化を行うことで，標準正規分布から確率を求めることができます。

練習 278 例題 235で，Lサイズの果物100個を標本として調べたら，平均は296 g，その標準偏差は25 gであった。このとき，Lサイズの果物の平均を300 gとして問題はないだろうか。有意水準5%で検定せよ。ただし，$P(0\leqq Z\leqq 1.6)=0.4452$ とする。

例題 236 母比率の仮説検定

★★★ 標準

あるボードゲームが趣味のAさんとBさん2人の最近の対戦成績は，Aさんの26勝10敗である。このとき，2人の間に力の差はあると判断してよいか。有意水準5%で検定せよ。ただし，$P(-1.96 \leqq Z \leqq 1.96)=0.95$ とする。

有意水準5%の棄却域は，$Z \leqq -1.96$，$1.96 \leqq Z$

AさんとBさんの間に間に力の差がなければ，どちらも勝つ確率は0.5です。そこで，帰無仮説をAさんの勝つ確率を0.5として検定します。

解答

Aさんの勝つ確率をpとする。2人の間に力の差があるとすれば，$p \fallingdotseq 0.5$である。そこで，$p=0.5$という仮説(帰無仮説)を立てる。
この仮説が正しいとして，36回の中でAさんが勝つ回数をXとおくと，Xは二項分布$B(36,\ 0.5)$に従う。
したがって，Xの期待値をmとすると

$$m=36\times0.5=18$$

標準偏差をσとすると

$$\sigma=\sqrt{36\times0.5\times(1-0.5)}=3$$

$Z=\dfrac{X-18}{3}$ は標準正規分布$N(0,\ 1)$に従う。 ❶

$P(-1.96 \leqq Z \leqq 1.96)=0.95$ だから，有意水準5%の棄却域は　　$Z \leqq -1.96$ または $1.96 \leqq Z$

$X=26$のとき　　$Z=\dfrac{26-18}{3}=\dfrac{8}{3} \fallingdotseq 2.67$

$Z=2.67$は棄却域$Z \geqq 1.96$に含まれるから，仮説は棄却される。よって，**2人の間には力の差があると認められる。** 答

アドバイス

❶ 母比率の仮説検定の手順
期待値(平均)を求める
↓
標本標準偏差を求める
↓
標本平均の標準化を行う
↓
Zが棄却域に入るかどうか調べる
という流れにおいて，母平均の仮説検定となんら変わることはありません。

練習 279 AさんとBさんの間であるゲームを100回したところ，Aさんのほうが40回多く勝つことができた。このとき，2人の間に力の差はあるといえるか。有意水準5%で検定せよ。ただし，ゲームは1回ごとに必ず勝ち負けを決めるものとする。
ただし，$P(-1.96 \leqq Z \leqq 1.96)=0.95$ とする。

例題 237 片側検定①

★★★ 標準

1個のコインを100回投げたところ，表が62回出た。このコインは表が出やすいといえるか。有意水準5%で検定せよ。ただし，$P(0 \leqq Z \leqq 1.64)=0.45$ とする。

POINT 確率$p \geqq \alpha$，$p \leqq \alpha$の検証 $p=\alpha$を帰無仮説として片側検定

「コインに偏りがあるか」を確認したいのであれば，$p=0.5$を帰無仮説として調べることになりますが，**今回は「表が出やすい：$p>0.5$」が対立仮説となるので**，帰無仮説を「$p=0.5$」として，$p \leqq 0.5$の確率を求めることになります。

解答

コインの表の出る確率をpとすれば，「コインの表が出やすい」ことは，$p>0.5$だから，$p=0.5$を仮定して，片側検定❶を行う。

この仮説が正しいとすれば，コインを100回投げたうち，表が出る回数Xは，二項分布$B\left(100, \frac{1}{2}\right)$に従うから，

Xの期待値mは

$$m=100 \times 0.5=50$$

標準偏差σは

$$\sigma=\sqrt{100 \times 0.5 \times (1-0.5)}=5$$

よって，$Z=\frac{X-50}{5}$❷は近似的に標準正規分布$N(0,\ 1)$に従う。$P(0 \leqq Z \leqq 1.64)=0.45$❸より，有意水準5%の棄却域は　$Z \geqq 1.64$

$X=62$のとき

$$Z=\frac{62-50}{5}=2.4$$

この値は棄却域に入るから，仮説は棄却される。

すなわち，**このコインは表が出やすいといえる。** 答

アドバイス

❶ 片側検定

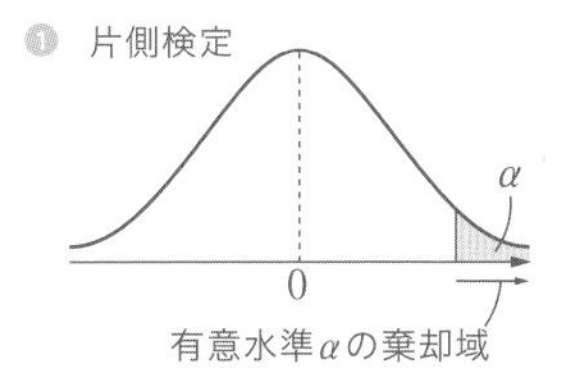

有意水準αの棄却域

❷ $\frac{\sigma}{\sqrt{n}}$でないことに注意を。

❸ 母比率による仮説検定の基本的な流れは

$$Z=\frac{X-m}{\sigma}$$

からZの値を求めて棄却域に入るか調べることにありますが，逆に，Zの棄却域をXの棄却域になおすこともできます。

練習 280 1個のサイコロを720回投げたところ，1の目が140回出た。このサイコロは，1の目が出やすいといえるかどうかを，有意水準5%で検定せよ。ただし，$P(0 \leqq Z \leqq 1.64)=0.45$であるものとして考えよ。

例題 238 片側検定②

★★★ 標準

通常，発芽率が50%であった植物の種を品種改良した。400個の種を植えたところ，230個が発芽した。このとき，発芽率は上がったと判断してよいかどうかを有意水準5%で検定せよ。ただし，$P(0\leqq Z\leqq 1.64)=0.45$ であるものとして考えよ。

上がるか下がるかの検証は片側検定

品種改良が成功すれば，発芽率 $p>0.5$ となります。対立仮説は $p>0.5$ ですから，帰無仮説は $p\leqq 0.5$，そこで，$p=0.5$ として片側検定をすることになります。

解答

品種改良した新しい種子の発芽率を p とする。品種改良によって発芽率が上がったとすれば，$p>0.5$ である。そこで，「品種改良したのに発芽率が上がらなかった」，すなわち，$p=0.5$ という仮説のもと，片側検定を行う。

この仮説が正しいとすれば，400個のうち発芽する種子の個数 X は，二項分布 $B(400,\ 0.5)$ に従う。したがって，X の期待値を m とすると

$$m=400\times 0.5=200$$

標準偏差を σ とすると

$$\sigma=\sqrt{400\times 0.5\times(1-0.5)}=10$$

$Z=\dfrac{X-200}{10}$ は近似的に標準正規分布 $N(0,\ 1)$ に従い，$P(0\leqq Z\leqq 1.64)=0.45$ ❶ だから，有意水準5%の棄却域は　$Z\geqq 1.64$

$X=230$ のとき　　$Z=\dfrac{230-200}{10}=3.0$

この値は棄却域に入るから，仮説は棄却される。

すなわち，**発芽率は上がったと判断される。** 答

アドバイス

❶ 発芽率が上がったかどうかを確認するので，片側検定となります。

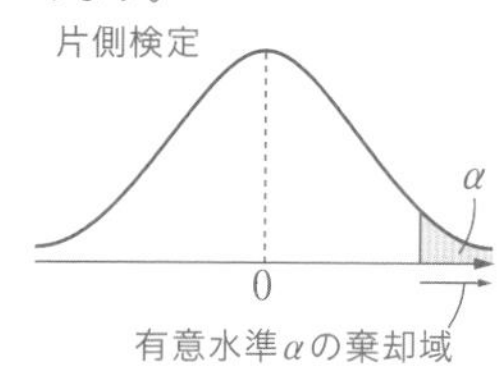

練習 281 ある植物の病気に関する新薬の開発において，無作為に選んだ実験用の植物100個にこの新薬を用いたら，3個の植物に問題が発生した。従来から用いていた薬での問題の発生率が4%であるとき，新薬での問題の発生率は下がったといえるか。有意水準1%で検定せよ。ただし，$P(-2.33\leqq Z\leqq 0)=0.49$，$\sqrt{6}=2.449$ とする。

定期テスト対策問題 16

解答・解説は別冊 p.193

1 袋の中に3個の玉が入っている。いま，よくかき混ぜて2個の玉を同時に取り出し，玉の色を確認してもとに戻すという実験を6回繰り返したところ，取り出された玉の色は6回とも全部赤であった。このとき，次の問いに答えよ。

(1) 袋の中に赤玉2個，白玉1個が入っていたとしたら，6回続けて赤玉2個を取り出す確率はどうなるか。その確率を求めよ。

(2) 「この袋の3個の玉の中に赤とは異なる色の玉が含まれない」という仮説を有意水準5%で検定せよ。

2 ある1枚のコインを8回投げたところ，表が7回出た。このコインには，偏りがあるといえるか。8回中7回コインの表が出る確率を求めたうえで，有意水準5%で検定せよ。

3 ある大学において，昨年度の女子学生全体の身長の平均値は158.0 cm，標準偏差は6.0 cmであった。今年度の女子学生の中から無作為に400人を選んで身長を調べたところ，平均値は160 cmであった。このことから，今年度の女子学生の身長の平均値は，昨年度に比べて変わったといえるか。有意水準5%で検定せよ。

4 ある2つの野球チームAとBの最近の対戦成績は，Aチームの18勝7敗である。このとき，2つのチームの間に力の差はあると判断してよいか。有意水準5%で検定せよ。

5 ある施設において，ある動物の1年間の出生数400個体のうち，雄は220体であった。このことから，雄の出生率は雌の出生率よりも高いと判断してよいか。有意水準5%で検定せよ。ただし，$P(0 \leqq Z \leqq 1.64) = 0.45$ であるものとして考えよ。

Mathematics B

第  章

社会生活と数学

第 1 節
社会生活と数学

1 社会生活と数学

私たちが暮らす社会には，数学を利用することで身の回りの問題を解決できることがよくある。数学を活用した問題解決の一般的な流れをまとめると次のようになる。

① **問題の数学化** ⟶ **身の回りの問題を数式やグラフなどで表現する。**
② **数学による問題の解析** ⟶ **数学化した問題を解く。**
③ **結果の解釈** ⟶ **結果の意味を考える。**

1 金利計算 ▷ 例題 239

銀行に10万円を年利1％で預けたとしたら，1年後の貯金額を求める式は

$$(10万円)+(10万円)\times(0.01)=10万+1千円=10万1千円$$

となる。このときの10万円を**元金**，1％を**利率**，元金 × 利率を**利息**といい，元金と利息の合計を**元利合計**という。

元金に利息を加算する計算法には，単利法と複利法がある。

単利法では，元金はそのままに，毎年利息だけを計算する。元金 A 円を年利率 r％で n 年間預けたときの貯金の総額（利息分を含む）は

単利法
$$\begin{aligned}&1年後：A+Ar=A(1+r)\\&2年後：A+Ar+Ar=A(1+2r)\\&\quad\vdots\\&n年後：A+Ar\times n=A(1+rn)\end{aligned}$$

複利法では，元金に利息分を加えたものを毎年新たな元金として，利息を計算する。例えば，元金 A 円を年利率 r％で預けたとしたら

複利法
$$\begin{aligned}&1年後\cdots A+Ar=A(1+r)=B_1\\&2年後\cdots B_1(1+r)=\{A(1+r)\}(1+r)\\&\qquad\qquad=A(1+r)^2=B_2\\&\quad\vdots\\&n年後\cdots B_{n-1}(1+r)=\{A(1+r)^{n-1}\}(1+r)\\&\qquad\qquad=A(1+r)^n\end{aligned}$$

となる。

2 偏差値 ▷ 例題 240

ある学年で行われた100点満点の英語と数学の試験で，もし同じ点数であった場合，点数だけで同じ成績であるといえるだろうか。例えば，英語の試験の平均点が65点で数学の平均点が45点であったとしたら，数学のほうが難しかったと考えるのが一般的だろう。その中でもし，両方とも65点だったとしたら，英語は平均点だったが数学は平均点よりかなり上ということになる。また，もし平均点が同じであったとしても，その得点の散らばり具合（平均点付近に密集しているのか，かなりばらけているのかでも，「平均点よりも10点高かった」ということの意味合いが変わってくる。

このような異なるデータ間の値を比較する1つの指標として，**偏差値**というものがある。偏差値は，変量xを$y=ax+b$で変換することで，平均値や標準偏差がそれぞれある同じ値になるようにしている。

得点をx，平均点を$\overline{x}$，標準偏差をs_xとすると，偏差値zは

$$z=10\times\frac{x-\overline{x}}{s_x}+50$$

で表される。

このとき，実際の平均値$\overline{x}$や標準偏差s_xがどのような値であっても，zの平均値は50，標準偏差は10となる。

3 移動平均 ▷ 例題 241

右のグラフは，ある都市の降雪日数について，21年間のデータをグラフにしたものである。

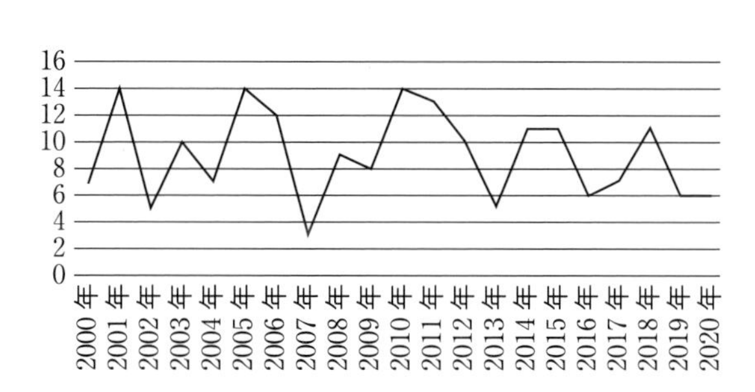

このグラフでは，年ごとの降雪日数の変動が大きく，降雪日数の全体的な傾向がつかみにくいものとなっている。このようなときに用いられるのが，一定区間ごとの平均値を区間をずらしながら求めた**移動平均**である。

例 例えば，区間3の移動平均は，次のようになる。

元の値：x_1, x_2, x_3, x_4, x_5, x_6, x_7, x_8, ……

移動平均：$\frac{x_1+x_2+x_3}{3}$, $\frac{x_2+x_3+x_4}{3}$, $\frac{x_3+x_4+x_5}{3}$, ……

4 状態の数式化 ▷ 例題 242

自転車シェアリングは，自転車の貸し出しや返却を行うサービスである。ある観光地でこのサービスを行う2つの拠点AとBを設置した。自転車を借りた人はAとBのどちらに返却してもよい。このとき，もし，すべての自転車が毎日借り出され，いつも一定の割合で，AやBに返却されたとしたらどうなるか，考えてみよう。

右の表がその割合を示したもので，Aで借りた人の3割がAに返却し，Bには7割の人が返却することを示している。例えば，それぞれの拠点に最初100台ずつ自転車が置かれていたら，1日後には，下のように台数が変化する。

	返却割合	
出発点	→A	→B
A	0.3	0.7
B	0.6	0.4

最初A 100台　B 100台

A ⟶ A：30台	A ⟶ B：70台
B ⟶ A：60台	B ⟶ B：40台

⟶

1日後A 90台　B 110台

A＝30＋60＝90台
B＝70＋40＝110台

この例で，n日後の拠点Aの自転車の台数をa_n，拠点Bの自転車の台数をb_n，$n+1$日後の拠点Aの自転車の台数をa_{n+1}，拠点Bの自転車の台数をb_{n+1}とおいて，a_{n+1}，b_{n+1}をa_n，b_nで表してみると

$$a_{n+1}=0.3a_n+0.6b_n$$
$$b_{n+1}=0.7a_n+0.4b_n$$

このように，**変化の様子を数式化**することで，この問題をより簡単に考えることができる。この問題では，$a_{n+1}=0.3a_n+0.6b_n$が常に成り立つ。

その一方で，自転車は合計200台と決まっているから

$$a_n+b_n=a_{n-1}+b_{n-1}=\cdots\cdots=200$$

がいつでも成り立つ。この2つの式から

$$\begin{aligned}a_{n+1}&=0.3a_n+0.6b_n\\&=0.3a_n+0.6(200-a_n)\\&=120-0.3a_n\end{aligned}$$

を導くことができて，さらに，この2項間漸化式の一般項を求めれば，もっと詳細にa_nのことを調べることができる。

5 回帰直線 ▷ 例題 243

下の表は，5歳から17歳までの男子の各年代の平均体重と平均身長をまとめたものである。

年齢	5歳	6歳	7歳	8歳	9歳	10歳	11歳	12歳	13歳	14歳	15歳	16歳	17歳
体重（kg）	19.4	22.0	24.9	28.4	32.0	35.9	40.4	45.8	50.9	55.2	58.9	60.9	62.6
身長（cm）	111.6	117.5	123.5	129.1	134.5	140.1	146.6	154.3	161.4	166.1	168.8	170.2	170.7

この表から相関係数を求めると，約0.99という非常に高い相関関係を示すが，直接どんな関係を示しているかまではわからない。一方，右の身長と体重の散布図からは，より直線的な2つの間の関係がみてとれる。

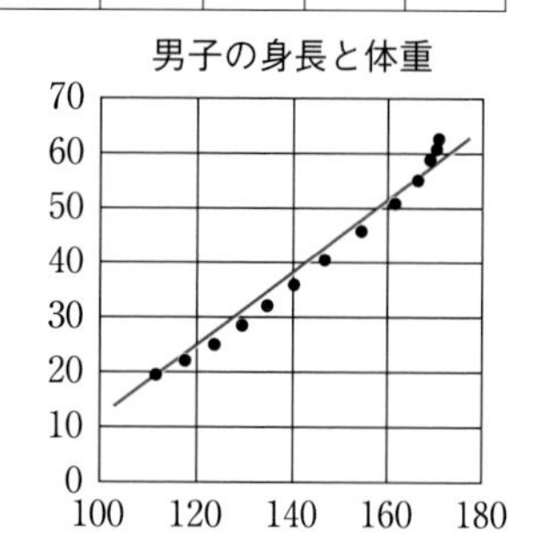

そこで，この2つの関係を表すものとして，1次関数 $y=ax+b$ で近似することを考えたときの直線 $y=ax+b$ を**回帰直線**と呼ぶ。

このように，**2つの変量の関係を関数で表す方法を回帰分析**という。

回帰直線 $y=ax+b$ の a と b の値は，次のように求めることができる。

回帰直線の決定

x，y のデータの平均値を $\overline{x}$，$\overline{y}$，分散を $s_x{}^2$，$s_y{}^2$，x と y の相関係数を r とすると，

回帰直線は $$y-\overline{y}=\frac{s_{xy}}{s_x{}^2}(x-\overline{x})=r\cdot\frac{s_y}{s_x}(x-\overline{x})$$

一般に，この計算には，コンピュータや計算機を使うことが前提となる。

6 フェルミ推定 ▷ 例題 244

フェルミ推定とは，一見して調べることが難しい捉えどころのない量について，関連するいくつかの数量を手掛かりに，その概数などを求めることをいう。

フェルミ推定を行うときは，原則として，次の順番で分析していく。

① **問題や状況に応じて，数値間の関係を単純化して，数学的に分析しやすくする。**

② **数式などを用いて，問題や状況を表現する。**

③ **②にもとづいて数値を求めたり，問題を解いたりする。**

④ **得られた結果が適切かどうかを考察する。**

例　「東京都内にあるマンホールの総数はいくつか？」や「日本で1日に出されるゴミはどのくらいの量なのか？」などがこれに当たる。

例題 239 利息

銀行に100万円を，年率5%の単利法と年率5%の複利法でそれぞれ10年間預けたときの元利合計の差額を，電卓を用いて有効数字3桁まで求めよ。

元金A円，利率r%でn年間預けた貯金額は，
単利法：$A(1+rn)$，複利法：$A(1+r)^n$

利息に関しては，この他にも積立貯金やローンの支払いなど，**等比数列の和の計算が基本となります。**

| 解答 |

100万円を年率5%の単利法で10年間預けたときの元利合計は

$$100万円\times(1+0.05\times10)=1000000\times1.5$$
$$=1500000$$

一方，100万円を年率5%の複利法で10年間預けたときの元利合計を有効数字3桁まで電卓で求めると

$$100万円\times(1+0.05)^{10} \fallingdotseq 1000000\times1.63$$ ❶

だから

1630000円

したがって，その差額は

$$1630000-1500000=130000\ (円)$$

すなわち，単利法に比べて複利法のほうが，10年間で**13万円多く**利息がつくことになる。 (答)

| アドバイス |

❶ $1.05^{10}=1.6288\cdots$
$\fallingdotseq 1.63$

練習 282 銀行に100万円を，年率6%の単利法と複利法でそれぞれ10年間預けたときの元利合計の差額を電卓を用いて計算せよ。ただし，複利法の計算では，有効数字3桁まで求めよ。

例題 240 偏差値

★★★ 基本

ある学年で行われた国語と数学の試験の得点データについて，右の表のような結果が得られた。
Aさんの得点がいずれの科目も70点であったとき，相対的な順位が高いのはどちらの教科と考えられるか調べよ。

	英語	数学
平均点	50	50
標準偏差	10	20

POINT

得点をx，平均点を$\overline{x}$，標準偏差をs_xとすると，

偏差値zは $z=10\times\dfrac{x-\overline{x}}{s_x}+50$

偏差値とは，平均値や散らばりぐあいが異なるデータ間で，その値の母集団における位置関係を比較するための1つの手法です。

解答

Aさんの英語と数学の偏差値をz_{E}，z_{M}とおいて，それぞれの教科の偏差値を求めると

$$z_{\mathrm{E}}=10\times\frac{(\text{英語の得点})-(\text{英語の平均点})}{(\text{英語の標準偏差})}+50$$
$$=10\times\frac{70-50}{10}+50$$
$$=70 \ ❶$$
$$z_{\mathrm{M}}=10\times\frac{(\text{数学の得点})-(\text{数学の平均点})}{(\text{数学の標準偏差})}+50$$
$$=10\times\frac{70-50}{20}+50$$
$$=60 \ ❶$$

よって，**数学（偏差値60）よりも英語（偏差値70）の相対的な順位のほうが高いと考えられる。** 答

アドバイス

❶ 偏差値70は上位2.3%程度
偏差値60は上位16%程度，
に位置しています。

練習 283 ある学年で行われた国語と数学の試験の得点データについて，右の表のような結果が得られました。Bさんの得点が，国語は85点で数学が55点であったとき，相対的な順位が高いのはどちらの教科と考えられるか，それぞれの教科の偏差値をとって調べよ。

	国語	数学
平均点	65	35
標準偏差	20	16

例題 241　移動平均

★★★ 基本

2011年から2020年までの降雪日数のデータは，右の表のようであった。このデータをもとに，区間3の移動平均と区間4の移動平均を求め，グラフに表せ。

年	11	12	13	14	15	16	17	18	19	20
降雪日数(日)	13	10	5	11	11	6	7	11	6	6

区間nの移動平均は

$$\frac{x_1+x_2+\cdots+x_n}{n},\quad \frac{x_2+x_3+\cdots+x_{n+1}}{n},\quad \cdots\cdots$$

温度変化などは，ある程度長期的に見ないと，変化が激しくデータの傾向もつかみづらくなります。このようなときには区間推定の考え方が役に立ちます。

解答

区間3❶と区間4の移動平均は次の表のようであり，そのグラフは下図のようになる。

	①	②	③	④	⑤	⑥	⑦	⑧	⑨	⑩
元の値	13	10	5	11	11	6	7	11	6	6
区間3の移動平均			9	9	9	9	8	8	8	8
区間4の移動平均				10	9	8	9	9	8	8

(小数第1位は四捨五入)

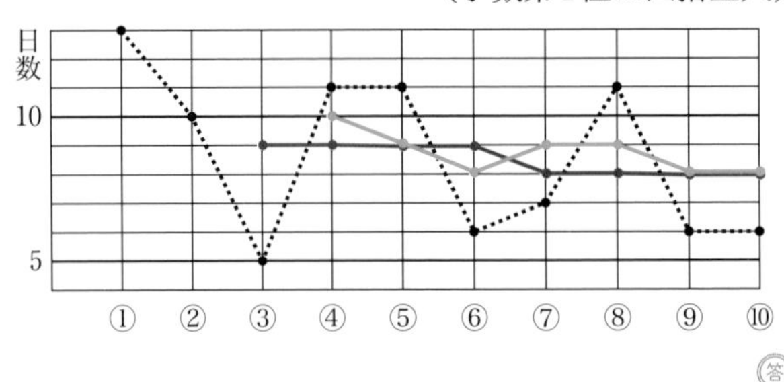

答

——— は区間3，——— は区間4の移動平均である。

アドバイス

❶ nをあまり大きな値にすると，変化そのものがわかりにくくなるので注意が必要です。

練習 284　右の表は，2011年から2020年までの10年間の東京の平均気温を記録したものである。このデータをもとに，区間2と区間3の移動平均を求め，グラフに表せ。

年	平均気温	年	平均気温
2011	16.5	2016	16.4
2012	16.3	2017	15.8
2013	17.1	2018	16.8
2014	16.6	2019	16.5
2015	16.4	2020	16.5

例題 242 状態の数式化

★★★ 基本

ある実験によると，道路を走行している自動車の運転者が危険を察知して，ブレーキを踏むまでに約1秒かかり，ブレーキが踏まれてから自動車が停車するまでの距離は，停止時の速度の2乗に比例していて，その比例定数が0.096 (s^2/m) であることがわかった。この実験にもとづいて，時速45 km/時で走行する自動車が危険を察知してから停止するまでの移動距離（停止距離）を求めよ。

問題の数式化は，事象をよく分析して1つ1つの数量関係を明確に

問題を数式化するためには，まず，**事象をよく分析すること**が大切。1つ1つ事柄を整理していき，問題を大づかみします。

解答

自動車は，ブレーキを踏むまでに，つまり，減速が始まるまでに1秒かかる。つまり，1秒間に自動車は時速45 kmで進み，減速が始まるときの速度は45 km/時である。

一方，(停止距離)＝(1秒間に移動する距離)
　＋(ブレーキを踏んでから停止するまでの距離) ❶

だから，比例定数の単位の「秒s」と「距離m(メートル)」にあうように，「km/時」の単位を「m/秒」になおすと，
1時間＝60×60秒，45 km＝45000 mだから

　時速45 km＝45000÷60÷60＝毎秒12.5 m

したがって，1秒間では12.5 m進む。

ブレーキを踏んでから自動車が停止するまでの距離Lを求める公式は　$L=0.096v^2$

$v=12.5$ m/秒だから　$L=0.096\times12.5^2=15$ (m)

よって，求める停止距離は

　12.5＋15＝**27.5 (m)** 答

この結果から，自動車が急ブレーキを踏んでも約27.5 mは停止できないことがわかる。

アドバイス

❶ 問題の数式化
(停止距離)
＝(1秒間に移動する距離)
＋(ブレーキを踏んでから停止するまでの距離)
をまず押さえます。

練習 285 例題 242 において，時速90 kmで走る自動車が危険を察知してから停止するまでの停止距離を求めよ。

例題 243　回帰直線

★★★　基本

5歳から17歳の男子の身長の平均は145.7 cm，標準偏差は20.3 kg，体重の平均は41.3 kg，標準偏差は14.8 kgである。相関係数を0.99として，計算機などを用いて身長をx軸とした回帰直線を求めよ。ただし，小数第2位を四捨五入して第1位まで求めることとする。

x，yのデータの平均値$\overline{x}$，$\overline{y}$，分散$s_x{}^2$，$s_y{}^2$，x，yの共分散s_{xy}，相関係数rの回帰直線は

$$y-\overline{y}=\frac{s_{xy}}{s_x{}^2}\cdot(x-\overline{x})=r\cdot\frac{s_y}{s_x}(x-\overline{x})$$

ここでは相関係数が与えられているので，

$$y-\overline{y}=r\cdot\frac{s_y}{s_x}(x-\overline{x})$$

の公式を用いることになります。

解答

$y-\overline{y}=\frac{s_{xy}}{s_x{}^2}\cdot(x-\overline{x})$において，$r=\frac{s_{xy}}{s_xs_y}$だから

$$\frac{s_{xy}}{s_x{}^2}=\frac{s_{xy}}{s_xs_y}\cdot\frac{s_y}{s_x}=r\cdot\frac{s_y}{s_x}$$ ❶

ここで

$\overline{x}=145.7$，$\overline{y}=41.3$，$s_x=20.3$，$s_y=14.8$，

$r=\frac{s_{xy}}{s_xs_y}=0.99$

をこれに代入すると

$$y-41.3=\frac{14.8}{20.3}\cdot0.99(x-145.7)$$ ❷

$$\fallingdotseq0.7(x-145.7)$$

よって

$\boldsymbol{y=0.7x-60.7}$ (答)

アドバイス

❶ $\frac{s_{xy}}{s_x{}^2}$を回帰係数といいます。回帰係数は$\frac{s_y}{s_x}\cdot r$でも得られます。

❷ 計算機で計算する。散布図からおおよその直線を求めてもよいです。

練習 286　あるデータで，5歳から17歳の女子の身長の平均は141.5 cm，標準偏差は16.4 cm，体重の平均は38.2 kg，標準偏差は11.9 kgである。相関係数を0.98として，計算機などを用いて回帰直線を求めよ。ただし，小数第2位を四捨五入して第1位まで求めることとする。

例題 244 フェルミ推定

★★★ 基本

環境省の2020年度のデータによれば，1人が1日に出すゴミの量は901 gであるという。
このことから，1年間に日本全体から出るゴミの量を推定せよ。ただし，日本の人口は約1億2500万人として考えるものとする。

常識的な数値と論理で説得力のある説明を

フェルミ推定で大切なのは，求める過程での論理的な説得力であるともいえます。このことに注意して推論を進めます。

解答

問題を単純化❶すると

- 1人が1日に出すゴミの量：1000 g（=1.0 kg）
- 日本の人口：1億3000万人❷
- 1年：400日

と仮定してみる。
1年間に出るゴミの量を数式で表すとゴミの総量は

(1人が1日に出すゴミの量)×(人口)×(1年の日数)

1 kg×1億3000万(人)×400(日)≒5200万t

1人が出すゴミの量を約10%程度多く見積もり，人口も4%程度，1年も約10%程度多くそれぞれ見積もったので，実際の量より約25%多く見積もっている可能性が高い。
よって，5200万tが実際の2割5分増し❸と考えると，**4160万t**に近い値であることが考えられる。 答

アドバイス

❶ フェルミ推定では，計算の前提には常識的な数値を用います。

❷ 1億人と仮定して計算を進め，計算結果から2割か3割増やしてもよいです。

❸ 環境省による2020年度の実際の年間のゴミの排出量は4,167万tです。

練習 287 日本の出生数は減少を続け，2021年現在の年間の出生数は約90万人であるという。このデータをもとに，日本に小学校は何校あるか，推定せよ。

定期テスト対策問題 17

解答・解説は別冊 p.200

1 銀行に毎年初めに 10 万円を，年率 3％の複利法で 20 年間積み立てたとき，20 年目の年末にはこの貯金は総額でいくらになっているか求めよ。ただし，有効数字 3 桁まで計算機を用いて求めるものとする。

2 ある学年で行われた国語と数学の試験において，

国語：平均点 65 点／標準偏差 10 点

数学：平均点 40 点／標準偏差 25 点

であった。A さんの得点は，国語 75 点，数学 70 点である。それぞれの科目での A さんの偏差値を求め，どちらの科目のほうが相対的な順位が高いと考えられるか調べよ。

3 東京の 2011 年から 2020 年までの 10 年間の年毎の最高気温をまとめると，下の表のようになった。

年	11	12	13	14	15	16	17	18	19	20
(℃)	36.1	35.7	38.3	36.1	37.7	37.7	37.1	39.0	36.2	37.3

このデータをもとに，区間 3 の移動平均と区間 4 の移動平均を求め，グラフに表せ。

4 |例題 **242**|において，時速 30 km で走る自動車が危険を察知してから停止するまでの停止距離を求めよ。

5 次の表は，ある年度の 1 歳から 10 歳までの子供の平均体重(kg)と平均身長(cm)を記したものである。

身長	77.8	88.7	96.7	103.2	110.9	115.3	121.6	127.4	133.6	137.3
体重	10.1	12.5	14.3	16.6	18.7	20.5	23.4	25.9	29.6	32.7

このデータについて調べたところ

身長の平均は 111.3 cm，標準偏差 18.6 cm

体重の平均は 20.4 kg，標準偏差 7.1 kg

相関係数は 0.98

であった。このとき，身長と体重の回帰直線を計算機などを用いて求めよ。

6 日本の人口を約 1 億 2500 万人と仮定して，日本で 1 年間に使用される割り箸の本数を推定せよ。

さくいん

る

れ

わ

正規分布表

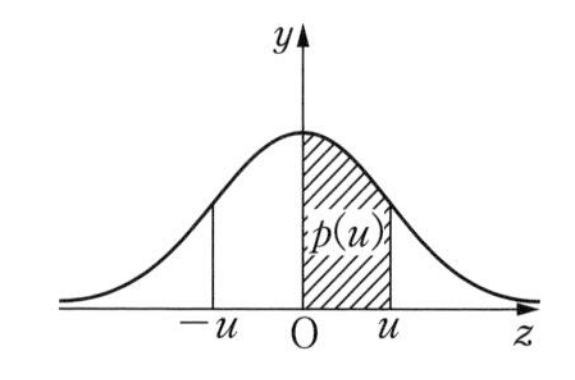

u	.00	.01	.02	.03	.04	.05	.06	.07	.08	.09
0.0	0.0000	0.0040	0.0080	0.0120	0.0160	0.0199	0.0239	0.0279	0.0319	0.0359
0.1	0.0398	0.0438	0.0478	0.0517	0.0557	0.0596	0.0636	0.0675	0.0714	0.0753
0.2	0.0793	0.0832	0.0871	0.0910	0.0948	0.0987	0.1026	0.1064	0.1103	0.1141
0.3	0.1179	0.1217	0.1255	0.1293	0.1331	0.1368	0.1406	0.1443	0.1480	0.1517
0.4	0.1554	0.1591	0.1628	0.1664	0.1700	0.1736	0.1772	0.1808	0.1844	0.1879
0.5	0.1915	0.1950	0.1985	0.2019	0.2054	0.2088	0.2123	0.2157	0.2190	0.2224
0.6	0.2257	0.2291	0.2324	0.2357	0.2389	0.2422	0.2454	0.2486	0.2517	0.2549
0.7	0.2580	0.2611	0.2642	0.2673	0.2704	0.2734	0.2764	0.2794	0.2823	0.2852
0.8	0.2881	0.2910	0.2939	0.2967	0.2995	0.3023	0.3051	0.3078	0.3106	0.3133
0.9	0.3159	0.3186	0.3212	0.3238	0.3264	0.3289	0.3315	0.3340	0.3365	0.3389
1.0	0.3413	0.3438	0.3461	0.3485	0.3508	0.3531	0.3554	0.3577	0.3599	0.3621
1.1	0.3643	0.3665	0.3686	0.3708	0.3729	0.3749	0.3770	0.3790	0.3810	0.3830
1.2	0.3849	0.3869	0.3888	0.3907	0.3925	0.3944	0.3962	0.3980	0.3997	0.4015
1.3	0.4032	0.4049	0.4066	0.4082	0.4099	0.4115	0.4131	0.4147	0.4162	0.4177
1.4	0.4192	0.4207	0.4222	0.4236	0.4251	0.4265	0.4279	0.4292	0.4306	0.4319
1.5	0.4332	0.4345	0.4357	0.4370	0.4382	0.4394	0.4406	0.4418	0.4429	0.4441
1.6	0.4452	0.4463	0.4474	0.4484	0.4495	0.4505	0.4515	0.4525	0.4535	0.4545
1.7	0.4554	0.4564	0.4573	0.4582	0.4591	0.4599	0.4608	0.4616	0.4625	0.4633
1.8	0.4641	0.4649	0.4656	0.4664	0.4671	0.4678	0.4686	0.4693	0.4699	0.4706
1.9	0.4713	0.4719	0.4726	0.4732	0.4738	0.4744	0.4750	0.4756	0.4761	0.4767
2.0	0.4772	0.4778	0.4783	0.4788	0.4793	0.4798	0.4803	0.4808	0.4812	0.4817
2.1	0.4821	0.4826	0.4830	0.4834	0.4838	0.4842	0.4846	0.4850	0.4854	0.4857
2.2	0.4861	0.4864	0.4868	0.4871	0.4875	0.4878	0.4881	0.4884	0.4887	0.4890
2.3	0.4893	0.4896	0.4898	0.4901	0.4904	0.4906	0.4909	0.4911	0.4913	0.4916
2.4	0.4918	0.4920	0.4922	0.4925	0.4927	0.4929	0.4931	0.4932	0.4934	0.4936
2.5	0.4938	0.4940	0.4941	0.4943	0.4945	0.4946	0.4948	0.4949	0.4951	0.4952
2.6	0.49534	0.49547	0.49560	0.49573	0.49585	0.49598	0.49609	0.49621	0.49632	0.49643
2.7	0.49653	0.49664	0.49674	0.49683	0.49693	0.49702	0.49711	0.49720	0.49728	0.49736
2.8	0.49744	0.49752	0.49760	0.49767	0.49774	0.49781	0.49788	0.49795	0.49801	0.49807
2.9	0.49813	0.49819	0.49825	0.49831	0.49836	0.49841	0.49846	0.49851	0.49856	0.49861
3.0	0.49865	0.49869	0.49874	0.49878	0.49882	0.49886	0.49889	0.49893	0.49897	0.49900

三角関数表

角	sin	cos	tan	角	sin	cos	tan
0°	0.0000	1.0000	0.0000	45°	0.7071	0.7071	1.0000
1°	0.0175	0.9998	0.0175	46°	0.7193	0.6947	1.0355
2°	0.0349	0.9994	0.0349	47°	0.7314	0.6820	1.0724
3°	0.0523	0.9986	0.0524	48°	0.7431	0.6691	1.1106
4°	0.0698	0.9976	0.0699	49°	0.7547	0.6561	1.1504
5°	0.0872	0.9962	0.0875	50°	0.7660	0.6428	1.1918
6°	0.1045	0.9945	0.1051	51°	0.7771	0.6293	1.2349
7°	0.1219	0.9925	0.1228	52°	0.7880	0.6157	1.2799
8°	0.1392	0.9903	0.1405	53°	0.7986	0.6018	1.3270
9°	0.1564	0.9877	0.1584	54°	0.8090	0.5878	1.3764
10°	0.1736	0.9848	0.1763	55°	0.8192	0.5736	1.4281
11°	0.1908	0.9816	0.1944	56°	0.8290	0.5592	1.4826
12°	0.2079	0.9781	0.2126	57°	0.8387	0.5446	1.5399
13°	0.2250	0.9744	0.2309	58°	0.8480	0.5299	1.6003
14°	0.2419	0.9703	0.2493	59°	0.8572	0.5150	1.6643
15°	0.2588	0.9659	0.2679	60°	0.8660	0.5000	1.7321
16°	0.2756	0.9613	0.2867	61°	0.8746	0.4848	1.8040
17°	0.2924	0.9563	0.3057	62°	0.8829	0.4695	1.8807
18°	0.3090	0.9511	0.3249	63°	0.8910	0.4540	1.9626
19°	0.3256	0.9455	0.3443	64°	0.8988	0.4384	2.0503
20°	0.3420	0.9397	0.3640	65°	0.9063	0.4226	2.1445
21°	0.3584	0.9336	0.3839	66°	0.9135	0.4067	2.2460
22°	0.3746	0.9272	0.4040	67°	0.9205	0.3907	2.3559
23°	0.3907	0.9205	0.4245	68°	0.9272	0.3746	2.4751
24°	0.4067	0.9135	0.4452	69°	0.9336	0.3584	2.6051
25°	0.4226	0.9063	0.4663	70°	0.9397	0.3420	2.7475
26°	0.4384	0.8988	0.4877	71°	0.9455	0.3256	2.9042
27°	0.4540	0.8910	0.5095	72°	0.9511	0.3090	3.0777
28°	0.4695	0.8829	0.5317	73°	0.9563	0.2924	3.2709
29°	0.4848	0.8746	0.5543	74°	0.9613	0.2756	3.4874
30°	0.5000	0.8660	0.5774	75°	0.9659	0.2588	3.7321
31°	0.5150	0.8572	0.6009	76°	0.9703	0.2419	4.0108
32°	0.5299	0.8480	0.6249	77°	0.9744	0.2250	4.3315
33°	0.5446	0.8387	0.6494	78°	0.9781	0.2079	4.7046
34°	0.5592	0.8290	0.6745	79°	0.9816	0.1908	5.1446
35°	0.5736	0.8192	0.7002	80°	0.9848	0.1736	5.6713
36°	0.5878	0.8090	0.7265	81°	0.9877	0.1564	6.3138
37°	0.6018	0.7986	0.7536	82°	0.9903	0.1392	7.1154
38°	0.6157	0.7880	0.7813	83°	0.9925	0.1219	8.1443
39°	0.6293	0.7771	0.8098	84°	0.9945	0.1045	9.5144
40°	0.6428	0.7660	0.8391	85°	0.9962	0.0872	11.4301
41°	0.6561	0.7547	0.8693	86°	0.9976	0.0698	14.3007
42°	0.6691	0.7431	0.9004	87°	0.9986	0.0523	19.0811
43°	0.6820	0.7314	0.9325	88°	0.9994	0.0349	28.6363
44°	0.6947	0.7193	0.9657	89°	0.9998	0.0175	57.2900
45°	0.7071	0.7071	1.0000	90°	1.0000	0.0000	な し

MYBEST
よくわかる高校数学II・B

監　修	山下　元（早稲田大学名誉教授）
著　者	津田　栄（國學院高等学校校長）
	我妻健人（攻玉社中学校・高等学校教諭）
	田村　淳（中央大学附属中学校・高等学校教諭）
	森　英一（元九州産業大学教授）
	江川博康（一橋学院・中央ゼミナール講師）
イラストレーション	FUJIKO
制作協力	株式会社 エデュデザイン
編集協力	能塚泰秋，竹田直，立石英夫，林千珠子
データ制作	株式会社 四国写研
印刷所	株式会社 リーブルテック（カバー），株式会社 広済堂ネクスト（本文）
編集担当	樋口亨

よくわかる 高校数学Ⅱ・B 解答・解説

Mathematics Ⅱ・B

本体と軽くのりづけされているので，はがしてお使いください。

Gakken

第1章 いろいろな式

第1節 式と計算

練習1 (1) $(x+4)^3=x^3+3x^2\cdot4+3x\cdot4^2+4^3$
$=\boldsymbol{x^3+12x^2+48x+64}$

(2) $(x+2y)^3=x^3+3x^2\cdot2y+3x(2y)^2+(2y)^3$
$=\boldsymbol{x^3+6x^2y+12xy^2+8y^3}$

(3) $(x+3)(x^2-3x+9)=x^3+3^3$
$=\boldsymbol{x^3+27}$

(4) $(x-2y)(x^2+2xy+4y^2)=x^3-(2y)^3$
$=\boldsymbol{x^3-8y^3}$

◀ 公式
$(a+b)^3$
$=a^3+3a^2b+3ab^2+b^3$
$(a-b)^3$
$=a^3-3a^2b+3ab^2-b^3$
$(a+b)(a^2-ab+b^2)$
$=a^3+b^3$
$(a-b)(a^2+ab+b^2)$
$=a^3-b^3$
を用いる。

練習2 (1) $(x-\sqrt{3})^3(x+\sqrt{3})^3$
$=\{(x-\sqrt{3})(x+\sqrt{3})\}^3$
$=(x^2-3)^3$
$=(x^2)^3-3(x^2)^2\cdot3+3x^2\cdot3^2-3^3$
$=\boldsymbol{x^6-9x^4+27x^2-27}$

(2) $(x^2-1)(x^2+x+1)(x^2-x+1)$
$=(x+1)(x-1)(x^2+x+1)(x^2-x+1)$
$=(x+1)(x^2-x+1)(x-1)(x^2+x+1)$
$=(x^3+1)(x^3-1)=\boldsymbol{x^6-1}$

◀ 組合せを工夫する。

(3) $(x+y)(x^2-xy+y^2)(x^6-x^3y^3+y^6)$
$=(x^3+y^3)(x^6-x^3y^3+y^6)$
$=(x^3)^3+(y^3)^3=\boldsymbol{x^9+y^9}$

練習3 (1) $x^3+64=x^3+4^3$
$=\boldsymbol{(x+4)(x^2-4x+16)}$

(2) $x^4+8x=x(x^3+2^3)$
$=\boldsymbol{x(x+2)(x^2-2x+4)}$

(3) $8x^3+12x^2+6x+1$
$=(2x)^3+3(2x)^2\cdot1+3(2x)\cdot1^2+1^3$
$=\boldsymbol{(2x+1)^3}$

(4) $x^6-1=(x^3-1)(x^3+1)$
$=\boldsymbol{(x-1)(x^2+x+1)(x+1)(x^2-x+1)}$

◀ 公式
a^3+b^3
$=(a+b)(a^2-ab+b^2)$
a^3-b^3
$=(a-b)(a^2+ab+b^2)$
を用いる。

練習 4 (1) $(x-1)^7$

$={}_7C_0x^7+{}_7C_1x^6\cdot(-1)+{}_7C_2x^5\cdot(-1)^2+{}_7C_3x^4\cdot(-1)^3$
$+{}_7C_4x^3\cdot(-1)^4+{}_7C_5x^2\cdot(-1)^5+{}_7C_6x\cdot(-1)^6+{}_7C_7\cdot(-1)^7$
$=\boldsymbol{x^7-7x^6+21x^5-35x^4+35x^3-21x^2+7x-1}$

(2) $(2x+1)^6={}_6C_0(2x)^6+{}_6C_1(2x)^5\cdot1+{}_6C_2(2x)^4\cdot1^2$
$+{}_6C_3(2x)^3\cdot1^3+{}_6C_4(2x)^2\cdot1^4+{}_6C_5(2x)\cdot1^5+{}_6C_6\cdot1^6$
$=\boldsymbol{64x^6+192x^5+240x^4+160x^3+60x^2+12x+1}$

練習 5 パスカルの三角形の6行目までは右図のようになる。

1 1
1 2 1
1 3 3 1
1 4 6 4 1
1 5 10 10 5 1
1 6 15 20 15 6 1

よって

$(x-1)^6=x^6+6x^5\cdot(-1)+15x^4\cdot(-1)^2+20x^3\cdot(-1)^3$
$+15x^2\cdot(-1)^4+6x\cdot(-1)^5+(-1)^6$
$=\boldsymbol{x^6-6x^5+15x^4-20x^3+15x^2-6x+1}$

練習 6 (1) $(3x+2)^5$の展開式の一般項は

${}_5C_r(3x)^{5-r}\cdot2^r={}_5C_r\cdot3^{5-r}2^r\cdot x^{5-r}$

である。

ここで$5-r=4$より　$r=1$

よって，x^4の係数は

${}_5C_1\cdot3^{5-1}\cdot2^1=5\cdot81\cdot2=\boldsymbol{810}$

(2) $(x-3y)^5$の展開式の一般項は

${}_5C_rx^{5-r}(-3y)^r={}_5C_r(-3)^r\cdot x^{5-r}y^r$

である。ここで$5-r=2$より　$r=3$

よって，x^2y^3の係数は

${}_5C_3\cdot(-3)^3=10\cdot(-27)=\boldsymbol{-270}$

練習 7 $(x+2y-z)^7=\{(x+2y)-z\}^7$

この展開式の一般項は

${}_7C_r(x+2y)^{7-r}(-z)^r={}_7C_r(-1)^r(x+2y)^{7-r}z^r$

ここで$r=2$として

$(x+2y)^{7-2}=(x+2y)^5$

$(x+2y)^5$の展開式の一般項は

${}_5C_sx^{5-s}(2y)^s={}_5C_s\cdot2^sx^{5-s}y^s$

ここで，$5-s=2$，$s=3$より　$s=3$

よって，$x^2y^3z^2$の係数は

${}_7C_2\cdot(-1)^2\cdot{}_5C_3\cdot2^3=21\times10\times8=\boldsymbol{1680}$

◀ $(x+2y-z)^7$
$=\{x+(2y-z)\}^7$
として，二項定理を用いてもよい。

別解 $(x+2y-z)^7$ の展開式の一般項は

$$\frac{7!}{p!q!r!}x^p(2y)^q(-z)^r=\frac{7!2^q(-1)^r}{p!q!r!}x^py^qz^r$$

$(p\geqq 0,\ q\geqq 0,\ r\geqq 0,\ p+q+r=7)$

ここで，$p=2$，$q=3$，$r=2$ とすると，p，q，r はカッコ内の条件を満たす。

よって，$x^2y^3z^2$ の係数は

$$\frac{7!2^3(-1)^2}{2!3!2!}=\frac{7\cdot 6\cdot 5\cdot 4\cdot 2^3}{2\cdot 2}=\mathbf{1680}$$

◀ $(a+b+c)^n$ の展開式の一般項は $\dfrac{n!}{p!q!r!}a^pb^qc^r$ $(p\geqq 0,\ q\geqq 0,\ r\geqq 0,\ p+q+r=n)$

◀ 7! と 3! で約分をした。

練習 8 (1)

$$\begin{array}{rl}
 & x+2 \\
5x-3\,\big) & 5x^2+7x+2 \\
 & 5x^2-3x \\
\hline
 & 10x+2 \\
 & 10x-6 \\
\hline
 & 8
\end{array}$$

商 $\boldsymbol{x+2}$

余り $\mathbf{8}$

(2)

$$\begin{array}{rl}
 & 2x-1 \\
2x^2\quad+1\,\big) & 4x^3-2x^2\qquad+5 \\
 & 4x^3\qquad+2x \\
\hline
 & -2x^2-2x+5 \\
 & -2x^2\qquad-1 \\
\hline
 & -2x+6
\end{array}$$

商 $\boldsymbol{2x-1}$

余り $\boldsymbol{-2x+6}$

◀ 次数がとんでいるところはスペースを空けておく。

(3)

$$\begin{array}{rl}
 & 4x^2+2ax-14a^2 \\
2x-a\,\big) & 8x^3\qquad-30a^2x+6a^3 \\
 & 8x^3-4ax^2 \\
\hline
 & 4ax^2-30a^2x \\
 & 4ax^2-\ 2a^2x \\
\hline
 & -28a^2x+\ 6a^3 \\
 & -28a^2x+14a^3 \\
\hline
 & -8a^3
\end{array}$$

商 $\boldsymbol{4x^2+2ax-14a^2}$

余り $\boldsymbol{-8a^3}$

◀ 降べきの順に整理してから計算を始める。

練習 9 $2x^3-7x^2+7x-7=A(2x-1)+2x-6$

$$A(2x-1)=2x^3-7x^2+5x-1$$

◀ 多項式の割り算の原理を用いる。

◀ 実際に割り算を実行する。

$$\begin{array}{rl}
 & x^2-3x+1 \\
2x-1\,\big) & 2x^3-7x^2+5x-1 \\
 & 2x^3-\ x^2 \\
\hline
 & -6x^2+5x \\
 & -6x^2+3x \\
\hline
 & 2x-1 \\
 & 2x-1 \\
\hline
 & 0
\end{array}$$

$A=(2x^3-7x^2+5x-1)\div(2x-1)$

$\boldsymbol{=x^2-3x+1}$

練習 10　(1)　$\dfrac{x^2+xy}{x^2-xy}\times\dfrac{x-y}{x+y}$

$=\dfrac{x(x+y)(x-y)}{x(x-y)(x+y)}$

◀ 分母・分子を因数分解し，約分する。

$=\mathbf{1}$

(2)　$\dfrac{x^2+2x+4}{x^2+3x+2}\div\dfrac{x^3-8}{(x+1)^2}$

$=\dfrac{x^2+2x+4}{x^2+3x+2}\times\dfrac{(x+1)^2}{x^3-8}$

◀ まず乗法の形にする。

$=\dfrac{x^2+2x+4}{(x+1)(x+2)}\times\dfrac{(x+1)^2}{(x-2)(x^2+2x+4)}$

◀ 分母・分子を因数分解し，約分する。

$=\dfrac{\mathbf{x+1}}{\mathbf{(x+2)(x-2)}}$

練習 11　(1)　$\dfrac{2x+1}{3x^2+4x+1}+\dfrac{x+1}{3x^2-2x-1}$

$=\dfrac{2x+1}{(3x+1)(x+1)}+\dfrac{x+1}{(3x+1)(x-1)}$

$=\dfrac{(2x+1)(x-1)}{(3x+1)(x+1)(x-1)}+\dfrac{(x+1)^2}{(3x+1)(x-1)(x+1)}$

$=\dfrac{2x^2-x-1+(x^2+2x+1)}{(3x+1)(x+1)(x-1)}$

$=\dfrac{3x^2+x}{(3x+1)(x+1)(x-1)}$

$=\dfrac{x(3x+1)}{(3x+1)(x+1)(x-1)}$

$=\dfrac{\mathbf{x}}{\mathbf{(x+1)(x-1)}}$

(2)　$\dfrac{4x^2}{x^2-1}+\dfrac{1-x}{x+1}-\dfrac{3x}{x^2-x}$

$=\dfrac{4x^2}{(x+1)(x-1)}-\dfrac{x-1}{x+1}-\dfrac{3x}{x(x-1)}$

◀ 分母を因数分解し，通分する。

$=\dfrac{4x^2}{(x+1)(x-1)}-\dfrac{(x-1)^2}{(x+1)(x-1)}-\dfrac{3(x+1)}{(x+1)(x-1)}$

$=\dfrac{4x^2-(x-1)^2-3(x+1)}{(x+1)(x-1)}$

◀ 分子どうしを加える。

$=\dfrac{3x^2-x-4}{(x+1)(x-1)}$

$=\dfrac{(x+1)(3x-4)}{(x+1)(x-1)}$

◀ 分子を因数分解し，約分する。

$=\dfrac{\mathbf{3x-4}}{\mathbf{x-1}}$

練習 12　(1) $\dfrac{1}{1+\dfrac{1}{x}}=\dfrac{x}{x\left(1+\dfrac{1}{x}\right)}$

$=\dfrac{x}{x+1}$

◀分母・分子にxをかける。

(2) (1)から

$$\frac{1}{1-\dfrac{1}{1+\dfrac{1}{x}}}=\frac{1}{1-\dfrac{x}{x+1}}$$

$$=\frac{x+1}{(x+1)\left(1-\dfrac{x}{x+1}\right)}$$

◀分母・分子に$x+1$をかける。

$$=\frac{x+1}{x+1-x}$$

$$=x+1$$

定期テスト対策問題 1

1 解答 (1) x^6+7x^3-8

$=(x^3)^2+7x^3-8$

$=(x^3+8)(x^3-1)$

$=\boldsymbol{(x+2)(x^2-2x+4)(x-1)(x^2+x+1)}$

(2) $x^3+y^3+3y^2+3y+1$

$=x^3+(y+1)^3$

$=(x+y+1)\{x^2-x(y+1)+(y+1)^2\}$

$=\boldsymbol{(x+y+1)(x^2+y^2-xy-x+2y+1)}$

2 解答 (1) $(x+1)^n={}_n\mathrm{C}_0x^n+{}_n\mathrm{C}_1x^{n-1}+{}_n\mathrm{C}_2x^{n-2}+\cdots+{}_n\mathrm{C}_n$

において，$x=1$とおくと

$2^n={}_n\mathrm{C}_0+{}_n\mathrm{C}_1+{}_n\mathrm{C}_2+\cdots+{}_n\mathrm{C}_n$

すなわち　${}_n\mathrm{C}_0+{}_n\mathrm{C}_1+{}_n\mathrm{C}_2+\cdots+{}_n\mathrm{C}_n=2^n$

(2) $(x-1)^n={}_n\mathrm{C}_0x^n+{}_n\mathrm{C}_1x^{n-1}\cdot(-1)+{}_n\mathrm{C}_2x^{n-2}\cdot(-1)^2$
$+\cdots+{}_n\mathrm{C}_n\cdot(-1)^n$

において，$x=1$とおくと

$0={}_n\mathrm{C}_0+{}_n\mathrm{C}_1\cdot(-1)+{}_n\mathrm{C}_2\cdot(-1)^2+\cdots+{}_n\mathrm{C}_n\cdot(-1)^n$

すなわち　${}_n\mathrm{C}_0-{}_n\mathrm{C}_1+{}_n\mathrm{C}_2-\cdots+(-1)^n{}_n\mathrm{C}_n=0$

3 解答 $\left(x+\dfrac{1}{x}\right)^{10}={}_{10}\mathrm{C}_0x^{10}+{}_{10}\mathrm{C}_1x^9\left(\dfrac{1}{x}\right)^1+\cdots+{}_{10}\mathrm{C}_rx^{10-r}\left(\dfrac{1}{x}\right)^r$
$+\cdots+{}_{10}\mathrm{C}_{10}\left(\dfrac{1}{x}\right)^{10}$

(1) x^{10}，$\dfrac{1}{x^{10}}$の係数は

${}_{10}\mathrm{C}_0={}_{10}\mathrm{C}_{10}=\boldsymbol{1}$

(2) 一般項は

$${}_{10}\mathrm{C}_rx^{10-r}\left(\frac{1}{x}\right)^r={}_{10}\mathrm{C}_rx^{10-r}\cdot x^{-r}={}_{10}\mathrm{C}_rx^{10-r}\cdot x^{-r}$$
$$={}_{10}\mathrm{C}_rx^{10-2r}$$

よって，定数項は$10-2r=0$，すなわち，$r=5$のときだから

$${}_{10}\mathrm{C}_5=\frac{10\cdot9\cdot8\cdot7\cdot6}{5\cdot4\cdot3\cdot2\cdot1}=\boldsymbol{252}$$

(3) x^4が表れるのは$10-2r=4$，すなわち，$r=3$のときだから，係数は

$${}_{10}\mathrm{C}_3=\frac{10\cdot9\cdot8}{3\cdot2\cdot1}=\boldsymbol{120}$$

4 解答 (1)

$$\begin{array}{r} x^2+3x+2 \\ x-1\,\overline{)\,x^3+2x^2-x+3} \\ \underline{x^3-x^2} \\ 3x^2-x \\ \underline{3x^2-3x} \\ 2x+3 \\ \underline{2x-2} \\ 5 \end{array}$$

商　x^2+3x+2

余り　5

係数だけを書いて計算してもよい。

別解 組立除法を用いると

$$\begin{array}{r|rrrr} 1 & 1 & 2 & -1 & 3 \\ & & 1 & 3 & 2 \\ \hline & 1 & 3 & 2 & 5 \end{array}$$

商　x^2+3x+2

余り　5

1次式で割るときは，組立除法が便利である。

(2)

$$\begin{array}{r} 3x-2 \\ x^2+x-1\,\overline{)\,3x^3+x^2+x-1} \\ \underline{3x^3+3x^2-3x} \\ -2x^2+4x-1 \\ \underline{-2x^2-2x+2} \\ 6x-3 \end{array}$$

商　$3x-2$

余り　$6x-3$

係数だけを書いて計算してもよい。

$$\begin{array}{r} 3\ -2 \\ 1\ \ 1\ -1\,\overline{)\,3\ \ 1\ \ 1\ -1} \\ \underline{3\ \ 3\ -3} \\ -2\ \ 4\ -1 \\ \underline{-2\ -2\ \ 2} \\ 6\ -3 \end{array}$$

5 解答 多項式の割り算の原理から

$x^3-7x+10=P(x^2+x-6)+4$

$P(x^2+x-6)=x^3-7x+6$

$P=(x^3-7x+6)\div(x^2+x-6)$

$\quad=x-1$

よって　　**$P=x-1$**

整式AをPで割ったときの商がQ，余りがRならば

$A=PQ+R$

x^3-7x+6をx^2+x-6で割ると，商が$x-1$で余りが0となる。

6 解答 Pを$2x^2+5$で割ったときの商をAとすると，余りが$7x-4$だから

$P=(2x^2+5)A+7x-4$　　……①

また，Aを$3x^2+5x+2$で割った商をBとすると，余りが$3x+8$だから

$A=(3x^2+5x+2)B+3x+8$　　……②

①，②から

$P=(2x^2+5)\{(3x^2+5x+2)B+3x+8\}+7x-4$

$\quad=(3x^2+5x+2)(2x^2+5)B+(2x^2+5)(3x+8)+7x-4$

$\quad=(3x^2+5x+2)(2x^2+5)B+6x^3+16x^2+22x+36$

$\quad=(3x^2+5x+2)(2x^2+5)B+(3x^2+5x+2)(2x+2)$
$\qquad+8x+32$

よって，求める余りは

$8x+32$

①，②は多項式の割り算の原理を用いた。

$6x^3+16x^2+22x+36$を$3x^2+5x+2$で割ると商が$2x+2$，余りが$8x+32$となる。

7 **解答** (1) $\dfrac{x^2-3x+2}{x^2-1}\times\dfrac{x+1}{x-2}$

$=\dfrac{(x-1)(x-2)}{(x+1)(x-1)}\times\dfrac{x+1}{x-2}=\mathbf{1}$

◀ 分母・分子を因数分解して約分する。

(2) $\dfrac{a^2-b^2}{a^2+ab}\div\dfrac{a^3-b^3}{a+b}\times\dfrac{a^2+ab+b^2}{a^2+2ab+b^2}$

$=\dfrac{(a+b)(a-b)}{a(a+b)}\times\dfrac{a+b}{(a-b)(a^2+ab+b^2)}\times\dfrac{a^2+ab+b^2}{(a+b)^2}$

$=\boldsymbol{\dfrac{1}{a(a+b)}}$

◀ まず乗法の形にし, 分母・分子を因数分解してから約分する。

(3) $\dfrac{1}{x^2+x}-\dfrac{1}{x}=\dfrac{1}{x(x+1)}-\dfrac{x+1}{x(x+1)}$

$=\dfrac{1-(x+1)}{x(x+1)}$

$=\dfrac{-x}{x(x+1)}=\boldsymbol{-\dfrac{1}{x+1}}$

◀ 分母を因数分解し, 通分する。

◀ 最後の約分を忘れないように。

(4) $\dfrac{2x-3}{x^2-3x+2}-\dfrac{3x-2}{x^2-4}-\dfrac{6}{x^2+x-2}$

$=\dfrac{2x-3}{(x-1)(x-2)}-\dfrac{3x-2}{(x+2)(x-2)}-\dfrac{6}{(x+2)(x-1)}$

$=\dfrac{(2x-3)(x+2)-(3x-2)(x-1)-6(x-2)}{(x-1)(x-2)(x+2)}$

$=\dfrac{-x^2+4}{(x-1)(x-2)(x+2)}$

$=\dfrac{-(x+2)(x-2)}{(x-1)(x-2)(x+2)}=\boldsymbol{-\dfrac{1}{x-1}}$

◀ 分母を因数分解してから通分する。

◀ 最後の約分を忘れないように。

(5) $\dfrac{a-\dfrac{1}{a}}{a-1}=\dfrac{a\left(a-\dfrac{1}{a}\right)}{a(a-1)}$

$=\dfrac{a^2-1}{a(a-1)}$

$=\dfrac{(a+1)(a-1)}{a(a-1)}=\boldsymbol{\dfrac{a+1}{a}}$

◀ 分母・分子にaをかける。

(6) $\dfrac{x-1}{1-\dfrac{2}{x+1}}=\dfrac{(x+1)(x-1)}{(x+1)\left(1-\dfrac{2}{x+1}\right)}$

$=\dfrac{(x+1)(x-1)}{(x+1)-2}$

$=\dfrac{(x+1)(x-1)}{x-1}=\boldsymbol{x+1}$

◀ 分母・分子に$x+1$をかける。

(7) $\dfrac{9x^2-4y^2}{6x^2+xy-2y^2}\div\dfrac{6x^2-xy-2y^2}{4x^2-4xy+y^2}\times\dfrac{4x^2+4xy+y^2}{2x-y}$

$=\dfrac{(3x+2y)(3x-2y)}{(3x+2y)(2x-y)}\times\dfrac{(2x-y)^2}{(2x+y)(3x-2y)}\times\dfrac{(2x+y)^2}{2x-y}$

$=\boldsymbol{2x+y}$

◀ まず乗法の形にして, 分母・分子を因数分解する。

(8) $\dfrac{1}{x-4}-\dfrac{1}{x-3}-\dfrac{1}{x-2}+\dfrac{1}{x-1}$

$=\dfrac{(x-3)-(x-4)}{(x-4)(x-3)}+\dfrac{-(x-1)+(x-2)}{(x-2)(x-1)}$

$=\dfrac{1}{(x-4)(x-3)}+\dfrac{-1}{(x-2)(x-1)}$

$=\dfrac{(x-2)(x-1)-(x-4)(x-3)}{(x-4)(x-3)(x-2)(x-1)}$

$=\boldsymbol{\dfrac{4x-10}{(x-4)(x-3)(x-2)(x-1)}}$

◀1回で通分するよりも2つずつ通分したほうが計算が簡単になる。

8 解答 (1) $\dfrac{b-a}{ab}+\dfrac{c-b}{bc}+\dfrac{a-c}{ca}$

$=\left(\dfrac{1}{a}-\dfrac{1}{b}\right)+\left(\dfrac{1}{b}-\dfrac{1}{c}\right)+\left(\dfrac{1}{c}-\dfrac{1}{a}\right)$

$=\boldsymbol{0}$

◀通分しても計算できるが，この方法のほうが簡単に計算できる。

(2) $\dfrac{1}{x(x+1)}+\dfrac{1}{(x+1)(x+2)}+\dfrac{1}{(x+2)(x+3)}+\dfrac{1}{x+3}$

$=\left(\dfrac{1}{x}-\dfrac{1}{x+1}\right)+\left(\dfrac{1}{x+1}-\dfrac{1}{x+2}\right)+\left(\dfrac{1}{x+2}-\dfrac{1}{x+3}\right)+\dfrac{1}{x+3}$

$=\boldsymbol{\dfrac{1}{x}}$

◀この方法を覚えておきたい。

9 解答 $\dfrac{2x+1}{x}-\dfrac{2x+3}{x+1}-\dfrac{x-4}{x-3}+\dfrac{x-5}{x-4}$

$=\dfrac{2x+1}{x}-\dfrac{2(x+1)+1}{x+1}-\dfrac{(x-3)-1}{x-3}+\dfrac{(x-4)-1}{x-4}$

$=\left(2+\dfrac{1}{x}\right)-\left(2+\dfrac{1}{x+1}\right)-\left(1-\dfrac{1}{x-3}\right)+\left(1-\dfrac{1}{x-4}\right)$

$=\dfrac{1}{x}-\dfrac{1}{x+1}+\dfrac{1}{x-3}-\dfrac{1}{x-4}$

◀2つずつ計算する。

$=\dfrac{(x+1)-x}{x(x+1)}+\dfrac{(x-4)-(x-3)}{(x-3)(x-4)}$

$=\dfrac{1}{x(x+1)}+\dfrac{-1}{(x-3)(x-4)}$

$=\dfrac{(x-3)(x-4)-x(x+1)}{x(x+1)(x-3)(x-4)}$

$=\boldsymbol{\dfrac{-8x+12}{x(x+1)(x-3)(x-4)}}$

第2節 等式・不等式の証明

練習 13 (1)

$$(x-1)(ax+1)=x^2+bx+c$$

$$ax^2+(1-a)x-1=x^2+bx+c$$

◀ 両辺ともにxの降べきの順に整理する。

両辺のxの同じ次数の項の係数を比較して

$$\begin{cases} a=1 \\ 1-a=b \\ -1=c \end{cases}$$

よって　$a=1,\ b=0,\ c=-1$

(2) $a(x-1)^2+b(x-1)+c=2x^2+3x+4$

$x-1=t$とおくと，$x=t+1$だから

$$at^2+bt+c=2(t+1)^2+3(t+1)+4$$

$$=2t^2+7t+9$$

◀ 置き換えると計算が省力化できる。

両辺のtの同じ次数の項の係数を比較して

$a=2,\ b=7,\ c=9$

練習 14 $a(x-1)(x-2)+b(x-1)+c=x^2$　……①

$x=0,\ 1,\ 2$を代入すると

$$\begin{cases} 2a-b+c=0 \\ c=1 \\ b+c=4 \end{cases}$$

◀ $a,\ b,\ c$についての連立1次方程式が解きやすいような値を代入する。

よって　$a=1,\ b=3,\ c=1$

これらの$a,\ b,\ c$の値に対して，①は恒等式となる。

練習 15 (1) 左辺$=(x^2+1)(y^2+1)$

$$=x^2y^2+x^2+y^2+1$$

右辺$=(xy-1)^2+(x+y)^2$

$$=x^2y^2-2xy+1+x^2+2xy+y^2$$

$$=x^2y^2+x^2+y^2+1$$

◀ 左辺－右辺＝0 を示してもよい。

よって　$(x^2+1)(y^2+1)=(xy-1)^2+(x+y)^2$

(2) 右辺$=\dfrac{1}{2}\{(a-b)^2+(b-c)^2+(c-a)^2\}$

$$=\frac{1}{2}\{(a^2-2ab+b^2)+(b^2-2bc+c^2)+(c^2-2ca+a^2)\}$$

$$=\frac{1}{2}(2a^2+2b^2+2c^2-2ab-2bc-2ca)$$

$$=a^2+b^2+c^2-ab-bc-ca=\text{左辺}$$

◀ 右辺のほうが変形しやすいので，この式を展開して左辺を導くとよい。

よって　$a^2+b^2+c^2-ab-bc-ca$

$$=\frac{1}{2}\{(a-b)^2+(b-c)^2+(c-a)^2\}$$

練習 16　(1)　$xy=1$ のとき，$y=\dfrac{1}{x}$ だから

$$左辺=\frac{1}{x+1}+\frac{1}{y+1}=\frac{1}{x+1}+\frac{1}{\frac{1}{x}+1}$$

$$=\frac{1}{x+1}+\frac{x}{x\left(\frac{1}{x}+1\right)}$$

$$=\frac{1}{x+1}+\frac{x}{1+x}$$

$$=\frac{1+x}{x+1}=1$$

$$=右辺$$

◀ 条件式から，y を消去する。

よって，$xy=1$ のとき

$$\frac{1}{x+1}+\frac{1}{y+1}=1$$

別解　$xy=1$ のとき

$$左辺=\frac{1}{x+1}+\frac{1}{y+1}$$

$$=\frac{(y+1)+(x+1)}{(x+1)(y+1)}$$

$$=\frac{x+y+2}{xy+x+y+1}$$

$$=\frac{x+y+2}{1+x+y+1}$$

$$=1$$

$$=右辺$$

◀ 通分する。

◀ $xy=1$ を用いる。

よって，$xy=1$ のとき

$$\frac{1}{x+1}+\frac{1}{y+1}=1$$

(2)　$a+b+c=0$ のとき

$$a+b=-c,\ b+c=-a,\ c+a=-b$$

だから

$$\frac{b^2-c^2}{a}+\frac{c^2-a^2}{b}+\frac{a^2-b^2}{c}$$

$$=\frac{(b+c)(b-c)}{a}+\frac{(c+a)(c-a)}{b}+\frac{(a+b)(a-b)}{c}$$

$$=\frac{-a(b-c)}{a}+\frac{-b(c-a)}{b}+\frac{-c(a-b)}{c}$$

$$=-(b-c)-(c-a)-(a-b)=0$$

よって，$a+b+c=0$ のとき

$$\frac{b^2-c^2}{a}+\frac{c^2-a^2}{b}+\frac{a^2-b^2}{c}=0$$

練習 17　$x:y=2:3$ より

$x=2k,\ y=3k$

とおくと

$$\frac{x-y}{x+y}=\frac{2k-3k}{2k+3k}$$

$$=\frac{-k}{5k}=-\mathbf{\frac{1}{5}}$$

練習 18　$\dfrac{a}{b}=\dfrac{c}{d}=k$ とおくと　　$a=bk,\ c=dk$

◀ 比例式（分数式）を k とおいて，$a=bk$, $c=dk$ とすると，a, c を単独で用いることができるようになる。

(1)　ここで　　左辺 $=\dfrac{a+b}{b}=\dfrac{bk+b}{b}=\dfrac{b(k+1)}{b}$

$=k+1$

右辺 $=\dfrac{c+d}{d}=\dfrac{dk+d}{d}=\dfrac{d(k+1)}{d}$

$=k+1$

よって　　$\dfrac{a+b}{b}=\dfrac{c+d}{d}$

(2)　左辺 $=\dfrac{a^2-b^2}{a^2+b^2}=\dfrac{(bk)^2-b^2}{(bk)^2+b^2}=\dfrac{b^2(k^2-1)}{b^2(k^2+1)}$

$=\dfrac{k^2-1}{k^2+1}$

右辺 $=\dfrac{c^2-d^2}{c^2+d^2}=\dfrac{(dk)^2-d^2}{(dk)^2+d^2}=\dfrac{d^2(k^2-1)}{d^2(k^2+1)}$

$=\dfrac{k^2-1}{k^2+1}$

よって　　$\dfrac{a^2-b^2}{a^2+b^2}=\dfrac{c^2-d^2}{c^2+d^2}$

練習 19　(1)　左辺－右辺

$=x^2+y^2-2(x-y-1)$

$=(x^2-2x+1)+(y^2+2y+1)$

$=(x-1)^2+(y+1)^2\geqq 0$　　……①

◀ (実数)$^2\geqq 0$ だから
$(x-1)^2\geqq 0$,
$(y+1)^2\geqq 0$
となる。

よって　　$x^2+y^2\geqq 2(x-y-1)$

①から，等号は，$\boldsymbol{x=1,\ y=-1}$ **のとき成り立つ。**

(2)　左辺－右辺 $=(ax-by)^2-(a^2-b^2)(x^2-y^2)$

$=a^2x^2-2abxy+b^2y^2-(a^2x^2-a^2y^2-b^2x^2+b^2y^2)$

$=a^2y^2-2abxy+b^2x^2$

$=(ay-bx)^2\geqq 0$　　……①

◀ (実数)$^2\geqq 0$ だから
$(ay-bx)^2\geqq 0$

よって　　$(ax-by)^2\geqq(a^2-b^2)(x^2-y^2)$

①から，等号は $\boldsymbol{ay=bx}$ **のとき成り立つ。**

練習 20 $a>b$，$x>y$だから

$$a-b>0,\ x-y>0$$

ここで

$$\begin{aligned}\text{左辺}-\text{右辺}&=2(ax+by)-(a+b)(x+y)\\&=2ax+2by-(ax+ay+bx+by)\\&=ax+by-ay-bx\\&=a(x-y)-b(x-y)\\&=(a-b)(x-y)>0\end{aligned}$$

◀ $a-b>0$，$x-y>0$ を用いる形に変形する。

よって，$a>b$，$x>y$のとき

$$2(ax+by)>(a+b)(x+y)$$

練習 21 (1) $a>0$だから，相加平均・相乗平均の関係から

$$\frac{a+\frac{1}{a}}{2}\geqq\sqrt{a\cdot\frac{1}{a}}=1$$

◀ ○，△が正のとき 相加平均≧相乗平均 $\frac{○+△}{2}\geqq\sqrt{○\cdot△}$

よって　$a+\dfrac{1}{a}\geqq2$

等号は，$a=\dfrac{1}{a}$ $(a>0)$，すなわち，$a=1$のとき成り立つ。

◀ $a=\dfrac{1}{a}$ $(a>0)$　$a^2=1$　よって　$a=1$

(2) 文字がすべて正だから，相加平均・相乗平均の関係により

$$\begin{aligned}\text{左辺}&=(a+b)\left(\frac{1}{a}+\frac{1}{b}\right)\\&=\frac{b}{a}+\frac{a}{b}+2\\&\geqq2\sqrt{\frac{b}{a}\cdot\frac{a}{b}}+2\\&=4\\&=\text{右辺}\end{aligned}$$

◀ 展開する。

◀ ○，△が正のとき $○+△\geqq2\sqrt{○\cdot△}$ を用いた。

よって　$(a+b)\left(\dfrac{1}{a}+\dfrac{1}{b}\right)\geqq4$

等号は　$\dfrac{b}{a}=\dfrac{a}{b}$ $(a>0,\ b>0)$

すなわち，$a=b$のとき成り立つ。

練習 22 $x>0$だから，相加平均・相乗平均の関係により

$$P=\frac{x^2+2x+9}{x}$$
$$=x+\frac{9}{x}+2$$
$$\geqq 2\sqrt{x\cdot\frac{9}{x}}+2$$
$$=8$$

◀ $a>0$，$b>0$のとき $a+b\geqq 2\sqrt{ab}$（等号が成り立つのは，$a=b$のとき）

等号が成り立つのは，$x=\frac{9}{x}$ $(x>0)$，すなわち，$x=3$のときである。

よって，Pは$x=3$のとき **最小値8**をとる。

練習 23 $a>b>0$のとき

$$(\sqrt{a-b})^2-(\sqrt{a}-\sqrt{b})^2$$
$$=a-b-(a+b-2\sqrt{ab})$$
$$=2\sqrt{ab}-2b=2\sqrt{b}(\sqrt{a}-\sqrt{b})>0$$

よって

$$(\sqrt{a-b})^2>(\sqrt{a}-\sqrt{b})^2$$

$\sqrt{a-b}>0$，$\sqrt{a}-\sqrt{b}>0$だから

◀ 両辺とも正である。

$$\sqrt{a}-\sqrt{b}<\sqrt{a-b}$$

練習 24 $(|a|+|b|)^2-|a+b|^2$

$$=(|a|^2+|b|^2+2|a||b|)-(a+b)^2$$
$$=(a^2+b^2+2|ab|)-(a^2+b^2+2ab)$$
$$=2(|ab|-ab)\geqq 0$$

◀ $|x|^2=x^2$を用いた。

よって

$$(|a|+|b|)^2\geqq|a+b|^2$$

$|a|+|b|\geqq 0$，$|a+b|\geqq 0$だから

◀ 両辺とも0以上である。

$$|a+b|\leqq|a|+|b|$$

等号は，$|ab|=ab$，すなわち，**$ab\geqq 0$のとき**成り立つ。

定期テスト対策問題 2

1 解答 (1) $ax^2+bx+c=(2x-1)(x+3)$

$ax^2+bx+c=2x^2+5x-3$

両辺の係数を比較して

$\boldsymbol{a=2,\ b=5,\ c=-3}$

(2) $a(x+1)(x-2)+bx(x+1)+cx(x-2)=3x^2$ ……①

両辺に$x=0$, -1, 2を代入すると

$-2a=0$, $3c=3$, $6b=12$

よって　$\boldsymbol{a=0,\ b=2,\ c=1}$

これらのa, b, cの値に対して①は恒等式となる。

(3) $x^2-2x+3=a(x-1)^2+b(x-1)+c$

$x-1=t$とおくと　$x=t+1$

代入して

$(t+1)^2-2(t+1)+3=at^2+bt+c$

$t^2+2=at^2+bt+c$

両辺の係数を比較して

$\boldsymbol{a=1,\ b=0,\ c=2}$

◀ 右辺を展開する。

◀ できるだけ簡単になるようなxの値を代入する。

◀ $x-1=t$とおくのがポイントである。

2 解答 $\dfrac{2x^4+x^3+2x^2-5x+3}{x^3-1}=ax+b+\dfrac{c}{x-1}+\dfrac{dx+e}{x^2+x+1}$

両辺に$(x-1)(x^2+x+1)=x^3-1$をかけると

$2x^4+x^3+2x^2-5x+3$

$=(ax+b)(x^3-1)+c(x^2+x+1)+(dx+e)(x-1)$

$=ax^4+bx^3-ax-b+cx^2+cx+c+dx^2+(-d+e)x-e$

$=ax^4+bx^3+(c+d)x^2-(a-c+d-e)x-b+c-e$

両辺の係数を比較して

$a=2$, $b=1$, $c+d=2$

$a-c+d-e=5$, $-b+c-e=3$

これらを解いて

$\boldsymbol{a=2,\ b=1,\ c=1,\ d=1,\ e=-3}$

◀ 右辺を整理して，左辺と比較する。

3 解答 $\dfrac{x}{a}=\dfrac{y}{b}=\dfrac{z}{c}=k$ とおくと

$$x=ak,\ y=bk,\ z=ck$$

x, y, z に代入して

$$\text{左辺}=\frac{x+y+z}{a+b+c}$$
$$=\frac{ak+bk+ck}{a+b+c}$$
$$=\frac{k(a+b+c)}{a+b+c}=k$$

$$\text{右辺}=\frac{px+qy+rz}{pa+qb+rc}$$
$$=\frac{pak+qbk+rck}{pa+qb+rc}$$
$$=\frac{k(pa+qb+rc)}{pa+qb+rc}=k$$

よって $\dfrac{x+y+z}{a+b+c}=\dfrac{px+qy+rz}{pa+qb+rc}$

◀ 比例式を k とおき
$x=ak$
$y=bk$
$z=ck$
の形で用いる。

◀ 左辺，右辺を別々に計算する。

4 解答 $xyz=1$ だから

$$z=\frac{1}{xy}$$

したがって

$$\frac{1}{xy+y+1}+\frac{1}{yz+z+1}+\frac{1}{zx+x+1}$$
$$=\frac{1}{xy+y+1}+\frac{1}{y\cdot\frac{1}{xy}+\frac{1}{xy}+1}+\frac{1}{\frac{1}{xy}\cdot x+x+1}$$
$$=\frac{1}{xy+y+1}+\frac{xy}{y+1+xy}+\frac{y}{1+xy+y}$$
$$=\frac{1+xy+y}{xy+y+1}=\mathbf{1}$$

◀ 文字消去の方針で計算する。

5 解答 (1) $\dfrac{y+z}{x}=\dfrac{z+x}{y}=\dfrac{x+y}{z}=k$

から

$$\begin{cases} y+z=xk & \cdots\cdots① \\ z+x=yk & \cdots\cdots② \\ x+y=zk & \cdots\cdots③ \end{cases}$$

①＋②＋③から

$$2(x+y+z)=k(x+y+z)$$

$x+y+z\neq0$ のとき　$\mathbf{k=2}$

◀ $x+y+z\neq0$ だから，
両辺を $x+y+z$ で割ってよい。

(2) $x+y+z=0$ のとき

$$y+z=-x$$

したがって

$$k=\frac{y+z}{x}$$

$$=\frac{-x}{x}=-1$$

すなわち　$\boldsymbol{k=-1}$

◀もとの式に代入する。$z+x=-y$ や $x+y=-z$ を用いても同じ。

6 **解答** (1) 右辺 $=(a-b)^2+(b-c)^2+(c-a)^2$

$$=(a^2-2ab+b^2)+(b^2-2bc+c^2)+(c^2-2ca+a^2)$$

$$=2(a^2+b^2+c^2-ab-bc-ca)=\text{左辺}$$

よって

$$2(a^2+b^2+c^2-ab-bc-ca)=(a-b)^2+(b-c)^2+(c-a)^2$$

◀右辺のほうが変形しやすい。

(2) (1)から

左辺－右辺

$$=a^2+b^2+c^2-(ab+bc+ca)$$

$$=\frac{1}{2}\{(a-b)^2+(b-c)^2+(c-a)^2\}\geqq 0 \quad \cdots\cdots①$$

よって　$a^2+b^2+c^2\geqq ab+bc+ca$

等号は①から　$a-b=0$，$b-c=0$，$c-a=0$

すなわち，$a=b=c$ のとき成り立つ。

(3) 右辺 $=(ax+by+cz)^2+(ay-bx)^2+(bz-cy)^2+(cx-az)^2$

$$=a^2x^2+b^2y^2+c^2z^2+2abxy+2bcyz+2cazx$$
$$+(a^2y^2-2abxy+b^2x^2)$$
$$+(b^2z^2-2bcyz+c^2y^2)$$
$$+(c^2x^2-2cazx+a^2z^2)$$
$$=a^2x^2+a^2y^2+a^2z^2+b^2x^2+b^2y^2+b^2z^2+c^2x^2+c^2y^2+c^2z^2$$
$$=a^2(x^2+y^2+z^2)+b^2(x^2+y^2+z^2)+c^2(x^2+y^2+z^2)$$
$$=(a^2+b^2+c^2)(x^2+y^2+z^2)=\text{左辺}$$

◀右辺を展開し，さらに因数分解する。

よって

$$(a^2+b^2+c^2)(x^2+y^2+z^2)$$
$$=(ax+by+cz)^2+(ay-bx)^2+(bz-cy)^2+(cx-az)^2$$

(4)　(3)から

$$\begin{aligned}&\text{左辺}-\text{右辺}\\=&(a^2+b^2+c^2)(x^2+y^2+z^2)-(ax+by+cz)^2\\=&(ay-bx)^2+(bz-cy)^2+(cx-az)^2\geqq 0\quad\cdots\cdots②\end{aligned}$$

◀ (3)がなくてもこの変形ができるようにしておこう。

よって

$$(a^2+b^2+c^2)(x^2+y^2+z^2)\geqq(ax+by+cz)^2$$

等号は②から

$$ay-bx=0,\ bz-cy=0,\ cx-az=0$$

すなわち，$ay=bx$，$bz=cy$，$cx=az$のとき成り立つ。

◀ $x:y:z=\frac{a}{b}y:y:\frac{c}{b}y$
$=a:b:c$
でもよい。

7 解答　$a\geqq 0$，$b\geqq 0$のとき

$$\begin{aligned}&(2\sqrt{a}+3\sqrt{b})^2-(\sqrt{4a+9b})^2\\=&4a+9b+12\sqrt{ab}-(4a+9b)\\=&12\sqrt{ab}\geqq 0\quad\cdots\cdots①\\&(2\sqrt{a}+3\sqrt{b})^2\geqq(\sqrt{4a+9b})^2\end{aligned}$$

◀ 左辺も右辺も0以上だから，2乗の大小を比べる。

$2\sqrt{a}+3\sqrt{b}\geqq 0,\sqrt{4a+9b}\geqq 0$だから

$$2\sqrt{a}+3\sqrt{b}\geqq\sqrt{4a+9b}$$

等号は①から，$ab=0$，すなわち，$a=0$または$b=0$のとき成り立つ。

8 解答　(1)　$a>0$，$b>0$だから，相加平均・相乗平均の関係により

◀ 相加平均≧相乗平均を用いる。

$$a+b+\frac{1}{a}+\frac{4}{b}\geqq 2\sqrt{a\cdot\frac{1}{a}}+2\sqrt{b\cdot\frac{4}{b}}=6$$

すなわち　$a+b+\frac{1}{a}+\frac{4}{b}\geqq 6$

等号は　$a=\frac{1}{a}$，$b=\frac{4}{b}$ $(a>0,\ b>0)$

すなわち，$a=1$，$b=2$のとき成り立つ。

◀ $a^2=1$，$b^2=4$
$(a>0,\ b>0)$から
$a=1$，$b=2$

(2)　$a>0$，$b>0$だから，相加平均・相乗平均の関係により

$$\left(a+\frac{1}{b}\right)\left(b+\frac{4}{a}\right)=ab+\frac{4}{ab}+5$$
$$\geqq 2\sqrt{ab\cdot\frac{4}{ab}}+5=9$$

すなわち　$\left(a+\frac{1}{b}\right)\left(b+\frac{4}{a}\right)\geqq 9$

等号は　$ab=\frac{4}{ab}$ $(a>0,\ b>0)$

すなわち，$ab=2$のとき成り立つ。

(3)　$a>0$，$b>0$，$c>0$だから，相加平均・相乗平均の関係により

$a+b \geqq 2\sqrt{ab}>0$　　……①

$b+c \geqq 2\sqrt{bc}>0$　　……②

$c+a \geqq 2\sqrt{ca}>0$　　……③

①，②，③から

$(a+b)(b+c)(c+a) \geqq 8\sqrt{ab}\sqrt{bc}\sqrt{ca}$

$(a+b)(b+c)(c+a) \geqq 8abc$

等号は，①，②，③から

$a=b$，$b=c$，$c=a$

すなわち，$a=b=c$のとき成り立つ。

◀①，②，③を辺々かける。

◀この等号が成立するためには①～③の等号成立条件が同時に満たされていればよい。

第3節　複素数と方程式

練習25　(1)　$(5+i)(3-i)=15-2i-i^2=\mathbf{16-2i}$

(2)　$i+\dfrac{1}{i}+\dfrac{1}{i^2}+\dfrac{1}{i^3}=i+(-i)+\dfrac{1}{-1}+i$

$=\mathbf{-1+i}$

◀ $i^3=i\cdot i^2=-i$

(3)　$\dfrac{2i}{1+i}+\dfrac{5}{2-i}=\dfrac{2i(1-i)}{(1+i)(1-i)}+\dfrac{5(2+i)}{(2-i)(2+i)}$

$=\dfrac{2(i-i^2)}{1-i^2}+\dfrac{5(2+i)}{4-i^2}$

$=(i+1)+(2+i)=\mathbf{3+2i}$

◀ まず分母を実数化する。

◀ $1-i^2=1-(-1)=2$
$4-i^2=4-(-1)=5$

(4)　$(1-i)^2=1-2i+i^2=-2i$　だから

$(1-i)^6=\{(1-i)^2\}^3$

$=(-2i)^3$

$=-8i^3=\mathbf{8i}$

◀ $i^3=i^2\cdot i=-i$

練習26　(1)　$\sqrt{-25}+\sqrt{-16}=5i+4i=\mathbf{9i}$

(2)　$\sqrt{-8}\times\sqrt{-2}=2\sqrt{2}i\times\sqrt{2}i$

$=4i^2=\mathbf{-4}$

(3)　$\dfrac{\sqrt{12}}{\sqrt{-3}}=\dfrac{2\sqrt{3}}{\sqrt{3}i}$

$=\dfrac{2i}{i^2}=\mathbf{-2i}$

(4)　$(3+\sqrt{-2})(3-\sqrt{-2})=(3+\sqrt{2}i)(3-\sqrt{2}i)$

$=9-2i^2=\mathbf{11}$

◀ $\sqrt{a}i$ $(a>0)$ の形にしてから計算する。
$\sqrt{-8}\times\sqrt{-2}=\sqrt{16}$
$=4$
は間違い。

◀ $\dfrac{\sqrt{12}}{\sqrt{-3}}=\sqrt{-4}=2i$
は間違い。

練習27　(1)　$x+yi-2-i=0$

$(x-2)+(y-1)i=0$

$x-2$, $y-1$ はともに実数だから

$\begin{cases}x-2=0\\y-1=0\end{cases}$

よって　　$\boldsymbol{x=2,\ y=1}$

◀ $x+yi=2+i$
x, y は実数だから,
$x=2$, $y=1$ としてもよい。

(2)　$x(1+2i)-y(1+3i)=2+3i$

$(x-y)+(2x-3y)i=2+3i$

$x-y$, $2x-3y$ は実数だから

$\begin{cases}x-y=2\\2x-3y=3\end{cases}$

これらを解いて　　$\boldsymbol{x=3,\ y=1}$

◀ a, b, c, d が実数のとき
$a+bi=c+di$
$\Longleftrightarrow a=c,\ b=d$

練習 28 $f(x)=x^2-2x+2$

$g(x)=x^4-x^3+x^2-3x+3$

$\alpha=1-i$ だから

$$f(\alpha)=(1-i)^2-2(1-i)+2$$
$$=(1-2i+i^2)-2+2i+2$$
$$=\mathbf{0}$$

$g(x)$ を $f(x)$ で割ると，次のようになる。

$$\begin{array}{r} x^2+\ x\ +1 \\ x^2-2x+2\,\big)\ x^4-\ x^3+\ x^2-3x+3 \\ \underline{x^4-2x^3+2x^2\qquad\quad} \\ x^3-\ x^2-3x\ \quad \\ \underline{x^3-2x^2+2x\ \quad} \\ x^2-5x+3 \\ \underline{x^2-2x+2} \\ -3x+1 \end{array}$$

多項式の割り算の原理により

$$g(x)=(x^2+x+1)(x^2-2x+2)-3x+1$$
$$=(x^2+x+1)f(x)-3x+1$$

したがって

$$g(\alpha)=(\alpha^2+\alpha+1)f(\alpha)-3\alpha+1$$
$$=-3(1-i)+1=\mathbf{-2+3i}$$

◀ 結局，余りに $\alpha=1-i$ を代入することになる。

練習 29 (1) $x^2+x+1=0$ の解は

$$x=\frac{-1\pm\sqrt{1-4}}{2}=\frac{\mathbf{-1\pm\sqrt{3}i}}{\mathbf{2}}$$

◀ $\sqrt{-3}$ ではなく $\sqrt{3}i$ とする。

(2)

$$(x-1)^2+(x-2)^2=(x+3)^2$$
$$(x^2-2x+1)+(x^2-4x+4)=x^2+6x+9$$
$$x^2-12x-4=0$$

◀ まず方程式を整理する。

よって，求める解は

$$x=6\pm\sqrt{40}$$
$$=\mathbf{6\pm2\sqrt{10}}$$

◀ $ax^2+2b'x+c=0$ の解は $x=\dfrac{-b'\pm\sqrt{b'^2-ac}}{a}$

(3) $2x^2-2\sqrt{3}x+3=0$ の解は

$$x=\frac{\sqrt{3}\pm\sqrt{3-6}}{2}$$
$$=\frac{\mathbf{\sqrt{3}\pm\sqrt{3}i}}{\mathbf{2}}$$

練習 30 $x^2+ax+b=0$ の解の1つが $1-\sqrt{2}i$ だから

$$(1-\sqrt{2}i)^2+a(1-\sqrt{2}i)+b=0$$

$$(1-2\sqrt{2}i+2i^2)+a-\sqrt{2}ai+b=0$$

$$(a+b-1)-\sqrt{2}(2+a)i=0$$

$a+b-1$, $-\sqrt{2}(2+a)$ はいずれも実数だから

$$\begin{cases} a+b-1=0 \\ -\sqrt{2}(2+a)=0 \end{cases}$$

これを解いて　　$\boldsymbol{a=-2,\ b=3}$

別解 $1-\sqrt{2}i$ が解のとき，他の解はその共役な複素数である $1+\sqrt{2}i$ だから　　$x=1\pm\sqrt{2}i$

$$(x-1)^2=(\pm\sqrt{2}i)^2$$

$$x^2-2x+3=0$$

よって　　$\boldsymbol{a=-2,\ b=3}$

◀解はもとの方程式を満たす。

◀右辺は $0+0i$ と考える。

練習 31 $x^2+(k-2)x+1=0$　　……①

①の判別式を D とすると

$$D=(k-2)^2-4=k^2-4k$$
$$=k(k-4)$$

(1) ①が実数解をもつ条件は，$D\geqq 0$ だから

$$k(k-4)\geqq 0$$

よって　　$\boldsymbol{k\leqq 0,\ 4\leqq k}$

(2) ①が虚数解をもつ条件は，$D<0$ だから

$$k(k-4)<0$$

よって　　$\boldsymbol{0<k<4}$

◀$D=0$ のときも実数解をもつことに注意。

練習 32 $kx^2+2(k+6)x+7k+6=0$　$(k\neq 0)$　　……①

①が重解をもつから，①の判別式を D とすると

$$\frac{D}{4}=(k+6)^2-k(7k+6)=0$$

$$-6k^2+6k+36=0$$

$$k^2-k-6=0$$

$$(k+2)(k-3)=0$$

よって　　$k=-2,\ 3$

$k=-2$ のとき　　$x=-\dfrac{k+6}{k}=-\dfrac{4}{-2}=2$

$k=3$ のとき　　$x=-\dfrac{9}{3}=-3$

すなわち　$\begin{cases} \boldsymbol{k=-2,\ 重解は\ 2} \\ \boldsymbol{k=3,\quad 重解は\ -3} \end{cases}$

◀x が重解をもつとき，
$\pm\sqrt{b^2-4ac}=0$
だから，重解は
$x=-\dfrac{b}{2a}$
となる。2次方程式が $ax^2+2b'x+c=0$ の形のときは
$x=-\dfrac{b'}{a}$
である。

練習 33 $x^2-\sqrt{5}x+1=0$ の2つの解を α，β とすると，解と係数の関係から

$$\begin{cases}\alpha+\beta=\sqrt{5}\\ \alpha\beta=1\end{cases}$$

(1) $\alpha^2\beta+\alpha\beta^2=\alpha\beta(\alpha+\beta)$

$$=1\cdot\sqrt{5}=\boldsymbol{\sqrt{5}}$$

(2) $(2\alpha+1)(2\beta+1)=4\alpha\beta+2(\alpha+\beta)+1$

$$=4\cdot1+2\sqrt{5}+1$$

$$=\boldsymbol{5+2\sqrt{5}}$$

◀積の形はいったん展開する。

(3) $\dfrac{1}{2\alpha+1}+\dfrac{1}{2\beta+1}=\dfrac{(2\beta+1)+(2\alpha+1)}{(2\alpha+1)(2\beta+1)}$

◀分数の形は通分する。

$$=\frac{2(\alpha+\beta)+2}{(2\alpha+1)(2\beta+1)}$$

$$=\frac{2\sqrt{5}+2}{5+2\sqrt{5}}$$

◀(2)の結果を用いる。

$$=\frac{(2\sqrt{5}+2)(5-2\sqrt{5})}{(5+2\sqrt{5})(5-2\sqrt{5})}$$

◀分母を有理化する。

$$=\frac{10\sqrt{5}-20+10-4\sqrt{5}}{25-20}$$

$$=\boldsymbol{-2+\frac{6\sqrt{5}}{5}}$$

練習 34 (1) $x^2-x-1=0$ を解くと

◀$ax^2+bx+c=0$ の解が α，β のとき
ax^2+bx+c
$=a(x-\alpha)(x-\beta)$
を用いる。

$$x=\frac{1\pm\sqrt{5}}{2}$$

よって

$$x^2-x-1=\boldsymbol{\left(x-\frac{1+\sqrt{5}}{2}\right)\left(x-\frac{1-\sqrt{5}}{2}\right)}$$

(2) $3x^2-10x+9=0$ を解くと

$$x=\frac{5\pm\sqrt{2}i}{3}$$

よって

$$3x^2-10x+9=\boldsymbol{3\left(x-\frac{5+\sqrt{2}i}{3}\right)\left(x-\frac{5-\sqrt{2}i}{3}\right)}$$

(3) $x^2+4=0$，すなわち，$x^2=-4$ を解くと

$$x=\pm\sqrt{-4}$$

$$=\pm2i$$

よって

$$x^2+4=\boldsymbol{(x+2i)(x-2i)}$$

練習 35　$2x^2+3x+4=0$の解をα，βとすると，解と係数の関係から

$$\begin{cases}\alpha+\beta=-\dfrac{3}{2}\\ \alpha\beta=2\end{cases}$$

(1)　$\dfrac{1}{\alpha}+\dfrac{1}{\beta}=\dfrac{\beta+\alpha}{\alpha\beta}$

$$=\frac{-\frac{3}{2}}{2}=-\frac{3}{4}$$

$$\frac{1}{\alpha}\cdot\frac{1}{\beta}=\frac{1}{\alpha\beta}=\frac{1}{2}$$

よって，$\dfrac{1}{\alpha}$，$\dfrac{1}{\beta}$を解とする2次方程式は

$$x^2-\left(-\frac{3}{4}\right)x+\frac{1}{2}=0$$

◀ $x^2-(和)x+(積)=0$ に和と積の値を代入。

すなわち　　$\boldsymbol{4x^2+3x+2=0}$

別解　$X=\dfrac{1}{x}$とすると　　$x=\dfrac{1}{X}$

◀ 逆数を解にもつ2次方程式だから $X=\dfrac{1}{x}$

$$2\left(\frac{1}{X}\right)^2+3\left(\frac{1}{X}\right)+4=0$$

この両辺にX^2をかけると

$$4X^2+3X+2=0$$

すなわち　　$\boldsymbol{4x^2+3x+2=0}$

(2)　$(2\alpha-1)+(2\beta-1)=2(\alpha+\beta)-2$

$$=2\cdot\left(-\frac{3}{2}\right)-2=-5$$

$$(2\alpha-1)(2\beta-1)=4\alpha\beta-2(\alpha+\beta)+1$$

$$=4\cdot2-2\cdot\left(-\frac{3}{2}\right)+1=12$$

よって，$2\alpha-1$，$2\beta-1$を解とする2次方程式は

$$\boldsymbol{x^2+5x+12=0}$$

◀ $x^2-(和)x+(積)=0$ に和と積の値を代入。

別解　$X=2x-1$とすると

$$x=\frac{X+1}{2}$$

よって　　$2\left(\dfrac{X+1}{2}\right)^2+3\times\dfrac{X+1}{2}+4=0$

$$X^2+5X+12=0$$

すなわち　　$\boldsymbol{x^2+5x+12=0}$

練習 36　$x^2-kx+k+2=0$の1つの解が，他の解より2だけ大きいから，2つの解はα，$\alpha+2$とおける。
このとき，解と係数の関係から

$$\begin{cases}\alpha+(\alpha+2)=k & \cdots\cdots① \\ \alpha(\alpha+2)=k+2 & \cdots\cdots②\end{cases}$$

② − ①から

$\alpha^2=4$　　よって　　$\alpha=\pm 2$

①から

$\alpha=2$のとき　　$k=6$

$\alpha=-2$のとき　　$k=-2$

したがって

$$\begin{cases}\boldsymbol{k=6},\ 2つの解は\boldsymbol{2},\ \boldsymbol{4} \\ \boldsymbol{k=-2},\ 2つの解は\boldsymbol{-2},\ \boldsymbol{0}\end{cases}$$

◀ $ax^2+bx+c=0$ $(a\neq 0)$ の解をα，βとすると

$$\begin{cases}\alpha+\beta=-\dfrac{b}{a} \\ \alpha\beta=\dfrac{c}{a}\end{cases}$$

練習 37　$2x^2+mx+m-2=0$の1つの解が他の解の2倍だから，2つの解をα，2αとおける。
このとき，解と係数の関係から

$$\begin{cases}\alpha+2\alpha=-\dfrac{m}{2} & \cdots\cdots① \\ \alpha\cdot 2\alpha=\dfrac{m-2}{2} & \cdots\cdots②\end{cases}$$

① + ②から

$$2\alpha^2+3\alpha+1=0$$
$$(2\alpha+1)(\alpha+1)=0$$

よって　　$\alpha=-\dfrac{1}{2}$，-1

①から

$\alpha=-\dfrac{1}{2}$のとき　　$m=3$

$\alpha=-1$のとき　　$m=6$

したがって　　$\boldsymbol{m=3}$，$\boldsymbol{6}$

◀ $ax^2+bx+c=0$ $(a\neq 0)$ の解をα，βとすると

$$\begin{cases}\alpha+\beta=-\dfrac{b}{a} \\ \alpha\beta=\dfrac{c}{a}\end{cases}$$

練習 38　2次方程式$x^2+mx+1=0$の判別式をDとすると，$\alpha<0$，$\beta<0$となる条件は

$$\begin{cases} D=m^2-4\geqq 0 & \cdots\cdots① \\ \alpha+\beta=-m<0 & \cdots\cdots② \\ \alpha\beta=1>0 & \cdots\cdots③ \end{cases}$$

①から　$(m+2)(m-2)\geqq 0$

$m\leqq -2,\ 2\leqq m$　$\cdots\cdots④$

②から　$m>0$　$\cdots\cdots⑤$

③はつねに成り立つ。

よって，④，⑤から　$\boldsymbol{m\geqq 2}$

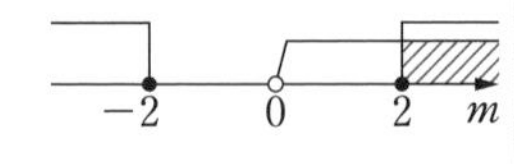

◀ $D\geqq 0$
$\Longleftrightarrow$ 2つの実数解をもつ
$\begin{cases}\alpha+\beta<0 \\ \alpha\beta>0\end{cases}$ $\Longleftrightarrow$ ともに負

練習 39　$P(x)=4x^3-3x+1$をそれぞれの1次式で割った余りは

(1)　$P(1)=4-3+1$
$=\boldsymbol{2}$

(2)　$P(-2)=-32+6+1$
$=\boldsymbol{-25}$

(3)　$P\left(\dfrac{2}{3}\right)=\dfrac{32}{27}-2+1$
$=\boldsymbol{\dfrac{5}{27}}$

◀ $P(1)$は$P(x)$を$x-1$で割ったときの余り。

練習 40　$x^2-x-6=(x+2)(x-3)$

だから，$P(x)$をx^2-x-6で割ったときの商を$Q(x)$，余りを$ax+b$とおくと

$P(x)=(x+2)(x-3)Q(x)+ax+b$

$P(-2)=-2a+b=-4$

$P(3)=3a+b=6$

これらを解いて　$a=2,\ b=0$

よって，余りは　$\boldsymbol{2x}$

◀ $P(x)$を$x+2$で割ると余り-4, $x-3$で割ると余り6から。

練習 41　$x^2-x-2=(x+1)(x-2)$

だから，$P(x)=x^3+ax+b$は$x+1$，$x-2$で割り切れる。

$P(-1)=-1-a+b=0$

$P(2)=8+2a+b=0$

よって

$\boldsymbol{a=-3,\ b=-2}$

練習 42　(1)　$P(x)=x^3-6x^2+11x-6$ とおくと

$P(1)=1-6+11-6=0$

$P(x)$ を $x-1$ で割った商は x^2-5x+6 だから

$$x^3-6x^2+11x-6=(x-1)(x^2-5x+6)$$
$$=\boldsymbol{(x-1)(x-2)(x-3)}$$

◀ 組立除法
1	1	−6	11	−6
		1	−5	6
	1	−5	6	0

商 x^2-5x+6

(2)　$P(x)=2x^3-7x^2+9$ とおくと

$P(-1)=-2-7+9=0$

$P(x)$ を $x+1$ で割った商は $2x^2-9x+9$ だから

$$2x^3-7x^2+9=(x+1)(2x^2-9x+9)$$
$$=\boldsymbol{(x+1)(x-3)(2x-3)}$$

◀
−1	2	−7	0	9
		−2	9	−9
	2	−9	9	0

商 $2x^2-9x+9$

(3)　$P(x)=x^4+x^3-x^2+x-2$ とおくと

$P(1)=1+1-1+1-2=0$

$P(-2)=16-8-4-2-2=0$

$x^4+x^3-x^2+x-2$ を $(x-1)(x+2)$ で割った商は x^2+1

だから　$x^4+x^3-x^2+x-2=\boldsymbol{(x-1)(x+2)(x^2+1)}$

◀
1	1	1	−1	1	−2
		1	2	1	2
	1	2	1	2	0

商 x^3+2x^2+x+2

−2	1	2	1	2
		−2	0	−2
	1	0	1	0

商 x^2+1

練習 43　(1)　$x^3+1=0$

$(x+1)(x^2-x+1)=0$

$x+1=0,\ x^2-x+1=0$

よって　$\boldsymbol{x=-1,\ \dfrac{1\pm\sqrt{3}i}{2}}$

◀ 公式
a^3+b^3
$=(a+b)(a^2-ab+b^2)$
を用いた。

(2)　$x^4+3x^2-4=0$

$(x^2+4)(x^2-1)=0$

$x^2=-4,\ 1$

よって　$\boldsymbol{x=\pm 2i,\ \pm 1}$

◀ x^2 をひとかたまりとみなして変形する。

(3)　$(x^2+x)^2-8(x^2+x)+12=0$

$x^2+x=t$ とおくと

$$t^2-8t+12=0$$
$$(t-6)(t-2)=0$$
$$(x^2+x-6)(x^2+x-2)=0$$
$$(x+3)(x-2)(x+2)(x-1)=0$$

よって　$\boldsymbol{x=-3,\ -2,\ 1,\ 2}$

◀ もとに戻す。

(4)
$$x^4+4=0$$
$$(x^2+2)^2-4x^2=0$$
$$(x^2+2-2x)(x^2+2+2x)=0$$
$$x^2-2x+2=0,\ x^2+2x+2=0$$

よって　$\boldsymbol{x=1\pm i,\ -1\pm i}$

◀ $a^2-b^2=(a+b)(a-b)$ が使えるような変形を行う。

練習 44 (1) $x^3+3x+4=0$ ……①

$P(x)=x^3+3x+4$ とおくと

$P(-1)=-1-3+4=0$

x^3+3x+4 を $x+1$ で割ったときの商は x^2-x+4 だから

①は $(x+1)(x^2-x+4)=0$

$x+1=0,\ x^2-x+4=0$

よって $\boldsymbol{x=-1,\ \dfrac{1\pm\sqrt{15}i}{2}}$

◀
$$\begin{array}{r|rrrr} -1 & 1 & 0 & 3 & 4 \\ & & -1 & 1 & -4 \\ \hline & 1 & -1 & 4 & 0 \end{array}$$
商 x^2-x+4

(2) $x(x+1)(x+2)=1\cdot2\cdot3$ ……①

$x^3+3x^2+2x-6=0$

x^3+3x^2+2x-6 を $x-1$ で割った商は x^2+4x+6 だから

①は $(x-1)(x^2+4x+6)=0$

$x-1=0,\ x^2+4x+6=0$

よって $\boldsymbol{x=1,\ -2\pm\sqrt{2}i}$

◀この形から $x=1$ が解であることは明らか。
$$\begin{array}{r|rrrr} 1 & 1 & 3 & 2 & -6 \\ & & 1 & 4 & 6 \\ \hline & 1 & 4 & 6 & 0 \end{array}$$
商 x^2+4x+6

(3) $x^4-x^3-x+1=0$ ……①

$P(x)=x^4-x^3-x+1$ とおくと

$P(1)=1-1-1+1=0$

$P(x)$ を $x-1$ で割った商は x^3-1 だから，①は

$(x-1)(x^3-1)=0$

$(x-1)^2(x^2+x+1)=0$

$(x-1)^2=0,\ x^2+x+1=0$

よって $\boldsymbol{x=1}$**(重解)**, $\boldsymbol{\dfrac{-1\pm\sqrt{3}i}{2}}$

◀
$$\begin{array}{r|rrrrr} 1 & 1 & -1 & 0 & -1 & 1 \\ & & 1 & 0 & 0 & -1 \\ \hline & 1 & 0 & 0 & -1 & 0 \end{array}$$
商 x^3-1

練習 45 $x^4-2x^3+ax^2+bx+6=0$ ……①

$x=-2$, 3が①の解だから

$$\begin{cases}16+16+4a-2b+6=0\\81-54+9a+3b+6=0\end{cases}$$

よって $\begin{cases}2a-b=-19\\3a+b=-11\end{cases}$

これらを解いて

$\boldsymbol{a=-6,\ b=7}$

このとき，①は

$x^4-2x^3-6x^2+7x+6=0$ ……②

左辺を$(x+2)(x-3)$で割ると，商はx^2-x-1だから

②は

$(x+2)(x-3)(x^2-x-1)=0$

$x=-2,\ 3,\ \dfrac{1\pm\sqrt{5}}{2}$

よって，他の解は $\boldsymbol{\dfrac{1\pm\sqrt{5}}{2}}$

◀解はもとの方程式を満たす。

◀
$$\begin{array}{rl} & 2a-b=-19\\ +) & 3a+b=-11\\ \hline & 5a\quad=-30\\ & a\quad=-6\end{array}$$

◀
$$\begin{array}{r|rrrrr} -2 & 1 & -2 & -6 & 7 & 6\\ & & -2 & 8 & -4 & -6\\ \hline & 1 & -4 & 2 & 3 & 0\end{array}$$

商 x^3-4x^2+2x+3

$$\begin{array}{r|rrrr} 3 & 1 & -4 & 2 & 3\\ & & 3 & -3 & -3\\ \hline & 1 & -1 & -1 & 0\end{array}$$

商 x^2-x-1

練習 46 $x^3+ax^2+bx+10=0$ ……①

①の解の1つが$1-3i$だから

$$(1-3i)^3+a(1-3i)^2+b(1-3i)+10=0$$

$$1-3\cdot3i+3(3i)^2-(3i)^3+a(1-6i+9i^2)+b-3bi+10=0$$

$$(-8a+b-16)+(-6a-3b+18)i=0$$

$-8a+b-16$, $-6a-3b+18$はいずれも実数だから

$$\begin{cases}-8a+b-16=0\\-6a-3b+18=0\end{cases}$$

これらを解いて $\boldsymbol{a=-1,\ b=8}$

このとき，①は

$x^3-x^2+8x+10=0$ ……②

$P(x)=x^3-x^2+8x+10$とおくと

$P(-1)=-1-1-8+10=0$

$P(x)$を$x+1$で割った商は$x^2-2x+10$だから，②は

$(x+1)(x^2-2x+10)=0$

$x+1=0,\ x^2-2x+10=0$

$x=-1,\ 1\pm3i$

よって，他の解は $\boldsymbol{-1,\ 1+3i}$

◀
$$\begin{array}{r|rrrr} -1 & 1 & -1 & 8 & 10\\ & & -1 & 2 & -10\\ \hline & 1 & -2 & 10 & 0\end{array}$$

商 $x^2-2x+10$

練習 47 $x^3=1$ ……① から

$$x^3-1=0$$

$$(x-1)(x^2+x+1)=0$$

$x-1=0$ または $x^2+x+1=0$ ……②

ω_1, ω_2は①および②の解だから

$$\omega_1{}^3=\omega_2{}^3=1$$

$$\begin{cases}\omega_1+\omega_2=-1\\ \omega_1\omega_2=1\end{cases}$$

◀ 解と係数の関係より。

(1) $\omega_1{}^{100}+\omega_2{}^{100}=(\omega_1{}^3)^{33}\cdot\omega_1+(\omega_2{}^3)^{33}\cdot\omega_2$

$=\omega_1+\omega_2=\mathbf{-1}$

(2) $\dfrac{1}{\omega_1}+\dfrac{1}{\omega_2}=\dfrac{\omega_2+\omega_1}{\omega_1\omega_2}$

$=\dfrac{-1}{1}=\mathbf{-1}$

練習 48 (1) $x^3-x^2+x+5=0$ ……①

の解がα, β, γだから，解と係数の関係により

$$\begin{cases}\alpha+\beta+\gamma=1\\ \alpha\beta+\beta\gamma+\gamma\alpha=1\end{cases}$$

よって

$$\alpha^2+\beta^2+\gamma^2=(\alpha+\beta+\gamma)^2-2(\alpha\beta+\beta\gamma+\gamma\alpha)$$

$=1^2-2\cdot1=\mathbf{-1}$

(2) α, β, γは①を満たすから

$$\begin{cases}\alpha^3-\alpha^2+\alpha+5=0\\ \beta^3-\beta^2+\beta+5=0\\ \gamma^3-\gamma^2+\gamma+5=0\end{cases}$$

◀ 3式を加えてα^3, β^3, γ^3以外を右辺に移項する。

したがって

$$\alpha^3+\beta^3+\gamma^3=(\alpha^2+\beta^2+\gamma^2)-(\alpha+\beta+\gamma)-15$$

$=-1-1-15=\mathbf{-17}$

定期テスト対策問題 3

1 解答 (1) $(i+1)(2i-1)=2i^2+i-1$

$=-2+i-1$

$=\mathbf{-3+i}$

◀ $i^2=-1$である。

(2) $\sqrt{-2}\times\sqrt{-32}=\sqrt{2}i\times4\sqrt{2}i$

$=8i^2$

$=\mathbf{-8}$

◀ $\sqrt{-2}\times\sqrt{-32}$
$=\sqrt{(-2)\times(-32)}$
$=\sqrt{64}=8$
は間違い。

(3) $(2+\sqrt{-3})(3-\sqrt{-3})=(2+\sqrt{3}i)(3-\sqrt{3}i)$

$=6+\sqrt{3}i-3i^2$

$=6+\sqrt{3}i+3$

$=\mathbf{9+\sqrt{3}i}$

◀ $\sqrt{-3}=\sqrt{3}i$としてから計算する。

(4) $\dfrac{2(1-i)}{1+i}=\dfrac{2(1-i)^2}{(1+i)(1-i)}$

$=\dfrac{2(1-2i+i^2)}{1-i^2}$

$=\dfrac{2(1-2i-1)}{1-(-1)}=\mathbf{-2i}$

◀ 分母を実数にするために$1+i$の共役な複素数$1-i$を分母・分子にかける。

(5) $\dfrac{\sqrt{8}}{\sqrt{-2}}\times\sqrt{\dfrac{-8}{-2}}=\dfrac{2\sqrt{2}}{\sqrt{2}i}\times\sqrt{4}$

$=\dfrac{2i}{i^2}\times2=\mathbf{-4i}$

◀ $\dfrac{\sqrt{8}}{\sqrt{-2}}=\sqrt{\dfrac{8}{-2}}$ は間違い。

2 解答 $\alpha=3+2i,\ \beta=3-2i$

(1) $\alpha+\beta=(3+2i)+(3-2i)=\mathbf{6}$

(2) $\alpha\beta=(3+2i)(3-2i)$

$=9-4i^2=\mathbf{13}$

◀ $i^2=-1$を用いる。

(3) $\alpha^2+\beta^2=(\alpha+\beta)^2-2\alpha\beta$

$=6^2-2\cdot13=\mathbf{10}$

◀ $\alpha+\beta,\ \alpha\beta$の値を代入する。

(4) $\dfrac{\beta^2}{\alpha}+\dfrac{\alpha^2}{\beta}=\dfrac{\beta^3+\alpha^3}{\alpha\beta}$

$=\dfrac{(\alpha+\beta)(\alpha^2-\alpha\beta+\beta^2)}{\alpha\beta}$

$=\dfrac{6(10-13)}{13}$

$=\mathbf{-\dfrac{18}{13}}$

◀ $\alpha^3+\beta^3$
$=(\alpha+\beta)^3-3\alpha\beta(\alpha+\beta)$
と変形してもよい。

3 解答 (1)　$x^2-x-12=0$

$(x+3)(x-4)=0$

よって　$\boldsymbol{x=-3,\ 4}$

(2)　$x^2-2x-9=0$

から　$\boldsymbol{x=1\pm\sqrt{10}}$

(3)　$x^2-x+2=0$

から　$x=\dfrac{1\pm\sqrt{-7}}{2}$

$=\boldsymbol{\dfrac{1\pm\sqrt{7}i}{2}}$

(4)　$x^2+2x+7=0$

から　$x=-1\pm\sqrt{-6}$

$=\boldsymbol{-1\pm\sqrt{6}i}$

◀ 左辺を因数分解する。

◀ $ax^2+2b'x+c=0$
$(a\neq0)$の解は
$$x=\frac{-b'\pm\sqrt{b'^2-ac}}{a}$$
を用いる。

4 解答　$x^2+(k+1)x+9=0$　……①

①の判別式をDとすると

$D=(k+1)^2-36$

$=k^2+2k-35$

$=(k+7)(k-5)$

(1)　①が異なる2つの実数解をもつ条件は，$D>0$だから

$(k+7)(k-5)>0$

よって　$\boldsymbol{k<-7,\ 5<k}$

(2)　①が重解をもつ条件は，$D=0$だから

$(k+7)(k-5)=0$

よって　$k=-7,\ 5$

$k=-7$のとき

$x=-\dfrac{k+1}{2}$

$=-\dfrac{-7+1}{2}=3$

$k=5$のとき

$x=-\dfrac{5+1}{2}=-3$

よって　$\boldsymbol{\begin{cases}k=-7,\ x=3\\ k=5,\ x=-3\end{cases}}$

◀ 重解は解の公式において
$\pm\sqrt{b^2-4ac}=0$
だから
$$x=-\frac{b}{2a}$$

5 **解答** $x^2+(a+1)x+a^2=0$ ……①

$x^2+2ax+2a=0$ ……②

①，②の判別式をそれぞれD_1，D_2とすると

$D_1=(a+1)^2-4a^2=-3a^2+2a+1$

$=-(3a^2-2a-1)=-(3a+1)(a-1)$

$\frac{D_2}{4}=a^2-2a=a(a-2)$

(ア) ①が異なる2つの実数解をもち，②が虚数解をもつとき，$D_1>0$，$D_2<0$，すなわち

◀ (ア)，(イ)の2つの場合に分けて考える。

$$\begin{cases}-(3a+1)(a-1)>0 & \cdots\cdots③\\ 4a(a-2)<0 & \cdots\cdots④\end{cases}$$

③から　$(3a+1)(a-1)<0$

$-\frac{1}{3}<a<1$ ……⑤

◀ ⑤，⑥の共通部分を求める。

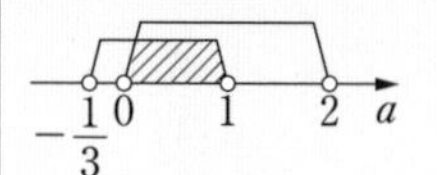

④から　$0<a<2$ ……⑥

よって，⑤，⑥から

$0<a<1$

(イ) ①が虚数解をもち，②が異なる2つの実数解をもつとき，$D_1<0$，$D_2>0$，すなわち

$$\begin{cases}-(3a+1)(a-1)<0 & \cdots\cdots⑦\\ 4a(a-2)>0 & \cdots\cdots⑧\end{cases}$$

⑦から　$(3a+1)(a-1)>0$

$a<-\frac{1}{3}$，$1<a$ ……⑨

◀ ⑨，⑩の共通部分を求める。

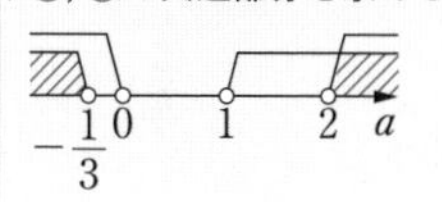

⑧から　$a<0$，$2<a$ ……⑩

⑨，⑩から　$a<-\frac{1}{3}$，$2<a$

(ア)，(イ)から　$\boldsymbol{a<-\frac{1}{3}}$，$\boldsymbol{0<a<1}$，$\boldsymbol{2<a}$

6 **解答** (1) $x^2+(i+1)x+2i-2=0$ ……①

から　$\boldsymbol{x^2+x-2+(x+2)i=0}$

(2) $f(x)=x^2+x-2=(x+2)(x-1)$

$g(x)=x+2$

よって，$f(x)=0$の解は　$\boldsymbol{x=-2,\ 1}$

$g(x)=0$の解は　$\boldsymbol{x=-2}$

(3) ①を満たす実数解は，$f(x)=0$，$g(x)=0$を同時に満たすxの実数値だから

◀ 係数に虚数が含まれるので，解が実数かどうか判断するために解の公式は用いることができない。

$\boldsymbol{x=-2}$

7 **解答** 2次方程式$2x^2-4x+3=0$の解がα, βのとき

(1) 解と係数の関係から

$$\alpha+\beta=-\frac{-4}{2}=2,\quad \alpha\beta=\frac{3}{2}$$

(2) $\alpha^2+\beta^2=(\alpha+\beta)^2-2\alpha\beta$

$$=2^2-2\cdot\frac{3}{2}=1$$

(3) $\alpha^3+\beta^3=(\alpha+\beta)(\alpha^2-\alpha\beta+\beta^2)$

$$=2\cdot\left(1-\frac{3}{2}\right)=-1$$

◀ 2次方程式 $ax^2+bx+c=0$ の解をα, βとすると $\alpha+\beta=-\frac{b}{a}$, $\alpha\beta=\frac{c}{a}$

◀ $\alpha^3+\beta^3$ $=(\alpha+\beta)^3-3\alpha\beta(\alpha+\beta)$ $=2^3-3\cdot\frac{3}{2}\cdot 2=-1$ としてもよい。

8 **解答** (1) $2x^2-3x+4=0$の解をα, βとすると，解と係数の関係から

$$\begin{cases}\alpha+\beta=-\dfrac{-3}{2}=\dfrac{3}{2}\\ \alpha\beta=\dfrac{4}{2}=2\end{cases}$$

よって

$$(2\alpha-3)(2\beta-3)=4\alpha\beta-6(\alpha+\beta)+9$$
$$=4\cdot 2-6\cdot\frac{3}{2}+9=8$$

(2) $(2\alpha-3)+(2\beta-3)=2(\alpha+\beta)-6$

$$=2\cdot\frac{3}{2}-6=-3$$

よって，求める2次方程式は

$$x^2-(-3)x+8=0$$

すなわち　$x^2+3x+8=0$

◀ 2次方程式 $ax^2+bx+c=0$の解を α, βとすると $\alpha+\beta=-\frac{b}{a}$, $\alpha\beta=\frac{c}{a}$

◀ 展開してから整理する。

◀ 求める2次方程式は $x^2-(\text{和})x+(\text{積})=0$

9 **解答** $x^2+(k-1)x+k^2=0$　$(k<0)$

の2つの解をα, βとすると，解と係数の関係から

$$\begin{cases}\alpha+\beta=-(k-1)\\ \alpha\beta=k^2\end{cases}$$

与えられた条件$\alpha^3+\beta^3=2$から

$$(\alpha+\beta)^3-3\alpha\beta(\alpha+\beta)=2$$
$$-(k-1)^3+3k^2(k-1)=2$$
$$2k^3-3k-1=0$$
$$(k+1)(2k^2-2k-1)=0$$

よって　$k=-1,\ \dfrac{1\pm\sqrt{3}}{2}$

$k<0$だから　$k=-1,\ \dfrac{1-\sqrt{3}}{2}$

◀ まず$\alpha^2+\beta^2$を求めてから， $\alpha^3+\beta^3$ $=(\alpha+\beta)(\alpha^2-\alpha\beta+\beta^2)$ を用いてもよい。

◀ 組立除法

-1	2	0	-3	-1
		-2	2	1
	2	-2	-1	0

商 $2k^2-2k-1$

10 解答 $x^2-kx+6=0$ ……①

(1) ①の1つの解が2だから

$$2^2-2k+6=0$$

よって $\boldsymbol{k=5}$

◀解はもとの方程式を満たす。

(2) ①の2つの解の比が1：2だから，解をα，2αとおくと，解と係数の関係から

◀解をα，2αとおくのがポイントである。

$$\begin{cases}\alpha+2\alpha=-(-k) & \cdots\cdots② \\ \alpha\cdot 2\alpha=6 & \cdots\cdots③\end{cases}$$

③から $\alpha^2=3$

$\alpha=\pm\sqrt{3}$

②から $\boldsymbol{k=3\alpha=\pm 3\sqrt{3}}$

11 解答 $x^2+ax+2a=0$

の解をα，βとするとき，解と係数の関係から

$$\begin{cases}\alpha+\beta=-a \\ \alpha\beta=2a\end{cases}$$

ここで $(\alpha+k)+(\beta+k)=\alpha+\beta+2k$

$=-a+2k$

$(\alpha+k)(\beta+k)=\alpha\beta+k(\alpha+\beta)+k^2$

$=2a-ak+k^2$

◀$\alpha+k$，$\beta+k$を解とする2次方程式は，まず
和：$(\alpha+k)+(\beta+k)$
積：$(\alpha+k)(\beta+k)$
を求め
$x^2-(和)x+(積)=0$
とする。

よって，$\alpha+k$，$\beta+k$を解とする2次方程式は

$$x^2-(-a+2k)x+2a-ak+k^2=0$$

これが，$x^2-3ax+3a+1=0$と一致するから

$$\begin{cases}-a+2k=3a & \cdots\cdots① \\ 2a-ak+k^2=3a+1 & \cdots\cdots②\end{cases}$$

①から $k=2a$

これを②に代入して

$$2a-a\cdot 2a+(2a)^2=3a+1$$

$$2a^2-a-1=0$$

$$(a-1)(2a+1)=0$$

◀1文字の方程式を作る。

よって $a=1,\ -\dfrac{1}{2}$

$a=1$のとき $k=2$

$a=-\dfrac{1}{2}$のとき $k=-1$

したがって $\begin{cases}\boldsymbol{a=1,\ k=2} \\ \boldsymbol{a=-\dfrac{1}{2},\ k=-1}\end{cases}$

12 解答 $f(x)=x^3+3x^2+ax+b$

$$\begin{cases} f(1)=1+3+a+b=a+b+4 \\ f(-2)=-8+12-2a+b=-2a+b+4 \end{cases}$$

剰余の定理から

$$\begin{cases} f(1)=7 \\ f(-2)=1 \end{cases}$$

よって $\begin{cases} a+b+4=7 \\ -2a+b+4=1 \end{cases}$

これらを解いて　**$a=2$，$b=1$**

◀ $f(1)$ は $f(x)$ に $x=1$ を代入した値。

等しい ↓↑

◀ $f(1)$ は $f(x)$ を $x-1$ で割ったときの余り。

13 解答 $f(x)$ を $x-1$ で割ると3余り，$x-5$ で割ると7余るから

$$\begin{cases} f(1)=3 \\ f(5)=7 \end{cases}$$

$f(x)$ を $(x-1)(x-5)$ で割ったときの商を $g(x)$，余りを $ax+b$ とおくと，多項式の割り算の原理から

$$f(x)=(x-1)(x-5)g(x)+ax+b$$

$$\begin{cases} f(1)=a+b \\ f(5)=5a+b \end{cases}$$

よって $\begin{cases} a+b=3 \\ 5a+b=7 \end{cases}$

これらを解いて　$a=1$，$b=2$

よって，求める余りは　**$x+2$**

◀ $f(1)$ は $f(x)$ を $x-1$ で割ったときの余り。

等しい ↓↑

◀ $f(1)$ は $f(x)$ に $x=1$ を代入した値。

14 解答 $f(x)$ を x^2-1，x^2-x-2 で割ったときの商をそれぞれ $q_1(x)$，$q_2(x)$ とすると

$$f(x)=(x^2-1)q_1(x)+2x+1$$
$$=(x+1)(x-1)q_1(x)+2x+1 \quad \cdots\cdots①$$
$$f(x)=(x^2-x-2)q_2(x)+3x+6$$
$$=(x+1)(x-2)q_2(x)+3x+6 \quad \cdots\cdots②$$

◀多項式の割り算の原理。

また，$f(x)$ を x^2-3x+2 で割ったときの商を $q(x)$，余りを $ax+b$ とすると

$$f(x)=(x^2-3x+2)q(x)+ax+b$$
$$=(x-1)(x-2)q(x)+ax+b \quad \cdots\cdots③$$

③と①で $x=1$ とおくと

◀a，b の値を求める。

$$f(1)=a+b=3$$

③と②で $x=2$ とおくと

$$f(2)=2a+b=12$$

よって　$a=9$，$b=-6$

したがって，求める余りは

$9x-6$

15 解答 (1)　$x^4-10x^2+9=0$

◀左辺を因数分解する。

$$(x^2-1)(x^2-9)=0$$
$$(x-1)(x+1)(x-3)(x+3)=0$$

よって　**$x=\pm1,\ \pm3$**

(2)　$x^3-3x^2-x+3=0$

$$x^2(x-3)-(x-3)=0$$
$$(x-3)(x^2-1)=0$$
$$(x-3)(x+1)(x-1)=0$$

よって　**$x=-1,\ 1,\ 3$**

◀$f(x)=x^3-3x^2-x+3$ とおいて
$f(1)=1-3-1+3=0$

1	1	−3	−1	3
		1	−2	−3
	1	−2	−3	0

商 x^2-2x-3 となることを用いてもよい。

(3)　$x^4+5x^2+9=0$

$$(x^2+3)^2-x^2=0$$
$$(x^2+3+x)(x^2+3-x)=0$$
$$x^2+x+3=0,\ x^2-x+3=0$$

よって　**$x=\dfrac{-1\pm\sqrt{11}i}{2},\ \dfrac{1\pm\sqrt{11}i}{2}$**

(4)　$x(x-1)(x-2)=3\cdot2\cdot1$

◀$x=3$ は明らかに解。

$$x^3-3x^2+2x-6=0$$
$$(x-3)(x^2+2)=0$$
$$x=3,\ x^2=-2$$

よって　**$x=3,\ \pm\sqrt{2}i$**

◀

3	1	−3	2	−6
		3	0	6
	1	0	2	0

商 x^2+2

(5) $x(x-1)(x-2)(x-3)=4\cdot5\cdot6\cdot7$

$(x^2-3x)(x^2-3x+2)=28\cdot30$

◀ 置き換えやすいように展開する。

$x^2-3x=t$ とおくと

$t(t+2)=28\cdot30$

◀ もとの方程式を展開し，$x=7$，-4 が解であることを用いてもよい。

$t^2+2t-28\cdot30=0$

$(t+30)(t-28)=0$

$(x^2-3x+30)(x^2-3x-28)=0$

$(x^2-3x+30)(x+4)(x-7)=0$

よって　$\boldsymbol{x=-4,\ 7,\ \dfrac{3\pm\sqrt{111}i}{2}}$

(6) $(x^2+4x+3)(x^2+12x+35)+15=0$

$(x+1)(x+3)(x+5)(x+7)+15=0$

$(x^2+8x+7)(x^2+8x+15)+15=0$

$x^2+8x+12=t$ とおくと

◀ $x^2+8x=t$ とおいてもよい。

$(t-5)(t+3)+15=0$

$t^2-2t=0$

$t(t-2)=0$

$(x^2+8x+12)(x^2+8x+10)=0$

$(x+6)(x+2)(x^2+8x+10)=0$

よって　$\boldsymbol{x=-6,\ -2,\ -4\pm\sqrt{6}}$

16 解答 $x^3-4x^2+3x+a=0$ ……①

(1) ①の解の1つが2だから

◀ 2が解だから，①に $x=2$ を代入しても等号が成り立つ。

$8-16+6+a=0$

よって　$\boldsymbol{a=2}$

(2) このとき，①は

◀ $x=2$ が解であることがわかっているので，左辺を $x-2$ で割る。

2	1	−4	3	2
		2	−4	−2
	1	−2	−1	0

商 x^2-2x-1

$x^3-4x^2+3x+2=0$

$(x-2)(x^2-2x-1)=0$

$x=2,\ 1\pm\sqrt{2}$

よって，他の解は　$\boldsymbol{x=1\pm\sqrt{2}}$

17 解答 (1) $x^4+ax^3+bx+c=0$ ……①

2とiが①の解だから

$$\begin{cases}16+8a+2b+c=0 & \cdots\cdots② \\ i^4+ai^3+bi+c=0 & \cdots\cdots③\end{cases}$$

③から　$(c+1)+(-a+b)i=0$

$c+1$，$-a+b$は実数だから

$$\begin{cases}c+1=0 & \cdots\cdots④ \\ -a+b=0 & \cdots\cdots⑤\end{cases}$$

②，④，⑤から

$$\boldsymbol{a=-\frac{3}{2},\ b=-\frac{3}{2},\ c=-1}$$

(2) (1)から，①は

$$x^4-\frac{3}{2}x^3-\frac{3}{2}x-1=0$$

$$(x-2)\left(x^3+\frac{1}{2}x^2+x+\frac{1}{2}\right)=0$$

$$(x-2)\left\{x^2\left(x+\frac{1}{2}\right)+\left(x+\frac{1}{2}\right)\right\}=0$$

$$(x-2)\left(x+\frac{1}{2}\right)(x^2+1)=0$$

$$x-2=0,\ x+\frac{1}{2}=0,\ x^2=-1$$

$$x=2,\ -\frac{1}{2},\ \pm i$$

よって，残りの解は　$\boldsymbol{x=-\frac{1}{2},\ -i}$

◀解の1つが2だから，左辺を$x-2$で割る。

2	1	$-\frac{3}{2}$	0	$-\frac{3}{2}$	-1
		2	1	2	1
	1	$\frac{1}{2}$	1	$\frac{1}{2}$	0

商 $x^3+\frac{1}{2}x^2+x+\frac{1}{2}$

18 解答 (1) x^4-x^2-6

$=(x^2-3)(x^2+2)$

$=\boldsymbol{(x+\sqrt{3})(x-\sqrt{3})(x+\sqrt{2}i)(x-\sqrt{2}i)}$

(2) $f(x)=x^4-x^3-2x^2-2x+4$とおくと

$f(1)=1-1-2-2+4=0$

$f(2)=16-8-8-4+4=0$

よって

$f(x)=(x-1)(x-2)(x^2+2x+2)$

$x^2+2x+2=0$を解くと

$x=-1\pm i$

よって

与式$=(x-1)(x-2)\{x-(-1+i)\}\{x-(-1-i)\}$

$=\boldsymbol{(x-1)(x-2)(x+1-i)(x+1+i)}$

◀

1	1	-1	-2	-2	4
		1	0	-2	-4
	1	0	-2	-4	0

2	1	0	-2	-4
		2	4	4
	1	2	2	0

商 x^2+2x+2

19 解答 (1) $2x^3-(a+2)x^2+a=0$ ……①

$(x-1)(2x^2-ax-a)=0$

よって，①は$x=1$を解にもつ。

(2) ①が$x=1$を重解としてもつのは，$x=1$が

$2x^2-ax-a=0$ ……②

の解のときだから

$2-a-a=0$ よって $a=1$

このとき，①は

$(x-1)(2x^2-x-1)=0$

$(x-1)(x-1)(2x+1)=0$

したがって $x=1$ (重解)，$-\dfrac{1}{2}$

$x=1$を重解にもつから

$\boldsymbol{a=1}$

(3) (2)から，②が$x=1$を重解にもつことはないから，①が1以外の重解をもつのは，②が重解をもつときで，②の判別式をDとすると

$D=a^2+8a=0$

$a(a+8)=0$

よって $\boldsymbol{a=0,\ -8}$

◀ $x=1$を代入してもよい。

◀
1	2	$-(a+2)$	0	a
		2	$-a$	$-a$
	2	$-a$	$-a$	0

商 $2x^2-ax-a$

◀ $x=1$が②の重解だと①の3重解になってしまうので，そうならないか調べておく。

20 解答 $x^3-x^2-3x+1=0$ ……①

の解をα，β，γとすると，解と係数の関係から

$$\begin{cases}\alpha+\beta+\gamma=1\\ \alpha\beta+\beta\gamma+\gamma\alpha=-3\end{cases}$$

(1) $\alpha+\beta+\gamma=\boldsymbol{1}$

(2) $\alpha^2+\beta^2+\gamma^2=(\alpha+\beta+\gamma)^2-2(\alpha\beta+\beta\gamma+\gamma\alpha)$

$=1^2-2\cdot(-3)=\boldsymbol{7}$

(3) α，β，γは①の解だから

$$\begin{cases}\alpha^3-\alpha^2-3\alpha+1=0\\ \beta^3-\beta^2-3\beta+1=0\\ \gamma^3-\gamma^2-3\gamma+1=0\end{cases}$$

$\alpha^3+\beta^3+\gamma^3=(\alpha^2+\beta^2+\gamma^2)+3(\alpha+\beta+\gamma)-3$

$=7+3\cdot1-3=\boldsymbol{7}$

◀ $x=\alpha$，β，γを解とする3次方程式は

$(x-\alpha)(x-\beta)(x-\gamma)=0$

すなわち

$x^3-(\alpha+\beta+\gamma)x^2$
$+(\alpha\beta+\beta\gamma+\gamma\alpha)x$
$-\alpha\beta\gamma=0$

◀ 3式を加えてα^3，β^3，γ^3以外を右辺に移項する。

21 **解答** (1)　$x^3=1$　……①　の虚数解の1つをωとすると

$\omega^3=1$

ここで，$x=\omega^2$を①の左辺に代入すると

$(\omega^2)^3=\omega^6=(\omega^3)^2=1$

よって，ω^2も①の解である。

(2)　$\omega^2=\omega$とすると，$\omega=0$，1となり，ωは実数となるので

$\omega^2 \neq \omega$

よって，①の解は　$x=1$，ω，ω^2

$x^3=8$のとき　$\dfrac{x^3}{8}=1$，$\left(\dfrac{x}{2}\right)^3=1$

このとき　$\dfrac{x}{2}=1$，ω，ω^2

よって　$x=2$，2ω，$2\omega^2$

◀ $x=\omega^2$を①に代入して等号が成り立てば，ω^2は①の解である。

◀ $\omega^2 \neq \omega$を確認しないと，$x=1$，ω，ω^2とは結論できない。

◀ $X^3=1$の解は
$X=1$，ω，ω^2

第2章　図形と方程式

第1節　点と直線，円

練習 49　(1)　$PQ=3-(-1)=\mathbf{4}$

(2)　$AB=5-(-2)=\mathbf{7}$

(3)　$CD=-3-(-7)=\mathbf{4}$

◀ $|3-(-1)|$ だが，大きいほうから小さいほうを引くと必ず正の数になる。

練習 50　A(10)，B(−4) で，ABを3：4に内分する点Pは

$$\frac{4\cdot 10+3\cdot(-4)}{3+4}=\frac{28}{7}=4$$

よって　　**P(4)**

また，5：2に内分する点Qは

$$\frac{2\cdot 10+5\cdot(-4)}{5+2}=0$$

よって　　**Q(0)**

◀ $A(a)$，$B(b)$ を結ぶ線分ABを $m：n$ に内分する点の座標は

$$\frac{na+mb}{m+n}$$

練習 51　A(−2)，B(14) で，$P(a)$，$Q(b)$ とすると

$$a=\frac{3\cdot(-2)+5\cdot 14}{5+3}=\frac{64}{8}=8$$

$$b=\frac{-11\cdot(-2)+7\cdot 14}{7-11}=\frac{120}{-4}=-30$$

よって，線分PQの中点は

$$\frac{8+(-30)}{2}=-11$$

すなわち　　**M(−11)**

◀ 外分の公式

$$\frac{-na+mb}{m-n}$$

を使う。

練習 52　A(0，1)，B(2，3) から

$$AB=\sqrt{(2-0)^2+(3-1)^2}$$
$$=\sqrt{8}=\mathbf{2\sqrt{2}}$$

また，x軸上にある点Pの座標を $(x,\ 0)$ とおくと

$$AP=BP\quad すなわち\quad AP^2=BP^2$$

から　　$(x-0)^2+(0-1)^2=(x-2)^2+(0-3)^2$

$$x^2+1=x^2-4x+4+9$$
$$4x=12$$
$$x=3$$

よって　　**P(3，0)**

◀ AP，BPはともに正の数だから，両辺を平方して考える。

練習 53 A(2, 3), B(−2, 1)に対して，線分ABを1：3に内分する点をP(x, y)，外分する点をQ(x′, y′)とすると

$$x=\frac{3\cdot2+1\cdot(-2)}{1+3}=1,\quad y=\frac{3\cdot3+1\cdot1}{1+3}=\frac{5}{2}$$

$$x'=\frac{-3\cdot2+1\cdot(-2)}{1-3}=4,\quad y'=\frac{-3\cdot3+1\cdot1}{1-3}=4$$

よって　内分点$\left(\mathbf{1},\ \frac{\mathbf{5}}{\mathbf{2}}\right)$，外分点**(4, 4)**

◀ 内分点，外分点の公式を使う。

練習 54 A(6, −3), B(1, 5), 重心G(1, 3)のとき，点Cの座標をC(x, y)とすると

$$\frac{6+1+x}{3}=1,\quad \frac{-3+5+y}{3}=3$$

これを解いて　$x=-4,\ y=7$

よって　**C(−4, 7)**

◀ $A(x_1,\ y_1)$, $B(x_2,\ y_2)$, $C(x_3,\ y_3)$で，△ABCの重心がG(x, y)のとき

$$x=\frac{x_1+x_2+x_3}{3}$$

$$y=\frac{y_1+y_2+y_3}{3}$$

練習 55 (1) 点(2, −3)を通り，傾きが−1の直線の方程式は

$$y-(-3)=-(x-2)$$

よって　$\boldsymbol{y=-x-1}$

◀ 点(a, b)を通り，傾きmの直線は

$$y-b=m(x-a)$$

(2) 点(3, 4)を通り，x軸に平行な直線の方程式は

$\boldsymbol{y=4}$

◀ x軸に平行な直線は

$$y=y_1$$

(3) 点(−2, 3)を通り，x軸に垂直な直線の方程式は

$\boldsymbol{x=-2}$

◀ x軸に垂直，すなわちy軸に平行な直線は

$$x=x_1$$

練習 56 (1) 2点(2, 3), (1, −1)を通るから

$$y-3=\frac{-1-3}{1-2}(x-2)$$

よって　$\boldsymbol{y=4x-5}$

◀ 2点$(x_1,\ y_1)$, $(x_2,\ y_2)$ $(x_1\neq x_2)$を通る直線は

$$y-y_1=\frac{y_2-y_1}{x_2-x_1}(x-x_1)$$

(2) 2点(3, 0), (−1, 0)のy座標が0で等しいから，この直線はx軸に平行で

$\boldsymbol{y=0}$

練習 57 2点$(a,\ a^2)$, $(b,\ b^2)$ $(a\neq b)$を通る直線の方程式は

$$y-a^2=\frac{b^2-a^2}{b-a}(x-a)$$

$$y-a^2=(a+b)(x-a)$$

よって　$\boldsymbol{y=(a+b)x-ab}$

◀ $$\frac{b^2-a^2}{b-a}=\frac{(b+a)(b-a)}{b-a}=a+b$$

練習 58　A(3, −2), B(1, a), C(a, 0)のとき，直線ABの方程式は

$$y-(-2)=\frac{a-(-2)}{1-3}(x-3)$$

$$y+2=-\frac{a+2}{2}(x-3)$$

3点A, B, Cが同一直線上にあるとは，点C(a, 0)が直線AB上にあることだから

$$0+2=-\frac{a+2}{2}(a-3)$$

$$a^2-a-2=0$$

$$(a+1)(a-2)=0$$

よって　　$\boldsymbol{a=-1,\ 2}$

◀直線の方程式として，AC, BCを考えてもよいが$a=3$または$a=1$のとき，傾きの分母が0になり，場合を分ける必要がある。直線ABを考えるほうがわかりやすい。

練習 59　P(1, 2), Q(4, −4)のとき，線分PQを1：2に内分する点Rの座標を(x, y)とすると

$$x=\frac{2\cdot1+1\cdot4}{1+2}=2,\ \ y=\frac{2\cdot2+1\cdot(-4)}{1+2}=0$$

◀内分点の公式を使う。

また，直線PQの傾きは

$$\frac{-4-2}{4-1}=-2$$

よって，点R(2, 0)を通り，直線PQに垂直な直線の方程式は

$$y=\frac{1}{2}(x-2)$$

◀傾きm ($m\neq0$)の直線に垂直な直線の傾きは$-\frac{1}{m}$

すなわち　　$\boldsymbol{y=\frac{1}{2}x-1}$

練習 60　直線　$x+y=6$　　……①　に関して，点A(4, −3)と対称な点Pの座標を(a, b)とすると，直線①と直線APは垂直だから

◀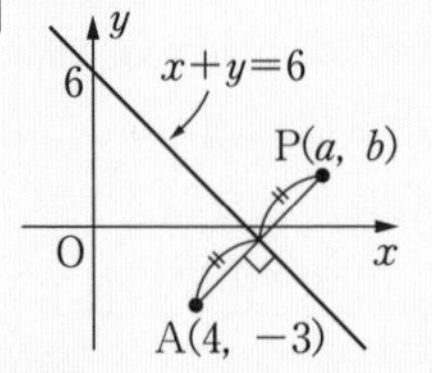

$$(-1)\cdot\frac{b+3}{a-4}=-1$$

よって　　$a-b=7$　　　　……②

また，線分APの中点$\left(\frac{a+4}{2},\ \frac{b-3}{2}\right)$は直線①上にあるから

$$\frac{a+4}{2}+\frac{b-3}{2}=6$$

$$a+4+b-3=12$$

$$a+b=11$$　　　　……③

◀②＋③から

$$2a=18$$

$$a=9$$

②, ③から　　$a=9,\ b=2$

よって　　**P(9, 2)**

練習 61 直線$y=-3x+2$から

$3x+y-2=0$

よって $\dfrac{|3\cdot1+1\cdot5-2|}{\sqrt{3^2+1^2}}=\dfrac{6}{\sqrt{10}}=\mathbf{\dfrac{3\sqrt{10}}{5}}$

◀ $ax+by+c=0$の形に変形する。

練習 62 まず，3つの直線の交点A，B，Cの座標を求め，線分ACの長さと，点Bと直線ACとの距離dを求める。

$x+y-3=0$ ……①

$x+2y-4=0$ ……②

$2x+y-4=0$ ……③

①と②の交点をA，②と③の交点をB，①と③の交点をCとすると

$A(2,\ 1)$，$B\left(\dfrac{4}{3},\ \dfrac{4}{3}\right)$，$C(1,\ 2)$

これから $AC=\sqrt{(1-2)^2+(2-1)^2}=\sqrt{2}$

また，直線ACは①と一致するから，その方程式は

$x+y-3=0$

したがって，点Bと直線ACとの距離dは

$$d=\frac{\left|\frac{4}{3}+\frac{4}{3}-3\right|}{\sqrt{1^2+1^2}}=\frac{1}{3\sqrt{2}}$$

よって，△ABCの面積Sは

$$S=\frac{1}{2}AC\cdot d=\frac{1}{2}\times\sqrt{2}\times\frac{1}{3\sqrt{2}}=\mathbf{\frac{1}{6}}$$

◀
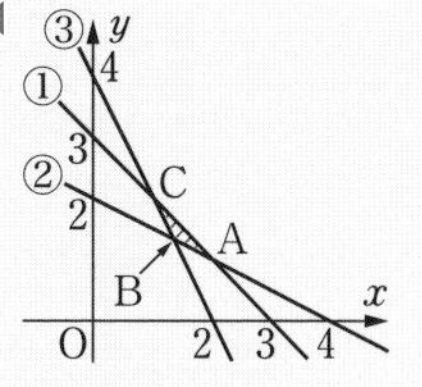

◀ ②−①から $y-1=0$

よって $y=1$，$x=2$

②×2−③から

$3y-4=0$

よって $y=\dfrac{4}{3}$，$x=\dfrac{4}{3}$

③−①から $x-1=0$

よって $x=1$，$y=2$

◀ 距離の公式

$d=\dfrac{|ax_1+by_1+c|}{\sqrt{a^2+b^2}}$

練習 63 2直線の交点を通る直線の方程式

$(x-2y-4)+k(2x+y-3)=0$

を考え，これが点$(-1,\ 2)$を通るときのkの値を求める。

2直線$x-2y-4=0$，$2x+y-3=0$の交点を通る直線の方程式は，kを定数として

$(x-2y-4)+k(2x+y-3)=0$ ……①

とおける。これが点$(-1,\ 2)$を通るから

$(-1-4-4)+k(-2+2-3)=0$

$-9-3k=0$ よって $k=-3$

このとき，①は

$(x-2y-4)-3(2x+y-3)=0$

$-5x-5y+5=0$

すなわち $\mathbf{x+y-1=0}$

◀ この2直線の交点は

$(2,\ -1)$

この点と点$(-1,\ 2)$

を通る直線の方程式は

$y-2=\dfrac{-1-2}{2+1}(x+1)$

$y-2=-(x+1)$

よって $x+y-1=0$

◀ この2直線は平行でないから必ず交点を1つもつ。したがって，①はこの2直線の交点を通る無数の直線を表す。

◀ 点$(-1,\ 2)$は，直線$2x+y-3=0$上の点ではないので，①のようにおける。

練習 64 (1) 点C(2, −4)を中心とする円の方程式は

$$(x-2)^2+(y+4)^2=r^2$$

これが点A(−1, 2)を通るから

$$r^2=(-1-2)^2+(2+4)^2=45$$

よって　$\boldsymbol{(x-2)^2+(y+4)^2=45}$

(2) 点C(3, 4)を中心とする円の方程式は

$$(x-3)^2+(y-4)^2=r^2$$

この円がy軸と接するから　$r=3$

よって　$\boldsymbol{(x-3)^2+(y-4)^2=9}$

(3) 2点A(−1, −2), B(7, 4)を直径の両端とする円の中心は，線分ABの中点C(3, 1)で，半径は

$$\mathrm{CA}=\sqrt{(-1-3)^2+(-2-1)^2}=\sqrt{16+9}=5$$

よって　$\boldsymbol{(x-3)^2+(y-1)^2=25}$

◀ 中心が$(a,\ b)$，半径がrの円の方程式は
$(x-a)^2+(y-b)^2=r^2$

◀ あるいは，$r=\mathrm{AC}$だから
$r^2=(2+1)^2+(-4-2)^2$
$=45$

◀

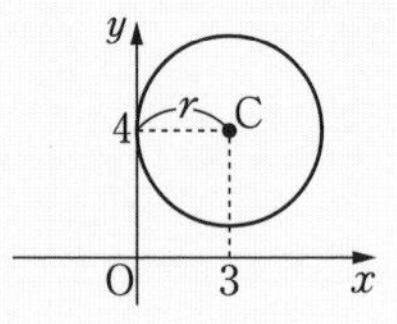

◀ 中点Cの座標を$(x,\ y)$とすると
$x=\dfrac{-1+7}{2}=3$
$y=\dfrac{-2+4}{2}=1$

練習 65 (1)

$$x^2+y^2-6x+4y+4=0 \quad \cdots\cdots①$$

$$(x^2-6x+9)+(y^2+4y+4)=9$$

$$(x-3)^2+(y+2)^2=9$$

よって，①は円を表し　**中心(3, −2)，半径3**

◀ x^2-6x
$=(x^2-6x+9)-9$
$=(x-3)^2-9$

(2)

$$3x^2+3y^2-2x+3y+1=0 \quad \cdots\cdots②$$

$$x^2+y^2-\frac{2}{3}x+y+\frac{1}{3}=0$$

$$\left(x^2-\frac{2}{3}x+\frac{1}{9}\right)+\left(y^2+y+\frac{1}{4}\right)=-\frac{1}{3}+\frac{1}{9}+\frac{1}{4}$$

$$\left(x-\frac{1}{3}\right)^2+\left(y+\frac{1}{2}\right)^2=\frac{1}{36}$$

よって，②は円を表し　**中心$\left(\frac{1}{3},\ -\frac{1}{2}\right)$，半径$\frac{1}{6}$**

◀ ②の両辺を3で割る。

◀ $x^2-\dfrac{2}{3}x$
$=\left\{x^2-\dfrac{2}{3}x+\left(\dfrac{1}{3}\right)^2\right\}-\left(\dfrac{1}{3}\right)^2$
$=\left(x-\dfrac{1}{3}\right)^2-\dfrac{1}{9}$

練習 66 方程式 $(x-a)^2+(y-b)^2=c$ が円を表すための条件は$c>0$である。

$$x^2+y^2+x-2y+n=0$$

$$\left(x+\frac{1}{2}\right)^2+(y-1)^2-\frac{1}{4}-1+n=0$$

$$\left(x+\frac{1}{2}\right)^2+(y-1)^2=\frac{5}{4}-n$$

これが円を表すには

$\dfrac{5}{4}-n>0$　　よって　$\boldsymbol{n<\dfrac{5}{4}}$

◀ この式が
$(x-a)^2+(y-b)^2=r^2>0$
になれば，円を表す。
したがって
$r^2=\dfrac{5}{4}-n>0$

練習 67 円の方程式を　$x^2+y^2+ax+by+c=0$　……①

とおくと，3点A(1, 3)，B(2, 0)，C(−1, −1)を通るから

$$\begin{cases}1+9+a+3b+c=0 & \cdots\cdots② \\ 4+2a+c=0 & \cdots\cdots③ \\ 1+1-a-b+c=0 & \cdots\cdots④\end{cases}$$

③から　$2a+c=-4$　……③′

②＋④×3から　$-2a+4c+16=0$

$a-2c=8$　……⑤

③′，⑤を解いて　$a=0,\ c=-4$

④に代入して　$2-b-4=0,\ b=-2$

このとき，①は　$x^2+y^2-2y-4=0$

すなわち　$\boldsymbol{x^2+(y-1)^2=5}$

よって　**中心(0, 1)，半径$\sqrt{5}$**

◀3点が与えられたときは円の方程式をこのようにおく。
$(x-a)^2+(y-b)^2=r^2$とおくと計算が複雑になる。

◀③′から，$c=-2a-4$
だから，②，④に代入して
$\begin{cases}-a+3b=-6 \\ -3a-b=2\end{cases}$
この2式を解いて
$a=0,\ b=-2$
としてもよい。

練習 68 $x^2+y^2=5$　……①

(1)　$y=x+1$　……②

①，②から　$x^2+(x+1)^2=5$

$x^2+x-2=0$

$(x+2)(x-1)=0$

すなわち　$x=-2,\ 1$

よって，①，②の共有点の座標は

(−2, −1)，(1, 2)

◀①，②からyを消去する。

◀yの値は，②にxの値を代入して求める。①に代入すると，yの値がそれぞれ2つずつ出て，その1つは②の上にはない。

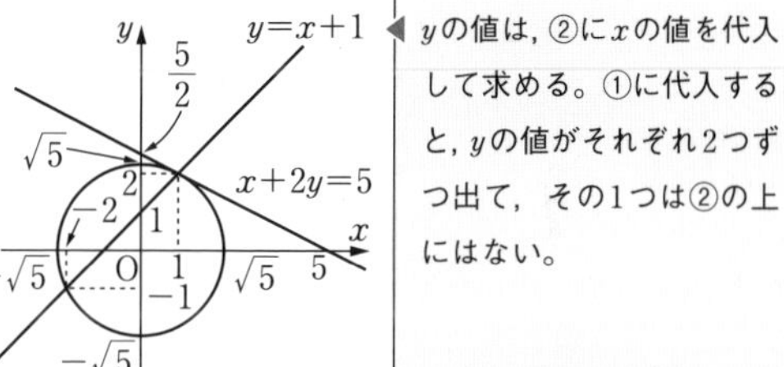

(2)　$x+2y-5=0$から

$x=5-2y$ ……③

①，③から

$(5-2y)^2+y^2=5$

$y^2-4y+4=0$

$(y-2)^2=0$

すなわち　$y=2$ (重解)

よって，①，③の共有点の座標は　**(1, 2)**

◀(1, 2)は接点になる。

練習 69 円の中心と直線との距離と，円の半径との大小を調べる。

(1) $x^2+y^2=1$ ……①

$y=-2x+3$ から $2x+y-3=0$ ……②

円①の中心O(0, 0)と直線②との距離 d は

$$d=\frac{|-3|}{\sqrt{2^2+1^2}}=\frac{3}{\sqrt{5}}=\frac{3\sqrt{5}}{5}>1$$

よって，①，②の共有点の個数は **0個**

(2) $x^2+y^2=8=(2\sqrt{2})^2$ ……③

$x+y=4$ から $x+y-4=0$ ……④

円③の中心O(0, 0)と直線④との距離 d は

$$d=\frac{|-4|}{\sqrt{1+1}}=\frac{4}{\sqrt{2}}=2\sqrt{2}$$

これは円③の半径に等しいから，③，④の共有点の個数は

1個

(3) $x^2+y^2-2x+4y-5=0$ ……⑤

$3x+y-6=0$ ……⑥

⑤から $(x-1)^2+(y+2)^2=10=(\sqrt{10})^2$

円⑤の中心(1, −2)と直線⑥との距離 d は

$$d=\frac{|3\cdot1-2-6|}{\sqrt{9+1}}=\frac{5}{\sqrt{10}}=\frac{\sqrt{10}}{2}<\sqrt{10}$$

よって，⑤，⑥の共有点の個数は **2個**

練習 70 $x^2+y^2=2$ ……①

$y=-x+k$ から $x+y-k=0$ ……②

円①の中心O(0, 0)と直線②との距離 d は

$$d=\frac{|-k|}{\sqrt{1+1}}=\frac{|k|}{\sqrt{2}}$$

また，円①の半径 r は $r=\sqrt{2}$

①と②が異なる2点で交わるのは $d<r$ のときで

$$\frac{|k|}{\sqrt{2}}<\sqrt{2}$$

$$|k|<2$$

よって $\boldsymbol{-2<k<2}$

①と②が接するときの k の値は，$d=r$ から

$$\frac{|k|}{\sqrt{2}}=\sqrt{2}$$

$$|k|=2$$

よって $\boldsymbol{k=\pm2}$

◀ $2<\sqrt{5}<3$ より

$\frac{6}{5}<\frac{3\sqrt{5}}{5}<\frac{9}{5}$

◀ 円 $(x-a)^2+(y-b)^2=r^2$ の中心 $(a,\ b)$ と直線 ℓ との距離を d とするとき，この円と直線 ℓ との共有点の個数は

$d>r$ のとき 0個
$d=r$ のとき 1個
$d<r$ のとき 2個

◀ $d=\frac{\sqrt{10}}{2}<\frac{2\sqrt{10}}{2}=\sqrt{10}$

◀ 円と直線との位置関係を調べるには

(ア) 円の方程式と直線の方程式から x または y を消去して得られる2次方程式の判別式を用いる

(イ) 円の半径と，円の中心と直線との距離との大小関係を用いる

の2つの方法がある。(ア)の方法は，円と直線が接するときの接点を求めるのに便利。(イ)の方法は，交点の個数だけを調べる場合などに計算がラク。

練習 71 (1) 円$x^2+y^2=4$上の点P$(-2,\ 0)$における接線の方程式は

$$(-2)x+0y=4$$

すなわち　　$x=-2$

(2) 円$x^2+y^2=27$上の点P$(5,\ -\sqrt{2})$における接線の方程式は

$$5x+(-\sqrt{2})y=27$$

すなわち　　$5x-\sqrt{2}y=27$

◀ 円$x^2+y^2=r^2$上の点$(x_1,\ y_1)$における接線の方程式は
$x_1x+y_1y=r^2$

練習 72 円　$x^2+y^2=5$　……①

上の点$(x_1,\ y_1)$における接線の方程式は

$$x_1x+y_1y=5$$

これが，点$(3,\ -1)$を通ることから

$$3x_1-y_1=5$$

すなわち　　$y_1=3x_1-5$　　……②

点$(x_1,\ y_1)$は円①上の点だから　　$x_1{}^2+y_1{}^2=5$

②を代入して　　$x_1{}^2+(3x_1-5)^2=5$

$$x_1{}^2-3x_1+2=0$$

$$(x_1-1)(x_1-2)=0$$

すなわち　　$x_1=1,\ 2$

$x_1=1$のとき，②より　　$y_1=-2$

$x_1=2$のとき，②より　　$y_1=1$

よって，求める接線の方程式は

$$x-2y=5,\ 2x+y=5$$

◀ 円外の点$(3,\ -1)$から引いた接線の方程式を
$y=m(x-3)-1$
とおいて，①に代入して判別式を用いてもよいが，計算が複雑になる。

◀

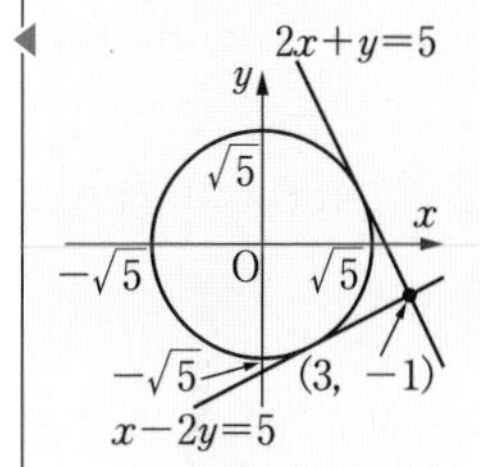

練習 73 円の中心と直線との距離を求めて，三平方の定理を活用する。

$$x^2+y^2=4 \quad \cdots\cdots①$$

$y=x-1$から　　$x-y-1=0$　　……②

円①の中心O$(0,\ 0)$から直線②に下ろした垂線をOHとすると

$$\mathrm{OH}=\frac{|-1|}{\sqrt{1+1}}=\frac{1}{\sqrt{2}}$$

①，②の交点をA，Bとすると，HはABの中点で，

△OAHにおいて，三平方の定理から

$$\mathrm{AH}^2=\mathrm{OA}^2-\mathrm{OH}^2$$

$$=2^2-\left(\frac{1}{\sqrt{2}}\right)^2=4-\frac{1}{2}=\frac{7}{2}$$

よって

$$\mathrm{AB}=2\mathrm{AH}=2\sqrt{\frac{7}{2}}=\sqrt{14}$$

◀

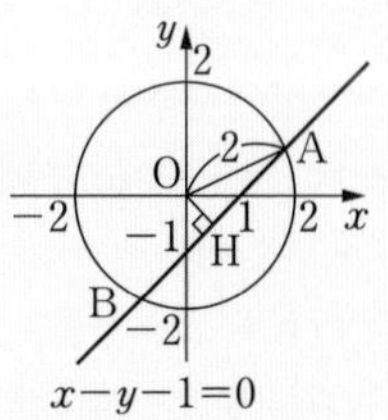

◀ OAは半径で，その長さは2である。

◀ HはABの中点だから
AB=2AH

練習 74 $x^2+y^2+4x=0$ ……①

$x^2+y^2-2x+4y+4=0$ ……②

①より

$$(x^2+4x+4)+y^2=4$$

$$(x+2)^2+y^2=2^2$$

②より

$$(x^2-2x+1)+(y^2+4y+4)=1$$

$$(x-1)^2+(y+2)^2=1^2$$

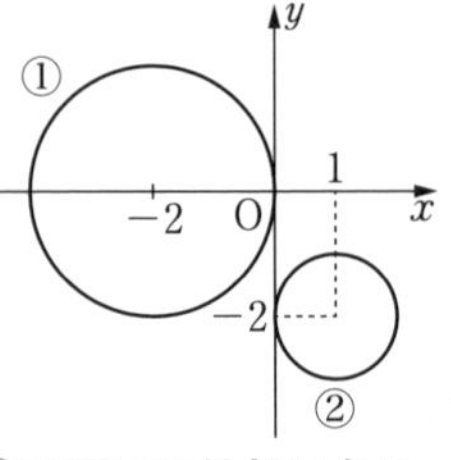

円①は中心が点$(-2,\ 0)$，半径が2の円。

円②は中心が点$(1,\ -2)$，半径が1の円。

2つの円①，②の中心間の距離は

$$\sqrt{(-2-1)^2+(0+2)^2}=\sqrt{13}$$

よって，$\sqrt{13}>2+1$だから，**2つの円①，②は互いに外部にある。**

◀円の中心と半径を求めたいので，平方式の和の形に変形する。

◀2円の半径を$r_1=2$，$r_2=1$
2円の中心間の距離を$d=\sqrt{13}$とすると
$d>r_1+r_2$

練習 75 $x^2+y^2=1$ ……①

$(x-1)^2+(y-2)^2=r^2 \quad (r>0)$ ……②

円①は中心が点$(0,\ 0)$，半径が1の円。

円②は中心が点$(1,\ 2)$，半径がrの円。

2つの円①，②の中心間の距離は

$$\sqrt{1^2+2^2}=\sqrt{5}$$

円②の中心$(1,\ 2)$は円①の外部にあるから，2つの円が接するのは

(i) 2つの円①，②が外接する。

(ii) 円①が円②に内接する。

のいずれかである。

(i)，(ii)の場合をそれぞれ求める。

(i) 2つの円①，②が外接するとき

$$\sqrt{5}=1+r$$

すなわち $r=\sqrt{5}-1$

(ii) 円①が円②に内接するとき，$r>1$であり

$$\sqrt{5}=r-1$$

すなわち $r=\sqrt{5}+1$

よって，(i)，(ii)より，求める半径rの値は

$$\boldsymbol{r=\sqrt{5}-1,\ \sqrt{5}+1}$$

◀2円①，②の中心間の距離は，2円の中心$(0,\ 0)$，$(1,\ 2)$の距離。

◀

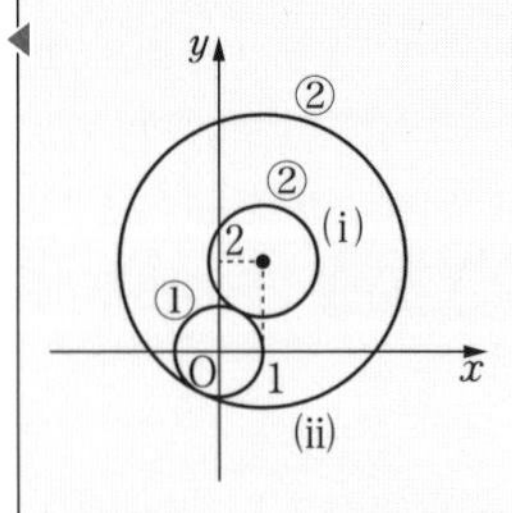

◀2円の半径をr_1, r_2 $(r_1>r_2)$，2円の中心間の距離をdとすると
2円が内接 $\Longleftrightarrow$ $d=r_1-r_2$
2円が外接 $\Longleftrightarrow$ $d=r_1+r_2$

定期テスト対策問題 4

1 解答 O(0, 0)，A(−1, −3)，B(6, 2)

平行四辺形OABCの2つの対角線OB，ACの中点は一致するから，C(a, b)とすると

$$\frac{0+6}{2}=\frac{-1+a}{2},\ \frac{0+2}{2}=\frac{-3+b}{2}$$

これらから　$a=7$, $b=5$

よって　**C(7, 5)**

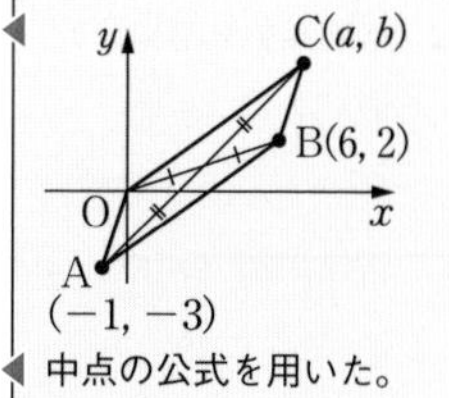

◀ 中点の公式を用いた。

2 解答 △ABCの3つの頂点の座標を

$A(x_1,\ y_1)$，$B(x_2,\ y_2)$，$C(x_3,\ y_3)$

とすると，△ABCの重心Gの座標は

$$G\left(\frac{x_1+x_2+x_3}{3},\ \frac{y_1+y_2+y_3}{3}\right) \quad \cdots\cdots①$$

また，辺BC，CA，ABを1：2の比に内分する点D，E，Fの座標は

$$D\left(\frac{2x_2+x_3}{3},\ \frac{2y_2+y_3}{3}\right)$$

$$E\left(\frac{2x_3+x_1}{3},\ \frac{2y_3+y_1}{3}\right)$$

$$F\left(\frac{2x_1+x_2}{3},\ \frac{2y_1+y_2}{3}\right)$$

したがって，△DEFの重心G′の座標(x, y)は

$$x=\frac{1}{3}\left(\frac{2x_2+x_3}{3}+\frac{2x_3+x_1}{3}+\frac{2x_1+x_2}{3}\right)$$

$$=\frac{x_1+x_2+x_3}{3}$$

同様にして

$$y=\frac{y_1+y_2+y_3}{3}$$

これらと①から，△ABCと△DEFの重心は一致する。

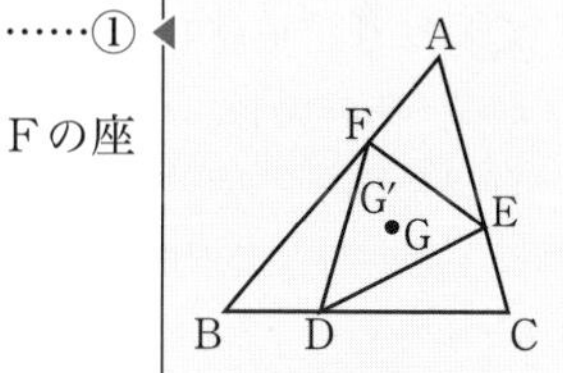

①は三角形の重心の座標から求めた。

◀ 内分の公式から

$$x=\frac{nx_1+mx_2}{m+n}$$

$$y=\frac{ny_1+my_2}{m+n}$$

3 **解説** 座標軸のとり方がポイント。辺BCをx軸，Dを原点とする座標軸をとる。

> 座標軸のとり方は自由だが，基本的には一般性を失わない条件のもとで，座標に使う文字（p，q，rなど）が少ないほうが計算がラクになる。左図では，4点の座標が3つの文字で表せる。

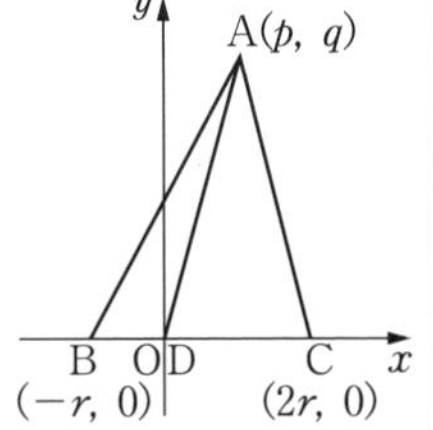

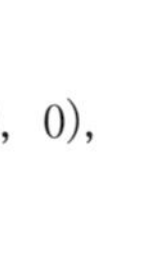

解答 △ABCにおいて，辺BCをx軸，辺BCの3等分点のうち，Bに近いほうの点Dを原点にとって

$$B(-r,\ 0),\ C(2r,\ 0),\ D(0,\ 0),$$
$$A(p,\ q)\ (r>0,\ q\neq 0)$$

とする。このとき

$$2AB^2+AC^2=2\{(p+r)^2+q^2\}+\{(p-2r)^2+q^2\}$$
$$=3p^2+3q^2+6r^2$$

> 2点間の距離の公式を用いる。

$$2BD^2+DC^2+3AD^2=2r^2+(2r)^2+3(p^2+q^2)$$
$$=3p^2+3q^2+6r^2$$

よって，$2AB^2+AC^2=2BD^2+DC^2+3AD^2$が成り立つ。

4 **解説** まず，直線BCの方程式を求め，その上に点Aがあると考える。その場合，点B，Cのx座標が等しい，すなわち直線BCがy軸に平行になることもあるので注意が必要である。

> 直線AB，直線ACを考えてもよいが，直線BCの場合よりも計算が面倒。

解答 $A(-2k-1,\ 5)$，$B(1,\ k+3)$，$C(k+1,\ k-1)$

$k+1\neq 1$，すなわち，$k\neq 0$のとき，直線BCの方程式は

> $B(1,\ k+3)$，
> $C(k+1,\ k-1)$で，直線BCがy軸に平行でないとき
> $k+1\neq 1$
> 直線BCがy軸に平行であるとき
> $k+1=1$

$$y-(k+3)=\frac{(k-1)-(k+3)}{(k+1)-1}(x-1)$$

$$y=-\frac{4}{k}(x-1)+k+3 \quad \cdots\cdots①$$

$$ky=-4x+k^2+3k+4$$

これは，$k=0$のときも，$x=1$となって成り立つ。この直線上に点Aがあるためには

$$5k=-4(-2k-1)+k^2+3k+4$$

> $A(-2k-1,\ 5)$から
> $x=-2k-1$，$y=5$
> を
> $ky=-4x+k^2+3k+4$
> に代入する。

$$k^2+6k+8=0$$
$$(k+4)(k+2)=0$$

よって　$\boldsymbol{k=-4,\ -2}$

この値に対応する直線の方程式は，①からそれぞれ

$\boldsymbol{y=x-2,\ y=2x-1}$

5 解答 $x+2y+4=0$, $3x-y-1=0$

この2式から　　$x=-\dfrac{2}{7}$, $y=-\dfrac{13}{7}$

直線$2x+8y+3=0$，すなわち，$y=-\dfrac{1}{4}x-\dfrac{3}{8}$に垂直な直線の傾きは4である。

よって，2直線$x+2y+4=0$, $3x-y-1=0$の交点$\left(-\dfrac{2}{7},\ -\dfrac{13}{7}\right)$を通り，傾きが4の直線の方程式は

$$y+\frac{13}{7}=4\left(x+\frac{2}{7}\right)$$

$$7y+13=28x+8$$

すなわち　　$\boldsymbol{28x-7y-5=0}$

◀2直線の交点を通る直線の方程式を用いると

$$x+2y+4+k(3x-y-1)=0$$

$$(3k+1)x-(k-2)y+4-k=0$$

これが$2x+8y+3=0$と垂直に交わっているから，$k\neq2$のとき

$$\frac{3k+1}{k-2}\cdot\left(-\frac{1}{4}\right)=-1$$

よって　　$k=9$

したがって

$$(3\cdot9+1)x-(9-2)y+4-9=0$$

$$28x-7y-5=0$$

6 解説 $a\neq3$のときと$a=3$のときに分けて考える。

解答

$$x+(3-a)y=1 \quad \cdots\cdots①$$

$$ax+2y=1 \quad \cdots\cdots②$$

◀①のyの係数が$3-a=0$と$3-a\neq0$のときで場合分けする。

(1) $a\neq3$のとき，直線①の傾きは　　$\dfrac{1}{a-3}$

直線②の傾きは　　$-\dfrac{a}{2}$

したがって　　$\dfrac{1}{a-3}=-\dfrac{a}{2}$

$$a(a-3)=-2$$

$$a^2-3a+2=0$$

$$(a-1)(a-2)=0$$

◀2直線が平行 ⟺傾きが等しい

よって　　$a=1,\ 2$

$a=3$のとき，直線①は　　$x=1$

直線②は　　$3x+2y=1$

したがって，①，②は平行にはならない。

よって　　$\boldsymbol{a=1,\ 2}$

◀$a=1$のとき，直線①，②は一致する。

(2) $a\neq3$のとき，①，②が垂直だとすると，(1)から

$$\frac{1}{a-3}\cdot\left(-\frac{a}{2}\right)=-1$$

$$\frac{a}{2(a-3)}=1$$

$$a=2(a-3)$$

$$a-6=0 \quad \text{すなわち} \quad a=6$$

◀2直線が垂直 ⟺傾きの積が-1

ただし，直線がx軸またはy軸に平行なときはこの関係は成り立たない。

$a=3$のとき，(1)から直線①，②は垂直にはならない。

よって　　$\boldsymbol{a=6}$

◀$a=3$のとき

①は$x=1$,

②は$3x+2y=1$

7 **解答** 右図のように座標軸を決めて，
A$(0,\ a)$，B$(b,\ 0)$，C$(c,\ 0)$
$(a\neq 0,\ b<c)$
とし，頂点B, Cから対辺AC，AB
またはその延長上に下ろした垂線
をBP，CQとする。

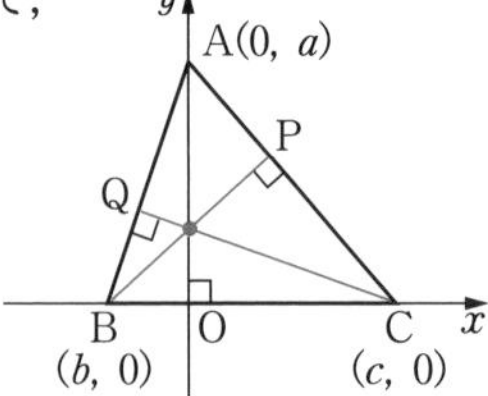

◀ このように座標を決めても図形の一般性は失われない。つまり，この座標ですべての三角形を表すことができる。

(ア) $b\neq 0$ かつ $c\neq 0$ の場合

直線BPは点B$(b,\ 0)$を通り，直線ACに垂直な直線だから，その方程式は

$$y-0=\frac{c}{a}(x-b) \qquad よって \qquad y=\frac{c}{a}x-\frac{bc}{a} \qquad \cdots\cdots①$$

◀ 直線ACの傾きは図から $-\dfrac{a}{c}$ $(c\neq 0)$ で，直線BPの傾き m は $-\dfrac{a}{c}\cdot m=-1$ から $m=\dfrac{c}{a}$

また，直線CQは点C$(c,\ 0)$を通り，直線ABに垂直な直線だから，その方程式は

$$y-0=\frac{b}{a}(x-c) \qquad よって \qquad y=\frac{b}{a}x-\frac{bc}{a} \qquad \cdots\cdots②$$

◀ 直線ABの傾きは $-\dfrac{a}{b}$ $(b\neq 0)$

①，②から2直線BP，CQは点$\left(0,\ -\dfrac{bc}{a}\right)$で交わる。

◀ ①，②ともにy切片が $-\dfrac{bc}{a}$

この点は直線AO上の点だから，3つの垂線AO，BP，CQは1点で交わる。

(イ) $b=0$ または $c=0$ のどちらか一方だけが成り立つ場合

△ABCは直角三角形となり，3つの垂線は明らかに直角の頂点すなわち原点で交わる。

◀ 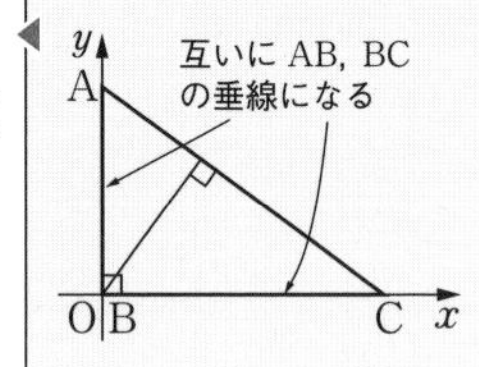

8 **解答** $x^2+y^2+2mx-2(m-1)y+5m^2=0$ から

$$(x+m)^2+\{y-(m-1)\}^2=m^2+(m-1)^2-5m^2$$
$$(x+m)^2+\{y-(m-1)\}^2=-3m^2-2m+1$$

◀ x，yの項を平方の式にする。

これが円を表すためには

$$-3m^2-2m+1>0$$
$$3m^2+2m-1<0$$
$$(m+1)(3m-1)<0$$

◀ このとき，方程式は中心が $(-m,\ m-1)$ で，半径が $\sqrt{-3m^2-2m+1}$ の円を表す。

よって $\quad -1<m<\dfrac{1}{3} \quad \cdots\cdots①$

また $\quad -3m^2-2m+1=-3\left(m+\dfrac{1}{3}\right)^2+\dfrac{4}{3}$

これは①の範囲で，$m=-\dfrac{1}{3}$ のとき最大となるから，半径を最大にするmの値は $\quad m=-\dfrac{1}{3}$

◀ 半径$r>0$だから，r^2が最大のとき，rも最大になる。

9 **解説** aについての恒等式と考えるのがポイント。

解答 $$x^2+y^2-4ax-2ay+20a-25=0 \quad \cdots\cdots①$$

aについて整理して

$$2(10-2x-y)a+x^2+y^2-25=0$$

これが任意のaについて成り立つから

$$10-2x-y=0 \quad \cdots\cdots②, \quad x^2+y^2-25=0 \quad \cdots\cdots③$$

◀ ①はaがどんな値をとっても成り立つから，aについての1次の恒等式である。
$pa+q=0$のとき
$p=0$ かつ $q=0$

②から　$y=10-2x$

③に代入して　$x^2+(10-2x)^2-25=0$

$$5x^2-40x+75=0$$

$$x^2-8x+15=0$$

$$(x-3)(x-5)=0$$

すなわち　$x=3, 5$

よって，円①はaがどんな値をとっても，2定点$(3, 4)$，$(5, 0)$を通る。

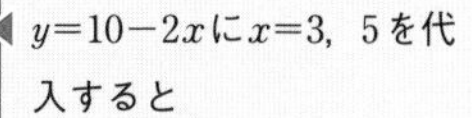

◀ $y=10-2x$に$x=3, 5$を代入すると
$y=10-2\cdot3=4$
$y=10-2\cdot5=0$

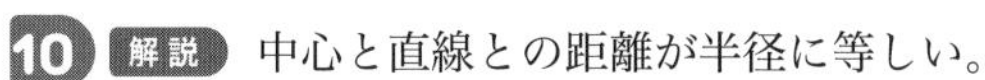

10 **解説** 中心と直線との距離が半径に等しい。

解答 (1) 円の中心$(2, 0)$と直線 $4x-3y+2=0$との距離dは

$$d=\frac{|8-0+2|}{\sqrt{16+9}}=\frac{10}{\sqrt{25}}=2$$

これが円の半径に等しいから，求める円の方程式は　$\boldsymbol{(x-2)^2+y^2=4}$

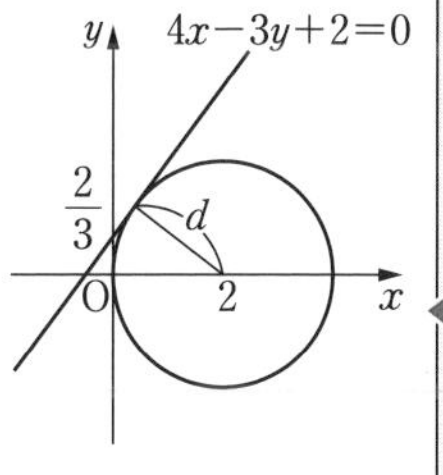

◀ 円と直線が接するとき，円の半径と中心から直線までの距離は等しい。

(2) $x^2+y^2-2x+4y=0$から

$$(x-1)^2+(y+2)^2=5$$

◀ まず，中心の座標を求める。

この中心$(1, -2)$と直線$y=x$すなわち$x-y=0$との距離dは

$$d=\frac{|1+2|}{\sqrt{1+1}}=\frac{3}{\sqrt{2}}$$

よって，求める円の方程式は

$$\boldsymbol{(x-1)^2+(y+2)^2=\frac{9}{2}}$$

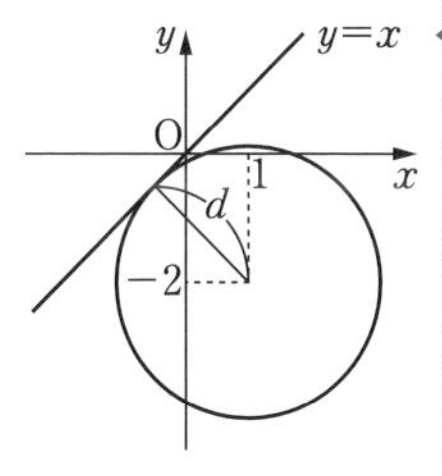

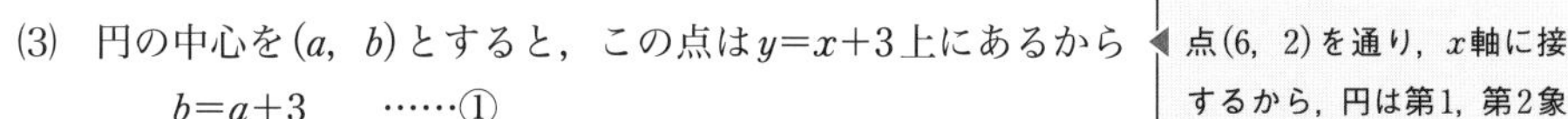

(3) 円の中心を(a, b)とすると，この点は$y=x+3$上にあるから

$$b=a+3 \quad \cdots\cdots①$$

◀ 点$(6, 2)$を通り，x軸に接するから，円は第1，第2象限にある。よって$b>0$

このとき，x軸に接する円の半径は$|b|$だから，その方程式は

$$(x-a)^2+(y-b)^2=b^2$$

とおける。これが点$(6, 2)$を通るから

$$(6-a)^2+(2-b)^2=b^2$$

$$a^2-12a+40-4b=0$$

①を代入して　$a^2-12a+40-4(a+3)=0$

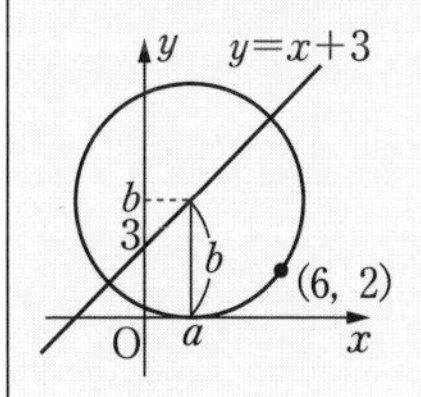

$$a^2-16a+28=0$$
$$(a-2)(a-14)=0$$

すなわち　$a=2,\ 14$

したがって　$(a,\ b)=(2,\ 5),\ (14,\ 17)$

よって，求める円の方程式は

$$(x-2)^2+(y-5)^2=25,\ (x-14)^2+(y-17)^2=289$$

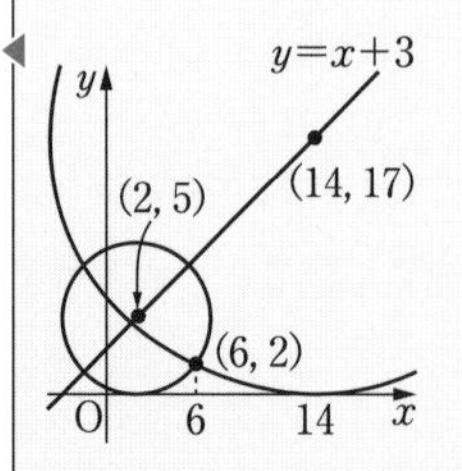

11 解答　傾きがmの直線は　$y=mx+n$　……①

これが，円$x^2+y^2=r^2$に接するから，2次方程式

$$x^2+(mx+n)^2=r^2$$
$$(m^2+1)x^2+2mnx+n^2-r^2=0$$

は重解をもつ。したがって，判別式をDとすると

$$\frac{D}{4}=m^2n^2-(m^2+1)(n^2-r^2)=0$$
$$m^2r^2-n^2+r^2=0$$
$$(m^2+1)r^2-n^2=0$$
$$n^2=(m^2+1)r^2$$

すなわち　$n=\pm r\sqrt{m^2+1}$

よって，①から，接線の方程式は

$$y=mx\pm r\sqrt{m^2+1}$$

◀ yを消去してxの2次方程式にする。

◀ 接する $\iff$ 判別式$D=0$

◀ $m^2+1>0$である。

12 解説　円の中心と直線との距離を活用する。

解答　$x^2+y^2-2x-6y-8=0$　……①

から　$(x-1)^2+(y-3)^2=18$

この円の中心はA(1，3)，半径は$3\sqrt{2}$

直線$y=-2x+1$から　$2x+y-1=0$　……②

円の中心Aから直線②に下ろした垂線をAHとすると

$$\mathrm{AH}=\frac{|2\cdot1+3-1|}{\sqrt{4+1}}=\frac{4}{\sqrt{5}}$$

ここで，①と②の交点をB，Cとすると，AH⊥BCから

$$\mathrm{BH}=\sqrt{\mathrm{AB}^2-\mathrm{AH}^2}=\sqrt{(3\sqrt{2})^2-\left(\frac{4}{\sqrt{5}}\right)^2}=\sqrt{\frac{74}{5}}$$

よって，切り取られる弦BCの長さは

$$\mathrm{BC}=2\mathrm{BH}=2\sqrt{\frac{74}{5}}=\mathbf{\frac{2\sqrt{370}}{5}}$$

◀ 直線が円で切り取られる線分の長さを求めるには，下図を頭の中にイメージして解くとわかりやすい。

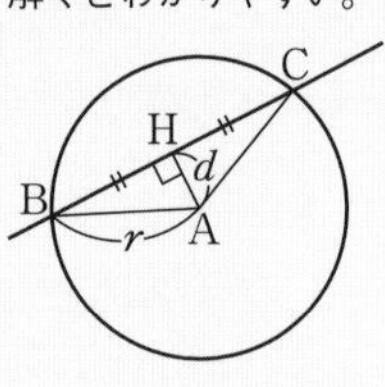

◀ 三平方の定理から $\mathrm{BH}^2=\mathrm{AB}^2-\mathrm{AH}^2$

◀ 点Hは線分BCの中点である。

13 解答 (1)　$x^2+y^2=30$ ……①,　$y=2x$ ……②

これらから　$x^2+(2x)^2=30$

$5x^2=30$

$x^2=6$

$x=\pm\sqrt{6}$

よって

$A(\sqrt{6},\ 2\sqrt{6})$, $B(-\sqrt{6},\ -2\sqrt{6})$

これを，$x^2+y^2+2kx-ky-30$ に代入して

$A: 6+24+2\sqrt{6}k-2\sqrt{6}k-30=0$

$B: 6+24-2\sqrt{6}k+2\sqrt{6}k-30=0$

よって，$x^2+y^2+2kx-ky-30=0$ は2点A，Bを通る。

(2)　$x^2+y^2+2kx-ky-30=0$ が点 $(3,\ 1)$ を通るから

$3^2+1^2+6k-k-30=0$

$5k=20$

$k=4$

したがって

$x^2+y^2+8x-4y-30=0$

$(x+4)^2+(y-2)^2=50$

よって，中心の座標は $\mathbf{(-4,\ 2)}$，半径は $\mathbf{5\sqrt{2}}$

◀ ②を①に代入する。

◀ A，Bはどちらでもよい。

◀ これに点A，Bの座標を代入して0になればよい。

◀ $x^2+y^2+2kx-ky-30=0$ ……③

から

$(x^2+y^2-30)+k(2x-y)=0$

A，Bは①，②の交点だから

$x^2+y^2-30=0$,

$2x-y=0$

を満たす。したがって，k がどのような値をとっても③はつねに成り立つ，としてもよい。

第2節 軌跡と領域

練習 76 A(−3, 0), B(3, 0), P(x, y)とする。

◀ AB=6だから，このように座標軸をとると計算がラクになる。

(1) $AP^2-BP^2=12$から

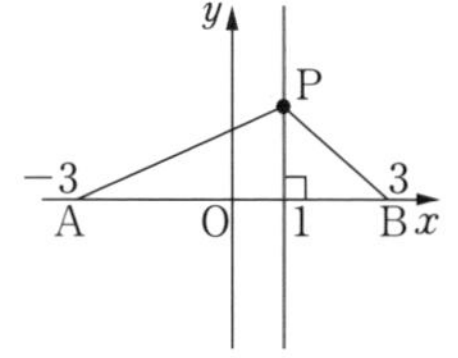

$$(x+3)^2+y^2-\{(x-3)^2+y^2\}=12$$
$$(x+3)^2-(x-3)^2=12$$
$$12x=12$$
$$x=1$$

よって，求める軌跡は

線分ABを2：1に内分する点を通り，ABに垂直な直線

◀ A，Bの座標はこちらで決めたので，直線$x=1$を答えとしてはいけない。

(2) $AP^2+BP^2=26$から

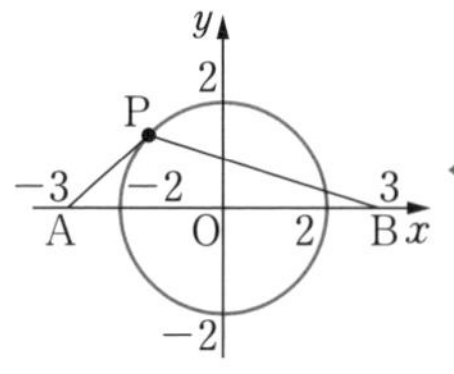

$$(x+3)^2+y^2+(x-3)^2+y^2=26$$
$$2x^2+2y^2+18=26$$
$$x^2+y^2=4$$

◀ $(x+3)^2+(x-3)^2$
$=2x^2+2\cdot3^2$

よって，求める軌跡は

中心が線分ABの中点で，半径が2の円

◀ 中心と半径を明記する。

練習 77 A(0, 0), B(2, 2), C(4, 1)

$AP^2+BP^2+CP^2=22$

これを満たす点Pの座標を(x, y)とすると

◀ 動点Pの座標を(x, y)とおき，与えられた式からx，yの関係式を導く。

$$x^2+y^2+\{(x-2)^2+(y-2)^2\}+\{(x-4)^2+(y-1)^2\}=22$$
$$x^2+y^2+(x^2+y^2-4x-4y+8)$$
$$+(x^2+y^2-8x-2y+17)=22$$
$$3x^2+3y^2-12x-6y+3=0$$
$$x^2+y^2-4x-2y+1=0$$
$$(x-2)^2+(y-1)^2=4$$

よって，求める軌跡は　**中心が(2, 1)，半径が2の円**

◀ A, B, Cの座標は問題で与えられているので，これを答えにしてよい。

練習 78 A$(-5,\ 0)$，B$(5,\ 0)$

AP：BP＝2：3から　$3\mathrm{AP}=2\mathrm{BP}$

$$9\mathrm{AP}^2=4\mathrm{BP}^2$$

条件を満たす点Pの座標を$(x,\ y)$とすると

$$9\{(x+5)^2+y^2\}=4\{(x-5)^2+y^2\}$$

$$9x^2+90x+225+9y^2=4x^2-40x+100+4y^2$$

$$5x^2+5y^2+130x+125=0$$

$$x^2+y^2+26x+25=0$$

$$(x+13)^2+y^2=12^2$$

よって，求める軌跡は　**中心が$(-13,\ 0)$，半径が12の円**

◀ABを2：3に内分する点$(-1,\ 0)$，2：3に外分する点$(-25,\ 0)$を結ぶ線分を直径とする円になる。

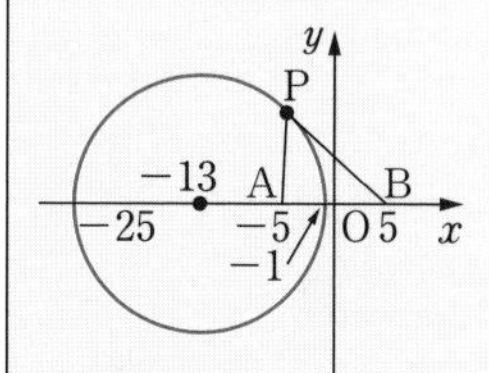

練習 79 直線$2x-y-1=0$上の点をP$(a,\ b)$，線分APを3：5に内分する点をQ$(x,\ y)$とおいて，xとyの間に成り立つ関係式を求める。

◀求める軌跡は点Q$(x,\ y)$についてだから，a，bを消去したx，yの関係式を導く。

直線$2x-y-1=0$上の点Pの座標を$(a,\ b)$とすると

$$2a-b-1=0 \quad \cdots\cdots①$$

点A$(-3,\ 1)$と点P$(a,\ b)$を結ぶ線分APを3：5に内分する点Qの座標を$(x,\ y)$とすると

$$x=\frac{5\cdot(-3)+3a}{3+5}=\frac{3a-15}{8}$$

$$y=\frac{5\cdot1+3b}{3+5}=\frac{3b+5}{8}$$

◀内分点の公式を用いた。

すなわち　$a=\dfrac{8x+15}{3}$，$b=\dfrac{8y-5}{3}$

◀a，bを消去するために，a，bをx，yの式で表す。

これらを①に代入して

$$2\cdot\frac{8x+15}{3}-\frac{8y-5}{3}-1=0$$

$$2(8x+15)-(8y-5)-3=0$$

$$16x-8y+32=0$$

◀a，bを消去する。

よって，求める軌跡は　**直線$y=2x+4$**

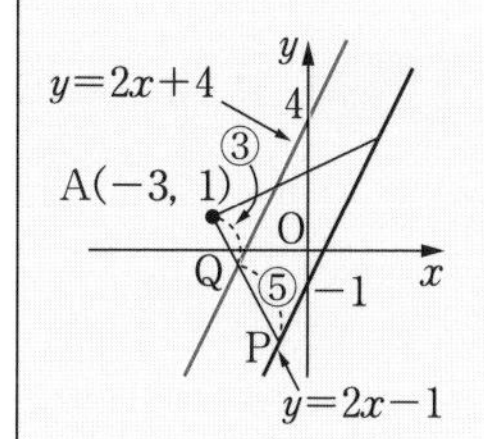

練習 80 (1) $y \leqq -x+2$ (2) $3x-2y-4<0$

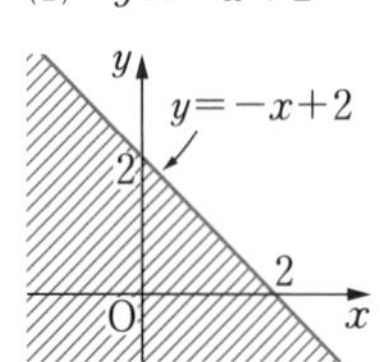

境界を含む

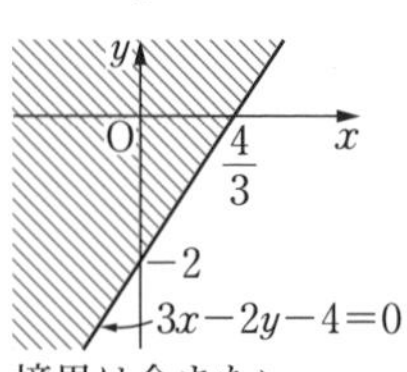

境界は含まない

◀ $ax+by+c<0$ の形では不等式の表す領域を求めることはできないので，$y>mx+n$ あるいは $y<mx+n$ の形に直して考える。

◀ 境界を含むか含まないかを明記すること。

練習 81 (1) $(x+2)^2+(y-1)^2>1$

(2) $x^2+y^2-2x-4y+1 \leqq 0$ から $(x-1)^2+(y-2)^2 \leqq 4$

(1)

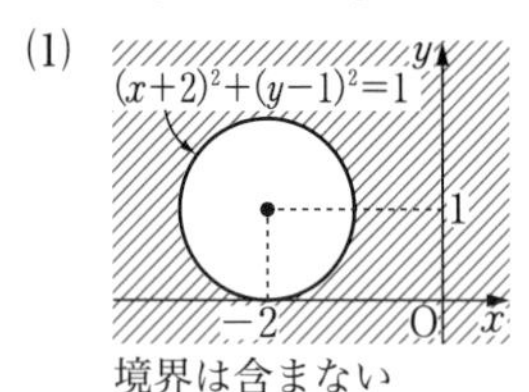

境界は含まない

(2)

境界を含む

◀ (1)は円の外部，(2)は円の内部および周上の点である。

練習 82 (1) $\begin{cases} x-y+1 \geqq 0 \\ x^2+y^2-2 \leqq 0 \end{cases}$ から $\begin{cases} y \leqq x+1 \\ x^2+y^2 \leqq 2 \end{cases}$

(2) $1 \leqq x^2+y^2 \leqq 4$ から $\begin{cases} x^2+y^2 \geqq 1 \\ x^2+y^2 \leqq 4 \end{cases}$

(1)

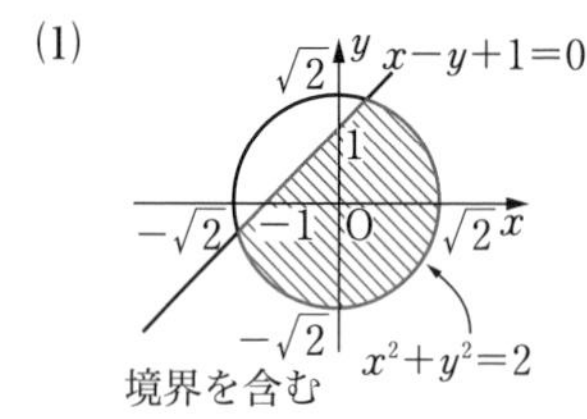

境界を含む

(2)

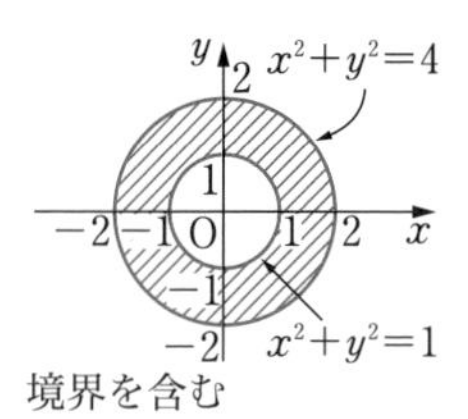

境界を含む

◀ $a \leqq b \leqq c$ は

$a \leqq b$ かつ $b \leqq c$

◀ (1)は直線とその下側と，円とその内部の共通部分。

(2)は大小2つの円とそれに挟まれた部分。

練習 83 (1) $(x-2)(x+y-1) \leqq 0$

から $\begin{cases} x-2 \geqq 0 \\ x+y-1 \leqq 0 \end{cases}$ または $\begin{cases} x-2 \leqq 0 \\ x+y-1 \geqq 0 \end{cases}$

(2) $(x^2+y^2-1)(x^2+y^2-4)>0$ から

$x^2+y^2>4$ または $x^2+y^2<1$

(1)

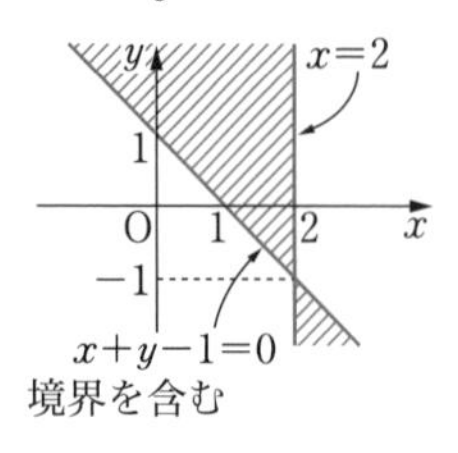

境界を含む

(2)

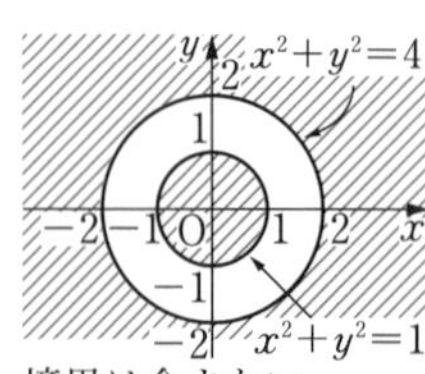

境界は含まない

◀ $AB \leqq 0$ のとき

$\begin{cases} A \geqq 0 \\ B \leqq 0 \end{cases}$ または $\begin{cases} A \leqq 0 \\ B \geqq 0 \end{cases}$

◀ $\begin{cases} x^2+y^2-1>0 \\ x^2+y^2-4>0 \end{cases}$

から $x^2+y^2>4$

$\begin{cases} x^2+y^2-1<0 \\ x^2+y^2-4<0 \end{cases}$

から $x^2+y^2<1$

練習 84　$y \leqq 3x$，$2y \geqq x$，$x+3y-5 \leqq 0$
を同時に満たす点$(x,\ y)$の領域Dは，次の図の斜線部分で，境界を含む。

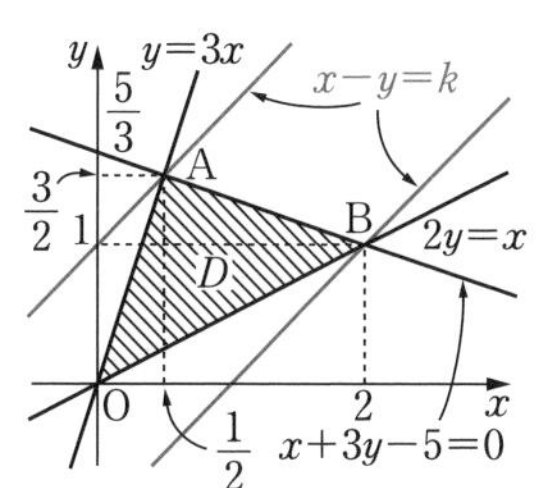

2直線$y=3x$，$2y=x$と，直線$x+3y-5=0$との交点をそれぞれA，Bとすると

$$\mathrm{A}\left(\frac{1}{2},\ \frac{3}{2}\right),\ \mathrm{B}(2,\ 1)$$

いま　　$x-y=k$　(kは定数)　　……①

とおくと，①は傾きが1，x切片がkの直線を表し，Dと共有点をもつ条件のもとでx切片kが最大になるのは，直線①が点Bを通るときである。したがって，$x=2$，$y=1$のとき

$$k=2-1=1$$

また，kが最小になるのは，直線①が点Aを通るときで

$$k=\frac{1}{2}-\frac{3}{2}=-1$$

よって，$x-y$の

最大値は　1（$x=2$，$y=1$のとき）
最小値は-1（$x=\frac{1}{2}$，$y=\frac{3}{2}$のとき）

◀この3つの不等式を満たす領域Dを考え，直線$x-y=k$のx切片の最大・最小を調べる。

◀y切片は$y=x-k$から$-k$となるので，x切片kで考える。
y切片で考えてもよいが，$-k$について考えるので，kが最大になるのはy切片$-k$が最小となるとき，kが最小になるのはy切片$-k$が最大となるときであることに注意する。

定期テスト対策問題 5

1 解答　円 $x^2-4x+y^2+3=0$ （$(x-2)^2+y^2=1$）上の点Pの座標を $(a,\ b)$ とすると　$a^2-4a+b^2+3=0$　……①

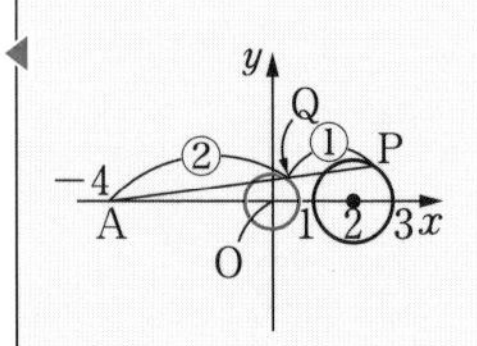

A(−4, 0) に対して，線分APを2：1に内分する点Qの座標を $(x,\ y)$ とすると

$$x=\frac{-4+2a}{2+1}=\frac{2a-4}{3},\ y=\frac{0+2b}{2+1}=\frac{2}{3}b$$

すなわち　$a=\dfrac{3x+4}{2},\ b=\dfrac{3}{2}y$

①に代入して

$$\left(\frac{3x+4}{2}\right)^2-4\cdot\frac{3x+4}{2}+\left(\frac{3}{2}y\right)^2+3=0$$

◀ a, b を消去して，x と y だけの関係式を作る。

$$(3x+4)^2-8(3x+4)+9y^2+12=0$$

$$9x^2+9y^2-4=0$$

よって，点Qの描く図形は　**円 $x^2+y^2=\dfrac{4}{9}$**

2 解答　2辺OX, OYをそれぞれ x 軸，y 軸にとり，点Pの座標を $(x,\ y)$，点Q, Rの座標を $(a,\ 0)$，$(0,\ b)$ $(0\leqq a\leqq 10,\ 0\leqq b\leqq 10)$ とする。このときQR=10から

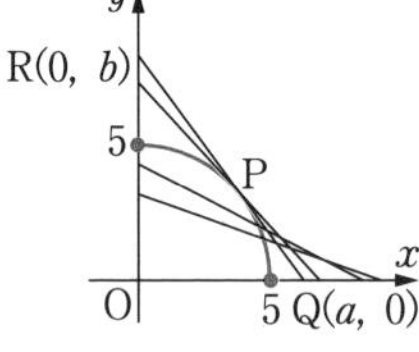

◀ Qは x 軸上の点，Rは y 軸上の点。

$$a^2+b^2=10^2\quad\cdots\cdots①$$

◀ $QR^2=10^2$ より $(a-0)^2+(0-b)^2=10^2$

また，PはQRの中点だから

$$x=\frac{a}{2},\ y=\frac{b}{2}$$

すなわち　$a=2x,\ b=2y$

これを①に代入して

◀ a, b を消去して，x と y だけの関係式を作る。

$$(2x)^2+(2y)^2=10^2$$

$$4x^2+4y^2=10^2$$

$$x^2+y^2=25$$

$0\leqq a\leqq 10,\ 0\leqq b\leqq 10$ から

$$0\leqq x\leqq 5,\ 0\leqq y\leqq 5$$

◀ $a=2x,\ b=2y$ を $0\leqq a\leqq 10,\ 0\leqq b\leqq 10$ に代入して整理する。

よって，点Pの軌跡は

点Oを中心とする半径が5の円の∠XOYの内部
ただし，両端を含む

3 解答　$2x-3y+c=0$　……①

2点A(2, 1), B(−2, 2)が直線①の両側にあるとは，点Aが$2x-3y+c>0$を満たす領域にあれば，点Bは$2x-3y+c<0$を満たす領域にある。あるいはその逆にあればよいから

$$(2\cdot2-3\cdot1+c)\{2\cdot(-2)-3\cdot2+c\}<0$$
$$(c+1)(c-10)<0$$

よって　$\mathbf{-1<c<10}$

◀ 点A(2, 1)が
$2x-3y+c>0$
点B(−2, 2)が
$2x-3y+c<0$
を満たすとは
$\begin{cases}2\cdot2-3\cdot1+c>0\\2\cdot(-2)-3\cdot2+c<0\end{cases}$

◀ $\begin{cases}a>0\\b<0\end{cases}$ または $\begin{cases}a<0\\b>0\end{cases}$
を1つの式で表せば
$ab<0$

4 解答　(1)　①から　$(x-3)^2+y^2\leqq5^2$

②から　$y\geqq2x-1$

したがって，①の領域は中心が(3, 0)，半径が5の円の内部および周，②の領域は直線$y=2x-1$およびその上側の部分である。よって，

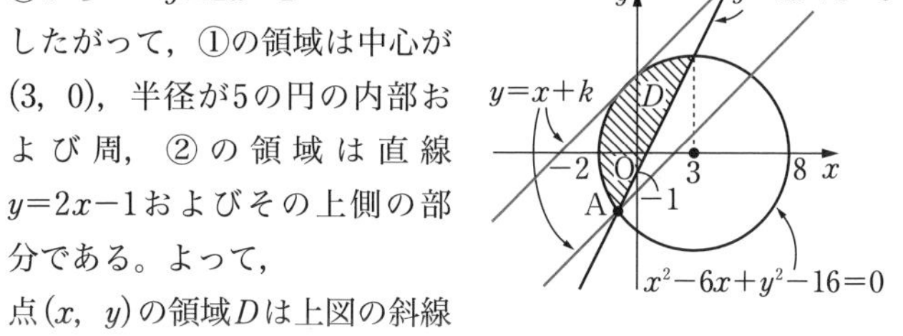

点(x, y)の領域Dは上図の斜線部分で，境界を含む。

(2)　直線$y=x+k$から

$$x-y+k=0 \quad \cdots\cdots③$$

これが円$x^2-6x+y^2-16=0$に接するとき，kが最大となる。これは円の中心(3, 0)と直線③との距離が半径5に等しいときだから

$$\frac{|3-0+k|}{\sqrt{1^2+(-1)^2}}=\frac{|3+k|}{\sqrt{2}}=5$$
$$|k+3|=5\sqrt{2}$$
$$k+3=\pm5\sqrt{2}$$
$$k=-3\pm5\sqrt{2}$$

領域D内で接するのだから

$$k=-3+5\sqrt{2}$$

また，kが最小となるのは直線③が円$(x-3)^2+y^2=25$と直線$y=2x-1$の交点A(−1, −3)を通るときで

$$-1-(-3)+k=0 \quad すなわち \quad k=-2$$

したがって

$$\mathbf{-2\leqq k\leqq-3+5\sqrt{2}}$$

◀ 直線$y=x+k$のy切片kが最大となるのは，(1)の図のように，直線③が円
$x^2-6x+y^2-16=0$
に接するとき。

◀ $-3+5\sqrt{2}>-3-5\sqrt{2}$
より，求めたいkは
$k=-3+5\sqrt{2}$

◀ $(x-3)^2+(2x-1)^2=25$
$5x^2-10x-15=0$
$x^2-2x-3=0$
$(x+1)(x-3)=0$
よって
$x=-1, 3$

5 **解答** $y \leqq x+1$, $y \leqq -x+1$, $y \geqq \dfrac{1}{3}x-1$

(1) 3つの不等式を同時に満たす領域Dは右図の△ABCの内部および周である。ただし

$$A(0,\ 1),\ B(-3,\ -2),$$
$$C\left(\frac{3}{2},\ -\frac{1}{2}\right)$$

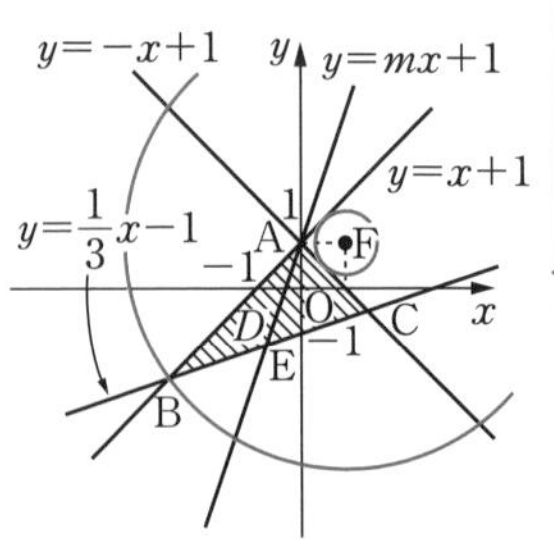

◀ 3つの方程式を，それぞれ2つずつ連立させて，3つの交点の座標を求める。

このとき，E(0, −1)とすると

$$AE=2$$

よって　$\triangle ABC=\dfrac{1}{2}\cdot 2\cdot\left(\dfrac{3}{2}+3\right)=\dfrac{9}{2}$

◀ △ABCを線分AEを底辺とする2つの三角形△AEC，△AEBに分けて考えると
$\triangle ABC$
$=\triangle AEC+\triangle AEB$

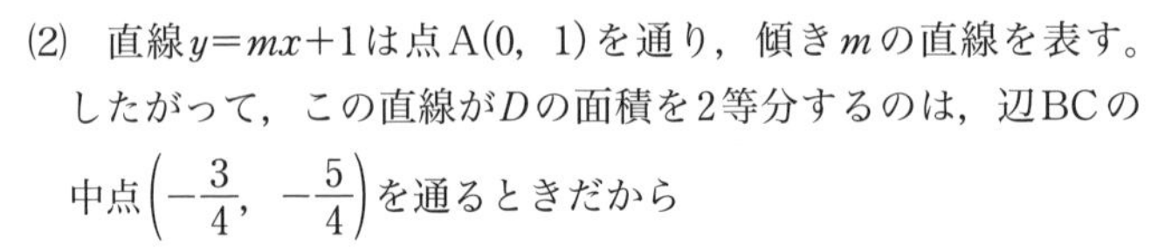

(2) 直線$y=mx+1$は点A(0, 1)を通り，傾きmの直線を表す。したがって，この直線がDの面積を2等分するのは，辺BCの中点$\left(-\dfrac{3}{4},\ -\dfrac{5}{4}\right)$を通るときだから

$$-\frac{5}{4}=m\cdot\left(-\frac{3}{4}\right)+1 \qquad \text{よって}\quad m=3$$

◀ BCの中点の座標$(x,\ y)$は

$$x=\frac{-3+\frac{3}{2}}{2}=-\frac{3}{4}$$
$$y=\frac{-2-\frac{1}{2}}{2}=-\frac{5}{4}$$

(3) $(x-1)^2+(y-1)^2=k\quad(k>0)$　……①

とおくと，①は中心がF(1, 1)，半径が$\sqrt{k}$の円である。

したがって，点$(x,\ y)$がD上を動くとき，kは①が点B(−3, −2)を通るとき最大，①が直線ACに接するとき最小となる。

◀ (1)の図に中心を(1, 1)とする半径$\sqrt{k}$の円をかいて考える。

よって，$x=-3$，$y=-2$のとき

最大値　$k=(-3-1)^2+(-2-1)^2=\mathbf{25}$

また，①の中心F(1, 1)と直線ACとの距離が，半径$\sqrt{k}$と等しいとき，①は直線ACに接するから

$$\sqrt{k}=\frac{|1+1-1|}{\sqrt{1+1}}=\frac{1}{\sqrt{2}}$$

最小値　$k=\left(\dfrac{1}{\sqrt{2}}\right)^2=\mathbf{\dfrac{1}{2}}$

◀ 円と直線が接するとき，円の中心から直線までの距離と円の半径が等しい。

◀ F(1, 1)と直線AC：$x+y-1=0$との距離

第3章　三角関数

第1節　三角関数

練習 85　nを整数として

(1)　$\mathbf{30°+360°\times n}$

(2)　$\mathbf{120°+360°\times n}$

(3)　$\mathbf{-30°+360°\times n}$

練習 86　①　$740°=20°+360°\times 2$

②　$3650°=50°+360°\times 10$

③　$-670°=50°+360°\times(-2)$

④　$-340°=20°+360°\times(-1)$

よって，動径が一致するのは　**①と④，②と③**

◀ 与えられた角を $\alpha+360°\times n$ $(0°\leqq\alpha\leqq 360°$, nは整数) の形に変形する。

練習 87　$15°=\dfrac{\pi}{180}\times 15=\mathbf{\dfrac{\pi}{12}}$

$225°=\dfrac{\pi}{180}\times 225=\mathbf{\dfrac{5}{4}}\pi$

$300°=\dfrac{\pi}{180}\times 300=\mathbf{\dfrac{5}{3}}\pi$

$450°=\dfrac{\pi}{180}\times 450=\mathbf{\dfrac{5}{2}}\pi$

◀ $1°=\dfrac{\pi}{180}$

練習 88　$\dfrac{5}{12}\pi=\dfrac{5}{12}\times 180°=\mathbf{75°}$

$\dfrac{8}{5}\pi=\dfrac{8}{5}\times 180°=\mathbf{288°}$

$\dfrac{7}{2}\pi=\dfrac{7}{2}\times 180°=\mathbf{630°}$

$\dfrac{10}{3}\pi=\dfrac{10}{3}\times 180°=\mathbf{600°}$

◀ $\pi=180°$

練習 89　(1)　$l=6\times\dfrac{7}{4}\pi=\mathbf{\dfrac{21}{2}}\pi$

◀ $l=r\theta$

(2)　$\dfrac{1}{2}\times 6^2\times\theta=24\pi$ から

$\theta=\mathbf{\dfrac{4}{3}}\pi$

◀ $S=\dfrac{1}{2}r^2\theta$

練習 90 (1) $\sin\left(-\frac{\pi}{6}\right)=-\frac{1}{2}$

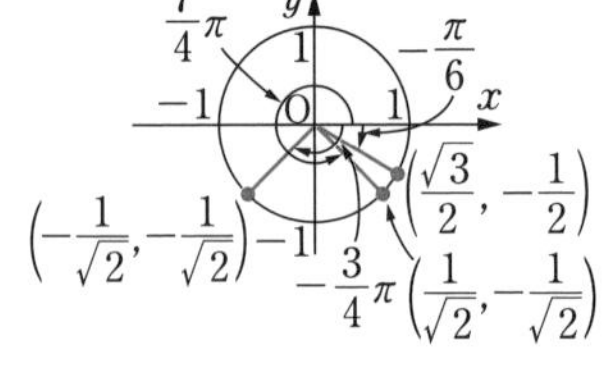

(2) $\cos\frac{7}{4}\pi=\frac{1}{\sqrt{2}}$

(3) $\tan\left(-\frac{3}{4}\pi\right)=1$

(4) $\sin\frac{3}{2}\pi=-1$

(5) $\cos 2\pi=1$

(6) $\tan\pi=0$

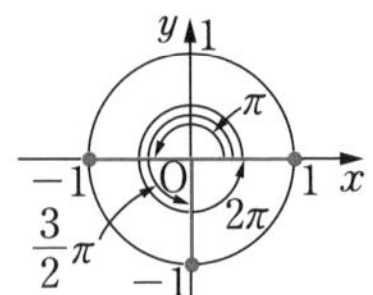

練習 91 $\sin\theta=\frac{4}{5}$ のとき

$$\cos^2\theta=1-\sin^2\theta=1-\left(\frac{4}{5}\right)^2=\frac{9}{25}$$

◀ $\sin^2\theta+\cos^2\theta=1$ だから $\cos^2\theta=1-\sin^2\theta$

$\frac{\pi}{2}<\theta<\pi$ だから　　$\cos\theta<0$

よって　　$\cos\theta=-\frac{3}{5}$

$$\tan\theta=\frac{\sin\theta}{\cos\theta}=\frac{4}{5}\div\left(-\frac{3}{5}\right)=-\frac{4}{3}$$

練習 92 $\tan\theta=-3$ のとき

$$\frac{1}{\cos^2\theta}=1+\tan^2\theta=1+(-3)^2=10$$

$$\cos^2\theta=\frac{1}{10}$$

$-\frac{\pi}{2}<\theta<0$ だから　　$\cos\theta>0$

よって　　$\cos\theta=\frac{1}{\sqrt{10}}$

$$\sin\theta=\cos\theta\tan\theta=-\frac{3}{\sqrt{10}}$$

◀ $\tan\theta=\frac{\sin\theta}{\cos\theta}$ だから $\sin\theta=\cos\theta\tan\theta$

練習 93 (1) $\cos^4\theta-\sin^4\theta$

$=(\cos^2\theta+\sin^2\theta)(\cos^2\theta-\sin^2\theta)$

$=1\cdot\{\cos^2\theta-(1-\cos^2\theta)\}$

$=2\cos^2\theta-1$

◀ $a^2-b^2=(a+b)(a-b)$

◀ $\sin^2\theta+\cos^2\theta=1$ から $\sin^2\theta=1-\cos^2\theta$

(2) $\tan\theta+\frac{1}{\tan\theta}=\frac{\sin\theta}{\cos\theta}+\frac{\cos\theta}{\sin\theta}=\frac{\sin^2\theta+\cos^2\theta}{\sin\theta\cos\theta}$

$=\frac{1}{\sin\theta\cos\theta}$

◀ $\sin^2\theta+\cos^2\theta=1$

練習 94 (1) $\sin\theta-\cos\theta=\frac{1}{4}$

両辺を平方して

$$\sin^2\theta+\cos^2\theta-2\sin\theta\cos\theta=\frac{1}{16}$$

$$1-2\sin\theta\cos\theta=\frac{1}{16}$$

よって　$\sin\theta\cos\theta=\mathbf{\frac{15}{32}}$

◀ $1-2\sin\theta\cos\theta=\frac{1}{16}$
$-2\sin\theta\cos\theta=-\frac{15}{16}$
$\sin\theta\cos\theta=\frac{15}{32}$

(2) $(\sin\theta+\cos\theta)^2=\sin^2\theta+\cos^2\theta+2\sin\theta\cos\theta$

$$=1+2\cdot\frac{15}{32}=\frac{31}{16}$$

よって　$\sin\theta+\cos\theta=\pm\mathbf{\frac{\sqrt{31}}{4}}$

(3) $\sin^2\theta-\cos^2\theta=(\sin\theta+\cos\theta)(\sin\theta-\cos\theta)$

$$=\pm\frac{\sqrt{31}}{4}\cdot\frac{1}{4}=\pm\mathbf{\frac{\sqrt{31}}{16}}$$

◀ $a^2-b^2=(a+b)(a-b)$

練習 95 (1) $\sin 300^\circ=\sin(360^\circ-60^\circ)$

$$=-\sin 60^\circ=-\mathbf{\frac{\sqrt{3}}{2}}$$

◀ $\sin(360^\circ-\theta)=-\sin\theta$

(2) $\cos 480^\circ=\cos(360^\circ+120^\circ)=\cos 120^\circ$

$$=\cos(90^\circ+30^\circ)=-\sin 30^\circ=-\mathbf{\frac{1}{2}}$$

◀ $\cos(360^\circ+\theta)=\cos\theta$

◀ $\cos(90^\circ+\theta)=-\sin\theta$

(3) $\tan(-240^\circ)=\tan(-360^\circ+120^\circ)=\tan 120^\circ$

$$=\tan(90^\circ+30^\circ)=-\frac{1}{\tan 30^\circ}=-\mathbf{\sqrt{3}}$$

◀ $\tan(90^\circ+\theta)=-\frac{1}{\tan\theta}$

練習 96

(1) $\cos\left(\frac{\pi}{2}-\theta\right)+\cos\left(\frac{\pi}{2}+\theta\right)+\cos\left(\frac{3}{2}\pi-\theta\right)+\cos\left(\frac{3}{2}\pi+\theta\right)$

$=\sin\theta-\sin\theta-\sin\theta+\sin\theta$

$=\mathbf{0}$

◀ $\cos\left(\frac{3}{2}\pi\pm\theta\right)$
$=\cos\left\{\pi+\left(\frac{\pi}{2}\pm\theta\right)\right\}$
$=-\cos\left(\frac{\pi}{2}\pm\theta\right)$
と考える。

(2) $\tan\left(\frac{\pi}{2}-\theta\right)+\tan\left(\frac{\pi}{2}+\theta\right)+\tan\left(\frac{3}{2}\pi-\theta\right)+\tan\left(\frac{3}{2}\pi+\theta\right)$

$=\frac{1}{\tan\theta}-\frac{1}{\tan\theta}+\frac{1}{\tan\theta}-\frac{1}{\tan\theta}$

$=\mathbf{0}$

◀ $\tan\left(\frac{3}{2}\pi\pm\theta\right)$
$=\tan\left\{\pi+\left(\frac{\pi}{2}\pm\theta\right)\right\}$
$=\tan\left(\frac{\pi}{2}\pm\theta\right)$

練習 97 (1) $\cos\left(\frac{\pi}{2}-\theta\right)+\cos\left(\frac{\pi}{2}+\theta\right)+\cos(-\theta)+\cos(\pi-\theta)$

$=\sin\theta-\sin\theta+\cos\theta-\cos\theta=\mathbf{0}$

(2) $\sin(\theta+\pi)+\sin\left(\theta+\frac{\pi}{2}\right)+\sin\left(\theta-\frac{\pi}{2}\right)+\sin(\pi-\theta)$

$=-\sin\theta+\cos\theta-\cos\theta+\sin\theta=\mathbf{0}$

◀ $\sin\left(\theta-\frac{\pi}{2}\right)$
$=-\sin\left(\frac{\pi}{2}-\theta\right)$

(3) $\cos(\pi-\theta)\tan(\pi-\theta)+\sin\left(\frac{\pi}{2}+\theta\right)\tan(\pi+\theta)$

$=-\cos\theta(-\tan\theta)+\cos\theta\tan\theta=2\cos\theta\tan\theta$

$=2\cos\theta\cdot\frac{\sin\theta}{\cos\theta}=\mathbf{2\sin\theta}$

(4) $\sin 10^\circ+\sin 170^\circ+\sin 190^\circ+\sin 350^\circ$

$=\sin 10^\circ+\sin(180^\circ-10^\circ)+\sin(180^\circ+10^\circ)+\sin(360^\circ-10^\circ)$

$=\sin 10^\circ+\sin 10^\circ-\sin 10^\circ-\sin 10^\circ$

$=\mathbf{0}$

(5) $\cos 20^\circ+\cos 160^\circ+\cos 200^\circ+\cos 340^\circ$

$=\cos 20^\circ+\cos(180^\circ-20^\circ)+\cos(180^\circ+20^\circ)+\cos(360^\circ-20^\circ)$

$=\cos 20^\circ-\cos 20^\circ-\cos 20^\circ+\cos 20^\circ$

$=\mathbf{0}$

練習 98 (1)

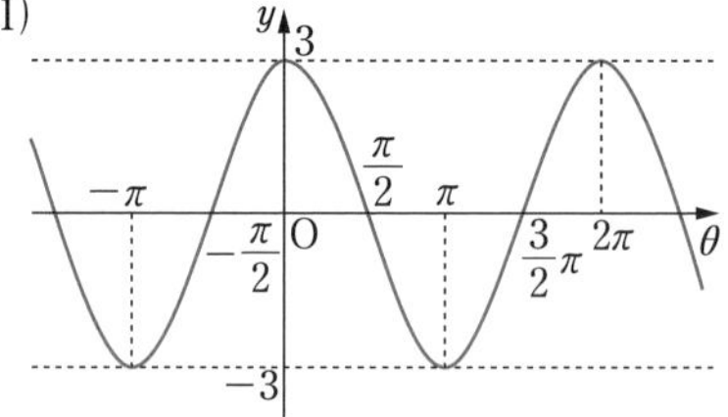

◀ (1)周期は 2π で

$-3\leqq 3\cos\theta\leqq 3$

すなわち　$-3\leqq y\leqq 3$

(2)

◀ (2)周期は $\frac{2\pi}{2}=\pi$ で

$-1\leqq\cos 2\theta\leqq 1$

すなわち　$-1\leqq y\leqq 1$

(3)

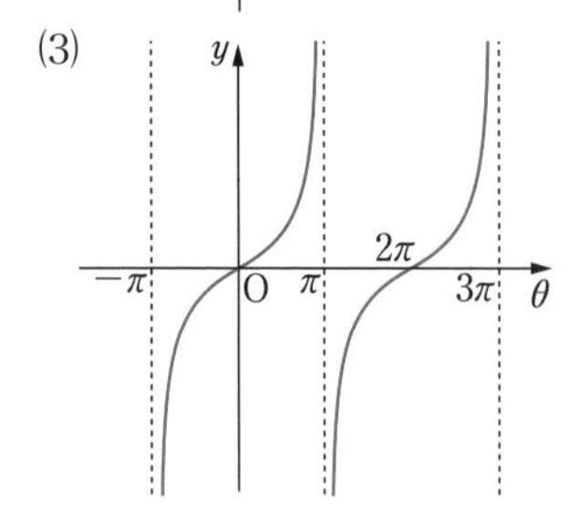

◀ (3)周期は

$\pi\div\frac{1}{2}=2\pi$

練習 99 (1) $y=2\sin\theta+1$

このグラフは，$y=2\sin\theta$のグラフをy軸の方向に1だけ平行移動したもので，右図のようになる。

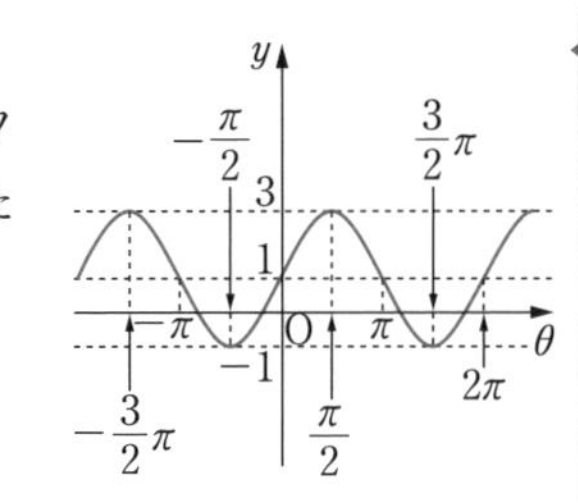

$-2\leqq 2\sin\theta\leqq 2$
$-1\leqq 2\sin\theta+1\leqq 3$
だから，値域は
$-1\leqq y\leqq 3$

(2) $y=\cos\left(2\theta-\frac{\pi}{3}\right)=\cos 2\left(\theta-\frac{\pi}{6}\right)$

このグラフは，$y=\cos 2\theta$のグラフをθ軸の方向に$\frac{\pi}{6}$だけ平行移動したもので，右図のようになる。

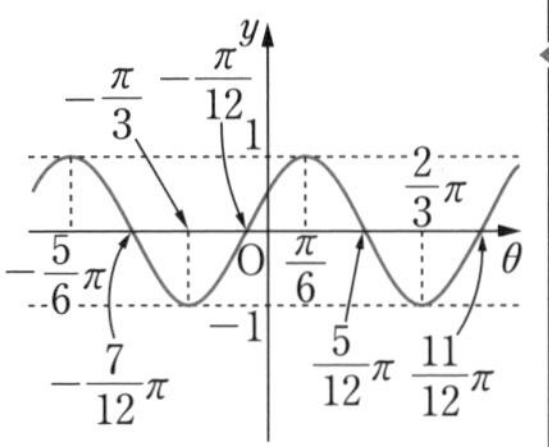

周期は$\frac{2\pi}{2}=\pi$

$-1\leqq\cos 2\theta\leqq 1$だから，

値域は　$-1\leqq y\leqq 1$

練習 100 (1) 直線$y=\frac{1}{2}$と単位円との交点をP，P′とすると，動径OP，OP′の表す角は

$0\leqq\theta<2\pi$では　　$\theta=\frac{\pi}{6}$，$\frac{5}{6}\pi$

したがって，求める解は

$\theta=\frac{\pi}{6}+2n\pi$，$\frac{5}{6}\pi+2n\pi$　（nは整数）

単位円のかわりに直角三角形で考えてもよい。このときの三角形は第1，第2象限にある。

(2) 単位円と直線$x=-\frac{1}{\sqrt{2}}$との交点をP，P′とすると，動径OP，OP′の表す角は

$0\leqq\theta<2\pi$では

$\theta=\frac{3}{4}\pi$，$\frac{5}{4}\pi$

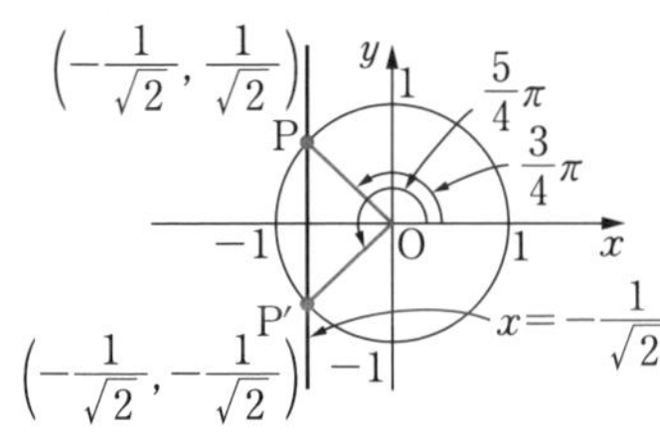

第2，第3象限に直角三角形を作って考えてもよい。

したがって，求める解は

$\theta=\frac{3}{4}\pi+2n\pi$，$\frac{5}{4}\pi+2n\pi$　（nは整数）

$\theta=\pm\frac{3}{4}\pi+2n\pi$（$n$は整数）としてもよい。

(3) 単位円と直線$y=x$との交点をP，P′とすると，動径OP，OP′の表す角は$0\leqq\theta<2\pi$では

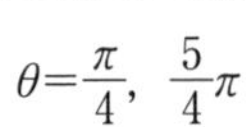

$\theta=\frac{\pi}{4}$，$\frac{5}{4}\pi$

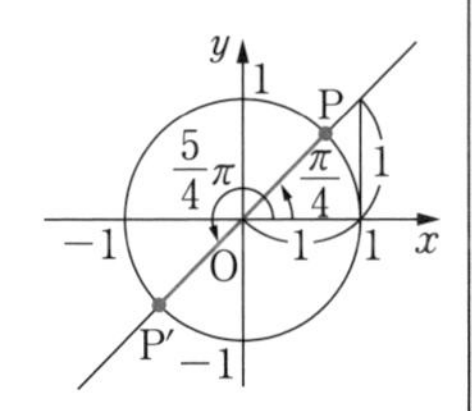

したがって，求める解は

$\theta=\frac{\pi}{4}+n\pi$　（nは整数）

$\frac{5}{4}\pi=\pi+\frac{\pi}{4}$だから，2つを合わせて書く。

3 三角関数

練習 101　(1)　$\sin\theta=\frac{1}{2}$ となるのは

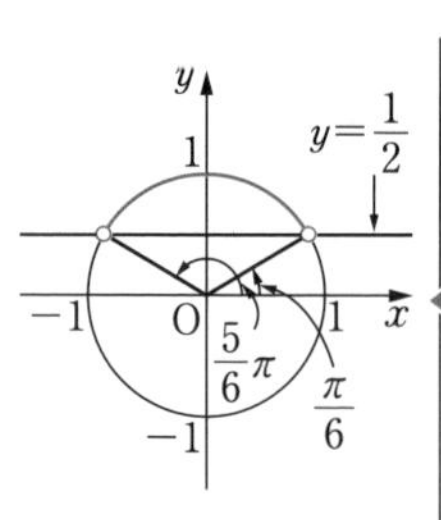

$\theta=\frac{\pi}{6},\ \frac{5}{6}\pi$

$\sin\theta>\frac{1}{2}$ となるのは単位円周上で

$y>\frac{1}{2}$ のときだから

$\frac{\pi}{6}<\theta<\frac{5}{6}\pi$

◀ グラフで考えると下のようになる。

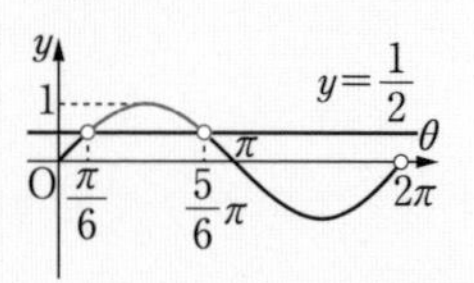

(2)　$\cos\theta=-\frac{\sqrt{3}}{2}$ となるのは

$\theta=\frac{5}{6}\pi,\ \frac{7}{6}\pi$

$\cos\theta\leqq-\frac{\sqrt{3}}{2}$ となるのは単位円周上で，$x\leqq-\frac{\sqrt{3}}{2}$ のときだから

$\frac{5}{6}\pi\leqq\theta\leqq\frac{7}{6}\pi$

◀ グラフで考えると

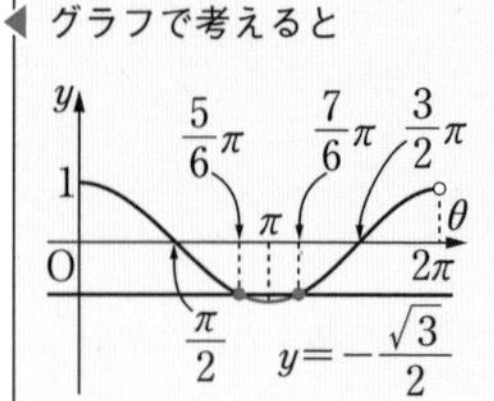

(3)　$\tan\theta=\sqrt{3}$ となるのは

$\theta=\frac{\pi}{3},\ \frac{4}{3}\pi$

$\tan\theta\leqq\sqrt{3}$ すなわち，動径の傾きが $\sqrt{3}$ 以下になるのは

$0\leqq\theta\leqq\frac{\pi}{3},\ \frac{\pi}{2}<\theta\leqq\frac{4}{3}\pi,\ \frac{3}{2}\pi<\theta<2\pi$

◀ グラフで考えると

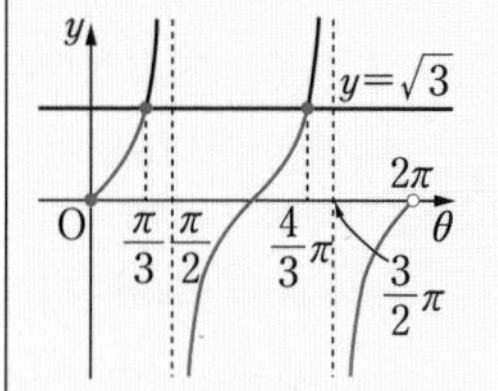

練習 102

$2\cos^2\theta+\sin\theta-1=0$　……①

①に，$\cos^2\theta=1-\sin^2\theta$ を代入して

◀ $\sin^2\theta+\cos^2\theta=1$ より $\cos^2\theta=1-\sin^2\theta$

$2(1-\sin^2\theta)+\sin\theta-1=0$

$-2\sin^2\theta+\sin\theta+1=0$

$2\sin^2\theta-\sin\theta-1=0$

◀ $\sin\theta$ の式に統一する。

$(\sin\theta-1)(2\sin\theta+1)=0$

$\sin\theta=-\frac{1}{2},\ 1$

ここで，$0\leqq\theta<2\pi$ より，$-1\leqq\sin\theta\leqq1$ だから，$\sin\theta=-\frac{1}{2},\ 1$ は適する。このとき，$0\leqq\theta<2\pi$ だから

◀ $\sin\theta$ の範囲に注意する。

$\sin\theta=-\frac{1}{2}$　より　　$\theta=\frac{7}{6}\pi,\ \frac{11}{6}\pi$

$\sin\theta=1$ より

$$\theta=\frac{\pi}{2}$$

したがって，求める解は

$$\theta=\frac{\pi}{2},\ \frac{7}{6}\pi,\ \frac{11}{6}\pi$$

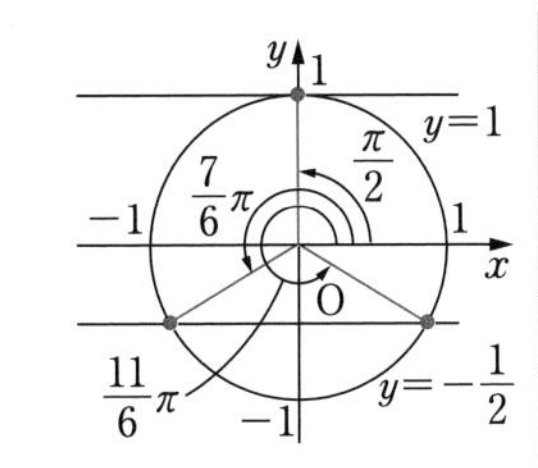

3
三角関数

定期テスト対策問題 6

1 解答 (1) $\sin(-750^\circ)+\cos(-60^\circ)+\tan 900^\circ$

$=-\sin 30^\circ+\cos 60^\circ+\tan 180^\circ$

$=-\dfrac{1}{2}+\dfrac{1}{2}+0=\mathbf{0}$

◀ $-750^\circ=-30^\circ+360^\circ\times(-2)$
$900^\circ=180^\circ+360^\circ\times 2$

(2) $\sin^2\theta+\sin^2\left(\dfrac{\pi}{2}-\theta\right)+\sin^2(\pi-\theta)+\sin^2\left(\dfrac{3}{2}\pi-\theta\right)$

$=\sin^2\theta+\cos^2\theta+\sin^2\theta+(-\cos\theta)^2$

$=2(\sin^2\theta+\cos^2\theta)=\mathbf{2}$

◀ $\sin\left(\dfrac{3}{2}\pi-\theta\right)$
$=\sin\left\{\pi+\left(\dfrac{\pi}{2}-\theta\right)\right\}$
$=-\sin\left(\dfrac{\pi}{2}-\theta\right)$
$=-\cos\theta$

2 解答 $\sin\left(\dfrac{3}{2}\pi-\theta\right)=-\dfrac{3}{5}$ のとき

$-\cos\theta=-\dfrac{3}{5}$　よって　$\cos\theta=\mathbf{\dfrac{3}{5}}$

$\sin^2\theta=1-\cos^2\theta=1-\left(\dfrac{3}{5}\right)^2=\dfrac{16}{25}$

◀ $\sin^2\theta+\cos^2\theta=1$ から。

$0<\theta<\dfrac{\pi}{2}$ だから　$\sin\theta>0$

よって　$\sin\theta=\mathbf{\dfrac{4}{5}}$

したがって　$\tan\theta=\dfrac{\sin\theta}{\cos\theta}=\mathbf{\dfrac{4}{3}}$

◀ $\tan\theta$ の値は $\sin\theta$, $\cos\theta$ がわかれば求められる。

3 解答 (1) $\sin\theta-\cos\theta=\dfrac{1}{2}$ の両辺を平方して

$\sin^2\theta+\cos^2\theta-2\sin\theta\cos\theta=\dfrac{1}{4}$

$1-2\sin\theta\cos\theta=\dfrac{1}{4}$

よって　$\sin\theta\cos\theta=\dfrac{1}{2}\left(1-\dfrac{1}{4}\right)=\mathbf{\dfrac{3}{8}}$

(2) $\sin^3\theta-\cos^3\theta$

$=(\sin\theta-\cos\theta)(\sin^2\theta+\sin\theta\cos\theta+\cos^2\theta)$

$=\dfrac{1}{2}\left(1+\dfrac{3}{8}\right)=\mathbf{\dfrac{11}{16}}$

◀ $a^3-b^3=(a-b)(a^2+ab+b^2)$

◀ $\sin^2\theta+\cos^2\theta=1$

(3) $\tan\theta+\dfrac{1}{\tan\theta}=\dfrac{\sin\theta}{\cos\theta}+\dfrac{\cos\theta}{\sin\theta}$

$=\dfrac{\sin^2\theta+\cos^2\theta}{\sin\theta\cos\theta}$

$=1\div\dfrac{3}{8}=\mathbf{\dfrac{8}{3}}$

◀ $\dfrac{1}{\tan\theta}=\dfrac{1}{\dfrac{\sin\theta}{\cos\theta}}=\dfrac{\cos\theta}{\sin\theta}$

4 解答 (1) $\sin\theta=-\dfrac{1}{\sqrt{2}}$

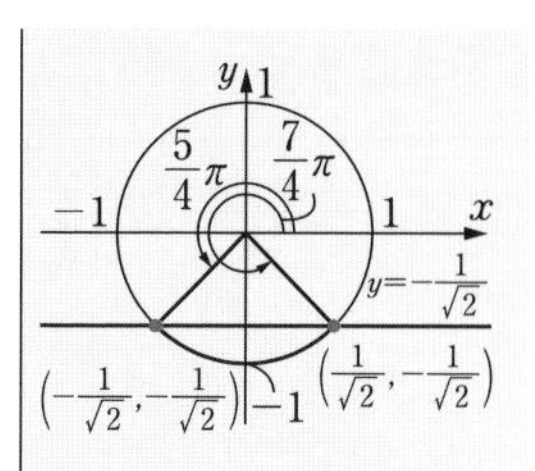

$0\leqq\theta<2\pi$ で，$y=-\dfrac{1}{\sqrt{2}}$ となるのは

$$\theta=\frac{5}{4}\pi,\ \frac{7}{4}\pi$$

したがって，求める解は

$$\boldsymbol{\theta=\frac{5}{4}\pi+2n\pi,\ \frac{7}{4}\pi+2n\pi}\quad \textbf{（n は整数）}$$

(2) $\tan\theta=-\sqrt{3}$

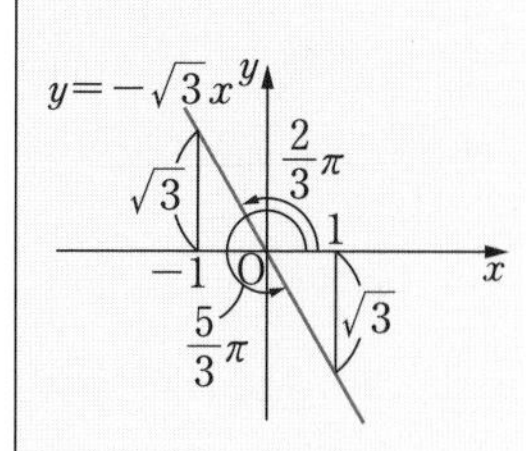

$0\leqq\theta<2\pi$ で，動径OPの傾きが $-\sqrt{3}$ になるのは

$$\theta=\frac{2}{3}\pi,\ \frac{5}{3}\pi$$

したがって，求める解は

$$\boldsymbol{\theta=\frac{2}{3}\pi+n\pi}\quad \textbf{（n は整数）}$$

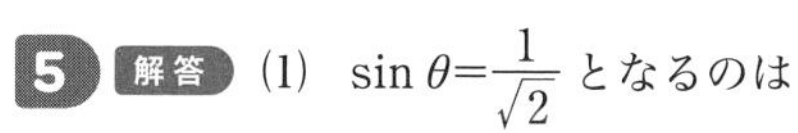

5 解答 (1) $\sin\theta=\dfrac{1}{\sqrt{2}}$ となるのは

$$\theta=\frac{\pi}{4},\ \frac{3}{4}\pi$$

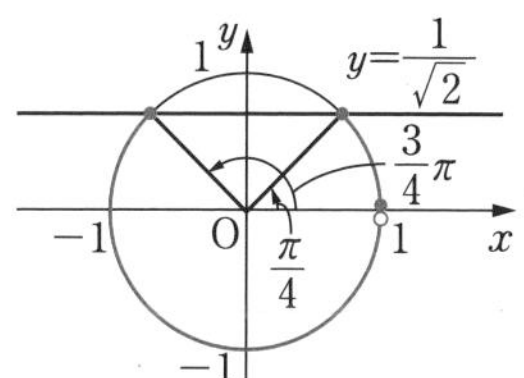

よって，$\sin\theta\leqq\dfrac{1}{\sqrt{2}}$ となるのは

$$\boldsymbol{0\leqq\theta\leqq\frac{\pi}{4},\ \frac{3}{4}\leqq\theta<2\pi}$$

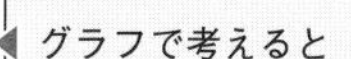
◀ グラフで考えると

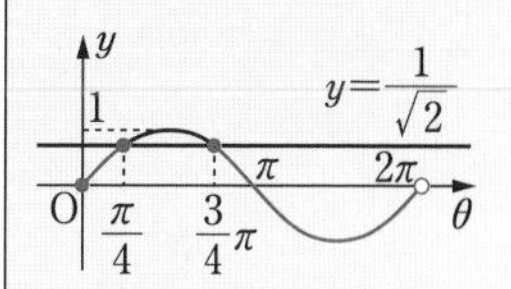

(2) $2\cos\theta+\sqrt{3}>0$ から　　$\cos\theta>-\dfrac{\sqrt{3}}{2}$

$\cos\theta=-\dfrac{\sqrt{3}}{2}$ となるのは

$$\theta=\frac{5}{6}\pi,\ \frac{7}{6}\pi$$

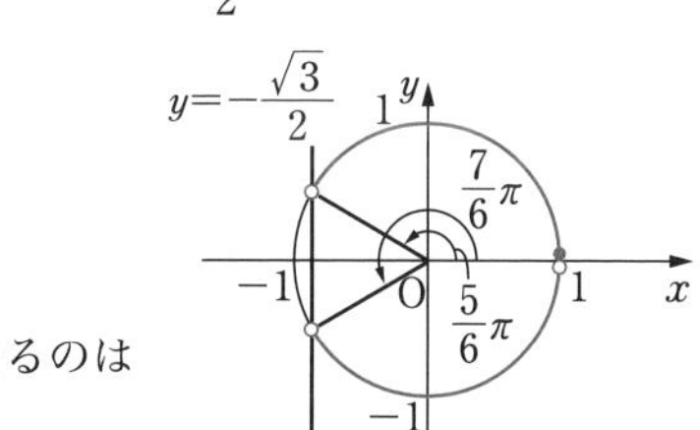

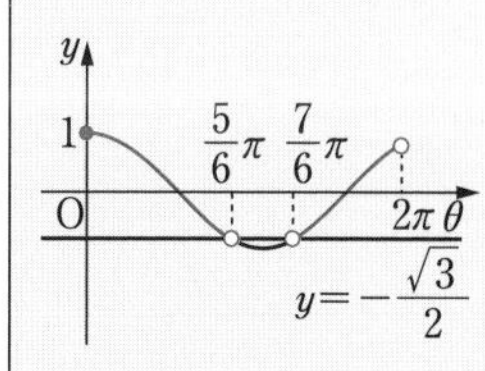

よって，$\cos\theta>-\dfrac{\sqrt{3}}{2}$ となるのは

$$\boldsymbol{0\leqq\theta<\frac{5}{6}\pi,\ \frac{7}{6}\pi<\theta<2\pi}$$

6 **解説** $\cos\theta=x$とおき，xについての2次式の最大値・最小値を求める。xのとり得る値の範囲に注意する。

解答 $y=\sin^2\theta-\cos\theta$ $(0\leqq\theta<2\pi)$

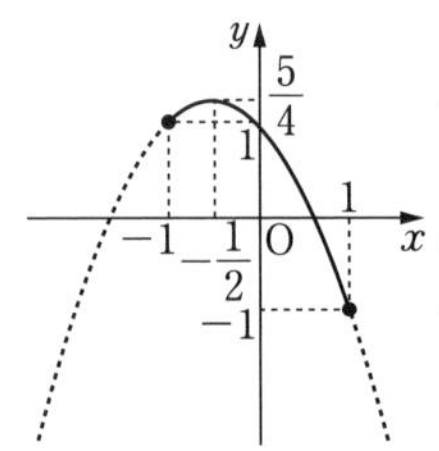

$\cos\theta=x$ $(-1\leqq x\leqq 1)$とおくと

$$y=(1-x^2)-x$$
$$=-x^2-x+1$$
$$=-\left(x+\frac{1}{2}\right)^2+\frac{5}{4}$$

よって，yは

$x=-\frac{1}{2}$，すなわち，$\boldsymbol{\theta=\frac{2}{3}\pi,\ \frac{4}{3}\pi}$ **のとき**

最大値 $\boldsymbol{\frac{5}{4}}$

$x=1$，すなわち，$\boldsymbol{\theta=0}$ **のとき**

最小値 $\boldsymbol{-1}$

◀ $0\leqq\theta<2\pi$において
$-1\leqq\cos\theta\leqq 1$

◀ $\sin^2\theta=1-\cos^2\theta$

◀ 基本変形して
$y=a(x-p)^2+q$
の形にする。

◀ $\cos\theta=-\frac{1}{2}$ $(0\leqq\theta<2\pi)$
を解くと
$\theta=\frac{2}{3}\pi,\ \frac{4}{3}\pi$
$\cos\theta=1$ $(0\leqq\theta<2\pi)$
を解くと　$\theta=0$

7 **解答** (1)　$x^2-\sqrt{2}x+k=0$　……①

この解が$\sin\theta$，$\cos\theta$だから，解と係数の関係により

$\sin\theta+\cos\theta=\boldsymbol{\sqrt{2}}$　……②

(2)　同様に

$\sin\theta\cos\theta=k$　……③

②の両辺を平方して

$$\sin^2\theta+\cos^2\theta+2\sin\theta\cos\theta=2$$

これと③から

$1+2k=2$　よって　$\boldsymbol{k=\frac{1}{2}}$

(3)　$k=\frac{1}{2}$のとき，①は

$$x^2-\sqrt{2}x+\frac{1}{2}=0$$
$$\left(x-\frac{1}{\sqrt{2}}\right)^2=0$$
$$x=\frac{1}{\sqrt{2}}\ （重解）$$

よって　$\sin\theta=\cos\theta=\frac{1}{\sqrt{2}}$

したがって　$\boldsymbol{\theta=\frac{\pi}{4}+2n\pi}$　**(nは整数)**

◀ 2次方程式
$ax^2+bx+c=0$の解をα，βとすると，解と係数の関係から
$$\begin{cases}\alpha+\beta=-\dfrac{b}{a}\\ \alpha\beta=\dfrac{c}{a}\end{cases}$$

◀ $x^2-\sqrt{2}x+\frac{1}{2}=0$
$x^2-2\cdot\frac{1}{\sqrt{2}}x+\left(\frac{1}{\sqrt{2}}\right)^2=0$
$\left(x-\frac{1}{\sqrt{2}}\right)^2=0$

第2節 加法定理

練習 103

(1) $\sin 165^\circ=\sin(120^\circ+45^\circ)$

$=\sin 120^\circ \cos 45^\circ+\cos 120^\circ \sin 45^\circ$

$=\dfrac{\sqrt{3}}{2}\cdot\dfrac{1}{\sqrt{2}}-\dfrac{1}{2}\cdot\dfrac{1}{\sqrt{2}}$

$=\dfrac{\sqrt{6}-\sqrt{2}}{4}$

(2) $\cos 165^\circ=\cos(120^\circ+45^\circ)$

$=\cos 120^\circ \cos 45^\circ-\sin 120^\circ \sin 45^\circ$

$=-\dfrac{1}{2}\cdot\dfrac{1}{\sqrt{2}}-\dfrac{\sqrt{3}}{2}\cdot\dfrac{1}{\sqrt{2}}$

$=\dfrac{-\sqrt{2}-\sqrt{6}}{4}$

(3) $\tan 165^\circ=\dfrac{\sin 165^\circ}{\cos 165^\circ}=\dfrac{\sqrt{6}-\sqrt{2}}{-\sqrt{2}-\sqrt{6}}=\dfrac{1-\sqrt{3}}{1+\sqrt{3}}$

$=\dfrac{(1-\sqrt{3})^2}{(1+\sqrt{3})(1-\sqrt{3})}$

$=-2+\sqrt{3}$

◀ 例題 94 のように加法定理で求めてもよいが，このようにsin, cosの値から求めることもできる。

練習 104

(1) $\sin\alpha=\dfrac{3}{5}$，$\sin\beta=\dfrac{12}{13}$ のとき

$\cos^2\alpha=1-\sin^2\alpha=1-\left(\dfrac{3}{5}\right)^2=\dfrac{16}{25}$

◀ $\sin^2\alpha+\cos^2\alpha=1$

$\cos^2\beta=1-\sin^2\beta=1-\left(\dfrac{12}{13}\right)^2=\dfrac{25}{169}$

$0<\alpha<\dfrac{\pi}{2}$，$\dfrac{\pi}{2}<\beta<\pi$ だから　　$\cos\alpha>0$，$\cos\beta<0$

◀ α は第1象限の角，β は第2象限の角になる。

よって　　$\cos\alpha=\dfrac{4}{5}$，$\cos\beta=-\dfrac{5}{13}$

したがって，加法定理から

$\sin(\alpha-\beta)=\sin\alpha\cos\beta-\cos\alpha\sin\beta$

$=\dfrac{3}{5}\cdot\left(-\dfrac{5}{13}\right)-\dfrac{4}{5}\cdot\dfrac{12}{13}$

$=-\dfrac{63}{65}$

(2) $\cos(\alpha+\beta)=\cos\alpha\cos\beta-\sin\alpha\sin\beta$

$=\dfrac{4}{5}\cdot\left(-\dfrac{5}{13}\right)-\dfrac{3}{5}\cdot\dfrac{12}{13}$

$=-\dfrac{56}{65}$

練習 105 (1) $\tan\alpha=\dfrac{5}{2}$, $\tan\beta=\dfrac{7}{3}$ のとき，加法定理から

$$\tan(\alpha+\beta)=\frac{\tan\alpha+\tan\beta}{1-\tan\alpha\tan\beta}$$

$$=\frac{\dfrac{5}{2}+\dfrac{7}{3}}{1-\dfrac{5}{2}\cdot\dfrac{7}{3}}=\mathbf{-1}$$

(2) α, βは鋭角だから　　$0<\alpha+\beta<\pi$

よって　　$\alpha+\beta=\dfrac{\mathbf{3}}{\mathbf{4}}\pi$

◀ $\alpha+\beta$の範囲をチェックする。

◀ $0<\alpha+\beta<\pi$で
$\tan(\alpha+\beta)=-1$
となるのは
$\alpha+\beta=\dfrac{3}{4}\pi$
のときのみ。

練習 106 (1) $\cos(\alpha+\beta)\cos(\alpha-\beta)$

$=(\cos\alpha\cos\beta-\sin\alpha\sin\beta)(\cos\alpha\cos\beta+\sin\alpha\sin\beta)$

$=\cos^2\alpha\cos^2\beta-\sin^2\alpha\sin^2\beta$

$=\cos^2\alpha(1-\sin^2\beta)-(1-\cos^2\alpha)\sin^2\beta$

$=\cos^2\alpha-\cos^2\alpha\sin^2\beta-\sin^2\beta+\cos^2\alpha\sin^2\beta$

$=\cos^2\alpha-\sin^2\beta$

(2) $$\frac{\tan\alpha-\tan\beta}{\tan\alpha+\tan\beta}=\frac{\dfrac{\sin\alpha}{\cos\alpha}-\dfrac{\sin\beta}{\cos\beta}}{\dfrac{\sin\alpha}{\cos\alpha}+\dfrac{\sin\beta}{\cos\beta}}$$

$$=\frac{\sin\alpha\cos\beta-\cos\alpha\sin\beta}{\sin\alpha\cos\beta+\cos\alpha\sin\beta}$$

$$=\frac{\sin(\alpha-\beta)}{\sin(\alpha+\beta)}$$

◀ $\sin(\alpha+\beta)$, $\sin(\alpha-\beta)$の加法定理を逆に使う。

練習 107 2直線$y=-2x+5$, $y=3x+2$のなす角θは，2直線$y=-2x$, $y=3x$のなす角と等しいから，それぞれがx軸の正の向きとなす角をα, βとすると

◀ 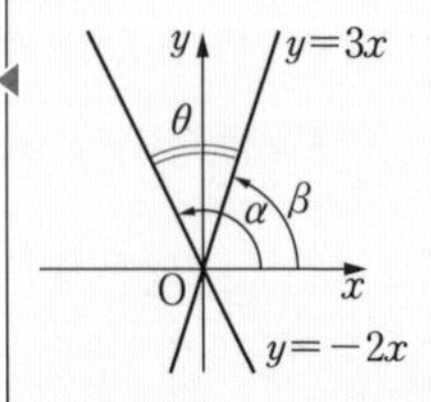

$\tan\alpha=-2$,　　$\tan\beta=3$

$\tan\theta=\tan(\alpha-\beta)$

$$=\frac{\tan\alpha-\tan\beta}{1+\tan\alpha\tan\beta}$$

$$=\frac{-2-3}{1+(-2)\cdot3}=1$$

$0\leqq\theta\leqq\dfrac{\pi}{2}$ だから　　$\theta=\dfrac{\pi}{\mathbf{4}}$

練習 108

(1) $\sin\alpha=\dfrac{\sqrt{5}}{3}$ のとき

$$\cos^2\alpha=1-\sin^2\alpha=1-\left(\frac{\sqrt{5}}{3}\right)^2=\frac{4}{9}$$

$\dfrac{\pi}{2}<\alpha<\pi$ だから　　$\cos\alpha<0$

◀第2象限では $\cos\alpha<0$

よって　　$\cos\alpha=-\dfrac{2}{3}$

したがって　　$\sin 2\alpha=2\sin\alpha\cos\alpha$

$$=2\cdot\frac{\sqrt{5}}{3}\cdot\left(-\frac{2}{3}\right)=-\frac{4\sqrt{5}}{9}$$

(2) $\cos 2\alpha=\cos^2\alpha-\sin^2\alpha=\dfrac{4}{9}-\dfrac{5}{9}=-\dfrac{1}{9}$

(3) $\tan 2\alpha=\dfrac{\sin 2\alpha}{\cos 2\alpha}=-\dfrac{4\sqrt{5}}{9}\div\left(-\dfrac{1}{9}\right)=4\sqrt{5}$

◀$\tan 2\alpha=\dfrac{2\tan\alpha}{1-\tan^2\alpha}$ を用いてもよいが，(1)，(2)の結果を使うほうがラク。

練習 109

$\tan\theta=\dfrac{\sqrt{5}}{2}$ のとき

$$\frac{1}{\cos^2\theta}=1+\tan^2\theta=1+\left(\frac{\sqrt{5}}{2}\right)^2=\frac{9}{4}$$

$$\cos^2\theta=\frac{4}{9}$$

$\pi<\theta<\dfrac{3}{2}\pi$ だから　　$\cos\theta<0$

◀第3象限では $\cos\theta<0$

よって　　$\cos\theta=-\dfrac{2}{3}$

半角の公式から

$$\sin^2\frac{\theta}{2}=\frac{1-\cos\theta}{2}=\frac{1+\frac{2}{3}}{2}=\frac{5}{6}$$

$$\cos^2\frac{\theta}{2}=\frac{1+\cos\theta}{2}=\frac{1-\frac{2}{3}}{2}=\frac{1}{6}$$

$\dfrac{\pi}{2}<\dfrac{\theta}{2}<\dfrac{3}{4}\pi$ だから　　$\sin\dfrac{\theta}{2}>0$，$\cos\dfrac{\theta}{2}<0$

◀$\dfrac{\pi}{2}<\alpha<\dfrac{3}{4}\pi$ は第2象限。

したがって

$$\sin\frac{\theta}{2}=\sqrt{\frac{5}{6}}=\frac{\sqrt{30}}{6},\quad \cos\frac{\theta}{2}=-\frac{\sqrt{6}}{6}$$

$$\tan\frac{\theta}{2}=\frac{\sin\frac{\theta}{2}}{\cos\frac{\theta}{2}}=\frac{\sqrt{30}}{6}\div\left(-\frac{\sqrt{6}}{6}\right)=-\sqrt{5}$$

◀$\tan^2\dfrac{\theta}{2}=\dfrac{1-\cos\theta}{1+\cos\theta}$ から求めてもよい。

練習 110 (1) $2\cos 2\theta-4\sin\theta+1=0\quad(0\leqq\theta<2\pi)$

$$2(1-2\sin^2\theta)-4\sin\theta+1=0$$

$$4\sin^2\theta+4\sin\theta-3=0$$

$$(2\sin\theta-1)(2\sin\theta+3)=0$$

$2\sin\theta+3>0$ だから

$$\sin\theta=\frac{1}{2}$$

よって，$0\leqq\theta<2\pi$ では

$$\boldsymbol{\theta=\frac{\pi}{6},\ \frac{5}{6}\pi}$$

(2) $\sin 2\theta=\sqrt{3}\cos\theta\quad(0\leqq\theta<2\pi)$

$$2\sin\theta\cos\theta-\sqrt{3}\cos\theta=0$$

$$\cos\theta(2\sin\theta-\sqrt{3})=0$$

$$\cos\theta=0\quad \text{または}\quad \sin\theta=\frac{\sqrt{3}}{2}$$

$0\leqq\theta<2\pi$ では

$\cos\theta=0$ から　$\theta=\frac{\pi}{2},\ \frac{3}{2}\pi$

$\sin\theta=\frac{\sqrt{3}}{2}$ から　$\theta=\frac{\pi}{3},\ \frac{2}{3}\pi$

よって　$\boldsymbol{\theta=\frac{\pi}{3},\ \frac{\pi}{2},\ \frac{2}{3}\pi,\ \frac{3}{2}\pi}$

練習 111 (1) $\cos 2\theta\leqq 3\sin\theta-1\quad(0\leqq\theta<2\pi)$

2倍角の公式から　$1-2\sin^2\theta\leqq 3\sin\theta-1$

$$2\sin^2\theta+3\sin\theta-2\geqq 0$$

$$(2\sin\theta-1)(\sin\theta+2)\geqq 0$$

$\sin\theta+2>0$ だから

$$2\sin\theta-1\geqq 0$$

$$\sin\theta\geqq\frac{1}{2}$$

よって　$\boldsymbol{\frac{\pi}{6}\leqq\theta\leqq\frac{5}{6}\pi}$

◀ $\cos 2\theta=\cos^2\theta-\sin^2\theta$
$=1-2\sin^2\theta$

◀ $-1\leqq\sin\theta\leqq 1$ から
$-2\leqq 2\sin\theta\leqq 2$
$1\leqq 2\sin\theta+3\leqq 5$

◀ 積の形に変形する。
$AB=0$
$\iff A=0$ または $B=0$

◀ $-1\leqq\sin\theta\leqq 1$ だから
$1\leqq\sin\theta+2\leqq 3$

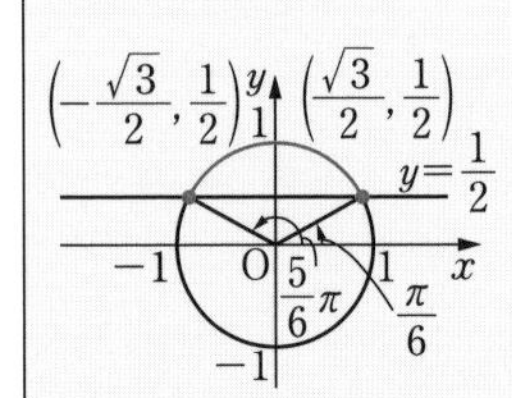

(2) $\sin 2\theta < \cos\theta \quad (0 \leqq \theta < 2\pi)$

2倍角の公式から

$$2\sin\theta\cos\theta < \cos\theta$$
$$\cos\theta(2\sin\theta - 1) < 0$$

$\cos\theta > 0$, すなわち, $0 \leqq \theta < \frac{\pi}{2}$, $\frac{3}{2}\pi < \theta < 2\pi$ のとき

$$\sin\theta < \frac{1}{2}$$

よって　　$0 \leqq \theta < \frac{\pi}{6}$, $\frac{3}{2}\pi < \theta < 2\pi$

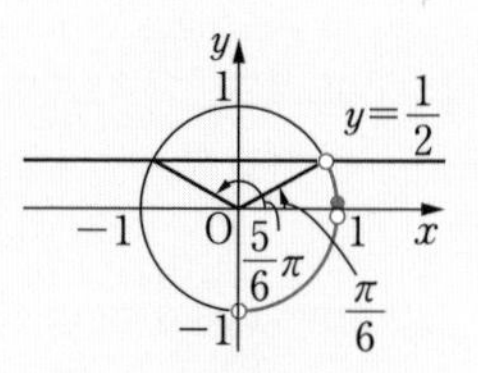

$\cos\theta < 0$, すなわち, $\frac{\pi}{2} < \theta < \frac{3}{2}\pi$ のとき

$$\sin\theta > \frac{1}{2}$$

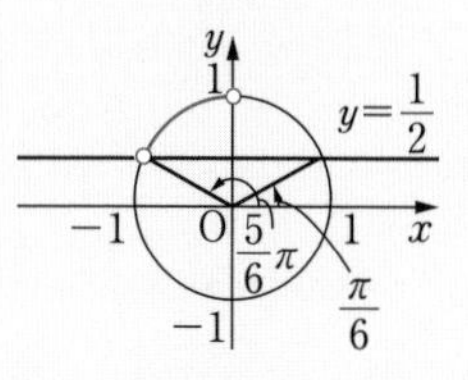

よって　　$\frac{\pi}{2} < \theta < \frac{5}{6}\pi$

したがって, 不等式の解は

$$\mathbf{0 \leqq \theta < \frac{\pi}{6},\ \frac{\pi}{2} < \theta < \frac{5}{6}\pi,\ \frac{3}{2}\pi < \theta < 2\pi}$$

練習 112

(1) $\theta = 18°$ のとき

$5\theta = 90°$　よって　　$2\theta = 90° - 3\theta$

したがって　　$\sin 2\theta = \sin(90° - 3\theta) = \cos 3\theta$

◀ $\sin(90° - \theta) = \cos\theta$

(2) 2倍角, 3倍角の公式から

$$2\sin\theta\cos\theta = -3\cos\theta + 4\cos^3\theta$$

◀ $\sin 2\theta$ $= 2\sin\theta\cos\theta$
$\cos 3\theta$ $= -3\cos\theta + 4\cos^3\theta$

$\cos\theta > 0$ だから

$$2\sin\theta = -3 + 4\cos^2\theta$$
$$2\sin\theta + 3 - 4(1 - \sin^2\theta) = 0$$
$$4\sin^2\theta + 2\sin\theta - 1 = 0$$

$\sin\theta > 0$ だから　　$\sin\theta = \mathbf{\frac{-1+\sqrt{5}}{4}}$

◀ $\sin\theta = t$ とおいて $4t^2 + 2t - 1 = 0$ の解で, $t > 0$ となる値を考える。

練習 113 (1) $\sqrt{3}\sin\theta+\cos\theta=2\left(\frac{\sqrt{3}}{2}\sin\theta+\frac{1}{2}\cos\theta\right)$

$=2\left(\sin\theta\cos\frac{\pi}{6}+\cos\theta\sin\frac{\pi}{6}\right)=\mathbf{2\sin\left(\theta+\frac{\pi}{6}\right)}$

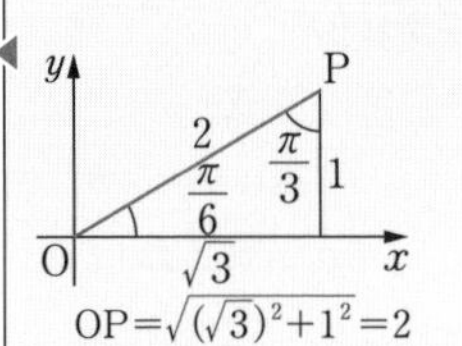

$\mathrm{OP}=\sqrt{(\sqrt{3})^2+1^2}=2$

$\sin\alpha\cos\beta+\cos\alpha\sin\beta$
$=\sin(\alpha+\beta)$

(2) $-\sin\theta+\sqrt{3}\cos\theta=2\left(-\frac{1}{2}\sin\theta+\frac{\sqrt{3}}{2}\cos\theta\right)$

$=2\left(\sin\theta\cos\frac{2}{3}\pi+\cos\theta\sin\frac{2}{3}\pi\right)=\mathbf{2\sin\left(\theta+\frac{2}{3}\pi\right)}$

(3) $3\sin\theta+4\cos\theta=5\left(\frac{3}{5}\sin\theta+\frac{4}{5}\cos\theta\right)$

$=5(\sin\theta\cos\alpha+\cos\theta\sin\alpha)=\mathbf{5\sin(\theta+\alpha)}$

ただし　　$\sin\alpha=\frac{4}{5},\ \cos\alpha=\frac{3}{5}$

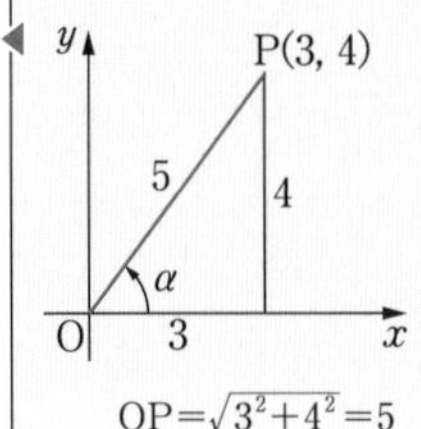

$\mathrm{OP}=\sqrt{3^2+4^2}=5$

(4) $-\sin\theta+2\cos\theta=\sqrt{5}\left(-\frac{1}{\sqrt{5}}\sin\theta+\frac{2}{\sqrt{5}}\cos\theta\right)$

$=\sqrt{5}(\sin\theta\cos\alpha+\cos\theta\sin\alpha)=\mathbf{\sqrt{5}\sin(\theta+\alpha)}$

ただし　　$\sin\alpha=\frac{2}{\sqrt{5}},\ \cos\alpha=-\frac{1}{\sqrt{5}}$

練習 114

(1) $\cos\theta-\sin\theta=1\quad(0\leqq\theta<2\pi)$

$$\sqrt{2}\left(\frac{1}{\sqrt{2}}\sin\theta-\frac{1}{\sqrt{2}}\cos\theta\right)=-1$$

$$\sin\left(\theta-\frac{\pi}{4}\right)=-\frac{1}{\sqrt{2}}$$

$\frac{1}{\sqrt{2}}\sin\theta-\frac{1}{\sqrt{2}}\cos\theta$
$=\sin\theta\cos\frac{\pi}{4}-\cos\theta\sin\frac{\pi}{4}$
$=\sin\left(\theta-\frac{\pi}{4}\right)$

$-\frac{\pi}{4}\leqq\theta-\frac{\pi}{4}<\frac{7}{4}\pi$では

$0\leqq\theta<2\pi$より
$-\frac{\pi}{4}\leqq\theta-\frac{\pi}{4}<\frac{7}{4}\pi$

$$\theta-\frac{\pi}{4}=-\frac{\pi}{4},\ \frac{5}{4}\pi$$

よって　　$\boldsymbol{\theta=0,\ \frac{3}{2}\pi}$

(2) $\sqrt{3}\sin\theta+\cos\theta=\sqrt{2}\quad(0\leqq\theta<2\pi)$

$$2\left(\frac{\sqrt{3}}{2}\sin\theta+\frac{1}{2}\cos\theta\right)=\sqrt{2}$$

$$\sin\left(\theta+\frac{\pi}{6}\right)=\frac{1}{\sqrt{2}}$$

$\frac{\pi}{6}\leqq\theta+\frac{\pi}{6}<\frac{13}{6}\pi$では

$$\theta+\frac{\pi}{6}=\frac{\pi}{4},\ \frac{3}{4}\pi$$

よって　　$\boldsymbol{\theta=\frac{\pi}{12},\ \frac{7}{12}\pi}$

$\theta+\frac{\pi}{6}=\alpha$とおくと

$\sin\alpha=\frac{1}{\sqrt{2}}$

$\left(\frac{\pi}{6}\leqq\alpha<\frac{13}{6}\pi\right)$

よって　$\alpha=\frac{\pi}{4},\ \frac{3}{4}\pi$

練習 115　(1)　$\sin\theta-\cos\theta<0\quad(0\leqq\theta<2\pi)$

$$\sqrt{2}\left(\frac{1}{\sqrt{2}}\sin\theta-\frac{1}{\sqrt{2}}\cos\theta\right)<0$$

$$\sin\left(\theta-\frac{\pi}{4}\right)<0$$

$-\frac{\pi}{4}\leqq\theta-\frac{\pi}{4}<\frac{7}{4}\pi$ では

$$-\frac{\pi}{4}\leqq\theta-\frac{\pi}{4}<0,\quad \pi<\theta-\frac{\pi}{4}<\frac{7}{4}\pi$$

よって　　$\boldsymbol{0\leqq\theta<\frac{\pi}{4},\ \frac{5}{4}\pi<\theta<2\pi}$

◀ $\theta-\frac{\pi}{4}=\alpha$ とおくと
$\sin\alpha<0$
$\left(-\frac{\pi}{4}\leqq\alpha<\frac{7}{4}\pi\right)$
よって
$\begin{cases}-\frac{\pi}{4}\leqq\alpha<0\\ \pi<\alpha<\frac{7}{4}\pi\end{cases}$

(2)　$\sin\theta<\sin\left(\theta+\frac{2}{3}\pi\right)\quad(0\leqq\theta<2\pi)$

$$\sin\theta<\sin\theta\cos\frac{2}{3}\pi+\cos\theta\sin\frac{2}{3}\pi$$

$$\sin\theta<-\frac{1}{2}\sin\theta+\frac{\sqrt{3}}{2}\cos\theta$$

$$\sqrt{3}\left(\frac{\sqrt{3}}{2}\sin\theta-\frac{1}{2}\cos\theta\right)<0$$

$$\sin\left(\theta-\frac{\pi}{6}\right)<0$$

$-\frac{\pi}{6}\leqq\theta-\frac{\pi}{6}<\frac{11}{6}\pi$ では

$$-\frac{\pi}{6}\leqq\theta-\frac{\pi}{6}<0,\quad \pi<\theta-\frac{\pi}{6}<\frac{11}{6}\pi$$

よって　　$\boldsymbol{0\leqq\theta<\frac{\pi}{6},\ \frac{7}{6}\pi<\theta<2\pi}$

◀ $\theta-\frac{\pi}{6}=\alpha$ とおくと
$\sin\alpha<0$
$\left(-\frac{\pi}{6}\leqq\alpha<\frac{11}{6}\pi\right)$
よって
$\begin{cases}-\frac{\pi}{6}\leqq\alpha<0\\ \pi<\alpha<\frac{11}{6}\pi\end{cases}$

(3)　$1\leqq\sqrt{3}\sin\theta+\cos\theta\leqq\sqrt{3}\quad(0\leqq\theta<2\pi)$

$$\frac{1}{2}\leqq\frac{\sqrt{3}}{2}\sin\theta+\frac{1}{2}\cos\theta\leqq\frac{\sqrt{3}}{2}$$

$$\frac{1}{2}\leqq\sin\left(\theta+\frac{\pi}{6}\right)\leqq\frac{\sqrt{3}}{2}$$

$\frac{\pi}{6}\leqq\theta+\frac{\pi}{6}<\frac{13}{6}\pi$ では

$$\frac{\pi}{6}\leqq\theta+\frac{\pi}{6}\leqq\frac{\pi}{3},\quad \frac{2}{3}\pi\leqq\theta+\frac{\pi}{6}\leqq\frac{5}{6}\pi$$

よって　　$\boldsymbol{0\leqq\theta\leqq\frac{\pi}{6},\ \frac{\pi}{2}\leqq\theta\leqq\frac{2}{3}\pi}$

◀ $\theta+\frac{\pi}{6}=\alpha$ とおくと
$\frac{1}{2}\leqq\sin\alpha\leqq\frac{\sqrt{3}}{2}$
$\left(\frac{\pi}{6}\leqq\alpha<\frac{13}{6}\pi\right)$

練習 116 (1) $y=\sin\theta-\sqrt{3}\cos\theta$

$$=2\left(\frac{1}{2}\sin\theta-\frac{\sqrt{3}}{2}\cos\theta\right)=2\sin\left(\theta-\frac{\pi}{3}\right)$$

$0\leqq\theta\leqq\pi$ のとき　$-\frac{\pi}{3}\leqq\theta-\frac{\pi}{3}\leqq\frac{2}{3}\pi$

よって，$\theta-\frac{\pi}{3}=\frac{\pi}{2}$，すなわち，$\boldsymbol{\theta=\frac{5}{6}\pi}$ **のとき**

最大値 2

$\theta-\frac{\pi}{3}=-\frac{\pi}{3}$，すなわち，$\boldsymbol{\theta=0}$ **のとき**

最小値 $2\cdot\left(-\frac{\sqrt{3}}{2}\right)=\boldsymbol{-\sqrt{3}}$

◀ $\theta-\frac{\pi}{3}=x$ として，グラフで考えると

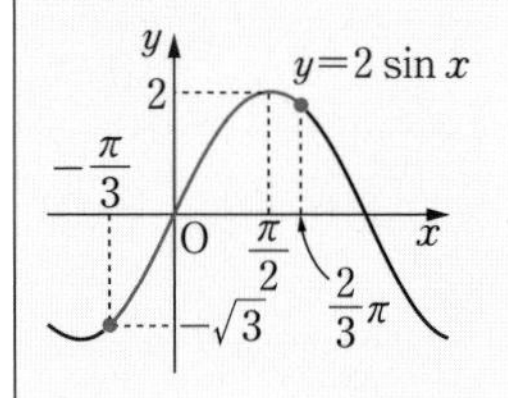

(2) 加法定理と三角関数の合成を用いて

$y=\sin\left(\theta+\frac{\pi}{4}\right)+\cos\left(\theta-\frac{\pi}{4}\right)$

$=\sin\theta\cos\frac{\pi}{4}+\cos\theta\sin\frac{\pi}{4}+\cos\theta\cos\frac{\pi}{4}+\sin\theta\sin\frac{\pi}{4}$

$=\sqrt{2}(\sin\theta+\cos\theta)=2\sin\left(\theta+\frac{\pi}{4}\right)$

$0\leqq\theta\leqq\pi$ のとき　$\frac{\pi}{4}\leqq\theta+\frac{\pi}{4}\leqq\frac{5}{4}\pi$

よって，$\theta+\frac{\pi}{4}=\frac{\pi}{2}$，すなわち，$\boldsymbol{\theta=\frac{\pi}{4}}$ **のとき**

最大値 2

$\theta+\frac{\pi}{4}=\frac{5}{4}\pi$，すなわち，$\boldsymbol{\theta=\pi}$ **のとき**

最小値 $2\cdot\left(-\frac{1}{\sqrt{2}}\right)=\boldsymbol{-\sqrt{2}}$

◀ $\theta+\frac{\pi}{4}=x$ とおいて

$\sin\left(\theta+\frac{\pi}{4}\right)+\cos\left(\theta-\frac{\pi}{4}\right)$

$=\sin x+\cos\left(x-\frac{\pi}{2}\right)$

$=\sin x+\sin x=2\sin x$

と考えてもよい。グラフでは

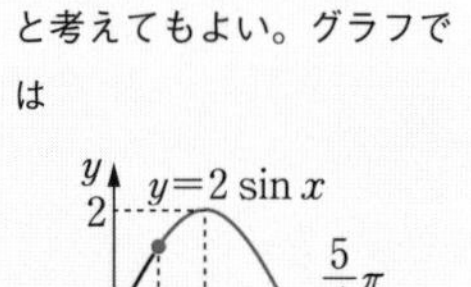

練習 117 $y=\cos^2\theta-4\cos\theta\sin\theta-3\sin^2\theta$

$$=\frac{1+\cos 2\theta}{2}-2\sin 2\theta-\frac{3(1-\cos 2\theta)}{2}$$

$$=2\cos 2\theta-2\sin 2\theta-1$$

$$=-2\sqrt{2}\left(\frac{1}{\sqrt{2}}\sin 2\theta-\frac{1}{\sqrt{2}}\cos 2\theta\right)-1$$

$$=-2\sqrt{2}\sin\left(2\theta-\frac{\pi}{4}\right)-1$$

◀ $y=2\sqrt{2}\left(\frac{1}{\sqrt{2}}\cos 2\theta-\frac{1}{\sqrt{2}}\sin 2\theta\right)-1$

$=2\sqrt{2}\cos\left(2\theta+\frac{\pi}{4}\right)-1$

と変形してもよい。

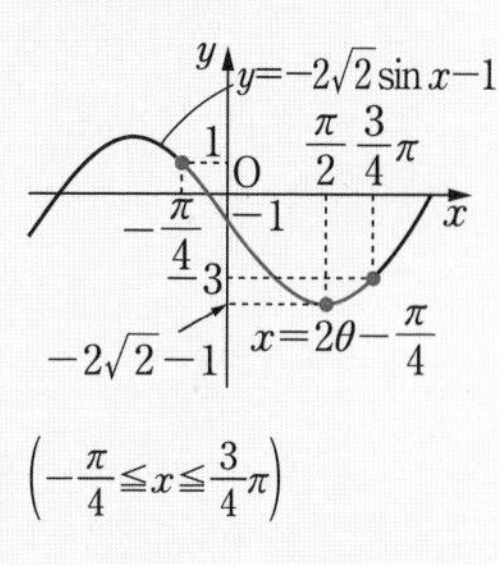

$\left(-\frac{\pi}{4}\leqq x\leqq\frac{3}{4}\pi\right)$

$0\leqq\theta\leqq\frac{\pi}{2}$ のとき　　$-\frac{\pi}{4}\leqq 2\theta-\frac{\pi}{4}\leqq\frac{3}{4}\pi$

よって，$2\theta-\frac{\pi}{4}=-\frac{\pi}{4}$，すなわち，**$\theta=0$ のとき**

最大値 $-2\sqrt{2}\cdot\left(-\frac{1}{\sqrt{2}}\right)-1=\mathbf{1}$

$2\theta-\frac{\pi}{4}=\frac{\pi}{2}$，すなわち，**$\theta=\frac{3}{8}\pi$ のとき**

最小値 $-2\sqrt{2}-1$

練習 118 (1)　$\sin\theta+\cos\theta=t$ の両辺を平方して

$$\sin^2\theta+\cos^2\theta+2\sin\theta\cos\theta=t^2$$

$$\sin\theta\cos\theta=\frac{1}{2}(t^2-1)$$

このとき　　$y=\sin\theta+\cos\theta+\sin\theta\cos\theta$

$$=t+\frac{1}{2}(t^2-1)$$

すなわち　　$\boldsymbol{y=\frac{1}{2}t^2+t-\frac{1}{2}}$

(2)　(1)から　　$y=\frac{1}{2}(t+1)^2-1$

◀ グラフは下のようになる。

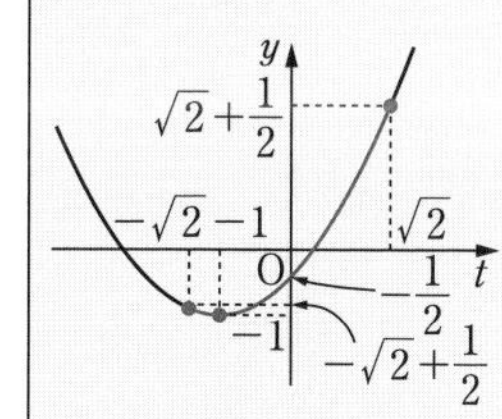

また　　$t=\sin\theta+\cos\theta=\sqrt{2}\sin\left(\theta+\frac{\pi}{4}\right)$

$0\leqq\theta<2\pi$ のとき　　$-\sqrt{2}\leqq t\leqq\sqrt{2}$

この範囲で y は

$t=\sqrt{2}$ のとき　最大値 $\sqrt{2}+\frac{1}{2}$

$t=-1$ のとき　最小値 -1

よって　　$\boldsymbol{-1\leqq y\leqq\sqrt{2}+\frac{1}{2}}$

練習 119 (1) $\sin 45^\circ \cos 15^\circ = \frac{1}{2}(\sin 60^\circ + \sin 30^\circ)$

$$= \frac{1}{2}\left(\frac{\sqrt{3}}{2} + \frac{1}{2}\right) = \boldsymbol{\frac{\sqrt{3}+1}{4}}$$

◀ $\sin\alpha\cos\beta = \frac{1}{2}\{\sin(\alpha+\beta) + \sin(\alpha-\beta)\}$

(2) $\cos 45^\circ \cos 75^\circ = \frac{1}{2}\{\cos 120^\circ + \cos(-30^\circ)\}$

$$= \frac{1}{2}\left(-\frac{1}{2} + \frac{\sqrt{3}}{2}\right) = \boldsymbol{\frac{\sqrt{3}-1}{4}}$$

◀ $\cos\alpha\cos\beta = \frac{1}{2}\{\cos(\alpha+\beta) + \cos(\alpha-\beta)\}$

(3) $\sin 75^\circ \sin 15^\circ = -\frac{1}{2}(\cos 90^\circ - \cos 60^\circ)$

$$= -\frac{1}{2}\left(0 - \frac{1}{2}\right) = \boldsymbol{\frac{1}{4}}$$

◀ $\sin\alpha\sin\beta = -\frac{1}{2}\{\cos(\alpha+\beta) - \cos(\alpha-\beta)\}$

練習 120 (1) $\sin 75^\circ + \sin 15^\circ = 2\sin 45^\circ \cos 30^\circ$

$$= 2\cdot\frac{1}{\sqrt{2}}\cdot\frac{\sqrt{3}}{2} = \boldsymbol{\frac{\sqrt{6}}{2}}$$

◀ $\sin A + \sin B = 2\sin\frac{A+B}{2}\cos\frac{A-B}{2}$

(2) $\sin 15^\circ - \sin 75^\circ = 2\cos 45^\circ \sin(-30^\circ)$

$$= 2\cdot\frac{1}{\sqrt{2}}\cdot\left(-\frac{1}{2}\right) = \boldsymbol{-\frac{\sqrt{2}}{2}}$$

◀ $\sin A - \sin B = 2\cos\frac{A+B}{2}\sin\frac{A-B}{2}$

(3) $\cos 75^\circ + \cos 15^\circ = 2\cos 45^\circ \cos 30^\circ$

$$= 2\cdot\frac{1}{\sqrt{2}}\cdot\frac{\sqrt{3}}{2} = \boldsymbol{\frac{\sqrt{6}}{2}}$$

◀ $\cos A + \cos B = 2\cos\frac{A+B}{2}\cos\frac{A-B}{2}$

定期テスト対策問題 7

1 解答 $\sin\alpha=\frac{4}{5}$，$\sin\beta=\frac{3}{5}$

(1) $\cos^2\alpha=1-\sin^2\alpha=1-\left(\frac{4}{5}\right)^2=\frac{9}{25}$

◀ $\sin^2\alpha+\cos^2\alpha=1$

αは鈍角だから　　$\cos\alpha<0$

◀ 鈍角：$\frac{\pi}{2}<\alpha<\pi$

よって　　$\cos\alpha=-\boldsymbol{\frac{3}{5}}$

(2) $\cos^2\beta=1-\sin^2\beta=1-\left(\frac{3}{5}\right)^2=\frac{16}{25}$

βは鋭角だから　　$\cos\beta>0$

◀ 鋭角：$0<\beta<\frac{\pi}{2}$

よって　　$\cos\beta=\frac{4}{5}$

したがって　　$\sin(\alpha-\beta)=\sin\alpha\cos\beta-\cos\alpha\sin\beta$

◀ 加法定理を用いる。

$$=\frac{4}{5}\cdot\frac{4}{5}-\left(-\frac{3}{5}\right)\cdot\frac{3}{5}=\boldsymbol{1}$$

(3) $\cos(\alpha+\beta)=\cos\alpha\cos\beta-\sin\alpha\sin\beta$

$$=\left(-\frac{3}{5}\right)\cdot\frac{4}{5}-\frac{4}{5}\cdot\frac{3}{5}=-\boldsymbol{\frac{24}{25}}$$

2 解答 2直線$2x-y+1=0$，$x-3y+1=0$のなす角は，2直線$y=2x$，$y=\frac{1}{3}x$のなす角と等しいから，x軸の正の向きとなす角をそれぞれα，βとすると

◀ 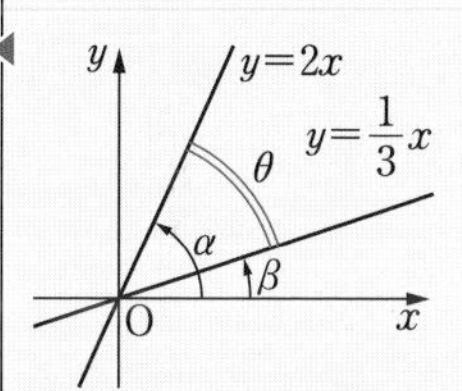

$$\tan\alpha=2,\ \tan\beta=\frac{1}{3}$$

よって　　$\tan\theta=\tan(\alpha-\beta)=\frac{\tan\alpha-\tan\beta}{1+\tan\alpha\tan\beta}$

$$=\frac{2-\frac{1}{3}}{1+2\cdot\frac{1}{3}}=1$$

$0\leqq\theta\leqq\frac{\pi}{2}$ だから　　$\theta=\boldsymbol{\frac{\pi}{4}}$

3 **解説** 2倍角の公式，半角の公式を用いる。

解答 $\cos\alpha=-\frac{3}{4}\quad\left(\frac{\pi}{2}<\alpha<\pi\right)$

(1) $\cos 2\alpha=2\cos^2\alpha-1$

$$=2\left(-\frac{3}{4}\right)^2-1=\mathbf{\frac{1}{8}}$$

◀ $\cos 2\alpha=\cos^2\alpha-\sin^2\alpha$
$=\cos^2\alpha-(1-\cos^2\alpha)$
$=2\cos^2\alpha-1$

(2) $\sin^2 2\alpha=1-\cos^2 2\alpha$

$$=1-\left(\frac{1}{8}\right)^2=\frac{63}{64}$$

$\pi<2\alpha<2\pi$ だから　$\sin 2\alpha<0$

よって　$\sin 2\alpha=\mathbf{-\frac{3\sqrt{7}}{8}}$

◀ まず，$\sin^2\alpha=1-\cos^2\alpha$ を用いて，$\sin\alpha=\frac{\sqrt{7}}{4}$ を導き，2倍角の公式を用いてもよい。

(3) $\cos^2\frac{\alpha}{2}=\frac{1+\cos\alpha}{2}=\frac{1}{2}\left\{1+\left(-\frac{3}{4}\right)\right\}=\frac{1}{8}$

$\frac{\pi}{4}<\frac{\alpha}{2}<\frac{\pi}{2}$ だから　$\cos\frac{\alpha}{2}=\mathbf{\frac{\sqrt{2}}{4}}$

◀ $\cos\frac{\alpha}{2}>0$

(4) $\sin^2\frac{\alpha}{2}=\frac{1-\cos\alpha}{2}=\frac{1}{2}\left\{1-\left(-\frac{3}{4}\right)\right\}=\frac{7}{8}$

$\frac{\pi}{4}<\frac{\alpha}{2}<\frac{\pi}{2}$ だから　$\sin\frac{\alpha}{2}=\mathbf{\frac{\sqrt{14}}{4}}$

◀ $\sqrt{\frac{7}{8}}=\frac{\sqrt{7}}{2\sqrt{2}}=\frac{\sqrt{14}}{4}$

4 **解答** $\sin\theta+\cos\theta=\sqrt{2}$ の両辺を平方して

$$\sin^2\theta+\cos^2\theta+2\sin\theta\cos\theta=2$$
$$1+\sin 2\theta=2$$
$$\sin 2\theta=\mathbf{1}$$

◀ $\sin^2\theta+\cos^2\theta=1$
$2\sin\theta\cos\theta=\sin 2\theta$

また

$\cos^2 2\theta=1-\sin^2 2\theta=1-1=0$　より　$\cos 2\theta=0$

◀ $\sin^2 2\theta+\cos^2 2\theta=1$

よって　$\sin 4\theta=2\sin 2\theta\cos 2\theta=\mathbf{0}$

◀ 2倍角の公式

5 **解答** (1)

$$\cos 2\theta=3\cos\theta+1$$
$$2\cos^2\theta-1=3\cos\theta+1$$
$$2\cos^2\theta-3\cos\theta-2=0$$
$$(2\cos\theta+1)(\cos\theta-2)=0$$

$\cos\theta-2<0$ だから　$2\cos\theta+1=0$

◀ $-1\leqq\cos\theta\leqq 1$
$-3\leqq\cos\theta-2\leqq -1$

よって　$\cos\theta=-\frac{1}{2}$

$0\leqq\theta<2\pi$ では　$\theta=\mathbf{\frac{2}{3}}\pi,\ \mathbf{\frac{4}{3}}\pi$

(2) $$\sin 2\theta+\cos\theta=0$$
$$2\sin\theta\cos\theta+\cos\theta=0$$
$$\cos\theta(2\sin\theta+1)=0$$

$\cos\theta=0$　または　$\sin\theta=-\dfrac{1}{2}$

よって　　$\boldsymbol{\theta=\dfrac{\pi}{2},\ \dfrac{7}{6}\pi,\ \dfrac{3}{2}\pi,\ \dfrac{11}{6}\pi}$

◀ $\cos\theta=0$ から

$\theta=\dfrac{\pi}{2},\ \dfrac{3}{2}\pi$

$\sin\theta=-\dfrac{1}{2}$ から

$\theta=\dfrac{7}{6}\pi,\ \dfrac{11}{6}\pi$

6 解答 (1) $\sin\theta+\cos 2\theta>1$　$(0\leqq\theta<2\pi)$

$$\sin\theta+(1-2\sin^2\theta)>1$$
$$2\sin^2\theta-\sin\theta<0$$
$$\sin\theta(2\sin\theta-1)<0$$

$0<\sin\theta<\dfrac{1}{2}$

よって　　$\boldsymbol{0<\theta<\dfrac{\pi}{6},\ \dfrac{5}{6}\pi<\theta<\pi}$

◀ $\sin\theta=t$ とおくと

$t(2t-1)<0$

よって　$0<t<\dfrac{1}{2}$

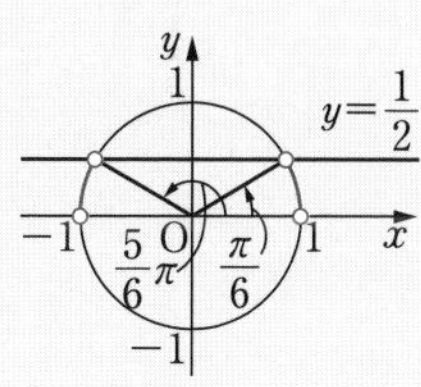

(2) $\sqrt{3}\sin\theta+\cos\theta<\sqrt{2}$　$(0\leqq\theta<2\pi)$

$$2\left(\frac{\sqrt{3}}{2}\sin\theta+\frac{1}{2}\cos\theta\right)<\sqrt{2}$$
$$\sin\left(\theta+\frac{\pi}{6}\right)<\frac{1}{\sqrt{2}}$$

$0\leqq\theta<2\pi$ のとき，$\dfrac{\pi}{6}\leqq\theta+\dfrac{\pi}{6}<\dfrac{13}{6}\pi$ だから

$$\frac{\pi}{6}\leqq\theta+\frac{\pi}{6}<\frac{\pi}{4}$$
$$\frac{3}{4}\pi<\theta+\frac{\pi}{6}<\frac{13}{6}\pi$$

よって　　$\boldsymbol{0\leqq\theta<\dfrac{\pi}{12},\ \dfrac{7}{12}\pi<\theta<2\pi}$

◀

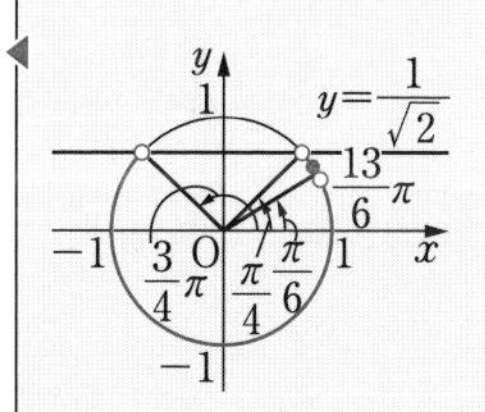

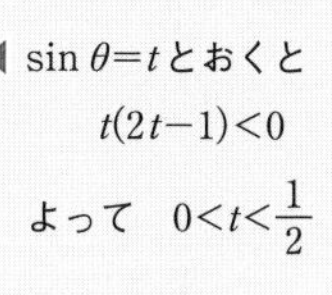

7 **解答** (1)　$y=\cos 2x+2\sin x\quad(0\leqq x<2\pi)$

$=1-2\sin^2 x+2\sin x$

$\sin x=t\quad(-1\leqq t\leqq 1)$ とおくと

$y=1-2t^2+2t$

$=-2\left(t-\dfrac{1}{2}\right)^2+\dfrac{3}{2}$

◀頂点と両端をチェックする。
$-1\leqq t\leqq 1$ の範囲に注意。

よって，y は $t=\sin x=\dfrac{1}{2}$，

すなわち，$x=\dfrac{\pi}{6}$，$\dfrac{5}{6}\pi$ **のとき**

最大値 $\dfrac{3}{2}$

$t=\sin x=-1$，すなわち，$x=\dfrac{3}{2}\pi$ **のとき　最小値** -3

(2)　$y=2\sin\left(x-\dfrac{\pi}{6}\right)+2\cos x\quad(0\leqq x<2\pi)$

$=2\left(\sin x\cos\dfrac{\pi}{6}-\cos x\sin\dfrac{\pi}{6}\right)+2\cos x$

◀$\cos\dfrac{\pi}{6}=\dfrac{\sqrt{3}}{2}$，
$\sin\dfrac{\pi}{6}=\dfrac{1}{2}$

$=\sqrt{3}\sin x+\cos x$

$=2\left(\dfrac{\sqrt{3}}{2}\sin x+\dfrac{1}{2}\cos x\right)=2\sin\left(x+\dfrac{\pi}{6}\right)$

◀$x+\dfrac{\pi}{6}=t$ とおくと

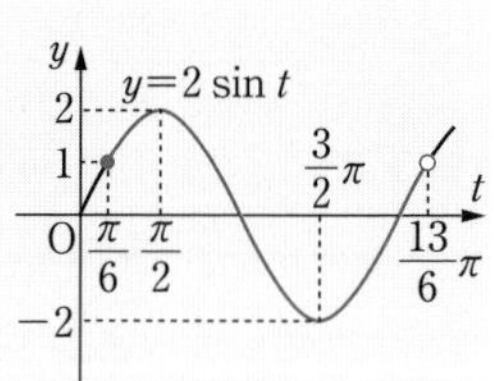

$0\leqq x<2\pi$ のとき，$\dfrac{\pi}{6}\leqq x+\dfrac{\pi}{6}<\dfrac{13}{6}\pi$ だから

y は $x+\dfrac{\pi}{6}=\dfrac{\pi}{2}$，すなわち，$x=\dfrac{\pi}{3}$ **のとき　最大値 2**

$x+\dfrac{\pi}{6}=\dfrac{3}{2}\pi$，すなわち，$x=\dfrac{4}{3}\pi$ **のとき　最小値** -2

8 **解答** (1)　$\cos\left(\dfrac{\pi}{3}+\theta\right)+\cos\left(\dfrac{\pi}{3}-\theta\right)$

$=\left(\cos\dfrac{\pi}{3}\cos\theta-\sin\dfrac{\pi}{3}\sin\theta\right)+\left(\cos\dfrac{\pi}{3}\cos\theta+\sin\dfrac{\pi}{3}\sin\theta\right)$

$=2\cos\dfrac{\pi}{3}\cos\theta=\boldsymbol{\cos\theta}$

◀$\cos\dfrac{\pi}{3}=\dfrac{1}{2}$

(2)　$\theta-10^\circ=x$ とおくと

$\sin^2(\theta-10^\circ)+\sin^2(\theta+80^\circ)=\sin^2 x+\sin^2(x+90^\circ)$

$=\sin^2 x+\cos^2 x=\mathbf{1}$

◀$\theta+80^\circ=\theta-10^\circ+90^\circ$
$=x+90^\circ$
$\sin(x+90^\circ)=\cos x$

9 解答　$(\sin\alpha+\sin\beta)-\sin(\alpha+\beta)$

$$=(\sin\alpha+\sin\beta)-(\sin\alpha\cos\beta+\cos\alpha\sin\beta)$$

$$=\sin\alpha(1-\cos\beta)+\sin\beta(1-\cos\alpha)$$

$0<\alpha<\pi$，$0<\beta<\pi$のとき

$$\sin\alpha>0,\ \sin\beta>0,\ \cos\alpha<1,\ \cos\beta<1$$

だから　$\sin\alpha(1-\cos\beta)+\sin\beta(1-\cos\alpha)>0$

よって　$\sin\alpha+\sin\beta>\sin(\alpha+\beta)$

◀ $\overset{正}{\sin\alpha}(1-\overset{正}{\cos\beta})+\overset{正}{\sin\beta}(1-\overset{正}{\cos\alpha})>0$

10 解答　(1)　$\cos\alpha+\cos\beta=1$　……①

$\sin\alpha+\sin\beta=\sqrt{3}$　……②

①，②の両辺を平方して加えると

$$2+2(\cos\alpha\cos\beta+\sin\alpha\sin\beta)=4$$

よって

$\cos(\alpha-\beta)=\mathbf{1}$　……③

(2)　α，βは鋭角だから

$$-\frac{\pi}{2}<\alpha-\beta<\frac{\pi}{2}$$

よって，③から　$\alpha-\beta=0$，$\alpha=\beta$

このとき，①，②から

$$\cos\alpha=\cos\beta=\frac{1}{2},\ \sin\alpha=\sin\beta=\frac{\sqrt{3}}{2}$$

よって

$$\alpha=\beta=\boldsymbol{\frac{\pi}{3}}$$

◀ ①，②から

$$\begin{cases}\dfrac{\cos\alpha+\cos\beta}{2}=\dfrac{1}{2}\\ \dfrac{\sin\alpha+\sin\beta}{2}=\dfrac{\sqrt{3}}{2}\end{cases}$$

つまり下図の線分PQの中点Mが$\left(\frac{1}{2},\ \frac{\sqrt{3}}{2}\right)$で，単位円周上の点になる。このようなことが起こるのはPとQがともに点$\left(\frac{1}{2},\ \frac{\sqrt{3}}{2}\right)$のときで，$\alpha=\beta=\frac{\pi}{3}$となる。

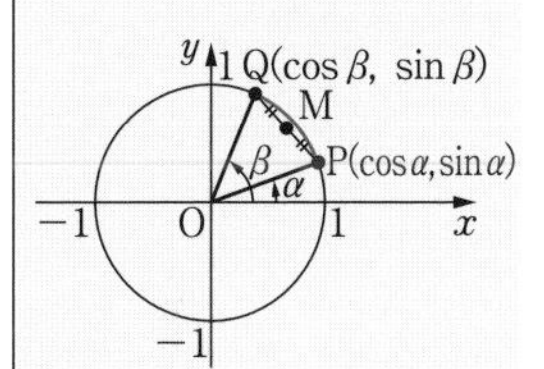

11 解答　直線$y=\frac{1}{2}x$とx軸の正の向きのなす角をαとすると

$$\tan\alpha=\frac{1}{2}$$

また，$y=\frac{1}{2}x$を正の向きに$\frac{\pi}{4}$だけ回転した直線の傾きをmとすると

$$m=\tan\left(\alpha+\frac{\pi}{4}\right)$$

$$=\frac{\tan\alpha+\tan\frac{\pi}{4}}{1-\tan\alpha\tan\frac{\pi}{4}}=\frac{\frac{1}{2}+1}{1-\frac{1}{2}\cdot 1}=3$$

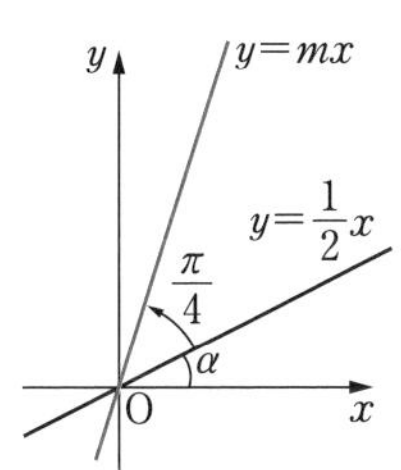

よって　$\boldsymbol{y=3x}$

12 解説　2つの不等式に分けて，2倍角の公式を用いる。

解答　$\sin\theta-\dfrac{1}{2}\sin 2\theta=\sin\theta-\dfrac{1}{2}(2\sin\theta\cos\theta)$

$$=\sin\theta(1-\cos\theta)$$

◀ $\sin 2\theta=2\sin\theta\cos\theta$

$0\leqq\theta\leqq\pi$ だから　$\sin\theta\geqq 0$，$1-\cos\theta\geqq 0$

◀ $-1\leqq\cos\theta\leqq 1$ だから $1-\cos\theta\geqq 0$

したがって　$\sin\theta(1-\cos\theta)\geqq 0$

よって　$\sin\theta\geqq\dfrac{1}{2}\sin 2\theta$　……①

等号が成り立つのは

$\sin\theta=0$　または　$\cos\theta=1$

すなわち，$\theta=0$，π のとき。

◀ $\sin\theta=0$ から $\theta=0$，π
$\cos\theta=1$ から $\theta=0$

また　$2\sin\dfrac{\theta}{2}-\sin\theta=2\sin\dfrac{\theta}{2}-2\sin\dfrac{\theta}{2}\cos\dfrac{\theta}{2}$

$$=2\sin\frac{\theta}{2}\left(1-\cos\frac{\theta}{2}\right)$$

◀ $\sin\theta=\sin 2\cdot\dfrac{\theta}{2}=2\sin\dfrac{\theta}{2}\cos\dfrac{\theta}{2}$

$0\leqq\dfrac{\theta}{2}\leqq\dfrac{\pi}{2}$ だから　$\sin\dfrac{\theta}{2}\geqq 0$，$1-\cos\dfrac{\theta}{2}\geqq 0$

したがって　$2\sin\dfrac{\theta}{2}\left(1-\cos\dfrac{\theta}{2}\right)\geqq 0$

よって　$2\sin\dfrac{\theta}{2}\geqq\sin\theta$　……②

等号が成り立つのは

$\sin\dfrac{\theta}{2}=0$　または　$\cos\dfrac{\theta}{2}=1$

よって，$\dfrac{\theta}{2}=0$，すなわち，$\theta=0$ のとき。

①，②から　$\dfrac{1}{2}\sin 2\theta\leqq\sin\theta\leqq 2\sin\dfrac{\theta}{2}$

左の等号は **$\theta=0$，π のとき**，右の等号は **$\theta=0$ のとき**成り立つ。

◀ 等号の成立条件は異なることに注意。

13 解答　(1)　$\sqrt{3}\sin 15^\circ+\cos 15^\circ$

$$=2\left(\frac{\sqrt{3}}{2}\sin 15^\circ+\frac{1}{2}\cos 15^\circ\right)$$
$$=2\sin(15^\circ+30^\circ)$$
$$=2\sin 45^\circ$$
$$=\sqrt{2}$$

(2) $\cos^2\theta+\cos^2\left(\theta+\frac{2}{3}\pi\right)+\cos^2\left(\theta-\frac{2}{3}\pi\right)$

$$=\cos^2\theta+\left(\cos\theta\cos\frac{2}{3}\pi-\sin\theta\sin\frac{2}{3}\pi\right)^2$$
$$+\left(\cos\theta\cos\frac{2}{3}\pi+\sin\theta\sin\frac{2}{3}\pi\right)^2$$
$$=\cos^2\theta+\left(-\frac{1}{2}\cos\theta-\frac{\sqrt{3}}{2}\sin\theta\right)^2$$
$$+\left(-\frac{1}{2}\cos\theta+\frac{\sqrt{3}}{2}\sin\theta\right)^2$$
$$=\cos^2\theta+\frac{1}{2}\cos^2\theta+\frac{3}{2}\sin^2\theta$$
$$=\frac{3}{2}(\cos^2\theta+\sin^2\theta)=\mathbf{\frac{3}{2}}$$

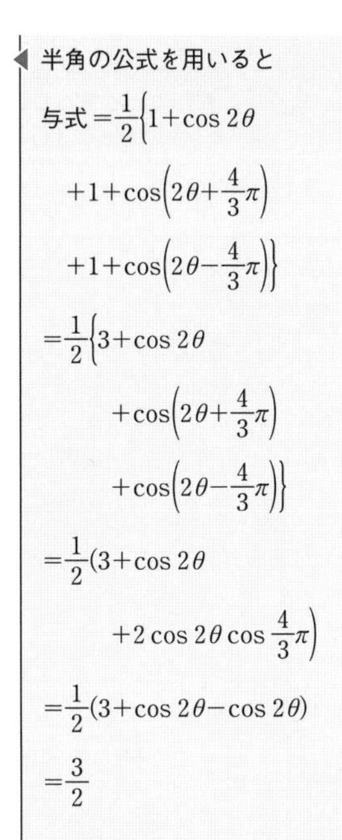

◀半角の公式を用いると

$$与式=\frac{1}{2}\left\{1+\cos 2\theta+1+\cos\left(2\theta+\frac{4}{3}\pi\right)+1+\cos\left(2\theta-\frac{4}{3}\pi\right)\right\}$$
$$=\frac{1}{2}\left\{3+\cos 2\theta+\cos\left(2\theta+\frac{4}{3}\pi\right)+\cos\left(2\theta-\frac{4}{3}\pi\right)\right\}$$
$$=\frac{1}{2}\left(3+\cos 2\theta+2\cos 2\theta\cos\frac{4}{3}\pi\right)$$
$$=\frac{1}{2}(3+\cos 2\theta-\cos 2\theta)$$
$$=\frac{3}{2}$$

14 **解答** △APBにおいて

$$AP=AB\cos\theta=2\cos\theta$$
$$BP=AB\sin\theta=2\sin\theta$$

◀$\frac{AP}{AB}=\cos\theta$

$\frac{BP}{AB}=\sin\theta$

したがって

$$\sqrt{3}AP+BP=2\sqrt{3}\cos\theta+2\sin\theta$$
$$=4\left(\frac{\sqrt{3}}{2}\cos\theta+\frac{1}{2}\sin\theta\right)$$
$$=4\sin\left(\theta+\frac{\pi}{3}\right)$$

$0<\theta<\frac{\pi}{2}$ より，$\frac{\pi}{3}<\theta+\frac{\pi}{3}<\frac{5}{6}\pi$だから

$\theta+\frac{\pi}{3}=\frac{\pi}{2}$，すなわち，$\boldsymbol{\theta=\frac{\pi}{6}}$ **のとき**

最大値4

第4章 指数・対数関数

第1節 指数関数

練習 121 (1) $2^{-2}\times2^{5}\div2^{-3}=2^{-2+5-(-3)}=2^{6}=\mathbf{64}$

(2) $4^{\frac{1}{3}}\times4^{\frac{1}{4}}\div4^{\frac{1}{12}}=4^{\frac{1}{3}+\frac{1}{4}-\frac{1}{12}}=4^{\frac{6}{12}}=4^{\frac{1}{2}}=\sqrt{4}=\mathbf{2}$

(3) $\sqrt[3]{25}\times\sqrt[6]{625^{-4}}=\sqrt[3]{5^{2}}\times\sqrt[6]{(5^{4})^{-4}}=\sqrt[3]{5^{2}}\times\sqrt[6]{5^{-16}}$

$$=5^{\frac{2}{3}}\times5^{-\frac{16}{6}}=5^{\frac{2}{3}-\frac{8}{3}}=5^{-2}=\frac{1}{5^{2}}=\mathbf{\frac{1}{25}}$$

(4) $54^{\frac{2}{5}}\times144^{\frac{2}{5}}=(2\times3^{3})^{\frac{2}{5}}\times(2^{4}\times3^{2})^{\frac{2}{5}}$

$$=\{(2\times3^{3})\times(2^{4}\times3^{2})\}^{\frac{2}{5}}=(2^{5}\times3^{5})^{\frac{2}{5}}$$

$$=\{(2\times3)^{5}\}^{\frac{2}{5}}=(2\times3)^{2}=6^{2}=\mathbf{36}$$

◀ $a^{r}a^{s}=a^{r+s}$

$a^{r}\div a^{s}=a^{r-s}$

$a^{-r}=\frac{1}{a^{r}}$

$a^{\frac{m}{n}}=\sqrt[n]{a^{m}}$

$(a^{r})^{s}=a^{rs}$

$(ab)^{r}=a^{r}b^{r}$

◀ $(2^{\frac{2}{5}}\times2^{\frac{8}{5}})\times(3^{\frac{6}{5}}\times3^{\frac{4}{5}})$

$=2^{\frac{2}{5}+\frac{8}{5}}\times3^{\frac{6}{5}+\frac{4}{5}}$

$=2^{\frac{10}{5}}\times3^{\frac{10}{5}}=2^{2}\times3^{2}$

$=36$

としてもよい。

練習 122 (1) $\sqrt[3]{a\sqrt{ab}\sqrt[4]{ab^{-2}}}=\{a(ab)^{\frac{1}{2}}(ab^{-2})^{\frac{1}{4}}\}^{\frac{1}{3}}$

$$=(a^{1+\frac{1}{2}+\frac{1}{4}}b^{\frac{1}{2}-\frac{1}{2}})^{\frac{1}{3}}=(a^{\frac{7}{4}})^{\frac{1}{3}}$$

$$=\boldsymbol{a^{\frac{7}{12}}}$$

(2) $(a-b)\div(a^{\frac{1}{3}}-b^{\frac{1}{3}})$

$=(a^{\frac{1}{3}}-b^{\frac{1}{3}})(a^{\frac{2}{3}}+a^{\frac{1}{3}}b^{\frac{1}{3}}+b^{\frac{2}{3}})\div(a^{\frac{1}{3}}-b^{\frac{1}{3}})$

$=\boldsymbol{a^{\frac{2}{3}}+a^{\frac{1}{3}}b^{\frac{1}{3}}+b^{\frac{2}{3}}}$

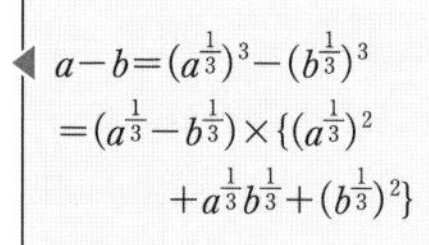

◀ $a-b=(a^{\frac{1}{3}})^{3}-(b^{\frac{1}{3}})^{3}$

$=(a^{\frac{1}{3}}-b^{\frac{1}{3}})\times\{(a^{\frac{1}{3}})^{2}+a^{\frac{1}{3}}b^{\frac{1}{3}}+(b^{\frac{1}{3}})^{2}\}$

練習 123 (1) $a^{\frac{1}{2}}+a^{-\frac{1}{2}}=2$ の両辺を平方して

$$(a^{\frac{1}{2}})^{2}+2a^{\frac{1}{2}}\cdot a^{-\frac{1}{2}}+(a^{-\frac{1}{2}})^{2}=4$$

$$a+2+a^{-1}=4$$

よって　$a+a^{-1}=\mathbf{2}$

(2) $a^{2}+a^{-2}=(a+a^{-1})^{2}-2=2^{2}-2=\mathbf{2}$

(3) $a^{\frac{3}{2}}+a^{-\frac{3}{2}}=(a^{\frac{1}{2}}+a^{-\frac{1}{2}})(a-1+a^{-1})=2\cdot(2-1)=\mathbf{2}$

◀ $a^{\frac{1}{2}}a^{-\frac{1}{2}}=a^{\frac{1}{2}-\frac{1}{2}}=a^{0}=1$

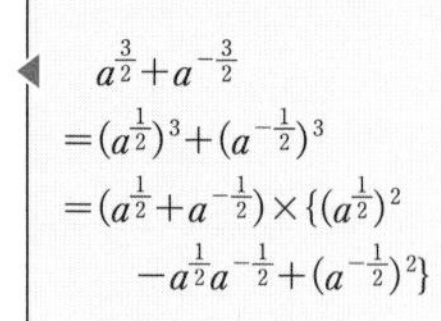

◀ $a^{\frac{3}{2}}+a^{-\frac{3}{2}}$

$=(a^{\frac{1}{2}})^{3}+(a^{-\frac{1}{2}})^{3}$

$=(a^{\frac{1}{2}}+a^{-\frac{1}{2}})\times\{(a^{\frac{1}{2}})^{2}-a^{\frac{1}{2}}a^{-\frac{1}{2}}+(a^{-\frac{1}{2}})^{2}\}$

練習 124 各組の数を底をそろえた指数の形で表す。

(1) $2^{3.5}$, $4^{1.5}=(2^{2})^{1.5}=2^{3}$, $8^{1.2}=(2^{3})^{1.2}=2^{3.6}$

関数 $y=2^{x}$ は単調に増加し，$3<3.5<3.6$ だから

$$\mathbf{4^{1.5}<2^{3.5}<8^{1.2}}$$

◀
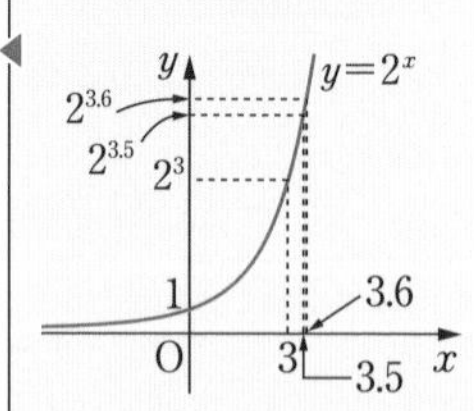

(2) $\sqrt{0.25}=\sqrt{\dfrac{1}{4}}=\dfrac{1}{2}=2^{-1}$

$\sqrt[4]{0.125}=\sqrt[4]{\dfrac{1}{8}}=\dfrac{1}{2^{\frac{3}{4}}}=2^{-\frac{3}{4}}$

$\sqrt[5]{0.5}=\sqrt[5]{\dfrac{1}{2}}=\dfrac{1}{2^{\frac{1}{5}}}=2^{-\frac{1}{5}}$

関数$y=2^x$は単調に増加し，$-1<-\dfrac{3}{4}<-\dfrac{1}{5}$だから

$\sqrt{0.25}<\sqrt[4]{0.125}<\sqrt[5]{0.5}$

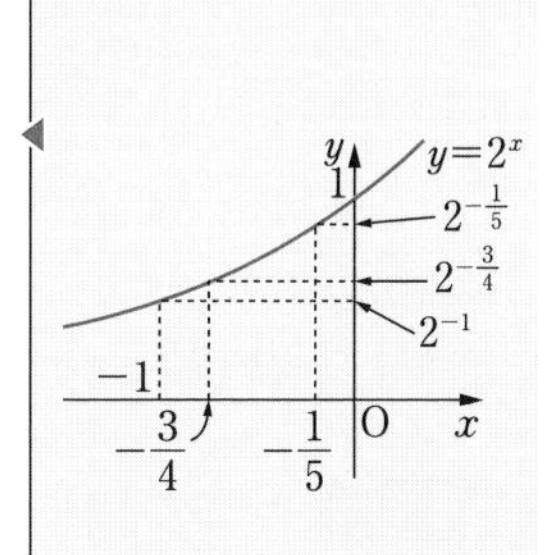

(3) $\sqrt{\dfrac{3}{2}}=\left(\dfrac{3}{2}\right)^{\frac{1}{2}}$，$\sqrt[3]{\dfrac{4}{9}}=\sqrt[3]{\left(\dfrac{2}{3}\right)^2}=\left(\dfrac{2}{3}\right)^{\frac{2}{3}}=\left(\dfrac{3}{2}\right)^{-\frac{2}{3}}$

$\sqrt[5]{\dfrac{16}{81}}=\sqrt[5]{\left(\dfrac{2}{3}\right)^4}=\left(\dfrac{2}{3}\right)^{\frac{4}{5}}=\left(\dfrac{3}{2}\right)^{-\frac{4}{5}}$

$\sqrt[4]{\dfrac{8}{27}}=\sqrt[4]{\left(\dfrac{2}{3}\right)^3}=\left(\dfrac{2}{3}\right)^{\frac{3}{4}}=\left(\dfrac{3}{2}\right)^{-\frac{3}{4}}$

関数$y=\left(\dfrac{3}{2}\right)^x$は単調に増加し，$-\dfrac{4}{5}<-\dfrac{3}{4}<-\dfrac{2}{3}<\dfrac{1}{2}$

だから　$\sqrt[5]{\dfrac{16}{81}}<\sqrt[4]{\dfrac{8}{27}}<\sqrt[3]{\dfrac{4}{9}}<\sqrt{\dfrac{3}{2}}$

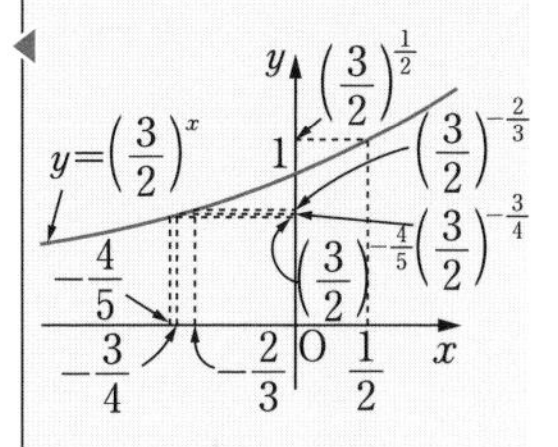

練習 125 (1) $\dfrac{1}{64}=\dfrac{1}{2^6}=2^{-6}$だから　$2^{x-3}=2^{-6}$

よって　$x-3=-6$　すなわち　$x=-3$

◀指数の相等
$a^r=a^s \iff r=s$

(2) $27\cdot\sqrt[3]{3}=3^3\cdot3^{\frac{1}{3}}=3^{3+\frac{1}{3}}=3^{\frac{10}{3}}$だから　$3^{1-x}=3^{\frac{10}{3}}$

よって　$1-x=\dfrac{10}{3}$　すなわち　$x=-\dfrac{7}{3}$

(3) $2^{2x+1}=2\cdot(2^x)^2$だから，$2^x=t$とおくと，$t>0$で

◀xがどのような実数値であっても　$2^x>0$

$2t^2-3t-2=0$

$(2t+1)(t-2)=0$

$t>0$だから　$t=2^x=2$　よって　$x=1$

◀$t=-\dfrac{1}{2}$は不適。

練習 126 (1) $\left(\dfrac{1}{3}\right)^{x+2}=3^{-(x+2)}$，$81=3^4$だから

◀$0<a<1$ならば
$a^r<a^s \iff r>s$
$1<a$ならば
$a^r<a^s \iff r<s$

$3^{-(x+2)}<3^4$

底3は1より大きいから

$-(x+2)<4$　よって　$x>-6$

(2) $\dfrac{1}{8}=\dfrac{1}{2^3}=2^{-3}$，$\left(\dfrac{1}{2}\right)^x=2^{-x}$だから，不等式は

◀$\dfrac{1}{8}=\left(\dfrac{1}{2}\right)^3$，$2=\left(\dfrac{1}{2}\right)^{-1}$
だから
$\left(\dfrac{1}{2}\right)^3<\left(\dfrac{1}{2}\right)^x<\left(\dfrac{1}{2}\right)^{-1}$
底$\dfrac{1}{2}$は1より小さいから
$-1<x<3$としてもよい。

$2^{-3}<2^{-x}<2^1$

底2は1より大きいから

$-3<-x<1$　よって　$-1<x<3$

4 指数・対数関数

(3)　$4^x=2^{2x}=(2^x)^2$ だから，$2^x=t$ とおくと，$t>0$ で

$$t^2-t\leqq 2$$
$$t^2-t-2\leqq 0$$
$$(t+1)(t-2)\leqq 0$$

$t>0$ だから　　$0<t\leqq 2$

よって　　$0<2^x\leqq 2$　　したがって　$\boldsymbol{x\leqq 1}$

練習 127　$0<a<1$ と $1<a$ に分けて考える。

(ア)　$0<a<1$ のとき；$y=a^x$ のグラフは右下がりだから

$-1\leqq x\leqq 3$ のとき　　$a^3\leqq a^x\leqq a^{-1}$

すなわち　　$a^3\leqq a^x\leqq \dfrac{1}{a}$

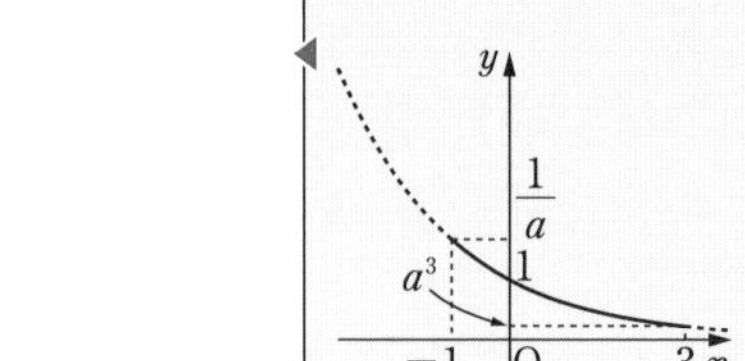

(イ)　$1<a$ のとき；$y=a^x$ のグラフは右上がりだから

$-1\leqq x\leqq 3$ のとき　　$a^{-1}\leqq a^x\leqq a^3$

すなわち　　$\dfrac{1}{a}\leqq a^x\leqq a^3$

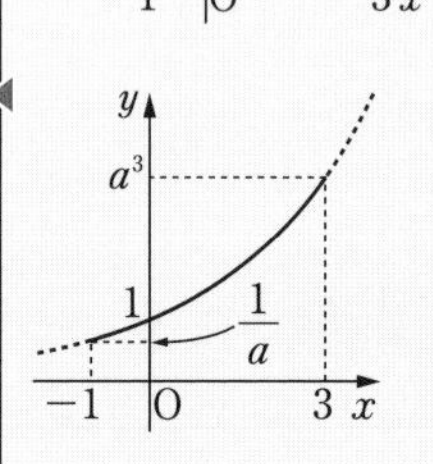

よって　$\begin{cases}\boldsymbol{0<a<1\text{ のとき}\quad a^3\leqq a^x\leqq \dfrac{1}{a}} \\ \boldsymbol{1<a\text{ のとき}\quad \dfrac{1}{a}\leqq a^x\leqq a^3}\end{cases}$

練習 128　(1)　$y=-(9^x+9^{-x})+2(3^x+3^{-x})+3$　……①

$t=3^x+3^{-x}$ とおくと

$$9^x+9^{-x}=(3^x)^2+(3^{-x})^2=(3^x+3^{-x})^2-2\cdot 3^x\cdot 3^{-x}$$
$$=t^2-2$$

◀ a^2+b^2
$=(a+b)^2-2ab$

したがって，①を t の式 $f(t)$ で表すと

$$y=\boldsymbol{f(t)}=-(t^2-2)+2t+3$$
$$=\boldsymbol{-t^2+2t+5}\quad\cdots\cdots②$$

また，x が任意の実数値をとるとき，$3^x>0$，$3^{-x}>0$ だから，

相加平均・相乗平均の関係により

$$t=3^x+3^{-x}\geqq 2\sqrt{3^x\cdot 3^{-x}}=2$$

◀ $a>0$，$b>0$ のとき
$\dfrac{a+b}{2}\geqq\sqrt{ab}$
(等号は $a=b$ のとき成り立つ)

よって　　$\boldsymbol{t\geqq 2}$

ただし，等号は $3^x=3^{-x}$ から　　$x=-x$

すなわち $x=0$ のとき成り立つ。

(2)　②から　　$y=-(t^2-2t)+5$
$$=-(t-1)^2+6$$

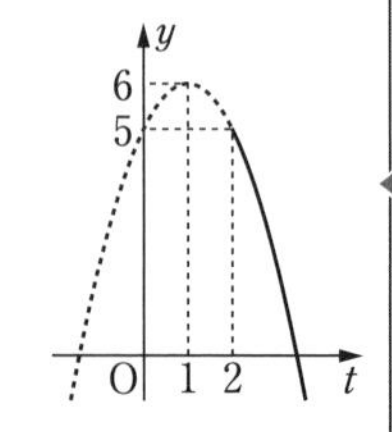

◀ 最大値は6ではない。

よって，y は $t\geqq 2$ の範囲では

$t=2$　　すなわち　$\boldsymbol{x=0}$

のとき最大となり，最大値は　**5**

定期テスト対策問題 8

1 解答 (1) $\sqrt[3]{12}\cdot\sqrt[3]{18}=\sqrt[3]{12\cdot18}=\sqrt[3]{2^3\cdot3^3}$
$=\sqrt[3]{6^3}=\mathbf{6}$

(2) $\frac{1}{3}\sqrt[6]{9}+2\cdot\sqrt[3]{\frac{1}{9}}=\frac{1}{3}\sqrt[6]{3^2}+2\cdot\frac{1}{\sqrt[3]{3^2}}$
$=\frac{1}{3}\sqrt[3]{3}+\frac{2}{3}\sqrt[3]{3}=\sqrt[3]{\mathbf{3}}$

◀ $(2^2\times3)^{\frac{1}{3}}\times(2\times3^2)^{\frac{1}{3}}$
$=2^{\frac{2}{3}+\frac{1}{3}}\times3^{\frac{1}{3}+\frac{2}{3}}$
$=2\times3=6$
でもよい。

◀ $\frac{1}{\sqrt[3]{3^2}}=\frac{\sqrt[3]{3}}{\sqrt[3]{3^3}}=\frac{\sqrt[3]{3}}{3}$

2 解答 (1) $\frac{\sqrt[3]{a^2}\sqrt{a}}{\sqrt[6]{a}}=\frac{a^{\frac{2}{3}}a^{\frac{1}{2}}}{a^{\frac{1}{6}}}=a^{\frac{2}{3}+\frac{1}{2}-\frac{1}{6}}=\boldsymbol{a}$

(2) $(a^{\frac{1}{6}}+b^{\frac{1}{6}})(a^{\frac{1}{6}}-b^{\frac{1}{6}})(a^{\frac{2}{3}}+a^{\frac{1}{3}}b^{\frac{1}{3}}+b^{\frac{2}{3}})$
$=(a^{\frac{1}{3}}-b^{\frac{1}{3}})(a^{\frac{2}{3}}+a^{\frac{1}{3}}b^{\frac{1}{3}}+b^{\frac{2}{3}})$
$=(a^{\frac{1}{3}})^3-(b^{\frac{1}{3}})^3=\boldsymbol{a-b}$

◀ $(a^{\frac{1}{6}}+b^{\frac{1}{6}})(a^{\frac{1}{6}}-b^{\frac{1}{6}})$
$=(a^{\frac{1}{6}})^2-(b^{\frac{1}{6}})^2$
$=a^{\frac{1}{3}}-b^{\frac{1}{3}}$

3 解答 (1) $(\sqrt{3})^{12}=3^6=729$, $(\sqrt[3]{5})^{12}=5^4=625$
$(\sqrt[4]{10})^{12}=10^3=1000$

よって $(\sqrt[3]{5})^{12}<(\sqrt{3})^{12}<(\sqrt[4]{10})^{12}$

$\sqrt[3]{5}>0$, $\sqrt{3}>0$, $\sqrt[4]{10}>0$だから

$\boldsymbol{\sqrt[3]{5}<\sqrt{3}<\sqrt[4]{10}}$

(2) $\sqrt[3]{3}=3^{\frac{1}{3}}$, $9^{\frac{1}{4}}=(3^2)^{\frac{1}{4}}=3^{\frac{1}{2}}$, $\sqrt[4]{27}=3^{\frac{3}{4}}$

$\left(\frac{1}{9}\right)^{-\frac{1}{3}}=(3^{-2})^{-\frac{1}{3}}=3^{\frac{2}{3}}$

関数$y=3^x$は単調に増加し，$\frac{1}{3}<\frac{1}{2}<\frac{2}{3}<\frac{3}{4}$だから

$3^{\frac{1}{3}}<3^{\frac{1}{2}}<3^{\frac{2}{3}}<3^{\frac{3}{4}}$

よって $\boldsymbol{\sqrt[3]{3}<9^{\frac{1}{4}}<\left(\frac{1}{9}\right)^{-\frac{1}{3}}<\sqrt[4]{27}}$

◀ それぞれ，2乗根，3乗根，4乗根だから，2と3と4の最小公倍数を考えて，12乗する。

◀
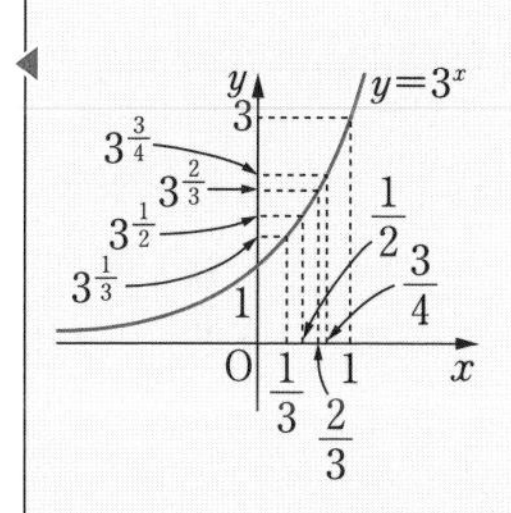

4 解答 (1) $y=\frac{1}{25}\cdot5^x=5^{x-2}$

このグラフは，$y=5^x$のグラフをx軸の方向に2だけ平行移動したものである。

(2) $y=\frac{1}{5^x}=5^{-x}$

このグラフは，$y=5^x$のグラフをy軸に関して対称移動したものである。

◀ (1)，(2)

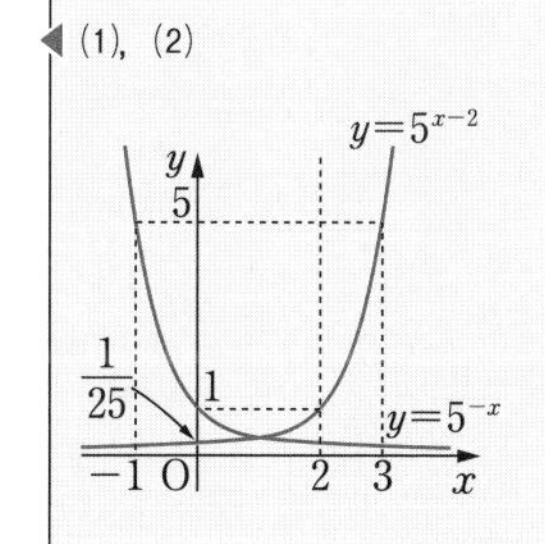

(3)　$y=-5^{-x}$

このグラフは，$y=5^x$ のグラフを原点に関して対称移動したものである。

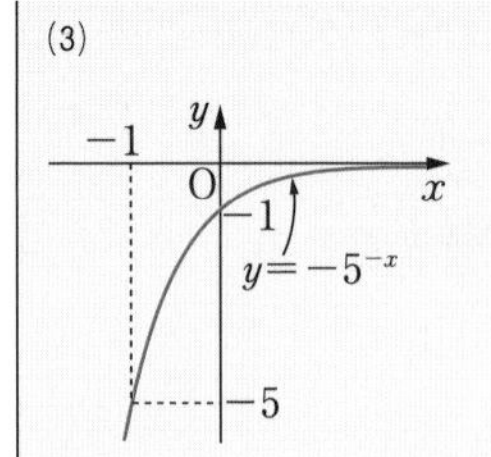

5 解答　(1)　$8^{3x}=(2^3)^{3x}=2^{9x}$，$128=2^7$ だから，方程式は

$2^{9x}=2^7$　　すなわち　$9x=7$

よって　　$x=\dfrac{7}{9}$

(2)　$3^x=t>0$ とおくと　　$3^{2x+1}=3\cdot(3^x)^2=3t^2$

だから，方程式は　　$3t^2+2t-1=0$

$(t+1)(3t-1)=0$

$t>0$ だから　　$t=\dfrac{1}{3}$　すなわち　$3^x=\dfrac{1}{3}=3^{-1}$

◀ $t=3^x>0$ に注意。

よって　　$x=-1$

(3)　　$4^x=(2^2)^x=2^{2x}$

$2^x\cdot16^{x-1}=2^x\cdot(2^4)^{x-1}=2^x\cdot2^{4(x-1)}=2^{5x-4}$

だから，不等式は　　$2^{2x}>2^{5x-4}$

底 $2>1$ から　　$2x>5x-4$

◀ $1<a$ のとき
$a^r>a^s \iff r>s$

よって　　$x<\dfrac{4}{3}$

(4)　$2^x=t>0$ とおくと　　$4^{x+1}=4\cdot4^x=4\cdot(2^x)^2=4t^2$

だから，不等式は　　$4t^2-9t+2>0$

$(4t-1)(t-2)>0$

したがって　　$0<t<\dfrac{1}{4}$，$2<t$

◀ $t=2^x>0$ に注意。

すなわち　　$0<2^x<\dfrac{1}{4}=2^{-2}$，$2<2^x$

◀ x がどんな値をとっても
$2^x>0$

よって　　$x<-2$，$1<x$

◀ $y=2^x$ は単調増加。

6 解説　$2^x=t$ $(t>0)$ とおき，t についての2次関数の最大値を考える。

解答　$y=-4^x+2^{x+1}=-(2^x)^2+2\cdot2^x$

$2^x=t$ $(t>0)$ とおくと

$y=-t^2+2t=-(t-1)^2+1$

◀

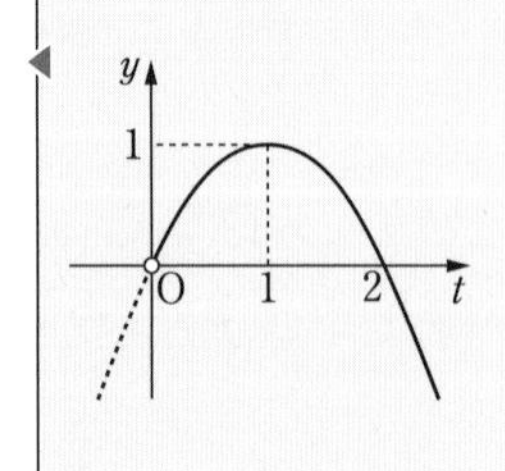

$t>0$ で，この関数は　　$t=2^x=1$

すなわち，$x=0$ のとき，最大値1をとる。

第2節　対数関数

練習 129　(1)　$\log_2 256=\log_2 2^8=\mathbf{8}$

(2)　$\log_3\dfrac{1}{\sqrt{3}}=\log_3\dfrac{1}{3^{\frac{1}{2}}}=\log_3 3^{-\frac{1}{2}}=-\dfrac{1}{2}$

(3)　$\log_{27}9=x$ とおくと　$27^x=9$，$3^{3x}=3^2$

よって　$3x=2$　すなわち　$x=\dfrac{2}{3}$

(4)　$\log_{\frac{1}{2}}\dfrac{1}{\sqrt{32}}=\log_{\frac{1}{2}}\dfrac{1}{(2^5)^{\frac{1}{2}}}=\log_{\frac{1}{2}}\left(\dfrac{1}{2}\right)^{\frac{5}{2}}=\dfrac{5}{2}$

◀ $\log_a a^p=p$

◀ $\log_a y=x \Longleftrightarrow a^x=y$

◀ 底の変換公式を用いて解くと

$$\log_{27}9=\frac{\log_3 9}{\log_3 27}=\frac{2}{3}$$

練習 130　(1)　$\log_8 4=x$ から　$8^x=4$，$2^{3x}=2^2$

よって　$3x=2$　すなわち　$x=\dfrac{2}{3}$

(2)　$\log_4 x=2$ から　$4^2=x$　すなわち　$x=\mathbf{16}$

(3)　$\log_x 27=2$ から　$x^2=27$

$x>0$ だから　$x=3\sqrt{3}$

◀ $\log_a y=x \Longleftrightarrow a^x=y$

◀ 底の変換公式を用いて解くと

$$\log_8 4=\frac{\log_2 4}{\log_2 8}=\frac{2}{3}$$

練習 131　対数の性質を使って，1つの対数にまとめる方法と，それぞれの対数を分解する方法で解く。

(1)　$\log_6 4+\log_6 9=\log_6(4\times 9)=\log_6 36$

$=\log_6 6^2=\mathbf{2}$

◀ 1つの対数にまとめる方法。

(2)　$\log_2 12-\log_2 3=\log_2\dfrac{12}{3}=\log_2 4=\log_2 2^2=\mathbf{2}$

◀ それぞれの対数を分解する方法では

$\log_2 12-\log_2 3$
$=\log_2(2^2\times 3)-\log_2 3$
$=\log_2 2^2+\log_2 3-\log_2 3$
$=2$

(3)　$2\log_5 3+\log_5\dfrac{\sqrt{5}}{9}=\log_5 3^2+\log_5\dfrac{\sqrt{5}}{9}=\log_5\left(9\times\dfrac{\sqrt{5}}{9}\right)$

$=\log_5\sqrt{5}=\log_5 5^{\frac{1}{2}}=\dfrac{1}{2}$

(4)　$\dfrac{3}{2}\log_3 2+\log_3\dfrac{1}{\sqrt{3}}-3\log_3\sqrt{6}$

$=\log_3 2^{\frac{3}{2}}+\log_3 3^{-\frac{1}{2}}+\log_3 6^{-\frac{3}{2}}$

$=\log_3\{2^{\frac{3}{2}}\times 3^{-\frac{1}{2}}\times(2\times 3)^{-\frac{3}{2}}\}$

$=\log_3(2^{\frac{3}{2}-\frac{3}{2}}\times 3^{-\frac{1}{2}-\frac{3}{2}})=\log_3 3^{-2}$

$=\mathbf{-2}$

練習 132 (1) $\log_2 3\cdot\log_3 4=\log_2 3\cdot\dfrac{\log_2 4}{\log_2 3}=\log_2 4=\mathbf{2}$

◀底を2にそろえる。

(2) $(\log_2 3+\log_4 9)(\log_3 4+\log_9 2)$

$$=\left(\log_2 3+\frac{\log_2 9}{\log_2 4}\right)\left(\frac{\log_2 4}{\log_2 3}+\frac{\log_2 2}{\log_2 9}\right)$$

$$=(\log_2 3+\log_2 3)\left(\frac{2}{\log_2 3}+\frac{1}{2\log_2 3}\right)$$

$$=2\log_2 3\cdot\frac{5}{2\log_2 3}=\mathbf{5}$$

◀底を2にそろえる。
$\log_2 9=2\log_2 3$
$\log_2 4=2$

(3) $\log_5 3\cdot\log_3\sqrt{8}\cdot\log_8\dfrac{1}{5}=\log_5 3\cdot\dfrac{\log_5\sqrt{8}}{\log_5 3}\cdot\dfrac{\log_5\frac{1}{5}}{\log_5 8}$

$$=\log_5 3\cdot\frac{\frac{1}{2}\log_5 8}{\log_5 3}\cdot\frac{-1}{\log_5 8}=-\frac{\mathbf{1}}{\mathbf{2}}$$

◀底を5にそろえる。

(4) $\dfrac{\log_2 27\cdot\log_3 6\cdot\log_7 8}{\log_7 2+\log_7 3}=\dfrac{\log_2 3^3\cdot\frac{\log_2 6}{\log_2 3}\cdot\frac{\log_2 2^3}{\log_2 7}}{\log_7 6}$

$$=\frac{3\log_2 3\cdot\frac{\log_2 6}{\log_2 3}\cdot\frac{3}{\log_2 7}}{\frac{\log_2 6}{\log_2 7}}=\mathbf{9}$$

◀底を2にそろえる。

練習 133 (1) $\log_{10}\sqrt{12}=\log_{10}12^{\frac{1}{2}}=\dfrac{1}{2}\log_{10}(2^2\times 3)$

$$=\frac{1}{2}(2\log_{10}2+\log_{10}3)=\log_{10}2+\frac{1}{2}\log_{10}3$$

$$=\boldsymbol{a+\frac{1}{2}b}$$

(2) $\log_{10}0.75=\log_{10}\dfrac{3}{4}=\log_{10}3-\log_{10}4$

$$=\log_{10}3-2\log_{10}2$$

$$=\boldsymbol{b-2a}$$

(3) $\log_{18}15=\dfrac{\log_{10}15}{\log_{10}18}=\dfrac{\log_{10}(3\times 5)}{\log_{10}(2\times 3^2)}$

$$=\frac{\log_{10}3+\log_{10}\frac{10}{2}}{\log_{10}2+2\log_{10}3}$$

$$=\frac{\log_{10}3+1-\log_{10}2}{\log_{10}2+2\log_{10}3}$$

$$=\boldsymbol{\frac{-a+b+1}{a+2b}}$$

◀底を10にそろえる。
$\log_{10}5=\log_{10}\dfrac{10}{2}$
$=1-\log_{10}2$

練習 134 (1) $\log_3 5=b$ から $\dfrac{\log_2 5}{\log_2 3}=b$

よって $\log_2 5=b\log_2 3=\boldsymbol{ab}$

(2) $\log_2 10=\log_2(2\times5)=1+\log_2 5=\boldsymbol{1+ab}$

(3) $\log_{10} 6=\dfrac{\log_2 6}{\log_2 10}=\dfrac{\log_2(2\times3)}{\log_2 10}$

$=\dfrac{1+\log_2 3}{\log_2 10}=\boldsymbol{\dfrac{1+a}{1+ab}}$

◀ 底の変換公式を用いて，底を2に変換する。

◀ (1)を利用する。

◀ まず，底を2に変換してから，(2)を利用する。

練習 135 (1) $\log_a b\cdot\log_b a=\log_a b\cdot\dfrac{\log_a a}{\log_a b}=1$

(2) $\log_{\frac{1}{a}} b=\dfrac{\log_a b}{\log_a \dfrac{1}{a}}=\dfrac{\log_a b}{\log_a a^{-1}}$

$=-\log_a b=\log_a b^{-1}=\log_a \dfrac{1}{b}$

◀ 底の変換公式を用いて，底を a に変換する。

練習 136 $2^x=3^y=6^z$

底が10の対数をとって

$x\log_{10}2=y\log_{10}3=z\log_{10}6$

ここで，$x\log_{10}2=y\log_{10}3=z\log_{10}6=k$ $(\neq 0)$ とおくと

$\log_{10}2=\dfrac{k}{x}$，$\log_{10}3=\dfrac{k}{y}$，$\log_{10}6=\dfrac{k}{z}$

$\log_{10}2+\log_{10}3=\log_{10}6$ だから $\dfrac{k}{x}+\dfrac{k}{y}=\dfrac{k}{z}$

したがって $\dfrac{1}{x}+\dfrac{1}{y}=\dfrac{1}{z}$

◀ 底に何をとってもよい。

練習 137 (1) $3<\pi<2\sqrt{3}$ で，底は0.9で1より小さいので

$\boldsymbol{\log_{0.9} 2\sqrt{3}<\log_{0.9}\pi<\log_{0.9} 3}$

(2) $\log_3 6=\dfrac{\log_2 6}{\log_2 3}$，$\log_4 6=\dfrac{\log_2 6}{\log_2 4}=\dfrac{1}{2}\log_2 6$

$0<1<\log_2 3<\log_2 4=2$ だから

$\dfrac{1}{2}<\dfrac{1}{\log_2 3}<1$

$\log_2 6>0$ だから $\dfrac{1}{2}\log_2 6<\dfrac{\log_2 6}{\log_2 3}<\log_2 6$

よって $\boldsymbol{\log_4 6<\log_3 6<\log_2 6}$

◀ $0<a<1$ ならば
$\log_a M<\log_a N$
$\iff M>N>0$

◀ $y=\log_2 x$ は単調に増加するから
$\log_2 2<\log_2 3<\log_2 4$

練習 138 まず，真数の条件からxの範囲を調べ，対数の相等関係$\log_a M=\log_a N \Longleftrightarrow M=N>0$を使う。

(1) 真数は正だから　$x+1>0$，$3-x>0$，$2x>0$

これらから　$0<x<3$　……①

方程式は　$\log_{10}(x+1)(3-x)=\log_{10}2x$

$$(x+1)(3-x)=2x$$

$$x^2-3=0$$

よって　$x=\pm\sqrt{3}$　①から　$x=\sqrt{3}$

◀ 真数は正（真数条件）。

(2) 真数は正だから　$x>-1$　……①

◀ $x+4>0$ かつ $x+1>0$

方程式は　$\dfrac{\log_2(x+4)}{\log_2 4}+\log_2(x+1)=1$

◀ 底の変換公式により，底を2にそろえる。
$\log_2 4=\log_2 2^2=2$

$$\frac{\log_2(x+4)}{2}+\log_2(x+1)=1$$

$$\log_2(x+4)+2\log_2(x+1)=2$$

$$\log_2(x+4)+\log_2(x+1)^2=\log_2 2^2$$

$$\log_2(x+1)^2(x+4)=\log_2 4$$

$$(x+1)^2(x+4)=4$$

$$x^3+6x^2+9x=0$$

$$x(x+3)^2=0$$

よって　$x=0$，-3（重解）　①から　$x=0$

◀ 真数は正（真数条件）。

(3) $\log_2 x=t$ $(x>0)$ とおくと

$$\log_2 4x=\log_2 4+\log_2 x=2+t$$

方程式は　$t^2+(2+t)=4$

$$t^2+t-2=0$$

$$(t+2)(t-1)=0$$

したがって　$t=-2$，1

すなわち，$\log_2 x=-2$，1 から　$x=2^{-2}$，2

◀ $p=\log_a M \Longleftrightarrow M=a^p$

よって　$x=\dfrac{1}{4}$，2

練習 139 (1) 真数は正だから　$x+1>0$，$x-2>0$

したがって　$x>2$　……①

不等式は　$\log_2(x+1)(x-2)<\log_2 2^2$

底は2で1より大きいので　$(x+1)(x-2)<4$

$$x^2-x-6<0$$

$$(x+2)(x-3)<0$$

よって　$-2<x<3$

これと①から

$2<x<3$

(2) 真数は正だから　$x-2>0$，$2x-1>0$

したがって　$x>2$ ……①

不等式は　$\log_{\frac{1}{2}}(x-2)^2>\log_{\frac{1}{2}}(2x-1)$

底は $\frac{1}{2}$ で1より小さいので　$(x-2)^2<2x-1$

$$x^2-6x+5<0$$

$$(x-1)(x-5)<0$$

よって　$1<x<5$

これと①から　$\mathbf{2<x<5}$

◀底が1より小さいから，真数の大小関係は逆になる。

(3) $\log_2 x=t$ $(x>0)$ とおくと，不等式は

$$t^2<t+2$$

$$t^2-t-2<0$$

$$(t+1)(t-2)<0$$

したがって　$-1<t<2$

すなわち　$-1<\log_2 x<2$

よって　$\log_2\frac{1}{2}<\log_2 x<\log_2 4$

底は2で1より大きいので　$\mathbf{\frac{1}{2}<x<4}$

◀底が1より大きいから，真数の大小関係はそのまま。

練習 140　5^{30} の常用対数をとると

$$\log_{10}5^{30}=30\log_{10}5=30\log_{10}\frac{10}{2}=30(1-\log_{10}2)$$

$$=30(1-0.3010)=20.97$$

したがって　$20<\log_{10}5^{30}<21$

すなわち　$10^{20}<5^{30}<10^{21}$

よって，5^{30} は **21 桁**の整数である。

◀10^{20} は21桁の整数の最小数。
10^{21} は22桁の整数の最小数。

練習 141　12^n が15桁の整数であるとき

$$10^{14}\leqq 12^n<10^{15}$$

各辺の常用対数をとると　$14\leqq\log_{10}12^n<15$

$$14\leqq n\log_{10}12<15,\quad \frac{14}{\log_{10}12}\leqq n<\frac{15}{\log_{10}12}$$

ここで　$\log_{10}12=\log_{10}(2^2\times3)=2\log_{10}2+\log_{10}3$

$$=2\times0.3010+0.4771=1.0791$$

したがって　$\frac{14}{1.0791}\leqq n<\frac{15}{1.0791}$

$$12.9\cdots\leqq n<13.9\cdots$$

よって　$\mathbf{n=13}$

◀10^{14} は15桁の整数の最小数。
10^{15} は16桁の整数の最小数。

◀n は自然数。

練習 142　$\log_{10}\left(\frac{1}{30}\right)^{20}=20\log_{10}\frac{1}{30}=-20\log_{10}(3\times10)$

$=-20(\log_{10}3+1)=-20(0.4771+1)$

$=-29.542$

◀ $\log_{10}3=0.4771$ を代入。

したがって　$-30<\log_{10}\left(\frac{1}{30}\right)^{20}<-29$

すなわち　$10^{-30}<\left(\frac{1}{30}\right)^{20}<10^{-29}$

◀ 10^{-n} は小数第 n 位に初めて 0 でない数字が現れる数の最小のものである。

よって，$\left(\frac{1}{30}\right)^{20}$ は**小数第 30 位**に初めて 0 でない数字が現れる。

練習 143　$0.99^n<0.01$ の両辺の常用対数をとると

$\log_{10}0.99^n<\log_{10}0.01$

◀ $0.99=\frac{9.9}{10}$，$0.01=10^{-2}$

$n\log_{10}\frac{9.9}{10}<\log_{10}10^{-2}$

$n(\log_{10}9.9-1)<-2$

$n(0.9956-1)<-2$

$-0.0044n<-2$

したがって　$n>\frac{2}{0.0044}=454.5\cdots$

よって，これを満たす自然数 n の最小値は　**455**

練習 144　年利率 3% の複利で a 円を定期預金すると，1 年後は $1.03a$ 円，2 年後は 1.03^2a 円，……，n 年後は 1.03^na 円になる。

◀ 一般に，年利率 r% の複利で a 円を定期預金すると，n 年後には $\left(1+\frac{r}{100}\right)^n a$ 円になる。

年利率 3% の複利で a 円を定期預金すると，n 年後には 1.03^na 円だから，これが a 円の 2 倍以上になるとき

$1.03^na\geqq 2a$，　$1.03^n\geqq 2$

両辺の常用対数をとると　$\log_{10}1.03^n\geqq\log_{10}2$

$n\log_{10}1.03\geqq\log_{10}2$

◀ 底 $10>1$ から

すなわち　$n\geqq\frac{\log_{10}2}{\log_{10}1.03}=\frac{0.3010}{0.0128}=23.5\cdots$

◀ $\log_{10}1.03>0$ から

よって，2 倍以上になるのは　**24 年後**

また，年利率 5% の場合，同様に　$1.05^n\geqq 2$

両辺の常用対数をとると　$\log_{10}1.05^n\geqq\log_{10}2$

$n\geqq\frac{\log_{10}2}{\log_{10}1.05}=\frac{0.3010}{0.0212}=14.1\cdots$

よって，年利率 5% の場合は　**15 年後**

定期テスト対策問題 9

1 解答 (1) $\log_3 8\sqrt{3}-3\log_3 6=\log_3 8\sqrt{3}-\log_3 6^3$

$=\log_3\dfrac{8\sqrt{3}}{6^3}=\log_3\dfrac{\sqrt{3}}{27}=\log_3 3^{\frac{1}{2}-3}$

$=\log_3 3^{-\frac{5}{2}}=\boldsymbol{-\dfrac{5}{2}}$

◀ 1つの対数にまとめる方法。

(2) $(2\log_{10}5)^2+2(\log_{10}4)(\log_{10}25)+(\log_{10}4)^2$

$=4(\log_{10}5)^2+2(2\log_{10}2)(2\log_{10}5)+(2\log_{10}2)^2$

$=4(\log_{10}5)^2+8(\log_{10}2)(\log_{10}5)+4(\log_{10}2)^2$

$=4(\log_{10}5+\log_{10}2)^2$

$=4(\log_{10}10)^2=\boldsymbol{4}$

◀ 平方式にまとめる。

(3) $(\log_3 2+\log_9 2)(\log_4 3+\log_8 3)$

$=\left(\log_3 2+\dfrac{\log_3 2}{\log_3 9}\right)\left(\dfrac{\log_3 3}{\log_3 4}+\dfrac{\log_3 3}{\log_3 8}\right)$

$=\left(\log_3 2+\dfrac{1}{2}\log_3 2\right)\left(\dfrac{1}{2\log_3 2}+\dfrac{1}{3\log_3 2}\right)$

$=\left(\dfrac{3}{2}\log_3 2\right)\left(\dfrac{5}{6}\cdot\dfrac{1}{\log_3 2}\right)=\boldsymbol{\dfrac{5}{4}}$

◀ 底の変換公式を用いて，底を3にそろえる。

2 解答 (1) $\log_{10}18=\log_{10}(2\times 3^2)$

$=\log_{10}2+2\log_{10}3=\boldsymbol{x+2y}$

(2) $\log_{10}\sqrt{0.2}=\log_{10}\left(\dfrac{2}{10}\right)^{\frac{1}{2}}=\dfrac{1}{2}(\log_{10}2-1)$

$=\boldsymbol{\dfrac{1}{2}(x-1)}$

◀ 0.2を2と10で表す。

(3) $\log_{45}\sqrt{12}=\dfrac{\log_{10}\sqrt{12}}{\log_{10}45}=\dfrac{\log_{10}(2^2\times 3)^{\frac{1}{2}}}{\log_{10}(3^2\times 5)}$

$=\dfrac{\frac{1}{2}(2\log_{10}2+\log_{10}3)}{2\log_{10}3+\log_{10}\frac{10}{2}}$

$=\dfrac{2\log_{10}2+\log_{10}3}{4\log_{10}3+2(1-\log_{10}2)}$

$=\boldsymbol{\dfrac{2x+y}{-2x+4y+2}}$

◀ まず底を10に変換する。

◀ $\log_{10}5=\log_{10}\dfrac{10}{2}$
$=1-\log_{10}2$

3 解答　$x=\sqrt{2}^{\log_2 9}$ とおくと

$$x=2^{\frac{1}{2}\log_2 3^2}=2^{\log_2 3}$$

底が2の対数をとると

$$\log_2 x=(\log_2 3)(\log_2 2)$$

$$\log_2 x=\log_2 3$$

すなわち　$x=3$

だから，$\sqrt{2}^{\log_2 9}$ は有理数である。

◀ $\log_2 2^{\log_2 3}$ $=(\log_2 3)(\log_2 2)$

◀ 整数はもちろん有理数。

4 解答　(1)　真数は正だから　$x>0$，$2-x>0$，$x+1>0$

したがって　$0<x<2$　……①

方程式は　$\log_{10}x=\log_{10}(x+1)+\log_{10}(2-x)$

$$\log_{10}x=\log_{10}(x+1)(2-x)$$

$$x=(x+1)(2-x)$$

$$x^2-2=0$$

よって　$x=\pm\sqrt{2}$

①から　$x=\sqrt{2}$

◀ 負の項は移項し，分数方程式にならないようにする。

◀ 真数は正（真数条件）。

(2)　真数と底の条件から　$x>0$，$x\neq 1$　……①

$\log_x 16=\dfrac{\log_2 16}{\log_2 x}=\dfrac{\log_2 2^4}{\log_2 x}=\dfrac{4}{\log_2 x}$ だから，方程式は

$$\log_2 x+\frac{4}{\log_2 x}=4$$

$$(\log_2 x)^2-4\log_2 x+4=0$$

$(\log_2 x-2)^2=0$　よって　$\log_2 x=2$

①から　$x=4$

◀ 底を2に変換する。
$x\neq 1$ だから
$\log_2 x\neq 0$

◀ これは①を満たしている。

5 解答　(1)　真数条件から　$x-3>0$，$x^2-6x+5>0$

$$x>3,\ (x-1)(x-5)>0$$

したがって　$x>5$　……①

不等式は　$1+\log_3(x-3)>\log_3(x^2-6x+5)$

$$\log_3 3(x-3)>\log_3(x^2-6x+5)$$

底 $3>1$ から　$3(x-3)>x^2-6x+5$

$$x^2-9x+14<0$$

$$(x-2)(x-7)<0$$

よって　$2<x<7$

これと①から　$5<x<7$

◀ $x>3$ と $x<1$ または $x>5$ の両方を満たすものを考える。

◀ 真数条件に注意。

(2)　真数条件から　　$x>0$, $x+6>0$

したがって　　$x>0$　　……①

不等式は　　$\log_3 x > \dfrac{\log_3(x+6)}{\log_3 9}$

◀ 底を3に変換する。

$$2\log_3 x > \log_3(x+6)$$

$$\log_3 x^2 > \log_3(x+6)$$

底$3>1$から

$$x^2 > x+6$$

$$x^2 - x - 6 > 0$$

$$(x+2)(x-3) > 0$$

よって　　$x<-2$, $3<x$

これと①から　　**$x>3$**

◀ 真数は正（真数条件）。

6 解答　(1)　$y=\log_3(x+2)+\log_3(4-x)$

真数は正だから　　$x+2>0$, $4-x>0$

よって　　**$-2<x<4$**　　……①

◀ 真数条件からxの範囲を求める。

(2)　$y=\log_3(x+2)(4-x)=\log_3(-x^2+2x+8)$

$t=-x^2+2x+8$とおくと　　$t=-(x-1)^2+9$　　……②

◀

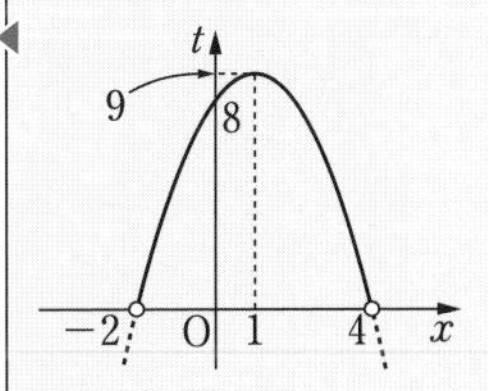

これは，①の範囲で　　$0<t\leqq 9$

また，$3>1$より，$y=\log_3 t$は単調に増加するから，

yは$t=9$すなわち**$x=1$のとき最大で，最大値は**

$$y=\log_3 9=\log_3 3^2=\mathbf{2}$$

7 解答　(1)　60^{30}の常用対数をとると

$$\log_{10}6^{30}=30\log_{10}6=30\log_{10}(2\times 3)$$

$$=30(\log_{10}2+\log_{10}3)=30(0.3010+0.4771)$$

$$=23.343$$

◀ Nがn桁の数
$\iff 10^{n-1}\leqq N<10^n$
$\iff n-1\leqq \log_{10}N<n$

すなわち　　$23<\log_{10}6^{30}<24$, $10^{23}<6^{30}<10^{24}$

よって，6^{30}は**24桁**の数である。

◀ 10^{23}は24桁の整数のうちの最小数である。

(2)　$\left(\dfrac{1}{3}\right)^{30}$の常用対数をとると

$$\log_{10}\left(\frac{1}{3}\right)^{30}=\log_{10}3^{-30}=-30\log_{10}3$$

$$=-30\times 0.4771=-14.313$$

すなわち　　$-15<\log_{10}\left(\dfrac{1}{3}\right)^{30}<-14$

$$10^{-15}<\left(\frac{1}{3}\right)^{30}<10^{-14}$$

◀ 10^{-15}は小数第15位に初めて0でない数字が現れる数のうちの最小数である。

よって，$\left(\dfrac{1}{3}\right)^{30}$は**小数第15位**に初めて0でない数字が現れる。

8 **解答** ガラス板をn枚重ねたとき，光の強さは$\left(\frac{81}{100}\right)^n$に減衰するから，これが通過前の$\frac{1}{16}$以下になるとき

$$\left(\frac{81}{100}\right)^n \leqq \frac{1}{16}$$

両辺の常用対数をとると

$$n\log_{10}\frac{81}{100} \leqq \log_{10}\frac{1}{16}$$

$$n(4\log_{10}3-2) \leqq -4\log_{10}2$$

$\log_{10}2=0.3010$，$\log_{10}3=0.4771$から

$$n(4\times 0.4771-2) \leqq -4\times 0.3010$$

$$-0.0916n \leqq -1.204$$

$$n \geqq 13.1\cdots$$

したがって，最低**14枚**重ねればよい。

◀ $\log_{10}\frac{81}{100}$
$=\log_{10}3^4-\log_{10}10^2$
$=4\log_{10}3-2$
$\log_{10}\frac{1}{16}=\log_{10}2^{-4}$
$=-4\log_{10}2$

◀ nは自然数。

第5章 微分法・積分法

第1節 微分法

練習 145 (1) $\lim_{x\to3}(x-1)(x-3)=(3-1)(3-3)=\mathbf{0}$

(2) $\lim_{x\to0}\frac{x^2+x}{x}=\lim_{x\to0}(x+1)=0+1=\mathbf{1}$

(3) $\lim_{x\to-1}\frac{x^3+1}{x^2-3x-4}=\lim_{x\to-1}\frac{(x+1)(x^2-x+1)}{(x+1)(x-4)}$

$=\lim_{x\to-1}\frac{x^2-x+1}{x-4}=-\frac{3}{5}$

◀ a^3+b^3
$=(a+b)(a^2-ab+b^2)$

練習 146 $\frac{f(3+h)-f(3)}{h}=\frac{\{3(3+h)-2\}-(3\cdot3-2)}{h}$

$=\frac{3h}{h}=\mathbf{3}$

練習 147 $\frac{f(a+h)-f(a)}{h}=\frac{\{(a+h)^3-5\}-(a^3-5)}{h}$

$=\frac{3a^2h+3ah^2+h^3}{h}$

$=\mathbf{3a^2+3ah+h^2}$

◀ $(a+h)^3-5$
$=a^3+3a^2h+3ah^2$
$+h^3-5$

練習 148 (1) $f'(1)=\lim_{h\to0}\frac{f(1+h)-f(1)}{h}$

$=\lim_{h\to0}\frac{\left\{\frac{1}{3}(1+h)^2+1\right\}-\left(\frac{1}{3}\cdot1^2+1\right)}{h}$

$=\lim_{h\to0}\frac{2h+h^2}{3h}=\lim_{h\to0}\frac{1}{3}(2+h)$

$=\frac{2}{3}$

$f'(a)=\lim_{h\to0}\frac{f(a+h)-f(a)}{h}$

$=\lim_{h\to0}\frac{\left\{\frac{1}{3}(a+h)^2+1\right\}-\left(\frac{1}{3}a^2+1\right)}{h}$

$=\lim_{h\to0}\frac{2ah+h^2}{3h}=\lim_{h\to0}\frac{1}{3}(2a+h)$

$=\frac{2}{3}a$

◀ xが1から$1+h$まで変わるときの平均変化率を求めて$h\to0$のときの極限値を求める。$x=a$における微分係数も同様である。

(2) $f'(1)=\lim_{h\to 0}\frac{f(1+h)-f(1)}{h}$

$=\lim_{h\to 0}\frac{\{(1+h)^3-2(1+h)\}-(1^3-2\cdot 1)}{h}$

$=\lim_{h\to 0}\frac{3h+3h^2+h^3-2h}{h}$

$=\lim_{h\to 0}\frac{h(1+3h+h^2)}{h}$

$=\lim_{h\to 0}(1+3h+h^2)=\mathbf{1}$

$f'(a)=\lim_{h\to 0}\frac{f(a+h)-f(a)}{h}$

$=\lim_{h\to 0}\frac{\{(a+h)^3-2(a+h)\}-(a^3-2a)}{h}$

$=\lim_{h\to 0}\frac{3a^2h+3ah^2+h^3-2h}{h}$

$=\lim_{h\to 0}(3a^2+3ah+h^2-2)=\mathbf{3a^2-2}$

練習 149 (1) $y=3x^3+7x+3$ から　$y'=\mathbf{9x^2+7}$

(2) $y=x(x-1)(x+1)=x^3-x$ から　$y'=\mathbf{3x^2-1}$

(3) $y=(3x-2)^2=9x^2-12x+4$ から　$y'=\mathbf{18x-12}$

(4) $y=(x+3)(x+2)^2=x^3+7x^2+16x+12$ から

$y'=\mathbf{3x^2+14x+16}$

◀ (2), (3), (4)については，まず，右辺を展開してから y' を求める。

練習 150 (1) $s=4.9t^2$ から　$\frac{ds}{dt}=\mathbf{9.8t}$

(2) $p=\frac{5}{9}(q-32)$ から　$\frac{dp}{dq}=\mathbf{\frac{5}{9}}$

練習 151 (1) $(x+h)^4=(x+h)^3(x+h)$

$=(x^3+3x^2h+3xh^2+h^3)(x+h)$

$=x^4+4hx^3+6h^2x^2+4h^3x+h^4$

よって　$(x+h)^4-x^4=h(4x^3+6hx^2+4h^2x+h^3)$

(2) $(x^4)'=\lim_{h\to 0}\frac{(x+h)^4-x^4}{h}$

$=\lim_{h\to 0}(4x^3+6hx^2+4h^2x+h^3)=4x^3$

(3) $y=(2x^2-1)(3x^2+x-2)$

$=6x^4+2x^3-7x^2-x+2$

$y'=6(x^4)'+2(x^3)'-7(x^2)'-(x)'+(2)'$

$=6\cdot 4x^3+2\cdot 3x^2-7\cdot 2x-1$

$=\mathbf{24x^3+6x^2-14x-1}$

◀ まず $(x+h)^3$ を計算する。

$(x+h)^4-x^4$
$=\{(x+h)^2-x^2\}$
$\times\{(x+h)^2+x^2\}$

で計算してもよい。

◀ (1)の結果を利用する。

練習 152 $f(x)=ax^3+bx^2+cx+d$

$f'(x)=3ax^2+2bx+c$

$f(0)=1$, $f(1)=2$, $f'(0)=2$, $f'(1)=3$ から

$d=1$, $a+b+c+d=2$, $c=2$, $3a+2b+c=3$

これを解いて

$\boldsymbol{a=3,\ b=-4,\ c=2,\ d=1}$

◀ $c=2$, $d=1$ から
$a+b=-1$
$3a+2b=1$
よって
$a=3$, $b=-4$

練習 153 $f(x)=ax^3+bx^2-6$

$f'(x)=3ax^2+2bx$

$f'(1)=7$, $f'(-2)=4$ から

$3a+2b=7$, $12a-4b=4$

よって

$\boldsymbol{a=1,\ b=2}$

練習 154 (1) $y=-x^2+4x-1$, $y'=-2x+4$

$x=3$ のとき　$y'=-2$

よって，求める接線の方程式は

$y-2=-2(x-3)$　すなわち　$\boldsymbol{y=-2x+8}$

◀ $y=f(x)$ 上の点 $(a,\ f(a))$ における接線の方程式は
$y-f(a)=f'(a)(x-a)$

(2) $y=x^3-4x$, $y'=3x^2-4$

$x=-1$ のとき　$y'=-1$

よって，求める接線の方程式は

$y-3=-\{x-(-1)\}$　すなわち　$\boldsymbol{y=-x+2}$

練習 155 接点を $(a,\ a^2+3)$ とすると，$y'=2x$ だから，接線の方程式は　$y-(a^2+3)=2a(x-a)$

$y=2ax-a^2+3$　……①

◀ 接点を $(a,\ a^2+3)$ とおいて接線の方程式を作り，これが点 $(1,\ 0)$ を通るように a の値を定める。

これが点 $(1,\ 0)$ を通ることから

$2a-a^2+3=0$

$a^2-2a-3=0$

$(a-3)(a+1)=0$

よって　$a=3,\ -1$

①から，接線の方程式は

$\boldsymbol{y=6x-6,\ y=-2x+2}$

◀ 接線が2本あることに注意。

練習 156　接点を $(a,\ a^3+1)$ とすると，$y'=3x^2$ から

$$y-(a^3+1)=3a^2(x-a)$$

$$y=3a^2x-2a^3+1 \quad \cdots\cdots ①$$

この接線が点 $(2,\ 1)$ を通ることから

$$1=6a^2-2a^3+1$$

$$a^2(a-3)=0$$

よって　$a=0,\ 3$

①から，接線の方程式は

$y=1,\ y=27x-53$

◀ グラフは下のようになる。

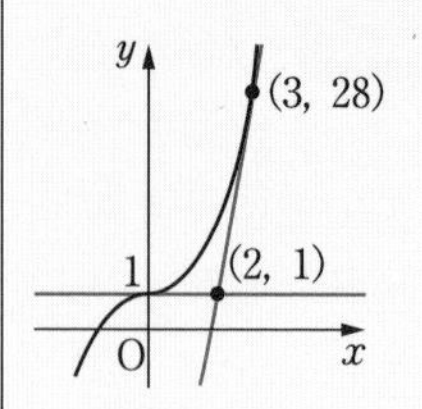

練習 157　$f(x)=x^3-2x$，点 $\mathrm{P}(a,\ f(a))$ とおく。

このとき　$f'(x)=3x^2-2$

点Pにおける法線の傾きが -1 であるから

$$-\frac{1}{f'(a)}=-1 \quad \text{すなわち} \quad f'(a)=1$$

よって

$$f'(a)=1$$

$$3a^2-2=1$$

$$a^2=1$$

$$a=\pm 1$$

$$f(1)=1^3-2\cdot 1=-1, \quad f(-1)=(-1)^3-2(-1)=1$$

$\mathrm{P}(1,\ -1)$ または $\mathrm{P}(-1,\ 1)$

したがって，法線の方程式は

$\mathrm{P}(1,\ -1)$ のとき，$y-(-1)=-(x-1)$ より

$y=-x$

$\mathrm{P}(-1,\ 1)$ のとき，$y-1=-\{x-(-1)\}$ より

$y=-x$

練習 158　(1)　$y=x^3-9x^2+5$

$$y'=3x^2-18x$$

$$=3x(x-6)$$

よって

$x<0,\ 6<x$ で増加，$0<x<6$ で減少

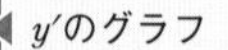
◀ y' のグラフ

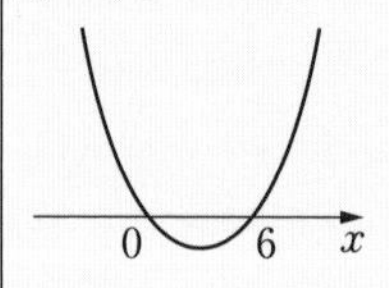

(2)　$y=x^3+3x$

$$y'=3x^2+3>0$$

よって

つねに増加

練習 159 (1) $y=4x^3-3x^2-6x+2$

$y'=12x^2-6x-6=6(2x+1)(x-1)$

$y'=0$ とすると

$x=-\frac{1}{2},\ 1$

よって，この関数の増減表とグラフは次のようになる。

x	$\cdots$	$-\frac{1}{2}$	$\cdots$	1	$\cdots$
y'	$+$	0	$-$	0	$+$
y	↗	$\frac{15}{4}$ 極大	↘	-3 極小	↗

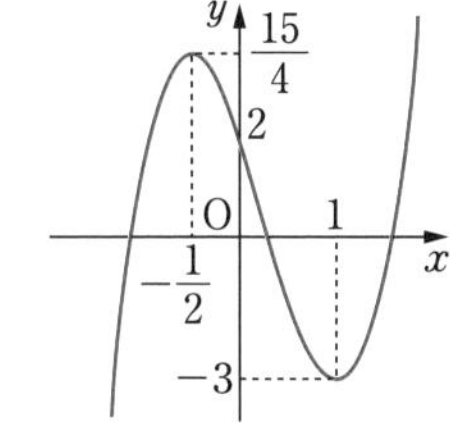

極大値 $\frac{15}{4}$ $\left(x=-\frac{1}{2}\text{ のとき}\right)$

極小値 -3 ($x=1$ のとき)

(2) $y=-x^3+3x^2-2$

$y'=-3x^2+6x=-3x(x-2)$

$y'=0$ とすると

$x=0,\ 2$

よって，この関数の増減表とグラフは次のようになる。

x	$\cdots$	0	$\cdots$	2	$\cdots$
y'	$-$	0	$+$	0	$-$
y	↘	-2 極小	↗	2 極大	↘

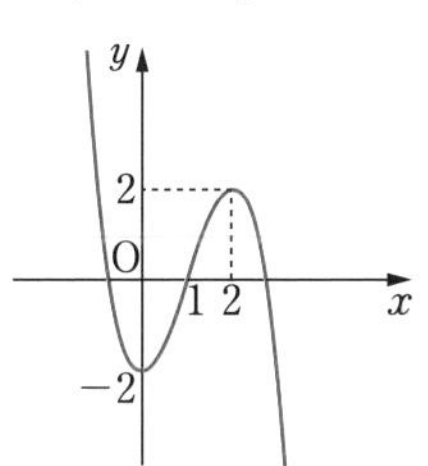

極大値　2 ($x=2$ のとき)

極小値　-2 ($x=0$ のとき)

(3) $y=x^3-3x^2+3x+1$

$y'=3x^2-6x+3=3(x-1)^2$

$y'=0$ とすると

$x=1$

よって，この関数の増減表とグラフは次のようになる。

x	$\cdots$	1	$\cdots$
y'	$+$	0	$+$
y	↗	2	↗

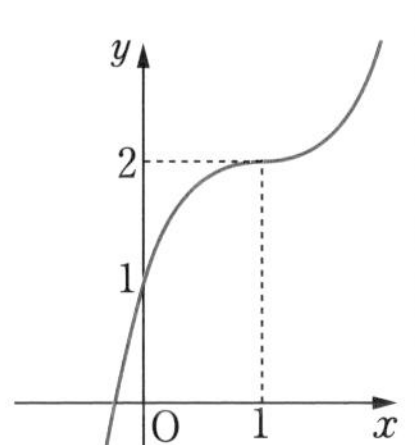

よって　**極値はなし**

◀ まず微分して，$y'=0$ となる点を調べる。

◀ $y'=0$ でも極値をとるとは限らない。必ず増減表で確認すること。

(4) $y=x^4-8x^2+12$

$y'=4x^3-16x=4x(x+2)(x-2)$

$y'=0$とすると　$x=0,\ \pm 2$

よって，この関数の増減表とグラフは次のようになる。

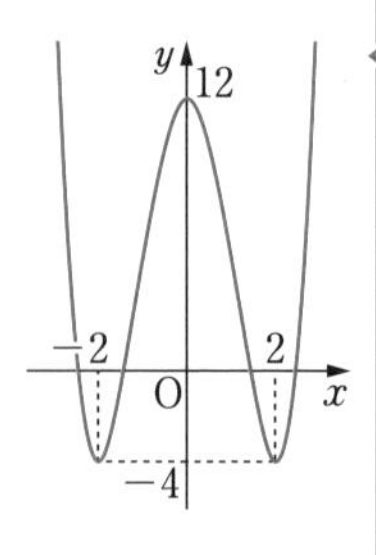

◀ y軸に関して対称なグラフである。

x	$\cdots$	-2	$\cdots$	0	$\cdots$	2	$\cdots$
y'	$-$	0	$+$	0	$-$	0	$+$
y	↘	-4 極小	↗	12 極大	↘	-4 極小	↗

極大値　12（$x=0$のとき）

極小値　-4（$x=\pm 2$のとき）

練習 160　$f(x)=-x^3+ax^2+bx-1$

$f'(x)=-3x^2+2ax+b$

$f(x)$が$x=1$で極大値1をとることから

$f'(1)=2a+b-3=0,\ f(1)=a+b-2=1$

◀ 関数$y=f(x)$が$x=p$で極値qをとるならば $f'(p)=0,\ f(p)=q$ である。

これを解いて　$a=0,\ b=3$

このとき　$f(x)=-x^3+3x-1$

$f'(x)=-3x^2+3=-3(x+1)(x-1)$

したがって，$f(x)$の増減表は右のようになり，確かに$x=1$で極大値1をとる。

x	$\cdots$	-1	$\cdots$	1	$\cdots$
$f'(x)$	$-$	0	$+$	0	$-$
$f(x)$	↘	-3	↗	1	↘

◀ 逆に$a=0,\ b=3$のとき，$f(x)$が$x=1$で極大になることを確認する。

よって　**$a=0,\ b=3$**

また，**極小値**は　**$f(-1)=1-3-1=-3$**

練習 161　$f(x)=ax^3+bx^2+cx+\dfrac{1}{2}$，$f'(x)=3ax^2+2bx+c$

条件(i)から　$f'(0)=c=-6$

条件(ii)から

$$f'(1)=3a+2b+c=0,\ f(1)=a+b+c+\frac{1}{2}=-3$$

◀ $c=-6$のとき
$3a+2b=6$
$a+b=\dfrac{5}{2}$
よって　$a=1,\ b=\dfrac{3}{2}$

これらを解いて　$a=1,\ b=\dfrac{3}{2},\ c=-6$

このとき　$f'(x)=3x^2+3x-6=3(x+2)(x-1)$

$f'(x)$は$x=1$の前後で負から正に符号を変えるので，$f(x)$は$x=1$で確かに極小値をとる。

◀ ここの確認を忘れないように。

よって　**$a=1,\ b=\dfrac{3}{2},\ c=-6$**

練習 162　まず，$f'(x)$ を求めて，極値をとるという条件から，a，b についての連立方程式を作る。

$$f(x)=x^3+ax^2+bx,\ f'(x)=3x^2+2ax+b$$

$x=-1$，2 で極値をとることから

$$f'(-1)=3-2a+b=0,\ f'(2)=12+4a+b=0$$

これを解いて　$a=-\dfrac{3}{2}$，$b=-6$

このとき　$f(x)=x^3-\dfrac{3}{2}x^2-6x$

$$f'(x)=3x^2-3x-6=3(x^2-x-2)$$
$$=3(x+1)(x-2)$$

◀ $f'(x)=0$ となるのは $x=-1$，2 のとき。

よって，$f(x)$ の増減表は右のようになり，題意を満たすから

x	$\cdots$	-1	$\cdots$	2	$\cdots$
$f'(x)$	$+$	0	$-$	0	$+$
$f(x)$	↗	$\dfrac{7}{2}$	↘	-10	↗

$\boldsymbol{f(x)=x^3-\dfrac{3}{2}x^2-6x}$

極大値 $\dfrac{7}{2}$ **$(x=-1)$，極小値 -10 $(x=2)$**

練習 163　$f(x)=x^3+x^2+ax+2$，$f'(x)=3x^2+2x+a$

$f(x)$ が極大値も極小値ももつためには，$f'(x)=0$ が異なる2つの実数解をもつことが，必要十分条件である。したがって，方程式 $f'(x)=0$ の判別式を D とすると

$$\frac{D}{4}=1-3a>0 \qquad よって\quad a<\frac{1}{3}$$

a は負でない整数だから

$\boldsymbol{a=0}$

◀ 3次関数 $f(x)$ が，極大値も極小値ももつには，$f'(x)=0$ が異なる2つの実数解をもつ，すなわち，2次方程式 $f'(x)=0$ の判別式 D が $D>0$ となることが必要十分である。

練習 164　(1)　$f(x)=2x^3-3x^2-12x$ $(-2\leqq x\leqq 4)$

$$f'(x)=6x^2-6x-12$$
$$=6(x^2-x-2)$$
$$=6(x+1)(x-2)$$

$f'(x)=0$ とすると

$x=-1$，2

よって，$f(x)$ の増減表は右のようになる。

x	-2	$\cdots$	-1	$\cdots$	2	$\cdots$	4
$f'(x)$		$+$	0	$-$	0	$+$	
$f(x)$	-4	↗	7	↘	-20	↗	32

最大値 32 $(x=4)$，最小値 -20 $(x=2)$

◀ 最大値・最小値を求めるには，極値と両端の $f(x)$ の値を調べる。

(2)　$f(x)=-x^3+3x^2+9x-2\quad(-2\leqq x\leqq 5)$

$f'(x)=-3x^2+6x+9=-3(x^2-2x-3)$

$=-3(x+1)(x-3)$

$f'(x)=0$ とすると

$x=-1,\ 3$

よって，$f(x)$ の増減表は右のようになる。

x	-2	$\cdots$	-1	$\cdots$	3	$\cdots$	5
$f'(x)$		$-$	0	$+$	0	$-$	
$f(x)$	0	↘	-7	↗	25	↘	-7

最大値 25 ($x=3$)，最小値 -7 ($x=-1,\ 5$)

練習 165　△POHの面積を S とすると

$S=\frac{1}{2}\text{OH}\cdot\text{PH}=\frac{1}{2}xy$

$=\frac{1}{2}x(6x-x^2)=\frac{1}{2}(6x^2-x^3)\quad(0<x<6)$

$S'=\frac{1}{2}(12x-3x^2)=\frac{3}{2}x(4-x)$

$0<x<6$ で，$S'=0$ とすると

$x=4$

よって，S の増減表は右のようになり，S を最大にする x の値は

$x=4$

x	0	$\cdots$	4	$\cdots$	6
S'	／	$+$	0	$-$	／
S	／	↗	16 極大	↘	／

◀ $\triangle\text{POH}=\frac{1}{2}\text{OH}\cdot\text{PH}$

である。

$\text{OH}=x$

$\text{PH}=y=6x-x^2$

から，面積を x で表す。

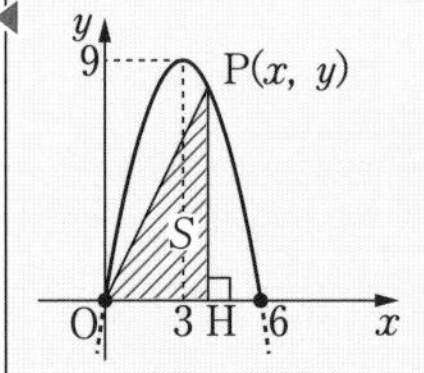

練習 166　点A$(x,\ y)$ $(0<x<2)$ とすると，点B$(-x,\ y)$ となる。

よって，△AOBの面積 S は

$S=\frac{1}{2}\{x-(-x)\}y=xy=x(4-x^2)=-x^3+4x$

$S'=-3x^2+4$

$0<x<2$ で，$S'=0$ とすると

$x=\frac{2\sqrt{3}}{3}$

S の増減表は右のようになる。

よって，S は **$x=\frac{2\sqrt{3}}{3}$ のとき最大で，**

最大値は

$\frac{2\sqrt{3}}{3}\left(4-\frac{4}{3}\right)=\mathbf{\frac{16\sqrt{3}}{9}}$

x	0	$\cdots$	$\frac{2\sqrt{3}}{3}$	$\cdots$	2
S'	／	$+$	0	$-$	／
S	／	↗	$\frac{16\sqrt{3}}{9}$ 極大	↘	／

◀ A$(x,\ y)$ とおいて，Bの座標を $x,\ y$ で表す。$(0,\ 4)$，$(2,\ 0)$ とすると△AOBができないので，$0<x<2$ で考える。

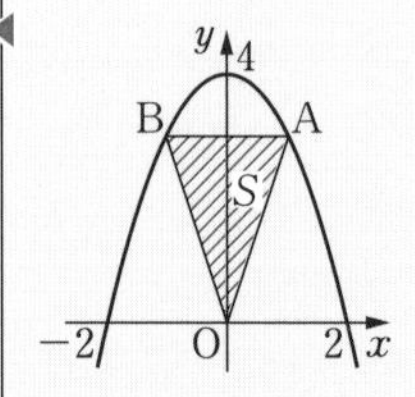

練習 167 切り取る正方形の1辺の長さをx cmとすると，$0<x<5$であり，箱の容積Vは

$$V=(16-2x)(10-2x)x$$
$$=4(x^3-13x^2+40x)$$
$$V'=4(3x^2-26x+40)$$
$$=4(x-2)(3x-20)$$

$0<x<5$で，$V'=0$とすると

$$x=2$$

よって，Vの増減表は右のようになる。したがって，箱の容積を最大にするには，切り取る正方形の1辺の長さを**2 cm**にすればよい。

x	0	$\cdots$	2	$\cdots$	5
V'		$+$	0	$-$	
V		↗	144 極大	↘	

練習 168 箱の高さは$\dfrac{x}{\sqrt{3}}$である。また，底面の正三角形の1辺の長さは$a-2x$だから，その面積は

$$\frac{1}{2}\cdot\frac{\sqrt{3}}{2}(a-2x)^2=\frac{\sqrt{3}}{4}(a-2x)^2$$

このとき，箱の容積Vは

$$V=\frac{\sqrt{3}}{4}(a-2x)^2\cdot\frac{x}{\sqrt{3}}$$
$$=\frac{1}{4}(a-2x)^2x$$
$$=\frac{1}{4}(4x^3-4ax^2+a^2x)$$
$$V'=\frac{1}{4}(12x^2-8ax+a^2)$$
$$=\frac{1}{4}(2x-a)(6x-a)$$

$0<x<\dfrac{a}{2}$で，$V'=0$とすると

$$x=\frac{a}{6}$$

Vの増減表は右のようになる。
よって，容積を最大にするxは

$$x=\boldsymbol{\frac{a}{6}}$$

x	0	$\cdots$	$\frac{a}{6}$	$\cdots$	$\frac{a}{2}$
V'		$+$	0	$-$	
V		↗	$\frac{a^3}{54}$	↘	

◀ 3つの角が，30°，60°，90°の直角三角形の辺の比を利用して，箱の高さを求める。

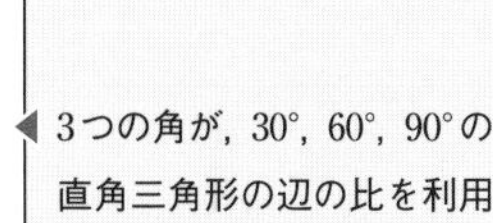

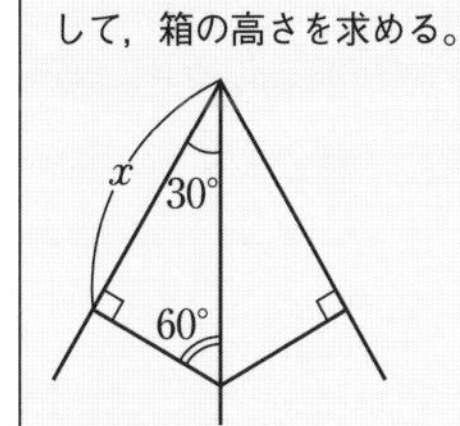

練習 169 (1) $f(x)=x^3-3x^2+5$ とおくと

$$f'(x)=3x^2-6x=3x(x-2)$$

$f'(x)=0$ とすると　　$x=0,\ 2$

よって，$f(x)$ の増減表は右のようになる。したがって，$y=f(x)$ のグラフと x 軸との共有点の個数は1個で，方程式 $f(x)=0$ の異なる実数解の個数は　　**1個**

x	$\cdots$	0	$\cdots$	2	$\cdots$
$f'(x)$	$+$	0	$-$	0	$+$
$f(x)$	↗	5	↘	1	↗

◀ $y=f(x)$ のグラフと x 軸との共有点の個数を調べる。

◀ 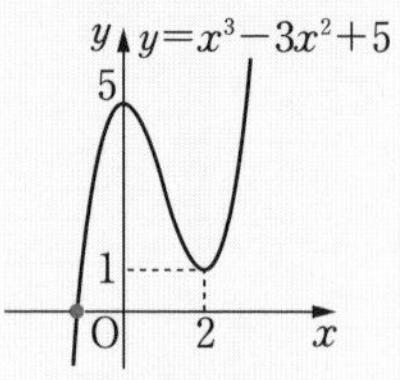

(2) $f(x)=x^3-12x+16$ とおくと

$$f'(x)=3x^2-12=3(x+2)(x-2)$$

$f'(x)=0$ とすると　　$x=\pm 2$

よって，$f(x)$ の増減表は右のようになる。したがって，$y=f(x)$ のグラフと x 軸との共有点の個数は2個で，方程式 $f(x)=0$ の異なる実数解の個数は

2個

x	$\cdots$	-2	$\cdots$	2	$\cdots$
$f'(x)$	$+$	0	$-$	0	$+$
$f(x)$	↗	32	↘	0	↗

◀ 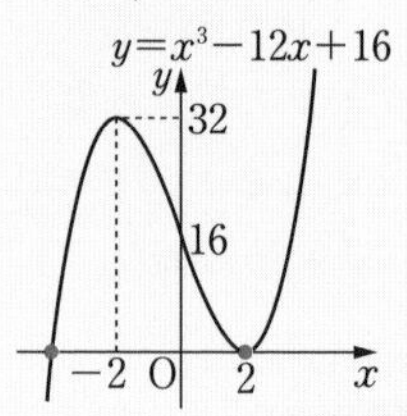

(3) $f(x)=x^3-3x^2+1$ とおくと

$$f'(x)=3x^2-6x=3x(x-2)$$

$f'(x)=0$ とすると　　$x=0,\ 2$

よって，$f(x)$ の増減表は右のようになる。したがって，$y=f(x)$ のグラフと x 軸との共有点の個数は3個で，方程式 $f(x)=0$ の異なる実数解の個数は

3個

x	$\cdots$	0	$\cdots$	2	$\cdots$
$f'(x)$	$+$	0	$-$	0	$+$
$f(x)$	↗	1	↘	-3	↗

◀ 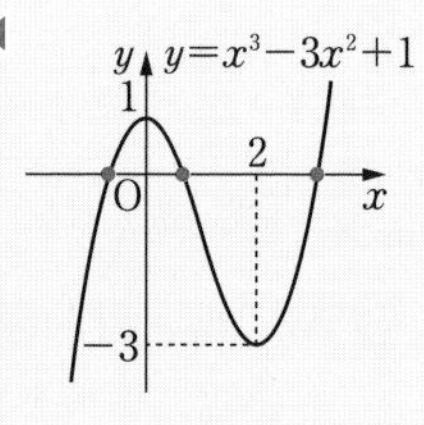

練習 170 $x^3-6x^2+a=0$ から　　$-x^3+6x^2=a$

そこで　　$y=-x^3+6x^2$　……①，$y=a$　……②

とおくと，与えられた方程式の実数解は，曲線①と直線②の共有点の x 座標である。

①から　　$y'=-3x^2+12x=-3x(x-4)$

よって，①の増減表およびグラフは次のようになる。

x	$\cdots$	0	$\cdots$	4	$\cdots$
y'	$-$	0	$+$	0	$-$
y	↘	0	↗	32	↘

この曲線と直線 $y=a$ との共有点の個数を調べて，与えられた方程式の異なる実数解の個数は

$$\begin{cases} a<0,\ 32<a \text{ のとき} & \textbf{1個} \\ a=0,\ 32 \text{ のとき} & \textbf{2個} \\ 0<a<32 \text{ のとき} & \textbf{3個} \end{cases}$$

◀ 方程式 $-x^3+6x^2=a$ の実数解は曲線 $y=-x^3+6x^2$ と直線 $y=a$ の共有点の x 座標と一致する。したがって，この共有点を a の値によって分けて考える。

練習 171 $y=2x^3-9x^2-24x+1$ ……① とおくと

$y'=6x^2-18x-24=6(x+1)(x-4)$

$y'=0$ とすると　$x=-1,\ 4$

よって，①の増減表とグラフは次のようになる。

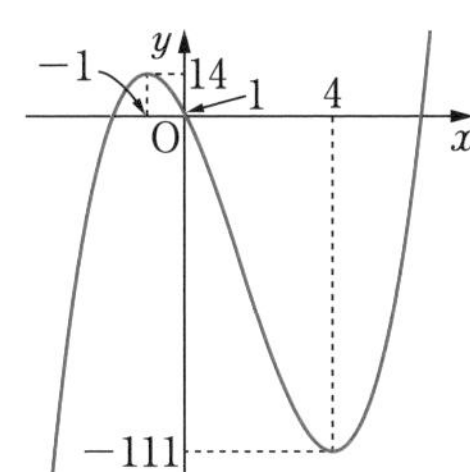

x	$\cdots$	-1	$\cdots$	4	$\cdots$
y'	$+$	0	$-$	0	$+$
y	↗	14	↘	-111	↗

このグラフとx軸との共有点は3個で，

共有点のx座標の符号は正が2個，負が1個。

よって，方程式の異なる実数解の個数は　**3個**

また　**正の解は2個，負の解は1個**

◀ $y=2x^3-9x^2-24x+1$ のグラフをかいて，x軸との共有点の個数，共有点のx座標の符号を調べる。

練習 172 $f(x)=x^3-(3x-2)$ とおくと

$f'(x)=3x^2-3=3(x+1)(x-1)$

$f'(x)=0$ とすると　$x=\pm1$

$x\geqq0$ における $f(x)$ の増減表は右のようになる。

x	0	$\cdots$	1	$\cdots$
$f'(x)$		$-$	0	$+$
$f(x)$	2	↘	0	↗

したがって，$x\geqq0$ のとき

$f(x)\geqq0$

すなわち，$x\geqq0$ のとき　$x^3\geqq3x-2$

等号は $x=1$ のとき成り立つ。

◀ $x\geqq0$ のとき

$x^3-(3x-2)\geqq0$

が成り立つことを示せばよい。

そのためには

$f(x)=x^3-(3x-2)$

とおいて，最小値を調べる。

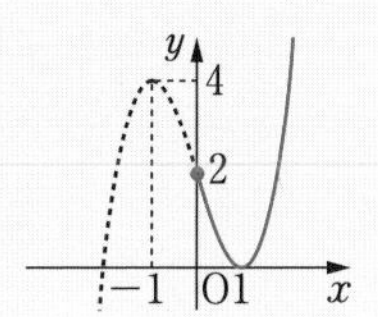

練習 173 $4x^3>3x^2+a$　$(x\geqq0)$　……①

$4x^3-3x^2>a$　$(x\geqq a)$

$f(x)=4x^3-3x^2$ とおくと

$f'(x)=12x^2-6x=6x(2x-1)$

$f'(x)=0$ とすると

$x=0,\ \dfrac{1}{2}$

よって，$x\geqq0$ における $f(x)$ の増減表は右のようになるから，$f(x)$ の $x\geqq0$ における最小値は $-\dfrac{1}{4}$ である。

x	0	$\cdots$	$\dfrac{1}{2}$	$\cdots$
$f'(x)$	0	$-$	0	$+$
$f(x)$	0	↘	$-\dfrac{1}{4}$	↗

したがって，$x\geqq0$ のとき不等式①がつねに成り立つような a の値の範囲は

$\boldsymbol{a<-\dfrac{1}{4}}$

◀ $4x^3>3x^2+a$ から

$4x^3-3x^2>a$

そこで

$f(x)=4x^3-3x^2$

とおいて，$x\geqq0$ における $f(x)$ の最小値を求める。

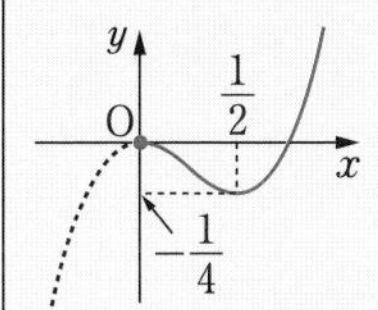

5 微分法・積分法

定期テスト対策問題 10

1 解答 (1) $\lim_{x\to1}(x^3-2x^2-x+4)=1-2-1+4$

$=\mathbf{2}$

(2) $\lim_{x\to2}\dfrac{x^2-x-2}{x-2}=\lim_{x\to2}\dfrac{(x-2)(x+1)}{x-2}$

$=\lim_{x\to2}(x+1)$

$=\mathbf{3}$

(3) $\lim_{x\to1}\dfrac{2x^2-5x+3}{x^2+2x-3}=\lim_{x\to1}\dfrac{(x-1)(2x-3)}{(x-1)(x+3)}$

$=\lim_{x\to1}\dfrac{2x-3}{x+3}$

$=\mathbf{-\dfrac{1}{4}}$

◀ 分母→0となるときは，分数式を約分してから極限値を求める。

2 解答 (1) $x=1$のとき$y=-3$，$x=3$のとき$y=-9$

よって，平均変化率は

$\dfrac{(-9)-(-3)}{3-1}=\mathbf{-3}$

(2) $x=1$のとき$y=4$，$x=3$のとき$y=-4$

よって，平均変化率は

$\dfrac{-4-4}{3-1}=\mathbf{-4}$

◀ $f(x)$で，xがaからbまで変化するときの平均変化率

$\dfrac{f(b)-f(a)}{b-a}$

に代入して計算する。

3 解答 (1) $f'(2)=\lim_{h\to0}\dfrac{f(2+h)-f(2)}{h}$

$=\lim_{h\to0}\dfrac{\{(2+h)^2-(2+h)\}-(2^2-2)}{h}$

$=\lim_{h\to0}\dfrac{3h+h^2}{h}$

$=\lim_{h\to0}(3+h)=\mathbf{3}$

(2) $f'(a)=\lim_{h\to0}\dfrac{f(a+h)-f(a)}{h}$

$=\lim_{h\to0}\dfrac{\{(a+h)^3+(a+h)\}-(a^3+a)}{h}$

$=\lim_{h\to0}\dfrac{(3a^2+1)h+3ah^2+h^3}{h}$

$=\lim_{h\to0}\{(3a^2+1)+3ah+h^2\}$

$=\mathbf{3a^2+1}$

◀ 微分係数の定義は

$f'(a)$

$=\lim_{h\to0}\dfrac{f(a+h)-f(a)}{h}$

4 **解答** $(2x+1)f'(x)-4f(x)+3=0$ ……①

$f(-1)=1$ ……②

$f(x)=ax^2+bx+c$ $(a\neq 0)$ とおくと

$f'(x)=2ax+b$

これらを①に代入して

$(2x+1)(2ax+b)-4(ax^2+bx+c)+3=0$

$2(a-b)x+b-4c+3=0$

これがすべての実数xについて成り立つことから

$2(a-b)=0$ ……③，$b-4c+3=0$ ……④

また，②から

$a-b+c=1$ ……⑤

③，④，⑤から

$a=1$，$b=1$，$c=1$

よって

$\boldsymbol{f(x)=x^2+x+1}$

◀ $f(x)$は2次関数だから，このようにおく。

◀ すなわち，xについての恒等式である。

5 **解説** $x\to 1$のとき，分母→0だから分子→0

解答 $\displaystyle\lim_{x\to 1}\frac{x^2-ax+b}{x^2-1}=1$ ……①

$\displaystyle\lim_{x\to 1}(x^2-1)=0$だから

$\displaystyle\lim_{x\to 1}(x^2-ax+b)=1-a+b=0$

よって　$b=a-1$

このとき

$$\lim_{x\to 1}\frac{x^2-ax+b}{x^2-1}=\lim_{x\to 1}\frac{x^2-ax+a-1}{x^2-1}$$

$$=\lim_{x\to 1}\frac{(x-1)(x-a+1)}{(x-1)(x+1)}$$

$$=\lim_{x\to 1}\frac{x-a+1}{x+1}$$

$$=\frac{2-a}{2}$$

①から

$\displaystyle\frac{2-a}{2}=1$

したがって　$\boldsymbol{a=0,\ b=-1}$

◀ $\displaystyle\lim_{x\to 1}(x^2-1)=0$
だから，もし
$\displaystyle\lim_{x\to 1}(x^2-ax+b)\neq 0$
とすると①は成り立たない。
したがって
$\displaystyle\lim_{x\to 1}(x^2-ax+b)=0$
であることが必要である。

6 解答　$y=x^3-x$

$y'=3x^2-1$

(1)　$x=1$ のとき　$y'=2$

よって，点 $(1,\ 0)$ における接線の方程式は

$y=2(x-1)$　すなわち　$\boldsymbol{y=2x-2}$

(2)　$y'=2$ から　$3x^2-1=2$

これを解くと　$x=\pm1$

$x=1$ のとき $y=0$ で，接線の方程式は(1)の通り。

$x=-1$ のとき $y=0$ で，点 $(-1,\ 0)$ における接線の方程式は

$y=2(x+1)$　すなわち　$y=2x+2$

以上から，傾きが2である接線の方程式は

$\boldsymbol{y=2x-2,\ y=2x+2}$

◀ $y=f(x)$ 上の点 $(a,\ f(a))$ における接線の方程式は

$y-f(a)=f'(a)(x-a)$

7 解答　$y=x^3+3x$

$y'=3x^2+3$

接点の座標を $(a,\ a^3+3a)$ とおくと，接線の方程式は

$y-(a^3+3a)=(3a^2+3)(x-a)$

$y=3(a^2+1)x-2a^3$　……①

これが点 $(-1,\ 1)$ を通ることから

$1=-3(a^2+1)-2a^3$

$2a^3+3a^2+4=0$

$(a+2)(2a^2-a+2)=0$

a は実数だから　$a=-2$

これを①に代入して　$\boldsymbol{y=15x+16}$

◀ 接点を $(a,\ a^3+3a)$ とおいて，接線の方程式を作る。

◀ $2a^2-a+2$

$=2\left(a-\dfrac{1}{4}\right)^2+\dfrac{15}{8}>0$

8 解説　2曲線 $y=f(x)$，$y=g(x)$ が $x=a$ で共通の接線をもつのは，$f(a)=g(a)$，$f'(a)=g'(a)$ のときである。

解答　$y=ax^2+bx+c$　……①

$y=x^3-x$　……②

曲線①が点 $(1,\ -3)$ を通るから

$a+b+c=-3$　……③

また，点 $(2,\ 6)$ も通るから

$4a+2b+c=6$　……④

①から　$y'=2ax+b$

②から　$y'=3x^2-1$

曲線①，②が点 $(2,\ 6)$ で共通の接線をもつから

$2a\cdot2+b=3\cdot2^2-1$

$4a+b=11$　……⑤

③，④，⑤から　$\boldsymbol{a=2,\ b=3,\ c=-8}$

◀ 点 $(2,\ 6)$ での接線の傾き，すなわち y' の値が等しい。

9 解答 (1) $y=x^3-3x^2+2$

$y'=3x^2-6x=3x(x-2)$

$y'=0$ とすると　$x=0,\ 2$

よって，増減表は次のようになる。

x	$\cdots$	0	$\cdots$	2	$\cdots$
y'	$+$	0	$-$	0	$+$
y	↗	2 極大	↘	-2 極小	↗

極大値 2 ($x=0$)

極小値 -2 ($x=2$)

グラフは右図のようになる。

(2) $y=12x-x^3$

$y'=12-3x^2$

$=-3(x+2)(x-2)$

$y'=0$ とすると　$x=2,\ -2$

よって，増減表は次のようになる。

x	$\cdots$	-2	$\cdots$	2	$\cdots$
y'	$-$	0	$+$	0	$-$
y	↘	-16 極小	↗	16 極大	↘

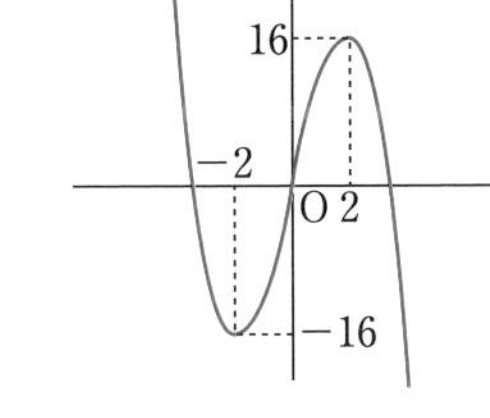

極大値 16 ($x=2$)

極小値 -16 ($x=-2$)

グラフは右図のようになる。

10 解答 (1) $f(x)=x^3-3m^2x\quad(m>0)$

$f'(x)=3x^2-3m^2=3(x+m)(x-m)$

$f'(x)=0$ とすると　$x=\pm m$

$m>0$ だから，$f(x)$ の増減表は右のようになる。

x	$\cdots$	$-m$	$\cdots$	m	$\cdots$
$f'(x)$	$+$	0	$-$	0	$+$
$f(x)$	↗	極大	↘	極小	↗

極大値は

$f(-m)=(-m)^3-3m^2(-m)=2m^3$

$2m^3=54$ から　**$m=3$**

(2) $f(x)$ の極小値は

$f(m)=m^3-3m^3=-2m^3$

$=$**-54**

(3) $y=f(x)=x^3-27x$

のグラフは右図のようになる。

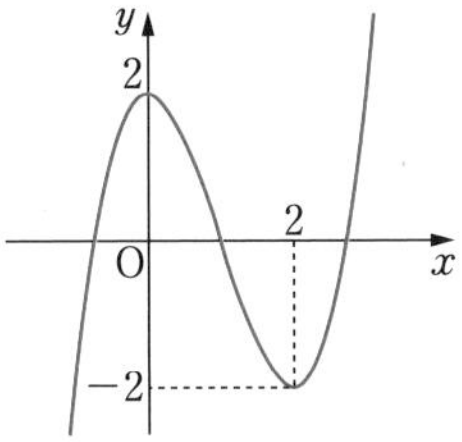

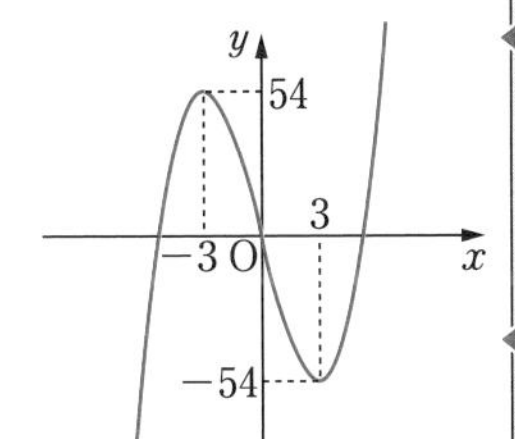

◀ 3次関数のグラフをかくときは微分して増減表を作る。

◀ 3次関数の概形は覚えておくとよい。

◀ $-m<0<m$ であることに注意。

◀ m は実数。

◀ グラフが原点を通ることに注意。

11 解答 $y=f(x)=x^3+ax^2+bx+c$ とおくと

$$f'(x)=3x^2+2ax+b$$

$x=1$ で極値をとることから

$$f'(1)=3+2a+b=0 \quad \cdots\cdots①$$

点 $(2,\ 1)$ を通り，その点での接線の傾きが -3 だから

$$f(2)=8+4a+2b+c=1 \quad \cdots\cdots②$$

$$f'(2)=12+4a+b=-3 \quad \cdots\cdots③$$

①，③から　$a=-6,\ b=9$

②から　$8+4\cdot(-6)+2\cdot9+c=1$　よって　$c=-1$

このとき　$f'(x)=3x^2-12x+9=3(x-1)(x-3)$

これは，$x=1$ で符号が変わる。すなわち極値をもつ。

よって　**$a=-6,\ b=9,\ c=-1$**

◀ $x=1$ で極値をとる $\Longrightarrow f'(1)=0$

◀ $\begin{cases}2a+b=-3\\4a+b=-15\end{cases}$ から　$2a=-12$
$a=-6$
$-12+b=-3$ から
$b=9$

12 解答 $2x^3-3x^2-12x+20=0$ $\cdots\cdots①$

$f(x)=2x^3-3x^2-12x+20$ とおくと

$$f'(x)=6x^2-6x-12=6(x+1)(x-2)$$

$f'(x)=0$ とすると

$$x=-1,\ 2$$

よって，$f(x)$ の増減表およびグラフは右のようになる。

x	$\cdots$	-1	$\cdots$	2	$\cdots$
$f'(x)$	$+$	0	$-$	0	$+$
$f(x)$	↗	27 極大	↘	0 極小	↗

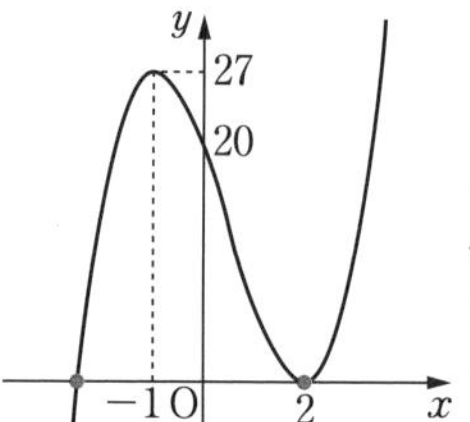

このグラフと x 軸との共有点の個数，その点の x 座標の符号を調べると，方程式①の実数解の個数と符号は次のようになる。

実数解は2個（1個は重解）
符号は一方が正（重解のほう）で，他方が負

◀ このグラフと x 軸との共有点の個数，符号を調べる。

◀ $x=2$ のとき，$f'(x)=0,\ f(x)=0$ だから，この関数のグラフは点 $(2,\ 0)$ で x 軸と接する。

◀ x 軸との接点は重解を表す。

13 解答 (1)　$y=x^3-6x^2+9x-1$　$(0\leqq x\leqq 5)$

$$y'=3x^2-12x+9$$
$$=3(x-1)(x-3)$$

$y'=0$ とすると

$$x=1,\ 3$$

x	0	$\cdots$	1	$\cdots$	3	$\cdots$	5
y'		$+$	0	$-$	0	$+$	
y	-1	↗	3 極大	↘	-1 極小	↗	19

よって，この関数の増減表は上のようになる。

最大値 19（$x=5$ のとき）
最小値 -1（$x=0,\ 3$ のとき）

◀ 極値と両端の y の値を調べる。

(2) $y=-2x^3-5x^2+4x+2 \quad (-3\leqq x\leqq 2)$

$y'=-6x^2-10x+4$

$=-2(x+2)(3x-1)$

$y'=0$ とすると

$x=-2,\ \dfrac{1}{3}$

x	-3	$\cdots$	-2	$\cdots$	$\dfrac{1}{3}$	$\cdots$	2
y'		$-$	0	$+$	0	$-$	
y	-1	↘	-10 極小	↗	$\dfrac{73}{27}$ 極大	↘	-26

よって，この関数の増減表は上のようになる。

最大値 $\dfrac{73}{27}$ $\left(x=\dfrac{1}{3}\ のとき\right)$

最小値 -26（$x=2$ のとき）

14 **解答** 右下図のように4頂点A，B，C，Dを決める。点Cのx座標をxとすると，台形の面積Sは$0<x<2$で

◀ 面積を表すのに4つの頂点のうち，第1象限にある点Cのx座標を使う。

$S=\dfrac{1}{2}(2x+4)(4-x^2)$

$=(x+2)(4-x^2)$

$=-x^3-2x^2+4x+8$

$S'=-3x^2-4x+4$

$=-(x+2)(3x-2)$

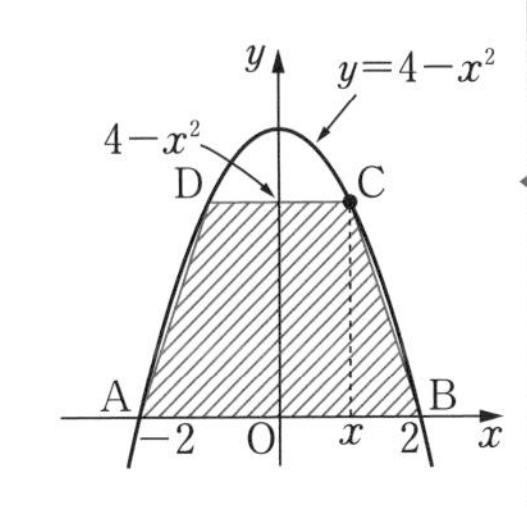

◀ 台形の面積は

$\dfrac{1}{2}$(上底＋下底)×高さ

また，xの範囲に注意する。

$0<x<2$で，$S'=0$ とすると

$x=\dfrac{2}{3}$

Sの増減表は右のようになる。

よって，Sの最大値は

$\dfrac{256}{27}$ $\left(x=\dfrac{2}{3}\ のとき\right)$

x	0	$\cdots$	$\dfrac{2}{3}$	$\cdots$	2
S'	／	$+$	0	$-$	／
S	／	↗	$\dfrac{256}{27}$ 極大	↘	／

15 **解答** $f(x)=(x+1)^3-(6x^2+1)$ $(x\geqq 0)$ とおくと

◀ 左辺−右辺を$f(x)$とおいて，$f(x)$の増減表を作り，$x\geqq 0$で$f(x)\geqq 0$を示す。

$f(x)=(x^3+3x^2+3x+1)-(6x^2+1)$

$=x^3-3x^2+3x$

$f'(x)=3x^2-6x+3$

$=3(x-1)^2\geqq 0$

よって，$x\geqq 0$で$f(x)$の増減表は右のようになるから

x	0	$\cdots$	1	$\cdots$
$f'(x)$		$+$	0	$+$
$f(x)$	0	↗	1	↗

$f(x)\geqq f(0)=0$

すなわち，$x\geqq 0$のとき

$(x+1)^3\geqq 6x^2+1$

等号は$x=0$のとき成り立つ。

16 **解答**　　$y=x^3+ax^2+1$

$y'=3x^2+2ax$

点$(t,\ t^3+at^2+1)$における接線の方程式は

$$y-(t^3+at^2+1)=(3t^2+2at)(x-t)$$

$$y=(3t^2+2at)x-(2t^3+at^2-1)$$

◀ $y=x^3+ax^2+1$上の点(t, t^3+at^2+1)での接線が原点を通ると考える。

これが原点を通るから

$$2t^3+at^2-1=0 \quad \cdots\cdots①$$

$f(t)=2t^3+at^2-1$とおくと

$$f'(t)=6t^2+2at=2t(3t+a)$$

$f'(t)=0$とすると　　$t=0,\ -\dfrac{a}{3}$

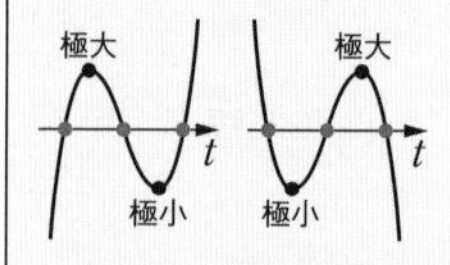

原点から3本の接線が引けるのは，①が異なる3つの実数解をもつとき，すなわち$f(t)$が異符号の極値をもつときである。したがって

◀ 極小値<0, 極大値>0のとき必ず3つの交点がある。

$$f(0)\cdot f\left(-\frac{a}{3}\right)=-\left(-\frac{2a^3}{27}+\frac{a^3}{9}-1\right)<0 \quad (a\neq 0)$$

◀ $A,\ B$が異符号 $\iff AB<0$

$$\frac{a^3}{27}-1>0$$

$$(a-3)(a^2+3a+9)>0$$

$$(a-3)\left\{\left(a+\frac{3}{2}\right)^2+\frac{27}{4}\right\}>0$$

よって　　$a>3$

◀ aは実数。

第2節　積分法

練習174　Cを積分定数とする。

(1) $\int(2x+1)(x-3)dx=\int(2x^2-5x-3)dx$

$$=\frac{2}{3}x^3-\frac{5}{2}x^2-3x+C$$

(2) $\int x^2(1-x)dx=\int(x^2-x^3)dx=\frac{x^3}{3}-\frac{x^4}{4}+C$

(3) $\int x(x-3)(x+3)dx=\int(x^3-9x)dx=\frac{x^4}{4}-\frac{9}{2}x^2+C$

(4) $\int u(u+2)(u+3)du=\int(u^3+5u^2+6u)du$

$$=\frac{u^4}{4}+\frac{5}{3}u^3+3u^2+C$$

◀積の形の関数の不定積分を求めるには，展開して整理してから計算する。

練習175　(1) $f(x)=\int f'(x)dx=\int(5-6x^2)dx$

$=5x-2x^3+C$　(Cは積分定数)

$f(2)=0$だから

$-6+C=0$

$C=6$

よって　　$f(x)=-2x^3+5x+6$

(2) $f(x)=\int f'(x)dx=\int(3x^2+2)dx$

$=x^3+2x+C$　(Cは積分定数)

$f(2)=7$だから

$12+C=7$

$C=-5$

よって　　$f(x)=x^3+2x-5$

◀積分定数Cを決定するには$y=f(x)$を満たす$(x,\ y)$の値$(a,\ f(a))$を代入する。

練習176　接線の傾きについての条件から

$f'(x)=kx^2$　(kは定数)

とおくことができる。

$f(x)=\int kx^2dx=\frac{k}{3}x^3+C$　(Cは積分定数)

曲線$y=f(x)$が2点$(1,\ -3)$，$(2,\ 4)$を通るから

$\frac{k}{3}+C=-3$，$\frac{8}{3}k+C=4$

これらを解いて　　$k=3$，$C=-4$

よって，曲線の方程式は　　$y=x^3-4$

◀接線の傾きがx^2に比例するから

$f'(x)=kx^2$ (kは定数)

と表せる。

YがXに比例する

$\Longleftrightarrow Y=kX$

YがXに反比例する

$\Longleftrightarrow XY=k$

練習 177 (1) $\int_{-1}^{2}(3x+1)(x-2)dx=\int_{-1}^{2}(3x^2-5x-2)dx$

$=\left[x^3-\frac{5}{2}x^2-2x\right]_{-1}^{2}=8-10-4-\left(-1-\frac{5}{2}+2\right)$

$=-\frac{9}{2}$

(2) $\int_{-2}^{1}(t-2)^2dt=\int_{-2}^{1}(t^2-4t+4)dt$

$=\left[\frac{t^3}{3}-2t^2+4t\right]_{-2}^{1}$

$=\frac{1}{3}-2+4-\left(-\frac{8}{3}-8-8\right)=\mathbf{21}$

◀まず，展開してから積分する。

練習 178 (1) $\int_{-1}^{1}(x^4+4x^3-5x+1)dx=2\int_{0}^{1}(x^4+1)dx$

$=2\left[\frac{1}{5}x^5+x\right]_{0}^{1}=2\left(\frac{1}{5}+1-0\right)=\frac{12}{5}$

(2) $\int_{-2}^{2}(x-1)^3dx=\int_{-2}^{2}(x^3-3x^2+3x-1)dx$

$=2\int_{0}^{2}(-3x^2-1)dx=-2\left[x^3+x\right]_{0}^{2}$

$=-2(2^3+2-0)=\mathbf{-20}$

◀$\int_{-1}^{1}4x^3dx=0$,

$\int_{-1}^{1}(-5x)dx=0$

◀$\int_{-2}^{2}x^3dx=0$,

$\int_{-2}^{2}3x\,dx=0$

練習 179 (1) $\int_{-1}^{1}(x^2-1)dx=2\int_{0}^{1}(x^2-1)dx$

$=2\left[\frac{x^3}{3}-x\right]_{0}^{1}=2\left(\frac{1}{3}-1\right)=-\frac{4}{3}$

(2) $\int_{-2}^{2}(x^3-x)dx=\mathbf{0}$

(3) $\int_{1}^{-1}y^2(y^2+1)dy=-\int_{-1}^{1}y^2(y^2+1)dy$

$=-2\int_{0}^{1}(y^4+y^2)dy$

$=-2\left[\frac{y^5}{5}+\frac{y^3}{3}\right]_{0}^{1}$

$=-2\left(\frac{1}{5}+\frac{1}{3}\right)=-\frac{16}{15}$

(4) $\int_{2}^{3}(x^2-x+1)dx+\int_{3}^{-2}(x^2-x+1)dx$

$=\int_{2}^{-2}(x^2-x+1)dx=-\int_{-2}^{2}(x^2-x+1)dx$

$=-2\int_{0}^{2}(x^2+1)dx=-2\left[\frac{x^3}{3}+x\right]_{0}^{2}$

$=-2\left(\frac{8}{3}+2\right)=-\frac{28}{3}$

◀積分区間の上端と下端がちょうど符号を入れかえた形になっているときは，偶関数・奇関数の性質を使うと計算がラクになる。

nが偶数のとき

$\int_{-a}^{a}x^ndx=2\int_{0}^{a}x^ndx$

nが奇数のとき

$\int_{-a}^{a}x^ndx=0$

◀$\int_{a}^{c}f(x)dx+\int_{c}^{b}f(x)dx$

$=\int_{a}^{b}f(x)dx$

練習 180 (1) $\int_a^b (x-a)dx=\left[\frac{x^2}{2}-ax\right]_a^b$

$=\left(\frac{b^2}{2}-ab\right)-\left(\frac{a^2}{2}-a^2\right)$

$=\frac{1}{2}(b^2-2ab+a^2)$

$=\frac{1}{2}(b-a)^2$

◀ 左辺を変形して右辺を導く。複雑なほうを変形するのが基本。

(2) $\int_a^b (x-a)^2 dx=\int_a^b (x^2-2ax+a^2)dx$

$=\left[\frac{x^3}{3}-ax^2+a^2x\right]_a^b$

$=\left(\frac{b^3}{3}-ab^2+a^2b\right)-\left(\frac{a^3}{3}-a^3+a^3\right)$

$=\frac{1}{3}(b^3-3ab^2+3a^2b-a^3)$

$=\frac{1}{3}(b-a)^3$

◀ $(b-a)^3$
$=b^3-3ab^2+3a^2b-a^3$

練習 181 (1) $\int_{-1}^2 |x|dx=\int_{-1}^0 (-x)dx+\int_0^2 x\,dx$

$=\left[-\frac{x^2}{2}\right]_{-1}^0+\left[\frac{x^2}{2}\right]_0^2$

$=\frac{1}{2}+2=\mathbf{\frac{5}{2}}$

◀ 絶対値がついたら絶対値記号内の符号により積分区間を分ける。

$|x|=\begin{cases}-x & (-1\leqq x\leqq 0)\\ x & (0\leqq x\leqq 2)\end{cases}$

(2) $\int_0^3 |4-2x|dx=\int_0^2 (4-2x)dx+\int_2^3 (2x-4)dx$

$=\left[4x-x^2\right]_0^2+\left[x^2-4x\right]_2^3$

$=(8-4)+(9-12)-(4-8)$

$=\mathbf{5}$

◀ $|4-2x|$
$=\begin{cases}4-2x & (0\leqq x\leqq 2)\\ 2x-4 & (2\leqq x\leqq 3)\end{cases}$

(3) $\int_0^3 |(x-1)(x-2)|dx$

$=\int_0^1 (x-1)(x-2)dx-\int_1^2 (x-1)(x-2)dx+\int_2^3 (x-1)(x-2)dx$

$=\int_0^1 (x^2-3x+2)dx-\int_1^2 (x^2-3x+2)dx+\int_2^3 (x^2-3x+2)dx$

$=\left[\frac{x^3}{3}-\frac{3}{2}x^2+2x\right]_0^1-\left[\frac{x^3}{3}-\frac{3}{2}x^2+2x\right]_1^2+\left[\frac{x^3}{3}-\frac{3}{2}x^2+2x\right]_2^3$

$=\left(\frac{1}{3}-\frac{3}{2}+2\right)\times 2-\left(\frac{8}{3}-6+4\right)\times 2+\left(9-\frac{27}{2}+6\right)$

$=\frac{5}{6}\times 2-\frac{2}{3}\times 2+\frac{3}{2}=\mathbf{\frac{11}{6}}$

◀ $|(x-1)(x-2)|$
$=\begin{cases}(x-1)(x-2) & (0\leqq x\leqq 1)\\ -(x-1)(x-2) & (1\leqq x\leqq 2)\\ (x-1)(x-2) & (2\leqq x\leqq 3)\end{cases}$

◀ $x=1$, 2のときの値は上端，下端で2回出てくる。

5 微分法・積分法

練習 182 $\int_a^x f(t)dt=x^2-2x+1$ ……①

両辺をxで微分して　**$f(x)=2x-2$**

◀ $\frac{d}{dx}\int_a^x f(t)dt=f(x)$

また，①で$x=a$とおくと，$\int_a^a f(t)dt=0$だから

$a^2-2a+1=0$

$(a-1)^2=0$

よって　**$a=1$**

練習 183 $\frac{d}{dx}\int_x^a f(t)dt=\frac{d}{dx}\left\{-\int_a^x f(t)dt\right\}$

$=-\frac{d}{dx}\int_a^x f(t)dt$

$=-f(x)$

◀ $\int_x^a f(t)dt$

$=-\int_a^x f(t)dt$

$\frac{d}{dx}\{-g(x)\}$

$=-\frac{d}{dx}g(x)$

練習 184 $\int_{-1}^1 f(x)dx=\int_{-1}^1 (ax+b)dx$

$=2\int_0^1 b\,dx=2b$

◀ 偶関数，奇関数の性質を利用して計算する。

$\int_{-1}^1 xf(x)dx=\int_{-1}^1 (ax^2+bx)dx$

$=2\int_0^1 ax^2dx$

$=2\left[\frac{a}{3}x^3\right]_0^1=\frac{2}{3}a$

よって，$2b=0$，$\frac{2}{3}a=2$から

$a=3$，$b=0$

したがって　**$f(x)=3x$**

練習 185 $f(x)=x+\int_0^2 f(t)dt$

$\int_0^2 f(t)dt=k$（kは定数）とおくと

◀ $\int_0^2 f(t)dt$は定数。

$f(x)=x+k$

このとき

$k=\int_0^2 f(t)dt=\int_0^2 (t+k)dt$

$=\left[\frac{t^2}{2}+kt\right]_0^2$

$=2+2k$

よって　$k=-2$

したがって　**$f(x)=x-2$**

練習 186　$f(x)=x+1+\int_0^2 g(t)dt$

$$g(x)=2x-3+\int_0^1 f(t)dt$$

ここで　$\int_0^2 g(t)dt=k,\ \int_0^1 f(t)dt=l$　(k, lは定数)　とおくと

$$f(x)=x+1+k,\ g(x)=2x-3+l$$

このとき

$$k=\int_0^2 g(t)dt=\int_0^2 (2t-3+l)dt$$

$$=\Big[t^2+(l-3)t\Big]_0^2=2l-2$$

$$l=\int_0^1 f(t)dt=\int_0^1 (t+1+k)dt$$

$$=\left[\frac{t^2}{2}+(k+1)t\right]_0^1$$

$$=k+\frac{3}{2}$$

すなわち

$$k-2l=-2,\ k-l=-\frac{3}{2}$$

これらを解いて

$$k=-1,\ l=\frac{1}{2}$$

よって

$$\boldsymbol{f(x)=x,\ g(x)=2x-\frac{5}{2}}$$

◀定積分の部分はいずれも定数である。それぞれk, lとおいて考える。

◀k, lについての連立方程式を作る。

練習 187　(1)　$f(x)=\int_{-1}^x t(t+1)dt$

$$f'(x)=x(x+1)$$

$f'(x)=0$とすると

$$x=-1,\ 0$$

x	$\cdots$	-1	$\cdots$	0	$\cdots$
$f'(x)$	$+$	0	$-$	0	$+$
$f(x)$	↗	極大	↘	極小	↗

$f(x)$の増減表は右のようになるから

極大値　$f(-1)=\int_{-1}^{-1} t(t+1)dt=\boldsymbol{0}$

極小値　$f(0)=\int_{-1}^0 t(t+1)dt=\int_{-1}^0 (t^2+t)dt$

$$=\left[\frac{t^3}{3}+\frac{t^2}{2}\right]_{-1}^0=\boldsymbol{-\frac{1}{6}}$$

◀極値を調べるには，微分して増減表を作る。

◀上端と下端が一致すれば0である。

(2) $f(x)=\int_x^1(3t^2-1)dt=-\int_1^x(3t^2-1)dt$

$f'(x)=-(3x^2-1)$

$f'(x)=0$とすると

$x=\pm\dfrac{\sqrt{3}}{3}$

$f(x)$の増減表は右のようになる。

x	$\cdots$	$-\dfrac{\sqrt{3}}{3}$	$\cdots$	$\dfrac{\sqrt{3}}{3}$	$\cdots$
$f'(x)$	$-$	0	$+$	0	$-$
$f(x)$	↘	極小	↗	極大	↘

$f(x)=\int_x^1(3t^2-1)dt=\Big[t^3-t\Big]_x^1=-x^3+x$

よって　**極大値**　$f\left(\dfrac{\sqrt{3}}{3}\right)=-\dfrac{\sqrt{3}}{9}+\dfrac{\sqrt{3}}{3}=\boldsymbol{\dfrac{2\sqrt{3}}{9}}$

極小値　$f\left(-\dfrac{\sqrt{3}}{3}\right)=\dfrac{\sqrt{3}}{9}-\dfrac{\sqrt{3}}{3}=\boldsymbol{-\dfrac{2\sqrt{3}}{9}}$

◀上端と下端が入れかわると符号が変わる。

練習188　$\int_0^1\{f(x)\}^2dx=\int_0^1(ax+b)^2dx$

$=\int_0^1(a^2x^2+2abx+b^2)dx$

$=\left[\dfrac{a^2}{3}x^3+abx^2+b^2x\right]_0^1$

$=\dfrac{a^2}{3}+ab+b^2$

$\int_0^1\{g(x)\}^2dx=\int_0^1(3x-2)^2dx=\int_0^1(9x^2-12x+4)dx$

$=\Big[3x^3-6x^2+4x\Big]_0^1=1$

◀上の式に$a=3$, $b=-2$を代入してもよい。

$\int_0^1 f(x)g(x)dx=\int_0^1(ax+b)(3x-2)dx$

$=\int_0^1\{3ax^2+(3b-2a)x-2b\}dx$

$=\left[ax^3+\dfrac{3b-2a}{2}x^2-2bx\right]_0^1=-\dfrac{b}{2}$

よって　$\int_0^1\{f(x)\}^2dx\cdot\int_0^1\{g(x)\}^2dx-\left\{\int_0^1 f(x)g(x)dx\right\}^2$

$=\left(\dfrac{a^2}{3}+ab+b^2\right)\cdot1-\left(-\dfrac{b}{2}\right)^2$

$=\dfrac{a^2}{3}+ab+\dfrac{3}{4}b^2=\dfrac{1}{3}\left(a+\dfrac{3}{2}b\right)^2\geqq0$

◀0以上であることを示すには平方式を作るのが定石。

したがって

$\int_0^1\{f(x)\}^2dx\cdot\int_0^1\{g(x)\}^2dx\geqq\left\{\int_0^1 f(x)g(x)dx\right\}^2$

等号は$a=-\dfrac{3}{2}b$のとき成り立つ。

練習 189 求める面積Sは

$$S=\int_0^2(x^2+1)dx=\left[\frac{x^3}{3}+x\right]_0^2=\mathbf{\frac{14}{3}}$$

◀ $y=x^2+1$はx軸より上にある。

練習 190 $y=6x-3x^2$で$y=0$とすると

$6x-3x^2=0$

$x(2-x)=0$

$x=0,\ 2$

$0\leqq x\leqq 2$で$y\geqq 0$だから，求める面積Sは

$$S=\int_0^2(6x-3x^2)dx=\left[3x^2-x^3\right]_0^2=\mathbf{4}$$

◀ 求める部分がx軸の上か下かを確認する。
放物線は上に凸だから
$0\leqq x\leqq 2$で　$y\geqq 0$

練習 191 $y=x^2-2x$と$y=x$から

$x^2-2x=x$

$x(x-3)=0$

$x=0,\ 3$

よって，求める面積Sは

$$S=\int_1^3\{x-(x^2-2x)\}dx=\int_1^3(3x-x^2)dx$$

$$=\left[\frac{3}{2}x^2-\frac{x^3}{3}\right]_1^3=\frac{27}{2}-9-\left(\frac{3}{2}-\frac{1}{3}\right)=\mathbf{\frac{10}{3}}$$

◀ グラフから，どの部分かを確認する。

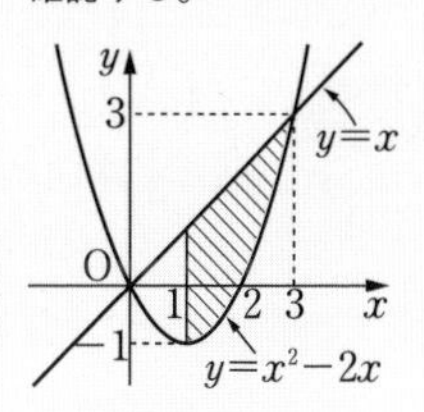

練習 192 $y=x^2-3x+3$と$y=2x-1$から

$x^2-3x+3=2x-1$

$x^2-5x+4=0$

$(x-1)(x-4)=0$

$x=1,\ 4$

$1\leqq x\leqq 4$で　$x^2-3x+3\leqq 2x-1$

よって，求める面積Sは

$$S=\int_1^4\{(2x-1)-(x^2-3x+3)\}dx$$

$$=\int_1^4(-x^2+5x-4)dx$$

$$=-\int_1^4(x-1)(x-4)dx$$

$$=\frac{1}{6}(4-1)^3=\frac{1}{6}\cdot 3^3=\mathbf{\frac{9}{2}}$$

◀

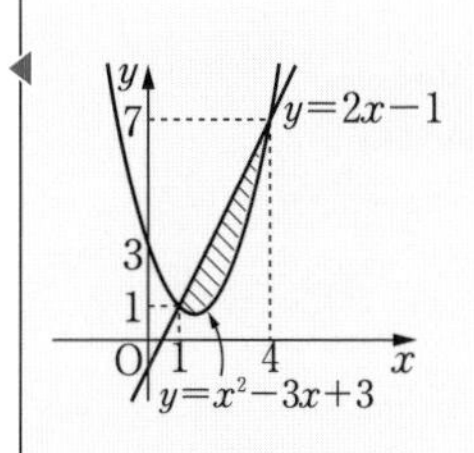

◀ $\int_\alpha^\beta(x-\alpha)(x-\beta)dx$

$=-\frac{1}{6}(\beta-\alpha)^3$

5 微分法・積分法

練習 193 $y=2x^2-5x-3$ と $y=-x^2+x+6$ から

$$2x^2-5x-3=-x^2+x+6$$
$$3x^2-6x-9=0$$
$$(x+1)(x-3)=0$$
$$x=-1,\ 3$$

$-1 \leqq x \leqq 3$ で

$$2x^2-5x-3 \leqq -x^2+x+6$$

よって，求める面積Sは

$$S=\int_{-1}^{3}\{(-x^2+x+6)-(2x^2-5x-3)\}dx$$
$$=\int_{-1}^{3}\{-3(x^2-2x-3)\}dx=-3\int_{-1}^{3}(x+1)(x-3)dx$$
$$=-3\cdot\frac{-1}{6}\{3-(-1)\}^3=\frac{1}{2}\cdot 4^3=\mathbf{32}$$

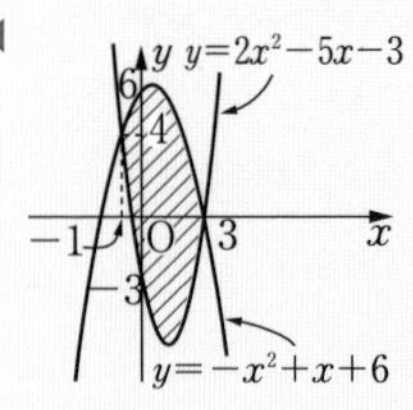

一方が上に凸，他方が下に凸だから，大小関係はすぐにわかる。

練習 194 $y=x^2+2x$ と $y=3x^2+6x$ から

$$x^2+2x=3x^2+6x$$
$$2x^2+4x=0$$
$$x(x+2)=0$$
$$x=-2,\ 0$$

$-2 \leqq x \leqq 0$ で

$$3x^2+6x \leqq x^2+2x$$

よって，求める面積Sは

$$S=\int_{-2}^{0}\{(x^2+2x)-(3x^2+6x)\}dx$$
$$=-2\int_{-2}^{0}(x^2+2x)dx=-2\left[\frac{x^3}{3}+x^2\right]_{-2}^{0}=\mathbf{\frac{8}{3}}$$

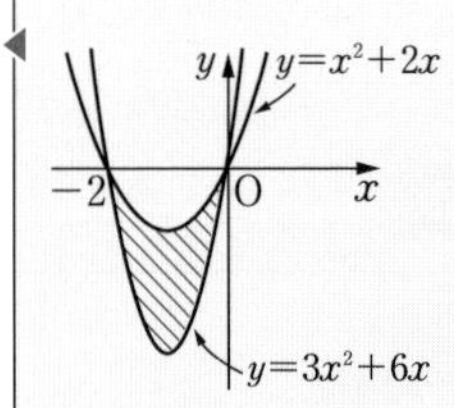

$$S=-2\int_{-2}^{0}(x^2+2x)dx$$
$$=-2\int_{-2}^{0}x(x+2)dx$$
$$=-2\cdot\frac{-1}{6}\{0-(-2)\}^3$$
$$=\frac{1}{3}\cdot 2^3=\frac{8}{3}$$

としてもよい。

練習 195 $y=x^2-3x$ と $y=2x$ から

$$x^2-3x=2x$$
$$x(x-5)=0$$
$$x=0,\ 5$$

$0 \leqq x \leqq 5$ で　$x^2-3x \leqq 2x$

$5 \leqq x \leqq 6$ で　$2x \leqq x^2-3x$

よって，求める面積Sは

$$S=\int_{0}^{5}\{2x-(x^2-3x)\}dx+\int_{5}^{6}\{(x^2-3x)-2x\}dx$$
$$=\left[-\frac{x^3}{3}+\frac{5}{2}x^2\right]_{0}^{5}+\left[\frac{x^3}{3}-\frac{5}{2}x^2\right]_{5}^{6}$$
$$=\left(-\frac{125}{3}+\frac{125}{2}\right)\times 2+(72-90)=\mathbf{\frac{71}{3}}$$

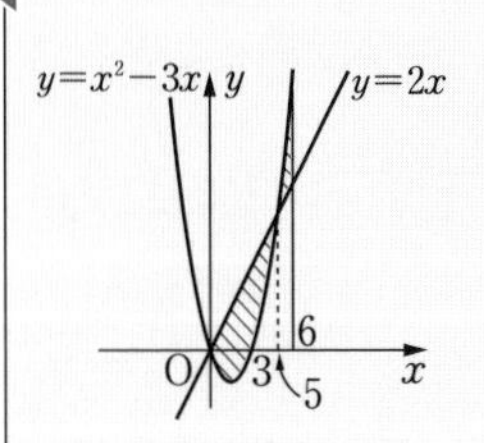

練習 196 $y=x(x-2)(x-3)$ で，$y=0$ とすると

$x=0$，2，3

$0 \leqq x \leqq 2$ で

$y \geqq 0$

$2 \leqq x \leqq 3$ で

$y \leqq 0$

よって，求める面積 S は

$$S=\int_0^2 x(x-2)(x-3)dx-\int_2^3 x(x-2)(x-3)dx$$

$$=\int_0^2 (x^3-5x^2+6x)dx-\int_2^3 (x^3-5x^2+6x)dx$$

$$=\left[\frac{x^4}{4}-\frac{5}{3}x^3+3x^2\right]_0^2-\left[\frac{x^4}{4}-\frac{5}{3}x^3+3x^2\right]_2^3$$

$$=\left(4-\frac{40}{3}+12\right)\times 2-\left(\frac{81}{4}-45+27\right)$$

$$=\frac{16}{3}-\frac{9}{4}$$

$$=\mathbf{\frac{37}{12}}$$

◀ [0, 2]，[2, 3] での y の符号を確認する。

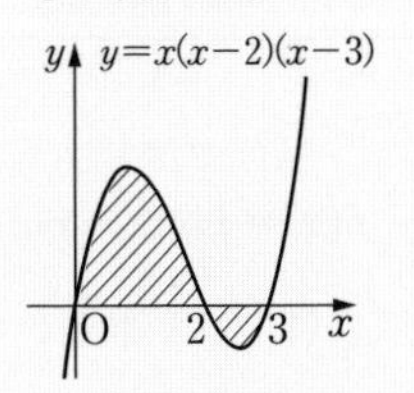

練習 197 $y=-8x^3+1$ で $y=0$ とすると

$-8x^3+1=0$

x は実数だから

$x=\frac{1}{2}$

$0 \leqq x \leqq \frac{1}{2}$ で $y \geqq 0$ だから，求める面積 S は

$$S=\int_0^{\frac{1}{2}} (-8x^3+1)dx$$

$$=\left[-2x^4+x\right]_0^{\frac{1}{2}}$$

$$=\mathbf{\frac{3}{8}}$$

◀

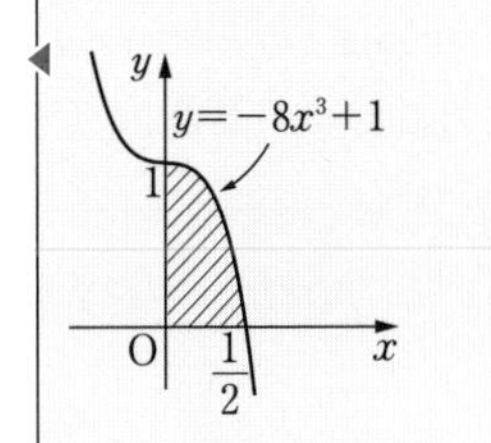

5 微分法・積分法

定期テスト対策問題 11

1 解答 点$(x,\ y)$における接線の傾きが$4x^2-x$だから

$$f'(x)=4x^2-x$$

したがって

$$f(x)=\int(4x^2-x)dx=\frac{4}{3}x^3-\frac{x^2}{2}+C \quad (C\text{は積分定数})$$

曲線は点$(1,\ 1)$を通るから

$$f(1)=\frac{4}{3}-\frac{1}{2}+C=1,\qquad C=\frac{1}{6}$$

よって　$f(x)=\boldsymbol{\frac{4}{3}x^3-\frac{1}{2}x^2+\frac{1}{6}}$

◀ 曲線$y=f(x)$上の点$(x,\ y)$における接線の傾きは$f'(x)$である。

2 解答 (1) $\displaystyle\int_1^3(x+1)(x-2)dx=\int_1^3(x^2-x-2)dx$

$$=\left[\frac{1}{3}x^3-\frac{1}{2}x^2-2x\right]_1^3$$

$$=9-\frac{9}{2}-6-\left(\frac{1}{3}-\frac{1}{2}-2\right)=\boldsymbol{\frac{2}{3}}$$

(2) $0\leqq x\leqq 1$のとき　$x^2-1\leqq 0$

$1\leqq x\leqq 3$のとき　$x^2-1\geqq 0$

よって

$$\int_0^3|x^2-1|dx=-\int_0^1(x^2-1)dx+\int_1^3(x^2-1)dx$$

$$=-\left[\frac{x^3}{3}-x\right]_0^1+\left[\frac{x^3}{3}-x\right]_1^3$$

$$=-\left(\frac{1}{3}-1\right)\times 2+(9-3)=\boldsymbol{\frac{22}{3}}$$

◀ $|x^2-1|=\begin{cases}-(x^2-1) & (0\leqq x\leqq 1)\\ x^2-1 & (1\leqq x\leqq 3)\end{cases}$

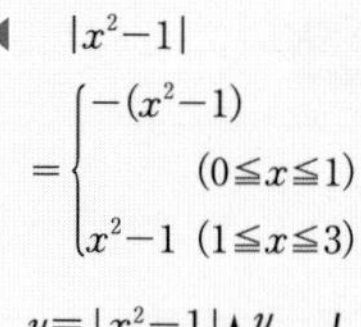

3 解答 $-2\leqq x\leqq 0$のとき　$x(x-2)\geqq 0$

$0\leqq x\leqq 2$のとき　$x(x-2)\leqq 0$

よって

$$\int_{-2}^2|x(x-2)|dx=\int_{-2}^0 x(x-2)dx-\int_0^2 x(x-2)dx$$

$$=\int_{-2}^0(x^2-2x)dx-\int_0^2(x^2-2x)dx$$

$$=\left[\frac{x^3}{3}-x^2\right]_{-2}^0-\left[\frac{x^3}{3}-x^2\right]_0^2$$

$$=\frac{20}{3}-\left(-\frac{4}{3}\right)=\boldsymbol{8}$$

◀ $x(x-2)$の符号によって，積分区間を分ける。

◀

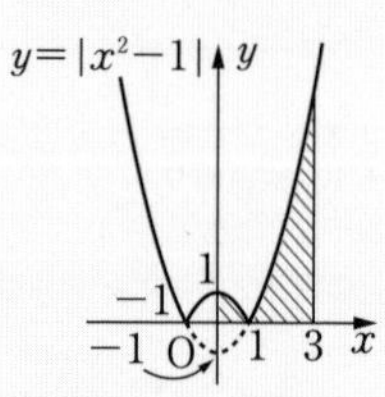

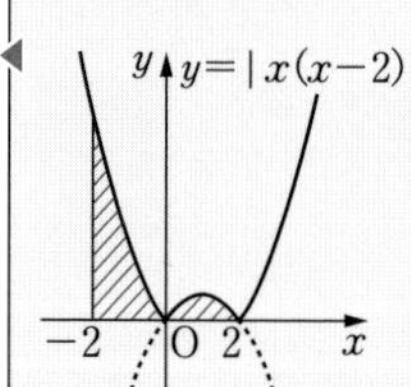

4 **解答** $f(x)=ax^2+bx+c\ (a\neq 0)$ とおくと

$$f'(x)=2ax+b$$

$f(0)=1$ から　$c=1$　……①

$f'(1)=2$ から　$2a+b=2$　……②

また　$\displaystyle\int_{-1}^{1}f(x)dx=2\int_0^1(ax^2+c)dx=2\left[\frac{a}{3}x^3+cx\right]_0^1$

$$=2\left(\frac{a}{3}+c\right)=\frac{14}{3}\quad\cdots\cdots③$$

①，②，③から　$a=4,\ b=-6,\ c=1$

よって　$\boldsymbol{f(x)=4x^2-6x+1}$

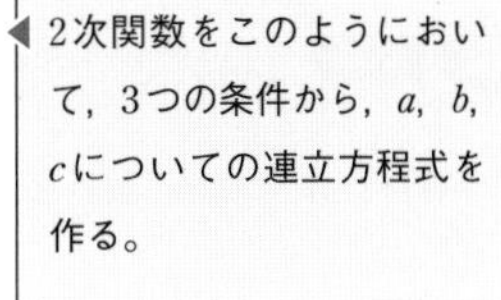

◀ 2次関数をこのようにおいて，3つの条件から，a，b，cについての連立方程式を作る。

5 **解答** (A)から

$$\int_0^6 f(x)dx=\int_0^6(-x^2+ax+b)dx=\left[-\frac{x^3}{3}+\frac{a}{2}x^2+bx\right]_0^6$$

$$=-72+18a+6b=12$$

すなわち　$3a+b=14$　……①

(B)において　$f(x)=-x^2+ax+b$

$$=-\left(x-\frac{a}{2}\right)^2+\frac{a^2}{4}+b$$

◀ $f(x)$は2次関数なので，標準形に直してみる。

だから，放物線$y=f(x)$の軸は　$x=\dfrac{a}{2}$

(ア)　$\dfrac{a}{2}\geqq 0$，すなわち，$a\geqq 0$のとき，

$f(x)$の最小値は

$$f(-1)=-a+b-1$$

よって　$-a+b-1=-5$

から　$a-b=4$　……②

①，②を解いて

$$a=\frac{9}{2},\ b=\frac{1}{2}$$

◀ 放物線の軸が，定義域$-1\leqq x\leqq 1$の中央より右側にあるときは，グラフの対称性から，$f(-1)$が最小値になる。

◀ $a\geqq 0$という条件を満たす。

(イ)　$a<0$のとき，最小値は

$$f(1)=a+b-1$$

よって　$a+b-1=-5$

から　$a+b=-4$　……③

①，③を解いて

$$a=9,\ b=-13$$

これは$a<0$に反する。

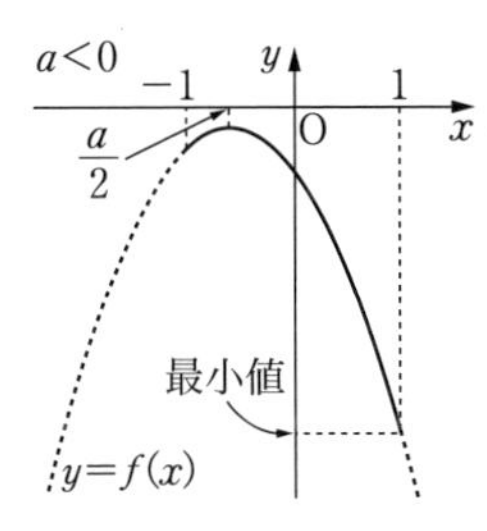

◀ 軸が定義域の中央より左側にあるときは，$f(1)$が最小値。

以上から　$\boldsymbol{a=\dfrac{9}{2},\ b=\dfrac{1}{2}}$

6 **解答** $f(x)=x^3-3x+\frac{8}{3}\int_0^1 f(t)dt$

$\int_0^1 f(t)dt=k$ (kは定数) とおくと　　$f(x)=x^3-3x+\frac{8}{3}k$

このとき　　$k=\int_0^1\left(t^3-3t+\frac{8}{3}k\right)dt$

$=\left[\frac{t^4}{4}-\frac{3}{2}t^2+\frac{8}{3}kt\right]_0^1=\frac{8}{3}k-\frac{5}{4}$

$k=\frac{3}{4}$

よって　　$\boldsymbol{f(x)=x^3-3x+2}$

◀定積分の値は定数だから，その値をk（定数）とおいて$f(x)$をkで表す。

7 **解答** $f(x)=1+\int_0^1(x+t)f(t)dt$

$=1+x\int_0^1 f(t)dt+\int_0^1 tf(t)dt$

ここで　$\int_0^1 f(t)dt=k$，$\int_0^1 tf(t)dt=l$ (k，lは定数)

とおくと　　$f(x)=1+kx+l$

このとき　　$k=\int_0^1(kt+l+1)dt=\left[\frac{k}{2}t^2+(l+1)t\right]_0^1$

$=\frac{k}{2}+l+1$

$l=\int_0^1 t(kt+l+1)dt=\int_0^1\{kt^2+(l+1)t\}dt$

$=\left[\frac{k}{3}t^3+\frac{l+1}{2}t^2\right]_0^1=\frac{k}{3}+\frac{l+1}{2}$

すなわち　　$k-2l=2$，$2k-3l=-3$

これらを解いて　　$k=-12$，$l=-7$

よって　　$\boldsymbol{f(x)=-12x-6}$

◀tについての積分なので，xは定数と同じ。

◀定積分は定数だから，k，lとおいて$f(x)$を表す。

8 **解答** $y=3-|x^2-1|$

(ア)　$x\leqq-1$，$1\leqq x$のとき

$y=3-(x^2-1)=-x^2+4$

(イ)　$-1\leqq x\leqq1$のとき

$y=3-(1-x^2)=x^2+2$

この曲線は右図のようになり，

y軸に関して対称だから

$S=2\left\{\int_0^1(x^2+2)dx+\int_1^2(-x^2+4)dx\right\}$

$=2\left\{\left[\frac{x^3}{3}+2x\right]_0^1+\left[-\frac{x^3}{3}+4x\right]_1^2\right\}=2\left(\frac{7}{3}+\frac{5}{3}\right)=\boldsymbol{8}$

◀まず，グラフをかく。
その際
$x\leqq-1$，$x\geqq1$と
$-1\leqq x\leqq1$
とに場合を分ける。

◀もちろん積分区間を3つに分けて

$\int_{-2}^{-1}y\,dx+\int_{-1}^{1}y\,dx+\int_1^2 y\,dx$

として計算してもよい。

9 **解答** $x^2-6x+5=(x-1)(x-5)$

よって，曲線$y=|x^2-6x+5|$のグラフは右図のようになる。

◀ 曲線$y=|x^2-6x+5|$は，曲線
$$y=x^2-6x+5$$
のx軸より下にある部分をx軸に関して上方に折り返したものである。

$$y=-(x^2-6x+5) \quad \cdots\cdots①$$

から　　$y'=-2x+6$

$x=1$のとき　　$y'=4$

したがって，直線$y=4x-4$は点$(1,\ 0)$において，曲線①に接する。

◀ 直線と曲線の位置関係を正確に把握すること。
$$4x-4-\{-(x^2-6x+5)\}$$
$$=x^2-2x+1$$
$$=(x-1)^2 \geqq 0$$
$1 \leqq x \leqq 5$では，直線のほうが上にある。

曲線$y=x^2-6x+5$と直線$y=4x-4$から

$$x^2-6x+5=4x-4$$
$$x^2-10x+9=0$$
$$(x-1)(x-9)=0$$
$$x=1,\ 9$$

したがって，求める面積Sは

$$S=\int_1^5\{(4x-4)+(x^2-6x+5)\}dx+\int_5^9\{(4x-4)-(x^2-6x+5)\}dx$$
$$=\int_1^5(x^2-2x+1)dx+\int_5^9(-x^2+10x-9)dx$$
$$=\left[\frac{x^3}{3}-x^2+x\right]_1^5+\left[-\frac{x^3}{3}+5x^2-9x\right]_5^9$$
$$=\frac{64}{3}+\frac{128}{3}=\mathbf{64}$$

◀ $1 \leqq x \leqq 5$では
$$4x-4 \geqq -(x^2-6x+5)$$
$5 \leqq x \leqq 9$では
$$4x-4 \geqq x^2-6x+5$$

別解　(交点のx座標$x=1,\ 9$を求めるまでは同じ)

求める面積Sは

$$S=\int_1^9\{4x-4-(x^2-6x+5)\}dx-2\int_1^5\{-(x^2-6x+5)\}dx$$
$$=-\int_1^9(x-1)(x-9)dx+2\int_1^5(x-1)(x-5)dx$$
$$=\frac{1}{6}(9-1)^3-2\cdot\frac{1}{6}(5-1)^3$$
$$=\frac{256}{3}-\frac{64}{3}=\frac{192}{3}=\mathbf{64}$$

◀ 放物線と直線で囲まれた面積から放物線とx軸で囲まれた部分の2倍を引く。

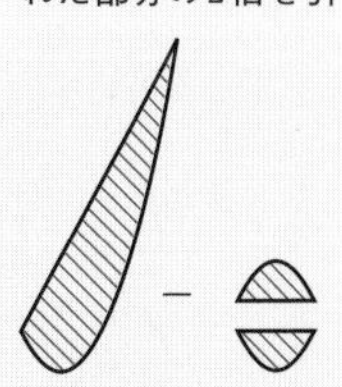

10 **解答** $y=-x^2+k$, $y=x^2+1$

この2式からyを消去して　　$2x^2+1-k=0$

$$x=\pm\sqrt{\frac{k-1}{2}}\quad(k>1)$$

◀ $k>1$を忘れないように。

よって，2つの放物線で囲まれた部分の面積は，y軸に関して対称だから

◀ グラフはy軸に関して対称。

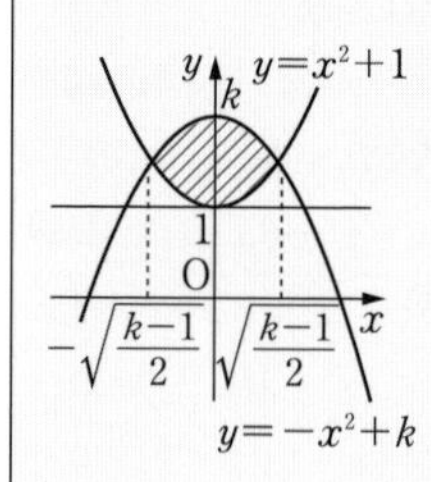

$$2\int_0^{\sqrt{\frac{k-1}{2}}}\{(-x^2+k)-(x^2+1)\}dx$$

$$=2\int_0^{\sqrt{\frac{k-1}{2}}}(-2x^2+k-1)dx$$

$$=2\left[-\frac{2}{3}x^3+(k-1)x\right]_0^{\sqrt{\frac{k-1}{2}}}$$

$$=\frac{2\sqrt{2}}{3}(k-1)^{\frac{3}{2}}$$

題意から　　$\frac{2\sqrt{2}}{3}(k-1)^{\frac{3}{2}}=\frac{8}{3}$,　　$(k-1)^{\frac{3}{2}}=2\sqrt{2}$

$k>1$だから　　$k-1=2$

したがって　　$\boldsymbol{k=3}$

11 **解答** 放物線とx軸とで囲まれた部分の面積Sは

◀ まず，放物線とx軸とで囲まれた部分の面積を求める。

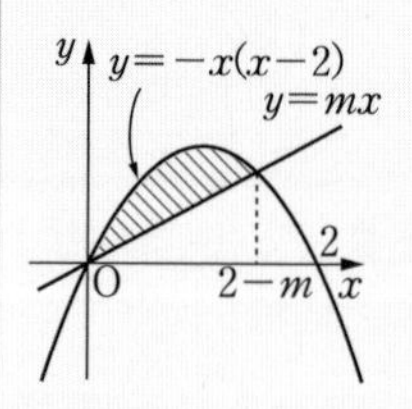

$$S=\int_0^2\{-x(x-2)\}dx$$

$$=-\left[\frac{x^3}{3}-x^2\right]_0^2=\frac{4}{3}$$

また，$y=-x(x-2)$と$y=mx$からyを消去して

$$-x(x-2)=mx$$

$$x(x+m-2)=0$$

$$x=0,\ 2-m\quad(0<m<2)$$

よって，直線$y=mx$と放物線で囲まれた部分の面積は

$$\int_0^{2-m}\{-x(x-2)-mx\}dx$$

$$=\int_0^{2-m}\{-x^2+(2-m)x\}dx$$

$$=\left[-\frac{x^3}{3}+\frac{2-m}{2}x^2\right]_0^{2-m}$$

$$=\frac{(2-m)^3}{6}$$

これが$\frac{S}{2}$と等しいから　　$\frac{(2-m)^3}{6}=\frac{1}{2}\cdot\frac{4}{3}$

$$(2-m)^3=4$$

mは実数だから　　$\boldsymbol{m=2-\sqrt[3]{4}}$

12 **解答** (1) $y=x^2-x+1$ ……①

$y'=2x-1$

放物線①上の点$(t,\ t^2-t+1)$における接線の方程式は

$$y-(t^2-t+1)=(2t-1)(x-t)$$

$$y=(2t-1)x-t^2+1$$

これが原点を通るから　$-t^2+1=0$

$$t=\pm1$$

したがって，2本の接線の方程式は

$$\boldsymbol{y=x,\ y=-3x}$$

◀点$(a,\ f(a))$での接線の方程式は

$y-f(a)=f'(a)(x-a)$

(2) 接点のx座標は，(1)から

$$x=\pm1$$

グラフは右のようになり，求める面積Sは

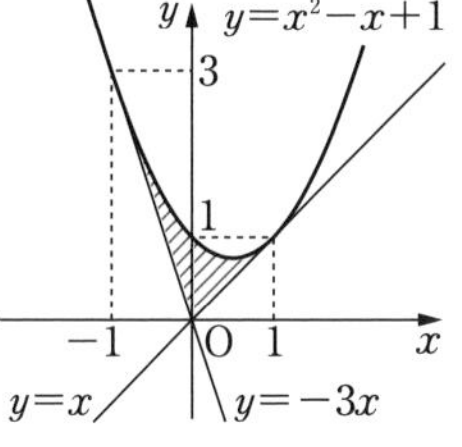

$$S=\int_{-1}^{0}\{x^2-x+1-(-3x)\}dx+\int_{0}^{1}(x^2-x+1-x)dx$$

$$=\left[\frac{x^3}{3}+x^2+x\right]_{-1}^{0}+\left[\frac{x^3}{3}-x^2+x\right]_{0}^{1}$$

$$=-\left(-\frac{1}{3}+1-1\right)+\left(\frac{1}{3}-1+1\right)$$

$$=\boldsymbol{\frac{2}{3}}$$

◀グラフの位置関係から

$-1\leqq x\leqq0$では

$y=x^2-x+1$と

$y=-3x$

$0\leqq x\leqq1$では

$y=x^2-x+1$と

$y=x$

で挟まれた部分の面積を求める。

第1章 数列

第1節 数列

練習 198 (1) $a_n=(-1)^n$ から

$a_1=(-1)^1=-1$, $a_2=(-1)^2=1$, $a_3=(-1)^3=-1$,

$a_4=(-1)^4=1$, $a_5=(-1)^5=-1$

よって，初項から第5項までは

-1, 1, -1, 1, -1

◀一般項a_nは，自然数nの関数としてあつかうことができる。

(2) $a_n=n^2+1$ から

$a_1=1^2+1=2$, $a_2=2^2+1=5$,

$a_3=3^2+1=10$, $a_4=4^2+1=17$, $a_5=5^2+1=26$

よって，初項から第5項までは　**2, 5, 10, 17, 26**

(3) $a_n=3\cdot 2^{n-1}$ から

$a_1=3\times 2^0=3$, $a_2=3\times 2^1=6$,

◀$2^0=1$

$a_3=3\times 2^2=12$, $a_4=3\times 2^3=24$, $a_5=3\times 2^4=48$

よって，初項から第5項までは　**3, 6, 12, 24, 48**

練習 199 数列の規則を発見し，第n番目の項をnで表す。

(1) 符号を除いた数列　1, 3, 5, 7, 9, ……　は，正の奇数を小さいほうから順に並べたものだから，一般項は

$a_n=(-1)^n(2n-1)$

◀数列 -1, 1, -1, 1, -1, …の一般項は$(-1)^n$と表される。

(2) 分子の数は，数列1, 2, 3, 4, ……, n, ……となり，分母の数は，数列2, 3, 4, 5, ……, $n+1$, ……となるので，一般項は　$\boldsymbol{a_n=\frac{n}{n+1}}$

◀数列2, 3, 4, 5, ……の第n項は
$n+1$

練習 200 等差数列の一般項は初項と公差で決まる。

(1) 公差をdとすると，一般項a_nは

$a_n=17+(n-1)d$

第5項が5だから　$5=17+(5-1)d$,　$d=-3$

◀$a_n=17+(n-1)d$ に，$n=5$, $a_5=5$を代入する。

よって　$a_n=17+(n-1)\times(-3)=\boldsymbol{20-3n}$

$a_{30}=20-3\times 30=\boldsymbol{-70}$

(2) 初項をaとすると，一般項a_nは

$a_n=a+(n-1)\times 4$

第6項が7だから　$7=a+(6-1)\times 4$,　$a=-13$

◀$a_n=a+(n-1)\times 4$ に$n=6$, $a_6=7$を代入する。

よって　$a_n=-13+4(n-1)=\boldsymbol{4n-17}$

$a_{30}=4\times 30-17=\boldsymbol{103}$

練習 201　2つの項が与えられているから，初項aと公差dの連立方程式を作る。

初項をa，公差をdとすると，等差数列の一般項a_nは

$$a_n=a+(n-1)d$$

第17項が52だから　$a+16d=52$

第30項が13だから　$a+29d=13$

この2式から　$a=100$，$d=-3$

よって

$$\boldsymbol{a_n=100+(n-1)\times(-3)=103-3n}$$

また，$a_n<0$を満たすnを求めると

$103-3n<0$　より　$n>34.3\cdots$

nは自然数だから

$n\geqq 35$

したがって，初めて負になるのは

第35項

◀ $a_n=a+(n-1)d$に
$n=17$，$a_{17}=52$を代入して
$52=a+(17-1)d$
$a+16d=52$
$n=30$，$a_{30}=13$を代入して
$13=a+(30-1)d$
$a+29d=13$

練習 202　数列a，b，cが等差数列をなすとき，$2b=a+c$が成り立つ。

数列a，2，-2が等差数列をなすので

$$2\times 2=a+(-2)$$

よって

$$\boldsymbol{a=6}$$

練習 203　初項a，公差d，項数n，末項lの等差数列の和は

①　$S_n=\dfrac{1}{2}n(a+l)$　　②　$S_n=\dfrac{1}{2}n\{2a+(n-1)d\}$

①，②の使いやすいほうを使う。

(1)　初項が3，末項が$3n$，項数がnの等差数列の和だから

$$S_n=\frac{1}{2}n(3+3n)$$
$$=\boldsymbol{\frac{3}{2}n(n+1)}$$

◀ 初項と末項と項数がわかるので，公式①を使う。

(2)　初項が-5，公差が3，項数が15の等差数列の和だから

$$S_{15}=\frac{1}{2}\times 15\times\{2\times(-5)+(15-1)\times 3\}$$
$$=\boldsymbol{240}$$

◀ 初項と公差と項数がわかるので，公式②を使う。

練習 204　まず，この等差数列の一般項を求める。そして，第5項と第20項を求め，和の公式を利用する。

初項をa，公差をdとすると，一般項a_nは

$$a_n=a+(n-1)d$$

第6項が10だから　$a+5d=10$

第15項が37だから　$a+14d=37$

この2式から　$a=-5$，$d=3$

よって　$a_n=-5+(n-1)\times3=3n-8$

第5項は　$a_5=3\times5-8=7$

第20項は　$a_{20}=3\times20-8=52$

第5項から第20項までの和は　$\dfrac{1}{2}\times16\times(7+52)=\mathbf{472}$

◀ $a_n=a+(n-1)d$に
$n=6$，$a_6=10$を代入して
$10=a+(6-1)d$
$a+5d=10$
$n=15$，$a_{15}=37$を代入して
$37=a+(15-1)d$
$a+14d=37$

◀ 第5項から第20項までの項数は
$20-5+1=16$

練習 205　等差数列の和の最大または最小を求めるには，何番目の項で符号が変わるかを考えればよい。すなわち，正の項をすべて加えた値が最大となる。

この数列の一般項をa_nとすると

$$a_n=50+(n-1)\times(-4)=54-4n$$

$a_n>0$を満たす自然数nの値の範囲を求めると

$$54-4n>0 \quad より \quad n<13.5$$

nは自然数だから　$1\leqq n\leqq13$

よって，初項から**第13項**までの和が最大で，その和は

$$\frac{1}{2}\times13(a_1+a_{13})=\frac{1}{2}\times13\times(50+2)=\mathbf{338}$$

◀ $a_1=50$
$a_{13}=54-4\times13=2$
初項が50，末項が2，項数が13の等差数列の和を求める。

練習 206　6で割ると2余る数を，小さいほうから順に並べると，2，8，14，20，……で，等差数列になる。

(1)　100以下の自然数で，6で割ると2余る数を小さいほうから順に並べると

　　2，8，14，20，……，98

　これは，初項が2，末項が98，項数が17の等差数列である。

　よって，これらの総和を$S(6)$とすると

$$S(6)=\frac{1}{2}\times17\times(2+98)=\mathbf{850}$$

◀ 数列2，8，14，20，……，98で
$\begin{cases}初項\ 2=6\times0+2\\ 末項\ 98=6\times16+2\end{cases}$
だから，項数は
$16-0+1=17$

(2) 100以下の自然数で，4で割ると2余る数の和を$S(4)$とすると

$$S(4)=2+6+10+14+\cdots\cdots+98$$
$$=\frac{1}{2}\times 25\times(2+98)=1250$$

また，4で割っても6で割っても2余る数は，12で割ると2余る数だから，その和を$S(12)$とすると

$$S(12)=2+14+26+38+\cdots\cdots+98$$
$$=\frac{1}{2}\times 9\times(2+98)$$
$$=450$$

よって，4または6で割ると2余る数の和は

$$S(4)+S(6)-S(12)=1250+850-450$$
$$=\mathbf{1650}$$

◀ 数列2，6，10，……，98で
初項$2=4\times\underset{\sim}{0}+2$
末項$98=4\times\underset{\sim}{24}+2$
だから，項数は
$24-0+1=25$

◀ 数列2，14，26，……，98で
初項$2=12\times\underset{\sim}{0}+2$
末項$98=12\times\underset{\sim}{8}+2$
だから，項数は
$8-0+1=9$

練習 207 初項がa，公比がrの等比数列の一般項は

$$a_n=ar^{n-1}$$

第1，2項から，公比は$\frac{3}{2}$

このとき

$$a_3=\frac{1}{2}\times\frac{3}{2}=\mathbf{\frac{3}{4}}$$

また，一般項は

$$\mathbf{a_n=\frac{1}{3}\cdot\left(\frac{3}{2}\right)^{n-1}}$$

◀ $\frac{1}{3}$，$\frac{1}{2}$，□，$\frac{9}{8}$，$\frac{27}{16}$，…
$\times\frac{3}{2}$ $\times\frac{3}{2}$ $\times\frac{3}{2}$ $\times\frac{3}{2}$ $\times\frac{3}{2}$

練習 208 等比数列は初項と公比で決まる。

公比が4だから，初項をaとすると，一般項は

$$a_n=a\cdot 4^{n-1}$$

第3項が48だから

$$48=a\times 4^{3-1} \quad より \quad a=3$$

また，$a_n=768$とおいて

$$768=3\times 4^{n-1}$$

このとき

$$n=5$$

よって，768は

第5項

◀ $768=3\times 4^{n-1}$から
$4^{n-1}=256=4^4$
よって
$n=5$

練習 209　2つの項が与えられているから，初項aと公比rの連立方程式を作る。

初項をa，公比をrとすると，一般項は

$$a_n=ar^{n-1}$$

第2項が192だから　　$ar=192$

第5項が24だから　　$ar^4=24$

この2式から　　$r^3=\frac{1}{8}$

このとき　　$r=\frac{1}{2}$，$a=384$

よって，初項は**384**，公比は$\mathbf{\frac{1}{2}}$

◀ $a_n=ar^{n-1}$に$n=2$，$a_2=192$を代入して
$192=ar^{2-1}$
$ar=192$
$n=5$，$a_5=24$を代入して
$ar^4=24$

練習 210　数列a，b，cが等比数列をなすとき，$b^2=ac$が成り立つ。

数列y，3，$2y+3$が等比数列をなすので

$$3^2=y(2y+3)$$

これを解くと　　$y=\mathbf{\frac{3}{2}}$，$\mathbf{-3}$

◀ $2y^2+3y-9=0$から
$(2y-3)(y+3)=0$
よって　$y=\frac{3}{2}$，-3

練習 211　初項a，公比r，項数nの等比数列の和S_nは

① $r\neq1$のとき　　$S_n=\frac{a(1-r^n)}{1-r}=\frac{a(r^n-1)}{r-1}$

② $r=1$のとき　　$S_n=na$

(1)　求める数列の和をSとすると

$$S=\frac{6(2^5-1)}{2-1}=6\times31=\mathbf{186}$$

◀ $a=6$，$r=2$，$n=5$を①の公式に代入する。

(2)　等比数列の一般項をa_nとすると

$$a_n=\frac{8}{3}\left(\frac{3}{2}\right)^{n-1}$$

ここで，$a_n=\frac{81}{4}$とおいて

$$\frac{81}{4}=\frac{8}{3}\left(\frac{3}{2}\right)^{n-1}，\left(\frac{3}{2}\right)^{n-1}=\frac{243}{32}=\left(\frac{3}{2}\right)^5$$

すなわち　　$n-1=5$，　$n=6$

よって，項数は6だから，求める和をSとすると

$$S=\frac{\frac{8}{3}\left\{\left(\frac{3}{2}\right)^6-1\right\}}{\frac{3}{2}-1}=\frac{8}{3}\times2\left(\frac{729}{64}-1\right)=\mathbf{\frac{665}{12}}$$

◀ 末項$\frac{81}{4}$が第何項であるかを求めるのに，$a_n=\frac{81}{4}$とおく。
$\left(\frac{3}{2}\right)^{n-1}=\left(\frac{3}{2}\right)^5$から指数を比較して
$n-1=5$

練習 212 初項と公比と項数を求め，公式を利用する。

(1) 初項が3，公比が-2，項数がnの等比数列の和だから

$$\frac{3\{1-(-2)^n\}}{1-(-2)}=\mathbf{1-(-2)^n}$$

(2) 初項が5，公比が1，項数がnの等比数列の和だから

$$5+5+\cdots\cdots+5=\mathbf{5n}$$

◀ 公比が1であることに注意する。

練習 213 初項をaとすると，初項から第5項までの和は

$$\frac{a(2^5-1)}{2-1}=155$$

$$(2^5-1)a=155$$

$$31a=155$$

$$\mathbf{a=5}$$

練習 214 まず，一般項a_nを求める。この数列では1という数字が繰り返されているので，これに着目して変形すると，一般項を等比数列の和で表すことができる。

$$a_1=1,\ a_2=11=1+10,\ a_3=111=1+10+10^2,$$

$$a_4=1111=1+10+10^2+10^3,\ \cdots\cdots$$

$$a_n=11111\cdots\cdots$$

$$=1+10+10^2+10^3+10^4+\cdots\cdots+10^{n-1}$$

$$=\frac{1\times(10^n-1)}{10-1}=\frac{\mathbf{10^n-1}}{\mathbf{9}}$$

◀ 一般項a_nは，初項が1，公比が10，項数nの等比数列の和で表される。

$$S_n=\frac{10^1-1}{9}+\frac{10^2-1}{9}+\frac{10^3-1}{9}+\cdots\cdots+\frac{10^n-1}{9}$$

$$=\frac{1}{9}\{(10+10^2+10^3+\cdots\cdots+10^n\}-(1+1+1+\cdots\cdots+1)\}$$

$$=\frac{1}{9}\left\{\frac{10(10^n-1)}{10-1}-n\right\}=\frac{\mathbf{1}}{\mathbf{81}}\mathbf{(10^{n+1}-9n-10)}$$

◀ $10+10^2+10^3+\cdots+10^n$ は初項が10，公比が10，項数がnの等比数列の和。
また
$$\underbrace{1+1+1+\cdots\cdots+1}_{n\text{個}}=n$$

練習 215 10年後の元利合計をS万円とすると

$$S=10(1+0.05)^{10}+10(1+0.05)^9+10(1+0.05)^8+\cdots\cdots+10(1+0.05)$$

順序を逆に並べかえて

$$S=10(1.05+1.05^2+1.05^3+\cdots\cdots+1.05^{10})$$

$$=10\times\frac{1.05(1.05^{10}-1)}{1.05-1}=10\times\frac{1.05(1.63-1)}{0.05}=132.3$$

よって　**1323000円**

練習 216 10年間で返済するということは，10年間積み立てた金額を10年後に一括して払うことと考える。また，100万円を10年間借りると，その元利合計は$100(1+0.08)^{10}$万円だから，10年後にそれだけになるように，積み立てる金額を決めればよい。
毎年末にa万円ずつ返済するとする。このとき，10年後に返済する合計金額をS_1万円とすると

$$S_1=a(1+0.08)^9+a(1+0.08)^8+a(1+0.08)^7+\cdots\cdots+a$$
$$=a(1+1.08+1.08^2+1.08^3+\cdots\cdots+1.08^9)$$
$$=a\times\frac{1\times(1.08^{10}-1)}{1.08-1}=a\times\frac{2.159-1}{0.08}$$
$$=14.4875a$$

◀ S_1は，初項が1，公比が1.08，項数が10の等比数列の和のa倍である。

一方，100万円を10年間借りたときの元利合計をS_2万円とすると

$$S_2=100\times(1+0.08)^{10}=100\times2.159=215.9$$

$S_1=S_2$となればよいから

$$14.4875a=215.9$$
$$a=14.90250\cdots$$

よって，毎年末に**149025円**ずつ払えばよい。

練習 217 $\displaystyle\sum_{k=m}^{n}a_k=a_m+a_{m+1}+a_{m+2}+\cdots\cdots+a_n$

(1) $\displaystyle\sum_{k=4}^{7}(k-2)^2=(4-2)^2+(5-2)^2+(6-2)^2+(7-2)^2$

$$=2^2+3^2+4^2+5^2=\mathbf{4+9+16+25}$$

◀ 和の形のままで表示しておく。

(2) $\displaystyle\sum_{k=1}^{n}\frac{k}{k+1}=\frac{1}{1+1}+\frac{2}{2+1}+\frac{3}{3+1}+\frac{4}{4+1}+\cdots+\frac{n}{n+1}$

$$=\boldsymbol{\frac{1}{2}+\frac{2}{3}+\frac{3}{4}+\frac{4}{5}+\cdots\cdots+\frac{n}{n+1}}$$

◀ これ以上簡単にはならない。

練習 218 $2\cdot1+4\cdot4+8\cdot7+16\cdot10+\cdots\cdots+2^n\cdot(3n-2)$

$$=\boldsymbol{\sum_{k=1}^{n}2^k(3k-2)}$$

◀ 一般項
$a_n=2^n\cdot(3n-2)$
の初項から第n項までの和である。

練習 219 和の公式$\sum k^3$，$\sum k^2$，$\sum k$，$\sum c$を利用する。

(1) $\displaystyle\sum_{k=1}^{n}(5-2k)=\sum_{k=1}^{n}5-2\sum_{k=1}^{n}k$

$$=5n-2\times\frac{1}{2}n(n+1)=\boldsymbol{n(4-n)}$$

◀ $\displaystyle\sum_{k=1}^{n}c=nc$

$\displaystyle\sum_{k=1}^{n}k=\frac{1}{2}n(n+1)$

(2) $\sum_{k=1}^{n}(k+1)(3k-2)$

$=\sum_{k=1}^{n}(3k^2+k-2)=3\sum_{k=1}^{n}k^2+\sum_{k=1}^{n}k-\sum_{k=1}^{n}2$

$=3\times\frac{1}{6}n(n+1)(2n+1)+\frac{1}{2}n(n+1)-2n$

$=\frac{n}{2}\{(n+1)(2n+1)+n+1-4\}=\boldsymbol{n(n^2+2n-1)}$

◀ $\sum_{k=1}^{n}k^2$
$=\frac{1}{6}n(n+1)(2n+1)$

(3) $\sum_{k=1}^{n}k(k+1)(k+2)$

$=\sum_{k=1}^{n}(k^3+3k^2+2k)=\sum_{k=1}^{n}k^3+3\sum_{k=1}^{n}k^2+2\sum_{k=1}^{n}k$

$=\left\{\frac{1}{2}n(n+1)\right\}^2+3\times\frac{1}{6}n(n+1)(2n+1)+2\times\frac{1}{2}n(n+1)$

$=\frac{1}{4}n(n+1)\{n(n+1)+2(2n+1)+4\}$

$=\frac{1}{4}n(n+1)(n^2+5n+6)$

$=\boldsymbol{\frac{1}{4}n(n+1)(n+2)(n+3)}$

◀ $\sum_{k=1}^{n}k^3=\left\{\frac{1}{2}n(n+1)\right\}^2$

練習 220 和を$\sum$記号で表し，和の公式を利用する。

(1) $1\cdot2+2\cdot5+3\cdot8+4\cdot11+\cdots\cdots+n(3n-1)$

$=\sum_{k=1}^{n}k(3k-1)=\sum_{k=1}^{n}(3k^2-k)=3\sum_{k=1}^{n}k^2-\sum_{k=1}^{n}k$

$=3\times\frac{1}{6}n(n+1)(2n+1)-\frac{1}{2}n(n+1)$

$=\frac{1}{2}n(n+1)\{(2n+1)-1\}=\boldsymbol{n^2(n+1)}$

(2) $1^2+3^2+5^2+7^2+\cdots\cdots+(2n-1)^2$

$=\sum_{k=1}^{n}(2k-1)^2=\sum_{k=1}^{n}(4k^2-4k+1)$

$=4\sum_{k=1}^{n}k^2-4\sum_{k=1}^{n}k+\sum_{k=1}^{n}1$

$=4\times\frac{1}{6}n(n+1)(2n+1)-4\times\frac{1}{2}n(n+1)+n$

$=\boldsymbol{\frac{1}{3}n(2n+1)(2n-1)}$

◀ 共通因数$\frac{n}{3}$でくくると
$\frac{n}{3}\{2(n+1)(2n+1)$
$-6(n+1)+3\}$
$=\frac{n}{3}(4n^2-1)$

練習 221　数列の第k項をkで表し，数列の和を$\sum$記号を用いて表す。あとは，公式を利用する。

この数列の第k項をa_kとすると

$$a_k=k(k+1)$$

だから，初項から第n項までの和S_nは

$$S_n=\sum_{k=1}^{n}k(k+1)=\sum_{k=1}^{n}(k^2+k)=\sum_{k=1}^{n}k^2+\sum_{k=1}^{n}k$$

$$=\frac{1}{6}n(n+1)(2n+1)+\frac{1}{2}n(n+1)$$

$$=\boldsymbol{\frac{1}{3}n(n+1)(n+2)}$$

◀まず，共通因数と分数係数$\frac{1}{6}n(n+1)$でくくる。

$\frac{1}{6}n(n+1)\{(2n+1)+3\}$

$=\frac{1}{6}n(n+1)(2n+4)$

$=\frac{1}{3}n(n+1)(n+2)$

練習 222　数列の各項が，等比数列の和の形になっている。そこで，まず，この数列の第k項a_kをkで表す。

与えられた数列の第k項をa_kとすると

$$a_k=1+2+4+8+\cdots\cdots+2^{k-1}$$

$$=\frac{1\times(2^k-1)}{2-1}=2^k-1$$

よって，初項から第n項までの和S_nは

$$S_n=\sum_{k=1}^{n}(2^k-1)=\sum_{k=1}^{n}2^k-\sum_{k=1}^{n}1$$

$$=\frac{2(2^n-1)}{2-1}-n=\boldsymbol{2^{n+1}-n-2}$$

練習 223　分数の数列の和では，次のような式の変形を考える。

$$\frac{3}{(3n-2)(3n+1)}=\frac{1}{3n-2}-\frac{1}{3n+1}$$

よって

$$\frac{3}{1\cdot4}+\frac{3}{4\cdot7}+\frac{3}{7\cdot10}+\cdots\cdots+\frac{3}{(3n-2)(3n+1)}$$

$$=\sum_{k=1}^{n}\frac{3}{(3k-2)(3k+1)}$$

$$=\sum_{k=1}^{n}\left(\frac{1}{3k-2}-\frac{1}{3k+1}\right)$$

$$=\left(1-\frac{1}{4}\right)+\left(\frac{1}{4}-\frac{1}{7}\right)+\left(\frac{1}{7}-\frac{1}{10}\right)+\cdots\cdots+\left(\frac{1}{3n-2}-\frac{1}{3n+1}\right)$$

$$=1-\frac{1}{3n+1}$$

$$=\boldsymbol{\frac{3n}{3n+1}}$$

◀$\frac{3}{(3n-2)(3n+1)}$

$=\frac{A}{3n-2}+\frac{B}{3n+1}$

とおいて，分母を払うと

$3=A(3n+1)+B(3n-2)$

$=(3A+3B)n+A-2B$

したがって

$$\begin{cases}3A+3B=0\\A-2B=3\end{cases}$$

よって

$$\begin{cases}A=1\\B=-1\end{cases}$$

練習 224 $S_n=\frac{1}{2}+\frac{3}{2^2}+\frac{5}{2^3}+\frac{7}{2^4}+\cdots\cdots+\frac{2n-1}{2^n}$ ……①

両辺に $\frac{1}{2}$ をかけて

$$\frac{1}{2}S_n=\frac{1}{2^2}+\frac{3}{2^3}+\frac{5}{2^4}+\frac{7}{2^5}+\cdots+\frac{2n-3}{2^n}+\frac{2n-1}{2^{n+1}} \quad \cdots\cdots②$$

①－②から

$$\frac{1}{2}S_n=\frac{1}{2}+\frac{2}{2^2}+\frac{2}{2^3}+\frac{2}{2^4}+\cdots\cdots+\frac{2}{2^n}-\frac{2n-1}{2^{n+1}}$$

$$=\frac{1}{2}+\left(\frac{1}{2}+\frac{1}{2^2}+\frac{1}{2^3}+\cdots\cdots+\frac{1}{2^{n-1}}\right)-\frac{2n-1}{2^{n+1}}$$

$$=\frac{1}{2}+\frac{\frac{1}{2}\left\{1-\left(\frac{1}{2}\right)^{n-1}\right\}}{1-\frac{1}{2}}-\frac{2n-1}{2^{n+1}}$$

$$=\frac{1}{2}+\left(1-\frac{1}{2^{n-1}}\right)-\frac{2n-1}{2^{n+1}}$$

$$=\frac{3\cdot2^n-2n-3}{2^{n+1}}$$

よって

$$S_n=\mathbf{\frac{3\cdot2^n-2n-3}{2^n}}$$

◀ $\frac{1}{2}+\frac{1}{2^2}+\frac{1}{2^3}+\frac{1}{2^4}+\cdots\cdots$ は，公比が $\frac{1}{2}$ の等比数列の和だから，$S_n-\frac{1}{2}S_n$ を計算する。

◀ $\frac{1}{2}+\frac{1}{2^2}+\frac{1}{2^3}+\cdots\cdots+\frac{1}{2^{n-1}}$ は，初項が $\frac{1}{2}$，公比が $\frac{1}{2}$，項数が $n-1$ の等比数列の和である。

練習 225　規則性がつかめない整数の数列では，階差を調べてみると，規則性が見つかることがある。
与えられた数列$\{a_n\}$の階差数列を$\{b_n\}$とする。

(1)　　$\{a_n\}$：2，7，10，11，10，……
　　　$\{b_n\}$：5，3，1，−1，……

$\{b_n\}$は，初項が5，公差が−2の等差数列だから

$$b_n=5-2(n-1)=7-2n$$

$n \geqq 2$のとき

$$a_n=a_1+\sum_{k=1}^{n-1}b_k=2+\sum_{k=1}^{n-1}(7-2k)$$
$$=2+7(n-1)-2\times\frac{1}{2}(n-1)n=-n^2+8n-5$$

これは，$n=1$のときも成り立つから

$$\boldsymbol{a_n=-n^2+8n-5}$$

(2)　　$\{a_n\}$：1，2，5，14，41，122，……
　　　$\{b_n\}$：1，3，9，27，81，……

$\{b_n\}$は，初項が1，公比が3の等比数列だから

$$b_n=3^{n-1}$$

$n \geqq 2$のとき

$$a_n=1+\sum_{k=1}^{n-1}3^{k-1}=1+\frac{1\times(3^{n-1}-1)}{3-1}=\frac{3^{n-1}+1}{2}$$

これは，$n=1$のときも成り立つから

$$\boldsymbol{a_n=\frac{3^{n-1}+1}{2}}$$

(3)　　$\{a_n\}$：2，3，7，16，32，57，……
　　　$\{b_n\}$：1，4，9，16，25，……

$\{b_n\}$は，自然数の平方を小さい順に並べた数列だから

$$b_n=n^2$$

$n \geqq 2$のとき

$$a_n=2+\sum_{k=1}^{n-1}k^2=2+\frac{1}{6}(n-1)n(2n-1)$$
$$=\frac{1}{6}(2n^3-3n^2+n+12)$$

これは，$n=1$のときも成り立つから

$$\boldsymbol{a_n=\frac{1}{6}(2n^3-3n^2+n+12)}$$

◀ 2，7，10，11，10，…
　5，3，1，−1，…

◀ $\sum_{k=1}^{n}k=\frac{1}{2}n(n+1)$
において，nを$n-1$に置き換えると
$\sum_{k=1}^{n-1}k=\frac{1}{2}(n-1)n$

◀ 1，2，5，14，41，…
　1，3，9，27，…

◀ $\sum_{k=1}^{n-1}3^{k-1}$は，初項が1，公比が3，項数が$n-1$の等比数列の和である。

◀ 2，3，7，16，32，…
　1，4，9，16，…

◀ $\sum_{k=1}^{n}k^2$
$=\frac{1}{6}n(n+1)(2n+1)$
において，nを$n-1$に置き換えると
$\sum_{k=1}^{n-1}k^2$
$=\frac{1}{6}(n-1)n(2n-1)$

練習 226 数列の和がわかっているので，和と一般項の関係

$a_n=S_n-S_{n-1}$ $(n\geqq2)$，$a_1=S_1$

を利用する。

(1) $S_n=-2n^2+5n$

$n\geqq2$のとき

$$\begin{aligned}a_n&=S_n-S_{n-1}\\&=(-2n^2+5n)-\{-2(n-1)^2+5(n-1)\}\\&=-4n+7 \quad \cdots\cdots①\end{aligned}$$

また　$a_1=S_1=-2+5=3$

だから，①は$n=1$のときも成り立つ。

よって　$a_n=-4n+7=3-4(n-1)$

したがって，$\{a_n\}$は　**初項が3，公差が−4の等差数列**

◀ ①は，$n\geqq2$のとき成り立つ式である。そこで，$n=1$のときも成り立つかどうか，必ず確認する。

(2) $S_n=n^2-2n+1$

$n\geqq2$のとき

$$\begin{aligned}a_n&=S_n-S_{n-1}\\&=(n^2-2n+1)-\{(n-1)^2-2(n-1)+1\}\\&=2n-3 \quad \cdots\cdots②\end{aligned}$$

また　$a_1=S_1=1-2+1=0$

これと，②から

$$\begin{cases}n=1\text{のとき} & a_1=0\\ n\geqq2\text{のとき} & a_n=2n-3=-1+2(n-1)\end{cases}$$

したがって，$\{a_n\}$は

初項が0，
第2項以降が，第2項が1，公差が2の等差数列

◀ ②が$n=1$のとき成り立たない場合は，$n=1$のときと$n\geqq2$のときに分けて，解答する。

練習 227 第n群にある数の個数は，$2n$個である。

(1) 第1群から第$(n-1)$群までの全部の項数は，

$n\geqq2$のとき

$$\begin{aligned}2+4+6+\cdots\cdots+2(n-1)&=\frac{1}{2}(n-1)\{2+2(n-1)\}\\&=n(n-1)\end{aligned}$$

◀ 第k群は$2k$個の奇数を含んでいる。

よって，第n群の最初の項は第$\{n(n-1)+1\}$番目の奇数だから

$2\times\{n(n-1)+1\}-1=2n^2-2n+1$

これは，$n=1$のときも成り立つから

$\boldsymbol{2n^2-2n+1}$

(2) 第n群は，初項が$2n^2-2n+1$，公差が2，項数が$2n$の等差数列の和になるから，その和は

$$\frac{1}{2}\times2n\{2\times(2n^2-2n+1)+(2n-1)\times2\}=\boldsymbol{4n^3}$$

練習 228 領域を図示し，直線$x=k$ $(k=0, 1, 2, \cdots, n)$上での格子点の個数a_kを求め，これらの総和を求める。

まず　$y=0$

$y=-x^2+nx$

の交点の座標を求めると，yを消去して

$0=-x^2+nx$

$x(x-n)=0$

$x=0,\ n$

より　$(0,\ 0)$, $(n,\ 0)$

である。このとき，2つの不等式を同時に満たす領域は図のかげをつけた部分で，境界を含む。

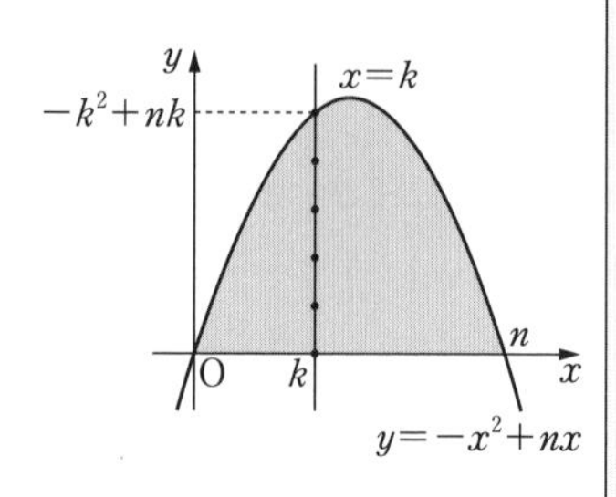

直線$x=k$ $(k=0, 1, 2, \cdots, n)$上の格子点の個数をa_kとおくと，直線$x=k$上での格子点のy座標は

$y=0,\ 1,\ 2,\ \cdots,\ -k^2+nk$

であるから

$a_k=-k^2+nk+1$

◀一般にp, qが整数のとき$p \leqq y \leqq q$を満たす整数yの個数は　$q-p+1$（個）

よって，求める格子点の個数は

$$\sum_{k=0}^{n} a_k = a_0 + \sum_{k=1}^{n} a_k$$

$$=(-0^2-n\cdot 0+1)+\sum_{k=1}^{n}(-k^2+nk+1)$$

◀Σの公式を利用するために，$k=0$の場合を除いておく。

$$=1-\sum_{k=1}^{n}k^2+n\sum_{k=1}^{n}k+\sum_{k=1}^{n}1$$

$$=1-\frac{1}{6}n(n+1)(2n+1)+n\cdot\frac{1}{2}n(n+1)+n$$

$$=-\frac{1}{6}n(n+1)(2n+1)+\frac{1}{2}n^2(n+1)+(n+1)$$

$$=\frac{1}{6}(n+1)\{-n(2n+1)+3n^2+6\}$$

$$=\boldsymbol{\frac{1}{6}(n+1)(n^2-n+6)}\ \textbf{（個）}$$

定期テスト対策問題 12

1 解説 数列の規則を発見することが大切。

解答 (1) 初項が5，公差が4の等差数列だから，一般項は

$$a_n=5+4(n-1)=\boldsymbol{4n+1}$$

◀ 5, 9, 13, 17, 21, …（+4 +4 +4 +4）

(2) 初項が3，公比が−2の等比数列だから，一般項は

$$a_n=\boldsymbol{3\cdot(-2)^{n-1}}$$

◀ 3, −6, 12, −24, …（×(−2) ×(−2) ×(−2)）

2 解説 2つの項が与えられているので，初項と公比を未知数として連立方程式を作る。

解答 初項をa，公比をrとすると，一般項a_nは

$$a_n=ar^{n-1}$$

第2項が12だから　$ar=12$

第5項が324だから　$ar^4=324$

この2式から　$12r^3=324$

$$r^3=27$$

したがって　$r=3$，$a=4$

すなわち，初項は**4**，公比は**3**

◀ $a_n=ar^{n-1}$に
$n=2$，$a_2=12$を代入して
$12=ar^{2-1}$
$ar=12$
$n=5$，$a_5=324$を代入して
$324=ar^{5-1}$
$ar^4=324$

3 解説 初項からの和を最大にするのは，正の項をすべて加えた場合だから，一般項の符号に着目する。

解答 (1) 初項をa，公差をdとすると，一般項は

$$a_n=a+(n-1)d$$

第3項が67だから　$a+2d=67$

第7項が55だから　$a+6d=55$

辺々引いて　$-4d=12$

したがって　$d=-3$，$a=73$

よって　$a_n=73-3(n-1)=\boldsymbol{76-3n}$

◀ $a+2d=67$
−) $a+6d=55$
$-4d=12$

(2) $a_n>0$を満たすnの値の範囲は

$76-3n>0$から

$$n<25.3\cdots$$

nは自然数だから　$1\leqq n\leqq 25$

よって，**第25項までの和**が最大で，最大値は

$$S_{25}=\frac{25}{2}\{2a+(25-1)d\}$$

$$=\frac{25}{2}(2\times73-24\times3)=\boldsymbol{925}$$

◀ 第26項以降はすべて負なので，第25項までの和が最大。

4 解説 数列の和と一般項の関係を利用する。

解答 $S_n=n^2+3n$

$n \geqq 2$ のとき

$$a_n=S_n-S_{n-1}$$
$$=(n^2+3n)-\{(n-1)^2+3(n-1)\}$$
$$=2n+2 \quad \cdots\cdots①$$
$$a_1=S_1=1^2+3\times1=4$$

だから，①は $n=1$ のときも成り立つ。よって

$$\boldsymbol{a_n=2n+2}$$

◀数列 $\{a_n\}$ の初項から第 n 項までの和が S_n のとき
$a_1=S_1$
$a_n=S_n-S_{n-1}$ $(n \geqq 2)$

5 解説 等差数列でも等比数列でもない場合は，階差数列をとってみるなど工夫する。

解答 (1) $a_n=333\cdots\cdots3=3(1+10+10^2+\cdots\cdots+10^{n-1})$

$$=3\times\frac{1\times(10^n-1)}{10-1}$$
$$=\boldsymbol{\frac{10^n-1}{3}}$$

(2) 数列 $\{a_n\}$ の階差数列を $\{b_n\}$ とすると

$\{b_n\}$：2，4，8，16，……

これは，初項が2，公比が2の等比数列だから

$$b_n=2\times2^{n-1}=2^n$$

$n \geqq 2$ のとき

$$a_n=a_1+\sum_{k=1}^{n-1}2^k$$
$$=1+\frac{2(2^{n-1}-1)}{2-1}=2^n-1$$

これは，$n=1$ のときも成り立つから

$$\boldsymbol{a_n=2^n-1}$$

◀$\{a_n\}$：1, 3, 7, 15, 31, ……
$\{b_n\}$：　2, 4, 8, 16, ……
このとき
$a_n=a_1+\sum_{k=1}^{n-1}b_k$ $(n \geqq 2)$

6 解答 (1) $1\cdot2\cdot3+2\cdot3\cdot5+3\cdot4\cdot7+\cdots+n(n+1)(2n+1)$

$$=\sum_{k=1}^{n}k(k+1)(2k+1)=\sum_{k=1}^{n}(2k^3+3k^2+k)$$
$$=2\left\{\frac{1}{2}n(n+1)\right\}^2+3\times\frac{1}{6}n(n+1)(2n+1)+\frac{1}{2}n(n+1)$$
$$=\frac{1}{2}n(n+1)\{n(n+1)+(2n+1)+1\}$$
$$=\frac{1}{2}n(n+1)(n^2+3n+2)$$
$$=\boldsymbol{\frac{1}{2}n(n+1)^2(n+2)}$$

◀$\sum_{k=1}^{n}k^3=\left\{\frac{1}{2}n(n+1)\right\}^2$
$\sum_{k=1}^{n}k^2=\frac{1}{6}n(n+1)(2n+1)$
$\sum_{k=1}^{n}k=\frac{1}{2}n(n+1)$
を利用する。

(2) $\dfrac{2}{1\cdot3}+\dfrac{2}{2\cdot4}+\dfrac{2}{3\cdot5}+\cdots\cdots+\dfrac{2}{n(n+2)}$

$=\sum_{k=1}^{n}\dfrac{2}{k(k+2)}=\sum_{k=1}^{n}\left(\dfrac{1}{k}-\dfrac{1}{k+2}\right)$

$=\left(\dfrac{1}{1}-\dfrac{1}{3}\right)+\left(\dfrac{1}{2}-\dfrac{1}{4}\right)+\left(\dfrac{1}{3}-\dfrac{1}{5}\right)$

$+\cdots\cdots+\left(\dfrac{1}{n-1}-\dfrac{1}{n+1}\right)+\left(\dfrac{1}{n}-\dfrac{1}{n+2}\right)$

$=1+\dfrac{1}{2}-\dfrac{1}{n+1}-\dfrac{1}{n+2}$

$=\dfrac{3}{2}-\dfrac{2n+3}{(n+1)(n+2)}$

$=\boldsymbol{\dfrac{n(3n+5)}{2(n+1)(n+2)}}$

◀ $\dfrac{2}{n(n+2)}=\dfrac{A}{n}+\dfrac{B}{n+2}$
とおいて，分母を払うと
$2=A(n+2)+Bn$
$(A+B)n+2A=2$
したがって
$A+B=0$，$2A=2$
$A=1$，$B=-1$

(3) $S_n=1\cdot1+2\cdot3+3\cdot3^2+4\cdot3^3+\cdots\cdots+n\cdot3^{n-1}$

とおく。両辺に3をかけて

$3S_n=1\cdot3+2\cdot3^2+3\cdot3^3+\cdots\cdots+(n-1)\cdot3^{n-1}+n\cdot3^n$

辺々を引いて

$-2S_n=(1+3+3^2+3^3+\cdots\cdots+3^{n-1})-n\cdot3^n$

$=\dfrac{1\cdot(3^n-1)}{3-1}-n\cdot3^n$

よって

$S_n=\boldsymbol{\dfrac{1}{4}\{(2n-1)\cdot3^n+1\}}$

◀ 第n項が
（等差数列）×（等比数列）
の形で表される数列の和S_nはS_n-rS_n（rは公比）を作る。

7 **解説** 一般項が和で表される数列の和を求めるには，まず，第k項をkで表す。

解答 (1) 第k項をa_kとすると

$a_k=1+3+5+\cdots\cdots+(2k-1)$

$=\dfrac{k}{2}\{1+(2k-1)\}$

$=\boldsymbol{k^2}$

◀ a_kは初項が1，末項が$2k-1$，項数がkの等差数列の和である。

(2) 初項から第n項までの和をS_nとすると

$S_n=\sum_{k=1}^{n}k^2$

$=\boldsymbol{\dfrac{1}{6}n(n+1)(2n+1)}$

第2節　漸化式と数学的帰納法

練習 229　(1)　$a_1=2$, $a_{n+1}=-3a_n$ のとき

$$\boldsymbol{a_n}=a_1(-3)^{n-1}=\boldsymbol{2(-3)^{n-1}}$$

(2)　$a_1=3$, $a_{n+1}-a_n=n^2-n$

$n\geqq 2$ のとき

$$a_n=a_1+\sum_{k=1}^{n-1}(k^2-k)$$

$$=3+\frac{(n-1)n(2n-1)}{6}-\frac{(n-1)n}{2}$$

$$=\frac{1}{6}\{18+n(2n^2-3n+1)-3(n^2-n)\}$$

$$=\frac{1}{3}(n^3-3n^2+2n+9)$$

これは，$n=1$ のときも成り立つから

$$\boldsymbol{a_n=\frac{1}{3}(n^3-3n^2+2n+9)}$$

(3)　$a_1=2$, $a_{n+1}-a_n=3^n$

$n\geqq 2$ のとき

$$a_n=a_1+\sum_{k=1}^{n-1}3^k$$

$$=2+\frac{3(3^{n-1}-1)}{3-1}=\frac{1}{2}(3^n+1)$$

これは，$n=1$ のときも成り立つから

$$\boldsymbol{a_n=\frac{1}{2}(3^n+1)}$$

◀ $a_{n+1}=ra_n$ のとき，$\{a_n\}$ は等比数列だから $a_n=a_1r^{n-1}$

◀ $a_{n+1}=a_n+f(n)$ のとき，$\{a_n\}$ の階差数列は $\{f(n)\}$ だから

$$a_n=a_1+\sum_{k=1}^{n-1}f(k)\quad (n\geqq 2)$$

$n=1$ のときを必ず確認しておこう。

練習 230　与えられた漸化式は

$$a_{n+1}=pa_n+q\ (p\neq 1)$$

の形だから，

$$a_{n+1}-\alpha=p(a_n-\alpha)$$

の形にもっていく。

(1)　$a_1=3$, $a_{n+1}=2a_n-1$

両辺から1を引いて

$$a_{n+1}-1=2(a_n-1)$$

したがって，数列 $\{a_n-1\}$ は，初項が $a_1-1=2$，公比が2の等比数列だから

$$a_n-1=2\cdot 2^{n-1}$$

よって

$$\boldsymbol{a_n=2^n+1}$$

◀ $\alpha=2\alpha-1$ の解 $\alpha=1$ を引いて，$a_n-1=b_n$ とおくと，$\{b_n\}$ は等比数列である。

(2) $a_1=5$, $a_{n+1}=-2a_n+9$

両辺から3を引いて

$$a_{n+1}-3=-2(a_n-3)$$

したがって，数列$\{a_n-3\}$は，初項が$a_1-3=2$，公比が-2の等比数列だから

$$a_n-3=2(-2)^{n-1}$$
$$=-(-2)^n$$

よって

$$\boldsymbol{a_n=3-(-2)^n}$$

◀ $\alpha=-2\alpha+9$の解$\alpha=3$を両辺から引く。

(3) $a_1=1$, $2a_{n+1}-a_n+2=0$

$a_{n+1}=\frac{1}{2}a_n-1$から

$$a_{n+1}+2=\frac{1}{2}(a_n+2)$$

したがって

$$a_n+2=(a_1+2)\left(\frac{1}{2}\right)^{n-1}$$

$a_1+2=3$だから

$$\boldsymbol{a_n=3\left(\frac{1}{2}\right)^{n-1}-2}$$

◀ $\alpha=\frac{1}{2}\alpha-1$の解$\alpha=-2$を両辺から引く。つまり，両辺に2を加える。

練習 231 まず，S_nとS_{n+1}から，数列$\{a_n\}$についての漸化式を作る。

$$S_n=3a_n-1 \quad \cdots\cdots①$$

から　$S_{n+1}=3a_{n+1}-1 \quad \cdots\cdots②$

②−①として

$$S_{n+1}-S_n=3(a_{n+1}-a_n)$$

$S_{n+1}-S_n=a_{n+1}$だから

$$a_{n+1}=3(a_{n+1}-a_n),\ a_{n+1}=\frac{3}{2}a_n$$

また，①で，$n=1$とおくと

$$a_1=3a_1-1,\ a_1=\frac{1}{2}$$

よって

$$\boldsymbol{a_n}=a_1\left(\frac{3}{2}\right)^{n-1}=\boldsymbol{\frac{1}{2}\left(\frac{3}{2}\right)^{n-1}}$$

◀ $a_n=S_n-S_{n-1}$ $(n\geqq2)$
これから，$n\geqq1$のとき
$a_{n+1}=S_{n+1}-S_n$
また　$a_1=S_1$

練習 232　頂点を1つ追加すると，対角線は何本増えるかを考える。

(1)　$a_4=2$

(2)　n個の頂点を順にA_1, A_2, A_3, …, A_nとし，これに$(n+1)$番目の頂点A_{n+1}を右図のように追加すると，対角線は

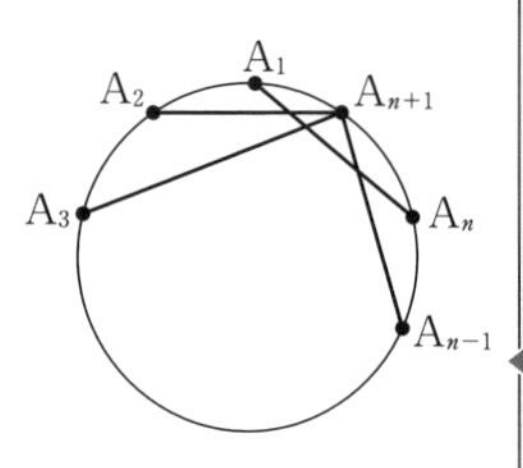

$\mathrm{A}_1\mathrm{A}_n$, $\mathrm{A}_2\mathrm{A}_{n+1}$, $\mathrm{A}_3\mathrm{A}_{n+1}$, ……, $\mathrm{A}_{n-1}\mathrm{A}_{n+1}$

の$(n-1)$本増加する。

よって　　$a_{n+1}=a_n+(n-1)$　$(n\geqq4)$

◀ 四角形の対角線は2本，五角形の対角線は5本で，$4-1=3$（本）増える。また六角形の対角線は9本で$5-1=4$（本）増える。

(3)　$n\geqq5$のとき

$$\begin{aligned}a_n&=a_4+(a_5-a_4)+(a_6-a_5)+\cdots+(a_n-a_{n-1})\\&=a_4+\sum_{k=4}^{n-1}(a_{k+1}-a_k)=2+\sum_{k=4}^{n-1}(k-1)\\&=2+3+4+\cdots\cdots+(n-2)\\&=\frac{(n-2)(n-1)}{2}-1\\&=\frac{1}{2}n(n-3)\end{aligned}$$

◀ $n\geqq4$だから，階差数列の公式はこのままでは使えない。このような場合には，(2)の結果で，$n=4$, 5, 6, …, $n-1$とおいて，辺々加えてもよい。ただし，$n\geqq5$。

これは，$n=4$のときも成り立つから，$n\geqq4$で

$$a_n=\frac{1}{2}n(n-3)$$

練習 233　(1)　$a_{n+1}=2a_n+2^{n+1}$

両辺を2^{n+1}で割ると

$$\frac{a_{n+1}}{2^{n+1}}=\frac{a_n}{2^n}+1$$

$\dfrac{a_n}{2^n}=b_n$とおくと

$$b_{n+1}=b_n+1$$

◀ $b_{n+1}-b_n=1$（＝一定）より，$\{b_n\}$は公差1の等差数列。

したがって，数列$\{b_n\}$は，初項が$b_1=\dfrac{a_1}{2}=\dfrac{1}{2}$で，公差が1の等差数列だから

$$\begin{aligned}b_n&=\frac{1}{2}+(n-1)\cdot1\\&=n-\frac{1}{2}\end{aligned}$$

よって　　$a_n=2^nb_n=2^n\left(n-\dfrac{1}{2}\right)=(2n-1)\cdot2^{n-1}$

(2) $a_{n+1}=2a_n+3^n$

両辺を3^{n+1}で割ると

$$\frac{a_{n+1}}{3^{n+1}}=\frac{2a_n}{3^{n+1}}+\frac{1}{3}=\frac{2}{3}\cdot\frac{a_n}{3^n}+\frac{1}{3}$$

$\frac{a_n}{3^n}=b_n$とおくと　$b_{n+1}=\frac{2}{3}b_n+\frac{1}{3}$

両辺から1を引いて　$b_{n+1}-1=\frac{2}{3}(b_n-1)$

したがって，数列$\{b_n-1\}$は，初項が

$$b_1-1=\frac{a_1}{3}-1=\frac{1}{3}-1=-\frac{2}{3}$$

で，公比が$\frac{2}{3}$の等比数列だから

$$b_n-1=-\frac{2}{3}\left(\frac{2}{3}\right)^{n-1}=-\left(\frac{2}{3}\right)^n$$

$$b_n=1-\left(\frac{2}{3}\right)^n$$

よって　$a_n=3^nb_n=3^n\left\{1-\left(\frac{2}{3}\right)^n\right\}=\mathbf{3^n-2^n}$

◀両辺を2^{n+1}で割って

$\frac{a_{n+1}}{2^{n+1}}=\frac{a_n}{2^n}+\frac{1}{2}\left(\frac{3}{2}\right)^n$

としてもよい。

このときは，$\frac{a_n}{2^n}=c_n$とおくと

$$c_{n+1}-c_n=\frac{1}{2}\left(\frac{3}{2}\right)^n$$

となり，$n\geqq2$のとき

$$c_n=c_1+\sum_{k=1}^{n-1}\frac{1}{2}\left(\frac{3}{2}\right)^k$$

となる。

練習 234　(2)は，漸化式の両辺の逆数をとる。

(1) $a_{n+1}=\frac{2a_n}{2+a_n}$ $(n\geqq1)$

$$a_1=2,\ a_2=\frac{2a_1}{2+a_1}=\frac{2\cdot2}{2+2}=1,$$

$$a_3=\frac{2a_2}{2+a_2}=\frac{2\cdot1}{2+1}=\frac{2}{3}$$

よって　$\mathbf{\frac{1}{a_1}=\frac{1}{2}}$，$\mathbf{\frac{1}{a_2}=1}$，$\mathbf{\frac{1}{a_3}=\frac{3}{2}}$

(2) 漸化式の両辺の逆数をとると

$$\frac{1}{a_{n+1}}=\frac{2+a_n}{2a_n}=\frac{1}{a_n}+\frac{1}{2}$$

$\frac{1}{a_n}=b_n$とおくと　$b_{n+1}=b_n+\frac{1}{2}$

したがって，数列$\{b_n\}$は，初項が$b_1=\frac{1}{a_1}=\frac{1}{2}$で，公差が$\frac{1}{2}$の等差数列だから

$$b_n=\frac{1}{2}+(n-1)\cdot\frac{1}{2}=\frac{n}{2}$$

よって　$a_n=\frac{1}{b_n}=\mathbf{\frac{2}{n}}$

◀厳密には数学的帰納法を用いて，すべてのnで$a_n\neq0$を示してから逆数をとる。

◀$b_{n+1}-b_n=\frac{1}{2}$（＝一定）より，$\{b_n\}$は等差数列である。

◀$\frac{1}{a_n}=b_n$から

$$a_n=\frac{1}{b_n}$$

練習 235 $a_{n+2}=5a_{n+1}-6a_n$を変形すると

$$a_{n+2}-2a_{n+1}=3(a_{n+1}-2a_n) \quad \cdots\cdots ①$$

$$a_{n+2}-3a_{n+1}=2(a_{n+1}-3a_n) \quad \cdots\cdots ②$$

①から，数列$\{a_{n+1}-2a_n\}$は，初項が$a_2-2a_1=2$，公比が3の等比数列だから

$$a_{n+1}-2a_n=2\cdot 3^{n-1} \quad \cdots\cdots ③$$

同様に，②から，数列$\{a_{n+1}-3a_n\}$は，初項が$a_2-3a_1=1$，公比が2の等比数列だから

$$a_{n+1}-3a_n=2^{n-1} \quad \cdots\cdots ④$$

よって，③−④から

$$\boldsymbol{a_n=2\cdot 3^{n-1}-2^{n-1}}$$

◀ $x^2=5x-6$すなわち$x^2-5x+6=0$を解くと$(x-2)(x-3)=0$より$x=2,\ 3$だから，$\alpha=2,\ \beta=3$として

$a_{n+2}-\alpha a_{n+1}=\beta(a_{n+1}-\alpha a_n)$

$a_{n+2}-\beta a_{n+1}=\alpha(a_{n+1}-\beta a_n)$

を利用する。

練習 236 (1) $1^2+3^2+5^2+\cdots\cdots+(2n-1)^2$

$$=\frac{1}{3}n(2n-1)(2n+1) \quad \cdots\cdots ①$$

(Ⅰ) $n=1$のとき

$$(\text{左辺})=1^2=1,\ (\text{右辺})=\frac{1}{3}\cdot 1\cdot 1\cdot 3=1$$

で，①は成り立つ。

(Ⅱ) $n=k$のとき，①が成り立つと仮定すると

$$1^2+3^2+5^2+\cdots\cdots+(2k-1)^2=\frac{1}{3}k(2k-1)(2k+1)$$

この両辺に$(2k+1)^2$を加えると

$$1^2+3^2+5^2+\cdots\cdots+(2k-1)^2+(2k+1)^2$$

$$=\frac{1}{3}k(2k-1)(2k+1)+(2k+1)^2$$

$$=\frac{1}{3}(2k+1)(2k^2+5k+3)$$

$$=\frac{1}{3}(k+1)(2k+1)(2k+3)$$

したがって，①は$n=k+1$のときも成り立つ。

(Ⅰ)，(Ⅱ)から，すべての自然数nに対して①は成り立つ。

◀ $n=k$のときを仮定して，$n=k+1$のときの等式

$1^2+3^2+5^2+\cdots\cdots+(2k+1)^2$

$=\frac{1}{3}(k+1)\{2(k+1)-1\}\times\{2(k+1)+1\}$

$=\frac{1}{3}(k+1)(2k+1)(2k+3)$

を示す。

(2) $1\cdot2\cdot3+2\cdot3\cdot4+3\cdot4\cdot5+\cdots\cdots+n(n+1)(n+2)$

$=\dfrac{1}{4}n(n+1)(n+2)(n+3)$ ……②

（Ⅰ） $n=1$のとき

$(左辺)=1\cdot2\cdot3=6$，$(右辺)=\dfrac{1}{4}\cdot1\cdot2\cdot3\cdot4=6$

で，②は成り立つ。

（Ⅱ） $n=k$のとき，②が成り立つと仮定すると

$1\cdot2\cdot3+2\cdot3\cdot4+\cdots\cdots+k(k+1)(k+2)$

$=\dfrac{1}{4}k(k+1)(k+2)(k+3)$

この両辺に$(k+1)(k+2)(k+3)$を加えて

$1\cdot2\cdot3+2\cdot3\cdot4+\cdots\cdots+(k+1)(k+2)(k+3)$

$=\dfrac{1}{4}k(k+1)(k+2)(k+3)+(k+1)(k+2)(k+3)$

$=\dfrac{1}{4}(k+1)(k+2)(k+3)(k+4)$

したがって，②は$n=k+1$のときも成り立つ。

（Ⅰ），（Ⅱ）から，すべての自然数nに対して②は成り立つ。

◀ $n=k$のときを仮定して，$n=k+1$のときの等式
$1\cdot2\cdot3\cdot+2\cdot3\cdot4+\cdots\cdots+(k+1)(k+2)(k+3)=\dfrac{1}{4}(k+1)(k+2)\times(k+3)(k+4)$
を示す。

練習 237 まず，$n=2$のときを示す。次に$n=k$ $(k\geqq2)$のときを仮定して，$n=k+1$のときの不等式を示す。

$3^n>2n+1$ $(n\geqq2)$ ……①

（Ⅰ） $n=2$のとき

$(左辺)=3^2=9$，$(右辺)=2\cdot2+1=5$

で，①は成り立つ。

（Ⅱ） $n=k$ $(k\geqq2)$のとき，①が成り立つと仮定すると

$3^k>2k+1$

両辺に3をかけて

$3^{k+1}>3(2k+1)>2(k+1)+1$

したがって，$n=k+1$のときも①は成り立つ。

（Ⅰ），（Ⅱ）から，nが2以上の自然数のとき，①は成り立つ。

◀ $3^{k+1}>2(k+1)+1=2k+3$を示せば，$n=k+1$のときも成り立つことがわかる。

◀ $3(2k+1)-\{2(k+1)+1\}=4k>0$

練習 238　まず，$n=4$のときを示す。次に

$$2^{k+1}>(k+1)^2-(k+1)+2$$

を示すのに，この右辺と$2(k^2-k+2)$の大小を調べる。

$$2^n>n^2-n+2 \ (n\geqq 4) \quad \cdots\cdots①$$

(Ⅰ)　$n=4$のとき

$$(\text{左辺})=16,\ (\text{右辺})=16-4+2=14$$

で，①は成り立つ。

(Ⅱ)　$n=k\ (k\geqq 4)$のとき，①が成り立つと仮定すると

$$2^k>k^2-k+2$$

この両辺に2をかけて　$2^{k+1}>2(k^2-k+2)$　……②

ここで

$$2(k^2-k+2)-\{(k+1)^2-(k+1)+2\}$$
$$=k^2-3k+2=(k-1)(k-2)>0$$

よって　$2(k^2-k+2)>(k+1)^2-(k+1)+2$　……③

②，③から

$$2^{k+1}>(k+1)^2-(k+1)+2$$

となって，$n=k+1$のときも①は成り立つ。

(Ⅰ)，(Ⅱ)から，nが4以上の自然数のとき，①は成り立つ。

◀2つの式の大小を調べるために，差をとって，その符号を調べる。ただし，$k\geqq 4$。

練習 239　a_2，a_3，a_4くらいまで計算して，a_nを推定する。

$$a_1=\frac{1}{2},\ a_{n+1}=\frac{1}{2-a_n} \quad \cdots\cdots①$$

$$a_2=\frac{1}{2-a_1}=\frac{1}{2-\frac{1}{2}}=\frac{2}{3},\ a_3=\frac{1}{2-a_2}=\frac{1}{2-\frac{2}{3}}=\frac{3}{4}$$

◀$a_4=\dfrac{1}{2-a_3}=\dfrac{1}{2-\frac{3}{4}}$
$=\dfrac{4}{5}$

これらから　$a_n=\dfrac{n}{n+1}$　……②

と推定される。

(Ⅰ)　$n=1$のとき，②は成り立つ。

(Ⅱ)　$n=k$のとき，②が成り立つと仮定すると

$$a_k=\frac{k}{k+1}$$

このとき，①から

$$a_{k+1}=\frac{1}{2-a_k}=\frac{1}{2-\frac{k}{k+1}}=\frac{k+1}{k+2}$$

したがって，$n=k+1$のときも②は成り立つ。

(Ⅰ)，(Ⅱ)から，すべての自然数nについて②は成り立つ。

練習 240　命題「$n^3+(n+1)^3+(n+2)^3$ は9の倍数」

(Ⅰ)　$n=1$ のとき，$1^3+2^3+3^3=36$ は9の倍数である。

(Ⅱ)　$n=k$ のとき，命題が成り立つと仮定すると

$$k^3+(k+1)^3+(k+2)^3=9l \quad (l\text{は整数})$$

とおくことができる。$n=k+1$ のとき

$$\begin{aligned}&(k+1)^3+(k+2)^3+(k+3)^3\\&=k^3+(k+1)^3+(k+2)^3+(3k^2\cdot 3+3k\cdot 9+27)\\&=9l+9(k^2+3k+3)\\&=9\{l+(k^2+3k+3)\}\end{aligned}$$

これは9の倍数。したがって，$n=k+1$ のときも命題は成り立つ。

(Ⅰ)，(Ⅱ)から，すべての自然数 n に対して命題は成り立つ。

◀ここでも
$k^3+(k+1)^3+(k+2)^3=9l$
を $n=k+1$ のときにどう使うかがポイント。

定期テスト対策問題 13

1 解説 (1)は等差数列，(2)は等比数列である。

解答 (1) $a_{n+1}=a_n+3$ から　　$a_{n+1}-a_n=3$

したがって，数列 $\{a_n\}$ は，初項が $a_1=-5$，公差が3の等差数列だから

$$a_n=-5+(n-1)\cdot 3$$

◀ $a_n=a_1+(n-1)d$

よって

$$\boldsymbol{a_n=3n-8}$$

(2) $a_{n+1}=-2a_n$ のとき，数列 $\{a_n\}$ は，初項が $a_1=3$，公比が -2 の等比数列だから

$$\boldsymbol{a_n=3\cdot(-2)^{n-1}}$$

◀ $a_n=a_1\cdot r^{n-1}$

2 解答 (1) $a_1=1$，$a_{n+1}-a_n=2n+1$

◀ $a_{n+1}=a_n+f(n)$ のタイプ。$n=1$ のときは，あとで確認する。

$n\geqq 2$ のとき

$$a_n=a_1+\sum_{k=1}^{n-1}(2k+1)$$

$$=1+2\cdot\frac{(n-1)n}{2}+(n-1)$$

$$=n^2$$

これは，$n=1$ のときも成り立つから

$$\boldsymbol{a_n=n^2}$$

(2) $a_1=3$，$a_{n+1}=\dfrac{1}{2}a_n-1$

◀ $a_{n+1}=pa_n+q$ のタイプ。$\alpha=\dfrac{1}{2}\alpha-1$ の 解 $\alpha=-2$ を両辺から引く，つまり，両辺に2を加える。

両辺に2を加えて

$$a_{n+1}+2=\frac{1}{2}(a_n+2)$$

したがって，数列 $\{a_n+2\}$ は，初項が $a_1+2=5$，公比が $\dfrac{1}{2}$ の等比数列だから

$$a_n+2=5\left(\frac{1}{2}\right)^{n-1}$$

よって

$$\boldsymbol{a_n=5\left(\frac{1}{2}\right)^{n-1}-2}$$

3 解答 (1)　$a_1=5,\ a_{n+1}=\dfrac{1}{3}a_n+\dfrac{2}{3}$

両辺から1を引いて

$$a_{n+1}-1=\frac{1}{3}(a_n-1)$$

◀ $\alpha=\dfrac{1}{3}\alpha+\dfrac{2}{3}$ の解 $\alpha=1$ を両辺から引く。

したがって

$$a_n-1=(a_1-1)\left(\frac{1}{3}\right)^{n-1}$$

$a_1-1=4$ だから　　$\boldsymbol{a_n=4\left(\frac{1}{3}\right)^{n-1}+1}$

(2)　$$\sum_{k=1}^{n}a_k=\sum_{k=1}^{n}\left\{4\left(\frac{1}{3}\right)^{k-1}+1\right\}=4\cdot\frac{1-\left(\frac{1}{3}\right)^n}{1-\frac{1}{3}}+n$$

$$=\boldsymbol{n-2\left(\frac{1}{3}\right)^{n-1}+6}$$

◀ $\displaystyle\sum_{k=1}^{n}4\left(\frac{1}{3}\right)^{k-1}$ は，初項が4，公比が $\dfrac{1}{3}$，項数が n の等比数列の和である。

4 解説 (1)　$S_1=a_1$ を利用する。

(2)　与えられた漸化式の n を1つ上げて，$n\geqq1$ のとき $S_{n+1}-S_n=a_{n+1}$ を利用する。

解答 $2S_n=a_n+2n\ (n\geqq1)$　　……①

(1)　①で $n=1$ とおくと

$$2S_1=a_1+2$$

$S_1=a_1$ だから

◀ $S_1=a_1$

$$2a_1=a_1+2$$

よって　　$\boldsymbol{a_1=2}$

(2)　①で n の値を1つ上げて

$$2S_{n+1}=a_{n+1}+2(n+1)\qquad\cdots\cdots②$$

②−①から

$$2(S_{n+1}-S_n)=a_{n+1}-a_n+2$$

$S_{n+1}-S_n=a_{n+1}$ だから

◀ $n\geqq2$ のとき
　$a_n=S_n-S_{n-1}$
$n\geqq1$ のとき
　$a_{n+1}=S_{n+1}-S_n$

$$2a_{n+1}=a_{n+1}-a_n+2$$

よって　　$\boldsymbol{a_{n+1}=-a_n+2}$

(3)　(2)の結果の両辺から1を引いて

$$a_{n+1}-1=-(a_n-1)$$

◀ $\alpha=-\alpha+2$ から
　$\alpha=1$

したがって，数列 $\{a_n-1\}$ は，初項が $a_1-1=1$，公比が -1 の等比数列だから

$$a_n-1=(-1)^{n-1}$$

よって　　$\boldsymbol{a_n=1+(-1)^{n-1}}$

◀ $\{a_n\}$ は $2, 0, 2, 0, 2, 0, \cdots$ となり，2と0を交互にとる。

5 解説 漸化式は，これまでの基本形ではない。それぞれnの項と$n+1$の項になるように，その形をよく見て，両辺を$n(n+1)$で割る。

解答 $a_1=0$，$na_{n+1}=(n+1)a_n+2$

両辺を$n(n+1)$で割ると

$$\frac{a_{n+1}}{n+1}=\frac{a_n}{n}+\frac{2}{n(n+1)}$$

$\frac{a_n}{n}=b_n$とおくと

$$b_{n+1}-b_n=\frac{2}{n(n+1)}$$

$n\geqq2$のとき

$$\begin{aligned}b_n&=b_1+\sum_{k=1}^{n-1}\frac{2}{k(k+1)}\\&=\frac{a_1}{1}+\sum_{k=1}^{n-1}2\left(\frac{1}{k}-\frac{1}{k+1}\right)\\&=0+2\left\{\left(\frac{1}{1}-\frac{1}{2}\right)+\left(\frac{1}{2}-\frac{1}{3}\right)+\cdots+\left(\frac{1}{n-1}-\frac{1}{n}\right)\right\}\\&=2\left(1-\frac{1}{n}\right)=\frac{2(n-1)}{n}\end{aligned}$$

◀ $\frac{2}{k(k+1)}=2\left(\frac{1}{k}-\frac{1}{k+1}\right)$

これは，$n=1$のときも成り立つから

$$\boldsymbol{a_n=nb_n=2(n-1)}$$

6 解答 $1\cdot1!+2\cdot2!+3\cdot3!+\cdots\cdots+n\cdot n!$
$=(n+1)!-1$ ……①

◀ $n!$は1からnまでのすべての自然数の積である。
$n!=1\cdot2\cdot3\cdot\cdots\cdots\cdot n$

（Ⅰ） $n=1$のとき

(左辺)$=1\cdot1!=1$，(右辺)$=2!-1=1$

で，①は成り立つ。

（Ⅱ） $n=k$のとき，①が成り立つと仮定すると

$$1\cdot1!+2\cdot2!+\cdots\cdots+k\cdot k!=(k+1)!-1$$

この両辺に$(k+1)\cdot(k+1)!$を加えると

$$\begin{aligned}&1\cdot1!+2\cdot2!+\cdots\cdots+(k+1)\cdot(k+1)!\\&=(k+1)!-1+(k+1)\cdot(k+1)!\\&=(k+1)!\cdot(1+k+1)-1\\&=(k+2)!-1\end{aligned}$$

◀ $(k+1)!\cdot(k+2)$
$=(k+2)!$

したがって，$n=k+1$のときも①は成り立つ。

（Ⅰ），（Ⅱ）から，nを自然数とするとき①は成り立つ。

7 **解説** (2)　$n=k$のとき，a_kが4の倍数であると仮定して，a_{n+1}が4の倍数であることを示すには，(1)の結果を利用する。

解答 (1)　$a_n=5^n-1$　……①

から

$$a_{n+1}-a_n=(5^{n+1}-1)-(5^n-1)$$
$$=5^n(5-1)$$
$$=\mathbf{4\cdot 5^n}\quad\cdots\cdots②$$

(2)(Ⅰ)　①から$a_1=4$，これは4の倍数である。

(Ⅱ)　a_kが4の倍数であると仮定すると，②から

$$a_{k+1}=4\cdot 5^k+a_k$$

も4の倍数である。

(Ⅰ)，(Ⅱ)から，すべての自然数nに対して，a_nは4の倍数である。

◀ $a_k=4l$（lは整数）とおいてもよい。

第2章 確率分布と統計的な推測

第1節 確率分布

練習 241 (1) Xのとり得る値は3, 4, 5の3通りである。

$$P(X=3)=\frac{1}{{}_5C_3}=\frac{1}{10},\ P(X=4)=\frac{{}_3C_2}{{}_5C_3}=\frac{3}{10},$$

$$P(X=5)=\frac{{}_4C_2}{{}_5C_3}=\frac{6}{10}$$

よって，Xの確率分布は右のようになる。

X	3	4	5	計
P	$\frac{1}{10}$	$\frac{3}{10}$	$\frac{6}{10}$	1

(2) $E(X)=3\times\frac{1}{10}+4\times\frac{3}{10}+5\times\frac{6}{10}$

$=\frac{45}{10}=\frac{9}{2}$

◀ 分母を10にそろえたほうが計算がラクである。

$V(X)=E(X^2)-\{E(X)\}^2$

$=\left(3^2\times\frac{1}{10}+4^2\times\frac{3}{10}+5^2\times\frac{6}{10}\right)-\left(\frac{9}{2}\right)^2$

$=\frac{207}{10}-\frac{81}{4}=\frac{9}{20}$

◀ $V(X)$
$=(2乗平均)-(平均)^2$

$\sigma(X)=\sqrt{\frac{9}{20}}=\frac{3\sqrt{5}}{10}$

◀ $\sigma(X)=\sqrt{V(X)}$

練習 242 $Y=3-X$であるから，Yの確率分布は次のようになる。

Y	0	1	2	3	計
P	$\frac{1}{56}$	$\frac{15}{56}$	$\frac{30}{56}$	$\frac{10}{56}$	1

◀ 分母を56で統一。

$E(Y)=1\times\frac{15}{56}+2\times\frac{30}{56}+3\times\frac{10}{56}=\frac{15}{8}$

$V(Y)=E(Y^2)-\{E(Y)\}^2$

$=\left(1^2\times\frac{15}{56}+2^2\times\frac{30}{56}+3^2\times\frac{10}{56}\right)-\left(\frac{15}{8}\right)^2$

$=\frac{225}{56}-\frac{225}{64}=\frac{225}{448}$

$\sigma(Y)=\sqrt{\frac{225}{448}}=\frac{15\sqrt{7}}{56}$

◀ $\sigma(Y)=\sqrt{V(Y)}$

練習 243 $\sigma(aX+b)=\sqrt{V(aX+b)}$

$=\sqrt{a^2V(X)}=|a|\sqrt{V(X)}$

$=|a|\sigma(X)$

練習 244 (1) $E(2X-4)=2E(X)-4=2\times3-4=\mathbf{2}$

(2) $V(-2X+1)=(-2)^2V(X)=4\times2=\mathbf{8}$

(3) $\sigma(-X+3)=|-1|\sigma(X)=\sigma(X)=\sqrt{V(X)}=\sqrt{2}$

◀ まず$\sigma(X)=\sqrt{2}$を求めて
$\sigma(-X+3)$
$=|-1|\sigma(X)$
$=\sqrt{2}$
としてもよい。

練習 245 得点をxとすると

$$\frac{x-60}{8}\times10+50=70$$

$$\frac{x-60}{8}\times10=20$$

$$x-60=16$$

$x=\mathbf{76}$ **(点)**

◀ 偏差値は
$\dfrac{\text{得点}-\text{平均}}{\text{標準偏差}}\times10+50$

練習 246 10円硬貨が表なら$X=10$，裏なら$X=0$，100円硬貨が表なら$Y=100$，裏なら$Y=0$，500円硬貨が表なら$Z=500$，裏なら$Z=0$とする。

X，Y，Zはどの2つも互いに独立である。

また，$W=X+Y+Z$である。

ここで

$$E(X)=10\cdot\frac{1}{2}+0\cdot\frac{1}{2}=5$$

$$V(X)=E(X^2)-\{E(X)\}^2$$
$$=\left(10^2\cdot\frac{1}{2}+0^2\cdot\frac{1}{2}\right)-5^2=25$$

◀ 分散
=(2乗平均)−(平均)^2

$$E(Y)=100\cdot\frac{1}{2}+0\cdot\frac{1}{2}=50$$

$$V(Y)=E(Y^2)-\{E(Y)\}^2$$
$$=\left(100^2\cdot\frac{1}{2}+0^2\cdot\frac{1}{2}\right)-50^2=2500$$

$$E(Z)=500\cdot\frac{1}{2}+0\cdot\frac{1}{2}=250$$

$$V(Z)=E(Z^2)-\{E(Z)\}^2$$
$$=\left(500^2\cdot\frac{1}{2}+0^2\cdot\frac{1}{2}\right)-250^2=62500$$

よって

$$E(W)=E(X+Y+Z)$$
$$=E(X)+E(Y)+E(Z)$$
$$=5+50+250=\mathbf{305}$$

◀ これはX，Y，Zが独立でなくても成り立つ。

$$V(W)=V(X+Y+Z)$$
$$=V(X)+V(Y)+V(Z)$$
$$=25+2500+62500=\mathbf{65025}$$

◀ これはX，Y，Zが互いに独立のときのみ成り立つ。

練習 247 (1) $E(X-Y)=E(X)-E(Y)=2-3=\mathbf{-1}$

(2) $E(2X+4Y)=2E(X)+4E(Y)$

$=2\cdot2+4\cdot3=\mathbf{16}$

(3) $E\left(\frac{1}{2}X-\frac{1}{3}Y\right)=\frac{1}{2}E(X)-\frac{1}{3}E(Y)$

$=\frac{1}{2}\cdot2-\frac{1}{3}\cdot3=\mathbf{0}$

◀ $E(aX+bY)$
$=aE(X)+bE(Y)$

練習 248 1回目，2回目，3回目に出た目をそれぞれX_1，X_2，X_3とすると，X_1，X_2，X_3は互いに独立である。

また，$i=1$，2，3について

$$E(X_i)=1\cdot\frac{1}{6}+2\cdot\frac{1}{6}+\cdots+6\cdot\frac{1}{6}=\frac{7}{2}$$

$Z=X_1X_2X_3$であるから

$$\boldsymbol{E(Z)}=E(X_1)\cdot E(X_2)\cdot E(X_3)$$

$$=\left(\frac{7}{2}\right)^3=\boldsymbol{\frac{343}{8}}$$

◀ X_1，X_2，X_3が互いに独立のときのみ成り立つ。

練習 249 X，Y，Zは互いに独立である。

$$E(X)=1\cdot\frac{1}{6}+2\cdot\frac{1}{6}+\cdots+6\cdot\frac{1}{6}=\frac{7}{2}$$

$$V(X)=E(X^2)-\{E(X)\}^2$$

$$=\left(1^2\cdot\frac{1}{6}+2^2\cdot\frac{1}{6}+\cdots+6^2\cdot\frac{1}{6}\right)-\left(\frac{7}{2}\right)^2$$

$$=\frac{91}{6}-\frac{49}{4}=\frac{35}{12}$$

Y，Zについても同様であるから

$$\boldsymbol{V(X+Y+Z)}=V(X)+V(Y)+V(Z)$$

$$=\frac{35}{12}\times3=\boldsymbol{\frac{35}{4}}$$

◀ X，Y，Zが互いに独立のとき成り立つ。

練習 250 (1) $P(X=1)={}_5C_1\left(\frac{1}{2}\right)^1\left(\frac{1}{2}\right)^4=\boldsymbol{\frac{5}{32}}$

(2) $P(X=3)={}_5C_3\left(\frac{1}{2}\right)^3\left(\frac{1}{2}\right)^2=10\cdot\frac{1}{2^5}=\boldsymbol{\frac{5}{16}}$

(3) $P(1\leqq X\leqq3)=P(X=1)+P(X=2)+P(X=3)$

$$=\frac{5}{32}+{}_5C_2\left(\frac{1}{2}\right)^2\left(\frac{1}{2}\right)^3+\frac{5}{16}$$

$$=\frac{5}{32}+\frac{5}{16}+\frac{5}{16}=\boldsymbol{\frac{25}{32}}$$

練習 251 (1) 2以下の目が出る確率は $\frac{2}{6}=\frac{1}{3}$ であるから，

20回投げたとき2以下の目が出る回数を Y とすると，Y は二項分布 $B\left(20,\ \frac{1}{3}\right)$ に従う。

$X=10Y$ と表すことができるから

$$E(X)=E(10Y)=10E(Y)$$
$$=10\cdot20\cdot\frac{1}{3}=\mathbf{\frac{200}{3}}$$

◀ $E(aY)=aE(Y)$

$$V(X)=V(10Y)=10^2V(Y)$$
$$=10^2\cdot20\cdot\frac{1}{3}\cdot\frac{2}{3}=\mathbf{\frac{4000}{9}}$$

◀ $V(aY)=a^2V(Y)$

(2) サイコロ1個につき，5以上の目が出る確率は $\frac{2}{6}=\frac{1}{3}$ であるから

$$P(X=i)={}_{10}\mathrm{C}_i\left(\frac{1}{3}\right)^i\left(\frac{2}{3}\right)^{10-i}$$

よって，X は二項分布 $B\left(10,\ \frac{1}{3}\right)$ に従う。

したがって

$$E(X)=10\cdot\frac{1}{3}=\mathbf{\frac{10}{3}}$$

◀ $E(X)=np$

$$V(X)=10\cdot\frac{1}{3}\cdot\frac{2}{3}=\mathbf{\frac{20}{9}}$$

◀ $V(X)=np(1-p)$

練習 252 Aの袋について，1のカードが出たら $Y=1$，1のカードが出なければ $Y=0$ とする。Bの袋についても同様に $Z=1$，$Z=0$ を定める。

Y と Z は互いに独立であり，$X=Y+Z$ である。また

$$E(Y)=1\cdot\frac{1}{6}=\frac{1}{6}$$
$$V(Y)=1\cdot\frac{1}{6}\cdot\frac{5}{6}=\frac{5}{36}$$

◀ $V(Y)$
$=E(Y^2)-\{E(Y)\}^2$
$=\left(1^2\cdot\frac{1}{6}+0^2\cdot\frac{5}{6}\right)-\left(\frac{1}{6}\right)^2$
$=\frac{5}{36}$
としてもよい。

$$E(Z)=1\cdot\frac{1}{4}=\frac{1}{4}$$
$$V(Z)=1\cdot\frac{1}{4}\cdot\frac{3}{4}=\frac{3}{16}$$

よって

$$E(X)=E(Y+Z)=E(Y)+E(Z)$$
$$=\frac{1}{6}+\frac{1}{4}=\mathbf{\frac{5}{12}}$$
$$V(X)=V(Y+Z)=V(Y)+V(Z)$$
$$=\frac{5}{36}+\frac{3}{16}=\mathbf{\frac{47}{144}}$$

◀ Y，Z が互いに独立のときのみ成り立つ。

練習 253 (1) 確率密度関数が $f(x)=ax^2$ $(0\leqq x\leqq 2)$ だから

$$\int_0^2 f(x)dx=\int_0^2 ax^2dx$$
$$=\left[\frac{ax^3}{3}\right]_0^2$$
$$=\frac{8a}{3}$$

よって　$\frac{8a}{3}=1$

$$\boldsymbol{a=\frac{3}{8}}$$

◀ 確率密度関数の定義から
$\int_0^2 f(x)dx=1$

(2) (1)から　$f(x)=\frac{3}{8}x^2$

$$P(0\leqq X\leqq 1)=\int_0^1\frac{3}{8}x^2dx=\left[\frac{x^3}{8}\right]_0^1$$
$$=\boldsymbol{\frac{1}{8}}$$

(3) $P(X\leqq k)=\int_0^k\frac{3}{8}x^2dx=\left[\frac{x^3}{8}\right]_0^k$

$$=\frac{k^3}{8}$$

よって　$\frac{k^3}{8}=\frac{1}{64}$

$$k^3=\frac{1}{8}$$

◀ $P(X\leqq k)=\frac{1}{64}$ だから。

$0\leqq k\leqq 2$ だから　$\boldsymbol{k=\frac{1}{2}}$

練習 254 $\boldsymbol{E(X)}=\int_0^1 xf(x)dx=\int_0^1 x\cdot 3x^2dx$

$$=\left[\frac{3x^4}{4}\right]_0^1=\boldsymbol{\frac{3}{4}}$$

$$\boldsymbol{V(X)}=\int_0^1\left(x-\frac{3}{4}\right)^2\cdot 3x^2dx$$
$$=\int_0^1\left(3x^4-\frac{9x^3}{2}+\frac{27}{16}x^2\right)dx$$
$$=\left[\frac{3}{5}x^5-\frac{9}{8}x^4+\frac{9}{16}x^3\right]_0^1$$
$$=\frac{3}{5}-\frac{9}{8}+\frac{9}{16}=\boldsymbol{\frac{3}{80}}$$

◀ $V(X)$
$=\int_0^1(x-m)^2f(x)dx$

練習 255 確率変数 X の確率密度関数が $f(x)=\frac{1}{2}x\ (0\leqq x\leqq 2)$ だから

$$E(X)=\int_0^2 xf(x)dx=\int_0^2 x\cdot\frac{1}{2}x\,dx$$
$$=\left[\frac{x^3}{6}\right]_0^2=\frac{8}{6}=\mathbf{\frac{4}{3}}$$
$$V(X)=\int_0^2 x^2f(x)dx-\left(\frac{4}{3}\right)^2=\int_0^2 x^2\cdot\frac{1}{2}x\,dx-\frac{16}{9}$$
$$=\left[\frac{x^4}{8}\right]_0^2-\frac{16}{9}=2-\frac{16}{9}=\mathbf{\frac{2}{9}}$$

◀ $V(X)=\int_0^2 x^2f(x)dx-m^2$

練習 256 (1) $P(0\leqq Z\leqq 2)=a$ だから

$$P(-2\leqq Z\leqq 0)=P(0\leqq Z\leqq 2)=\boldsymbol{a}$$

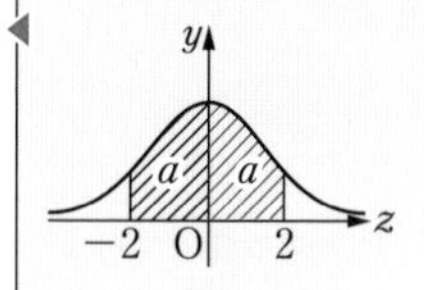

(2) $P(-2\leqq Z\leqq 2)=P(-2\leqq Z\leqq 0)+P(0\leqq Z\leqq 2)$
$$=a+a=\boldsymbol{2a}$$

(3) $P(Z\geqq 2)=P(Z\geqq 0)-P(0\leqq Z\leqq 2)=\boldsymbol{\frac{1}{2}-a}$

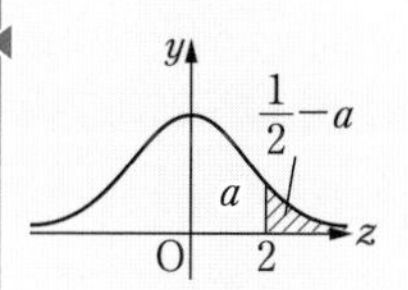

(4) $P(Z\leqq 2)=P(Z\leqq 0)+P(0\leqq Z\leqq 2)=\boldsymbol{\frac{1}{2}+a}$

別解 (4) $P(Z\leqq 2)=1-P(Z\geqq 2)$
$$=1-\left(\frac{1}{2}-a\right)=\boldsymbol{\frac{1}{2}+a}$$

としてもよい。

右半分の面積は $\frac{1}{2}$ だから

$P(Z\geqq 0)=\frac{1}{2}$

練習 257 $Z=\frac{X-50}{10}$ とおくと，$X=20,\ 30,\ 70,\ 80$ のとき，それぞれ　$Z=-3,\ -2,\ 2,\ 3$

よって，求める確率は

(1) $P(20\leqq X\leqq 70)=P(-3\leqq Z\leqq 2)$
$$=P(0\leqq Z\leqq 3)+P(0\leqq Z\leqq 2)$$
$$=\boldsymbol{b+c}$$

(2) $P(30\leqq X\leqq 70)=P(-2\leqq Z\leqq 2)$
$$=2P(0\leqq Z\leqq 2)$$
$$=\boldsymbol{2b}$$

(3) $P(70\leqq X\leqq 80)=P(2\leqq Z\leqq 3)$
$$=P(0\leqq Z\leqq 3)-P(0\leqq Z\leqq 2)$$
$$=\boldsymbol{c-b}$$

◀ (1)

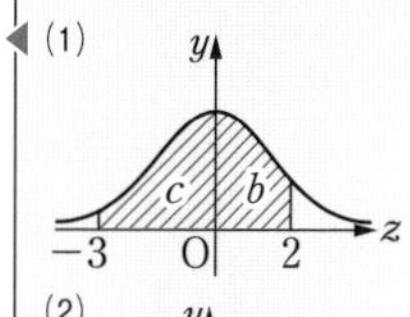

(2)

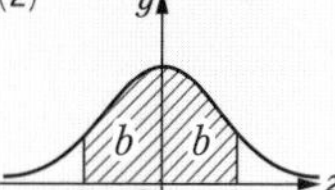

(3)

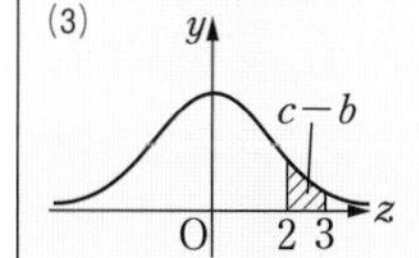

練習 258 例題と同様にして，$Z=\dfrac{X-50}{2}$ とおくと，

$X=46$, 54のとき，それぞれ　$Z=-2$, 2

よって，求める確率は

$$\begin{aligned} P(46 \leqq X \leqq 54) &= P(-2 \leqq Z \leqq 2) \\ &= 2P(0 \leqq Z \leqq 2) \\ &= 2 \times 0.4772 \\ &= 0.9544 \end{aligned}$$

よって　**約95%**

練習 259 $\dfrac{5}{400}=0.0125$ だから

◀ まず上位何%に入っているかを考える。

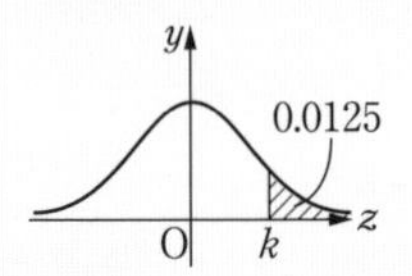

$$\begin{aligned} P(Z \geqq k) &= P(Z \geqq 0) - P(0 \leqq Z \leqq k) \\ 0.0125 &= 0.5 - P(0 \leqq Z \leqq k) \\ P(0 \leqq Z \leqq k) &= 0.4875 \end{aligned}$$

よって　　$k=2.24$

Xが正規分布$N(170,\ 5^2)$に従うとき，$Z=\dfrac{X-170}{5}$ は，

標準正規分布$N(0,\ 1)$に従う。

上位5番以内に入るには　　$Z \geqq 2.24$

◀ Zの範囲をXの範囲に対応させる。

$$\frac{X-170}{5} \geqq 2.24$$

$$X \geqq 181.2$$

よって　**約181.2 cm以上**

練習 260 例題と同様にすると，$X=110$, 130, 140のとき，

それぞれ　　$Z=-1$, 1, 2

よって，求める確率は

(1)　$P(X \leqq 110) = P(Z \leqq -1)$

$$\begin{aligned} &= P(Z \leqq 0) - P(-1 \leqq Z \leqq 0) \\ &= P(Z \leqq 0) - P(0 \leqq Z \leqq 1) \\ &= \boldsymbol{\frac{1}{2} - a} \end{aligned}$$

(2)　$P(X \geqq 140) = P(Z \geqq 2)$

$$\begin{aligned} &= P(Z \geqq 0) - P(0 \leqq Z \leqq 2) \\ &= \boldsymbol{\frac{1}{2} - b} \end{aligned}$$

(3)　$P(110 \leqq X \leqq 130) = P(-1 \leqq Z \leqq 1)$

$$\begin{aligned} &= 2P(0 \leqq Z \leqq 1) \\ &= \boldsymbol{2a} \end{aligned}$$

◀ (1)

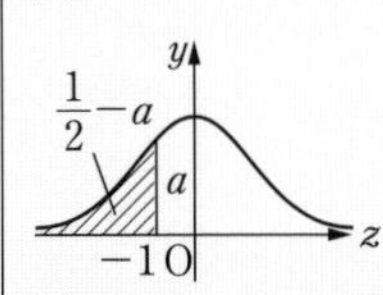

(2)

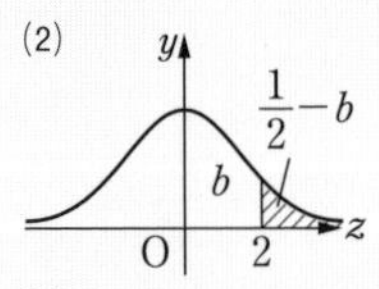

(3)

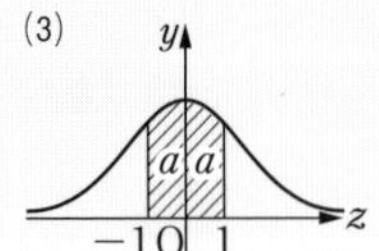

定期テスト対策問題 14

1 **解説** x, yのとり得る値は$(x,\ y)=(0,\ 3)$, $(1,\ 2)$, $(2,\ 1)$, $(3,\ 0)$の4通りである。したがって，Xのとり得る値は$X=0$, 2の2通りである。

解答 (i) $x=0$, $y=3$となる確率は

$$\frac{{}_3C_3}{{}_7C_3}=\frac{1}{35}$$

(ii) $x=1$, $y=2$となる確率は

$$\frac{{}_4C_1\times{}_3C_2}{{}_7C_3}=\frac{12}{35}$$

(iii) $x=2$, $y=1$となる確率は

$$\frac{{}_4C_2\times{}_3C_1}{{}_7C_3}=\frac{18}{35}$$

(iv) $x=3$, $y=0$となる確率は

$$\frac{{}_4C_3}{{}_7C_3}=\frac{4}{35}$$

(i), (iv)のときは$X=0$, (ii), (iii)のときは$X=2$であるから，Xの確率分布は次のようになる。

X	0	2	計
P	$\frac{1}{7}$	$\frac{6}{7}$	1

よって

$$E(X)=2\cdot\frac{6}{7}=\frac{12}{7}$$

$$V(X)=E(X^2)-\{E(X)\}^2$$

$$=2^2\cdot\frac{6}{7}-\left(\frac{12}{7}\right)^2=\frac{24}{49}$$

2 **解説** XとYは同一の確率分布に従う。またXとYは互いに独立である。

解答 (1) $E(X)=(1+2+3+4+5+6)\cdot\frac{1}{6}$

$$=\frac{7}{2}$$

◀ $E(X)$は，平均とも呼ぶが，このような場合は，「期待値」という呼び方がぴったりである。

Yについても同様なので

$$E(Y)=\frac{7}{2}$$

(2) $V(X)=E(X^2)-\{E(X)\}^2$

$$=(1^2+2^2+3^2+4^2+5^2+6^2)\cdot\frac{1}{6}-\left(\frac{7}{2}\right)^2$$

$$=\frac{91}{6}-\frac{49}{4}=\mathbf{\frac{35}{12}}$$

Yについても同様なので　　$V(Y)=\mathbf{\frac{35}{12}}$

(3) $E(X+Y)=E(X)+E(Y)$

$$=\frac{7}{2}+\frac{7}{2}=\mathbf{7}$$

◀これはXとYが独立でなくても成り立つ。

XとYは互いに独立であるから

$$V(X+Y)=V(X)+V(Y)$$

$$=\frac{35}{12}+\frac{35}{12}=\mathbf{\frac{35}{6}}$$

(4) XとYは互いに独立であるから

$$E(XY)=E(X)E(Y)=\frac{7}{2}\cdot\frac{7}{2}=\mathbf{\frac{49}{4}}$$

3 **解説** A，Bそれぞれの袋から取り出された赤玉の個数を順にX_1，X_2とすると，$X=X_1+X_2$である。また，X_1，X_2は互いに独立である。

解答 Aから取り出された赤玉の個数をX_1，Bから取り出された赤玉の個数をX_2とする。

$$P(X_1=0)=\frac{{}_3C_2}{{}_5C_2}=\frac{3}{10}$$

$$P(X_1=1)=\frac{{}_2C_1\cdot{}_3C_1}{{}_5C_2}=\frac{6}{10}$$

$$P(X_1=2)=\frac{{}_2C_2}{{}_5C_2}=\frac{1}{10}$$

したがって，X_1の確率分布は次のようになる。

X_1	0	1	2	計
P	$\frac{3}{10}$	$\frac{6}{10}$	$\frac{1}{10}$	1

同様に，X_2の確率分布は次のようになる。

X_2	0	1	2	計
P	$\frac{2}{7}$	$\frac{4}{7}$	$\frac{1}{7}$	1

よって　　$E(X_1)=0\cdot\frac{3}{10}+1\cdot\frac{6}{10}+2\cdot\frac{1}{10}=\frac{4}{5}$

$$V(X_1)=\left(0^2\cdot\frac{3}{10}+1^2\cdot\frac{6}{10}+2^2\cdot\frac{1}{10}\right)-\left(\frac{4}{5}\right)^2=\frac{9}{25}$$

$$E(X_2)=0\cdot\frac{2}{7}+1\cdot\frac{4}{7}+2\cdot\frac{1}{7}$$

$$=\frac{6}{7}$$

$$V(X_2)=\left(0^2\cdot\frac{2}{7}+1^2\cdot\frac{4}{7}+2^2\cdot\frac{1}{7}\right)-\left(\frac{6}{7}\right)^2$$

$$=\frac{20}{49}$$

したがって

$$\boldsymbol{E(X)}=E(X_1+X_2)=E(X_1)+E(X_2)$$

$$=\frac{4}{5}+\frac{6}{7}=\boldsymbol{\frac{58}{35}}$$

◀これは X_1 と X_2 が独立でなくても成り立つ。

X_1 と X_2 は互いに独立であるから

$$\boldsymbol{V(X)}=V(X_1+X_2)=V(X_1)+V(X_2)$$

$$=\frac{9}{25}+\frac{20}{49}=\boldsymbol{\frac{941}{1225}}$$

4 **解答** X, Y, Z の確率分布はそれぞれ次のようになる。

X	0	1	計
P	$\frac{1}{2}$	$\frac{1}{2}$	1

Y	0	1	2	計
P	$\frac{1}{4}$	$\frac{2}{4}$	$\frac{1}{4}$	1

Z	0	1	2	3	計
P	$\frac{1}{8}$	$\frac{3}{8}$	$\frac{3}{8}$	$\frac{1}{8}$	1

よって

$$E(X)=0\cdot\frac{1}{2}+1\cdot\frac{1}{2}=\frac{1}{2}$$

$$E(Y)=0\cdot\frac{1}{4}+1\cdot\frac{2}{4}+2\cdot\frac{1}{4}=1$$

$$E(Z)=0\cdot\frac{1}{8}+1\cdot\frac{3}{8}+2\cdot\frac{3}{8}+3\cdot\frac{1}{8}=\frac{3}{2}$$

◀$E(X)=1\cdot\frac{1}{2}=\frac{1}{2}$

$E(Y)=2\cdot\frac{1}{2}=1$

$E(Z)=3\cdot\frac{1}{2}=\frac{3}{2}$

としてもよい。

X, Y, Z は互いに独立であるから

$$\boldsymbol{E(XYZ)}=E(X)E(Y)E(Z)$$

$$=\frac{1}{2}\cdot 1\cdot\frac{3}{2}$$

$$=\boldsymbol{\frac{3}{4}}$$

5 **解説** 2以下の目が出る確率は $\frac{2}{6}=\frac{1}{3}$ であるから，Xは二項分布$B\left(4,\ \frac{1}{3}\right)$に従う。

解答 (1) 1回につき2以下の目が出る確率は $\frac{2}{6}=\frac{1}{3}$ であるから，Xの確率分布は次のようになる。

X	0	1	2	3	4	計
P	$\frac{16}{81}$	$\frac{32}{81}$	$\frac{24}{81}$	$\frac{8}{81}$	$\frac{1}{81}$	1

$\left(\text{なぜならば}P(X=i)={}_4\mathrm{C}_i\left(\frac{1}{3}\right)^i\left(\frac{2}{3}\right)^{4-i}\right)$

(2) **Xは二項分布$B\left(4,\ \frac{1}{3}\right)$に従う。**

(3) $E(X)=4\times\frac{1}{3}=\mathbf{\frac{4}{3}}$，$V(X)=4\times\frac{1}{3}\times\frac{2}{3}=\mathbf{\frac{8}{9}}$

◀ $E(X)=np$
$V(X)=np(1-p)$

6 **解説** それぞれの生徒がサイコロを投げるという試行は互いに独立である。よって

$$P(X=i)={}_{40}\mathrm{C}_i\left(\frac{1}{6}\right)^i\left(\frac{5}{6}\right)^{40-i}$$

解答 それぞれの生徒がサイコロを投げるという試行は互いに独立であるから

$$P(X=i)={}_{40}\mathrm{C}_i\left(\frac{1}{6}\right)^i\left(\frac{5}{6}\right)^{40-i}$$

である。したがって，Xは二項分布$B\left(40,\ \frac{1}{6}\right)$に従うことになる。

よって　$E(X)=40\cdot\frac{1}{6}=\mathbf{\frac{20}{3}}$

$V(X)=40\cdot\frac{1}{6}\cdot\frac{5}{6}=\mathbf{\frac{50}{9}}$

◀ $E(X)=np$
$V(X)=np(1-p)$

7 **解答** (1) $\int_0^1 ax\,dx+\int_1^2 a(2-x)dx=1$

$$\left[\frac{ax^2}{2}\right]_0^1+\left[2ax-\frac{ax^2}{2}\right]_1^2=1$$

$$\frac{a}{2}+(4a-2a)-\left(2a-\frac{a}{2}\right)=1$$

$$\mathbf{a=1}$$

◀ 全体の確率は1。すなわち
$\int_0^2 f(x)dx=1$

よって　$f(x)=\begin{cases}x & (0\leqq x\leqq 1)\\ 2-x & (1\leqq x\leqq 2)\end{cases}$

Xの分布曲線は右図のようになる。

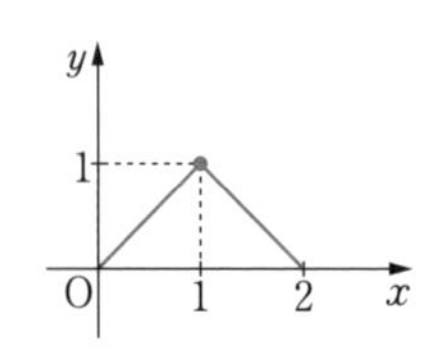

(2) $P(0.5 \leqq X \leqq 1.5)=\int_{0.5}^{1} x\,dx+\int_{1}^{1.5}(2-x)dx$

$$=\left[\frac{x^2}{2}\right]_{0.5}^{1}+\left[2x-\frac{x^2}{2}\right]_{1}^{1.5}$$

$$=\frac{1}{2}-\frac{1}{8}+\left(3-\frac{9}{8}\right)-\left(2-\frac{1}{2}\right)=\frac{3}{4}$$

別解 (1) $y=f(x)$ のグラフは右図のようになり，この斜線部分の面積が1だから

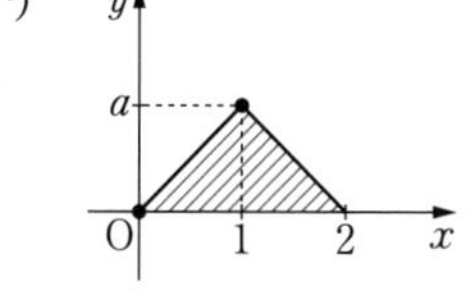

$$\frac{1}{2}\times 2\times a=1$$

よって

$$\boldsymbol{a=1}$$

グラフは右図のようになる。

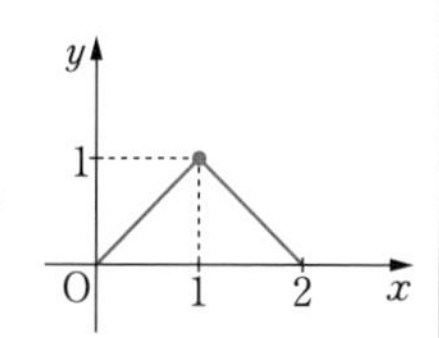

(2) $P(0.5 \leqq X \leqq 1.5)$ は，右下図の斜線部分の面積と等しいから

$$P(0.5 \leqq X \leqq 1.5)$$

$$=1-2\times\frac{1}{2}\times\frac{1}{2}\times\frac{1}{2}$$

$$=\frac{3}{4}$$

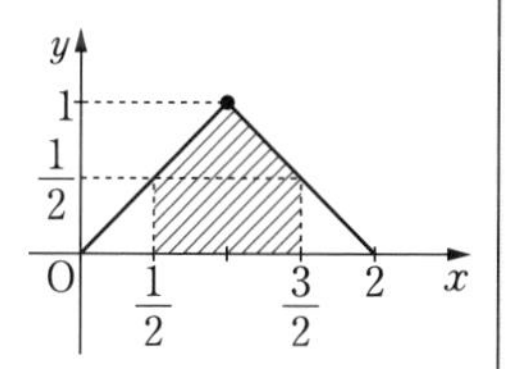

8 **解答** (1) $Z=\dfrac{X-60}{10}$ とおくと，Z は標準正規分布 $N(0,\ 1)$ に従う。

また，$X \geqq 80$ のとき

$$Z \geqq \frac{80-60}{10}$$

$$Z \geqq 2$$

よって　$P(X \geqq 80)=P(Z \geqq 2)$

$$=P(Z \geqq 0)-P(0 \leqq Z \leqq 2)$$

$$=0.5-0.4772=\mathbf{0.0228}$$

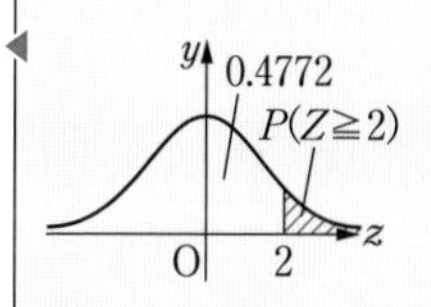

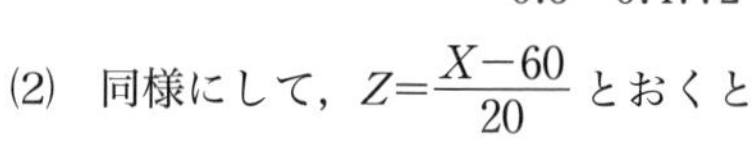

(2) 同様にして，$Z=\dfrac{X-60}{20}$ とおくと

$$P(X \geqq 80)=P\left(Z \geqq \frac{80-60}{20}\right)$$

$$=P(Z \geqq 1)$$

$$=P(Z \geqq 0)-P(0 \leqq Z \leqq 1)$$

$$=0.5-0.3413=\mathbf{0.1587}$$

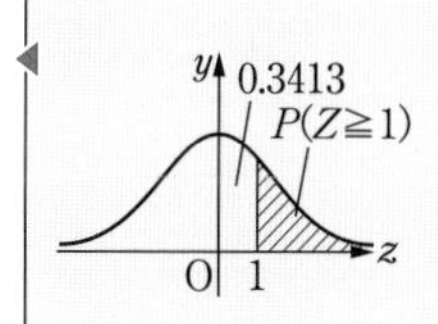

(3) 同様にして，$Z=\dfrac{X-50}{10}$ とおくと

$$P(X\geqq 80)=P\left(Z\geqq\frac{80-50}{10}\right)$$
$$=P(Z\geqq 3)$$
$$=P(Z\geqq 0)-P(0\leqq Z\leqq 3)$$
$$=0.5-0.4987=\mathbf{0.0013}$$

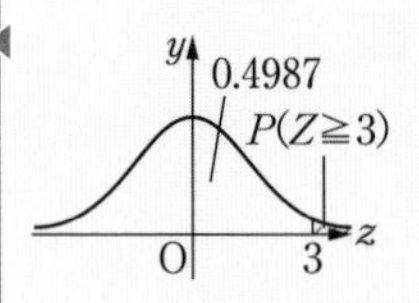

9 **解答** $Z=\dfrac{X-50}{10}$ とおくと，Zは標準正規分布$N(0,\ 1)$に従う。

$$P(Z\geqq k)=0.025$$
$$=0.5-0.475$$
$$=P(Z\geqq 0)-P(0\leqq Z\leqq 1.96)$$
$$=P(Z\geqq 1.96)$$

よって　$k=1.96$

$\dfrac{\alpha-50}{10}=1.96$　すなわち　$\boldsymbol{\alpha=69.6}$

10 **解答** $Z=\dfrac{X-100}{5}$ とおくと，Zは標準正規分布$N(0,\ 1)$に従う。このとき

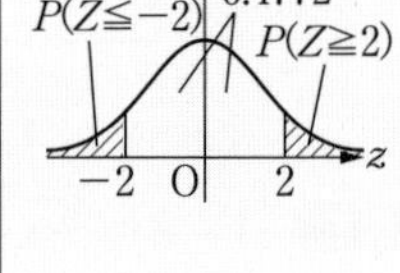
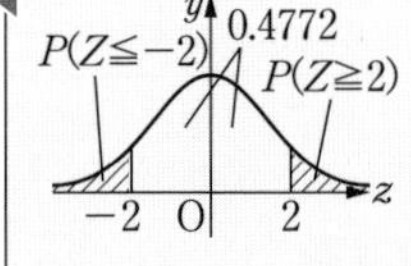

$$P(X\leqq 90)=P\left(Z\leqq\frac{90-100}{5}\right)$$
$$=P(Z\leqq -2)$$
$$=P(Z\geqq 2)$$
$$=P(Z\geqq 0)-P(0\leqq Z\leqq 2)$$
$$=0.5-0.4772=0.0228$$

よって，90 g以下となるのは

$500\times 0.0228=11.4$　より　**およそ11個**

11 **解答** Xが正規分布$N(170,\ 5^2)$に従うとき，

$Z=\dfrac{X-170}{5}$ は，標準正規分布$N(0,\ 1)$に従う。

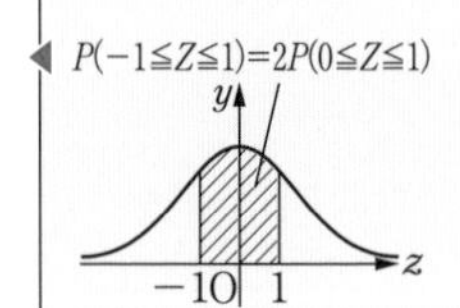

$X=165$のとき　$Z=-1$

$X=175$のとき　$Z=1$

よって　$P(165\leqq X\leqq 175)=P(-1\leqq Z\leqq 1)$
$$=2P(0\leqq Z\leqq 1)$$
$$=2\times 0.3413$$
$$=0.6826$$

したがって，求める生徒の数は

$300\times0.6826=204.78$　より　**約205人**

12 **解答**　Xは二項分布$B\left(400,\ \dfrac{1}{2}\right)$に従うから，その平均$E(X)$，標準偏差$\sigma(X)$は

$$E(X)=400\times\frac{1}{2}=200$$

$$\sigma(X)=\sqrt{400\times\frac{1}{2}\times\frac{1}{2}}=10$$

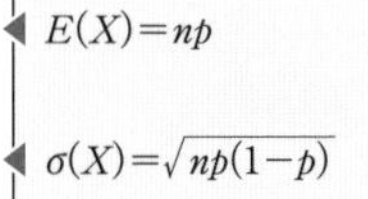

よって，$Z=\dfrac{X-200}{10}$とおくと，Zは標準正規分布$N(0,\ 1)$に従うとみなすことができる。

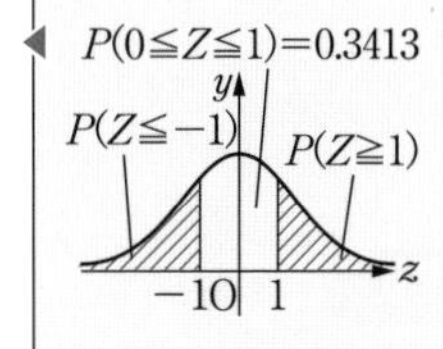

$$\begin{aligned}P(X\leqq 190)&=P\left(Z\leqq\frac{190-200}{10}\right)\\&=P(Z\leqq -1)\\&=P(Z\geqq 1)\\&=P(Z\geqq 0)-P(0\leqq Z\leqq 1)\\&=0.5-0.3413=\mathbf{0.1587}\end{aligned}$$

第2節 統計的な推測，仮説検定

練習 261 (1) Xのとり得る値は1，2，3であり，

$$P(X=1)=\frac{1}{6},\ P(X=2)=\frac{2}{6},\ P(X=3)=\frac{3}{6}$$

よって，母集団分布は右のようになる。

X	1	2	3	計
P	$\frac{1}{6}$	$\frac{2}{6}$	$\frac{3}{6}$	1

◀約分しなくてもよい。後の計算はそのほうが楽なことが多い。

(2) (1)の結果から

$$m=1\times\frac{1}{6}+2\times\frac{2}{6}+3\times\frac{3}{6}=\frac{14}{6}=\frac{7}{3}$$

$$\sigma^2=1^2\times\frac{1}{6}+2^2\times\frac{2}{6}+3^2\times\frac{3}{6}-\left(\frac{7}{3}\right)^2=\frac{36}{6}-\frac{49}{9}=\frac{5}{9}$$

$$\sigma=\sqrt{\frac{5}{9}}=\frac{\sqrt{5}}{3}$$

◀$m=\sum x_i p_i$
$\sigma^2=\sum x_i^2 p_i-m^2$
$\sigma=\sqrt{\sigma^2}$

練習 262 母集団{1，2，3，4}から大きさ2の標本を復元抽出するとき，$(x_1,\ x_2)$の組は重複順列となるから，標本の選び方の総数は

$4^2=16$(通り)

また，取り出す標本を具体的に列挙すると

{1，1}，{1，2}，{1，3}，{1，4}，
{2，1}，{2，2}，{2，3}，{2，4}，
{3，1}，{3，2}，{3，3}，{3，4}，
{4，1}，{4，2}，{4，3}，{4，4}

◀規則性をもって列挙する。

の16通りの場合となる。

これらの標本の標本平均を順に$\overline{X}_1$，$\overline{X}_2$，…，$\overline{X}_{16}$とすると，

標本平均はそれぞれ

$$\overline{X}_1=\frac{1+1}{2}=1,\ \overline{X}_2=\frac{1+2}{2}=\frac{3}{2},\ \overline{X}_3=\frac{1+3}{2}=2$$

◀$\overline{X}=\frac{x_1+x_2+\cdots+x_n}{n}$

以下，同様に計算して

$$\overline{X}_4=\frac{5}{2},\ \overline{X}_5=\frac{3}{2},\ \overline{X}_6=2,\ \overline{X}_7=\frac{5}{2},\ \overline{X}_8=3,$$

$$\overline{X}_9=2,\ \overline{X}_{10}=\frac{5}{2},\ \overline{X}_{11}=3,\ \overline{X}_{12}=\frac{7}{2},$$

$$\overline{X}_{13}=\frac{5}{2},\ \overline{X}_{14}=3,\ \overline{X}_{15}=\frac{7}{2},\ \overline{X}_{16}=4$$

練習 263　考えられる標本(X_1, X_2, X_3)は，全部で3^3通りある。

◀重複順列である。

(1, 1, 1), (1, 1, 2), (1, 1, 3),
(1, 2, 1), (1, 2, 2), (1, 2, 3),
(1, 3, 1), (1, 3, 2), (1, 3, 3),
(2, 1, 1), (2, 1, 2), (2, 1, 3),
(2, 2, 1), (2, 2, 2), (2, 2, 3),
(2, 3, 1), (2, 3, 2), (2, 3, 3),
(3, 1, 1), (3, 1, 2), (3, 1, 3),
(3, 2, 1), (3, 2, 2), (3, 2, 3),
(3, 3, 1), (3, 3, 2), (3, 3, 3)

の27通りの場合がある。

◀これら27通りは，根元事象であり，いずれも同様の確率である。

標本平均を$\overline{X}$とすると，$3\overline{X}$の取り得る値としては，3，4，5，6，7，8，9だけであるから，$\overline{X}$としては

$$\overline{X}=1,\ \frac{4}{3},\ \frac{5}{3},\ 2,\ \frac{7}{3},\ \frac{8}{3},\ 3$$

となる。これらから，標本平均$\overline{X}$の確率分布は次のようになる。

◀3=1+1+1：1通り
4=1+1+2：3通り
5=1+2+2：3通り
　=1+1+3：3通り
6=1+2+3：6通り
　=2+2+2：1通り
7=2+2+3：3通り
　=1+3+3：3通り
8=2+3+3：3通り
9=3+3+3：1通り

$\overline{X}$	1	$\frac{4}{3}$	$\frac{5}{3}$	2	$\frac{7}{3}$	$\frac{8}{3}$	3	計
$P(\overline{X})$	$\frac{1}{27}$	$\frac{3}{27}$	$\frac{6}{27}$	$\frac{7}{27}$	$\frac{6}{27}$	$\frac{3}{27}$	$\frac{1}{27}$	1

練習 264　X_1+X_2の取り得る値は2，3，4，5，6である。

$X_1+X_2=2$となる確率は　$\left(\frac{1}{6}\right)^2=\frac{1}{36}$

◀2=1+1

$X_1+X_2=3$となる確率は　$\frac{1}{6}\times\frac{2}{6}\times2=\frac{4}{36}$

◀3=1+2

$X_1+X_2=4$となる確率は　$\frac{1}{6}\times\frac{3}{6}\times2+\left(\frac{2}{6}\right)^2=\frac{10}{36}$

◀4=1+3，2+2

$X_1+X_2=5$となる確率は　$\frac{2}{6}\times\frac{3}{6}\times2=\frac{12}{36}$

◀5=2+3

$X_1+X_2=6$となる確率は　$\left(\frac{3}{6}\right)^2=\frac{9}{36}$

◀6=3+3

よって，$\overline{X}$の確率分布は下のようになる。

$\overline{X}$	1	$\frac{3}{2}$	2	$\frac{5}{2}$	3	計
P	$\frac{1}{36}$	$\frac{4}{36}$	$\frac{10}{36}$	$\frac{12}{36}$	$\frac{9}{36}$	1

したがって，標本平均$\overline{X}$の期待値$E(\overline{X})$は

$$E(\overline{X})=1\times\frac{1}{36}+\frac{3}{2}\times\frac{4}{36}+2\times\frac{10}{36}+\frac{5}{2}\times\frac{12}{36}+3\times\frac{9}{36}=\frac{7}{3}$$

◀母集団分布は

X	1	2	3	計
P	$\frac{1}{6}$	$\frac{2}{6}$	$\frac{3}{6}$	1

母平均$E(X)$の値は

$$E(X)=1\times\frac{1}{6}+2\times\frac{2}{6}+3\times\frac{3}{6}=\frac{7}{3}$$

練習 265　$E(X)=60$，$\sigma(X)=\dfrac{5}{\sqrt{25}}=\dfrac{5}{5}=1$

◀ $E(\overline{X})=m$（母平均）

$\sigma(\overline{X})=\dfrac{\sigma}{\sqrt{n}}$

練習 266　母標準偏差$\dfrac{1}{2}$の母集団から，大きさnの標本を取り出したとき，その標本平均$\overline{X}$の標準偏差$\sigma(\overline{X})$は

$$\sigma(\overline{X})=\frac{\frac{1}{2}}{\sqrt{n}}$$

であり，これが$\dfrac{1}{40}$以下となるのだから

$$\frac{1}{2\sqrt{n}}\leqq\frac{1}{40}\qquad よって\qquad n\geqq 400$$

よって，nの最小値は　$n=400$

◀ $a>0$，$b>0$であれば

$\dfrac{1}{a}\geqq\dfrac{1}{b}\iff a\leqq b$

練習 267　(1)　母平均50，母標準偏差20，標本の大きさが100だから

$$E(\overline{X})=50,\ \sigma(\overline{X})=\frac{20}{\sqrt{100}}=2$$

◀ $E(\overline{X})=m$

$\sigma(\overline{X})=\dfrac{\sigma}{\sqrt{n}}$

(2)　$Z=\dfrac{\overline{X}-50}{2}$とおくと$Z$は近似的に標準正規分布$N(0,\ 1)$に従うから

$$\begin{aligned}P(\overline{X}>54)&=P\left(Z>\frac{54-50}{2}\right)\\&=P(Z>2)\\&=P(Z\geqq 0)-P(0\leqq Z\leqq 2)\\&=0.5-0.4772=0.0228\end{aligned}$$

◀ $P(0\leqq Z\leqq 2)=0.4772$

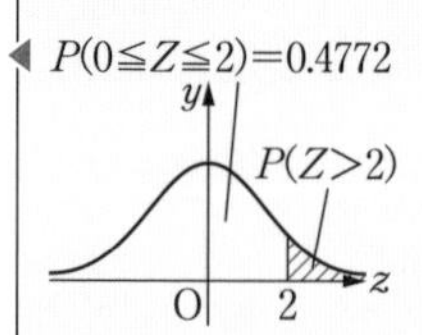

練習 268　母標準偏差が5.0の母集団から，大きさ100の標本を取り出したときの標本平均が168であることから，母平均mに対する信頼度95％の信頼区間は

$$168-1.96\cdot\frac{5.0}{\sqrt{100}}\leqq m\leqq 168+1.96\cdot\frac{5.0}{\sqrt{100}}$$

だから　　$168-0.98\leqq m\leqq 168+0.98$

すなわち，**[167.02，168.98]** である。

◀ $\overline{X}-1.96\cdot\dfrac{\sigma}{\sqrt{n}}\leqq m$

$\leqq\overline{X}+1.96\cdot\dfrac{\sigma}{\sqrt{n}}$

練習 269　標本平均$\overline{X}=970$，標本の標準偏差は$s=300$，標本の大きさは900だから，信頼度95％の信頼区間は

$$\left[970-1.96\times\frac{300}{\sqrt{900}},\ 970+1.96\times\frac{300}{\sqrt{900}}\right]$$

よって　　**[950.4，989.6]（単位はkg）**

◀ $\left[\overline{X}-1.96\times\dfrac{\sigma}{\sqrt{n}},\ \overline{X}+1.96\times\dfrac{\sigma}{\sqrt{n}}\right]$

練習 270 母集団が正規分布に従うとき，標本分布もまた正規分布に従うから，大きさnの標本の平均が$\overline{x}$であるとき，母平均mの95%の信頼区間は

$$\overline{x}-1.96\cdot\frac{\sigma}{\sqrt{n}} \leqq m \leqq \overline{x}+1.96\cdot\frac{\sigma}{\sqrt{n}}$$

ここで，標本{9, 11, 11, 12, 13, 15, 27, 27, 28}から，標本平均$\overline{X}$を求めると

◀ 母標準偏差がわかっているので，標本平均を求めればよい。

$$\overline{X}=\frac{9+11+11+12+13+15+27+27+28}{9}=17$$

母標準偏差$\sigma=9$で，標本の大きさが9だから，標本平均$\overline{X}$の標準偏差は

$$\frac{9}{\sqrt{9}}=3$$

したがって，母平均mに対する信頼度95%の信頼区間は

$$[17-1.96\cdot3,\ 17+1.96\cdot3]$$

$$[17-5.88,\ 17+5.88]$$

すなわち　**[11.12, 22.88]**

◀ 標本数が少ないので，信頼区間の幅が大きい。

練習 271 (1) 標本の大きさ$n=784$，母標準偏差$\sigma=5$だから，信頼区間の幅は

◀ 信頼区間の幅は $2\times1.96\times\frac{\sigma}{\sqrt{n}}$

$$2\times1.96\times\frac{\sigma}{\sqrt{n}}=2\times1.96\times\frac{5}{\sqrt{784}}$$

$$=\frac{10\times1.96}{\sqrt{1.96\times400}}$$

$$=\frac{\sqrt{1.96}}{2}=\frac{1.4}{2}=\mathbf{0.7\ (cm)}$$

(2) 信頼区間の幅が1.4以下だから

$$2\times1.96\times\frac{5}{\sqrt{n}}\leqq1.4$$

$$1.4\sqrt{n}\geqq19.6$$

$$\sqrt{n}\geqq14$$

$$n\geqq196$$

よって，nを少なくとも**196**にすればよい。

練習 272 $\frac{X}{100}$は標本比率である。

サイコロの奇数の目が出る確率は0.5だから，Xは二項分布$B(100,\ 0.5)$に従い，正規分布$N(100\cdot0.5,\ 100\cdot0.5^2)$に従う。

このとき，標本比率$\frac{X}{100}$は，近似的に正規分布$N\left(0.5,\ \frac{0.5^2}{100}\right)$に

従うので，$\dfrac{X}{100}=R$ とおくと，$Z=\dfrac{R-0.5}{\frac{0.5}{10}}$ より

◀ 標本比率を R とおいて，R の標準化を行う。

$$R-0.5=\frac{Z}{20}$$

だから　$P(|R-0.5|\leqq 0.05)=P\left(\left|\dfrac{Z}{20}\right|\leqq 0.05\right)$

$=P(|Z|\leqq 1)=P(-1\leqq Z\leqq 1)$

$=2P(0\leqq Z\leqq 1)$

$=2\cdot 0.3413$

$=\mathbf{0.6826}$

◀ $|R-0.5|\leqq 0.05$ の確率と $\left|\dfrac{Z}{20}\right|\leqq 0.05$ の確率は等しい。

練習 273　標本比率 R は　$R=\dfrac{576}{900}=\dfrac{64}{100}=0.64$

$n=900$ だから

$$1.96\sqrt{\frac{R(1-R)}{n}}=1.96\sqrt{\frac{0.64\cdot 0.36}{900}}$$

$$=\frac{1.96\cdot 0.8\cdot 0.6}{30}=0.03136\fallingdotseq 0.031$$

したがって，求める信頼区間は

$[0.64-0.031,\ 0.64+0.031]$

すなわち　**[0.609, 0.671]**

◀ 標本比率が R であるとき，n が大きければ，標本比率 R は，正規分布 $N\left(R,\ \dfrac{R(1-R)}{n}\right)$ に従う。

練習 274　標本比率を R，標本の大きさを n 回とすると，信頼度95%の信頼区間の幅は

$$2\cdot 1.96\sqrt{\frac{R(1-R)}{n}}$$

◀ 信頼度99%の信頼区間の幅は $2\cdot 2.58\sqrt{\dfrac{R(1-R)}{n}}$

$R=\dfrac{1}{6}$ だから，大きさ n の信頼度95%の信頼区間の幅は

$$2\cdot 1.96\cdot\sqrt{\frac{1}{6}\cdot\left(1-\frac{1}{6}\right)}\cdot\frac{1}{\sqrt{n}}=\frac{1.96\cdot\sqrt{5}}{3\sqrt{n}}$$

これが0.1以下だから　$\dfrac{1.96\cdot\sqrt{5}}{3\sqrt{n}}\leqq 0.1$

すなわち　$\sqrt{n}\geqq\dfrac{1.96\cdot\sqrt{5}\cdot 10}{3}$

両辺を2乗して　$n\geqq\dfrac{(1.96\cdot\sqrt{5}\cdot 10)^2}{9}\fallingdotseq 213.4$

したがって　**214回以上**

◀ n の範囲を求めるとき，両辺を2乗するのだから，この段階での概数は不要。

定期テスト対策問題 15

1 解答 (1) $E(X)=\frac{1}{10}(0+1+\cdots+9)=\mathbf{4.5}$

$V(X)=\frac{1}{10}(0^2+1^2+2^2+\cdots+9^2)-4.5^2=\mathbf{\frac{33}{4}}$

◀ $V(X)=E(X^2)-\{E(X)\}^2$

(2) $E(\overline{X})=E(X)=\mathbf{4.5}$

$V(\overline{X})=\frac{V(X)}{n}=\frac{33}{4}\times\frac{1}{3}=\mathbf{\frac{11}{4}}$

2 解答 $E(\overline{X})=50$

◀ $E(\overline{X})=m$ (母平均)

$\sigma(\overline{X})=\frac{10}{\sqrt{100}}=1$

$\sigma(\overline{X})=\frac{\sigma}{\sqrt{n}}$

ここで，$Z=\frac{\overline{X}-50}{1}$ とおくと，Zは標準正規分布$N(0,\ 1)$ に従うから

◀ $P(0\leqq Z\leqq 2)=0.4772$

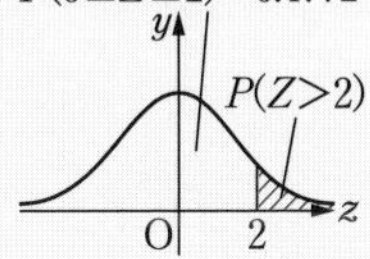

$P(\overline{X}>52)=P(Z>52-50)$

$=P(Z>2)$

$=P(Z\geqq 0)-P(0\leqq Z\leqq 2)$

$=0.5-0.4772=\mathbf{0.0228}$

3 解答 計算すると

$\overline{X}=\frac{109.5+106.8+117.2+106.3+107.5+105.8+107.9+104.0+107.9}{9}$

$=\frac{972.9}{9}$

$=108.1$

$\left[108.1-1.96\times\frac{5}{\sqrt{9}},\ 108.1+1.96\times\frac{5}{\sqrt{9}}\right]$

[104.8, 111.4]

◀ $\left[\overline{X}-1.96\times\frac{\sigma}{\sqrt{n}},\ \overline{X}+1.96\times\frac{\sigma}{\sqrt{n}}\right]$

4 解答 $\left[25-1.96\times\frac{5}{\sqrt{900}},\ 25+1.96\times\frac{5}{\sqrt{900}}\right]$

[24.67, 25.33] (単位は g)

◀ $\left[\overline{X}-1.96\times\frac{\sigma}{\sqrt{n}},\ \overline{X}+1.96\times\frac{\sigma}{\sqrt{n}}\right]$

5 **解答** 信頼区間は

$$\left[1410-1.96\times\frac{200}{\sqrt{625}},\ 1410+1.96\times\frac{200}{\sqrt{625}}\right]$$

[1394.32, 1425.68]（単位は時間）

また

$$2\times1.96\times\frac{200}{\sqrt{n}}\leqq10$$

$$\sqrt{n}\geqq78.4$$

$$n\geqq6146.56$$

したがって，**n は少なくとも 6147 個**

6 **解答** $R=\dfrac{25}{625}=\dfrac{1}{25}$ だから，p の信頼区間は

$$\left[\frac{1}{25}-1.96\times\sqrt{\frac{\frac{1}{25}\left(1-\frac{1}{25}\right)}{625}},\ \frac{1}{25}+1.96\times\sqrt{\frac{\frac{1}{25}\left(1-\frac{1}{25}\right)}{625}}\right]$$

[0.0246, 0.0554]

◀ $\left[R-1.96\times\sqrt{\dfrac{R(1-R)}{n}},\ R+1.96\times\sqrt{\dfrac{R(1-R)}{n}}\right]$

練習 275 1枚のコインを投げて表が6回中5回出たという事象をAとする。「表と裏の出方に偏りがある」ことを主張したいので，帰無仮説を，「コインの出方に偏りがない」，すなわち，

「コインの表も裏も，出る確率は等しく$\dfrac{1}{2}$である」

として考える。

このとき，6回中5回以上表か裏が出る確率は

$$\frac{{}_6C_5+{}_6C_6}{2^6}+\frac{{}_6C_1+{}_6C_0}{2^6}=\frac{7}{64}+\frac{7}{64}$$
$$=\frac{7}{32}$$

この確率と有意水準0.05との大きさを比べると

$$\frac{7}{32}-0.05=\frac{7}{32}-\frac{1}{20}$$
$$=\frac{140-32}{32\cdot20}>0$$

求めた確率は有意水準5%より大きく棄却域に入らない。

よって，**このコインに偏りがあると判断することはできない。**

◀仮説検定では，基準となる確率との大小が判断基準となる。必ずしも正規分布を用いなければならないわけではない。

◀$\dfrac{7}{32}\fallingdotseq0.219$と0.05との大小を比較してもよい。

◀偏りがないと判断しているわけではないことに注意する。

練習 276 帰無仮説を「この日の製品はいつもと変わらない」として，製品Aの重さをXとすれば，Xは正規分布$N(100,\ 2^2)$に従う。

このとき，標本平均$\overline{X}$は，正規分布$N\left(100,\ \dfrac{2^2}{400}\right)$に従う。

有意水準5%で検定するとき，

$$P(-1.96\leqq Z\leqq1.96)=0.95$$

だから，有意水準5%の棄却域は

$$Z\leqq-1.96 \quad \text{または} \quad 1.96\leqq Z$$

$\overline{X}=99.8$だから

$$Z=\frac{99.8-100}{\dfrac{2}{\sqrt{400}}}=-2$$

この値は棄却域$Z\leqq-1.96$に入るから，仮説は棄却される。

すなわち，**この日の製品には問題があったといえる。**

◀製品の重さの平均が母平均で100 g，母標準偏差は2 g。この母集団から抽出した大きさ400の標本平均$\overline{X}$の標準偏差は

$$\frac{2}{\sqrt{400}}=\frac{1}{10}=0.1$$

◀有意水準5%の棄却域や，1%の棄却域もよく使われるので，覚えておきたい。

練習 277　体重に変化を与えたことを主張したいので，帰無仮説としては，「体重に変化を与えない」，すなわち，「平均体重は65 kgである」ことを帰無仮説とする。

◀ 主張したいことがらを対立仮説，それを否定したことがらが帰無仮説となる。

この母集団から抽出された標本の大きさは9だから，これら9個の標本の平均を$\overline{X}$とおくと，$\overline{X}$は正規分布$N\left(65,\ \dfrac{4.8^2}{9}\right)$に従い，

$Z=\dfrac{\overline{X}-65}{\dfrac{4.8}{\sqrt{9}}}$とおくと，$Z$は正規分布$N(0,\ 1)$に従う。

ここで，標本平均$\overline{X}$は

$$\overline{X}=\frac{60+62+63+66+69+69+71+74+78}{9}$$
$$=68$$

◀ 仮の平均を使うと楽。

したがって　$Z=\dfrac{68-65}{\dfrac{4.8}{\sqrt{9}}}=\dfrac{9}{4.8}=1.875$

有意水準5%での棄却域は，$|Z|\geqq 1.96$であり，$Z=1.875$はこの棄却域に入らないから，仮説は棄却できない。したがって，

特別な餌が大きな変化を与えたとまではいえない。

練習 278　$m\neq 300$が対立仮説だから，$m=300$を帰無仮説とする。

◀ 「本当に300 gか」という疑問だから，主張は「$m\neq 300$」であり，帰無仮説は「$m=300$」となる。

母標準偏差をσ，標本平均を$\overline{X}$とすると，$Z=\dfrac{\overline{X}-m}{\dfrac{\sigma}{\sqrt{n}}}$は近似的に標準の正規分布$N(0,\ 1)$に従う。

このとき，標本平均$\overline{X}$の標準偏差は$\dfrac{25}{\sqrt{100}}=2.5$だから

$$P(|\overline{X}-300|\geqq|296-300|)$$
$$=P\left(\frac{|\overline{X}-300|}{\dfrac{25}{\sqrt{100}}}\geqq\frac{4}{\dfrac{25}{\sqrt{100}}}\right)=P(|Z|\geqq 1.6)$$

$P(|Z|\leqq 1.6)=0.4452\times 2=0.8904$だから

$$P(|Z|\geqq 1.6)=1-0.8904$$
$$=0.1096$$

この値は有意水準0.05より大きいので，棄却域に入らない。

すなわち，$m=300$という仮説を棄却することはできないので，

平均が300 gとして問題があると判断することはできない。

練習 279 Aさんの勝つ確率をpとする。2人の間に力の差があるとすれば，$p \neq 0.5$である。そこで，$p=0.5$という仮説(帰無仮説)を立てる。

この仮説が正しいとして，100回の勝負の中でAさんが勝つ回数をXとおくと，Xは二項分布$B(100,\ 0.5)$に従う。

◀ 大きなnに対して，n回中X回あることがらが起こるとしたときの相対比率がRであるとき，Xは二項分布$B(n,\ R)$に従う。

したがって，Xの期待値をmとすると

$$m=100\times0.5=50$$

標準偏差をσとすると

$$\sigma=\sqrt{100\times0.5\times(1-0.5)}=5$$

よって，$Z=\dfrac{X-50}{5}$は標準正規分布$N(0,\ 1)$に従う。

100回の勝負でAさんのほうが40回多く勝っていることから，その回数をxとすると，Bさんの勝利数は$(100-x)$回だから

◀ Aさんの勝った回数を求める。

$$x-(100-x)=40 \quad より \quad x=70$$

よって　$Z=\dfrac{70-50}{5}=4$

◀ 標本比率の標準化。

$P(-1.96\leqq Z\leqq1.96)=0.95$だから，有意水準5%の棄却域は

$$Z\leqq-1.96 \quad または \quad 1.96\leqq Z$$

$Z=4$は棄却域$Z\geqq1.96$に含まれ，$p=0.5$の仮説は棄却される。よって，**2人の間には力の差があると認められる。**

練習 280 サイコロの1の目が出る確率をpとすれば，

◀ 帰無仮説が$p=\alpha$のときは，両側検定。
$p\geqq\alpha$, $p\leqq\alpha$を示したいときは片側検定。

「サイコロの1の目が出やすい」ことは，$p>\dfrac{1}{6}$

したがって，$p=\dfrac{1}{6}$を帰無仮説として片側検定を行う。

この仮説が正しいとすれば，サイコロを720回投げたうち，1が出る回数Xは，二項分布$B\left(720,\ \dfrac{1}{6}\right)$に従うから

Xの期待値mは　$m=720\times\dfrac{1}{6}=120$

標準偏差σは　$\sigma=\sqrt{720\times\dfrac{1}{6}\times\left(1-\dfrac{1}{6}\right)}=10$

よって，$Z=\dfrac{X-120}{10}$は近似的に標準正規分布$N(0,\ 1)$に従う。

◀ 片側検定だから
$P(0\leqq Z\leqq1.64)=0.45$
を用いる。

$P(0\leqq Z\leqq1.64)=0.45$より，有意水準5%の棄却域は

$$Z\geqq1.64$$

$X=140$のとき　$Z=\dfrac{140-120}{10}=2.0$

この値は棄却域$Z\geqq1.64$に入るから，仮説は棄却される。

すなわち，**表が出やすいといえる。**

片側検定

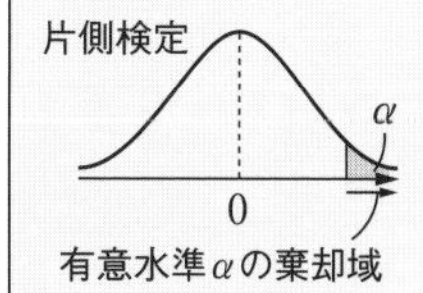

有意水準αの棄却域

練習 281 「新薬での問題の発生率は下がった」のかを検証したいので，「新薬での問題の発生率は変わらない」ことを帰無仮説として立てる。

このとき，無作為に抽出した植物100個のうち，問題が発生したものの個数をXとおくと，Xは二項分布$B(100,\ 0.04)$に従う。

このとき，Xの期待値mと標準偏差σは

$$m=100\cdot\frac{4}{100}=4$$

$$\sigma=\sqrt{100\cdot\frac{4}{100}\left(1-\frac{4}{100}\right)}=\frac{4\sqrt{6}}{5}$$

nが大きいとき，Xは正規分布$N\left(4,\ \left(\frac{4\sqrt{6}}{5}\right)^2\right)$に近似的に従い，

$X=3$のとき

$$Z=\frac{3-4}{\frac{4\sqrt{6}}{5}}=-\frac{5\sqrt{6}}{24}\fallingdotseq-0.510$$

一方，$P(-2.33\leqq Z\leqq 0)=0.49$だから，有意水準1％の棄却域は

$$Z\leqq-2.33$$

$Z=-0.510$は棄却域$Z\leqq-2.33$に入らないので，仮説を棄却することはできない。よって，**新薬での問題の発生率は下がったと判断することはできない。**

◀「下がった」ことを検証したいので，片側検定で考える。

◀ $P(Z\leqq-2.33)=0.01$

定期テスト対策問題 16

1 解説 {赤, 赤, 白}から2つの玉を取り出したとき，1回や2回なら赤玉2つを取り出すことがあっても不思議ではないが，それが何回も続くと「本当にこの袋に赤玉以外の玉が入っているのか？」と思うだろう。これを仮説検定を用いて検証する。

解答 (1) 3つの玉{赤, 赤, 白}から同時に2つの玉を取り出すとき，{赤, 赤}を取り出す確率は $\frac{{}_2C_2}{{}_3C_2}=\frac{1}{3}$

1回1回の試行は独立だから，6回連続して赤玉2つを取り出す確率は $\left(\frac{1}{3}\right)^6=\boldsymbol{\frac{1}{729}}$

(2) 「この袋の中には赤玉以外は含まれない」ことを検証したいので，「少なくとも1個赤玉以外の玉が含まれる」という仮説を立てる（帰無仮説）。

このとき，6回続けて赤玉2個を取り出す確率は(1)で求めてあるから，有意水準0.05との大小関係を調べると

$$\frac{1}{729}-0.05=\frac{1}{729}-\frac{1}{20}=\frac{20-729}{729\cdot20}<0$$

求めた確率は，有意水準0.05よりも小さいので，このようなことは，帰無仮説のもとでは通常起こり得ないと判断される。よって，帰無仮説は棄却されるので，**この袋には赤玉以外の玉は含まれないと判断できる。**

◀主張したい仮説はPだから，$\overline{P}$を仮定して$\overline{P}$が否定されれば，$\overline{\overline{P}}$，すなわち，Pが示されたこととなる。

◀有意水準0.05で検定するとき，求めた確率をpとすれば

$p\leqq0.05$

$\Longleftrightarrow$ 棄却域に入る

$p>0.05$

$\Longleftrightarrow$ 棄却域に入らない

2 解説 対立仮説は「コインの表裏の出方に偏りがある」となるから，帰無仮説は，「偏りがない」すなわち「$p=0.5$」となる。

解答 1枚のコインを投げて表が8回中7回出たという事象をAとする。「表と裏の出方に偏りがある」ことを主張したいので，帰無仮説を「コインの表も裏も，出る確率は等しく$\frac{1}{2}$である」と仮定して考える。

このとき，8回中7回以上表か裏が出る確率は

$$\frac{{}_8C_7+{}_8C_8}{2^8}+\frac{{}_8C_1+{}_8C_0}{2^8}=\frac{9}{256}+\frac{9}{256}=\frac{9}{128}$$

この確率と有意水準0.05との大きさを比べると

$$\frac{9}{128}-0.05=\frac{9}{128}-\frac{1}{20}=\frac{180-128}{128\cdot20}>0$$

求めた確率$\frac{9}{128}$は有意水準5%より大きく棄却域に入らないから**このコインに偏りがあると判断することはできない。**

◀n回中$n-1$回以上表が出たとしたら，その確率は，

$\frac{{}_nC_{n-1}+{}_nC_n}{2^n}=\frac{n+1}{2^n}$

となり，「偏り」とされる確率は $\frac{n+1}{2^{n-1}}$

となる。

◀単に，「表のほうが出やすい：$p>0.5$」を対立仮説とするのであれば，帰無仮説を$p=0.5$として片側検定を行うこととなる。

3 **解説** 対立仮説が「身長の平均が変わった」ということから，帰無仮説は「身長の平均は変わらない」となり，$m=158.0$と仮定して(帰無仮説を立てる)，$\overline{X}$を標準化してZの値を求め，有意水準0.05をとるときのZの値(確率)と大小を比較する。

解答 「今年度の女子学生の身長の平均値は，昨年度と変わらない」という仮説を立てる。

抽出した女子学生400人の身長の平均値$\overline{X}$をm，標準偏差をsとすると

$$m=158.0,\ s=\frac{6.0}{\sqrt{400}}=0.3$$

標本平均$\overline{X}$は，正規分布$N(158.0,\ 0.3^2)$に従うから，$\overline{X}=160.0$のとき

$$Z=\frac{160.0-158.0}{0.3}=\frac{20}{3}\fallingdotseq 6.67$$

有意水準5%で検定するとき

$$P(-1.96\leqq Z\leqq 1.96)=0.95$$

だから，有意水準5%の棄却域は

$$Z\leqq -1.96 \quad \text{または} \quad 1.96\leqq Z$$

求めた$Z=6.67$は棄却域$Z\geqq 1.96$に含まれるから，仮説は棄却される。すなわち，**今年度の女子学生の身長の平均値は，昨年度と比べて変わったといえる。**

別解 棄却域に入る$\overline{X}$の範囲を求める方法も有用なので，紹介しておこう。$m=158.0$, $s=0.3$と求めたあと，Zの棄却域$Z\leqq -1.96$または$1.96\leqq Z$に$Z=\dfrac{\overline{X}-158.0}{0.3}$を代入すると

$$\frac{\overline{X}-158.0}{0.3}\leqq -1.96 \quad \text{または} \quad 1.96\leqq \frac{\overline{X}-158.0}{0.3}$$

これを$\overline{X}$について解くと

$$\overline{X}\leqq 158.0-0.588,\ 158.0+0.588\leqq \overline{X}$$

すなわち

$$\overline{X}\leqq 157.41,\ 158.59\leqq \overline{X}$$

今年の女子学生の平均身長$\overline{X}=160.0$は棄却域$\overline{X}\geqq 158.59$に含まれるので，仮説は棄却される。すなわち，**今年度の女子学生の身長の平均値は，昨年度と比べて変わったといえる。**

◀公式化すると，有意水準5%での$\overline{X}$の棄却域は

$$\overline{X}\leqq m-1.96\frac{\sigma}{\sqrt{n}},$$

$$m+1.96\frac{\sigma}{\sqrt{n}}\leqq \overline{X}$$

4 解説 母比率の検定を行う。母比率pである母集団から抽出された大きさnの標本中に含まれる性質Aをもつものの個数をXとすれば，Xは二項分布に$B(n,\ p)$に従う。このことから，標本標準偏差を求め，Xの標準化を行う。

解答 チームAの勝つ確率をpとする。A，B 2つのチームの間に力の差があるとすれば，$p \neq 0.5$である。
そこで，$p=0.5$という仮説（帰無仮説）を立てる。
この仮説が正しいとして，25回の中でチームAが勝つ回数をXとおくと，Xは二項分布$B(25,\ 0.5)$に従う。
したがって，Xの期待値をmとすると

$$m=25\times0.5=12.5$$

標準偏差をσとすると

$$\sigma=\sqrt{25\times0.5\times(1-0.5)}=2.5$$

$Z=\dfrac{X-12.5}{2.5}$は標準正規分布$N(0,\ 1)$に従う。

◀ $Z=\dfrac{X-np}{\sqrt{np(1-p)}}$

$P(-1.96\leqq Z\leqq 1.96)=0.95$だから，有意水準5%の棄却域は

$$Z\leqq -1.96 \quad \text{または} \quad 1.96\leqq Z$$

$X=18$のとき　$Z=\dfrac{18-12.5}{2.5}=\dfrac{72-50}{10}=\dfrac{22}{10}=2.2$

$Z=2.2$は棄却域$Z\geqq 1.96$に入るから，仮説は棄却される。
よって，**2つのチームには，力の差があると認められる。**

別解 $m=12.5$，$\sigma=2.5$と求めたあと　$Z=\dfrac{X-12.5}{2.5}$
を棄却域$Z\leqq -1.96$または$1.96\leqq Z$に代入すると

$$\frac{X-12.5}{2.5}\leqq -1.96,\ 1.96\leqq \frac{X-12.5}{2.5}$$

これらをXについて解くと

$$X\leqq 12.5-4.9,\ 12.5+4.9\leqq X$$

すなわち，Xの棄却域は

$$X\leqq 7.6,\ 17.4\leqq X$$

この結果から，Aチームが7勝以下であればAチームはBチームより弱く，Aチームが18勝以上であればBチームよりも強い，つまり，**2つのチームには力の差があると認められる。**

5 **解説** 対立仮説が「雄の出生率は雌の出生率よりも高い」なので，帰無仮説を「雄の出生率と雌の出生率は等しい」とする。ただし，雄の出生率のほうが高いかどうかを検証したいのだから，片側検定で考えればよい。

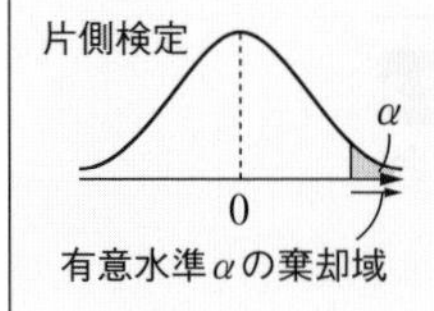

解答 雄と雌の出生率が等しいと仮定して，雄の出生率をpとすると　　$p=0.5$

出生した400体中の雄の個体数をXとおくと，Xは二項分布$B(400,\ 0.5)$に従う。

このとき，Xの期待値mは　　$m=400\times0.5=200$

Xの標準偏差σは

$$\sigma=\sqrt{400\cdot0.5(1-0.5)}=10$$

よって，$Z=\dfrac{X-200}{10}$とおくと，Zは標準正規分布$N(0,\ 1)$に従う。

$P(0\leqq Z\leqq1.64)=0.45$より，有意水準5%の棄却域は

$$Z\geqq1.64$$

$X=220$のとき　　$Z=\dfrac{220-200}{10}=2.0$

$Z=2.0$は棄却域$Z\geqq1.64$に入るから，仮説は棄却される。

すなわち，**雄の出生率のほうが雌の出生率より高いといえる。**

◀母比率による有意水準5%の棄却域（片側検定）は

$P(X\leqq m+1.64\sigma)\leqq0.95$

であることから

$X\geqq m+1.64\sigma$

一方

$m=np$

$\sigma=\sqrt{np(1-p)}$

だから

$X\geqq np+1.64\sqrt{np(1-p)}$

別解 片側検定でもZの棄却域のかわりにXの棄却域を求めることができる。（Xの期待値m，標準偏差までは同じ）

$Z\geqq1.64$に，$Z=\dfrac{X-200}{10}$を代入すると

$$\frac{X-200}{10}\geqq1.64$$

これをXについて解くと　　$X\geqq200+16.4=216.4$

このとき，$X=220$は，Xの棄却域$X\geqq216.4$に入るので，仮説は棄却されるから，**雄の出生率のほうが雌の出生率より高いといえる。**

第3章　社会生活と数学

第1節　社会生活と数学

練習 282　100万円を年率6%の単利法で10年間預けたときの元利合計は

$$100\text{万円}\times(1+0.06\times10)=1000000\times1.60$$
$$=1600000$$

一方，100万円を年率6%の複利法で10年間預けたときの元利合計を有効数字3桁まで電卓で求めると，$1.06^{10}\fallingdotseq1.79$だから

$$100\text{万円}\times(1+0.06)^{10}\fallingdotseq1000000\times1.79$$

すなわち

1790000円

したがって，その差額は

$$1790000-1600000=190000\ (\text{円})$$

すなわち，単利法に比べて複利法のほうが，10年間で**19万円多くつくことになる。**

◀ 元金A円，利率r%でn年間預けた貯金額は
単利法：$A(1+rn)$
複利法：$A(1+r)^n$

練習 283　Aさんの国語と数学の偏差値をz_L，z_Mとおいて，それぞれ値を求めると

$$z_\mathrm{L}=10\times\frac{(\text{国語の得点})-(\text{国語の平均点})}{(\text{国語の標準偏差})}+50$$
$$=10\times\frac{85-65}{20}+50$$
$$=60$$
$$z_\mathrm{M}=10\times\frac{(\text{数学の得点})-(\text{数学の平均点})}{(\text{数学の標準偏差})}+50$$
$$=10\times\frac{55-35}{16}+50$$
$$\fallingdotseq62.5$$

よって，**国語（偏差値60）よりも数学（偏差値62.5）のほうが相対的な順位が高いと考えられる。**

◀ 得点x，平均点$\bar{x}$，標準偏差s_xの偏差値zは
$$z=10\times\frac{x-\bar{x}}{s_x}+50$$

練習 284　仮の平均を16℃として，区間2と区間3の移動平均を求めると，**次の表のようになる。**

	①	②	③	④	⑤	⑥	⑦	⑧	⑨	⑩
元の値	**0.5**	**0.3**	**1.1**	**0.6**	**0.4**	**0.4**	**−0.2**	**0.8**	**0.5**	**0.5**
区間2の移動平均		**0.4**	**0.7**	**0.9**	**0.5**	**0.4**	**0.1**	**0.3**	**0.7**	**0.5**
区間3の移動平均			**0.6**	**0.7**	**0.7**	**0.5**	**0.2**	**0.3**	**0.4**	**0.6**

（小数第2位を四捨五入）

したがって，グラフは下図のようになる。

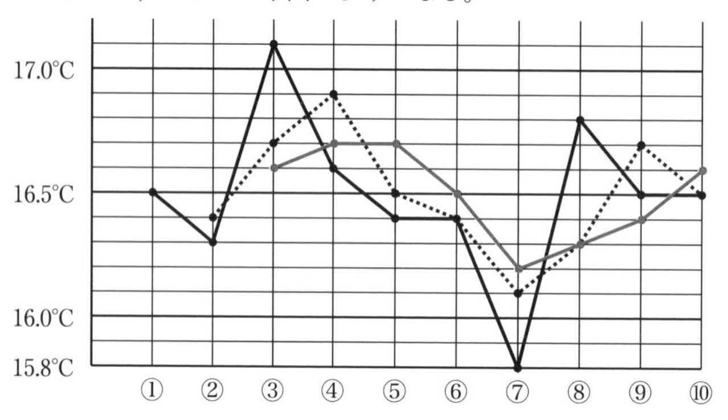

—— は元の値，…… は区間2，—— は区間3のグラフである。

◀ 仮の平均を設定することで計算を簡単にする。

◀ 元のデータに激しい変化がないから，区間推定で得られたデータは元のデータに近似する。

練習 285　自動車は，1秒間に時速90 kmで進み，減速が始まるときの速度は90 km/時である。

一方で

（停止距離）＝（1秒間に移動する距離）

＋（ブレーキを踏んでから停止するまでの距離）

だから，比例定数の単位の「秒 s」と「距離 m（メートル）」にあうように，「km/時」の単位を「m/秒」になおすと

時速90 km＝90000÷60÷60＝毎秒25 m

したがって，1秒間では25 m進む。

ブレーキを踏んでから自動車が停止するまでの距離Lを求める公式は

$$L=0.096v^2$$

v＝25 m/秒だから

$$L=0.096\times25^2=60\text{(m)}$$

よって，求める停止距離は

25＋60＝85(m)

この結果，速さが2倍になると，停止距離は約3.1倍となることがわかる。スピードの出し過ぎには注意が必要である。

◀ ブレーキを踏んでから停止するまでの距離を制動距離という。

◀ 制動距離は，速さの2乗に比例する。

◀ 結果の意味を考える。

練習 286　$y-\overline{y}=\dfrac{s_{xy}}{{s_x}^2}\cdot(x-\overline{x})$ において，

$\overline{x}=141.5$(cm)，$s_x=16.4$(cm)，

$\overline{y}=38.2$(kg)，$s_y=11.9$(kg)

$r=\dfrac{s_{xy}}{s_x s_y}=0.98$

相関係数の値がわかっているので，回帰直線を

$$y-\overline{y}=\frac{s_y}{s_x}\cdot r(x-\overline{x})$$

◀ $\dfrac{s_y}{s_x}\cdot r$ も回帰係数である。

として代入すると

$$y-38.2=\frac{11.9}{16.4}\cdot 0.98(x-141.5)$$

$$\fallingdotseq 0.7(x-141.5)$$

◀ 計算には計算機を用いる。

よって　　**$y=0.7x-60.9$**

練習 287　問題を単純化すると

基礎となるデータは，2021年での新生児が90万人であるが，小学1年生から小学6年生までの平均で考えたら，だいたい100万人と考えてよい。

◀ まずは小学生の人数を概算しておく。

・小学校の1学年の人数は100万人

・小学校は6学年で構成 ⟶ 600万人

・1クラスの人数は？ ⟶ 30人

・1学年は何クラスか？ ⟶ 2クラス

小学校の学校数を求めるには

600万人÷1小学校あたりの人数＝学校数

小学校1校の児童数＝1クラス人数×クラス数×学年

＝30人×2クラス×6学年

＝360人

◀ 小学校1校あたりの人数を明確にしておこう。概数であっても，論理性が大切。

計算すると

600万人÷360人＝16666(校)

◀ 小学生の総数を1校あたりの生徒数で割っておく。

結果を検証すると，かつて小学校として使用していた校舎を「道の駅」として再利用するニュースも最近はよく目にする。1学年1クラスという学校も少なくないのかもしれない。そこを考慮すると，低学年ほどクラス数は少なくなるので，2クラス(60人)分を減じると

◀ 根拠とする数値が明確でない場合は，幅をもって推定するほうがよい場合がある。

小学校1校あたり＝360人－60人

＝300(人)

これで計算すると　　600万人÷300人＝2(万校)

とみることもできるので，**1万7千校～2万校**程度と推定される。

◀ 2021年現在：19,336校（文部科学省データ）

定期テスト対策問題 17

1 解説　等比数列の和の計算である。

一般に，積立金をAとして，年利率rの複利法で積立預金をするとき，n年後の元利合計Sは

$$S=A(1+r)+A(1+r)^2+\cdots\cdots+A(1+r)^n$$

Sは，初項$A(1+r)$，公比$1+r$，項数nの等比数列の和であるから

$$S=\frac{A(1+r)\{(1+r)^n-1\}}{(1+r)-1}$$

$$=A\frac{(1+r)^{n+1}-(1+r)}{r}$$

◀初項a，公比r，項数nの等比数列の和Sは

$$S=\frac{a(r^n-1)}{r-1}$$

解答　$A=10$万円，$r=0.03$，$n=20$を代入すると，$1.03^{21}\fallingdotseq1.86$だから

$$S=100000\times\frac{1.86-1.03}{0.03}$$

$$\fallingdotseq27.7\times100000$$

=277万(円)

2 解説　公式に代入して，偏差値を求める。

得点をx，平均点を$\overline{x}$，標準偏差をs_xとすると，偏差値zは

$$z=10\times\frac{x-\overline{x}}{s_x}+50$$

◀得点x，平均点$\overline{x}$，標準偏差s_xの偏差値zは

$$z=\frac{x-\overline{x}}{s_x}+50$$

	国語	数学
平均点	65	40
標準偏差	10	25

解答　Aさんの国語と数学の偏差値をz_{L}，z_{M}とおいて，それぞれ値を求めると

$$z_{\mathrm{L}}=10\times\frac{(\text{国語の得点})-(\text{国語の平均点})}{(\text{国語の標準偏差})}+50$$

$$=10\times\frac{75-65}{10}+50=60$$

$$z_{\mathrm{M}}=10\times\frac{(\text{数学の得点})-(\text{数学の平均点})}{(\text{数学の標準偏差})}+50$$

$$=10\times\frac{70-40}{25}+50=62$$

よって，**国語（偏差値60）よりも数学（偏差値62）のほうが相対的な順位が高いと考えられる。**

	国語	数学
平均点	65	40
標準偏差	10	25
得点	75	70
偏差値	60	62

3 **解説** 計算を簡略化するためにも，仮の平均を35℃として，進めていこう。

解答 仮の平均を35℃として，区間3と区間4の移動平均は，下の表のようになる。

	①	②	③	④	⑤	⑥	⑦	⑧	⑨	⑩
元の値	1.1	0.7	3.3	1.1	2.7	2.7	2.1	4.0	1.2	2.3
区間3の移動平均			1.7	1.7	2.4	2.2	2.5	2.9	2.4	2.5
区間4の移動平均				1.6	2.0	2.5	2.2	2.9	2.5	2.4

したがって，グラフは次のようになる。

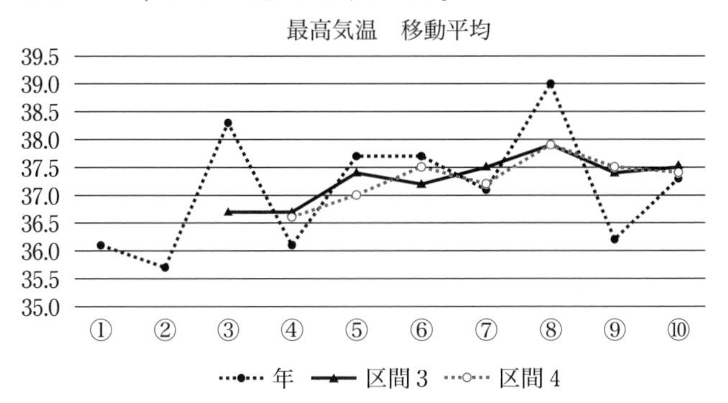

◀最高気温が徐々に上昇している様子がわかる。

4 **解説** $L=0.096v^2$ の公式が使えるように，速度の単位を変更する。

解答 自動車は，1秒間に時速30 kmで進み，減速が始まるときの速度は30 km/時である。

一方

(停止距離)＝(1秒間に移動する距離)

＋(ブレーキを踏んでから停止するまでの距離)

だから，比例定数の単位の「秒s」と「距離m(メートル)」にあうように，「km/時」の単位を「m/秒」になおすと

時速30 km＝30000÷60÷60≒毎秒8.3 m

したがって，1秒間では8.3 m進む。

ブレーキを踏んでから自動車が停止するまでの距離Lを求める公式は

$L=0.096v^2$

$v=8.3$ m/秒だから

$L=0.096\times 8.3^2 \fallingdotseq 6.6$(m)

よって，求める停止距離は

8.3＋6.6＝**14.9(m)**

この結果から，走行速度が低速であれば，停止距離はかなり短く押さえることができることがわかる。

5 **解説** 大ざっぱな回帰直線の方程式を求めるのであれば，散布図に大まかな直線をかき入れたものを読み取ることもできるが，より正確な直線を求めるのであれば，公式に従って求めることになる。

解答 $y-\overline{y}=\frac{s_{xy}}{{s_x}^2}\cdot(x-\overline{x})$ において

$\overline{x}=111.3(\text{cm})$，$s_x=18.6(\text{cm})$，

$\overline{y}=20.4(\text{kg})$，$s_y=7.1(\text{kg})$

$r=0.98$

相関係数の値がわかっているので，回帰直線を

$$y-\overline{y}=\frac{s_y}{s_x}\cdot r(x-\overline{x})$$

として代入すると

$$y-20.4=\frac{7.1}{18.6}\cdot 0.98(x-111.3)$$

$$\fallingdotseq 0.37(x-111.3)$$

よって　$\boldsymbol{y=0.37x-20.8}$

◀回帰直線を求めるこの公式は，最小二乗法を用いて求められる。

◀計算機を用いる。

6 **解説** フェルミ推定は，常識的な数値と論理で説得力のある説明をすることが重要である。そのためにも，割り箸が

「誰が，いつ，どんなときに使用するか」

を考えて，論理を組み立てていこう。

解答 割り箸は，外食するとき，お弁当などを食べるときなどに使われる。自宅で割り箸を使う人は少ないだろう。とすると，割り箸を主に使うのは，ふだん仕事に出る社会人，学生ということになる。12500万人という人口構成を割り箸を使う人数構成で分類してみることから始めよう。

問題を単純化すると，人口は12500万人。現在新生児は90万人だが，1960年代には200万人を超えることもあったから

0歳～12歳：100万×12＝1200万人

13歳～15歳：120万× 3＝ 360万人

16歳～18歳：130万× 3＝ 390万人

ここで，幼児～高校生までは，比較的割り箸を使わない者たちである。

中学生と高校生は，土日に外出先で外食をして，割り箸を使うことがあるかもしれない。

残り1億人を世代毎に分けて，年代別に170万人とすると

19歳～68歳：170×50≒8500万人

が就労者か就学者人口で，これは外食の機会が非常に多い。

◀「割り箸」の使用場面について，細かく分析することが推定の精度を上げる。

残り2000万人が69歳以上。この年代は在宅の可能性が高い。
年代別の使用量を整理すると19歳〜68歳くらいは，1週間に5日就労・修学するとして，中にはリサイクル可能な「割り箸」を使う場合もあるから，平均として

1人1日1本，週に5本使用する

と仮定する。
69歳以上は，在宅とはいえ，外出する機会も考慮して

週に1本使用する

と仮定する。これをまとめると，次のようになる。

0歳〜12歳：0本／週：1200万人
13歳〜18歳：1本／週：750万人
19歳〜68歳：5本／週：8500万人
69歳〜：1本／週：2000万人

すなわち，1週間で

0.08億＋4.25億本＋0.2億本≒4.5(億本)

年代別の1年間の使用量を計算すると，1年は52週あるが，長期休暇等もあるので50週として計算すると

4.5億本×50週＝225(億本)

結果を検証すると，最近はリサイクルへの意識向上もあって，リサイクル可能な箸を用意している店舗や会社も少なくないので，19歳〜68歳の使用量は4本にしてもよいかもしれない。このとき

8500万×50週＝42.5億本

は減少するので，**約180億本から225億本の間と推定される。**

すべての年代を同一視して計算するのではなく，年代別に計算することで，説得力を持たせると同時に，計算の精度を上げている。